Sabine Kropp

Regieren in Koalitionen

Sabine Kropp

Regieren in Koalitionen

Handlungsmuster und Entscheidungsbildung in deutschen Länderregierungen

Springer Fachmedien Wiesbaden GmbH

Die Deutsche Bibliothek – CIP-Einheitsaufnahme
Ein Titeldatensatz für diese Publikation ist bei
Der Deutschen Bibliothek erhältlich

1. Auflage April 2001

Ursprünglich erschienen bei Westdeutscher Verlag GmbH, Wiesbaden 2001

Höchste inhaltliche und technische Qualität unserer Produkte ist unser Ziel. Bei der Produktion und Verbreitung unserer Bücher wollen wir die Umwelt schonen. Dieses Buch ist auf säurefreiem und chlorfrei gebleichtem Papier gedruckt. Die Einschweißfolie besteht aus Polyäthylen und damit aus organischen Grundstoffen, die weder bei der Herstellung noch bei der Verbrennung Schadstoffe freisetzen.

Umschlaggestaltung: Horst Dieter Bürkle, Darmstadt

ISBN 978-3-531-13574-8 ISBN 978-3-663-07842-5 (eBook)
DOI 10.1007/978-3-663-07842-5

Inhaltsverzeichnis

Verzeichnis der Tabellen und Schaubilder

Abkürzungsverzeichnis

AfA	Arbeitsgemeinschaft für Arbeitnehmerfragen (der SPD)
AG	Arbeitsgemeinschaft
AÖR	Archiv des Öffentlichen Rechts
APSR	American Political Science Review
APuZ	Aus Politik und Zeitgeschichte
AsF	Arbeitsgemeinschaft sozialdemokratischer Frauen
AZ	Allgemeine Zeitung
BJPS	British Journal of Political Science
BVerfGE	Bundesverfassungsgerichtsentscheide
BZ	Berliner Zeitung
CP	Comparative Politics
CPS	Comparative Political Studies
DA	Demokratischer Aufbruch
Drs.	Drucksache
FAZ	Frankfurter Allgemeine Zeitung
FR	Frankfurter Rundschau
FV	Fraktionsvorsitzende(r)
FW	Freies Wort
GA	Gemeinschaftsaufgabe
Gan	General-Anzeiger
GEW	Gewerkschaft Erziehung und Wissenschaft
Grü	B'90/Die Grünen
GschOLT	Geschäftsordnung des Landtags
HB	Handelsblatt
JW	Junge Welt
Ma	Mitarbeiter
MA	Mitteldeutsche Allgemeine
MdL	Mitglied des Landtags
MDR	Mitteldeutscher Rundfunk
MM	Mannheimer Morgen
MP	Ministerpräsident
MZ	Mitteldeutsche Zeitung
MZA	Mitteldeutsche Zeitung Artern
LHO	Landeshaushaltsordnung

LT	Landtag
LVerf	Landesverfassung
ND	Neues Deutschland
OTZ	Ostthüringer Zeitung
OVZ	Osterländer Volkszeitung
PG	Parlamentarischer Geschäftsführer
PlPr	Plenarprotokolle
PM	Pfälzer Merkur
PVS	Politische Vierteljahresschrift
PZ	Pirmasenser Zeitung
RhP	Rheinland-Pfalz
RP	Rheinpfalz
RZ	Rhein-Zeitung
RhPo	Rheinische Post
SnA	Sachsen-Anhalt
SäZ	Sächsische Zeitung
Stk	Staatskanzlei
STZ	Südthüringer Zeitung
StgZ	Stuttgarter Zeitung
Stk	Staatskanzlei
SZ	Süddeutsche Zeitung
TA	Thüringer Allgemeine
Th	Thüringen
TLZ	Thüringer Landeszeitung
TV	Trierischer Volksfreund
VS	Volksstimme
WamS	Welt am Sonntag
ZfR	Zeitschrift für Rechtspolitik
ZParl	Zeitschrift für Parlamentsfragen

Vorwort

Die vorliegende Studie wurde im Juli 2000 von den Philosophischen Fakultäten I und II und von der Erziehungswissenschaftlichen Fakultät der Friedrich-Alexander-Universität Erlangen-Nürnberg als Habilitationsschrift angenommen.

Mein Dank gilt all jenen, die mich während der Entstehung der Arbeit auf ganz unterschiedliche Weise unterstützt haben. Dies gilt zuallererst den Gutachtern der Arbeit, Herrn Prof. Dr. Roland Sturm, Herrn Prof. Dr. Jürgen Gebhardt und Herrn Prof. Dr. Wolfgang Rudzio. Daneben danke ich meinen Interviewpartnern, die sich trotz ihres knappen Zeitbudgets oft stundenlang meinen Fragen stellten, ebenso den Mitarbeitern in den Landtagsverwaltungen und Staatskanzleien, die mir den Zugang zu unverzichtbaren Materialien ermöglichten. Ohne die Bereitschaft der Koalitionsakteure und der Vertreter der Oppositionsfraktionen in den untersuchten Landtagen, mir Einblicke in die informellen Abläufe des Koalitionsmanagements zu gewähren, wären die Fallstudien - und damit die Studie insgesamt - nicht durchführbar gewesen.

Halle, im Dezember 2000 Sabine Kropp

Teil 1

Zur Konzeptionalisierung des Regierungshandelns von Koalitionen

1. Gegenstand und Aufbau der Studie

Koalitionen werden gern als "Ehen auf Zeit", als "Zweckehen", als "Zwangsehen" gar tituliert. Im besten Fall, dies deuten solche Umschreibungen an, gehen die Partner in solchen Gemeinschaften rücksichtsvoll miteinander um. Eine Liebesheirat jedoch sagt man Parteien nur in den seltensten Fällen nach; auch Scheidungen werden zuweilen in Kauf genommen. Den Vorteilen des gemeinsamen Zusammenlebens zuliebe, ordnen die Partner ihre Bedürfnisse und individuellen Interessen zwar bis zu einem gewissen Grad der politischen Lebensgemeinschaft unter. Lieber aber würden sie alleine leben und Alltagsentscheidungen ohne Mitsprache ihres Partners treffen. Geradezu vertrackt kann der Bund auf Zeit dann werden, wenn die eigenen "Familien" ihn nicht billigen oder die Partner auf keinen Vorrat an Gemeinsamkeiten mehr zurückgreifen können.

Die allegorischen Wendungen, die in der Alltagssprache zu Koalitionen gängig sind, decken einiges von dem ab, was Koalitionen als charakteristischen Merkmalen innewohnt. Die Kooperation von Parteien ist zumeist aus der Notwendigkeit geboren, Mehrheiten zu erreichen, auch wenn durchaus Fälle auftreten, in denen eine Partei in das Bündnis aufgenommen wird, obwohl ohne sie bereits eine Mehrheit an Mandaten erreicht worden ist. Selbst wenn bei allen Partnern der erklärte Wille zur Kooperation besteht, so ist diese doch teilweise von gegenläufigen Präferenzen und Einstellungen unterlegt, die einer reibungslosen Zusammenarbeit zuwiderlaufen. Bei Koalitionen handelt es sich zumeist nicht um Herzensangelegenheiten der Parteien. Konflikte zwischen den Bündnispartnern werden auch dann verstärkt, wenn die Parteibasis - oder gar Teile der Fraktion - das Parteienbündnis nicht gutheißen, weil aus ihrer Sicht das Profil der Partei durch die Kooperation zu sehr verwässert wird. Wenn mehr als zwei Parteien an einer Koalition beteiligt sind, verliert das Bild der "Ehe" seine illustrierende Kraft; eher müßte man von einer "Dreiecksbeziehung" oder gar einer "Wohngemeinschaft" sprechen, in der Auseinandersetzungen bekanntlich oft scharfe Konturen annehmen können.

Zweckehen können sich in unterschiedliche Richtungen entwickeln. Zuweilen gewöhnen sich die Partner aneinander und bauen wechselseitige Sympathien auf. Daneben sind gegenläufige Entwicklungen denkbar, wenn sich ohnehin vorhandene Antipathien im Laufe der Zeit durch negative Erfahrungen verstärken. Die Möglichkeit, sich zum Zwecke der Konfliktvermeidung in "getrennte Räume" zurückzuziehen, steht Parteien nur bedingt offen: Selbst wenn Vorhaben innerhalb eines Ressorts, d.h. ohne den Koalitionspartner, entschieden oder aufgeschoben werden können, so müssen doch weiterhin elementare Entscheidungen, wie etwa der jährliche Haushalt, gemeinsam verabschiedet werden.

Allen Koalitionen ist gemein, daß sie unter den Bedingungen des Wettbewerbs ein gewisses Maß an Konsens herstellen, gleichviel, aufgrund welcher Verfahrensweisen dieser zustande gekommen und welcher sachlichen Qualität er sein mag. Die Beziehungen zwischen den Bündnispartnern sind - in unterschiedlichen Mischungsverhältnissen gewiß - von Kooperation und Konflikten gleichzeitig geprägt.

Diese metaphorischen Vorbetrachtungen über den Ehealltag von Koalitionen deuten an, welche Richtung die folgende Untersuchung nehmen wird. Ihr besonderes Augenmerk gilt der Frage, nach welchen Mustern Konsensbildungen und Konfliktmoderationen in Koalitionen erfolgen. Da die Studie Entscheidungsprozesse nachzeichnen und die Handlungsweisen von Parteienbündnissen verstehen will, richtet sich ihr Fokus auf die *politics-Dimension* in der Koalitionsforschung. Diese wird in weiten Teilen anhand des Politikfeldes "Haushalt" untersucht; damit werden die politics- und die policy-Dimension in der Koalitionsanalyse zusammengeführt. Hieran schließen sich einige Leitfragen an: Inwieweit sind Bündnisse aus zwei oder mehr Parteien anfällig für Entscheidungsblockaden, da die Parteien wechselseitig Vetopositionen geltend machen können? Wodurch entstehen typische Konflikte, und wie lösen Koalitionen diese wieder auf? Welche Instrumente stehen Koalitionen zur Verfügung, um Entscheidungskosten zu senken und trotz des ihnen eigenen internen Parteienwettbewerbs zu einer Einigung zu gelangen? Zusammengefaßt: Welche Erkenntnisse über die Funktions- und Entscheidungslogik von Regierungsbündnissen lassen sich aus der Analyse unterschiedlicher Koalitionsformate und -varianten gewinnen? Der *Koalitionsbegriff* erstreckt sich in dieser Studie auf Regierungskoalitionen, in denen die Partner im Kabinett vertreten sind[1].

Die Koalitionsforschung hat sich bislang Aspekten der Entscheidungsbildung in Parteienbündnissen nur rudimentär gewidmet. Ihr Interesse galt bislang primär der Aufgabe, Koalitions*bildungen* und *-auflösungen* auf der Grundlage einer möglichst großen Zahl von empirischen Fällen und anhand immer ausgefeilterer Modelle zu prognostizieren, oder aber anhand weniger Fälle z.B. die Zusammenhänge zwischen der Struktur von Parteiensystemen und Koalitionsbildungen aufzudecken ("European politics tradition"). Die Forschungslücke in der vergleichenden Koalitionsforschung erstreckt sich - von wenigen Ausnahmen abgesehen - auch auf den "deutschen Fall". Auch hierzulande gehört die Koalitionsforschung, die sich für Entscheidungsprozesse interessiert, innerhalb der Sozialwissenschaften zu den wenig bearbeiteten Forschungsgebieten, obgleich bislang alle Bundesregierungen[2], von den Länderregierungen immerhin rund zwei Drittel, Koalitionen gewesen sind[3]. Auch die Regierungslehre hat sich dem Thema "Regieren in Koalitionen" bislang kaum systematisch genähert (Ausnahmen: Rudzio 1970, 1991; Schreckenberger 1994; Wewer 1991b). Ein größeres Interesse wurde bisher vor allem

---

1 In parlamentarischen Regierungssystemen kann der Koalitionsbegriff auf zwei Ebenen angewandt werden: Auf Regierungskoalitionen, in denen die Parteien den "Gewinn" an Regierungsämtern untereinander aufteilen, daneben auf parlamentarische Bündnisse, die eine gewisse Festigkeit und Dauerhaftigkeit zum Zwecke der Mehrheitsbildung aufweisen. Eine Unterscheidung dieser beiden Ebenen ist heuristisch insofern sinnvoll, als es die zweite Option auch erlaubt, Beziehungen zwischen Regierungsparteien und Tolerierungspartnern zu untersuchen.

2 Auf Bundesebene gab es zwischen 1.7.-14.11.1960 eine Einparteiregierung von CDU/CSU, nachdem die Minister der DP zur CDU übergetreten waren; daneben eine Einpartei-Minderheitsregierung von CDU/CSU zwischen 28.10.-1.12.1966 und eine Einpartei-Minderheitsregierung der SPD zwischen 17.9.-1.10.1982.

3 Überblicke hierzu vgl. in Collester 1969; Kunz 1979; Völk 1989; Jun 1994; vergleichend neuerdings Downs 1998.

der F.D.P. seitens der Parteienforschung zuteil, weil die Partei in Bund und Ländern seit den sechziger Jahren zumeist Koalitionswechsel herbeiführen konnte und, sofern keine Alleinregierungen oder großen Koalitionen entstanden, die Mehrheiten für eine der beiden großen Parteien absichern half. Partnerwechsel der F.D.P. gingen jedoch immer mit einem für die Partei bedrohlichen Austausch an Eliten, Mitgliedern und Wählern einher (vgl. Broughton/Kirchner 1986; Hoffmann-Lange 1986; Niedermayer 1982; von Beyme 1983a). Detaillierte Entscheidungsprozeßanalysen liegen lediglich zum als exotisch geltenden Fall der Großen Koalition in Bonn 1966-1969 vor (vgl. Knorr 1975).

Seit den neunziger Jahren ist jedoch zumal in den Ländern durch Neuentwicklungen der regionalen Parteiensysteme eine seit den 50er Jahren in der Bundesrepublik nicht mehr bekannte Koalitionsvielfalt entstanden. Zwischen 1990 und 1999 konnten immerhin neun verschiedene Koalitionsvarianten und - je nach Zählweise - drei bzw. fünf Koalitionsformate gezählt werden (vgl. Tab. 1). Durch diese Ausdifferenzierung der Parteiensysteme in den Ländern stellen sich nicht nur der Parteienforschung und der teilweise auf deren Erkenntnissen aufbauenden Analyse von Koalitions*bildungen* neue Fragen (vgl. z.B. Grönebaum 1997; Schmidt 1998; Jesse 1998, 1999). Auch die Regierungs*praxis* verändert sich vermutlich, wenn Konflikte zwischen Koalitionsparteien moderiert werden müssen, die sich programmatisch nicht nahe stehen, die aber ein Regierungsbündnis eingehen, weil der ehedem angestammte kleine Koalitionspartner nicht mehr im Landtag vertreten ist oder keine Mehrheit absichern kann. Koalitionsformate, die, wie Minderheitsregierungen oder übergroße Koalitionen, von der seitens der Koalitionsforschung anfänglich zum Normalfall oder auch zum Ideal erhobenen "kleinsten siegreichen Koalition" abweichen, bilden vor dem Hintergrund gleicher oder sehr ähnlicher institutioneller Strukturen wahrscheinlich verschiedenartige Muster koalitionsinterner Entscheidungsprozesse aus. Dennoch ist davon auszugehen, daß unterschiedliche Koalitionen auch weiterhin gemeinsame Merkmale im Entscheidungsverhalten aufweisen. Die deutschen Bundesländer bieten somit seit Beginn der neunziger Jahre ein geradezu einzigartiges Forschungslaboratorium, um Strategien und Kooperationsmuster von Koalitionsakteuren vergleichend zu untersuchen. Die institutionellen Rahmenbedingungen des Koalitionshandelns können dabei weitgehend konstant gehalten werden, weil sie - zumal zwischen den Flächenländern - nur wenig variieren.

Tabelle 1: Koalitionsformate und Koalitionsvarianten in den Ländern seit 1990 (Zeitpunkt: Eintritt in das Regierungsbündnis)

<table>
<tr><th>große Koalitionen</th><th colspan="2">kleine Koalitionen</th></tr>
<tr><td rowspan="6">Berlin 1991-1995
Baden-Württemberg 1992-1996
Thüringen 1994-1999
Mecklenburg-Vorpommern 1994-1998
Berlin 1995-1999
Bremen 1995-1999
Bremen 1999-2003
Brandenburg 1999-2004
Berlin 1999-2004**</td><th>SPD/FDP</th><th>SPD/B'90/Grüne</th></tr>
<tr><td>Rheinland-Pfalz
1991-1996
Rheinland-Pfalz
1996-2001</td><td>Niedersachsen
1990-1994
Hessen 1991-1995
Hessen 1995-1999
Nordrhein-Westfalen
1995-2000
Schleswig-Holstein
1996-2000
Hamburg 1997-2001
Nordrhein-Westfalen
2000-2005</td></tr>
<tr><th>CDU/FDP</th><th>SPD/FDP/
B'90/Grüne</th></tr>
<tr><td>Mecklenburg-
Vorpommern
1990-1994
Sachsen-Anhalt
1990-1994
Thüringen 1990-1994
Baden-Württemberg
1996-2000
Hessen 1999-2003</td><td>Brandenburg
1990-1994
Bremen 1991-1995</td></tr>
<tr><th>SPD/PDS</th><th>SPD/Statt-Partei</th></tr>
<tr><td>Mecklenburg-
Vorpommern
1998-2002</td><td>Hamburg 1993-1997</td></tr>
<tr><th>(Minderheitsregierungen)</th><th colspan="2">Minderheitskoalitionen</th></tr>
<tr><td>SPD Sachsen-Anhalt 1998-2002
(unter Tolerierung der PDS)*</td><td colspan="2">SPD/B'90/Grüne Sachsen-Anhalt 1994-1998
(unter Tolerierung der PDS)</td></tr>
</table>

* "Weicher" Koalitionsbegriff: nur auf der parlamentarischen Ebene, nicht aber auf Regierungsebene anwendbar, allerdings Existenz schriftlicher Vereinbarungen.
Schraffierte Felder: mit Regierung und Opposition auf Bundesebene nicht konforme Koalitionen.
Einpartei-Mehrheitsregierungen in diesem Zeitraum (bis September 2000): 14.

Die Studie stellt das Akteurshandeln von Koalitionen in das Zentrum ihrer Aufmerksamkeit. Verbunden wird dies mit der Annahme, daß dieses Handeln zum einen institutionell vorgeformt ist, manche Institutionen zum anderen aber auch in koalitionstypischen Institutionalisierungsprozessen grundsätzlich auf die Handlungen und Interaktionen von Akteuren zurückgeführt werden können. In der Untersuchung sollen die Vorteile genutzt werden, die sich aus einer Verzahnung von akteurs- und institutionentheoretischen Ansätzen für die Koalitionsanalyse ergeben können. Die vorliegende Studie soll die Koalitionsanalyse somit an die empirisch-analytische Theorieentwicklung in der Politikwissenschaft heranführen, die schon seit Jahren die Anschlußfähigkeit verschiedenartiger theoretischer Ansätze diskutiert (vgl. im Überblick: Benz/Seibel 1997).

Ein Ziel der Studie besteht somit darin, Umrisse einer Forschungsheuristik zu entwickeln, welche die wesentlichen Ebenen des Koalitionshandelns auf systematische Weise miteinander verknüpft und nicht, wie in der Koalitionsanalyse bislang aus forschungsökonomischen Gründen zumeist üblich, die Wechselwirkungen zwischen zwei Arenen, wie etwa zwischen der innerparteilichen Willensbildung oder der Struktur des Parteiensystems auf der einen Seite sowie der Wahl des Koalitionspartners auf der anderen Seite, ins Auge faßt. Denn Koalitionsakteure handeln auf verschiedenen Entscheidungsebenen des politischen Systems gleichzeitig; sie sind deshalb gezwungen, unterschiedliche "Rationalitäten" und Handlungsanforderungen dieser Entscheidungsebenen zu aggregieren. Es ist unschwer zu erkennen, daß sich dieses mehrdimensionale Koalitionshandeln auf die Struktur von Entscheidungsbildungen innerhalb eines Regierungsbündnisses auswirken muß. Anders gesagt: Eine Analyse, welche Konsensbildungen und Konfliktbewältigungen in Koalitionen verstehen will, muß anerkennen, daß Koalitionshandeln verschiedenartige Handlungsfelder miteinander verspannt. Koalitionen sind eine zentrale Schnittstelle im parlamentarischen Regierungssystem; dort laufen die Fäden des Regierens zusammen, auch wenn sie von den Koalitionsakteuren nicht immer selbst geknüpft worden sind.

Die vorliegende Untersuchung will deshalb auf empirischer Basis herausarbeiten, welche typischen erklärenden Variablen die Konsensbildung von Koalitionen auf Länderebene bestimmen. Sie soll dabei ein realitätsnahes Forschungsdesign liefern, das der Komplexität koalitionsinterner Entscheidungsprozesse Rechnung trägt. Dieses Vorhaben wird hier anhand einer Untersuchung von Länderkoalitionen entwickelt. Ziel ist es jedoch, auf dieser Grundlage ein heuristisches Grundgerüst zu erarbeiten, das - mit notwendigen Anpassungen, Erweiterungen und nachfolgenden Überprüfungen der in dieser Studie herausgearbeiteten Hypothesen freilich - auch für andere Vergleichsanordnungen weiterentwickelt werden kann. Die vorliegende Untersuchung bewegt sich somit zwischen zwei miteinander verbundenen Erkenntniszielen: Sie will, erstens, einen theoriegeleiteten Beitrag zur Weiterentwicklung der Koalitionsanalyse liefern, auf dessen Grundlage Hypothesen formuliert werden können, die im empirischen Teil überprüft werden. Die empirischen Teile der Arbeit sollen, zweitens, neue Einblicke in die Praxis des Regierens eröffnen, denn diese Praxis ist in Deutschland wesentlich von Koalitionen bestimmt. In diesem Abschnitt der Untersuchung werden wiederum auf empirischer Grundlage in einem theoriegeleiteten, induktiven Verfahren neue Hypothesen entwickelt. Die Untersuchung ordnet sich in die Diskussion darüber ein, inwieweit Verhandlungen und Wettbewerb als Handlungsmuster im Regierungssystem kompatibel sind. In Deutschland sind, wie in den meisten westlichen Demokratien, Majorz und Wettbewerb mit Elementen konsensorientierter Politik durchmischt (vgl. z.B. Lijphart 1984b; Scharpf 1993b; Voigt 1995; Benz 1998; Lehmbruch 1998a). Auch Koalitionen sind zu den Entscheidungsebenen zu zählen, auf denen beide Entscheidungsmodi funktional miteinander verknüpft sind.

Der Aufbau der Arbeit vollzieht die Fragestellung in der Reihenfolge nach, wie sie oben skizziert worden ist. Der erste Teil (Kap. 2) beginnt mit der Diskussion von Entwicklungslinien und des Wissenschaftsverständnisses von Koalitionstheorien. Das Interesse gilt dabei der Frage, welche der modellhaft und systematisch entwickelten Zusammenhänge, die sich fast ausschließlich auf Koalitions*bildungen* und *-auflösungen* beziehen, für eine Analyse des Koalitions*handelns* fruchtbar gemacht werden können. Akteurs- und institutionentheoretische Ansätze verbindend, wird eine Forschungsheuristik entworfen, die dafür geeignet sein soll, Entscheidungs- und Kooperationsmuster in Koalitionen vergleichend zu untersuchen (Kap. 3). Dieser Ansatz wird in einem weiteren Schritt empirienah an den Untersuchungsgegenstand, d.h. an Länderkoalitionen, angepaßt (Kap. 4). In diesem Kapitel werden zum einen die relevanten Entscheidungsebenen des Koalitionshandelns in den deutschen Ländern identifiziert und nach ihrer Entscheidungs- und Handlungslogik umrissen; dasselbe Kapitel dient dazu, die empirischen Fälle zu bestimmen. Da anhand unterschiedlicher Fälle diesen gemeinsame Erklärungen herausgearbeitet werden, dient das Vorgehen auch dazu festzustellen, welche Zusammenhänge im Rahmen der Untersuchung generalisiert werden können und welche nicht. Die Frage, inwieweit Befunde zum Koalitionsregieren verallgemeinerbar sind, leitet u.a. auch die empirischen Teile der Arbeit. Die Auswahl erfolgt dabei nach den unabhängigen Variablen, die sich auf die aus den theoretischen Ansätzen abgeleiteten, koalitionsspezifischen Merkmale beziehen. Als Fallbeispiele werden schließlich drei Länderkoalitionen bestimmt: die große[4] Koalition in Thüringen (1994-1999), die rot-grüne, von der PDS tolerierte Minderheitsregierung in Sachsen-Anhalt (1994-1998) sowie die kleine Koalition aus SPD und F.D.P. in Rheinland-Pfalz (seit 1996) (Kap. 3.4). Kapitel 5 des ersten Teils gibt die Merkmale der ausgewählten Fälle nochmals überblickshaft wieder und beschreibt die Materiallage für den empirischen Teil der Arbeit.

Der zweite Teil wiederum dient dazu, auf der Grundlage der zuvor entwickelten Forschungsheuristik empirisch gestützte Hypothesen über "Koalitionsregieren" zu generieren. Anhand der ausgewählten drei Fälle werden Zusammenhänge zwischen den erklärenden Variablen und der abhängigen Variable, der Entscheidungs- und Konsensbildung innerhalb von Länderkoalitionen, herausgearbeitet. Dabei vollzieht die Gliederung das Koalitionshandeln in den zuvor systematisierten Handlungsarenen nach.

Die Koalitionsbildung wird in der vorliegenden Untersuchung als Prozeß interpretiert, in dem die Kooperation zwischen den Koalitionspartnern teilweise institutionalisiert wird (Institutionen als abhängige Variable, Teil 2, Kap. 1). Das Augenmerk der Untersuchung gilt zum einen der Frage, welche Regeln und Verfahren Koalitionsparteien beschließen, um die Zusammenarbeit im Bündnis zu festigen und diesem eine Vertrauensgrundlage zu geben, und welche Instrumente Koalitionsparteien einsetzen, um trotz unterschiedlicher Positionen und zuweilen gegenläufiger Interessen zu einer Einigung zu gelangen. Zum anderen sind Koalitionsbildungen und die ihnen vorausgehenden Wahlkämpfe immer auch "Startphasen", in denen kooperative und kompetitive, spätere Konflikte auslösende

4 Eine Anmerkung zur Rechtschreibung: Die Großschreibung von "Große Koalition" wird in der Folge als Eigenname für die Bonner Koalition aus CDU und SPD von 1966-69 aufgefaßt. Für die Länderkoalitionen wird die Kleinschreibung verwendet, da der Begriff dann nicht als Eigenname, sondern als Bezeichnung für einen Koalitionstyp gilt.

Einstellungen gegenüber dem oder den Partnern bereits befestigt werden. Für die folgende Zusammenarbeit zwischen Koalitionsakteuren spielt es eine wichtige Rolle, ob in der Wahrnehmung der Parteien eine faire Gewinnverteilung an Ämtern und Einflußpotentialen vorgenommen worden ist. Die Untersuchung nimmt keine explizite policy-distance-Analyse vor, da es nicht ihr Ziel ist, die Zusammensetzung einer Koalitionsregierung zu prognostizieren.

Die innerparteiliche Willensbildung und innerfraktionelle Konflikte gelten zumal in dem Zweig der Koalitionsforschung, die nicht vorrangig daran interessiert ist, Modelle zu bilden, als eine der bedeutsamsten Dimensionen für Koalitionsbildungen und Koalitionshandeln (vgl. Luebbert 1986; Pridham 1986; Laver/Schofield 1990; Maor 1995, 1998; Downs 1998: 187 ff.). Wie sich innerparteiliche Konflikte auf die Konfliktmoderation und Konsensbildung in Koalitionen auswirken und ob oder wie die führenden Koalitionspolitiker eines Regierungsbündnisses innerparteiliche Konflikte in strategischen Interaktionen mit dem Koalitionspartner instrumentalisieren, um ihre Interessen durchzusetzen, steht im Mittelpunkt von Kapitel 2. Der folgende dritte Abschnitt wiederum wendet sich den Wechselbeziehungen zwischen der föderalen Entscheidungsebene und dem Koalitionshandeln von Parteien zu (Kap. 3).

Entscheidungsverfahren und Prozesse der Konfliktmoderierung werden schließlich insbesondere am Beispiel der Haushaltsentscheidungen aufgearbeitet (Kap. 4). Diese eignen sich aus unterschiedlichen Gründen besser als andere Politikfelder dazu, Koalitionskonflikte und Konsensbildungen zwischen Parteien zu analysieren. In Haushaltsentscheidungen von Länderkoalitionen verbinden sich die Handlungsanforderungen unterschiedlicher (föderaler, innerparteilicher, parlamentarischer usw.) Entscheidungszusammenhänge, die Koalitionsakteure integrieren müssen. Der Haushalt legt die Gestaltungsmöglichkeiten der Koalitionsparteien für das jeweils kommende Haushaltsjahr bereits in erheblichem Umfang fest. Die sich aus den Haushaltsverhandlungen ergebende Machtverteilung zwischen den Parteien läßt sich nicht zuletzt am Budget ablesen. In Haushaltsentscheidungen müssen überdies nicht nur die jeweiligen Parteipräferenzen, sondern auch sektorale Interessen der verschiedenen Ressorts und der Fachpolitiker der Fraktionen zusammengeführt werden. Haushalte eignen sich deshalb besonders gut, um Tausch- und Koppelgeschäfte, vor allem aber, um Verteilungskonflikte zwischen Koalitionspartnern sowie Konfliktlagen innerhalb ein und derselben Partei, aber auch sektoral definierte “Fachbruderschaften” (Wagener 1979), die über die Grenze der Regierungsparteien hinausreichen können, zu beobachten. Auch das Wechselspiel der unterschiedlichen parlamentarischen und ministeriellen Arbeitsebenen sowie informelle Mechanismen der Aushandlung lassen sich in diesem Politikfeld exemplarisch aufarbeiten. Öffentlicher Druck von Verbänden und Organisationen ist als Reaktion auf Kürzungsabsichten bestimmter Haushaltsansätze die Regel, so daß auch die Öffentlichkeit als konfliktverstärkender Faktor in der Untersuchung berücksichtigt werden kann. Für Haushaltsentscheidungen ist somit mit einer Vielzahl von sich überschneidenden und sich wechselseitig beeinflussenden Konfliktlagen und Interessen zu rechnen. Für jede Koalition werden jeweils zwei aufeinanderfolgende Haushaltsjahre als empirische Fälle herangezogen, um etwaige Besonderheiten eines Haushaltsjahres ausschließen zu können. Außergewöhnliche Situationen können sich beispielsweise dann ergeben, wenn der Haushalt noch von der Vorgängerregierung aufgestellt wurde und die Gestaltungsmöglichkeiten einer neuen Koalition gering sind. Die Ergebnisse dieser Fallstudien werden jeweils am Ende eines längeren Kapitels in einem Resümee zusammengefaßt, so daß auf diese Zusammenfassungen im dritten Teil zurückgegriffen werden kann.

Im letzten Teil 3 werden die erklärenden Variablen, die dafür verantwortlich zeichnen, daß konsensorientiertes Handeln in Koalitionen auch unter Bedingungen des Parteienwettbewerbs möglich ist, nochmals systematisiert. Abschließend wird die Frage aufgeworfen, ob und inwieweit sich das Koalitions*handeln* von Parteien, das in doch erheblichem Umfang immer von gegenüber institutionellen Variablen weniger einfach generalisierbaren akteursspezifischen Erklärungen abhängt, eine Theoriebildung zuläßt. Die Arbeit schließt somit mit einer Diskussion über die Reichweite und Erklärungstiefe von theoretischen Ansätzen und Untersuchungsdesigns, die in dieser Studie herangezogen werden, um Entscheidungsbildungen in Koalitionen zu analysieren.

2. Entwicklungslinien und Theorieverständnis der Koalitionsforschung

Die Anzahl von Veröffentlichungen, welche seit den letzten 35 Jahren dem Bereich der Koalitionsanalyse zugeordnet werden können, ist durchaus stattlich. Bilanziert man die Entwicklung der Koalitionsanalyse seit den sechziger Jahren, so lassen sich im wesentlichen zwei Forschungsrichtungen erkennen, die unterschiedlichen Theorieverständnissen zugeordnet werden können. Hierzu gehören die spieltheoretisch fundierte Koalitionsforschung ("Game theoretic tradition") sowie die von der Parteienforschung herkommende und spieltheoretische Annahmen als Heurismen teilweise integrierende Koalitionsanalyse ("European politics tradition", vgl. Laver/Schofield 1990: 8 ff.), die auch Versuche umfaßt, Koalitionen anhand induktiver Vorgehensweisen in ihrem realen und empirisch nachzuvollziehenden Handlungsumfeld zu verstehen (vgl. u.a. Bogdanor 1983; Browne/Dreijmanis 1982; Pridham 1986; Mellors/Pijnenburg 1989; Müller/Strøm 1997a). Zwischen den genannten Forschungsrichtungen gibt es breite Schnittstellen, so daß man einzelne Untersuchungen nicht immer eindeutig dem einen oder anderen Forschungszweig zuordnen kann. Einen beachtlichen Anteil nehmen die Veröffentlichungen ein, die das Ziel einer Modellbildung verfolgen. Die vergleichende Koalitionssanalyse hat sich dabei ganz überwiegend Fragen der Koalitions*bildung*, der Koalitions*stabilität* und der Systematisierung von Ursachen von Koalitions*auflösungen* zugewandt. Von ursprünglich eher einfachen spieltheoretischen Konstellationen ausgehend (Gamson 1961; Riker 1962), wurden inzwischen komplexe heuristische Modelle entwickelt (vgl. Laver/Shepsle 1996), die ihr Interesse allerdings noch immer nur ansatzweise auf das Regierungshandeln von Koalitionen richten. Die Modelle zur Koalitionsbildung und Koalitionsstabilität sollen hier unter dem Gesichtspunkt diskutiert werden, welches Wissenschaftsverständnis ihnen zugrunde liegt und welchen Beitrag sie und die von ihnen entdeckten Zusammenhänge zur Klärung des Regierungshandelns von Koalitionen im Rahmen einer realitätsnahen Erfahrungswissenschaft leisten können. Dieses Kapitel dient somit nicht dazu, erneut den Forschungsstand zur Koalitionsanalyse ausführlich wiederzugeben (vgl. hierzu exemplarisch Laver/Schofield 1990; Jun 1994: 35-65; Kropp/Sturm 1998: 13-45; Schönrock 1997: 22-80; Hogwood 1999). Vielmehr sollen nur die Zusammenhänge und Theoreme knapp erörtert werden, die für die Konzeptionalisierung des theoretischen Teils sowie für die Untersuchung im empirischen Teil Bedeutung haben. Die Forschungsergebnisse der empirienahen "European politics tradition" in der Koalitionsforschung sind teilweise in das Kapitel 4 eingearbeitet, wo der zu entwickelnde Untersuchungsansatz an die Empirie von Länderkoalitionen angepaßt wird.

Viele Koalitionstheorien weisen wegen ihrer Präferenz für eine deduktive Modellbildung starke Anleihen an dem ökonomischen Paradigma in der Wirtschafts- und Sozialwissenschaft auf. Die Vorteile solcher deduktiven Modelle liegen auf der Hand. Deduktive Verfahren sind wissenschaftlich in dem Sinne exakter, als sie überprüfbare Aussagen bereithalten, die am konkreten Beispiel verifiziert oder falsifiziert werden können. Modelle, so Laver und Shepsle zur Koalitionsanalyse (1996: 7), seien die essentielle intellektuelle Ausstattung, mit der wir sowohl unsere Intuition strukturierten als auch unser empirisches Verständnis der Welt organisierten. Aus einer Vielzahl von Variablen und unterschiedlichen Fällen sollen diesem Wissenschaftsverständnis zufolge diejenigen herausgefiltert werden, welche die allgemeinen und bedeutsamsten sind, um auf ihrer Grundlage Kernaussagen über alle parlamentarischen Regierungssysteme treffen zu können. Auf diese Weise wird eine beträchtliche Zahl von historischen, institutionellen und politisch-kulturellen Variablen, die für jedes einzelne Regierungssystem von neuem evaluiert werden müßten, konstant gehalten. Deduktive Modelle eignen sich deshalb insbesondere für die vergleichende Koalitionsanalyse, deren Ziel es lange Zeit war, die parteipolitische Zusammensetzung eines Regierungsbündnisses vorhersagen zu können. Über viele Jahre hinweg stand die Prognosefähigkeit der Modelle entsprechend im Vordergrund des Forschungsinteresses. Trotz der ihnen innewohnenden Tendenz zur starken Vereinfachung, so die Verfechter dieses Untersuchungsansatzes, behinderten Modelle nicht die Entdeckung neuer Zusammenhänge, sie ermöglichten sie vielmehr - anders als Fallstudien leisteten sie dies allerdings auf erklärtermaßen nachvollziehbare, systematische, und damit auch kontrollierte Weise. Denn auch Fallstudien zur Koalitionspolitik bedienten sich "irgendwelcher privaten Modelle" (Laver/Shepsle 1996: 6), so vage und implizit diese bleiben mögen. Einem klaren theoretischen Gerüst sollte jedoch gegenüber impliziten Theorien der Vorzug gewährt werden.

So sehr die anfangs wenig aussagekräftigen Modelle zur Regierungsbildung und Auflösung von Koalitionen in den letzten Jahren perfektioniert wurden, so wenig konnte es gelingen, das Regierungs*handeln* von Koalitionsparteien modellhaft zu fassen. Dies hat einsehbare Gründe: Koalitionshandeln hängt stets von einer Vielzahl von erklärenden Variablen ab, die sich nicht über die Grenzen einzelner Regierungssysteme hinweg verallgemeinern lassen, die aber auch nicht konstant gehalten werden können, ohne entscheidende Erklärungen auszublenden. Es gibt keine allgemein gültigen Spielregeln der Koalitionspraxis, unter die sich einzelne Fälle einfach subsumieren ließen. Entsprechend liegen nur vereinzelte Fallstudien vor, welche das Regieren von Parteienbündnissen zum Gegenstand haben (für die Große Koalition in Bonn 1966-69 vgl. z.B. Knorr 1975). Die vorliegenden Einzelfalluntersuchungen konzentrieren sich auf eine möglichst genaue deskriptiv-analytische Darstellung des Entscheidungsprozesses. Sie bieten daher nur Anhaltspunkte, an die eine systematisch-vergleichend aufgebaute Fragestellung anknüpfen könnte.

Wie jeder Versuch der Theoriebildung, so mußte sich auch der deduktive, modellbildende Zweig der Koalitionsanalyse mit widerstreitenden Zielen auseinandersetzen. Die zur Untersuchung von Koalitionsbildungen und Koalitionsauflösungen angewandten Modelle erfordern es, Phänomene erheblich zu vereinfachen; nur so können die theoretischen Erklärungsmuster auf mehr als *einen* Untersuchungsgegenstand angewandt werden. Je mehr empirische Genauigkeit eine Theorie erlaubt, desto besser. Je stärker sie sich jedoch am empirischen Phänomen ausrichtet, desto mehr tendiert sie dazu, die Reichweite ihrer Erklärungskraft zu verkürzen. Damit ist die vergleichende Koalitionsanalyse gezwungen, sich zwischen dem Anspruch, Theorien großer Reichweite zu liefern, die viele Fälle erklären können, dafür aber eine geringe empirische Detailliertheit aufweisen, und Theorien mittlerer oder geringer Reichweite, die möglichst präzise tentative Aussagen erlauben und Hypothesen zu generieren vermögen, dafür aber gezwungen ist, die Fallzahl zu verringern, zu entscheiden (vgl. Sartori 1970: 1040 ff.). Dieses Spannungsverhältnis, das jedem Versuch empirisch-analytischer Theoriebildung eigen ist, kann immer nur unzureichend aufgelöst werden.

Den bislang entwickelten Modellen haftet bis heute nicht von ungefähr ein Defizit an empirischer Tiefenschärfe an. Insbesondere die älteren Ansätze haben Vorhersagen auf der Basis von Annahmen getroffen, die oftmals einen fiktiven Charakter aufweisen und kaum oder nur eingeschränkt auf die Wirklichkeit übertragbar sind (vgl. im Überblick: Hogwood 1999). Den forschungstheoretischen Prämissen Milton Friedmans (Friedman 1953) durchaus ähnlich, waren manche Vertreter von Koalitionstheorien bislang nicht bereit, ihre Modelle zu verwerfen, wenn sich deren Annahmen als unrealistisch erwiesen. Von Modell*annahmen*, so die Argumentation, sei erst dann abzurücken, wenn sich deren *Ergebnisse* und Schlußfolgerungen (i.S. der Prognose von Koalitionsbildungen) als nicht haltbar herausstellten. In diesem Sinne befand einer der führenden Koalitionsforscher, Michael Laver: "A model that gets predictions right in `only´ half of the cases in such an environment, it seems to me, is much more than half-good and not disappointing at all" (Laver 1999: 33). Eine gewisse nicht-aufklärbare Varianz ist dem sozialwissenschaftlichen Untersuchungsgegenstand angemessen und folglich durchaus tolerabel[5]. Denn Sozialwissenschaften haben es, anders als Naturwissenschaften, mit sich fortlaufend wandelnden Forschungsobjekten zu tun, die nicht die Möglichkeit bieten, reale politische Prozesse in einer experimentellen Anordnung zu untersuchen. Von besonderer Bedeutung ist in dieser Modellperspektive die logische Widerspruchsfreiheit der einzelnen theoretischen Sätze (vgl. auch Downs 1968: 21), auch wenn die empirienahe Anpassung der Modelle als Ziel niemals aufgegeben wurde. Aus einer unrealistischen Theorie folgen indes auch oft unzutreffende Aussagen (Opp 1986: 4). Erklärungen müssen einem deduktiv-nomologischen Wissenschaftsverständnis zufolge (Hempel/Oppenheim 1948) deshalb nicht nur logisch widerspruchsfrei formuliert sein, sie müssen vielmehr *auch* empirisch begründbar und belegbar sein. Um diese Defizite auszuräumen, folgte der modellbildende Zweig der Koalitionstheorie im Laufe ihrer Weiterentwicklung der *Methode der abnehmenden Abstraktion* (vgl. hierzu Lindenberg 1991: 34, 1992: 4): Am Beginn stand ein einfaches Modell mit sparsamen theoretischen Sätzen. Eine zweite Generation von Studien versuchte die Annahmen der formalen Koalitionstheorie zu bestä-

5 So betonen auch Budge und Laver, daß keines der verfügbaren Modelle so beschaffen ist, daß es ein allgemeines Herangehen an die Koalitionsbildung - über alle Länder hinweg - erlauben würde. Der Nutzen der Modelle liege aber in der Charakterisierung von Regierungen (Budge/Laver 1992b: 417).

tigen und weiterzuentwickeln (Browne/Franklin 1986: 471). In den nachfolgenden Jahren wurde die empirische Paßgenauigkeit der theoretischen Erklärungsversuche schrittweise erweitert; die Modellannahmen erreichten dabei einen ständig höheren Grad der Komplexität, der es nurmehr erlaubt, einige wenige Fälle in einer Untersuchung zusammenzufassen (vgl. Laver/Shepsle 1996).

Obschon sich die Modellbildung somit nicht auf das in dieser Untersuchung im Vordergrund stehende Regierungshandeln bezieht, lohnt sich eine Auseinandersetzung mit diesem Zweig der Koalitionsanalyse doch schon deshalb, weil seine Stärken eben in der Offenlegung systematischer, formal widerspruchsfreier Zusammenhänge zu sehen sind. Diese können teilweise auch für einen Forschungsansatz, der die Regierungspraxis erklären will, fruchtbar gemacht werden. Umgekehrt gehen eben mit diesen Vorteilen einige spezifische theoretische und methodologische Probleme einher, die erkannt und vermieden werden müssen, um die empirische Tiefe eines realitätsnahen Ansatzes, der theoretisch dennoch hinreichend fundiert bleiben will, zu erhöhen.

Die frühe Koalitionstheorie (Gamson 1961; Riker 1962; im Rückgriff auf Morgenstern/Neumann 1944) legte ihren Analysen schlichte spieltheoretische Modelle zugrunde. Koalitionsbildungen wurden im wesentlichen als Nullsummenspiele um feststehende Gewinne interpretiert. Als Spieler treten Parteien an, die als unitarische, also einen einheitlichen politischen Willen verkörpernde Akteure konzipiert werden. Der "Einsatz" der Parteien besteht in der Anzahl der Mandate, die sie in den vorangegangenen Wahlen errungen haben, ihr Gewinn in Ministersesseln. Parteien sind demnach *"office-seeker"*, deren Ziel darin besteht, Macht und Einfluß in Form von Ämtern zu maximieren. Die vollständige Information der Akteure und die Möglichkeit von Nebenabsprachen (side payments)[6] als Axiome vorausgesetzt, entstehen *"minimal winning coalitions"*, bei denen das Ausscheiden einer Partei den Verlust der parlamentarischen Mehrheit nach sich zieht (vgl. schon Morgenstern/Neumann 1953). In der frühen Koalitionsforschung wurde die Gewinnsumme dabei als konstante Größe behandelt (vgl. Hogwood 1999); die während "realer" Koalitionsbildungen zu beobachtende Praxis, daß die Parteien die Gewinnsumme in Form von Staatssekretären (vgl. Mershon 1996: 543) oder Beauftragten erweitern und auch den Gewinn über Ressortzuschnitte variabel halten können, um zu einer Einigung zu gelangen und auch um innerparteiliche Flügel zufriedenzustellen, wurde erst später vollständig in die Konzeptionen integriert. Nicht berücksichtigt wurde überdies, daß Koalitionsakteure Handlungen in anderen, mit dem Koalitionshandeln verbundenen Entscheidungs- und Handlungsebenen (wie der föderalen Arena) als Gewinn- und Tauschmasse in Regierungsbildungen einbringen (vgl. Kropp/Sturm 1998: 153). Tatsächlich treten Nullsummenspiele in der realen Politik so gut wie nie auf. Sie existieren allenfalls in Kombinationen mit anderen Präferenz- und Spielkombinationen (von Prittwitz 1996b: 62 f.). Der "Gewinn" von Koalitionen, dies deuten diese Überlegungen an, kann von den Akteuren durchaus über "offices" hinaus ausgeweitet werden.

6 Side payments kommen beispielsweise zustande, wenn parteiinterne Interessenlagen befriedigt werden müssen (vgl. Riker 1962: 108 f.). Ursprünglich gingen Koalitionsanalysen davon aus, daß dies der tatsächlichen Größe parteiinterner Fraktionierungen entsprechend vorgenommen wird.

Dem Größentheorem (size principle) der frühen Koalitionsforschung zufolge ist das "Idealformat" einer Koalition dann erreicht, wenn "*minimum winning coalitions*" entstehen (Riker 1962: 88 f.). Darunter sind Koalitionen zu verstehen, welche die 50%-Grenze an Mandaten so knapp wie möglich überschreiten. Mit dieser Variante läßt sich für beide Koalitionspartner der größte Gewinn erzielen; sie entspricht in dem dargestellten Modell dem vollendeten Kalkül rationaler, umfassend informierter, gewinnmaximierender Akteure.

Der empirische Ertrag des frühen spieltheoretischen Modells blieb indessen mager. Rikers Ansatz erreichte - je nach Fallauswahl - eine Prognosefähigkeit von etwa 26-35% - eine Trefferquote, die, gemessen an der Schlichtheit des Modells, dennoch dazu ermutigte, diese frühen Modelle weiterzuentwickeln und zu perfektionieren (Budge/Laver 1992a: 1-14)[7]. Eine jüngere Studie machte bei 184 Fällen sogar einen Anteil von 40% "minimal winning coalitions" aus (Crombez 1996: 12). Die in den siebziger und achtziger Jahren nachfolgenden Forschungen versuchten deshalb die Frage zu beantworten, welche ergänzenden Annahmen integriert werden könnten, um die Erklärungskraft der spieltheoretischen Konzeption zu stärken. Da Riker zufolge axiomatisch Mehrheitskoalitionen entstehen müssen, konnten Minderheitsregierungen nicht erklärt werden; auch "übergroße" Koalitionen (surplus coalitions) entzogen sich diesem Erklärungsversuch. Zumal erstere sind in westlichen parlamentarischen Regierungssystemen durchaus, anders als dies die deutsche Perspektive oft glauben läßt[8], kein "Betriebsunfall" eines demokratischen Regierungssystems, sie machen statistisch - je nach Zählweise mit beträchtlichen Unterschieden - immerhin etwa ein Drittel aller Regierungen in westlichen Demokratien aus (vgl. Herman/Pope 1973; Strøm 1990)[9]. Wird eine Minderheitsregierung gebildet, verzichten eine oder mehrere Parteien auf ihren Gewinn in Form von Ressorts. Übergroße Koalitionen wiederum, die mehr als die für eine knappe Mehrheit notwendigen Partner umfassen, teilen den - nach Konzepten der frühen Koalitionsforschung eben nicht erweiterbaren - Gewinn unter mehr Parteien auf, als dies eigentlich nötig wäre. Parteien handeln damit, legt man ausschließlich das "office-seeking-Theorem" zugrunde, wider ihre ureigenen Interessen und Gewinnkalküle, wenn sie Minderheitsregierungen tolerieren oder größerformatige Bündnisse eingehen als unbedingt notwendig.

Eine Erweiterung dieses Ansatzes, der jedoch vorerst ganz der Logik des "office-seeking-Ansatzes" verhaftet blieb, stellt das von De Swaan entwickelte "*minimal-range*"-Kriterium dar, welches auf der Messung von programmatischen Distanzen von Koalitionen beruht. Dadurch entstehen in sich geschlossene Koalitionen innerhalb einer minimalen ideologischen Spannweite (vgl. De Swaan 1973: 8 f.). Nach Leiserson (1968; 1970) bleiben die Akteure aus einer Koalition ausgeschlossen, die für einen "Mehrheits-

---

7 Der Anteil an "minimum winning coalitions" liegt aufgrund des restriktiveren Kriteriums selbstverständlich niedriger als der an "minimal winning coalitions".

8 Vgl. hierzu die Kontroverse zwischen Renzsch/Schieren 1997, 1998 und Steffani 1997 über die Minderheitsregierung aus SPD und Bündnis 90/Grüne in Sachsen-Anhalt.

9 Minderheitsregierungen können auch nicht immer als verdeckte Mehrheitsregierungen gelten: 60% der Minderheitsregierungen verfügen über weniger als 45%, 21% sogar über weniger als 35% der Mandate, vgl. Nolte 1988.

gewinn" nicht mehr benötigt werden. Seiner Annahme zufolge bestehen "minimal winning coalitions" konsequenterweise aus Koalitionen mit der kleinstmöglichen Zahl an Parteien. Auf diese Weise seien Verhandlungsvorteile und ein höheres Maß an Bündnisstabilität gesichert, denn schließlich wachse mit jedem zusätzlichen Koalitionspartner die Komplexität von Verhandlungsprozessen an. Andere Modellannahmen gingen davon aus, daß kleine siegreiche Koalitionen aus Parteien bestehen, die auf einer programmatischen, zumeist eindimensional gefaßten Links-Rechts-Skala benachbart sind und die in ihren ideologischen Positionen nahe zueinander stehen (*"minimal connected winning coalition"*, vgl. Axelrod 1970)[10]. Nach dieser nochmals erweiterten Annahme schließen sich Parteien auf der Links-Rechts-Skala mit ihren nächstgelegenem "Nachbarn" solange zusammen, bis eine Mehrheitskoalition gebildet werden kann. Der zahlenmäßigen Stärke nach unnötige Partner werden nicht mehr berücksichtigt; Parteien dürfen auf der Links-Rechts-Skala nicht übersprungen werden, um die Homogenität des Bündnisses zu gewährleisten. Studien konnten belegen, daß diese Kombination des office-seeking-Theorems mit der sog. *"policy-distance Theorie"* von allen bis dahin entwickelten Modellannahmen diejenige mit der größten Prognosekraft darstellte (vgl. De Swaan 1973; Taylor/Laver 1973; Franklin/Mackie 1983; Lijphart 1984b: 52). Nach De Swaan nehmen Parteien, die eine "pivotal role", d.h. eine Scharnierfunktion innehaben, eine bevorzugte Rolle im Koalitionsspiel ein: Zwischen den auf der Links-Rechts-Skala möglichen Mehrheitsbildungen angesiedelt, entsteht durch ihren Koalitionswechsel jeweils eine andere Mehrheit (z.B. F.D.P.; vgl. Broughton/Kirchner 1986). Solche Parteien verfügen demnach über ein hohes Maß an Verhandlungsmacht: eine Erkenntnis, die nicht nur für die Analyse von Koalitionsbildungen von Bedeutung ist, sondern die auch die Struktur von Entscheidungsprozessen in Koalitionen wesentlich beeinflussen kann.

Auch dieser erweiterte Ansatz vermochte nur rund die Hälfte von insgesamt 108 in einer Studie untersuchten Koalitionen zu erklären (Taylor/Laver 1973). Kritik wurde oft innerhalb der Logik dieses Ansatzes geübt, insbesondere an der Annahme, die policy-Präferenzen von Parteien könnten auf *einer* eindimensionalen Skala dargestellt werden (Budge/Laver 1992a: 3; vgl. hierzu auch die umfassende Studie von Budge/Robertson/Hearl 1987). In der Tat gehen manche Erklärungsversuche davon aus, daß die programmatischen Präferenzen einer Partei in allen bedeutsamen Politikfeldern im großen und ganzen übereinstimmen (vgl. Budge/Laver 1992b: 411 ff.)[11]. Die Partei, die auf der Links-Rechts-Skala den *"median legislator"* - also die Medianposition - einnimmt, kann, hierin stimmen alle Modelle überein, die diese Überlegung berücksichtigen, schwerlich aus der Regierungsbildung ausgeschlossen werden (van Roozendaal 1992; Kato/Laver

---

10 Es gibt unterschiedliche Methoden zur Messung von politischen Distanzen zwischen Parteien: Man kann Wahlprogramme von Parteien einer Inhaltsanalyse unterziehen, anhand von Experteninterviews die politischen Positionen von Parteien verorten, Gesetzgebungsprozesse auf die politischen Distanzen von Parteien hin untersuchen oder die individuelle Perzeption von Parteipositionen durch die Wähler oder Parteimitglieder abfragen.

11 Budge und Laver betonen, daß sich eine 20-dimensionale Untersuchungsanordnung am besten für Länder eignet, die eine komplexe cleavage-Struktur aufweisen. Die einfache Links-Rechts-Dimension hingegen läßt sich in den Ländern am besten anwenden, wo die Koalitionsbildung von einer begrenzten Anzahl von Akteuren oder kompakten Blöcken abhängt.

1997a)[12]. Nimmt man jedoch eine mehrdimensionale Situation an, in der die Präferenzen ein und derselben Partei z.B. nach Politikfeldern variieren (für Deutschland vgl. Volkens 1996), so kann theoretisch eine Konstellation eintreten, in der Parteien nicht mehr eindeutig auf einer Links-Rechts-Skala verortet werden können (vgl. Hogwood 1999).

Analysiert man Koalitions*bildungen*, so kommt diesen Einwänden ein Gewicht zu, da der mögliche Koalitionspartner u.U. in einem mehrdimensionalen "policy space" nicht mehr präzise bestimmt werden kann (vgl. Schönrock 1997: 18). Wird hingegen die *Entscheidungspraxis* von Koalitionsregierungen untersucht, so ist es nicht erforderlich, die Parteien auf allen relevanten Politikfeldern eindeutig immer derselben Position zuzuordnen. Im politischen Alltag einer Koalitionsregierung ist es durchaus keine Seltenheit, daß die Partner in einigen Politikfeldern kompatible Positionen aufweisen, in anderen Politikfeldern wiederum die programmatischen Schnittstellen mit einer der Oppositionsparteien größer sind als mit dem eigenen Koalitionspartner. Das Konfliktniveau innerhalb des Regierungsbündnisses variiert mit der Auswahl der Entscheidungsmaterien. Für Entscheidungsbildungen in Koalitionen ist deshalb damit zu rechnen, daß sich ein Konsens zwischen den Parteien in einigen Politikfeldern einfacher herstellen läßt als in anderen, in denen die Parteien hinsichtlich ihrer Policy-Positionen weiter auseinanderliegen. Deshalb ist auch nicht immer die geringste politische Distanz zwischen den Akteuren, sondern eine insgesamt tolerable Distanz für Koalitionsbildungen - und auch für die Stabilität und Handlungsfähigkeit eines Parteienbündnisses - ausschlaggebend (vgl. Hogwood 1999).

Die Kooperation in einem Regierungsbündnis kann überdies nicht nur dadurch begründet sein, daß sich ideologische Positionen überlappen. Es ist auch denkbar, daß die Parteien voneinander unabhängige, aber doch nicht oder kaum konfligierende und zueinander komplementäre Policy-Positionen vertreten (Hogwood 1999). Die Präferenzen der Koalitionspartner können auch dann komplementär zueinander sein, wenn der große Koalitionspartner Führungspositionen als Gewinn (in Gestalt des Regierungschefs) für sich verbuchen kann, der kleine dafür die Ressorts erhält, über die er sich besonders profilieren kann. Eine Partei wird vor allem in den Bereichen zu Zugeständnissen bereit sein, an denen ihr weniger gelegen ist (Schelling 1960: 17), so daß diese Ressourcen eintauschbar sind (zur Logik des Tauschs vgl. Coleman 1990: 119). Koalitionsgewinne besitzen immer auch eine hierarchische Struktur (vgl. Browne/Feste 1975: 110 ff.). So können die großen Koalitionspartner in den deutschen Bundesländern zumeist die für die Landespolitik gestalterisch wichtigen Ressorts der Finanzen, des Inneren und den Kultusbereich für sich verbuchen. Die Grünen erhalten dagegen zumeist das für ihre Darstellung wichtige Umweltministerium, die F.D.P. wiederum das Wirtschaftsressort. Die SPD führt in Koalitionen fast immer das Arbeits- und Sozialministerium (vgl. Kropp/Sturm 1998: 23 ff.). Für die Analyse der Entscheidungspraxis gilt es zu überprüfen, ob und in welchem Umfang der größere Koalitionspartner die festgestellte hierarchische Struktur der Gewinnverteilung, so etwa in Form der Richtlinienkompetenz und der für die Landespolitik wichtigen Ministerien, umsetzen kann.

12 Ein Gegenbeispiel hierfür ist die "Regenbogenkoalition" in Finnland, vgl. hierzu Pehle 1999.

Da die Koalitionsanalyse weiterhin am Axiom des rationalen (i.S. von gewinnmaximierenden) Akteurs festhielt, schien es schließlich notwendig, die Annahmen über den von Koalitionsparteien angestrebten Gewinn - und damit über die Motivation der Akteure - zu modifizieren. Schon früh wurden Parteien deshalb nicht mehr als "office-seeker", sondern als "policy-seeker" interpretiert. Nach dem *"policy-seeking-Theorem"* speist sich die Motivation von Parteien, ein Bündnis einzugehen, daraus, Politik gestalten zu können - sei es, daß diesem Streben intrinsische, inhaltliche Überzeugungen der Akteure zugrunde liegen, sei es aus instrumentellen Erwägungen heraus, um über die Beteiligung an einer Koalition programmatische Glaubwürdigkeit zu gewinnen. Ein Ziel von Parteien besteht den zuletzt genannten Überlegungen zufolge darin, bei den nächsten Wahlen einen Zuwachs an Wählerstimmen zu gewinnen und damit wiederum die eigene Machtbasis (meßbar u.a. an der Anzahl der Mandate) zu erweitern. Parteien sind dieser Interpretation zufolge immer auch *"vote-seeking-Akteure"* (vgl. Strøm 1990). Diese Prämisse wiederum verweist auf die Notwendigkeit, bei der Analyse des Regierungshandelns von Koalitionen nicht nur ideologische Differenzen bzw. Konvergenzen, sondern auch die Abhängigkeit des Koalitionshandelns von der Einschätzung durch die Öffentlichkeit und von nahenden Wahlen zu berücksichtigen (vgl. Kap. 4.1). Koalitionsparteien zielen nicht nur darauf ab, auf Kosten der jeweiligen Opposition Stimmen zu gewinnen, sondern sie stehen - je nach Variante und Format in unterschiedlichem Ausmaß - immer auch in Konkurrenz zueinander. Über Wahlen definierte Wettbewerbssituationen bestimmen über das Konfliktniveau in einem Bündnis mit; sie wirken sich auf die Einstellungen der Koalitionspartner zum Regierungsbündnis aus und tragen dazu bei, daß die Möglichkeiten und Ressourcen, Probleme gemeinsam zu lösen, in manchen Koalitionen begrenzt sind. Es ist zu vermuten, daß sich Wettbewerbssituationen im Vorfeld von Wahlen verstärken. Diese Überlegungen weisen darauf hin, daß die Beziehungen zwischen den Koalitionsakteuren vor allem dann treffsicher erklärt werden können, wenn man sie entlang der Zeitachse, d.h. prozeßhaft, betrachtet.

Wenn Koalitionsbildungen nach dem policy-seeking-Theorem interpretiert werden, gibt es keine eindeutig bestimmbaren Gewinner und Verlierer im Koalitionsspiel mehr. Parteien können ihr Anliegen, Politik nach ihren programmatischen bzw. ideologischen Zielen zu gestalten, zumindest teilweise auch aus der Oppositionsrolle heraus umsetzen. In welchem Umfang dies gelingt, hängt beispielsweise von der institutionellen Ausstattung ab, innerhalb derer sich Politik bewegt, so etwa von der parlamentarischen Ausschußstruktur oder von Strukturen der Interessenvermittlung (vgl. Strøm 1986; 1990; Luebbert 1986). Die Opposition kann Entscheidungen beispielsweise auch von außerhalb der Regierung maßgeblich beeinflussen, wenn Politik in korporatistischen Arrangements ausgehandelt wird (z.B. in den skandinavischen Ländern). In Deutschland wiederum muß bei unterschiedlichen parteipolitischen Mehrheiten in Bundestag und Bundesrat die "Opposition" in Gestalt der Länderregierungen in etwa 50 - 60% aller Fälle den Gesetzen der Bundesregierung zustimmen; sie gestaltet in solchen Phasen daher die Regierungspolitik aktiv mit (vgl. hierzu Kap. 4.5). Hierzulande ist der Konsenszwang somit maßgeblich auf föderale Strukturen zurückzuführen. Grundsätzlich weisen kulturelle Normen dem gesellschaftlichen Konsens in vielen Ländern eine höhere Bedeutung zu als majoritär-hierarchischen Politikverfahren (vgl. Lehmbruch 1967; Lijphart 1984b)[13]. Vor dem Hintergrund solcher kulturell begründeten Konsensorientierungen sind auch Minderheitsregierungen oder übergroße Koalitionen erklärbar.

Angesichts der vorangestellten Überlegungen schien es nicht länger angemessen, Regierungsbildungen als Nullsummenspiel zu definieren. Das "Gewinn-Kriterium" der frühen office-seeking-Ansätze wurde in manchen Studien deshalb durch ein *"government viability"-Kriterium* ersetzt: Danach kann eine Regierung dann politisch überleben, wenn es zur bestehenden Koalition keine alternative Regierung gibt, die sich auf gemeinsame Politikinhalte verständigen kann und die ihrerseits von einer Parlamentsmehrheit unterstützt wird (Laver/Schofield 1990: 4 ff.). Mit dem Kriterium der "viability" können auch Minderheitsregierungen erklärt werden, da solche "unterformatigen" Regierungen immer dann eine gewisse Stabilität aufweisen, wenn es keine Opposition gibt, die sie abwählen kann oder will. Die Einschätzung der "Überlebensfähigkeit" oder auch der Handlungsfähigkeit hängt in einer solchen Perspektive auch davon ab, ob die Oppositionsparteien einen geschlossenen Block bilden oder aber jeweils an den Rändern des Parteienspektrums anzusiedeln sind. Auf einem konzeptionell veränderten Gewinn-Kriterium aufbauend, können auch Tolerierungsstrategien von Parteien gedeutet werden: Oppositionsparteien sparen sich die Kosten des Regierens, denn Regierungen verlieren während der Zeit der Amtsausübung in vielen Systemen an Zustimmung und Sympathiewerten durch die Wählerschaft (vgl. Strøm 1990).[14] Daneben können drohende innerparteiliche Zerreißproben vermieden werden. Als Tolerierungsfraktionen sind sie indessen in der Lage, Politikinhalte zu beeinflussen und damit ihren "Gewinn" zu realisieren. Die Kosten-Nutzen-Bilanz von Tolerierungsfraktionen kann somit, obwohl diese kein Stück vom "Kuchen" der Ministerien erhalten, dennoch positiv ausfallen.

Der "Gewinn", den Regierungs- und Oppositionsparteien erzielen, kann also nicht allein von den Ressourcen der Parteien, die zumeist anhand der Mandatszahl abgelesen werden, abhängig sein. Er ist vielmehr auch ein Produkt des durch verschiedenartige, institutionelle und kulturelle Faktoren geformten Verhandlungsprozesses während der Koalitionsbildung. Die Verhandlungsstärke der Parteien wird wiederum durch die Stellung im Parteiensystem und durch das Verhandlungsgeschick der beteiligten Akteure bestimmt. Letzteres hängt wiederum von unterschiedlichen Faktoren, wie der Regierungserfahrung oder auch persönlichen Merkmalen, d.h. von akteursspezifischen Erklärungen ab.

Diese Überlegungen zeigen, daß eine Untersuchung an analytischer Tiefenschärfe dazugewinnt, wenn Regierungskoalitionen von Parteienbündnissen abgegrenzt werden, die nur im parlamentarischen Raum kooperieren. Für die in dieser Studie im Vordergrund stehende Analyse von Koalitionsentscheidungen bedeuten diese Erkenntnisse, daß Konflikte und Konsensbildungen nicht nur innerhalb der Regierungskoalition stattfinden, sondern die Verhandlungen von Minderheitsregierungen im parlamentarischen Raum um

---

13 Während das Westminster-Modell lange Zeit als Idealtypus von majoritär-hierarchischen Politikverfahren und Insitutionen galt, hat die vergleichende Politikforschung seit Ende der sechziger Jahre zunehmend festgestellt, daß in Europa eher der konsens- und verhandlungsorientierte Politikmodus überwiegt. Daher sind konkordanzpolitische Strukturen nicht als Abweichung oder gar Defekt zu interpretieren, sie stellen vielmehr einen eigenständigen Demokratietypus dar.

14 Der Verlust an Zustimmung zur Regierungspolitik kann zwar für viele parlamentarischen Regierungssysteme festgestellt, nicht aber generalisiert werden (z.B. in Deutschland, vgl. Saalfeld 1997).

einen oder mehrere Akteure erweitert werden müssen, wenn diese die Rolle von Tolerierungspartnern einnehmen. In solchen Konstellationen ist die Frage zu beantworten, ob die Verhandlungskosten für Minderheitsregierungen (u.a. in Abhängigkeit von der programmatischen Nähe zwischen den Parteien und der Zahl der Akteure) tendenziell höher sind als für Mehrheitskoalitionen, oder ob Entscheidungskosten vielleicht sogar sinken, wenn sich eine Partei ihre(n) Tolerierungspartner flexibel aussuchen kann.

Die Koalitionsanalyse verfeinerte ihre empirische Paßgenauigkeit, indem sie Charakteristika von Parteiensystemen systematisch in ihre Ansätze einpaßte (vgl. z.B. Dodd 1976). Cleavage-Strukturen, der Grad der Polarisierung und der Fraktionalisierung des Parteiensystems sowie dessen Stabilität hinsichtlich der Zahl der Parteien und ihrer relativen Stärke wurden als erklärende Faktoren für Koalitionsbildungen und die Stabilität von Regierungsbündnissen einbezogen. Diese relevanten Merkmale von Parteiensystemen, so Dodd, beeinflussen sowohl die Informationssicherheit in Koalitionsverhandlungen als auch die Bereitschaft der Parteien, überhaupt Koalitionsverhandlungen aufzunehmen. Dieser Ansatz vermochte immerhin 41% der Varianz im Koalitionsformat zu erklären. Untersuchungen, die nicht nur anhand einer eindimensionalen Links-Rechts-Skala Koalitionsbildungen erklären, sondern Cleavages zur Grundlage ihrer Analyse heranziehen, brachten treffsicherere Ergebnisse (Warwick 1979). In Koalitionsverhandlungen, so eine weitere Argumentation, gebe es zumeist einen *"dominant player"*, der sich zwischen zumeist zwei Koalitionsvarianten entscheiden könne und damit über eine größere Verhandlungsmacht verfüge (vgl. Kato/Laver 1997a; van Deemen 1989, 1991). Überdies, so weitere Überlegungen, sei die Links-Rechts-Dimension nicht für alle Parteiensysteme gleich bedeutend. Wenn ein Parteiensystem die Tendenz zur Blockbildung aufweise, so liege es in der Konsequenz, daß auch Minderheits- oder übergroße Regierungen entstehen könnten (Budge/Herman 1978). Die "Größe" bzw. das Format einer Koalition ist in solchen Parteiensystemen von untergeordneter Bedeutung.

Neuere Entwicklungen der Koalitionstheorie haben somit vereinfachende a priori-Annahmen durch differenziertere Aussagen ersetzt. Die analytisch schwer faßbaren Wechselbeziehungen zwischen policy-seeking-Absichten und office-seeking-Motivationen der Parteien wurden in einheitliche Annahmen integriert. Da sowohl die Formulierung als auch die Implementation politischer Programme in den meisten parlamentarischen Regierungssystemen wesentlich durch die Ressorts vorgenommen würden, sei es für den Betrachter unerheblich, ob an der Maximierung des eigenen Nutzens interessierte Parteien nach Ämtern oder - sei es intrinsisch, sei es instrumentell - nach der Gestaltung von Politikfeldern strebten (Laver/Shepsle 1996: 13 ff.). Diese Annahme baut allerdings auf der zuweilen unrealistischen Voraussetzung auf, daß die Ressorts der einzelnen Koalitionsparteien über eine weitreichende Autonomie innerhalb der Regierung verfügen (vgl. Austen-Smith/Banks 1990). Solche empirisch kaum haltbaren Modellannahmen sind darauf zurückzuführen, daß die Modelle in der Koalitionsanalyse mitunter dazu tendieren, die Ursachen für die Koalitionsbildung aus den Prämissen des Modells herzuleiten und dabei die in der Realität wirksamen Zusammenhänge zu vernachlässigen. Allerdings zeigen schon Analysen von Koalitionsvereinbarungen, die zwischen den Parteien abgeschlossen werden, daß diese über schriftliche Regelungen versuchen, sich die Einflußnahme auf die Ressorts des jeweils anderen Partners festschreiben zu lassen (Müller/Strøm 1997b: 28).

Die frühen spieltheoretischen Ansätze der Koalitionstheorie kamen fast ohne institutionelle Variablen aus. Sie forderten lediglich Informationen darüber, wieviele Parteien in einem Parlament vertreten sind und welche Mandatsstärke diese Parteien besaßen. Die Gründe für die noch eingeschränkte Erklärungskraft der Modelle lagen jedoch auch darin, daß externe Einflüsse (wie das soziale System und Normen) ausgeblendet blieben (vgl. De Swaan 1973: 4 f.; Budge/Laver 1992a: 6 ff.), denn es sind indes nicht zuletzt kulturell fundierte Normen, die das politische Handeln von Akteuren beeinflussen (North 1990: 42 ff.). Beispielsweise ist die große Zahl von Mehrheitskoalitionen nicht allein dadurch begründet, daß Koalitionsparteien nach einem möglichst großen Gewinnanteil streben. Vielmehr fordern institutionelle Hürden, etwa bei der Regierungsbildung oder in der Gesetzgebung, einfache oder gar qualifizierte Mehrheiten (vgl. Hogwood 1999). In einigen neuen Untersuchungsdesigns, welche die seit den achtziger Jahren wieder belebte Hinwendung der Politikwissenschaft zu institutionellen Erklärungsversuchen (vgl. Göhler/Schmalz-Bruns 1988; Shepsle 1989; North 1990; Nørgaard 1996) ansatzweise mitvollzogen haben, sind institutionelle Variablen systematisch in Modelle integriert - nicht in dem Sinne, daß institutionelle Merkmale der einzelnen Regierungssysteme jeweils einzeln gewichtet würden. Dies wiederum ginge tendenziell mit einer Aufweichung stringenter Modellannahmen einher. Vielmehr geht es um allgemeine Erscheinungen, die auf alle möglichen zu untersuchenden Fälle anwendbar sind (z.B. Identifikation einer "strong party" im Parteiensystem, die oben erwähnte "Kabinettstruktur" usw.). Gleichwohl werden mit diesem Vorgehen institutionelle Merkmale nicht weiter als Kontextfaktoren behandelt, sondern in die Erklärungsansätze eingebaut. Sie erscheinen damit nicht weiterhin nur als zu vernachlässigende Handlungsrestriktionen (constraints), sie ermöglichen vielmehr strategisches Handeln von Akteuren (vgl. hierzu March/Olsen 1989; Ostrom 1990). Damit hat auch die Koalitionsanalyse den Anschluß an allgemeine Tendenzen der Theorieentwicklung in der Politikwissenschaft gehalten. Dieser Weg soll in der vorliegenden Studie weiter beschritten werden.

Obgleich zumal die großen Parteien zumeist in unterschiedliche Flügel oder regionale Gliederungen mit großer Eigenständigkeit zerfallen, hat die Koalitionsanalyse Parteien konzeptionell lange Zeit als unitarische, d.h. nach außen einen einheitlichen Willen demonstrierende Akteure gefaßt, um ihr Untersuchungsdesign vereinfachen zu können (vgl. hierzu Laver/Schofield 1990: 17 ff.; Schönrock 1997: 44 f.; Müller/Strøm 1997b: 14 f.; kritisch: Pridham 1986; Downs 1998: 31 ff.; für eine konzeptionelle Umsetzung von Fragmentierungen vgl. Maor 1998). Zum Zeitpunkt der Koalitions*bildung*, so die Begründung, träten alle Parteien schließlich als geschlossene Einheit in ein Regierungsbündnis ein. Als empirischer Beleg für dieses Akteurskonzept wurde die in Europa sehr hohe Fraktionsdisziplin angeführt, die durchschnittlich bei 80%-90% liege (Laver/Schofield 1990: 17, 34 f.[15]). Dieser Indikator taugt indes nur bedingt für eine Analyse des Koalitions*handelns*, da er der Beschlußfassung vorgelagerte Prozesse der Aggregation unterschiedlicher innerparteilicher Strömungen und Präferenzen ausblendet. Diese Argumentation läßt weiterhin außer acht, daß Parteien und Fraktionen als zwei voneinander

15 Laver und Schofield schlagen dabei gewisse Abstufungen vor, da es kohärente Parteien gibt, solche, die trotz Fragmentierungen diszipliniert genug sind, um als "unitary actor" gefaßt zu werden, und solche, die nicht als einheitlicher Akteur gelten können, außerdem "electoral coalitions" (Laver/Schofield 1990: 24-28).

getrennte Kreise der innerparteilichen Willensbildung zu betrachten sind, so daß eine in sich geschlossene Fraktion nicht gleichzeitig den Beleg dafür liefert, daß auch in der Partei eine vergleichbare Homogenität vorherrscht (vgl. Teil 1, Kap. 4.3).

Die Fraktionsdisziplin ist somit ein Indikator, der schon deshalb eine nur begrenzte Aussagekraft haben kann, weil er den Prozeß der innerparteilichen Willensbildung auf sein Ergebnis verkürzt und der Stimmabgabe vorgelagerte Entscheidungsprozesse nicht reflektiert. Lange Zeit hielt man somit sehr einfache Annahmen über den Zustand der Parteien aufrecht, die es nur bedingt zuließen, die Erklärungstiefe und -komplexität zu steigern. So blieb man im Großen und Ganzen bei der Vermutung, Parteien seien zentralistische Akteure, in denen alle strategisch bedeutsamen Entscheidungen von einem autokratischen Führer oder innerhalb einer Führungsriege getroffen würden, die insgesamt dieselbe programmatische Position teile und als "Agenda-setter" fungiere (Laver/Shepsle 1996: 250-256) - eine Annahme, der ein hierarchisches Organisationsverständnis zugrunde liegt, das sich indessen nicht für alle Parteien unbesehen aufrecht erhalten läßt. Zwar entscheiden in der Tat zumeist "parlamentarisch determinierte Oligarchien" darüber, welches Bündnis eine Partei eingeht. Führungsgruppen, die schließlich auf die Zustimmung ihrer "Basis" angewiesen sind, antizipieren dabei jedoch Standpunkte, Strömungen und Stimmungen der Fraktion und der Partei. So ist in der Bundesrepublik zumal kein Kanzler autonom bei der Komposition seines Kabinetts; er muß dabei vielmehr schwierige interne Aushandlungsprozesse bewältigen (Schüttemeyer 1998: 241 ff.; vgl. auch Kap. 4.5). Laver und Shepsle (1996: 246 ff.) konnten anhand ihres Modells jedoch zeigen, daß sich eine Parteiführung, die in sich keine ideologische Vielfalt zuläßt, während der Koalitionsbildung in einer schwächeren strategischen Position befinden kann als eine Führung, die zumindest innerhalb ihrer selbst Pluralität erlaubt. Ähnliche Zusammenhänge bestätigt die Studie von Maor (1998, auch: 1995) über den Zusammenhang von dezentralisierten bzw. zentralisierten Parteien und Koalitionshandeln, die wiederum nicht auf Modellannahmen aufbaut, sondern die Reichweite ihrer Erklärung bewußt verkürzt und auf nur wenigen Fällen basiert.

Zumal für eine Analyse des Regierungs*handelns* können Koalitionsparteien nicht als einheitliche kollektive Akteure gefaßt werden. Im Laufe des Regierens brechen innerparteiliche Konflikte, die während einer Koalitionsbildung noch diszipliniert werden konnten, oftmals wieder auf; auch entstehen erst neue Konfliktlagen, nicht zuletzt über die Ergebnisse von Koalitionskompromissen. Parteien sind im Verlauf von Entscheidungsprozessen in aller Regel von verschiedenen Kräften geprägt, die gegeneinander wirken können - oder auch durch ihre verschiedenartige Ausrichtung eine erhöhte Anpassung an komplexe Umwelten ermöglichen ("multiple selves"; vgl. Elster 1986a; vgl. Kap. 3.2). Eine solche Akteurskonzeption verspricht ein differenzierteres Bild von Problemen der Konfliktmoderation und den Mechanismen der Konsensbildung in Koalitionen, da sie auch die Wechselbeziehungen zwischen den in Koalitionshandeln eingebundenen Parteispitzen und der Parteibasis bzw. der Fraktion, aber auch die Beziehungen zwischen den unterschiedlichen regionalen Gliederungen einer Partei zu reflektieren vermag.

Je mehr sich die Modelle der Koalitionsforschung der Realität annähern, desto aufwendiger gestalten sich die empirischen Vorarbeiten. Die Informationsfülle, die pro Fall gehoben werden muß, steigt damit beträchtlich an. Notwendig sind Kenntnisse über das Parteiensystem, über policy-Präferenzen der Parteien u.v.m. Die notwendigen Informationen müssen für jeden Fall jeweils einzeln herausgearbeitet werden. Diese Entwicklung hat zur Folge, daß die Koalitionsanalyse auch bei der Anwendung ihrer Modelle nicht mehr ohne weiteres in *einer* einzelnen Studie große Fallzahlen aggregieren kann. Computersimulationen ersetzen deshalb inzwischen die Untersuchung einer Vielzahl von Fällen (vgl. Laver/Shepsle 1996), um auf dieser Grundlage die Konsistenz der Modelle überprüfen zu können.

Die deduktive Modellbildung in der Koalitionsforschung hat sich damit realistischen Annahmen, welche der Empirie von Koalitionsbildungen besser entsprechen, zwar deutlich, aber notgedrungen unvollständig genähert, um ihre methodische Stringenz bewahren zu können. Der Vorteil methodischer Stimmigkeit hebt sie nach wie vor von vielen Einzelfallstudien zu diesem Thema ab. Sie hat zu zahlreichen vergleichenden Untersuchungen und Einzelfallstudien angeregt, die insbesondere das Wissen um Zusammenhänge zwischen der Struktur des Parteiensystems und Koalitionsbildungen oder der Stabilität von Koalitionen bereichert haben. Umgekehrt haben sich auch die Modelle in der Koalitionsanalyse der Ergebnisse der "European politics tradition" bedient, um die Ansätze besser an die Realität anpassen zu können. Dennoch müssen in vielen Studien vereinfachende Annahmen aufrechterhalten werden, um die innere formale Logik der Ansätze zu wahren. Eben deshalb blieb die Koalitionsforschung vom "Hollywood-Effekt" geprägt: Ihr Interesse bezieht sich auf das "Wer mit wem", d.h. auf die Auswahl des Partners, während der oft grauere und kompliziertere Ehealltag, das "Wie miteinander", lange Zeit nicht im Vordergrund ihres Interesses stand (vgl. hierzu Müller/Strøm 1997b). Ihre verfeinerten Modellannahmen haben indes Zusammenhänge zwischen unabhängigen Variablen und der abhängigen Variable (Koalitionsbildungen) aufgedeckt, die, wie gezeigt, auch eine Analyse von Koalitionsentscheidungen strukturieren helfen, die sich als grundsätzlich empirisch belegbar und damit realitätsnah versteht.

Die sich über Jahrzehnte erstreckenden Bemühungen der Koalitionstheorien um eine bessere Prognosekraft und eine größere Paßgenauigkeit ihrer Erklärungen ließ vor allem die Länderspezialisten am Sinn dieses Aufwands zweifeln. Grundsätzlich stellte sich die Frage, ob ein Phänomen, das wie die Koalitionsbildung von einer Vielzahl von erklärenden Variablen abhängt, überhaupt für eine Modellbildung taugt, die eine große Reichweite ihrer Erklärungskraft für sich beansprucht. Seit Mitte der achtziger Jahre wurden deshalb zusehends Forderungen laut, von der als fruchtlos angesehenen Modellbildung in der Koalitionsforschung abzuweichen und einen *induktiven* Forschungsgang einzuschlagen. Dieser verfolgte nicht länger das Ziel, Modelle über Koalitionsbildungen zu perfektionieren, sondern die *Handlungsweisen* von Koalitionen zu verstehen. Ergebnisse von Fallstudien sollen demnach generalisiert und erst dann zu theoretischen Fragestellungen und Erklärungen - mit indes geringerer Reichweite - aufbereitet werden (Pridham 1986). Nur ein induktiver Forschungsgang, so lautete die Begründung, könne den Wandel politischer Prioritäten, die Entwicklung strategischer Zielsetzungen von Koalitionsparteien oder parteiinterner Verhältnisse berücksichtigen.

Tabelle 2: Entwicklung der Koalitionsforschung (anhand einiger ausgewählter Modelle und Theoreme)

Theorem/Modell/ Ansatz	Kurzdefinition	Theorem/Modell/ Ansatz	Kurzdefinition
Gamson 1961; Riker 1962 *minimal winning coalition* *minimum winning coalition*	siegreiche Koalition, bei der das Ausscheiden eines Koalitionspartners den Verlust der parlamentarischen Mehrheit bedeutet kleinste siegreiche Koalition (Mandatszahl möglichst knapp über der 50%-Grenze), in der die Parteien ihren Gewinn an Ressorts optimal ausschöpfen	Pridham u.a. 1986 *induktiver Forschungsgang*	Festlegung unterschiedlicher Untersuchungsdimensionen (institutionelle, historisch-kulturelle, innerparteiliche usw.) zur realitätsnahen Untersuchung der Regierungspraxis und der Verhaltensweisen von Koalitionen
Leiserson 1968/1970 *Anzahl der Parteien*	"minimal winning coalition" mit der kleinstmöglichen Zahl der Partner (Parteien); daher Vereinfachung von Verhandlungssituationen	van Roozendaal 1990; van Deemen 1989 Laver/Schofield 1990 *dominant player; median legislator*	*dominant player*: Partei, die über mehr als eine Koalitionsmöglichkeit und damit über eine große Verhandlungsmacht verfügt; asymmetrische Struktur der Verhandlungsmacht *median legislator*: Partei mit der Medianposition auf der Links-Rechts-Skala kann nicht aus dem Verhandlungsspiel ausgeschlossen werden
Axelrod 1970 *minimal connected winning coalition*	Auf der Links-Rechts-Skala benachbarte Parteien schließen sich mit ihren nächstgelegenen Nachbarn solange zusammen, bis eine ideologisch kompakte Mehrheitskoalition entsteht	Laver/Schofield 1990; Strøm 1990 *government viability*	Überlebensfähigkeit von Koalitionen statt Gewinn; eine Koalition ist dann überlebensfähig, wenn es keine alternative Mehrheit zu ihr gibt; Erklärung stabiler Minderheitsregierungen möglich.
De Swaan 1973 *policy-distance-Theorie* *minimal connected range*	Parteien mit geringen ideologischen Distanzen auf der Links-Rechts-Skala schließen sich zu einer geschlossenen Koalition zusammen; keine unnötige Vergrößerung der ideologischen Spannweite; pivotal role von Parteien, durch deren Partnerwechsel jeweils eine andere Mehrheit entsteht	Austen-Smith/Banks 1990 *portfolio allocation*	Die Koalitionsparteien legen Schwerpunkte ihrer künftigen Zusammenarbeit fest, indem sie "portfolios" an Regierungsmitglieder verteilen. Welche Ressorts ein Koalitionspartner erhält, zeigt an, wie die realen Machtverhältnisse zu Beginn der Legislaturperiode zwischen den Koalitionspartnern (und innerparteilich) ausgestaltet sind. Policy-making findet innerhalb der portfolios statt.
Dodd 1976 *Parteiensystem-charakteristika*	Polarisierung/Fragmentierung/Cleavage-Struktur des Parteiensystems beeinflussen die Informationssicherheit und die Verhandlungsbereitschaft von Parteien und bestimmen damit die Koalitionsbildung und die Koalitionsstabilität	Laver/Shepsle 1996 *dimension-by-dimension-median-cabinet*	Gleichgewicht einer Koalition ist dann erreicht, wenn keine alternative Regierung im Winset enthalten ist

Damit rückte auch die Variable "Zeit" stärker in den Vordergrund. Ähnlich der Policy-Forschung, die in ihren Analysen Lernprozesse reflektiert (vgl. Sabatier 1993; Howlett/ Ramesh 1993), sollte Koalitionshandeln als eine Abfolge miteinander verbundener Ereignisse verstanden werden, in der die Akteure auf vorangegangene Erfahrungen prozeßhaft reagieren (vgl. auch: Nolte 1988). Für einen vergleichenden Untersuchungsansatz wurden verschiedene Dimensionen festgelegt, die für die Fallbeispiele berücksichtigt werden sollten (historisch-kulturelle, innerparteiliche, institutionelle usw.). Damit konnten grundsätzlich auch Wechselwirkungen zwischen dem Koalitionshandeln auf der bundesstaatlichen und auf den gliedstaatlichen Ebenen in föderativen Systemen diskutiert werden (vgl. Roberts 1999).

Dieser mehrdimensionale Ansatz verzichtete erklärtermaßen auf eine der formalen Koalitionstheorie vergleichbare wissenschaftliche Exaktheit; er orientierte sich vielmehr an der Vielgestalt konkreter Koalitionspolitik. Der Vorteil eines solchen Verfahrens ist darin zu sehen, daß es deskriptive Vielfalt und unterschiedliche Forschungsansätze zuläßt. Auf diese Weise können zweifelsohne neue Fragestellungen in die Koalitionsanalyse hineingetragen werden. Der Preis dieser Pluralität besteht allerdings darin, daß sich die Einzeldarstellungen zumeist auf eine oder wenige der von Pridham genannten Untersuchungsdimensionen konzentrierten. Diese - und auch die auf diesem Ansatz mehr oder weniger aufbauenden Einzelfallstudien - konnten damit bislang nur bruchstückhaft zu einem integrierten Forschungsansatz zusammengeführt werden. In manchen der Fallstudien überwiegen zudem Ad-hoc-Erklärungen, die kaum zur Theoriebildung beitragen. Der Versuch, auf induktivem Wege zur Theoriebildung über Koalitions*handeln* vorzudringen, wurde schließlich aufgrund des Mangels an nachfolgenden Analysen wieder abgebrochen. Diese Befunde treffen auch auf die bundesdeutsche Koalitionsforschung zu. Neben einigen Fallstudien zur Regierungspraxis einzelner Koalitionen und überblickshaften Darstellungen (vgl. z.B. Knorr 1975; Rudzio 1970, 1971, 1991; Bouvier 1990; Wewer 1991b; Schreckenberger 1994), von denen sich etliche der Frage nach der Informalisierung des Koalitionshandelns oder seiner Verfassungsmäßigkeit widmeten, liegen überwiegend Darstellungen zu Koalitionsbildungen vor (Collester 1969; Jesse 1998; Jun 1994; Kunz 1979; Völk 1989; Downs 1998). Einen umfassenden vergleichenden Überblick über Koalitionen in den parlamentarischen Regierungssystemen Westeuropas, der auch systematisierend Gesichtspunkte der Regierungspraxis aufgenommen hat, bietet der Band von Müller/Strøm (1997a; zuvor z.B. Bogdanor 1983; Blondel/Müller-Rommel 1993).

Versucht man ein Fazit dieser Entwicklung in der Koalitionsforschung zu ziehen, so sieht man unschwer, daß die Ausarbeitung von methodisch und theoretisch kontrollierten Verfahren, welche die erklärenden Variablen des Regierungs*handelns* von Koalitionen zu systematisieren und in einen theoretisch kohärenten Erklärungsversuch zu integrieren imstande ist und sich nicht nur auf implizite Theorien stützt, noch immer vieler Arbeit bedarf. Im Rückblick auf die Entwicklung der unterschiedlichen Forschungsstränge in der Koalitionsanalyse kann man feststellen, daß sie sich in ihren Ansätzen und Fragestellungen teilweise aufeinander zuentwickelt haben. Bislang sind die Versuche, eine theoretisch gesättigte Forschungsheuristik zu entwickeln, welche die Konsensbildung und Konfliktmoderation zwischen den Koalitionspartnern zu erklären vermag, vorzeitig wieder aufgegeben worden. Nach wie vor besteht Bedarf an theoretischen Erklärungsversuchen, die sich nicht auf Ad-hoc-Erklärungen oder auf das "Verstehen" eines Einzelfalls beschränken, sondern auf der Grundlage von vergleichenden Fallstudien Hypothesen über die Logik des Regierens von Koalitionen generieren können. Diesem Ziel ist die nachstehende Untersuchung auf der Grundlage eines intrastaatlichen Vergleichs verpflichtet.

3. Untersuchungsansatz zur Analyse der Entscheidungspraxis von Koalitionen

3.1 Handlungs- und institutionentheoretische Ansätze

Die nachfolgenden theoretischen Überlegungen dienen dazu, einen Untersuchungsansatz zu entwickeln, der für die Koalitionsanalyse erweitert werden kann. Der hier entwickelte Analyserahmen stützt sich auf handlungs- und institutionentheoretische Ansätze. Die modellorientierte Koalitionsanalyse hat, wie oben dargelegt, die in politikwissenschaftlichen Studien zunehmende Verknüpfung von institutionentheoretischen und akteurstheoretischen Ansätzen (zusammenfassend: Benz 1997a) teilweise mitvollzogen. Die vorliegende Arbeit will auch für eine Untersuchung des Koalitions*handelns* zeigen, daß die Koalitionsforschung von einer integrierten theoretischen Sichtweise vertiefte Einblicke in die Regierungspraxis erhält.

Koalitionstheorien beruhen auf der Annahme, Parteien seien rationale, gewinnmaximierende Akteure. Die Koalitionsanalyse hat sich mit der Übernahme von Rational-Choice-Theorien parallel zu Entwicklungslinien in der Politikwissenschaft bewegt, die seit den sechziger Jahren zusehends von diesen Ansätzen beeinflußt worden ist. Grundsätzlich gelten Theorien der rationalen Wahl als für die vergleichende Politikwissenschaft gut geeignet, da ihre zentrale Annahme, daß rationale Akteure ihr Handeln nach dem größten zu erwartenden Gewinn ausrichten, ohne Modifikationen über die Grenzen eines politischen Systems hinweg übertragbar ist, selbst wenn die Kontextfaktoren politischen Handelns in den einzelnen Fällen enorm variieren (Peters 1998: 129). Meinungsverschiedenheiten bestanden in der Koalitionsforschung, wie gezeigt, vor allem darüber, welche Art von Gewinn Koalitionsakteure anstreben.

Ein zentraler Punkt von Rational-Choice-Theorien ist die Frage, auf welche Weise individuelles Verhalten sozial und gesellschaftlich relevante Ergebnisse produziert. Für diese Perspektive steht das Postulat des *"methodologischen Individualismus"*, der erklärtermaßen darauf verzichtet, Strukturen aus diesen selbst heraus zu erklären (vgl. Kunz 1996b: 20; Braun 1997; McLean 1987). Er erkennt an, daß sich grundsätzlich alle politischen Vorgänge auf Handlungen von Individuen zurückführen lassen. Handlungstheorien sind immer dann geeignete Untersuchungsansätze, wenn, wie in dieser Studie, Entscheidungssituationen als zu erklärende Variable thematisiert werden (Braun 1997: 68). Indem das Verhalten eines sozialen Systems aus dem individuellen Verhalten seiner Akteure erklärt wird, sind diese Ansätze für die in dieser Arbeit zu beantwortende Frage, auf welche Weise Konsens zwischen Koalitionspartnern entsteht und wie trotz an sich "rationalen" Verhaltens der Akteure dennoch Entscheidungsblockaden entstehen können, von großem heuristischen Wert. Damit sind ebenfalls Aussagen darüber möglich, welche

Folgen Handlungen und Interaktionen von politischen Akteuren für die Funktionsfähigkeit des politischen Systems nach sich ziehen.

Die Kritik an Ansätzen rationaler Wahl, insbesondere an der Konstruktion des Individuums als *"homo oeconomicus"*, ist in der sozialwissenschaftlichen Literatur allgegenwärtig; sie soll deshalb hier nicht eigens in allen Einzelheiten, sondern nur mit dem Ziel der konzeptionellen Abgrenzung diskutiert werden (vgl. Marini 1992; Kunz 1996b: 44; Braun 1997; Wiesenthal 1997). Der im neoklassischen Ansatz der Ökonomie entwickelte "homo oeconomicus" handelt auf der Grundlage vollständiger Information, er besitzt stabile Präferenzen, die nach egoistischen Kalkülen geordnet sind (für Koalitionsbildungen vgl. De Swaan 1973: 23). Er maximiert seinen individuellen Nutzen gemäß seinen Motivationen und in Anbetracht der Restriktionen, die seine Handlungen einschränken können. Damit ist in diesem Ansatz sowohl die Handlungsorientierung eines Individuums (egoistisch-rational) vorgegeben als auch eine bestimmte Vorstellung von Akteuren, die stets über die für die Spielsituation relevanten objektiven sozialen und sonstigen Handlungsbedingungen und -konsequenzen informiert sind und diese nach nachvollziehbaren Präferenzordnungen sortieren. Daß Handlungssituationen *subjektiv* definiert werden, spielt in diesem Ansatz keine Rolle. Doch schon wenn die erkenntnistheoretischen Prämissen des methodologischen Individualismus um den Faktor "Unsicherheit" ergänzt werden, ist es nicht mehr möglich, allein von den Bedingungen, welche die Handlungsmöglichkeiten eines Akteurs definieren, auf die von diesem "rational" ausgewählte Handlung zu schließen (Wiesenthal 1997: 79). Der Ansatz des homo oeconomicus vermag nicht zu erklären, wie Akteure die Situation, in der sie stehen, interpretieren und welche Folgen sich aus dieser subjektiven Interpretationsleistung für die Wahl einer Handlung ergeben. Institutionentheoretische Ansätze der Politikwissenschaft oder kognitive Theorien können mit diesem Ansatz schwerlich verbunden werden (vgl. Kunz 1996b: 44; Wiesenthal 1997).

Die begrenzte Kombinationsfähigkeit mit anderen theoretischen Überlegungen zeigen exemplarisch nicht zuletzt die frühen formalen Koalitionstheorien, denen das unmodifizierte Nutzenmaximierungsprinzip als Axiom zugrunde liegt. Anschlußtheorien, die handlungstheoretische Perspektiven ergänzen, sind jedoch unverzichtbar, um theoretisch gesättigte Untersuchungskonzepte entwickeln zu können, welche die Konsensbildung in Koalitionen möglichst realitätsnah - d.h. empirisch stichhaltig - zu erklären vermögen. Geht man davon aus, daß Koalitionsakteure im Regierungsalltag zumeist unter unsicheren Bedingungen handeln, so erfordert dies Zusatzannahmen über den Umgang von Individuen mit der sie umgebenden Unsicherheit.

Angesichts unsicherer Handlungsbedingungen brechen Individuen die Selektion von Handlungen oftmals ab, wenn eine hinreichend befriedigende Lösung erzielt ist ("satisficing" statt "maximizing"; vgl. u.a. Simon 1993; Wiesenthal 1997). Auch können Akteure die möglichen Alternativen nicht immer vollständig evaluieren, da der Aufwand der Informationssuche für diese Alternativen zu kostspielig und die Zeit für Entscheidungen oft knapp bemessen ist. Individuen bevorzugen zudem Entscheidungen, die sie mit früheren Erfahrungen verbinden können, da sie aufgrund dessen ein größeres Maß an

Sicherheit erhalten ("certainty effect")[16]. Lerneffekte spielen in der Tat nicht nur im täglichen Verhalten, sondern auch im politischen Handeln eine nicht zu unterschätzende Rolle. Diese Überlegung muß zumal für das sich über mehrere Jahre erstreckende gemeinsame Regieren von Koalitionsparteien fruchtbar gemacht werden.

Individuen müssen überdies oft sequentiell, d.h. über Alternativen in der Reihenfolge ihres Auftretens unter gegebenen Bedingungen entscheiden, so daß ihre vermeintlich freie Präferenzwahl auch aus diesen Gründen eingeschränkt ist. Ein ähnliches Phänomen wurde mit dem *"Garbage-can-Modell"* beschrieben (vgl. Cohen 1972; March/Olsen 1989: 13). Nach dieser Idee treffen Probleme, Lösungen, Entscheidungsträger und Wahlmöglichkeiten zu einem bestimmten Zeitpunkt zufällig zusammen. Die Verbindungen zwischen diesen Elementen sind Folge eines zeitabhängigen und rein zufälligen Zusammenflusses. Die Wahlmöglichkeiten, die Individuen zur Verfügung stehen, sind deshalb abhängig von diesen Gelegenheitsstrukturen. Ordnung wird demnach weniger durch rationale Handlungen, sondern durch zeitliche Simultanität hergestellt.

Gleichwohl sind Koalitionsakteure in der Lage, innerhalb dieser durch zeitliche Faktoren vorgegebenen Bedingungen strategisch zu handeln. Die genannten Einwände verweisen lediglich darauf, daß Ereignisse historisch kontingent sind und sich Ansätze rationalen Handelns nicht ohne Modifikationen in die logisch konsistenten Strukturen einfügen, die analytisch motivierte Betrachter politischen Prozessen auf der Grundlage theoretischer Ansätze unterstellen. So müssen sich auch Koalitionsakteure unterschiedlichen Problemlagen oft in der Reihenfolge ihres Auftretens widmen. Sie haben zuweilen einen nur begrenzten - oder keinen - Zugriff auf externe Ereignisse, die den Handlungskontext gleichwohl definieren und deshalb auch über das Konfliktniveau im Regierungsbündnis mitbestimmen. Ein Beispiel hierfür sind Steuerausfälle und neue Steuerschätzungen, welche die Koalitionspartner dazu zwingen, unter verschärften Rahmenbedingungen bereits beschlossene Kompromisse wieder aufzuschnüren. Solche Probleme sind zu berücksichtigen, wenn im empirischen Teil der Arbeit Hypothesen generiert werden.

Schwer wiegt auch die einfachen handlungstheoretischen Ansätzen innewohnende Tautologiegefahr, die bei Interpretationen der Art gegeben ist, nach denen Individuen angeblich nur die Handlung wählen, die sie schätzen, und nach denen das, was Personen präferieren, wiederum an der Wahl der Handlung abgelesen wird. Der Ansatz des "homo oeconomicus" kann auch deshalb nur eingeschränkt angewandt werden, weil Individuen stets soziale Werte und Normen internalisieren, die damit Situationsbewertungen von Personen zugrunde liegen. Für Koalitionsanalysen sind deshalb theoretische Ansätze gefragt, die beantworten können, wie und warum sich Akteure, die in soziale Strukturen, Ordnungsgefüge und ihre normativen Grundlagen eingebunden sind, für eine bestimmte Handlungsalternative entscheiden. Koalitionsakteure können auf eine lediglich eingeschränkte Rationalität *("bounded rationality"*, vgl. Simon 1979) zurückgreifen; sie sind

16 Ein ähnliches Phänomen beschreiben March und Olsen (1989: 159 ff.): Wenn eine neue Situation entsteht, versuchen Individuen, diese mit Situationen zu verbinden, die sie bereits kennen. Durch den Rekurs auf bereits Erfahrenes entsteht in Interaktionen und Entscheidungssituationen Stabilität und Ordnung, aber auch Flexibilität und Anpassungsfähigkeit.

oft gezwungen, unter Zeitdruck und unter Bedingungen hoher Unsicherheit konkurrierende Ziele und Normen gegeneinander abzuwägen.

Neuere handlungstheoretische Konzepte enthalten differenziertere Annahmen über Akteure und sind deshalb auch für institutionentheoretische und kognitive Erklärungen anschlußfähig. Für solche Überlegungen steht z.B. das sogenannte *"RREEMM-Konzept"* (Lindenberg 1981, 1985), nach dem Handlungen sowohl durch die Orientierung von Individuen an Institutionen (und damit Normen) als auch durch die (autonome) Wahl von Handlungen nach Präferenzen erklärt werden können, die wiederum durch bestimmte, jeweils einzeln herauszuarbeitende Restriktionen eingeschränkt sind[17]. Danach handeln Menschen aufgrund von Bewertungen, Einschätzungen, unter Berücksichtigung ihrer (kognitiven) Ressourcen und Restriktionen, ihrer Erfahrungen und internalisierten Werte. Diese erweiterten Annahmen erlauben es daher, verschiedenartige Einstellungen von Koalitionsakteuren zur Interaktion mit anderen politischen Akteuren (vgl. Scharpf 1997: 86 f.; Vowe 1994: 435 ff.; vgl. unten) zu evaluieren, die u.a. durch den Handlungskontext von Koalitionsakteuren (Normen, Institutionen, Akteurskonstellationen, Lernerfahrungen usw.) vorgegeben sind. Solche der Empirie weit mehr entsprechenden Überlegungen erkennen an, daß rationales Handeln immer nur relativ zu den subjektiven Bedürfnissen und Überzeugungen einer Person und der sie umgebenden Umwelt zu begreifen ist (Kunz 1996b: 144): Deshalb stellt die egoistisch-rationale Handlungsorientierung, in ökonomischen Ansätzen oft als die verallgemeinerbare dargestellt, im politischen Alltag von Koalitionen auch nur *eine* Möglichkeit des Handlungsanreizes dar. Auch kooperative, altruistische oder kompetitive Handlungsorientierungen oder auch Mischungsverhältnisse aus diesen können das Handeln eines politischen Akteurs anleiten (vgl. Kap. 3.2). Mit Hilfe solcher ausdifferenzierten handlungstheoretischen Annahmen lassen sich strategische Interaktionen zwischen Koalitionsakteuren nicht zuletzt auf deren spezifische Handlungsorientierungen zurückführen, die wiederum durch Normen, Institutionen und subjektive Situationsbewertungen beeinflußt sind. Eine dergestalt erweiterte handlungstheoretische Perspektive erfordert allerdings nicht nur umfangreiche empirische Vorarbeiten, sondern rückt letztlich auch von dem Paradigma des "rationalen Akteurs" erkennbar ab.

Ohne Informationen über Wertorientierungen, Deutungsmuster und Erfahrungen von Koalitionsakteuren ist es für Erklärungen rationalen Handelns somit schwer, Verhalten realitätsnah zu erklären. Diese Aspekte müssen deshalb für einen Untersuchungsansatz, welcher die Koalitionspraxis erklärt, ebenso evaluiert werden wie ihre Einbindung in Normen und institutionelle Strukturen, die wiederum solche Wertorientierungen prägen. Dabei reicht es in einer Koalitionsanalyse keineswegs, programmatische Positionen von Parteien zu evaluieren, weil von diesen kollektiv beschlossenen Zielen nicht unbesehen

17 Akteure sind nach diesem Konzept durch gegebene Bedingungen eingeschränkt (*restricted*), sie können aber auch auf Ressourcen (unterschiedlicher Art) zurückgreifen (*resourceful*). Für die Rolle von Institutionen in diesem Untersuchungsansatz bedeutet dies, daß diese sowohl als handlungseinschränkende ("constraints") als auch als handlungsermöglichende Strukturen operationalisiert werden können. Akteure haben weiterhin Erwartungen über die Möglichkeiten, ein bestimmtes Ziel zu erreichen (*expecting*); sie bewerten ihre geplanten Handlungen auch anhand ihrer bisherigen Erfahrungen (*evaluating*). Diese Erfahrungen und Einschätzungen beeinflussen schließlich die Handlungswahl, bei der Individuen, gemessen an ihren dergestalt eingeschränkten Möglichkeiten, sich noch für die beste Alternative entscheiden wollen (*maximizing man*).

auf die individuelle Orientierung und das Verhalten der Koalitionsakteure geschlossen werden darf, die als zentrale Entscheidungsträger gelten können. Die Verortung von Parteien auf einer Links-Rechts-Skala ist in dieser handlungstheoretischen Perspektive somit von begrenztem heuristischen Wert.

Ein um realitätsnahe Annahmen erweiterter handlungstheoretischer Ansatz erkennt an, daß individualistische Erklärungen nur dann treffend sind, wenn sie die Gebundenheit des Handelns an Strukturen im weiteren Sinne anerkennen (vgl. Opp 1979: 103). Zum einen kann Handeln aus strukturellen Bedingungen heraus teilweise erklärt werden. In dieser Sichtweise sind Institutionen als *unabhängige Variable* zu begreifen. Sie formen politische Interessen und Überzeugungen vor; sie beeinflussen die Verteilung von Ressourcen und haben damit Auswirkungen auf die Macht und die Durchsetzungsfähigkeit politischer Akteure. Institutionelle Regeln schließen Alternativen von der politischen Agenda zuweilen aus, noch bevor Akteure in Entscheidungsprozessen auf den Plan treten (vgl. Schülein 1987: 40ff.; March/Olsen 1989: 164; Pettit 1996: 73 f.). Neoinstitutionalistischen Ansätzen zufolge definieren über Institutionen verbundene Rollen und Routinen, für welche Handlungen sich Akteure entscheiden. Ihr Handeln läßt sich in dieser Perspektive auf vorgegebene *Bedingungen*, nicht aber primär auf *Präferenzen* zurückführen. Institutionalisierte Regeln geben somit Gründe an, warum sich Individuen für bestimmte Handlungsweisen entscheiden; Akteure handeln nicht unbedingt ihrem Willen folgend, sondern der jeweiligen Situation angemessen[18].

Zum anderen ergeben sich Strukturen erst aus Akteurszusammenhängen (vgl. V. Schneider 1997). Normen und Regeln sind, anders als dies die "alte" Institutionentheorie oft interpretiert hat, nicht unumstößlich oder gegeben (vgl. Göhler 1987b: 29). Auch Koalitionsakteure können den koalitionspolitischen Entscheidungsprozeß formen, indem sie vorhandene parlamentarische Institutionen mit konkretem Inhalt füllen, aber auch neue Verfahren, Regeln und Organisationen von einer gewissen Dauerhaftigkeit erfinden. Solche institutionellen "Verdichtungen", wie Kooperationsregeln oder eine gewisse Festigkeit aufweisende Gremien, etwa ein Koalitionsausschuß, die dann als *abhängige Variable* zu begreifen sind, sind oft im informalen Raum des Regierens zu finden[19]. Eine Koalitionsanalyse muß deshalb ebenfalls nach Mechanismen der Institutionalisierung des Koalitionshandelns fragen (vgl. Teil 2, Kap. 1). Sie muß die Gründe dafür angeben, warum Koalitionsakteure Normen und Regeln setzen (vgl. hierzu allgemein Opp 1983).

18 March und Olsen (1989: 162 f.) haben diesen Sachverhalt mit dem Begriff der *"logic of appropriateness"* umschrieben: Individuen elaborieren die Gründe für ihr Handeln oft erst dann, wenn ihre Entscheidung schon getroffen ist. Auskünfte über Präferenzen legitimieren dann nachträglich eine Wahlhandlung, sie begründen diese aber nicht, wie Rational-Choice-Ansätze glauben machen. Die eigentlichen Gründe des Handelns lassen sich demnach nicht auf Präferenzordnungen zurückführen, sondern vielmehr darauf, daß Individuen in einer gegebenen Situation entscheiden, welche Handlung die angemessene ist. Indem auf bereits bekannte Regeln und Erfahrungen zurückgegriffen wird, werden eher kleine, wenig sprunghafte, inkrementalistische Entwicklungsschritte gegangen. Rationale Politik, so auch Elster (1989b), ist weitgehend auf inkrementalistische Programme beschränkt, weil auf diese Weise die Unsicherheit des Handelns begrenzt werden kann. Handeln ist aufgrund dieser "sequentiellen" Logik, mit der Akteure die Unsicherheit von Handlungssituationen beantworten, ebenso an Prozessen wie an Ergebnissen orientiert (Wiesenthal 1997: 84 f.).

19 Zur Begriffsklärung "informales Regieren" vgl. ausführlich Wewer 1991a; Kastning 1990.

Erkennt man die Unsicherheit als generelle Handlungsbedingung von Koalitionen an, so liegen Erklärungen nahe, die Institutionen unter dem Gesichtspunkt von Entlastungseffekten interpretieren. Institutionen prägen Handlungsorientierungen wie auch Konfliktstrukturen und Konfliktlösungsmuster entscheidend vor; sie bieten in Interaktionen zwischen Akteuren eine zusätzliche "Außenstütze" (vgl. Saretzki 1996: 18; Hall/Taylor 1996: 945). Institutionell gebundenes Handeln kann deshalb eine zerbrechliche Vertrauensbasis zwischen Koalitionsakteuren stabilisieren. An Regeln gebundenes, sozial normiertes Handeln ist sinnvoll, weil es Vorhersehbarkeit und Ordnung eher zu garantieren vermag als ein politisches Handeln, für das die Akteure jedesmal von neuem ihre Präferenzen nach erwarteten Gewinnen neu ausrichten müssen.

Nimmt man die - ursprüng-lich gegen Rational-Choice-Theorien und systemtheoretische Ansätze gerichtete - neo-institutionalistische Perspektive ein, so bedeutet dies doch keineswegs, daß Institutionen Akteurshandeln determinieren. Selbst wenn der hier entwickelte Untersuchungsansatz die Bedeutung von Regeln betont, so muß er deswegen nicht gleichzeitig dic Bcdcutung einer kalkulierten Wahlhandlung von Akteuren verneinen (Ostrom 1991: 239; vgl. auch Pettit 1996). Politische Akteure verfügen zumeist über alternative Entscheidungsmöglichkeiten, selbst wenn ihr Handeln institutionell befestigt ist (Ostrom 1991: 237 ff.) und Gesetze oder gar Verfassungsvorschriften einen hohen Grad an Rechtsverbindlichkeit aufweisen. Davon legen wiederum die vielfältigen Formen informellen Handelns von Koalitionen Zeugnis ab, bei denen Entscheidungen außerhalb der formell zuständigen Institutionen getroffen werden. Normative Bindungen von Koalitionsakteuren dürfen somit nicht im Sinne eines normativen Integrationsansatzes interpretiert werden, nach dem tragende Kulturmuster internalisiert und über werthafte Handlungsorientierungen zu festen Bestandteilen von personalen und sozialen Systemen werden (Parsons 1952). Normenkonflike, Normabweichungen, aber auch ein Verhalten, das nicht normativ reguliert ist, würden so ausgeblendet (Opp 1986: 7)[20]. Politische Akteure sind deshalb auch mehr als ein *"homo sociologicus"* (vgl. Dahrendorf 1965; Opp 1986), da sich ihre Handlungswahl zwar auch, aber bei weitem nicht nur aus internalisierten Normen ergibt.

Institutionentheoretische und handlungstheoretische Ansätze stehen in einer Koalitionsanalyse somit weniger in einem Konkurrenzverhältnis als vielmehr in einer komplementären Beziehung zueinander. Einen Versuch, beide Ansätze zu integrieren, bieten Überlegungen, die über die Konzeption von *"habits"* und *"frames"* versuchen, die Reichweite der Erklärung von Theorien der rationalen Wahl zu vergrößern (vgl. Kahnemann/Tversky 1979; Esser 1990; Kunz 1996b). Nach dem Theorem der "habits" folgt menschliches Handeln nur in Ausnahmefällen der Maximierungsregel des homo oeconomicus. Die meisten Handlungs- bzw. Verhaltensweisen verlaufen vielmehr ritualisiert bzw. habituell. "Habits" sind demnach automatische, unreflektierte Reaktionen, die Entscheidungs- und Transaktionskosten, d.h. Kosten, die bei der Durchführung einer Handlung bzw. Interaktion anfallen, beträchtlich zu senken vermögen. Akteure weichen demnach voraussichtlich erst dann von Routinen ab, wenn die erwarteten Gewinne einer nutzenmaximie-

20 Das soziologische Modell berücksichtigt nicht, daß Individuen auch dann, wenn Normen bestehen, Entscheidungen treffen können, in denen sie abwägen, ob es vielleicht vorteilhaft ist, Normen nicht zu befolgen (vgl. Opp 1986: 13).

renden Handlung höher ausfallen. Habitualisiertes Verhalten könnte dieser Interpretation zufolge als integraler Bestandteil eines rationalen "Verrechnungsmodus" konzipiert werden (vgl. Opp 1986: 18; Esser 1990: 236 f.), wenn sich Individuen in einem mehrstufigen Prozeß der rationalen Wahl[21] dafür entscheiden, Routinen anzuwenden.

Die Kritik an diesem Versuch, habitualisiertes Verhalten in die Logik von Rational-Choice einzubauen, liegt auf der Hand. Folgt man dieser Argumentation, würde die Unterscheidung zwischen "Handeln" und "Sich-Verhalten" letztlich verwischt, da sich Individuen in einer Kosten-Nutzen-Kalkulation zugunsten des kostensparenden "Sich-Verhaltens" *entscheiden* könnten. Nach Srubar (1992: 161 ff.) dürfen Theorien rationaler Wahl ein von ihnen abweichendes Verhalten nicht auch noch als rational im Sinne des Modells erklären, da sonst die Selektionsregel als *die* Handlungsdynamik schlechthin unterstellt wird. Die Wahl einer bestimmten Handlung liege aber nicht immer in der abwägenden Tätigkeit von Subjekten. Srubar plädiert deshalb dafür, von einem Kontinuum auszugehen, das zwischen dem reinen Rational-Choice-Modell und dem Idealtypus eines routinemäßigen Handelns aufgespannt ist (ähnlich Schelling 1960: 16). Diese Anregung ist heuristisch fruchtbar, auch wenn sie empirisch nur teilweise umgesetzt werden kann, weil die Anteile rationalen Kalküls bzw. habitualisierten Verhaltens in einer Handlung nicht immer präzise bestimmt und auch von den Akteuren selbst nicht immer angegeben werden können. Gleichwohl läßt sich auf diese Weise die Bandbreite typischer entscheidungsleitender Gründe differenzierter ausloten, z.B. durch Interviews mit politischen Akteuren, auch wenn die Komplexität der Untersuchungsanordnung damit zunimmt (vgl. Nørgaard 1996: 53).

Auch für den Koalitionsalltag kann somit keineswegs ausgeschlossen werden, daß Normen und institutionalisierte Handlungsanleitungen so verinnerlicht werden, daß sie ohne vorangegangene Kosten-Nutzen-Analyse - als Routinen - angewandt werden. Dies gilt auch für politische Eliten, auch wenn diesen aufgrund von Plausibitätsvermutungen zuweilen eine umfassene Rationalität zugeordnet wird (vgl. Tsebelis 1990: 30). Ob sich ein Koalitionsakteur aufgrund verinnerlichter Normen oder aus strategischem Kalkül heraus institutionen- und normkonform verhält, kann letztlich nicht an seinem Verhalten abgelesen werden. Beide Erklärungen können sich, wie noch gezeigt wird, im Koalitionsalltag wie zwei Glasscheiben voreinander schieben, die damit dennoch den Blick auf dasselbe wahrgenommene Verhalten eines Akteurs freigeben. Die eine greift dabei auf die Idee internalisierter Rollen und kultureller Muster ("cultural approach"), die andere auf handlungstheoretische Begründungen zurück ("calculus approach"; vgl. Hall/Taylor 1996). Desungeachtet ist es für die nachfolgende Koalitionsuntersuchung an einigen Stellen analytisch sinnvoll, grundsätzlich zwischen strategischem, d.h. institutionelle Regeln einkalkulierenden Handeln und durch Institutionen bedingtem, habitualisierten Sich-Verhalten zu unterscheiden, auch wenn sich beide "Pole" in einer Handlung vermi-

---

21 Die Phase der Kognition ist von Prozessen der Erinnerung und Assoziationsbildung bestimmt. Wenn das aktualisierte Alltagswissen bereits eine befriedigende Lösung ergibt, bestimmt diese Phase das Verhalten. In der Phase der Evaluation bewertet ein Individuum seine Handlungsalternativen vor dem Hintergrund der eigenen Präferenzen und (subjektiven) Wahrscheinlichkeiten. In der Phase der Selektion kommt das Kriterium der Nutzenmaximierung zur Anwendung; dabei dürfen nicht gleichzeitig andere Alternativen einen höheren Nutzen versprechen. Vgl. Esser 1990: 231 ff.

schen können. Während ersteres Regeln und Normen bewußt einsetzendes Handeln umfaßt, ist unter letzterem routinemäßiges Sich-Verhalten zu verstehen. Dabei sind Normen so internalisiert, daß sich Koalitionsakteure nach ihnen verhalten, ohne sie in ihr strategisches Kalkül einzubeziehen.

Eine Folge dieser Überlegungen ist, daß im Analysekonzept von einem engen Institutionenbegriff ausgegangen werden soll, der nicht schon sich verdichtende Verhaltensmuster als institutionelles Handeln begreift. Als Institutionen sollen vielmehr gesetzte Regeln, Verträge und auch Organisationen gelten, weil auf diese Weise institutionelles Handeln von Institutionalisierungsprozessen und generell akteursspezifischem Handeln genauer abgegrenzt werden kann.

Wie aber können nun unterschiedliche Situationsdeutungen und Einstellungen zu Interaktionen mit dem Koalitionspartner, die nicht den Grad an Generalisierung wie institutionalisierte Normen aufweisen, in einen solchen Ansatz eingebaut werden? Eine solche Möglichkeit bietet das Konzept des *"framing"*, das als *ein* Fall einer Theorie des rationalen Handelns konzipierbar ist. Über dieses Konzept können kognitive und damit kulturelle Elemente in Handlungstheorien der rationalen Wahl eingefügt werden. "Frames" bzw. Handlungsrahmen sind zentrale, stabile, das Handeln eines Individuums steuernde Orientierungen und Interpretationsschemata, die handlungsleitend sind (vgl. Goffman 1977: 31). Als "spezifische Muster der Sinnstiftung" (Vowe 1994: 433) frieden diese Deutungsmuster Handlungen und Interaktionen in durch diese Schemata aufgerichteten Grenzen ein. Handlungsrahmen enthalten kognitive Elemente und evaluative Standards über Handlungsziele und sind daher im politischen Alltag notwendig, um effizient und kostensparend Entscheidungen treffen und Konsens herbeiführen zu können. Ideologische und programmatische Orientierungen von Koalitionsakteuren sind Beispiele für solche Handlungsrahmen. "Frames" eignen sich dazu, nicht nur die Verfahren, sondern eben auch die Ziele, an denen sich Koalitionspartner ausrichten, erheblich zu vereinfachen. Selbst widersprechende Erfahrungen werden zuweilen in solche etablierte Muster eingefügt. Sie verringern eine drohende kognitive Überlastung von Personen, indem sie es diesen ermöglichen, Informationen nach ihrer Bedeutung einzuordnen. Dergestalt erleichtern sie die Organisation des Alltags.

Handlungsrahmen sind somit einerseits subjektive Beurteilungs- und Orientierungshilfen. Sie können sich andererseits zu allgemein akzeptierten Anleitungen verdichten und stehen dann als standardisierte Deutungsmuster bereit. Deutungsmuster legen das politische Handeln nicht unmittelbar fest. Einerseits leiten "Rahmen" individuelles und kollektives Handeln, andererseits werden in Interaktionen Deutungsmuster fortlaufend verändert und an neue Erfahrungen angepaßt (vgl. Vowe 1994: 124 ff.).

Werden kognitive und institutionentheoretische Überlegungen in ein Untersuchungskonzept eingebaut, so ermöglicht dies eine realitätsnähere Herangehensweise an den Untersuchungsgegenstand. Ein kontrollierter theoretischer Eklektizismus, so Wiesenthal (1997: 92), erlaube angesichts einer komplexen empirischen Realität eine zielgerichtetere Annäherung an die Wirklichkeit als monistische Erklärungsansätze. Doch eben weil es die von einer Vielzahl von erklärenden Variablen abhängende Entscheidungspraxis von Regierungsbündnissen ist, die hier untersucht werden soll, läuft ein Untersuchungsansatz, der institutionen- *und* handlungstheoretische Überlegungen zu integrieren versucht, doch schnell Gefahr, einen so hohen Grad an Komplexität zu erreichen, daß Fakten nurmehr deskriptiv dargestellt werden (vgl. Mayntz/Scharpf 1995). Renate Mayntz und Fritz W. Scharpf schlagen daher eine "analytische Hierarchisierung" vor: Institutionelle Arrangements liefern immer auch Aussagen über Handlungen, Handlungsorientierungen und Deutungsmuster von Akteuren, die über sie evaluiert werden können. Das Handeln von Koalitionsakteuren kann deshalb solange institutionell erklärt werden, wie es sich nicht von institutionell vorgegebenen Regeln und ebenso normierten Verhaltensweisen entfernt. Eine solche Vorgehensweise (*"akteurzentrierter Institutionalismus"*; vgl. u.a. Ostrom 1991; Mayntz/Scharpf 1995; Scharpf 1997) reduziert demnach den Aufwand, Koalitionshandeln zu untersuchen, weil sie die Zahl der ungleich aufwendiger zu ermittelnden akteursspezifischen Variablen zu reduzieren vermag. Denn um diese zu erheben, müssen Interviews oder Dokumentenanalysen durchgeführt werden. Demgegenüber kann institutionell begründetes Handeln einfacher untersucht werden, da institutionelle Funktionsweisen in aller Regel bekannt und ohne große Zugangshürden über Gesetze und verschriftliche Materialien erschlossen werden können. Auf der Grundlage der von Mayntz und Scharpf vorgeschlagenen Forschungsheuristik sind allerdings keine Aussagen darüber möglich, inwieweit institutionelles Handeln auf strategischem Kalkül beruht, da institutionenkonforme Handlungsweisen in dieser Forschungsheuristik nicht explizit auf handlungs- oder verhaltenstheoretische Begründungen zurückgeführt werden. Daneben gibt es eben im Koalitionshandeln Bereiche, die institutionell nicht vorgeformt sind.

Fassen wir zusammen: Handlungstheorien eignen sich zur Analyse des Regierens in Koalitionen deshalb, weil Entscheidungssituationen als erklärende Variable thematisiert werden. Dies gilt aber nur, sofern von einer eingeschränkten Rationalität der Akteure ausgegangen wird. Es gibt Formen rationaler und rationeller Standardisierung von Handlungsmustern, die Handlungssituationen entlasten können. Hierzu zählen Handlungsrahmen, welche die Zielstrukturen von Akteuren vereinfachen. Institutionelle Erklärungsversuche können an diesen Ansatz vergleichsweise einfach angeschlossen werden. Institutionen strukturieren das Handeln politischer Akteure einerseits vor (unabhängige Variable); damit enthalten sie oft generalisierte Situationsdeutungen und Schemata, nach denen sich Individuen richten - sei es aus strategischem Kalkül, sei es, weil Normen und Regeln verinnerlicht werden. Andererseits werden institutionelle Arrangements in Interaktionen erst geschaffen und wieder modifiziert (abhängige Variable).

3.2 Interaktionsorientierungen und Entscheidungssituationen

Mit diesen ersten Schritten, handlungs- und institutionentheoretische Ansätze zu verbinden, ist ein Forschungsansatz umrissen, der für die hier entwickelte Fragestellung noch erweitert werden muß, um ihn einer Operationalisierung zugänglich zu machen. Um nicht nur Prozesse der Handlungsgenese, sondern auch Interaktionen von Akteuren thematisieren und Gründe für Handlungsfolgen angeben zu können, müssen die bisherigen Überlegungen so ausgeweitet werden, daß sie für Interaktionen zwischen Koalitionsakteuren, also für die Analyse des täglichen Aushandelns von Entscheidungen, brauchbar sind. Auch existiert in der Realität von Koalitionsakteuren zumeist eine Vielzahl von unterschiedlichsten Handlungsrahmen, die nicht alle für eine Analyse operationalisiert werden können und für Koalitionshandeln überdies nicht gleichermaßen bedeutsam sind.

Eine vergleichsweise überschaubare und einfache Möglichkeit, typisierbare "Deutungsmuster" von Akteuren in ein Untersuchungskonzept einzubauen, bietet die ursprünglich für spieltheoretische Modelle entwickelte Idee der "Interaktionsorientierungen" (vgl. Grzelek 1990; Vowe 1994; Scharpf 1997: 86 ff.). Darunter versteht man "generalisierte Einstellungen zur Interaktion" (Vowe 1994: 435), aufgrund derer Akteure ihre Strategien festlegen. Handelnde Personen wägen die angenommenen Interaktionsorientierungen anderer Akteure ab und richten ihre Verhaltensweisen danach aus; auch rechnen sie damit, daß Alter von den beobachteten Handlungen von Ego Rückschlüsse auf die Orientierung von Ego zieht.

Mit dem Konzept der Interaktionsorientierung können folglich kognitive Deutungsmuster in theoretische Ansätze der Koalitionsanalyse eingebaut werden. Aus ihnen folgt, daß, erstens, Akteure ihren "Gewinn" daran bemessen, wie das Verhältnis von eigenem und fremdem Gewinn ausfällt. Zweitens vermutet Alter bei Ego eine bestimmte Orientierung und richtet daran seine eigene Strategie aus - und umgekehrt. Deshalb versuchen, drittens, Akteure oft durch ein bestimmtes Verhalten die Einschätzung ihres Gegenüber zu beeinflussen. Solche Interaktionen schaffen Situationsdeutungen, die sich verfestigen können, so daß aufgrund von wechselseitigen Wahrnehmungen und Lernerfahrungen von Koalitionsparteien bestimmte Orientierungen vorausgesetzt werden. Diese sind auch in Institutionen, die politisches Handeln und Interaktionen regeln, zum Teil vorgegeben. Umgekehrt werden Deutungsmuster bzw. Orientierungen in Interaktionen weiter modifiziert. So kann es geschehen, daß die Interessen von Koalitionsakteuren - beispielsweise die gemeinsame Regierungsbeteiligung - gleich bleiben, sich die wechselseitigen Wahrnehmungen und damit der "Handlungsrahmen" jedoch im Laufe der Kooperation ändern. Selbst wenn in einer Partei zu Beginn der Legislaturperiode der Wille zur Zusammenarbeit mit dem Partner vorhanden ist, können Erfahrungen, vom Gegenüber übervorteilt worden zu sein, dazu führen, daß konfliktorientiertem Handeln im Laufe der Zeit ein höherer Stellenwert beigemessen wird. Andererseits können Erfahrungen einer fairen Kooperation ein anfänglich vorhandenes Mißtrauen abbauen helfen. Das Konzept der Interaktionsorientierungen trägt somit dazu bei, Koalitionshandeln als sequentiellen Prozeß von miteinander verbundenen Entscheidungen und Handlungen zu interpretieren. Ob Koalitionspartner miteinander partnerschaftlich oder aber kompetitiv oder gar feindselig umgehen, hat enorme Auswirkungen darauf, wie und ob überhaupt tragfähige politische Kompromisse zustandekommen.

Grundsätzlich lassen sich fünf typisierbare Interaktionsorientierungen unterscheiden, die in konkreten Situationen meistens in Mischungsverhältnissen auftreten. Unter *Wettbewerbsorientierungen* bzw. *kompetitiven Orientierungen* sind Handlungsorientierungen zu verstehen, die den eigenen Vorteil gegebenenfalls zu Lasten der anderen Seite zu erhöhen versuchen und konkurrierende Problemlösungen im eigenen Sinne entscheiden wollen. Der eigene Erfolg bemißt sich am Abstand zwischen der eigenen Person (bzw. Organisation) und dem konkurrierenden Akteur. Eigene Gewinne und Verluste des anderen werden als grundsätzlich gleichwertig eingeschätzt, d.h., daß eigene Verluste auch dann noch als Gewinn gewertet werden können, wenn die Verluste des Interaktionspartners höher ausfallen (Scharpf 1997: 86), keiner der an einer Interaktion beteiligten Akteure jedoch einen Gewinn erzielt, der ihn im Vergleich zum Status quo besser stellt. Gemeinsam getragene Lösungen, für die einer der Koalitionspartner einen

Nachteil in Kauf nimmt, sind dann schwer zu erreichen, wenn einer Handlungssituation keine kooperativen Orientierungen beigemischt sind.

Das Gegenstück hierzu sind *kooperative Orientierungen*, die dadurch gekennzeichnet sind, daß ein Akteur sein Handeln an der Summe aus dem eigenen Gewinn und den Gewinnen der Interaktionspartner ausrichtet. Solche Einstellungen zur Interaktion erlauben es grundsätzlich, daß einer der Koalitionspartner Eingriffe in seine Substanz, z.B. geringere Haushaltsmittel für seine Ressorts, akzeptiert. Sie sind in Koalitionen schon deshalb zumindest zu Beginn der Legislaturperiode immer beigemischt, weil ohne sie eine Zusammenarbeit im Regierungsbündnis nicht möglich wäre. *Egoistisch-rationale Orientierungen* wiederum verhalten sich gegenüber den Gewinnen oder Verlusten des Mitspielers gleichgültig; solche Handlungen sind nur am eigenen Gewinn interessiert. Rein egoistische Einstellungen wurden zwar vom ökonomischen Verhaltensmodell lange Zeit als der dominierende Handlungsantrieb angesehen; in Kooperationsbeziehungen, wie sie Koalitionspartner eingehen, spielen Gewinne und Verluste des Gegenübers in der eigenen Kalkulation indes eine entscheidende Rolle (vgl. Kap. 4.4). Der Konterpart hierzu sind *altruistische Orientierungen*: Diesen ist der eigene Gewinn gleichgültig; wichtig ist einem Akteur, daß sein Gegenüber einen Gewinn verbuchen kann. Altruistische Einstellungen sind in Koalitionen unwahrscheinlich, da Koalitionsakteure immer den Nutzen der eigenen Partei im Auge behalten müssen, um die Legitimation und Unterstützung von Fraktion und Partei sowie Wählern dauerhaft sicherzustellen. Gewiß kommt es vor, daß ein Koalitionspartner dem anderen einen begrenzten politischen "Erfolg" überläßt. Doch dies ist insofern nicht "altruistisch", als diese Konzession typischerweise den *gemeinsamen* Vorteil, d.h. die Stabilität des Bündnisses, im Auge hat.

Eine weitere Ausprägung sind *feindliche Interaktionsorientierungen*, die Verluste des Interaktionspartners als eigenen Gewinn erachten und dabei den eigenen Status nicht reflektieren. Solche Konstellationen können auch in Koalitionen auftreten, wenn etwa bestimmte Gruppierungen einer Partei gegen den Koalitionspartner Stellung beziehen.

In Koalitionen sind unterschiedliche Interaktionsorientierungen auf verschiedenen innerorganisatorischen und parlamentarischen Ebenen der Parteien verschieden stark ausgeprägt. So können Teile der Basis dem Wettbewerb mit dem Partner einen höheren Stellenwert einräumen als die Verhandlungsspitzen der eigenen Partei - oder umgekehrt.

3.3 Zur Analyse mehrdimensionalen Koalitionshandelns

Die formalen Koalitionstheorien haben, wie oben beschrieben, zumeist die Wechselwirkungen zweier Untersuchungsebenen analysiert und dabei nicht selten die Binnenprozesse in Parteien ausgeblendet oder aber, sieht man von der oft evaluierten Struktur des Koalitionen zugrunde liegenden Parteiensystems ab, institutionelle Faktoren lange Zeit als externe Rahmenbedingungen vernachlässigt (vgl. Budge/Laver 1992a: 6 ff.). So liegen bislang nur wenige Studien vor, die intraorganisatorische Koordinationsprozesse in Parteien - z.B. die Frage, welche Koalitionspräferenzen in einer Partei vorhanden sind und wie diese aggregiert werden - mit der tatsächlichen Koalitionsentscheidung und den sich daraus wahrscheinlich ergebenden Auswirkungen auf die Stellung der Partei im Parteiensystem untersuchen (für die F.D.P. z.B. Niedermayer 1982; für den Sonderfall der Bremer SPD: Schieren 1996; vgl. auch: Maor 1998; für föderale Systeme vgl. Downs 1998). Schon Koalitions*bildungen* können nur schwer realitätsnah untersucht werden, ohne daß dabei verschiedene Handlungsebenen einbezogen werden (vgl. Schüttemeyer 1998: 240 ff.; Kropp/Sturm 1998: 149 ff.); dies gilt erst recht für die Entscheidungspraxis von Regierungsbündnissen. Für dieses Untersuchungsziel müssen etliche Untersuchungsebenen miteinander verknüpft werden: Erstens sind Wechselbeziehungen zwischen der (intraorganisatorischen) Koordination verschiedenartiger Präferenzen von Parteien und der Koordination von Strategien zwischen den Koalitionspartnern zu berücksichtigen. Diese Verknüpfung zweier Untersuchungsebenen trägt dem Umstand Rechnung, daß Parteien eben nicht als einheitliche Akteure aufgefaßt werden können. Intraorganisatorische Präferenzen und Machtverteilungen wirken sich auf die Strategien und Handlungen von Koalitionsakteuren zweifelsohne aus. Zweitens ist zu beachten, daß Koalitionsakteure ihr Handeln und ihre Strategien über weitere, durch personelle und strukturelle Verknüpfungen miteinander verbundene Handlungsarenen aufspannen müssen, die wiederum in Wechselwirkungen zueinander stehen (z.B. die föderale und die parlamentarische Entscheidungsebene, den Parteienwettbewerb; vgl. hierzu auch die Studie von Gros 1998: 137). Koalitionsakteure handeln somit immer in mehrdimensionalen Interaktionszusammenhängen. Sie müssen deshalb unterschiedliche Formen von Rationalität beachten, die in einer konkreten Entscheidungssituation miteinander konkurrieren können. Es gilt folglich schon in der Anlage der Untersuchung zu berücksichtigen, daß Koalitionsakteure verschiedene Entscheidungs- und Handlungsebenen miteinander verbinden müssen und sie daher vor ungleich komplexeren Aufgaben stehen, als dies die an Koalitionsbildungen interessierte, modellbildende Koalitionsforschung bislang konzeptionalisiert hat. Sie sind miteinander konkurrierenden Erwartungen und Handlungszwängen ausgesetzt, die sich nicht immer nahtlos miteinander verbinden lassen.

"Arenen" sind nicht automatisch identisch mit bestimmten Organisationen, sie sind vielmehr durch ihre Entscheidungsfunktionen definiert (vgl. Benz 1992: 153). In der Regel lassen sie sich aber durch institutionelle Merkmale voneinander abgrenzen. Sie bergen spezifische Entscheidungsregeln und das Handeln der Akteure prägende Normen in sich. Ob den Handlungsarenen von Koalitionsakteuren - gleichsam unterhalb des Niveaus verbindlicher Regeln und Normen - ebenfalls jeweils typisierbare Interaktionsorientierungen - und damit für Koalitionshandeln typische Handlungsrahmen - zugewiesen werden können, kann erst dann geklärt werden, wenn die für Länderkoalitionen bedeutsamen Arenen näher bestimmt werden (vgl. Kap. 4). Aus den diesen Arenen eigenen institutionellen Mustern, den Interaktionsorientierungen sowie den wechselseitigen Beziehungen und Verknüpfungen der Handlungsebenen lassen sich dann vorläufige Aussagen herleiten über das zu erwartende Konfliktniveau in der Koalition und über Möglichkeiten der Konsensbildung in einem Parteienbündnis.

Entscheidungsprozesse in Mehrebenen-Strukturen sind ein Thema, mit dem sich die Politikwissenschaft auf den unterschiedlichsten Feldern, z.B. in der internationalen Politik, der Föderalismusforschung oder in der Policy-Analyse, systematisch beschäftigt hat[22]. Bislang hat allerdings nur Tsebelis (1990) Koalitionen überzeugend als Beispiel

22 Vgl. z.B. Scharpf 1985; Putnam 1988; bereits Lehmbruch 1976, 1998a; Benz/Scharpf/Zintl 1992.

herangezogen, um zu verdeutlichen, daß in vernetzten oder ineinandergeschachtelten ("nested") Handlungsarenen Akteure selbst dann ihre Strategien subjektiv optimal wählen können, wenn außenstehende Beobachter das Verhalten eines Akteurs als für nicht mit den ihm extern zugeschriebenen Präferenzen vereinbar halten. "Suboptimale", d.h. nicht den Nutzen des Akteurs maximierende Handlungsergebnisse werden von Außenstehenden oft vor allem deshalb als solche wahrgenommen, weil deren Perspektive verkürzt ist: Eine von außen zugeschriebene "optimale" Handlung erweist sich oft dann nicht als die angemessene, wenn man das gesamte Netzwerk von relevanten Arenen in Betracht zieht. Koalitionsakteure müssen für *eine* Entscheidung den erwarteten Nutzen und mögliche Verluste in *mehreren* Handlungsarenen - unter Bedingungen unvollständiger Information und nur bedingt abschätzbarer Handlungsfolgen - gleichzeitig *subjektiv* abwägen.

Die Tatsache, daß in unterschiedlichen Arenen verschiedenartige Handlungsanforderungen und damit auch konkurrierende Zielerwartungen existieren, wirft die Frage auf, welcher Handlungsarena in einer konkreten Entscheidungssituation Priorität beigemessen wird. Politische Akteure bevorzugen zumeist einen Handlungszusammenhang als ihre *"Hauptarena"* ("principal arena"; vgl. Tsebelis 1990: 7), der die anderen nach ihrer Bedeutung zugeordnet werden. Ein Koalitionsakteur ist folglich gezwungen, seine verschiedenartigen Nutzenerwartungen und Entscheidungen über die einzelnen Arenen hinweg aufzuspannen, dabei die Entscheidung zugunsten einer "Hauptarena" zu treffen und andere Handlungsebenen diesem erstrangigen Spielfeld zuzuordnen. Für den Betrachter bedeutet dies, daß selbst dann, wenn er das Koalitionshandeln als "Hauptarena" seiner Forschung betrachtet, diese Perspektive von Koalitionsakteuren nicht uneingeschränkt geteilt werden muß. So können die Spitzenakteure der Koalitionsparteien durchaus zeitweise Verluste in der innerparteilichen Unterstützung in Kauf nehmen, um einen Kompromiß mit dem Bündnispartner erzielen zu können. Umgekehrt können sie aber die Zusammenarbeit in der Koalition in ihrer Bedeutung zurückstufen, um Gewinne in anderen Arenen zu erreichen. Ein Beispiel hierfür wäre ein Stimmverhalten einer Partei im Bundesrat, das Absprachen mit dem Koalitionspartner verletzt, um der eigenen Bundespartei im Bundesrat die Mehrheit zu sichern. Wie solche situativ flexiblen Strategien konfliktverstärkend wirken, oder ob und wann die Koalitionsspitzen dies als notwendige, für die Kooperation aber unbedenkliche Vorgehensweise einzuordnen vermögen, muß auf empirischer Grundlage beantwortet werden (vgl. Teil 2, Kap. 2 und 3).

Das Konzept der *Handlungs- und Relevanzrahmen* ("framing") wiederum vermag solche Präferenzwechsel analytisch zu fassen. Jeder Akteur besitzt diesem Ansatz zufolge in den meisten Situationen unterschiedliche, miteinander konkurrierende Ziele. Es setzt sich dasjenige durch, das die beste "Struktur" bietet, indem es die größte Kosten-Nutzen-Differenz zu den anderen Alternativen bereithält. Koalitionsakteure sind in dieser Perspektive nicht ökonomische Nutzenmaximierer, sondern "abwägende" Akteure, die unter unsicheren Rahmenbedingungen versuchen, das - nach eigener Einschätzung - jeweils beste Ergebnis in einer mehrdimensionalen Handlungsanordnung zu erzielen (vgl. Hogwood 1999). Präferenzwechsel treten demzufolge dann ein, wenn sich die Differenz einer Handlungsoption zu den anderen Alternativen verändert, so daß ein neuer Relevanzrahmen den Platz des alten einnehmen kann. Im idealen Fall wird die Option gewählt, die der anderen im gleichen Zustand überlegen ist und mindestens gut ist in allen anderen

Zuständen (Marini 1992: 24). In unserer Konzeption wird der Wechsel des Handlungsrahmens über den Wechsel von Interaktionsorientierungen untersucht.

Um strategisches Handeln von Koalitionsakteuren analysieren zu können, müssen somit die zugrunde liegenden Situationen und Deutungsmuster der Akteure erfaßt werden. Damit nähert sich ein realistisches Untersuchungskonzept zur Analyse von Koalitionsregierungen hermeneutischen Methoden an: Wer kognitive Elemente in die Koalitionsanalyse integriert, muß empirisch ermitteln, wie Akteure ihre Situation interpretieren. Dies kann vor allem über Tiefeninterviews und die Analyse schriftlicher Dokumente geschehen. Dieses Vorgehen beschränkt sich indessen nicht darauf, Ereignisse und Geschehnisse verstehend nachzuvollziehen. Ein solches Vorgehen bliebe wesentlich auf die Analyse von Einzelfällen und auf Ad-hoc-Erklärungen beschränkt. Theoretischer Bezugspunkt bleibt deshalb im folgenden die Kombination von akteurs- und institutionentheoretischer Perspektive, die mit hermeneutischen Methoden verknüpft werden.

Da Akteure also auf unterschiedlichen Spielfeldern gleichzeitig handeln müssen, sind sie gezwungen, verschiedenartige Interessenlagen, institutionelle Regeln und Entscheidungsmodi gleichzeitig zu berücksichtigen. Koalitionspolitiker können sich den diesen Entscheidungsarenen eigenen Handlungsanforderungen nur teilweise entziehen. Der Koordinationsaufwand steigt für Entscheidungen in vernetzten Arenen somit beträchtlich an. Nicht immer sind Problemlösungen, die für eine Entscheidungsebene gefunden werden, mit anderen Handlungszusammenhängen kompatibel. Entscheidungsprozesse, die sich über mehrere institutionell abgrenzbare Arenen erstrecken, bergen deshalb - theoretisch - die Gefahr in sich, daß sie durch Konflikte blockiert werden (Benz 1992: 151 f., 1995; vgl. empirisch Gros 1998)[23]. Blockaden drohen zumal dann, wenn die Interaktionspartner ihre Handlungsprioritäten unterschiedlich setzen. Die verschiedenartigen Regeln des Konfliktaustrags, die für die einzelnen Handlungsebenen gelten, erschweren es Koalitionsakteuren, die relevanten Arenen miteinander zu verspannen. Umgekehrt birgt die instabile Zuordnung von Entscheidungszusammenhänge auch Dynamiken und flexible Möglichkeiten der Strukturanpassung in sich (Benz 1995). Wie diese einzelnen Handlungsebenen miteinander verknüpft werden, stellt nicht nur eine empirische Herausforderung an die Koalitionsakteure dar, sie ist vielmehr ein zentrales Problem, dem sich die Koalitionsanalyse stellen muß. Grundsätzlich gilt der Zusammenhang: Je fragmentierter die Verantwortlichkeiten in einem politischen System sind, desto größer ist die Notwendigkeit, informale Entscheidungsprozesse zu etablieren (Wewer 1991c: 194). Solche informalen Elemente bilden Scharniere auch zwischen den einzelnen institutionell abgrenzbaren Entscheidungsebenen, auf denen Koalitionsakteure handeln. Aus diesen Erkenntnissen ergibt sich die empirische Notwendigkeit, jene Koalitionsakteure zu identifizieren, die auf diesen verschiedenartigen, jedoch miteinander zu verknüpfenden Spielfeldern gleichzeitig handeln (vgl. Teil 1, Kap. 4).

23 Diese Perspektive wurde insbesondere von der sog. "Strukturbruchthese" Lehmbruchs (1976; 1998a) geformt. Zur Relativierung vgl. Kap. 4.3 und 4.5.

3.4 Vergleichende Methode: "most-different-cases"

Ziel der nachfolgenden empirischen Untersuchung ist es, am Beispiel von Länderkoalitionen Hypothesen über Entscheidungs- und Koordinationsmuster in Koalitionen zu generieren. Im Vordergrund steht die Frage, wodurch die Konsensbildung in Koalitionen typischerweise ermöglicht oder erschwert wird und welche Ursachen typischerweise Konflikte auslösen. Im weiteren Sinne geht es darum, ein Koalitionen eigenes Phänomen zu erklären: Koalitionen sind in der Lage, den Parteienwettbewerb innerhalb des Regierungsbündnisses und Konfliktpotentiale, die von anderen Handlungsebenen auf die der Koalitionsentscheidungen übergreifen, für die Zeit des gemeinsamen Regierens zurückzudrängen, zumindest aber wechselseitige Konkurrenzstrategien zugunsten von gemeinsam getragenen Einigungen und Problemlösungen - mehr oder weniger - zurückzustellen. Einen Vorrat an Kooperation weisen grundsätzlich auch solche Koalitionen auf, in denen das Konfliktniveau hoch liegt. Kooperative und kompetitive Elemente sind konstitutives Merkmal eines jeden Parteienbündnisses, auch wenn das Mischungsverhältnis dieser beiden Komponenten durchaus sehr unterschiedlich ausfallen kann.

In dieser Studie soll herausgearbeitet werden, welche Konfliktquellen und Konsenschancen daraus erwachsen, daß sich das strategische Handeln von Koalitionsakteuren über verschiedenartige, miteinander vernetzte Arenen erstreckt. Die Spitzenakteure der Koalitionsparteien müssen in ihrem Entscheidungsverhalten die Belange dieser unterschiedlichen Arenen im koalitionspolitischen "Normalfall", der nicht von einer nahenden Auflösung des Bündnisses ausgeht, so austarieren, daß Konflikte im Regierungsbündnis nicht dessen Existenz kosten. Solche Fragestellungen können nur in detaillierten Prozeßanalysen beantwortet werden, die wiederum eine genaue Kenntnis nicht nur der handelnden Akteure und ihrer Motive, sondern auch des gesamten politischen Systems erfordern. Echte Entscheidungsprozeßanalysen sind aus eben dem Grunde der notwendigen Detailkenntnis und des damit verbundenen Forschungsaufwands nicht die Domäne der vergleichenden Politikwissenschaft (vgl. Peters 1998).

Schon aus der Anlage der Fragestellung und der Komplexität des Untersuchungsdesigns ergibt sich die Notwendigkeit eines Vergleichs, der nicht nur wenige erklärende Variablen in Betracht zieht, sondern auf Fallstudien aufbaut und deshalb nur wenige Fälle umfassen kann. Studien, die zwei oder nur wenig mehr Fälle umfassen, sind grundsätzlich dem Problem der kleinen Fallzahl mit vielen erklärenden Variablen ausgesetzt. Denn immer dann, wenn die Anzahl der Variablen die Anzahl der Fälle übersteigt, ist es nicht mehr möglich, eine eindeutige Beziehung zwischen der abhängigen und der unabhängigen Variable herzustellen. Die Zahl der theoretischen Erklärungen übersteigt in solchen Untersuchungen rasch die Zahl der betrachteten Fälle (Aarebrot/Bakka 1997: 52; Lijphart 1971: 685), so daß signifikante Aussagen kaum mehr möglich sind. Die Erklärungskraft einer einzelnen Variable kann angesichts eines solchen Mißverhältnisses nicht mehr eindeutig isoliert werden.

Gleichwohl kann die Lösung dieses Problems nicht darin bestehen, möglichst viele Fälle für eine Studie aufzuarbeiten. Die Forderung nach einer möglichst umfassenden Fallauswahl ist, so meinen einige Autoren nicht zu Unrecht (Nissen 1998; Peters 1998: 3, 58), nicht zuletzt auf die starke Stellung der statistischen Analyse in der Politikwissenschaft zurückzuführen. Zwischen der Reichweite des Konzepts und seiner empirischen

Präzision existiert jedoch immer ein Spannungs-verhältnis, das sich - in unterschiedlicher Gewichtung - in allen vergleichenden Studien widerspiegelt, wie immer diese angelegt sein mögen (vgl. Kap. 2). Nicht zuletzt die Entwicklung der vergleichenden Koalitionsforschung kann dieses Grunddilemma veranschaulichen. Der vermeintlich rein quantitative Unterschied - viele versus wenige Fälle - birgt eben auch qualitative Unterschiede in der Anlage der Untersuchung in sich, da in Studien, die auf Fallstudien aufbauen, andere Fragestellungen möglich und andere Methoden gefordert sind. Fallstudien bieten gegenüber statistischen Untersuchungen vor allem dann Vorteile, wenn, wie in dieser Studie, komplexe kausale Beziehungen analysiert werden sollen, die nicht in einem statistisch meßbaren linearen Zusammenhang stehen (vgl. Ragin 1987: 51). Denn insbesondere komplexe Zusammenhänge sind nur selten das Resultat einiger weniger erklärender Variablen. Fallstudien bieten überdies den Vorteil, daß sie zu erklärende Phänomene in ihrem jeweiligen institutionellen und historischen Kontext analysieren können (vgl. Eckstein 1975; Peters 1998: 141). Sie sind eher in der Lage, Konfliktstrukturen und Entscheidungsprozesse realitätsnah zu erfassen. Weil aber nur Untersuchungen mit einer kleinen Fallzahl alle relevanten Faktoren und Variablen umfassen können, sehen nicht wenige Autoren in solchen Untersuchungen den eigentlichen Kernbereich der vergleichenden Methode (z.B. Lijphart 1971; Ragin 1987; Nissen 1998). Auf wenigen Fallstudien aufbauend, sind vergleichende Studien eher geeignet, Hypothesen zu generieren als bereits existierende zu testen (Peters 1998: 69).

Aus dem Dilemma der kleinen Fallzahl werden zumeist zwei methodologische Wege gewiesen (vgl. Lijphart 1971): Entweder wird die Anzahl der Fälle erhöht - eine Vorgehensweise, welche allerdings wiederum eine weniger komplexe Untersuchungsanordnung als die hier geplante und der Fragestellung angemessene erfordert - oder man reduziert die Anzahl der erklärenden Variablen - ein Heilmittel, das wiederum Gefahr läuft, wesentliche Erklärungen unberücksichtigt zu lassen und das deshalb für unsere Fragestellung ebenfalls als nicht geeignet erscheint. Peters (1998: 33) verweist in diesem Zusammenhang auf die Bedeutung eines ausgearbeiteten theoretischen Konzepts, das die Gefahr externer Varianz ("extraneous variance") weitgehend zu bannen vermag. Darunter sind fehlerhafte Vorgehensweisen zu verstehen, die Variablen nicht heranziehen, obwohl diese einen ebenso oder vergleichbar bedeutsamen Effekt auf das zu erklärende Phänomen wie die bereits berücksichtigten Faktoren ausüben. Theorien können einen stabilen Interpretationsrahmen liefern, der unabhängige und abhängige Variablen in einen bereits systematischen Zusammenhang bringt und damit das Problem nicht beachteter, aber für die Erklärung bedeutsamer Variablen handhabbar macht[24]. Sie sind damit nicht nur in der Lage, Ad-hoc-Erklärungen zu vermeiden, sondern auch das typische Induktionsproblem zu kontrollieren. Dieses besteht u.a. darin, daß regelmäßig beobachtete Zusammenhänge den Betrachter dazu verleiten, voreilig theoretische Schlußfolgerungen zu ziehen, obwohl es abweichende Fälle gibt[25].

24 Insbesondere monistische theoretische Erklärungen können jedoch auch den Blick auf den Untersuchungsgegenstand verengen, weshalb es sich empfiehlt, verschiedene Ansätze zu kombinieren.

25 Da es die Sozialwissenschaften mit sich ständig wandelnden Untersuchungsgegenständen und Untersuchungsanordnungen zu tun haben, die es - anders als in einer experimentellen Anordnung in den Naturwissenschaften - nicht erlauben, Versuche beliebig oft zu wiederholen und dabei bestimmte Variablen zu

Verfechter von Handlungstheorien weisen darauf hin, daß insbesondere diese Ansätze geeignet seien, den politischen Wandel und Prozesse zu erklären. Sie besäßen ein hohes Erklärungspotential, das sich ihrer großen phänomenologischen Tiefenschärfe verdanke, welche die Anzahl von Faktoren nicht aufklärbarer Varianz erheblich verringere. Indem individuelle Handlungen im Vordergrund des Interesses stünden, werde die Zeitspanne zwischen dem Auftreten von Ursachen und den Wirkungen soweit verkürzt, daß intervenierende Einflüsse auf das Explanandum kontrollierbar würden und das Risiko unvollständiger Erklärungen signifikant abnehme (Wiesenthal 1997: 92). Auch personale Faktoren, die für die Erklärung des Koalitionsmanagements eine bedeutsame Rolle zu spielen vermögen, können auf der Grundlage akteurstheoretischer, nicht aber struktureller Erklärungsansätze theoretisch gefaßt werden.

Die vorliegende Studie ist nach dem Untersuchungsdesign der *"most-different-cases"* (vgl. Przeworski/Teune 1970) angelegt. Mit diesem Ansatz lassen sich allgemeine Zusammenhänge ermitteln; die Besonderheiten eines Phänomens stehen zumindest nicht im Mittelpunkt des Interesses, wenngleich auch sie berücksichtigt werden müssen. Vorrangiges Ziel dieser Vorgehensweise ist es, durch die Auswahl möglichst verschiedener Fälle (vgl. Kap. 4) diejenigen Zusammenhänge zwischen erklärenden Variablen und zu erklärendem Phänomen herauszufiltern, die unterschiedlichen Fällen gemein sind, und dabei funktionale Äquivalente zu bestimmen. Dem entspricht das Forschungsinteresse der vorliegenden Arbeit: Von Interesse sind *typische* koalitionsinterne Konfliktlagen und Möglichkeiten der Konsensbildung in den deutschen Ländern. Mit Hilfe dieses Vorgehens können deshalb Hypothesen generiert werden, die in weiteren Untersuchungen empirisch überprüft werden können. Untersuchungen, die nach der Methode der "most different cases" angelegt sind, sind somit - wie auch die vorliegende Untersuchung - weniger an einem Vergleich ganzer Systeme interessiert; sie wollen vielmehr Zusammenhänge zwischen Variablen aufzeigen. Ihr Erklärungswert liegt daher auf einer Ebene, die unterhalb des "Gesamtsystems" angesiedelt ist und sich auf bestimmte zu erklärende Vorgänge, wie eben das Koalitionshandeln, bezieht.

Bekanntermaßen wohnt dieser Methode die Gefahr inne, unterschiedliche Ausformungen des zu erklärenden Phänomens in den herangezogenen Fällen zu sehr einzuebnen, eben weil sich dieses nur auf einer hohen Abstraktionsebene fassen läßt. Grundsätzlich sollen Differenz und Ähnlichkeit zwar nicht in den Konzepten vermischt werden. Voneinander abweichende Merkmale und Ausprägungen in Konfliktmoderationen und Konsensbildungen der für die Studie ausgewählten Regierungskoalitionen dürfen aber in den empirischen Teilen nicht ausgeblendet werden, nicht zuletzt deshalb, weil sie auf historisch kontingentes Handeln und auf eingeschränkte Möglichkeiten, innerhalb der Reichweite des Untersuchungskonzepts Generalisierungen vorzunehmen, verweisen.

Wenn in den institutionellen Merkmalen sich unterscheidende Fälle in einer Untersuchung zusammengefaßt werden, nimmt der Ansatz der "most-different-cases" unausgesprochen an, daß strukturelle Eigenschaften für die Erklärung eines Phänomens nicht die entscheidende Rolle spielen (vgl. Peters 1998: 40). Daraus ergibt sich eine metho-

isolieren, steht ein abweichender Fall in einem induktiven Verfahren aber noch nicht einer Verallgemeinerbarkeit beobachteter Zusammenhänge im Wege; vgl. Peters 1998.

dische Annahme, die auf den ersten Blick dem oben entwickelten Untersuchungsansatz entgegensteht, demzufolge institutionellen Arrangements sehr wohl ein nicht zu gering zu veranschlagender Erklärungswert zukommt. Dieses Problem konnte jedoch in der vorliegenden Studie umgangen werden, weil für den Vergleich nicht nationale Koalitionsregierungen in verschiedenen parlamentarischen Regierungssystemen, sondern "subunits", d.h. in unserem Falle die Bundesländer, ausgewählt wurden. Viele institutionelle Variablen können deshalb dank der fast identischen Regierungssysteme auf Länderebene und aufgrund der Einbindung der Landesregierungen in dasselbe föderative System in großem Umfang konstant gehalten werden; die Fälle wurden nach koalitionsspezifischen Merkmalen ausgewählt (vgl. Kap. 4 und 5). Institutionelle Merkmale können damit als erklärende Variablen einbezogen, müssen aber nicht für jeden Fall einzeln evaluiert werden. Somit gilt für die vorliegende Untersuchung folgende Annahme: Sind im Koalitionshandeln Gemeinsamkeiten feststellbar, so lassen sich diese wahrscheinlich eher auf institutionelle Variablen zurückführen, die in dieser Untersuchung weitgehend konstant gehalten werden können. Lassen sich Unterschiede bei der Konsensbildung von Koalitionen nachweisen, so sind können diese eher durch die noch zu bestimmenden koalitionsspezifischen Merkmale (Format, Variante usw.), aber auch durch akteursspezifische Variablen (Amtsverständnis, wechselseitige Sympathien, Verhandlungsgeschick usw.) erklärt werden. Damit ist nicht ausgeschlossen, daß auch Akteure unter gleichen institutionellen Bedingungen gleiche Handlungsmuster aufgrund akteursspezifischer Erklärungen ausbilden; diese Zusammenhänge sind aber erst auf der Grundlage empirischer Ergebnisse begründbar. Eine Ausnahme stellen zudem die regionalen Parteiensysteme dar. Da die Struktur des Parteiensystems eine entscheidende (institutionelle) Kontextvariable ist, die erklärt, welche Koalition nach Wahlen entsteht (vgl. hierzu die Ergebnisse der Studie von Jun 1994), und da die hier getroffene Fallauswahl möglichst unterschiedliche Koalitionsvarianten und -formate umfassen soll, müssen diese regionalen Parteiensysteme als institutionelle Merkmale Unterschiede aufweisen.

4. Handlungs- und Entscheidungsebenen von Länderkoalitionen, ihre Interaktionsorientierungen und Entscheidungsmodi - eine empirienahe Anpassung des Untersuchungskonzepts

Da die vorliegende Untersuchung nach der Methode der "most-different-cases" verfährt, sollen im folgenden die Merkmale der einzelnen Handlungsarenen von Länderkoalitionen näher bestimmt werden, um die Auswahl der Fälle begründen zu können. Dabei geht die Studie von der Annahme aus, daß in diesen Arenen jeweils eigene koalitionsspezifische Handlungsbedingungen beheimatet sind, welche die Konsensbildung für Regierungsbündnisse jeweils erschweren bzw. erleichtern. Als für diese Untersuchung wichtigste Handlungsebenen wurden - neben der Koalition - der Parteienwettbewerb und seine wettbewerbsverstärkende Verbindung zu Wählern und der organisierten Öffentlichkeit bestimmt, ferner die parlamentarische Handlungsebene, die innerparteiliche Willensbildung und die föderale Handlungsarena. Auf dieser Grundlage sind Aussagen darüber möglich, in welchen für die Fragestellung bedeutsamen koalitionsspezifischen Merkmalen sich die jeweiligen Fälle sinnvollerweise unterscheiden müssen.

Das nachfolgende Kapitel 4 dient somit einerseits dazu, die getroffene Auswahl der empirischen Fälle zu begründen. Die genauere Betrachtung der Handlungsarenen gibt andererseits erste Auskünfte darüber, welche Entscheidungsregeln diesen für Koalitionen relevanten Handlungszusammenhängen jeweils eigen sind. Dabei ist es für die Handlungs- und Entscheidungsfähigkeit von Koalitionen von Belang, ob die in den genannten Handlungsarenen jeweils geltenden institutionellen Regeln und die in ihnen vorfindbaren Interaktionsorientierungen wechselseitig grundsätzlich anschlußfähig sind oder aber ob sie wahrscheinlich strukturell begründete Blockaden erzeugen, welche die Koalitionsakteure im politischen Alltag handhaben oder auflösen müssen. Anhand des auf der Grundlage dieser Betrachtungen empirienah ausgebauten Analysegerüsts können erste Hypothesen über das durch Vernetzungsprobleme *strukturell* begründete Konfliktniveau in Länderkoalitionen formuliert werden.

4.1 Parteienwettbewerb, Wahlen, Öffentlichkeit und Koalitionen

Dem Parteiensystem in der Bundesrepublik wird gemeinhin das Konkurrenzprinzip als spezifisches Merkmal zugeordnet. Diese Folgerung ergibt sich aus dem konkurrenzdemokratischen Modell, das oft unbesehen zur Beurteilung westlicher Demokratien herangezogen wird, obschon in den meisten europäischen Ländern konkordanzdemokratische Merkmale stark ausgeprägt sind (vgl. Lehmbruch 1967; Lijphart 1984b). Im idealtypisierten konkurrenzdemokratischen Modell können die Bürger Politik über ihre Wahlentscheidung unmittelbar verändern, indem sie eine alternative Mehrheit herstellen. Voraussetzung ist ein Zweiparteiensystem bzw. ein klar abgrenzbares Zwei-Blöcke-System, das den Wählern eine eindeutige Alternative zu bieten vermag. Der Bestand der Regierung ist unter diesen Voraussetzungen unmittelbar abhängig von den mehrheitlichen Präferenzentscheidungen der Wähler.

Aufgrund der institutionell abgesicherten umfassenden Verantwortlichkeit der Regierungspartei für die von ihr getroffenen - nicht mit anderen politischen Kräften ausgehandelten - Entscheidungen können die Wähler ihre Repräsentanten idealiter eindeutig zur Rechenschaft ziehen. Die Politik der Parteien muß sich unter konkurrenzdemokratischen Bedingungen an einer Mehrheit der Bürger und an einem breiten Spektrum an Interessen orientieren, um Regierungsverantwortung übernehmen zu können; sie ist deshalb gezwungen, sich zur Mitte hin zu orientieren. Konkurrenzdemokratischen Erklärungen zufolge ist es das vorrangige Ziel von Parteien, in regelmäßig stattfindenden Wahlen Wählerstimmen zu maximieren (vgl. Downs 1968; Schumpeter 1980; hierzu Mulé 1997: 493 ff.) - ein Ziel, das sich nur zu Lasten anderer im Parteienspektrum vertretener Konkurrenten realisieren läßt. Interaktionen zwischen Parteien sind demzufolge von *Wettbewerbsorientierungen* bestimmt. Die wesentliche *Entscheidungsfunktion* des Parteienwettbewerbs besteht diesen Überlegungen zufolge darin, den Regierenden über Wahlen die erforderliche demokratische Legitimation zu verschaffen und den Wählern auf der Grundlage des Konkurrenzprinzips politische Alternativen zu bieten. Da Parteien miteinander in Wettbewerb stehen, hängt ihr Erfolg in Wahlen davon ab, ob es ihnen gelingt, ausreichend in die politische Öffentlichkeit hineinzuwirken. Diese ist in pluralistisch verfaßten Gesellschaften nicht zuletzt durch organisierte Interessen strukturiert. Damit können auch Fragen der wechselseitigen Einflußnahme zwischen Parteien und (organisierter) Öffentlichkeit über die Arena des Parteienwettbewerbs konzeptionell angebunden werden.

Würden die Beziehungen zwischen allen Parteien eines Parteiensystems ausschließlich von kompetitiven Orientierungen bestimmt, könnten Regierungsbündnisse in der Bundesrepublik - wie in vielen anderen Demokratien - nur schwer bestehen, da Regierungsfähigkeit hierzulande im Bund und in den meisten Ländern Koalitionsfähigkeit voraussetzt. Sind Koalitionen die gängige Regierungsform, so sind die Konkurrenzbeziehungen zwischen Parteien graduell zu kooperativen Formen des Miteinanders hin abgeschichtet. Die Verhandlungsfähigkeit und die Verhandlungsbereitschaft zwischen Parteien und damit die Bereitschaft, den Wettbewerb zugunsten einer Kooperation zurückzudrängen, sind in verschiedenen Parteiensystemen selbst innerhalb eines Nationalstaates auf regionaler Ebene jedoch unterschiedlich groß. Sie hängen der Parteiensystemforschung zufolge zum einen vom Ausmaß der *Fragmentierung* eines Parteiensystems ab. Der Fragmentierungsgrad gibt Aufschluß darüber, wie hoch der Grad der Zersplitterung bzw. Konzentration eines Parteiensystems ausfällt. Gemessen wird zumeist nicht die tatsächliche Anzahl von Parteien, sondern die sog. "effektive" Anzahl, die Auskunft über das tatsächliche Stärkeverhältnis der Parteien gibt (vgl. Laakso/Taagepera 1979[26]). Strukturierende Wirkung entfaltet zum anderen das Ausmaß der *Polarisierung*, die aufgrund ideologischer und programmatischer Differenzen zwischen den relevanten Parteien eines Parteiensystems entsteht (vgl. Sartori 1979). Die Polarisierung kann gemessen werden über die Distanz zwischen den beiden "extremen", d.h. am jeweiligen linken und rechten Rand des Spektrums angesiedelten Parteien oder aber über Streuungsmaße, die alle Parteien eines Parteiensystems einbeziehen. Daneben ist es für den Wettbewerb zwischen Koalitionsparteien von Bedeutung, ob ein Parteienbündnis eine *strategische Alternative* darstellt, d.h. dadurch zustande kommt, daß einer der Partner zwischen mehr als einer Koalitionsvariante wählen kann ("dominant player"). In diesen Fällen ist - unter Berücksichtigung der Mandatsstärke der Partner - mit einer asymmetrischen Machtverteilung zugunsten der sich in dieser günstigen Position befindlichen Partei zu rechnen. Da auch *Wunschverbindungen* zustande kommen, ohne daß einer der Partner über eine realistische strategische Alternative verfügt, müssen diese beiden Faktoren voneinander getrennt werden. In Wunschkoalitionen ist das Konfliktniveau vermutlich niedriger als in solchen Verbindungen, in denen den Parteien aufgrund der Bandbreite der im Parlament vertretenen Parteien nur die Wahl eines ungeliebten Partners bleibt. Der Wunsch, mit einer anderen Partei eine Koalition einzugehen, ist nicht zuletzt auf das Maß an programmatischer Polarisierung zwischen den Parteien zurückzuführen, ohne daß dies eine hinreichende Begründung ist. So können auch wechselseitige Sympathien von zentralen Akteuren Präferenzen begründen. *Fortsetzungskoalitionen* wiederum dämmen wohl vor

---

26 Zur Ermittlung der effektiven Parteienanzahl in einem Parteiensystem wird zumeist der von Laakso und Taagepera (1979) entwickelte Index herangezogen. Dieser Index ist so angelegt, daß er sich bei starker Dominanz einer Partei dem Wert 1 annähert. Die "effektive", d.h. die Stärke der Parteien widerspiegelnde Anzahl der Parteien entspricht der tatsächlichen Anzahl dann, wenn die Parteien den gleichen Stimmenanteil bei Wahlen bzw. den Mandatsanteil im Parlament (je nach Berechnungsgrundlage) aufweisen.

allem dann Wettbewerbsorientierungen zwischen den Bündnispartnern ein, wenn sie eine wiederholte gewünschte Verbindung darstellen. In solchen Fällen verfügen Koalitionen über eine bereits gewachsene Vertrauensgrundlage, da die Partner die Erfahrung gemacht haben, daß ihre Positionen kompatibel sind (vgl. Kelley 1970: 483). Umgekehrt können sich negative Erfahrungen, d.h. wettbewerbsorientierte oder sogar feindselige Haltungen verstärken, wenn Parteien zum wiederholten Male eine von ihnen nicht gewünschte Verbindung eingehen. Positive Erfahrungen aus einer vorangegangenen Zusammenarbeit und ideologische Kompatibilität bedeuten nicht derselben Effekt, sondern müssen auseinandergehalten werden (Franklin/Mackie 1983: 295). Auch das *Koalitionsformat*, das, wie die drei vorgenannten Faktoren, wiederum in Abhängigkeit von der Struktur des Parteiensystems zu fassen ist, ist nach den Befunden der Koalitionsforschung ein Indikator dafür, wie weit der Parteienwettbewerb in das Regierungsbündnis hineinverlagert wird. Diese sechs Überlegungen berücksichtigen Auswirkungen auf die Verhandlungssituation zwischen den Parteien im parlamentarischen Raum und innerhalb der Regierung auch *nach* einer erfolgten Koalitionsbildung. Sie sollen im folgenden für den deutschen Kontext überprüft werden, soweit es der Stand der bisherigen Forschung zuläßt.

Fragmentierung: Je fragmentierter ein Parteiensystem, desto schweriger ist tendenziell die Mehrheitsbildung nach Wahlen und desto instabiler sind Koalitionen (vgl. Dodd 1976: 20 ff.) [27]. Die genannten Gründe für dieses Phänomen sind einsichtig: Je mehr Akteure an Verhandlungen beteiligt sind, desto größer ist die Anzahl der zu verhandelnden Alternativen und desto stärker wirken sich Vetopositionen selbst kleiner Parteien aus, die nur wenige Mandate erzielen konnten. Untersuchungen über die Struktur des bundesdeutschen Parteiensystems haben traditionell vor allem den Bund, weniger aber die Länder im Blick. Das bundesdeutsche Parteiensystem galt nach seiner Konsolidierungsphase in den fünfziger Jahren lange Zeit als Musterbeispiel eines mäßig polarisierten, wenig fragmentierten und stabilen Parteiensystems, das durch eine zentripetale Funktionslogik gekennzeichnet war. Ideologische Härten schwanden, und die Parteien orientierten sich zur Mitte des Wählerspektrums hin (vgl. Jesse 1997: 81). Nach einer Phase stetiger Konzentration des Parteiensystems seit Beginn der fünfziger Jahre, die insbesondere durch die Einebnung gesellschaftlicher Konfliktlinien und durch die Aufrichtung höherer wahlgesetzlicher Hürden für den Einzug von Parteien in den Bundestag erreicht worden war, hatte sich zwischen 1961 und 1982 auf Bundesebene ein stabiles "Zweieinhalbparteienssytem" (Blondel 1968) aus CDU/CSU, SPD und F.D.P. entwickelt. Alle drei Parteien galten in Bund und Ländern als wechselseitig koalitionsfähig (vgl. Jun 1994: 114 ff.); es entstanden regelmäßig "minimal winning coalitions", zu denen formal auch die Große Koalition (1966-69) zu zählen ist, auch wenn sie mit einem Mandatsanteil von über 90% faktisch zu den "übergroßen" Koalitionsformaten gerechnet werden muß (vgl. Knorr 1975). Die F.D.P. war, sieht man von den Jahren 1957-1961, als CDU/CSU und DP zusammen eine Regierung bildeten, und dem nur drei Jahre währenden Intermezzo der Großen Koalition ab, als "pivotal party" und Königsmacherin in der Lage, nach beiden Seiten hin Koalitionen herzustellen. Diese Rolle kam ihr seit den

27 Nach Dodd können auch Cleavages in die Untersuchung einbezogen werden, um Aussagen über die Verhandlungsbereitschaft von Parteien treffen zu können, vgl. Dodd 1976: 26 ff. Diese werden hier jedoch nicht einbezogen.

sechziger Jahren zunehmend auch in den Ländern zu. Entsprechend kamen Regierungswechsel zumeist durch Koalitionswechsel der F.D.P. zustande. Vorangegangene Koalitionsaussagen der F.D.P. zirkelten den Wählerkreis der Partei ab (Winkler 1990: 109); die Programmatik der Partei spielte demgegenüber eine untergeordnete Rolle. Programme bereiteten zwar Koalitionswechsel vor und vollzogen diese nach (vgl. Heinrich 1999); sie können allerdings insofern als Indikator für inhaltliche Schwerpunktsetzungen herangezogen werden, als das Programm der Partei tatsächlich mit ca. 70% der Ausgaben der Bundeshaushalte korrelierte (Hofferbert/Klingemann/Volkens 1992: 387). Koalitionswechsel der F.D.P. wurden von der Wählerschaft als Positionswechsel im Parteienspektrum begriffen (Niedermayer 1997: 128). Sie führten dazu, daß ein Teil der Wählerschaft und auch der Mitgliederschaft der Partei ausgetauscht wurde (Dittberner 1987: 57; vgl. Niedermayer 1982; Hoffmann-Lange 1986). Auch auf Länderebene bildete sich dieses Muster der Konzentration des Parteiensystems - mit gewissen Abweichungen freilich - weitgehend ab.

Erst in den Bundestagswahlen 1983 erhielt dieses "Zweieinhalbparteiensystem" Zuwachs, als den Grünen erstmals der Einzug in den Bundestag gelang (auf Länderebene 1979: in die Bremer Bürgerschaft). Die Anzahl der Parteien erhöhte sich auch in den Ländern, wo die Grünen in den achtziger Jahren nun häufig die Fünfprozenthürde übersprangen. Seit Ende der achtziger Jahre veränderte sich auch die bislang auf Bundes- und Länderebene geltende Koalitionslogik: Da die F.D.P. den Koalitionswechsel von der SPD zur CDU/CSU vollzogen hatte, vermochte sie auf Bundesebene auf absehbare Zeit nicht mehr als Partner der SPD zur Verfügung zu stehen, ohne dabei an Glaubwürdigkeit zu verlieren und ihre Existenz zu riskieren. Vor der deutschen Einheit zeichneten sich somit Hinweise auf ein alternierendes und stärker symmetrisches Parteiensystem ab, in dem Regierungswechsel zustande kommen, ohne daß die F.D.P. zu einer Wende bewegt werden muß (vgl. Jesse 1997: 74).

Die Grünen sind, anders als die F.D.P., von einem koalitionspolitischen Immobilismus geprägt, da die Partei im Parteienspektrum links von der SPD angesiedelt wird (vgl. nach Programmen Volkens 1996; nach Anhängern Neugebauer/Stöss 1996: 280) und sie diese deshalb nicht einfach als Koalitionspartner "überspringen" kann (Raschke/Schmitt-Beck 1994: 174). Diese Position schwächt tendenziell ihre Verhandlungsmöglichkeiten in Regierungsbündnissen mit der SPD. "Geborener" Koalitionspartner der SPD sind die Grünen nicht, da, wie etwa 1995 das äußerst knappe Abstimmungsergebnis im Bremer Landesverband der SPD über die Koalitionsvariante exemplarisch gezeigt hat (vgl. Schieren 1996)[28], ein Teil der SPD-Parteimitglieder rot-grünen Bündnissen nicht zugeneigt ist (vgl. allgemein auch Neugebauer/Stöss 1996: 296).

In den Ländern entwickelte sich seit neunziger Jahren insgesamt eine bunter schattierte koalitionspolitische Farbpalette, die auf den Einzug von rechtsradikalen Kräften, von regionalen Parteiablegern und der PDS in die Landtage zurückzuführen ist (vgl. Tabelle 4). Die deutsche Wiedervereinigung fiel in eine Phase, in der die Fragmentierung des westdeutschen Parteiensystems ohnehin leicht zugenommen hatte (Niedermayer 1997:

28 Im Bremer Landesverband der SPD stimmten nach den Wahlen vom 14.5.1995 50,4% der Mitglieder in einer parteiinternen Mitgliederbefragung für die Aufnahme von Koalitionsverhandlungen mit der CDU, 49,6% für ein rot-grünes Bündnis.

111); schon kurz nach der Einigung verringerte sich die Anzahl der Parteien jedoch wieder, weil das westdeutsche Parteiensystem weitgehend auf die neuen Länder übertragen wurde. Die Fragmentierung der Landesparteiensysteme lag von 1990-1998 in den Landtagen nie über 3,6 (vgl. Kropp/Sturm 1998: 74 f.).

Polarisierung: Nach Ergebnissen der Koalitionsforschung gelten folgende Zusammenhänge: Je polarisierter ein Parteiensystem ist, desto geringer ist die Bereitschaft der Parteien, Verhandlungen zur Mehrheitsbildung oder über einzelne Sachentscheidungen aufzunehmen, und desto weniger sind die in ihm erfaßten politischen Kräfte zum Konsens fähig. Bei dieser Aussage sind jedoch Blockbildungen zu beachten.

Trotz stichhaltiger Einwände gegen dieses methodische Verfahren (Falter/Schumann 1992: 202 f.; Lijphart 1984b: 56; vgl. auch Budge/Robertson/Hearl 1987; Budge/Laver 1992b: 411 ff.), stellt die Positionierung der Parteien auf einer eindimensionalen Links-Rechts-Skala und die anschließende Messung der "policy-distances" zwischen den Parteien einen gängigen Indikator zur Beurteilung der Polarisierungstendenzen in einem Parteiensystem dar. Oft wird - je nach Cleavage-Struktur eines Parteiensystems mehr oder weniger (vgl. Budge/Laver 1992b) - davon ausgegangen, daß die policy-Präferenzen einer Partei in den wesentlichen Politikfeldern eng miteinander korrelieren. Eine Untersuchung der Wahlprogramme der Bundesparteien von 1987, 1990 und 1994, die jeweils nach vier zentralen Politikfeldern differenzierte, zeigte jedoch erkennbare Unterschiede im Grad der Polarisierung (vgl. Volkens 1996: 221 ff.).

Die Wirtschafts- und Sozialpolitik stellt das am stärksten polarisierte Politikfeld dar; auch in der Gesellschaftspolitik nahm die Polarisierung zu. Dies ist darauf zurückzuführen, daß einerseits die CDU programmatisch 1994 nach rechts gerückt war, sich mit der PDS andererseits seit der deutschen Einheit eine Partei im Bundestag zumindest mittelfristig etablieren konnte, die deutlich links von allen Parteien anzusiedeln ist. In der Wirtschafts- und Sozialpolitik ließ sich eine bipolare Struktur mit SPD und Grünen im linken und CDU/CSU und F.D.P. im Mitte-Links-Spektrum feststellen (Volkens 1996: 225). In der Umweltpolitik und der Außen- und Sicherheitspolitik hatte die Polarisierung bis 1994 hingegen wieder leicht abgenommen. Weiterhin fällt auf, daß sich die Distanz zwischen SPD und Grünen auf der einen Seite und CDU/CSU und F.D.P. auf der anderen Seite zwischen 1990 und 1994 vergrößert hatte. Die programmatischen Unterschiede zwischen SPD und PDS fielen sogar geringer aus als die zwischen SPD und CDU. Diese Befunde lassen sich allerdings nicht ohne weiteres auf die Parteiensysteme der Länder übertragen.

Werden Polarisierungstendenzen nicht nur anhand der programmatischen Aussagen einer Partei, sondern an den von der Bevölkerung wahrgenommenen Distanzen zwischen den Parteien gemessen (*wahrgenommene Polarisierung*), gewinnt man andere Ergebnisse (vgl. Niedermayer 1996a: 187). Den mit diesem Verfahren erzielten Befunden zufolge, ist das gesamtdeutsche Parteiensystem nach der Vereinigung in den Augen der Bürger weniger stark polarisiert als das westdeutsche vor der Vereinigung. Dies ist darauf zurückzuführen, daß das Aufkommen der Republikaner und der PDS in den Augen der Wähler dazu führte, daß sich die anderen Parteien eher in die Mitte des Spektrums bewegten. Für das hier im Vordergrund stehende Thema der Konsensbildung in *Länder*koalitionen können wiederum Untersuchungsergebnisse herangezogen werden, die sich auf die Messung von Distanzen zwischen den Werten und Einstellungen und politischen

Präferenzen von Parteimitgliedern und Wählern stützen (vgl. Neugebauer/Stöss 1996: 295 f.). Sie bieten für die neunziger Jahre Befunde, die Rückschlüsse auf mögliche Kooperationsschwierigkeiten zwischen Koalitionsparteien erlauben. Damit Parteien erfolgreich, d.h. ohne wechselseitige Blockaden zu erzeugen, gemeinsam regieren können, müssen demzufolge *nicht nur* programmatische Positionen kompatibel und die Parteieliten kooperationswillig sein. Die Koalitionsstruktur muß ebenfalls auf der Mitgliederebene und in der jeweiligen Wählerschaft verankert sein (vgl. Gabriel/Vetter 1996). Die hierzu vorliegenden Ergebnisse erlauben eine Differenzierung nach ost- und westdeutschen Mitgliedern und Wählern der Parteien (Neugebauer/Stöss 1996: 295 f.).

Die ideologischen Distanzen wurden von Neugebauer und Stöss (1996) auf zwei Achsen gemessen, deren Pole sich zwischen den Werten Autoritarismus - Libertarismus und zwischen sozialer Gerechtigkeit und Marktfreiheit aufspannen. Den Ergebnissen zufolge waren sich Mitte der neunziger Jahre die CDU- und F.D.P.-Anhänger sowohl in den alten als auch in den neuen Ländern so ähnlich, daß kaum mehr ein Unterschied zwischen ihnen bestand. Diese Parteienverbindung wäre somit unter dem Gesichtspunkt der ideologischen Affinitäten die ideale schlechthin. Diese Befunde werden auch in einer Studie über das regionale Parteiensystem Thüringens bestätigt, in der sich die Parteimitglieder selbst und auch die anderen Parteien auf einer Links-Rechts-Skala einstufen sollten, aber auch politische Positionen abgefragt wurden (Schmitt 1999: 8 ff.).

Schwieriger verhält es sich bei SPD-beteiligten Koalitionen. Die Distanzen zwischen SPD und B'90/Die Grünen waren nach den Ergebnissen von Neugebauer und Stöss in Ost und West sowohl bei ihren Mitgliedern als auch bei ihren Anhängern größer als zwischen SPD und CDU. Im Westen standen die Anhänger der SPD der F.D.P. immerhin noch näher als denen der CDU und der Bündnisgrünen. In den neuen Ländern wiederum waren SPD- und PDS-Anhänger - nicht jedoch die Mitglieder - in ihren Wertorientierungen kaum mehr auseinanderzuhalten (Neugebauer/Stöss 1996: 295). Nach den Befunden Schmitts hingegen positionieren die Mitglieder der SPD und des B'90/Die Grünen in Thüringen ihre Parteien wesentlich näher zur PDS als zur CDU. SPD-Mitglieder und Bündnisgrüne wiederum sehen ihre Parteien näher bei der PDS als umgekehrt (Schmitt 1999: 9 f.). Auch bei der Zustimmung zu konkreten politischen Positionen lagen F.D.P. und CDU dicht beieinander, während die SPD-Mitglieder zwischen CDU und F.D.P. sowie der PDS in der Mitte angesiedelt waren[29].

Die Fähigkeit einer Koalition, gemeinsam tragfähige Kompromisse aushandeln zu können, beruht nicht nur darauf, ob die Werte bei den Anhängern der Parteien kompatibel sind, sondern auch darauf, inwieweit die Koalitionsstruktur parteiintern verankert ist. Anders gesagt: Insbesondere Mitglieder und Eliten der Parteien müssen die Koalition durch ihre Zustimmung tragen. Wechselseitige programmatische Affinitäten von Mitgliedern der Koalitionsparteien, die einander als angestammte Partner betrachten, mildern wettbewerbsorientierte Interaktionen zwischen den Koalitionspartnern tendenziell ab. Bestehen in den Parteien einer Koalition Verbindungen und Verflechtungen zu den glei-

29 Abgefragt wurden u.a. die Einstellung zum Sozialismus, zu Marktwirtschaft und Staatseingriff, zu Partizipation, zur Überfremdung der Bundesrepublik. Daß die Parteimitglieder der SPD sich näher an den Grünen sehen und CDU sowie F.D.P. auf einer Links-Rechts-Skala dicht nebeneinander plazieren, bestätigt auch eine Studie über die Mitglieder der Mainzer SPD (Winkler 1999).

chen gesellschaftlichen Organisationen und Verbänden, wird pluralistischer Einfluß auf die Regierungskoalition die Parteien weniger auseinanderbringen. In den Ländern sind Konflikte von Regierungen mit gesellschaftlichen Organisationen vor allem in den Politikfeldern von Bedeutung, die sich in Landeskompetenz befinden. Hierzu gehören beispielsweise die Bildungspolitik, die Ausgestaltung der kommunalen Selbstverwaltung und ihre finanzielle Ausstattung, Teile der Sozialpolitik oder die regionale Wirtschaftsförderung. Koalitionskonflikte sind - z.B. bei Haushaltsentscheidungen - dann zu erwarten, wenn die angestammte, oft durch Mitgliedschaft mit einer Koalitionspartei verflochtene Klientel (z.B. Gewerkschaften und SPD oder PDS in den neuen Ländern) eine der Koalitionsparteien gegen anstehende Kürzungen in den Haushaltsansätzen zu mobilisieren versucht (vgl. Teil 2, Kap. 4). Ähneln sich die Mitglieder von Koalitionsparteien in ihren Werteinstellungen, so treten innerparteiliche Konflikte, die sich an einer aus der Sicht der Mitglieder zu nachgiebigen Haltung der Parteispitze gegenüber dem Koalitionspartner entzünden, zwar tendenziell in geringerem Maße auf. Andererseits setzen sich die Wertorientierungen von Mitgliedern wohl nicht ungefiltert in manifeste Koalitionspräferenzen um. Diese sind in einem gewissen Maße situationsabhängig, d.h. nicht zuletzt davon geprägt, welche Erfahrungen eine Partei mit einem anderen Partner in einem Regierungsbündnis gemacht hat und wieviel Einfluß eine Partei in einer Koalition geltend machen kann. Daneben muß der Parteien eigene Modus der Willensbildung beachtet werden, nach dem koalitions- und sachpolitische Präferenzen eben nicht ausschließlich oder überwiegend "von unten nach oben" aggregiert, sondern auch in umgekehrter Richtung, von der Organisationsspitze aus, vermittelt werden (vgl. Kap. 4.3).

Die Parteiensysteme in den einzelnen deutschen Ländern sind nach wie vor wenig erforscht. Am Beispiel der CDU läßt sich zeigen, daß die Unterschiede zwischen den Landesverbänden ein und derselben Partei mitunter größer ausfallen können als die zwischen CDU und SPD (vgl. Schmid 1990). Während der Grad der Fragmentierung sowohl anhand der Stimmanteile als auch anhand der Mandatsanzahl eindeutig bestimmbar und errechenbar ist (vgl. Kropp/Sturm 1998: 74 f.), bedarf es aufwendiger Forschungsarbeiten, um die Polarisierung in einem Parteiensystem zu erfassen. Aus diesem Grunde liegen hierzu bislang auch nur rudimentäre Ergebnisse vor[30]. Je mehr jedoch die linken und rechten Ränder eines Parteienspektrums mit Parteien besetzt sind, als desto stärker polarisiert kann ein Parteiensystem gelten. In der Tat sind neue Parteien, auch solche, welche die Ränder des Spektrums besetzten oder aber - beginnend mit dem Einzug der Grünen in das Bremer Abgeordnetenhaus 1979 - Antiparteienprotest artikulierten, zuerst in die Länderparlamente eingezogen. Das Beispiel der Rechtsextremen zeigt, daß sich diese Parteien keineswegs automatisch auch auf Bundesebene etablieren müssen. Die Grünen sowie die PDS stellen hier eine Ausnahme dar; erstere, weil sie eine Konfliktlinie besetzten, die einen Teil der (westdeutschen) Wählerschaft zu binden vermochte, letztere, weil sie als fast ausschließlich ostdeutsche Partei nicht nur Protest artikuliert (vgl. Moreau/Neu 1994), sondern auch in einem noch stabilen regionalen sozialen Milieu verankert ist (Neugebauer/Stöss 1996: 251; Boll/Crow/ Hofmann/ Holtmann 1999). Als

30 Einzelne Ergebnisse liegen aus Forschungsprojekten über die Parteiensysteme in Thüringen und in Sachsen-Anhalt vor, vgl. Schmitt 1999; Boll/Crow/Hofmann/Holtmann 1999.

Ergebnis dieses von der Bundesebene abweichenden Stimmverhaltens können in den Ländern zunehmende Polarisierungstendenzen und damit eingeschränkte Koalitionsmöglichkeiten für die beiden großen Parteien auftreten, da diese manchmal weder alleine noch zusammen mit dem angestammten kleinen Koalitionspartner eine absolute Mehrheit an Mandaten erreichen können.

Tabelle 3: Neue Parteien bei Landtagswahlen seit 1990 (Mandatszahl)

Rechtsextreme	
Baden-Württemberg	1992: 15 (REP); 1996: 14 (REP)
Brandenburg	1999: 5 (DVU)
Bremen	1991: 6 (DVU); 1999: 1 (DVU)
Schleswig-Holstein	1992: 6 (DVU)
Sachsen-Anhalt	1998: 16 (DVU)
Anti-Parteien-Protest	
Hamburg (Statt Partei)	1993: 8
Bremen (AfB)	1995: 12
PDS	
Berlin	1990: 23; 1995: 34; 1999: 33
Brandenburg	1990: 13; 1994: 18; 1999: 22
Mecklenburg-Vorpommern	1990: 12; 1994: 18; 1998: 20
Sachsen	1990: 17; 1994: 21; 1999: 30
Sachsen-Anhalt	1990: 12; 1994: 21; 1998: 25
Thüringen	1990: 9; 1994: 17; 1999: 21

REP = Die Republikaner; DVU = Deutsche Volksunion; AfB = Arbeit für Bremen.

Ziehen in Landtage Parteien ein, die an den Rändern des Parteienspektrums angesiedelt sind, so kann dies in bestimmten Fällen erste Rückschlüsse auf das Konfliktniveau innerhalb der Koalition zulassen. In den neuen Ländern sind beispielsweise seit 1994 überwiegend Dreiparteiensysteme aus CDU, SPD und PDS entstanden. Einzige Ausnahme bildete Sachsen-Anhalt, wo 1994-1998 die Bündnisgrünen mit 5,1% knapp die 5%-Hürde zu überwinden vermochten; 1998 gelang eben dort der DVU als vierter Partei mit 12,9% der abgegebenen Stimmen der Sprung in den Landtag (1999 ebenfalls in Brandenburg), während die Grünen nicht mehr einzuziehen vermochten. Die SPD befand sich zwar in den meisten Landtagen in einer strategisch eigentlich günstigen mittleren Position auf der Links-Rechts-Skala[31], vermochte es aber lange Zeit nicht, diese als "dominant player" zu nutzen (vgl. Grönebaum 1997; Schmidt 1998), um zwei potentielle Partner bei Koalitionsverhandlungen gegenseitig auszuspielen und damit die

31 In Sachsen besaß die SPD 1990, 1994 und 1999, in Thüringen 1999 aufgrund der absoluten Mehrheit der CDU keine theoretische Möglichkeit, mit der PDS eine Mehrheit zu bilden.

eigene Position zu stärken. Erst nachdem Oskar Lafontaine Rudolf Scharping an der SPD-Spitze abgelöst hatte, rückten die ostdeutschen Landesverbände von der in der "Dresdner Erklärung" der SPD vom August 1994 propagierten Abgrenzung zur PDS allmählich ab. Eine Kooperation mit der PDS wurde seit dem Führungswechsel nicht mehr ausgeschlossen (vgl. Hoffmann/Neu 1998). Denn bis 1998, als in Mecklenburg-Vorpommern im Oktober zeitgleich mit der ersten rot-grünen Bundesregierung die erste Regierungskoalition aus SPD und PDS gebildet wurde, galt die PDS als nicht koalitionsfähig. Sie schränkte daher die Koalitionsoptionen der SPD mit ihrem Sperrpotential ein ("blackmail potential" versus "coalition potential"; vgl. Sartori 1979: 123 f.). Dieses Sperrpotential, das zu einer erhöhten *Segmentierung* des Parteiensystems beiträgt[32], wird in der Regel von Anti-System-Parteien ausgeübt. Eine Ausnahme bildet auch hier wieder Sachsen-Anhalt, wo von 1994-1998 eine rot-grüne Minderheitsregierung von der Duldung der PDS abhing; seit 1998 stützt die PDS die nun eine Einpartei-Minderheitsregierung stellende SPD. Die PDS hielt bzw. hält hier im Gesetzgebungsprozeß eine Vetoposition. In Thüringen (1994-1999) und Mecklenburg-Vorpommern (1994-1998), wo es, anders als in Sachsen und in Brandenburg, für keine der beiden großen Parteien für eine absolute Mehrheit der Mandate reichte, zwang das Sperrpotential der PDS die SPD und die CDU in eine große Koalition jeweils unter Führung der CDU. Beiden war, bedingt durch die konstante Schwäche von F.D.P. und Bündnisgrünen in den neuen Ländern, ihr kleiner Koalitionspartner abhanden gekommen.

Wunschverbindungen, strategische Alternativen und Fortsetzungskoalitionen: Zieht man solche Überlegungen zu Fragmentierung, Polarisierung und Segmentierung in den Landtagen heran, gewinnt man erste Hinweise darauf, daß in diesen als "Notlösungen", d.h. nicht als *Wunschverbindungen* eingegangenen großen Koalitionen das Konfliktniveau tendenziell höher liegt, zumal diese (Ausnahme: Bremen 1995-1999[33]) den Parteienwettbewerb gewöhnlich stärker als andere kleinformatige Regierungsbündnisse internalisieren. Die sachsen-anhaltische SPD versuchte die solchen "Elefantenehen" zumeist zugeschriebene Immobilität und Instabilität - und den geringeren Gewinn an Ämtern und Einfluß auf Politikinhalte - zu umgehen, indem sie sich für eine Minderheitsregierung entschied. Minderheitskoalitionen, wie die rot-grüne in Sachsen-Anhalt, müssen für eine Konsensbildung zusätzliche Hürden nehmen, weil sie eines im Parlament vertretenen Verhandlungspartners bedürfen, um Mehrheiten sicherzustellen. Die "Kosten" des Regierens, die beispielsweise in der mangelnden Akzeptanz redistributiver Maßnahmen durch die Wähler liegen können, fallen in solchen Konstellationen eher bei den an der Regierung beteiligten Parteien an, während Erfolge auch auf das Konto der tolerierenden oder stützenden Parlamentsfraktion gehen können (vgl. Strøm 1990). Die Handlungsfähigkeit von Minderheitsregierungen hängt jedoch - wie auch in anderen Koalitionsformaten - nicht zuletzt davon ab, wie groß die inhaltlichen Schnittstellen

---

32 Unter der "Segmentierung" eines Parteiensystems versteht man den Grad der Abschottung zwischen den Parteien. Je größer die Segmentierung, desto mehr sind die Möglichkeiten der Parteien eingegrenzt, Koalitionen zu bilden.

33 In Bremen besaß die SPD nach den Wahlen zur Bürgerschaft im Mai 1995 die Möglichkeit, zwischen einem Bündnis mit der CDU oder einem rot-grünen Bündnis zu wählen. Die große Koalition wurde 1999 gemäß dem Wunsch der Spitzenkandidaten beider großer Parteien fortgesetzt.

zwischen Regierungs- und Tolerierungsparteien ausfallen und ob die Parteieliten Differenzen zu überbrücken und Verhandlungsergebnisse in Partei und Fraktion zu vermitteln vermögen. Die Minderheitsregierungen oft unbesehen zugeschriebene Instabilität und mangelnde Effizienz (vgl. Plöhn 1996) ist jedenfalls auf der Basis empirischer Ergebnisse nicht vorbehaltlos generalisierbar (vgl. Dodd 1976; Nolte 1988; Eysell 1996; Strøm 1986, 1990), zumal ihre Leistungsbilanz (gemessen an der Regierungdauer) weniger von Mehrheitsregierungen abweicht als lange Zeit angenommen.

Anders als in den großen Koalitionen Thüringens und Mecklenburg-Vorpommerns, beruhte 1994 die Entscheidung der sachsen-anhaltischen SPD, nicht in ein Bündnis mit der CDU einzutreten, sondern mit den Bündnisgrünen zusammen eine von der PDS tolerierte Minderheitsregierung zu bilden, auf *strategischem Kalkül*; sie stellte eine von Teilen der Landespartei bevorzugte Option, wenn auch nicht die Wunschverbindung dar (vgl. Teil 2, Kap 1). Hier bleibt zu fragen, ob das Konfliktniveau tatsächlich niedriger als in solchen großen Koalitionen ausfällt, die "Notbündnisse" darstellen und in der Regel nicht auf Fortsetzung angelegt sind.

Parteien, die als "dominant player" die Wahl zwischen zwei oder mehr realistischen Koalitionsoptionen besitzen, gehen in der Regel Bündnisse ein, die ein geringeres Konfliktniveau oder mehr Durchsetzungskraft und Gewinne für die eigene Partei versprechen (*strategische Alternative*). Solche strategischen Koalitionsentscheidungen liegen seit 1990 beispielsweise der bereits erwähnten rot-roten Koalitionbildung in Mecklenburg-Vorpommern, der Koalition aus SPD und F.D.P. in Rheinland-Pfalz (1991-1996), wo die SPD auch mit den Grünen hätte eine kleine Koalition eingehen können, der Bremer großen Koalition (1995-1999, hier allerdings aufgrund eines knapp ausgefallenen innerparteilichen Plebiszits, und 1999-2003), dem Parteienbündnis aus SPD und Statt-Partei in Hamburg, wo sich die SPD ebenfalls gegen ein Bündnis mit den Grünen entschied, und der rheinland-pfälzischen Neuauflage der SPD/F.D.P.-Koalition (1996-2001) zugrunde. Dort besaß zuletzt die F.D.P. rechnerisch die Möglichkeit, auch mit der CDU zu koalieren. Die CDU bzw. CSU besitzt in den Ländern seit 1990 keine den SPD-Optionen vergleichbare Alternativen, da sie sich dort, wo sie keine Alleinregierung stellen konnte (Ausnahmen: Bayern und Sachsen, seit September 1999 auch in Thüringen und im Saarland), bislang nur zwischen einem Bündnis mit der - indes in immer weniger Landtagen vertretenen - F.D.P. und der von ihr nicht präferierten SPD entscheiden konnte. Stärker am Konsens orientiert sind zudem wahrscheinlich die Bündnisse, die dem Willen der Bündnispartner nach in der folgenden Legislaturperiode fortgesetzt werden sollen. Von den zuvor genannten Parteienbündnissen erfüllt allein die rot-gelbe Koalition in Rheinland-Pfalz beide Kriterien der *strategischen Alternative* und der *Fortsetzungskoalition*. Die anderen Bündnisse waren entweder nicht eindeutig auf eine Neuauflage hin ausgerichtet, oder aber die strategische Option läßt sich darauf zurückführen, daß die SPD sich - wie z.B. mit der Statt-Partei - einen schwachen Partner versprach, der von seiner Vetoposition im Bündnis voraussichtlich wenig Gebrauch machen würde. Die rheinland-pfälzische Verbindung aus SPD und F.D.P. entsprach zudem auch dem Wunsch großer Teile der Parteieliten (*Wunschkoalition*).

Die Anzahl der Fälle, die nach der Methode der "most-different-cases" ausgewählt werden sollen, wird durch die Vorüberlegungen zu den Parteiensystemen in den Ländern somit bereits eingegrenzt. Um möglichst verschiedenartige *Koalitionsformate* abdecken zu können, müssen mindestens jeweils eine kleinste siegreiche Koalition ("minimum winning coalition"), eine Minderheitsregierung sowie eine große Koalition herangezogen werden. Damit ist zum einen die Auswahl des Falles der rot-grünen Minderheitsregierung in Sachsen-Anhalt bestimmt. Die rot-grüne Koalitionsvariante galt beiden Parteien zwar als Wunschehe, sie erreichte aber keine Mehrheit der Mandate. Da die Magdeburger Regierung in der zweiten Legislaturperiode von der Tolerierung der am linken Rand des Parteienspektrums anzusiedelnden PDS abhängig war, sind dort - blendet man andere Faktoren aus - aufgrund der um eine Partei erhöhten Zahl der Verhandlungspartner tendenziell schwierigere Einigungsprozesse zu erwarten als in einer rot-grünen Mehrheitskoalition (vgl. dazu Schwarz 1978).

Die Anzahl der großen Koalitionen, die für den empirischen Teil zur Verfügung stehen, ist ebenfalls begrenzt. Berlin und Bremen eignen sich nicht, weil sie als Stadtstaaten eine Vermischung von kommunalpolitischen und landespolitischen Problemlagen bewältigen müssen und ihre institutionelle Struktur von denen der Flächenstaaten am meisten abweicht. In diesen Fällen könnten die institutionellen Rahmenbedingungen nicht konstant gehalten werden; die Anzahl der erklärenden Variablen nähme zu. Die große Koalition in Baden-Württemberg wiederum wurde bereits 1996 nach dem Wahlsieg von CDU und F.D.P. beendet. Da der Untersuchungszeitraum wesentlich die Jahre 1996 bis 1998 umfaßte, hätte bei einer Berücksichtigung des Falles Baden-Württemberg der Untersuchungszeitraum variiert - mit dem Effekt, daß die haushaltspolitischen koalitionsexternen Rahmenbedingungen, wie Steuerausfälle und die Struktur des Finanzausgleichs, denen sich die Länder bei ihren Haushaltsentscheidungen gegenübersehen, stärker gestreut hätten. Damit bleiben für die Auswahl an großen Koalitionen nur Mecklenburg-Vorpommern und Thüringen übrig. In diesen beiden wenig fragmentierten, aber aufgrund der Existenz der PDS doch segmentierten Landtagen sind koalitionsinterne Polarisierungen und Konflikte in erheblichem Umfang zu erwarten.

Als kleine Koalitionen wiederum kämen alle CDU/F.D.P.-Koalitionen in Betracht, als SPD-beteiligte Koalitionen stehen die rot-grünen Bündnisse sowie das rot-gelbe in Rheinland-Pfalz zur Auswahl. Nur die SPD/F.D.P.-Koalition erfüllt jedoch die Kriterien der Fortsetzungskoalition, der Wunschkoalition und der (realistischen) strategischen Alternative gleichzeitig. Man kann daher davon ausgehen, daß dieser Fall geeignet ist, ihn als Beispiel für ein vermutetes niedriges Konfliktniveau (zumindest zu Beginn einer Legislaturperiode) heranzuziehen. Auch die Polarisierungstendenzen sind in diesem Landtag wohl vergleichsweise geringer, weil die links und rechts von der Koalition angesiedelten Parteien Grüne und CDU keine Blockopposition darstellen. Sie wären, um einen Regierungswechsel herbeiführen zu können, auf eine der in der Regierung befindlichen Parteien angewiesen. Auch sind dort keine linken oder rechten Antisystemparteien vertreten. Merkmale dieses wenig polarisierten, mäßig fragmentierten Landtags wären daher auch Dodd (1976: 68 ff.) zufolge eine hohe Verhandlungsbereitschaft zwischen den Parteien und eine stabile kleine Koalition. Darüber hinaus bietet dieser Fall den Vorteil, daß er mit der F.D.P. einen anderen kleinen Koalitionspartner aufweist als die bereits bestimmte rot-grüne Minderheitsregierung in Sachsen-Anhalt. Diese Auswahlentscheidungen müssen indes noch mit weiteren koalitionstypischen Unterscheidungsmerkmalen zur Deckung gebracht werden, um die erfolgte Auswahl abschließend begründen und den dritten Fall bestimmen zu können.

4.2 Die parlamentarische Entscheidungsebene

Parteienwettbewerb und parlamentarische Handlungsarena werden in politikwissenschaftlichen Analysen zuweilen ineinsgesetzt (Benz 1995; Lehmbruch 1976, 1998a), da der Wettbewerb zwischen Regierung und Opposition für die Interaktionen der Parteien im Parlament kennzeichnend sei. Daran änderten, so die Argumentation, auch Koalitionsbildungen nichts, da die "...Konkurrenz um die Erringung der Stimmenmehrheit...durch Verhandlungen über Koalitionsbildungen...nicht abgeschwächt, sondern in einen oligopolistischen Wettbewerb von in der Regel zwei Gruppierungen überführt" werde (Benz 1995: 87). In Parlamenten würden Konfliktsituationen in Ja-Nein-Entscheidungen über antagonistische Standpunkte umformuliert, zwischen denen dann entschieden werden müsse. Komplexe Probleme würden auf diese Weise eingeebnet (Benz 1998: 203). Die in allen Koalitionsvereinbarungen fixierte Regel, nach der die Koalitionspartner in parlamentarischen Gremien nicht mit wechselnden Mehrheiten abstimmen dürfen, scheint dieser Lesart auf den ersten Blick Recht zu geben.

In Parlamenten, so die Beobachtung weiter, herrsche ein Interaktionsstil vor, der auf Konfrontation ausgerichtet sei. Die mangelnde Verhandlungsfähigkeit von Parteien sei nicht zuletzt darauf zurückzuführen, daß diese aufgrund ihres von ideologischen Positionen angeleiteten Handelns nur eingeschränkt untereinander tauschfähig seien. Die mehrheitsdemokratischen Verfahren in Parlamenten seien folglich grundsätzlich durch eine begrenzte Rationalität geprägt, weil der ihnen innewohnende Parteienwettbewerb dazu führe, daß gesellschaftliche Probleme stark vereinfacht würden.

Für eine Koalitionsanalyse ist es indes sinnvoll, Parlamente als einen eigenständigen Handlungszusammenhang zu begreifen, zumal ihnen eine andere *Entscheidungsfunktion* als dem Parteienwettbewerb zugeordnet werden kann. In der parlamentarischen Arena werden staatliche Steuerungsleistungen über mehrheitlich zu beschließende Gesetze hergestellt. Gegen eine Ineinssetzung von Parteien und Fraktionen spricht überdies, daß Fraktionen als wichtige Entscheidungsträger im parlamentarischen System (vgl. Thaysen 1987; Schüttemeyer 1998) in aller Regel Spielräume sowohl gegenüber der Partei als auch gegenüber der jeweils "eigenen" Regierung besitzen, zumal sie weder einen Parteiwillen nur vollziehen noch den Regierungswillen lediglich implementieren (vgl. Patzelt 1995: 156). Fraktionen können deshalb als von Partei und Regierung abgrenzbare, eigenständige kollektive Akteure aufgefaßt werden (vgl. Kretschmer 1984; Domes 1964: 135; empirisch: Gros 1998). Zwar sind Fraktion und Partei personell zumeist verklammert. Dennoch besitzen Fraktionen auch eine durch Art. 38 GG abgedeckte rechtliche Freiheit, wenn sie parteipolitische Zielsetzungen aufgreifen (vgl. Demmler 1994: 182 ff.). Fraktionen sind deshalb auch mehr als nur "Parteien im Parlament".

Die vorliegende Untersuchung folgt dem oben dargelegten Pessimismus, der sich auf die Einigungsfähigkeit von Fraktionen richtet, aus verschiedenen Gründen nur eingeschränkt. Zum einen bedarf die Vorstellung von Parteien, die aufgrund ihrer *Ideologien* nicht oder nur sehr bedingt zu Kompromissen bereit seien, einer Modifizierung. Der Begriff der "Ideologie" verweist auf ein eigenständiges, geschlossenes System von Ideen, Werten und Glaubensinhalten, das eigenes Handeln legitimiert und fremdes als richtig oder falsch zu beurteilen erlaubt (Parsons 1951: 349 f.). Ideologien rationalisieren eine bestimmte Auswahl von Werten, indem sie für diese Auswahl vermeintlich objektive

Gründe bereitstellen (Dierse 1982: 167 f.). Ihre Funktion besteht somit sowohl darin, Orientierungen und damit Entlastungen bereitzustellen, als auch in ihrer Fähigkeit, Individuen sozialen Gruppen oder Organisationen zuzurechnen und sie auf der Grundlage gemeinsamer "belief systems" sozialisieren zu können. Zumeist wird der Begriff pejorativ verwendet, da mit Ideologien die Vorstellung von vereinfachenden Überzeugungssystemen einhergeht, die problemangemessene Entscheidungen eher verhindern als ermöglichen. Dies ist der Wirklichkeit der Parteien im demokratischen Spektrum nicht ganz angemessen. Zwar drücken Programme und Positionen der Parteien zweifelsohne Elemente von Gesinnung und Weltanschauung aus. Auch die beiden großen Parteien sind keine "Allerweltsparteien" (Kirchheimer 1965). In der Bundesrepublik gibt es aber, anders als in der Weimarer Republik, keine Weltanschauungsparteien, die sich auf einen geschlossenen gesinnungspolitischen Ansatz, verbunden mit einer weitgehend homogenen Mitglieder- und Wählerschaft, stützen könnten. Kennzeichen ist vielmehr die Offenheit der Parteien - dies gilt insbesondere für die beiden großen Volksparteien - gegenüber breiten Schichten des Wählerspektrums (vgl. Wiesendahl 1998; Immerfall 1998), die wiederum mit einer gewissen Unverbindlichkeit an programmatischen Aussagen einhergeht. Dem entspricht auf der Nachfragerseite eine seit Jahren zunehmende Volatilität des Wählerverhaltens (vgl. Niedermayer 1997: 118). Als Weltanschauungspartei ließe sich ehestens die PDS bezeichnen, die aber *auch* Milieu-, Interessen- und Protestpartei ist (Falter/Klein 1994: 26 ff.; Neugebauer/Stöss 1996: 239; Niedermayer 1997: 126).

Obgleich die Parteien in der Bundesrepublik auf der Basis eines Kerns von Werten und Überzeugungen handeln, gibt es zwischen ihnen - mit Unterschieden und Ausnahmen (z.B. DVU) gewiß - einen gemeinsamen ideellen Vorrat und inhaltliche Schnittstellen. Dies ist darauf zurückzuführen, daß die großen Parteien in sich stark differenziert sind: Zum einen zeichnet die regionale bzw. föderale Gliederung der Parteien ein Bild in abgestuften Grautönen; demnach können die Unterschiede in den policy-Positionen innerhalb ein und derselben Partei größer ausfallen als die zwischen den Parteien (vgl. Schmid 1990; Lösche/Walter 1992). Zum anderen müssen Parteien bzw. Fraktionen innerparteiliche Strömungen und (sektorale oder regionale) Interessenlagen oder Flügel ausgleichen, so daß sich auch deshalb die Vorstellung von homogenen Überzeugungssystemen nicht aufrechterhalten läßt (vgl. Bull 1999). Der Binnenpluralismus von Parteien und Fraktionen erzeugt die Notwendigkeit des Ausgleichs im Innern der Organisation. Da die Parteien zahlreiche Positionen und Interessenlagen in sich vereinen, sind sie ebenfalls in der Lage, an ähnliche Interessen anderer Parteien anzuschließen. Zumal zwischen den beiden großen Parteien gibt es, nicht zuletzt aufgrund des föderalen Gliederungsprinzips, eine beachtliche Übereinstimmung von Interessenlagen (Renzsch 1995: 186 f.). Lösungen, die innerhalb einer Partei ausgehandelt werden, haben deshalb auf der (parteipolitischen) Gegenseite oft eine realistische Chance, auf Akzeptanz zu stoßen. Dieser Befund läßt sich - nimmt man die Repräsentanz in den Ländern als Maßstab - weniger auf F.D.P. und B'90/Die Grünen übertragen, die inzwischen zu westdeutschen Regionalparteien geworden sind, und ebensowenig auf die landespolitisch ausschließlich in den neuen Ländern erfolgreiche PDS. Tauschgeschäfte und Kompromisse sind überdies nicht nur davon abhängig, ob die Parteien ideologisch wechselseitig kompatibel sind.

Die Beteiligung an einer Regierung hat, wie zumal das Beispiel der F.D.P. anschaulich zeigt, für die Parteien durchaus einen eigenständigen Wert (Schwarz 1978).

Weiterhin entstehen zwischen Parlamentariern verschiedener Parteien, die in Fachausschüssen regelmäßig zusammentreffen, und Vertretern des entsprechenden Ministeriums zuweilen sog. "Fachbruderschaften" (Wagener 1979), die sektorale Interessen verfestigen und die auch von der eigenen Fraktion manchmal nur schwierig integriert werden können. Solche Fachbruderschaften können in Haushaltsentscheidungsprozessen exemplarisch untersucht werden. Studien über Einstellungen von Abgeordneten brachten ebenfalls differenzierte Ergebnisse ans Licht. Während in Plenardebatten, die sich an die Öffentlichkeit richten, der Antagonismus zwischen Regierung und Opposition demonstrativ gepflegt wird, bilden sich in den Fachausschüssen oder generell jenseits des Plenums oft kooperativere Muster des Umgangs über die Fraktionsgrenzen hinweg aus (vgl. für den Haushaltsausschuß des Deutschen Bundestages Sturm 1988: 36 f.; allgemein: Mayntz/ Neidhardt 1989: 382 f.).

Auch die für den Parteienwettbewerb der Bundesrepublik oft unbesehen aufrechterhaltene Annahme, man finde in den Parlamenten zumeist kompakte Blöcke von Regierung und Opposition - d.h. einen bipolaren Parteienwettbewerb - vor, bedarf angesichts der jüngeren Entwicklungen der bundesdeutschen Parteienlandschaft einer Modifizierung. In etlichen Landtagen sind die Oppositionsparteien auf der Links-Rechts-Skala beispielsweise nicht zusammen links *oder* rechts von den Regierungsparteien angesiedelt, sondern links *und* rechts von diesen[34]. Die Opposition stellt in diesen Fällen keine geschlossene Alternative zur amtierenden Regierung dar. Daher sind - entgegen den Annahmen und normativen Zuweisungen mancher politikwissenschaftlicher oder staatsrechtlicher Darstellungen (z.B. Stern 1977: 23; Schneider 1989: 1070 f.)[35] - solche Oppositionsstrategien, die auf Konfrontation ausgerichtet sind, nicht immer sinnvoll; vielmehr können kooperative Strategien erfolgreicher sein, wenn sich eine Fraktion auf diese Weise als künftiger Regierungspartner empfehlen will (vgl. Kaltefleiter 1973; Dahl 1967). Denn in Regierungssystemen, in denen ein Regierungswechsel oftmals bereits durch den Wechsel *eines* Koalitionspartners zustande kommt, sind Oppositionsparteien geneigt, konfrontative und kooperative Verhaltensweisen gleichzeitig zu pflegen.

Anpassungsstrategien bieten sich zudem dann an, wenn das Parteiensystem eine "strukturelle Asymmetrie" aufweist (Kaltefleiter 1973: 6), weil eine Partei oder ein Parteienbündnis über längere Zeit eine Art Hegemonialstellung innehat. Für den Deutschen

---

34 Beispiele hierfür sind etwa die rot-grüne Minderheitsregierung in Sachsen-Anhalt (1994-1998), wo CDU und PDS nicht an der Regierung beteiligt waren, der Landtag in Rheinland-Pfalz (1991-1996; 1996-2001), wo der Regierung aus SPD und F.D.P. eine Opposition aus Grünen und CDU gegenübersteht, oder auch das von CDU und F.D.P. regierte Baden-Württemberg, wo SPD, Grüne und Republikaner die Opposition stellen.

35 So heißt es beispielsweise bei Schneider (1987: 1071), "...daß es nicht nur das legitime Recht, sondern geradezu eine verfassungsrechtliche Pflicht jeder parlamentarischen Opposition ist, möglichst rasch einen Machtwechsel herbeizuführen und die bestehende Regierung im Amte abzulösen. Daß ein solches Ziel nicht im kooperativen Miteinander, sondern nur in der konfliktreichen politischen Auseinandersetzung...zu erreichen ist, liegt auf der Hand. Der Streit ist gleichsam die Lebensluft der Opposition." Stern (1977: 821) wiederum definiert Opposition als "...die Gruppierung (Fraktion), die die Regierung und die sie stützenden Fraktion(en) im Rahmen des verfassungsrechtlich Möglichen und Zulässigen politisch bekämpft und abzulösen trachtet". Solche Definitionen haben zumeist das Alternanzmodell britischer Provenienz im Blick.

Bundestag läßt sich zeigen, daß sich Phasen eines stärker an Kooperation ausgerichteten Oppositionsverhaltens mit solchen abwechselten, in denen die Opposition auf Konfrontationskurs zur Regierung ging (Kralewski/Neunreither 1963; Helms 1997: 211). Für den Länderparlamentarismus liegen hierzu nur wenige Studien vor (zur Minderheitsregierung in Sachsen-Anhalt vgl. Plöhn 1997; Porscher 1997; Kropp 1997); hier gilt es, die Struktur der Landesparteiensysteme zu berücksichtigen.

Die bislang für die nachstehende empirische Untersuchung bestimmten Fälle Sachsen-Anhalt und Rheinland-Pfalz weisen beide keine geschlossene Opposition auf. Während in Rheinland-Pfalz CDU und B'90/Die Grünen durchaus auch kooperative Oppositionsstrategien verfolgten, ging die oppositionelle CDU in Sachsen-Anhalt 1994 auf Konfrontationskurs zu der von der PDS tolerierten Minderheitsregierung[36]. Dieser Fall bedarf insofern einer weiteren Modifizierung, als CDU und PDS zwar rechts bzw. links von der Regierung stehen, die PDS aber durch ihren Tolerierungskurs in Kooperationsbeziehungen zur Regierung stand (und weiterhin steht). Als weiterer Kontrastfall wäre unter diesem Gesichtspunkt die Wahl einer Koalition geeignet, der eine so schwache Opposition gegenübersteht, daß sich die Oppositionsfunktion in Form einer "Bereichsopposition" in die Regierungsparteien hineinverlagert. Dies ist klassischerweise in großen Koalitionen der Fall (vgl. Knorr 1975). Eine solche Konstellation konnte für die mecklenburg-vorpommersche und die Thüringer große Koalition beobachtet werden, wo die PDS eine wenig schlagkräftige Oppositionsarbeit leistete und in beiden Regierungsparteien jeweils starke innerparteiliche Kritik an der Koalition artikuliert wurde.

Angesichts dieser Überlegungen ist für die parlamentarische Arena von einem Mischungsverhältnis aus konfliktorientierten und kooperativen Interaktionsmustern auszugehen. Solche Mischungsverhältnisse treten nicht nur in der Auseinandersetzung zwischen Regierungs- und Oppositionsfraktionen auf, sondern auch innerhalb einer Koalition, zwischen den Bündnispartnern (vgl. 4.4). Anders gesagt: In der parlamentarischen Arena ist zwar der Parteienwettbewerb als handlungsleitende Kraft zweifelsohne dominant. Er ist indessen - gewiß in unterschiedlichem Ausmaß - mit kooperativen Elementen unterlegt. In Parlamenten, die Minderheitsregierungen haben, bilden sich im parlamentarischen Raum über die Grenzen der Regierungspartner hinweg notwendig stärkere Verhandlungsbeziehungen aus, da die Kooperation zwischen Regierungs- und Tolerierungsfraktionen eine Voraussetzung dafür ist, daß Gesetze verabschiedet werden können. Insofern hat das Koalitionsformat wahrscheinlich Einfluß auf Konfliktstrukturen und Verhandlungsbeziehungen (vgl. Teil 2, Kap. 4). Für eine empirische Analyse des Koalitionshandelns müssen überdies die verschiedenen *Arbeitsebenen* im parlamentarischen Raum und in der Regierung beachtet werden (vgl. Teil 2, Kap. 4), denn es ist davon auszugehen, daß sich unterschiedliche Interaktionsorientierungen auf diesen Ebenen in verschiedener Intensität aufspüren lassen.

36 An dieser grundsätzlichen Haltung der CDU änderte auch die vereinzelte Zustimmung der Partei zu Gesetzesvorhaben der Minderheitsregierung nichts, die diese dann gegen die PDS durchsetzte.

4.3 Einheitlicher versus fraktionalisierter Akteur - innerparteiliche und innerfraktionelle Willensbildung und Koalitionshandeln

Die Frage, wie die innerparteiliche bzw. innerfraktionelle Willensbildung mit Koalitionsbildungen und Koalitionsverhandlungen empirisch zusammenhängt und wie dieses Wechselverhältnis theoretisch zu fassen ist, gehört zu den in der Koalitionsforschung am meisten diskutierten, aber nicht vollständig geklärten Themen. Für die Analyse deutscher Länderkoalitionen gilt es drei Blickrichtungen einzunehmen. Die erste richtet das Augenmerk auf die innere Fragmentierung von Parteien und die deshalb entstehenden innerparteilichen Konfliktquellen, die sich wiederum auf die Konsensbildung in der Koalition auswirken können. Dabei muß beachtet werden, daß aus einer heterogenen inneren Parteistruktur auch eine gewisse Anpassungsfähigkeit gegenüber der Umwelt erwachsen kann. In diesem Zusammenhang ist es nicht nur von Bedeutung, wie stark eine *Partei* in Flügel oder Strömungen untergliedert ist, sondern auch, wie sehr die Koalitions*fraktionen* in sich fragmentiert sind. Diese beiden jeweils eigenständigen Kreise der Willensbildung sind auch empirisch auseinanderzuhalten, da beide miteinander in Wechselbeziehungen stehen. Die zweite Perspektive lenkt den Blick auf die Wechselbeziehungen zwischen der Willensbildung an der Parteibasis (bzw. in der Fraktion) und den gewählten Spitzenvertretern eines Landesverbandes (bzw. der Fraktion). Die dritte Sichtweise wiederum konzentriert die Aufmerksamkeit auf die wechselseitige Einflußnahme von Landesverband und Bundespartei (vgl. auch: Downs 1998: 222 ff.). Da diese Dimension von Parteipolitik Aspekte der innerparteilichen Moderation föderaler Probleme berührt, wird sie im Zusammenhang mit der föderalen Handlungsarena der Koalitionspolitik in den Ländern behandelt (vgl. Kap. 4.5). Vorrangige *Entscheidungsfunktionen* der innerparteilichen Arena bestehen darin, unterschiedliche Positionen zu einem nach außen vertretbaren Willen zu aggregieren und Personal für Mandate und Regierungsämter zu rekrutieren.

Innerparteiliche und innerfraktionelle Fragmentierung: Die Frage, ob eine Partei als "einheitlicher" Akteur bewertet werden kann, ist zentral für jede Art von Koalitionstheorie (Laver 1986: 84; Druckman 1996: 398; Strøm 1994). Luebbert (1986) schlug vor, eine Theorie über Koalitionsverhalten zu entwickeln, die vor allem Annahmen über das innerparteiliche Verhalten integriert. Viele Modelle, die Koalitionsbildungen zu erklären versuchten, haben Parteien, wie dargelegt (vgl. Kap. 2), vor allem aus forschungspragmatischen Gründen, nämlich um die innere Konsistenz und Operationalisierbarkeit der Modellannahmen gewährleisten zu können, als unitarische Akteure angesehen (differenzierter: Laver/Shepsle 1996). Die Gründe für diese Annahme waren, wie gezeigt, teils theoretischer Natur, teils aber auch von empirisch erhobenen, auf den vorliegenden Forschungskontext jedoch nur bedingt anwendbaren Indikatoren (z.B. einheitliches Stimmverhalten) abgeleitet. Erst in den letzten Jahren hat die Koalitionsanalyse begonnen, die Vorteile von in sich fragmentierten Parteien, die eine dezentralisierte Struktur besitzen, gegenüber zentralisierten Organisationen für eine Koalition zu thematisieren (vgl. Maor 1995, 1998). Dezentralisierte Parteien können mit der Koalition unzufriedenen Gruppierungen ehestens die Chance geben, Unmut innerhalb der Organisation zu artikulieren und einer drohenden Abwanderung vorzubeugen. Andererseits gehen Darstellungen zur Koalitionspolitik davon aus, daß dezentralisierte Parteien in einer Koalition einen schwachen Stand haben, wenn sie ihre politischen Positionen umsetzen wollen.

Auch seien Koalitionen, die aus dezentralisierten Parteien gebildet würden, weniger stabil (Groennings 1970: 454; Strøm 1994: 111; Druckman 1996: 403).

Innerparteiliche Fragmentierungen und Konflikte haben somit systematische Effekte auf den Prozeß der Koalitionsbildungen wie auch auf Konsensbildungen in der Koalition, weil sie die eigene Partei bzw. den Verhandlungspartner schwächen oder auch stärken können (vgl. auch Schüttemeyer 1998: 240 ff.). Dieses Argument gilt selbst dann, wenn Parteien nach außen als ein einheitlicher Block *erscheinen* (Laver/Schofield 1990: 15). Sie bestehen oft auch nicht aus einer homogenen, einen geschlossenen Willen verkörpernden Parteioligarchie, welche in der Lage wäre, die innerparteiliche Willensbildung zentralistisch zu steuern (vgl. auch: Michels 1911). Die meisten Parteien sind vielmehr immer schon in sich in Koalitionen und unterschiedliche Machtzentren gegliedert, die sich wechselseitig beeinflussen (vgl. z.B. Bull 1999). Innerparteiliche Konflikte werden zumeist nicht autoritativ von einer starken Führung gelöst, sondern zwischen den jeweiligen Repräsentanten der verschiedenen Flügel und Strömungen bzw. Gruppen ausgehandelt (vgl. z.B. Daalder 1983: 1-21; von Beyme 1983b: 247 f.). In die Parteiführung sind unterschiedliche Strömungen innerparteilich integriert, indem sie in die Führungsspitze eingebunden werden (für die CDU-Führung vgl. Gros 1998: 145). In Regierungsparteien müssen überdies auch verschiedene Koalitions- und Ressortloyalitäten integriert werden, die sich teilweise wiederum mit parteiinternen Strömungen überschneiden können. Parteien sind in der Tat nicht nur in der Bundesrepublik, sondern auch in anderen europäischen Ländern stark fraktionalisiert (vgl. von Beyme 1982; Sartori 1979: 71-115; Downs 1998: 31 ff., 187 ff.). Der Grad an Dezentralisierung von Parteien wiederum ist auf externe Faktoren zurückzuführen, wie die föderative Struktur eines Regierungssystems oder die Existenz eines präsidentiellen Systems (Harmel 1981: 80 ff.). So sind sich die meisten Darstellungen zur Koalitionspolitik darin einig, daß zumal dann eine dynamischere Akteurskonzeption erforderlich ist, wenn das Koalitions*verhalten* nach einer bereits erfolgten Bildung eines Bündnisses untersucht werden soll (z.B. Pridham 1986; Laver/Schofield 1990: 23).

Deskriptiv-analytische Studien, z.B. zu Entscheidungsprozessen in der Großen Koalition in Bonn (1966-1969), haben gezeigt, daß Koalitionsparteien keine unitarischen Akteure sind und daß sich ihre innere Fragmentierung auf das Regierungshandeln der Koalition auswirkt (vgl. Knorr 1975; Bouvier 1990). In der CDU etwa hatten interne Interessengruppen, wie die Mittelstandsvereinigung oder die Sozialausschüsse, erheblichen Einfluß auf Entscheidungen der Koalition. Weitere Untersuchungen zu deutschen Parteien bestätigen diesen Befund. Josef Schmid (1990: 36 f.) hat Parteien in seiner Studie über die CDU als komplexe Organisationen beschrieben, die vielfältige Funktionen wahrnehmen. Sie bestünden aus nur lose verbundenen und deshalb nur eingeschränkt von der Parteizentrale steuerbaren Subsystemen. Die Gesamtpartei fungiere als "Meta-Netzwerk", welches die territorialen, institutionellen und funktionalen Gliederungen der Partei organisiere. Dies geschehe nicht ohne Widersprüche und Friktionen. Selbst wenn eine Partei die absolute Mehrheit der Mandate erreicht, nehmen Regierungsbildungen dennoch zuweilen den Charakter von Koalitionsbildungen an, wenn, wie etwa im Falle der baden-württembergischen CDU, die badische und württembergische "Fraktion" durch Proporz im Kabinett abgesichert werden muß (vgl. Scharpf 1992b: 62).

Für die SPD wiederum, der oftmals - in Fortschreibung historischer Befunde - ein eher zentralistisches Organisationsverständnis zugeordnet wird, kann eine strukturelle Vielfalt und Fragmentierung belegt werden ("lose verkoppelte Anarchie"; vgl. Lösche/Walter 1992: 174; Lösche 1996): Die Gebietsverbände agierten auf den verschiedenen Organisationsebenen politisch vergleichsweise autonom; selbiges gelte für die Arbeitsgemeinschaften der Partei (z.B. AfA, Jusos, AsF). Das Organisationsnetzwerk sei horizontal und vertikal auf unsystematische Weise segmentiert; nicht einmal die formalen Kommunikationswege seien eindeutig festgelegt. Es existiere eine verwirrende Vielfalt von wechselseitigen Beziehungen zwischen parlamentarischen Gremien, Parteigremien und Regierungsorganisationen auf den verschiedenen Ebenen des politischen Systems; dabei existierten mehr oder weniger formalisierte Wege der horizontalen oder auch vertikalen Koordination innerhalb der Partei, so z.B. in Gestalt der Fraktionsvorsitzendenkonferenzen, der Treffen von Arbeitskreissprechern, im Parteirat der SPD u.v.m. Die relative Autonomie der Bezirke bzw. Landesverbände bezeugt beispielsweise auch der eigenständige koalitionspolitische Weg der ostdeutschen Gliederungen gegenüber der PDS.

Diese Befunde zu CDU und SPD widersprechen einer Auffassung von Koalitionsparteien, welche die zentralistische Sichtweise von Parteien aufrechterhält. Parteien wurden oft zu einseitig auf den Machtkampf im politischen System hin interpretiert. Lösche und Walter (1992: 193 f.) weisen hingegen darauf hin, daß Freiwilligenorganisationen, wie sie eben auch Parteien darstellen, oft auch durch Unverbindlichkeit und Introvertiertheit gekennzeichnet seien. So führten manche Teile von Parteien, wie etwa die Jusos, ein selbstgenügsames Eigenleben. Der Organisationszweck ergibt sich eben nicht nur aus dem Bezug einer Partei zum politischen System, sondern auch aus Gründen, die in der Organisation selbst liegen. Dies zeigen beispielsweise die Beitrittsmotive von Parteimitgliedern (Boll/Crow/Hofmann/Holtmann 1999: 44; Winkler 1999: 26). Anders gesagt: Die Parteimitglieder sehen den Zweck ihrer Mitgliedschaft eben auch in der sozialisierenden und sozialen Funktion der Organisation. Berücksichtigt man diese verschiedenen Befunde, so scheint es angemessen, Parteien grundsätzlich eine gewisse gesellschaftliche Kompromißfähigkeit zuzuordnen: Kompromißpolitik von Parteien, so auch Schütt-Wetschky (1987: 100 ff.), setze nicht einmal eine formale Koalition voraus, da in den großen Parteien Kompromisse auch innerparteilich geschlossen werden (ähnlich: Bull 1999).

Auch die F.D.P. weist, schon allein aufgrund ihrer Entstehungsgeschichte und aufgrund des liberalen Gedankenguts, das sich nur schwer mit einem zentralistischen Organisationsmodus verträgt, eine erhebliche Heterogenität an Flügeln und Gebietsverbänden auf. Die Partei wurde aus einer Vielfalt einzelner Gruppen gebildet. Auch die Landesverbände haben innerhalb der Partei ein durchaus unterschiedliches Gewicht. In den letzten Jahrzehnten gab es vor allem zwei bzw. drei Strömungen in der Partei: die nurmehr schwach ausgeprägte nationalliberale, die durch die lange Liaison mit der CDU (noch) geschwächte sozialliberale und die wirtschaftsliberale. Die beiden letztgenannten Strömungen verkörpern verschiedene Bündnispräferenzen bzw. Koalitionsoptionen. Auf ihnen beruhte die Flexibilität der Partei im Parteiensystem[37]. Der zentrale Parteiapparat der F.D.P. ist so schwach, daß er die Lücke zwischen den einzelnen Landesverbänden und Strömungen nicht hinreichend zu überbrücken vermag. So kann auch für diese Partei nicht von einem inneren Zentralismus gesprochen werden (vgl. Broughton/Kirchner 1986; Lösche/Walter 1996; Vorländer 1996). Aufgrund ihrer langjährigen Regierungsbeteiligung in Bund und Ländern ist das Machtzentrum der F.D.P. jedoch eher in den zentralen Regierungsämtern angesiedelt. Die Partei wurde vor allem in der Außendarstellung von einer kleinen Führungsgruppe dominiert, die sich aus Ministern und Bundestagsabgeordneten zusammensetzte. Diese bestimmten auch über mögliche Koalitionswechsel auf Bundesebene. Wie bedeutsam die Regierungsbeteiligung für die F.D.P. ist, kann man daran ablesen, daß sie es in der alten Bundesrepublik auf mehr als 200 Jahre Regierungsbeteiligung gebracht hat (Heinrich 1999). So erhielt und erhält sie auch ihr programmatisches Profil über die von ihr verwalteten Ressorts (zumeist: Wirtschaft und Bildung, Inneres).

Für die Grünen ergibt sich ein in einigen Punkten vergleichbarer Befund. Schon aus ihrer Geschichte als Sammlungsbewegung für unterschiedliche Gruppierungen und Initiativbewegungen geht hervor, daß in der Partei ein auf Homogenität ausgerichtetes, zentralistisches Organisationsmodell nicht durchsetzbar war und ist. Selbst wenn inzwischen die Strömungskonflikte mit Ökosozialisten und Radikalökologen abgeflaut sind, stellen Parteiströmungen doch auch heute noch eine organisatorische Grundlage der Partei dar. "Realos" und "Linke" werden als Vertreter der heute dominanten Flügel bei personellen Entscheidungen streng quotiert; diese Anforderungen werden durch eine Geschlechterquote ergänzt. Der Fraktionalismus in der grünen Partei wirkt auch auf den Regierungsalltag ein, sofern die Grünen an einer Koalition beteiligt sind. Er zeigt nicht nur "Strukturierungswirkung", sondern wirkt überdies polarisierend und hemmt die Partei in ihrer Beteiligung an Regierungen (Heinrich 1999). Die Parteiorganisation verfügte bislang über kein klares Machtzentrum, das in der Lage wäre, strategische Entscheidungen nach unten hin zu vermitteln. Dies hat auch historische Gründe, da die Entwicklung der Partei von den Ländern ausging. Aufgrund der Entstehungsgeschichte ist die regionale Diversifizierung der Grünen groß und die Macht der Zentrale relativ gering (Raschke 1993: 244; zu den ostdeutschen Verbänden vgl. Poguntke 1996). Die Bundesparteitage lassen sich nur schwer von oben lenken und bergen für die Parteispitze immer wieder das Risiko des Scheiterns in sich. Die Partei spielte bislang aufgrund der Trennung von Amt/Mandat sowie Parteifunktion eine im Vergleich zur F.D.P. eigenständigere Rolle. Die Partei sieht sich allerdings dem Problem gegenüber, daß kaum ausreichend qualifiziertes Personal für Parteiämter zur Verfügung steht, das nicht schon

37 Diese Flexibilität hat in den letzten Jahren durch die enge Anbindung der F.D.P. an die CDU abgenommen. Ca. drei Viertel der Wähler beurteilten die Partei vor einigen Jahren nur noch als Anhängsel der CDU (Falter/Winkler 1996). Unter diesem Gesichtspunkt stellt die rot-gelbe Koalition, die in Rheinland-Pfalz seit 1991 regiert, eine koalitionsstrategisch sinnvolle Option dar. Sie vermeidet eine zu einseitige Bindung der Partei an Wahlerfolge der CDU - und damit ein ähnliches Dilemma, dem die Grünen durch ihre koalitionspolitische Bindung an die SPD (noch) ausgesetzt sind. Weitere Einschränkungen dieser Flexibilität sind zudem dadurch gegeben, daß die F.D.P. derzeit nur noch in wenigen Landtagen (Hessen, Rheinland-Pfalz, Baden-Württemberg, Schleswig-Holstein, Nordrhein-Westfalen) vertreten ist. Sie kann daher nur noch mit Mühe eine koalitionspolitische Doppelstrategie einschlagen.

mit Ämtern und Mandaten gebunden wäre. Mehrheitsbildungen in der Partei bedürfen der vorausschauenden Koordinierung zwischen hervorgehobenen Mitgliedern der Bundestagsfraktion, Landespolitikern und dem Parteivorstand (vgl. Heinrich 1999).

Auch die PDS ist inzwischen von einer Vielfalt unterschiedlicher Flügel und Gruppen geprägt, selbst wenn sie als Nachfolgepartei der SED eine dezidiert zentralistische Tradition besitzt. Sie beherbergt unterschiedliche, ideologisch definierte Plattformen (kommunistische, linkssozialistische, ökologische), Arbeits- und Initiativgemeinschaften und Arbeitskreise (vgl. Hüning/Neugebauer 1996: 73 f.). Diese Gliederungen sollen die Kommunikation mit gesellschaftlichen Gruppen aufnehmen und pflegen und die PDS als Teil sozialer Bewegungen in der Gesellschaft verankern. Insofern zeugen sie vom Versuch, die soziale Basis der Partei zu erhalten bzw. auszuweiten und der Abschottung parteiinterner Zirkel entgegenzuwirken. Ein ähnliches Ziel verfolgt die PDS mit ihren "offenen Wahllisten", mit deren Hilfe sie zusätzliche Wählerschichten ansprechen möchte. Arbeitsgemeinschaften und Plattformen haben eine eigene, zur Organisation der Gesamtpartei oft parallele Struktur. Sie dürfen nach dem Selbstverständnis der Partei in die parteiinterne Willensbildung eingreifen (Neugebauer/Stöss 1996: 143 f.). Die Partei hat inzwischen eine Quotierungsklausel (Geschlecht) sowie den Minderheitenschutz in ihrem Statut festgeschrieben (Neugebauer/Stöss 1996: 127). Das oft diffuse pluralistische Selbstverständnis (Welzel 1992: 101) und die fragmentierte Gliederung der Partei, so Neugebauer und Stöss (1996: 131), seien der *formal* überzeugendste Beweis gegen den Fortbestand orthodoxer kommunistischer Organisationsprinzipien wie das des "demokratischen Zentralismus" (anders: Moreau 1992: 258 ff.). Obgleich die institutionellen Voraussetzungen für eine oligarchisierte Führungsstruktur in der Partei somit nicht gegeben sind, spielen die Vorstände in der PDS eine bedeutsame Rolle. Im Parteivorstand sind Reformer und basisdemokratische Fundamentalisten, weniger jedoch traditionelle Sozialisten repräsentiert. Letztere überwiegen indessen in der - weitgehend überalterten - Mitgliedschaft nach wie vor. Die Mitglieder der PDS sind in ihren Einstellungen weitaus homogener als die anderer Parteien (vgl. Boll/Crow/Hofmann/Holtmann 1999: 41; Falter/Klein 1994). Anders als die anderen Parteien, ist die PDS als nur im Osten parlamentarisch vertretene Kraft zudem in der Lage, eine gewisse innere Einheitlichkeit zu gewährleisten (Neugebauer/Stöss 1996: 146), indem sie den innerdeutschen "Zentrum-Peripherie"- bzw. West-Ost-Konflikt populistisch thematisiert (Niedermayer 1997: 126).

Verschiedenartige Strömungen, Flügel und regionale Gliederungen sind also kennzeichnend für alle deutschen Parteien. Somit ergibt sich ein Bild, das dem eines "unitarischen" Akteurs entgegensteht. Dies heißt indes noch nicht, daß sich die Heterogenität der Parteien automatisch in gleichem Umfang in den *Fraktionen* - einer für unser Thema ebenso bedeutsamen Handlungsebene - widerspiegelt. Wie oben erwähnt, erreicht die Fraktionsdisziplin in den europäischen Parteien zwar sehr hohe Werte. Tatsächlich aber ist die innerfraktionelle Kohärenz ein nur bedingt aussagekräftiger Indikator für den tatsächlichen Fraktionalisierungsgrad einer Partei im Parlament. Die real existierende innerfraktionelle Vielfalt findet sich nur gebrochen in Abstimmungsergebnissen; diese sind in der Tat nur *ein* Verhaltensindikator, der vorangegangene innerfraktionelle Kompromisse nicht reflektiert. Sofern Abstimmungen nicht freigegeben werden, gilt der Mehrheitsentscheid auch für die Fraktionen: Die unterlegene Minderheit ordnet sich der Mehrheitsmeinung unter. Befunde zur innerfraktionellen Kohärenz sind bislang nur für die Fraktionen im Deutschen Bundestag auf der Grundlage einer Auszählung namentlicher Abstimmungen (vgl. Saalfeld 1995), die zumeist höher polarisiert sind, nicht aber auf Länderebene empirisch erhoben worden. Insgesamt deuten die für den deutschen Bundestag ermittelten Ergebnisse darauf hin, daß sowohl das Koalitionsformat als auch die Zugehörigkeit zur Regierungsseite oder Opposition die fraktionelle Geschlossenheit im Stimmverhalten beeinflussen. Je größer die Mehrheit an Mandaten, auf die sich eine Regierung stützen kann, desto eher lockert dies die Abstimmungsdisziplin der Fraktionen auf. Für Oppositionsfraktionen ist ein nicht geschlossenes Abstimmungsverhalten weniger folgenreich als für Regierungsfraktionen. Generell gilt: Je weniger fragmentiert eine Fraktion, desto eher kann sie als eigenständige politische Kraft gegenüber Partei und Regierung auftreten und desto größer ist ihr eigenes Machtpotential (vgl. Patzelt 1995: 156 ff.).

Laver und Schofield (1990: 23 ff.) verwiesen angesichts solcher Befunde aus Parteiensystemen, die sowohl auf Fraktionsebene als auch für den Parteiverband nicht das Bild eines einheitlichen Akteurs ergeben, auf Probleme der Generalisierbarkeit. Viele der Gründe, warum eine Partei kein unitarischer Akteur ist, könnten nur auf der Basis von Ad-hoc-Erklärungen angegeben werden. Parteien seien oft in verschiedenartige Strömungen, Interessengruppen und sektorale wie regionale Gliederungen unterteilt, die mehr oder weniger gut identifiziert werden könnten. Würden sich diese Gliederungen überdies überschneiden, gelange man aufgrund dieser "cross-cutting"-Dimensionen sehr schnell zum einzelnen Abgeordneten oder Parteimitglied als Untersuchungseinheit.

Aus den vorstehenden Überlegungen ergibt sich jedoch für die nachfolgende empirische Analyse des Koalitionshandelns, daß es nur wenig Sinn macht, weiterhin vom Bild eines einheitlichen Akteurs auszugehen. Parteien, zumeist auch Fraktionen, bestehen nun einmal aus unterschiedlichen Kräften, die unterhalb der Oberfläche eines einheitlichen Stimmverhaltens auch gegeneinander wirken. Da in Parteien unterschiedliche Positionen und Koalitionspräferenzen oft auch über Flügel oder Strömungen repräsentiert sind, ist davon auszugehen, daß diese den Wettbewerb in der Koalition verstärken können. Die Fragmentierung einer Partei muß somit in diese Überlegungen eingepaßt werden, sofern jene in *verhandlungsfähige* Strömungen oder Gruppierungen mit koalitionspolitischem *Störpotential* gegliedert ist. Dies kann in Entscheidungsprozeßanalysen aus forschungsökonomischen Gründen nur durch qualitative Analysen, nicht aber auf der Grundlage einer eigens durchgeführten Mitgliederbefragung geschehen. Andererseits sind in sich heterogene Parteien eher in der Lage, verschiedenartige Bedürfnisse ihrer Mitgliederschaft und Wählerklientel gleichzeitig zu befriedigen (vgl. Maor 1998). Sie zeigen durchaus manchmal lose nebeneinander bestehende Akteurseigenschaften (vgl. Elster 1986b[38]), von denen zu vermuten ist, daß sie sich auf die Zusammenarbeit in einem Parteienbündnis nicht nur negativ, sondern auch positiv - aufgrund einer erhöhten Anpassungsfähigkeit gegenüber der Umwelt - auswirken können. Auf diese Weise können beispielsweise gleichzeitig Beziehungen zu unterschiedlichen oder gar antagonistischen organisierten Interessen (Arbeitnehmer- und Arbeitgeberor-

38 Selbst wenn der Begriff des "mulitple self" ehedem auf individualpsychologische Befunde bezogen wurde und damit eine Kritik an zentralen Annahmen von ökonomischen Rational-Choice-Theorien enthält, wird er inzwischen doch auch auf komplexe Organisationen übertragen.

ganisationen) einfacher gepflegt werden. Das Konzept der miteinander vernetzten Handlungsarenen bietet für eine Analyse des Entscheidungsverhaltens von Koalitionsakteuren insofern Vorteile, als es innerorganisatorische Willensbildungs- und Kontrollstrukturen systematisch und theoretisch begründet in ein Untersuchungskonzept zu integrieren vermag. Hierfür sind indes einige theoriegeleitete Ausführungen über einzelne Ausprägungen von innerparteilicher Willensbildung und deren Wirkungen auf Koalitionshandeln nötig.

Innerorganisatorische Willensbildung: Angesichts der inneren Organisations- und Strömungsvielfalt muß somit als Regelfall vorausgesetzt werden, daß Parteien keinen homogenen Willen aufweisen. Dies lenkt den Blick auf unterschiedliche Verfahrensweisen der innerorganisatorischen Willensbildung. Die Parteienforschung kennt drei verschiedene Paradigmen, die zur Klassifikation der innerparteilichen Willensbildung herangezogen werden können. Sie geben Aufschluß darüber, welche idealtypischen Wechselbeziehungen zwischen Parteibasis und Parteiführung existieren können (vgl. Niedermayer 1989); dabei bewegt sich die Wirklichkeit von Parteien zumeist zwischen diesen Varianten. Die Art und Weise, wie die innerparteiliche Willensbildung verläuft, ist für die Konsensbildung in Koalitionen von großer Bedeutung: Sie hat Auswirkungen darauf, mit welchem Verhandlungsspielraum die Parteiführungen oder Fraktionsspitzen ihrem Koalitionspartner gegenübertreten können. Je geringer dabei die von der Basis zugestandene Handlungsfreiheit, desto schwieriger wird es, Kompromisse einzugehen und Paketlösungen zu schnüren (vgl. Teil 2, Kap. 2).

Während die Untersuchung von Fragmentierungstendenzen nur den vielfältigen Charakter von Parteien festzustellen vermag, gibt die jeweils empirisch feststellbare innerorganisatorische Willensbildung Auskunft über Interaktionsmuster zwischen Parteiführung und Parteibasis. Die von der Koalitionsforschung oft vertretene Annahme, die Führungszirkel von Parteien wirkten als "Agenda-setter", die zumeist geschlossen eine programmatische Position verträten und diese auch innerparteilich durchsetzen könnten, geht mit einem *hierarchischen Organisationsverständnis* einher. Denn in der Perspektive der Koalitionsforschung werden Parteien vor allem als gewinnmaximierende Akteure interpretiert, die ihre Ressourcen, gefaßt als Stimmenanteile bzw. Mandate, möglichst optimal in Machtanteile umsetzen wollen. Diese Machtanteile werden daran gemessen, wie weit es einer Partei gelingt, Politikinhalte zu beeinflussen und Ämter zu besetzen. Diesen der ökonomischen, konkurrenzorientierten Demokratietheorie entlehnten Annahmen entspräche normativ wie empirisch ein Bild von miteinander im Wettbewerb stehenden Parteien, deren Ziel darin besteht, Wählerstimmen zu maximieren (Schumpeter 1980: 438 ff.; Downs 1968; vgl. Kap. 4.1). Damit einher geht das Erfordernis, die Macht und die Entscheidungsbefugnis an der Spitze der Partei zu zentralisieren und die innerparteiliche Willensbildung diszipliniert von "oben nach unten" zu organisieren. Der Erfolg in der Konkurrenz um Wählerstimmen baut in dieser Sichtweise auf einer geschlossenen und straffen Organisation auf. Eine Mitwirkung der Basis an der Politikformulierung ist aus Gründen der Effizienz weitgehend unerwünscht. Die Verbindungen zwischen Basis und Führung sind in diesem Modell so ausgestaltet, daß erstere lediglich über bereits beschlossene Ergebnisse informiert wird. Die Aufgabe der Führungsspitze und der aktiven Parteimitglieder gegenüber der Basis besteht deshalb insbesondere in der Politikvermittlung (*"Konkurrenzparadigma"*; vgl. Niedermayer 1989). Würden Parteiführungen von Koalitionspartnern miteinander in Verhandlungen treten, könnten sie, wäre dieses Paradigma Realität, über eine seitens der Basis kaum eingeschränkte Verhandlungsfreiheit verfügen. Restriktiv wirkten allenfalls (antizipierte) Stimmverluste bei den nächsten Wahlen[39]. Trotz zentralisierter Willensbildung entstehen dem Konkurrenzparadimga zufolge keine nennenswerte Demokratiedefizite, da das demokratische Prinzip nicht durch innerparteiliche Partizipation, sondern durch zwischenparteilichen Wettbewerb gesichert wird.

Im repräsentativen Modell innerparteilicher Willensbildung wiederum existiert eine pluralistische Elitenherrschaft innerhalb der Partei. Die Mitwirkung der Basis ist wesentlich über den Weg der Personalrekrutierung, weniger über die Politikformulierung, sichergestellt, die auch hier im wesentlichen von den - indes pluralistischen - Parteieliten als "Agenda-setters" vorgenommen wird (*"Integrationsparadigma"*). Die Parteiführung besitzt nach diesem Modell zwar ein erhebliches Maß an Verhandlungsfreiheit gegenüber einem Koalitionspartner. Dieses wird jedoch schon dadurch begrenzt, daß die Basis ihre Parteiführung abwählen kann. Basisbezogene Demokratiemodelle wiederum fordern, daß Parteieliten über imperative Mandate an den empirischen Willen der Basis gebunden sein sollten (*"Transmissionsparadigma"*). Deren maßgebliche Aufgabe besteht somit darin, politische Entscheidungen zu treffen. Jede Spielart von Repräsentation wird als Verfälschung des Basiswillens und damit als Demokratiedefizit gewertet. Ist dieses Modell realisiert, haben Parteieliten, die in Koalitionen eingebunden sind, wenig Spielraum, in Verhandlungen mit dem Koalitionspartner von der Basis nicht abgesegnete Kompromisse einzugehen und ihrem Gegenüber Tausch- oder Koppelgeschäfte anzubieten. Demnach eignen sich basisdemokratische Organisationsmodelle immer dann nicht als Grundlage für eine dauerhafte Kooperation, wenn, wie in Deutschland, Koalitionen die gängige Regierungsform darstellen. Doch auch in Einparteienregierungen müssen die regierenden Parteieliten solche innerparteilichen Proporzzwänge berücksichtigen, die in basisdemokratischen Verfahren leicht dem empirisch ermittelten Mehrheitswillen zum Opfer fallen würden. Die Realität innerparteilicher Willensbildung stellt sich zumeist als Mischungsverhältnis aus diesen Idealtypen dar.

Aus der Verbändeforschung sind Probleme der *Verhandlungs-* bzw. *Vertretungslogik* oder auch *Mitgliedschafts- und Einflußlogik* hinreichend bekannt (vgl. Streeck 1987). Verhandlungsfreiheit und Kooperationsfähigkeit sind auch zwischen Koalitionsparteien erst dann gewährleistet, wenn ihre Repräsentanten gegenüber der Basis über ein hohes Maß an Durchsetzungsfähigkeit verfügen, oder wenn beider Präferenzen weitgehend übereinstimmen. Den Koalitionsspitzen wird im Spannungsfeld zwischen innerparteilicher Willensbildung und Koalitionspolitik eine doppelte Integrationsleistung abverlangt: Sie müssen die oft vielfältigen Interessen der Parteibasis (oder der Fraktion) mit den notwendigen Konsensbildungen innerhalb der Regierung abstimmen. Um dieser Aufgabe

---

39 Druckman (1996: 400) macht in seiner Anwendung des principal-agent-Modells auf das Wechselverhältnis von innerparteilicher Fragmentierung, innerparteilicher Willensbildung und Koalitionsstabilität darauf aufmerksam, daß es vor allem dann von Bedeutung sei, ob die Willensbildung in einer Partei zentralisiert ist, wenn zwischen der Basis (principal) und der Parteiführung (agent) keine Übereinstimmung bestehe. Seien die Ziele von principal und agent hingegen deckungsgleich, mache eine zentralistische Willensbildung keinen Unterschied.

nachkommen zu können, müssen sie mit Verhandlungsmandaten ausgestattet sein (vgl. Czada 1997: 239), die wiederum ein wechselseitiges Vertrauen zwischen den Koalitionsparteien erst wachsen lassen können. Nur dann können sie die Aufgabe wahrnehmen, mehrere Verhandlungs- und Entscheidungsbeziehungen strategisch zu verknüpfen. Diese Anforderungen spiegeln sich darin wider, daß Partei- und Fraktionsvorsitzende in nahezu allen zentralen Koordinations- und Entscheidungsgremien vertreten sind (Ismayr 1992: 123). Werden Koalitionsführungen hingegen mit Vertretungs- bzw. Durchsetzungsmandaten ausgestattet, sind Verhandlungen in Entscheidungssituationen mit der Gefahr des Scheiterns behaftet: Der Wille der Basis muß von den an der Koalition beteiligten Parteien in deren Verhandlungen befolgt werden - eine Aufgabe, die sich nicht nur als zeitraubend erweisen kann, sondern unter Umständen Lösungen nach sich zieht, bei denen sich die Partner abwechselnd durchsetzen. Als Begleiterscheinung solcher Vertretungsmandate kann somit die Arbeitsfähigkeit von Koalitionsregierungen geschmälert werden, da die Kompromißfähigkeit der sie tragenden Parteien eingeschränkt ist.

Eine umfassende Partizipation von Parteimitgliedern ist für die Handlungsfähigkeit und Kompromißfähigkeit von Koalitionsparteien als eher dysfunktional zu bewerten. Sie steigert zwar den Demokratiegehalt über ein höheres Maß an Beteiligung, erkauft dies jedoch mit einer geschmälerten Verhandlungseffizienz. Legitimationsdefizite entstehen dann eher auf der Output-Seite des politischen Systems (vgl. hierzu Benz 1998: 205). Unter den in Deutschland weitgehend vorherrschenden Bedingungen des repräsentativen Modells innerparteilicher Demokratie findet die Konsenswilligkeit von Koalitionsspitzen in Verhandlungszirkeln ihre Grenze nicht zuletzt an der Zustimmung der Parteibasis, wenn diese der Führung ihre Gefolgschaft verweigert. Um Konflikte in der Koalition gering halten zu können, müssen Verhandlungsspitzen versuchen, verschiedene innerparteiliche Positionen zu antizipieren; dabei müssen sie sich einen gewissen Spielraum gegenüber der Basis erhalten. Dafür ist wiederum ein Vorrat an Vertrauen erforderlich, das die Basis ihren Verhandlungsführungen entgegenbringt. Haben beispielsweise Fraktionsführungen von Koalitionsparteien den Verdacht, vom Regierungspartner übervorteilt zu werden, greifen sie wohl eher taktisch auf Durchsetzungsmandate zurück, die es dann nicht mehr ohne weiteres erlauben, von einer Verhandlungsposition zugunsten des Partners abzuweichen. Auf diese Weise sollen umfassende Abstriche an den eigenen Positionen verhindert werden. Anders formuliert: Verhandlungsmandate, die dem engeren Führungszirkel von der Parteibasis bzw. von der eigenen Fraktion erteilt werden, sind einerseits Voraussetzung dafür, daß Konsensbildungen zwischen Koalitionspartnern erfolgreich verlaufen können. Andererseits bedarf es wohl einer gewissen Übereinstimmung und der Vertrauensbeziehungen zwischen Koalitionären, damit diese nicht taktisch auf Durchsetzungsmandate zurückgreifen. Wenn sich zwischen den Führungsspitzen der Koalitionspartner wiederum zu enge und vertrauensvolle Beziehungen ausbilden, kann dies aus der Sicht der Parteibasis dazu führen, daß das eigene Profil verwässert wird; die Basis wird dann u.U. auf stärkere Mitbestimmung drängen. Im äußersten Fall kann sie der Parteiführung bei innerparteilichen Wahlen das Vertrauen entziehen.

Wie die innerparteiliche Willensbildung im konkreten koalitionspolitischen Fall ausgestaltet ist, ist für das Mischungsverhältnis von Kooperation und Konflikt in einem Regierungsbündnis somit von nicht unerheblicher Bedeutung. Das basisdemokratische Modell innerparteilicher Willensbildung ist in den deutschen Parteien zwar nicht dominant, auch wenn für die Grünen basisdemokratische Formen der Beteiligung durchaus einmal identitätsbildend waren. Die Forderung nach "mehr Demokratie" in den Parteien ist in den vergangenen Jahren mehrfach (von SPD und F.D.P.) mit plebiszitären Entscheidungsverfahren bei der Personalrekrutierung, in einzelnen Sachfragen sowie in einer Koalitionsentscheidung (der Bremer SPD 1995) beantwortet worden, über deren funktionale bzw. dysfunktionale Auswirkungen man in der Politikwissenschaft geteilter Meinung ist (vgl. Schieren 1996; Becker 1996; Zeschmann 1997). Es verwundert kaum, daß die Positionen hier je nach bevorzugtem Demokratiemodell variieren.

Ohne Zweifel ist es für die Kooperation in einer Koalition von großer Bedeutung, ob und wie es den Verhandlungsspitzen gelingt, die Koalitionspolitik an die Basis zu vermitteln und ob und wie "die Basis" oder "die Fraktion" als strategische Größe in Koalitionsverhandlungen eingesetzt werden. Werden also tatsächliche oder vermeintliche innerparteiliche Handlungszwänge instrumentell verwendet, um gegenüber dem Koalitionspartner strategische Erfolge erzielen zu können? Nutzen die Parteiführungen die Einbindung in die Koalition, um den Landesverband "auf Koalitionslinie" zu bringen? Wie wirken sich eventuell unterschiedliche Ausstattungen der Parteien mit Verhandlungsmandaten auf die Kooperation in der Koalition aus?

Auch um diese Fragen beantworten und Annahmen überprüfen zu können, empfiehlt es sich, möglichst verschiedenartige Koalitionsvarianten als Fallbeispiele heranzuziehen. Nach den bisher angestellten Überlegungen standen als große Koalitionen noch die Mecklenburg-Vorpommerns und Thüringens zur Auswahl. Um die oft spannungsgeladenen Wechselwirkungen zwischen innerparteilicher Willensbildung und Koalitionshandeln analysieren zu können, scheint es nun ertragreicher, Thüringen als Untersuchungsobjekt zu bestimmen, da es dort zum Rücktritt des SPD-Landesvorsitzenden Schuchardt aufgrund innerparteilicher Spannungen über den Kurs der Koalition kam.

4.4 Die Koalition als Handlungsebene - allgemeine Merkmale und Funktionsweisen

Versucht man, Koalitionen von kollektiven Akteuren wie Bewegungen oder Vereinigungen definitorisch abzugrenzen, so lassen sich ihnen folgende Merkmale zuordnen: "Koalitionen" sind durch zeitlich befristete, aber eine gewisse Bestandsdauer nicht unterschreitende Beziehungen zwischen Akteuren gekennzeichnet, die jeweils eigene, aber dennoch kompatible und sich überschneidende Ziele verfolgen. Sie setzen ihre Handlungsressourcen für koordinierte Strategien ein; dabei wird der Nutzen der Kooperation im Regelfall am individuellen Nutzen gemessen. Da die beteiligten Akteure normalerweise nicht zur Kooperation gezwungen sind, können sie das Bündnis wieder verlassen. Entwickeln sich Koalitionen zu Dauerbeziehungen, kann sich unter günstigen Bedingungen zwischen den Partnern eine Vertrauensgrundlage ausbilden, aufgrund derer Koalitionsakteure auch Entscheidungen oder Handlungen zustimmen, die für sie eigentlich nachteilig wären (vgl. Scharpf 1997: 55). Zumeist bilden Koalitionen - welcher Art sie auch immer sein mögen - aufgrund ihres längerfristigen Bestands eine mehr oder weniger institutionalisierte Führungsstruktur aus.

Die *Entscheidungsfunktion* von Koalitionen besteht darin, konkurrierende und gemeinsame Positionen durch Absprachen in einen gemeinsam getragenen Mehrheitswillen zu überführen. Damit stehen die Beziehungen zwischen Koalitionsakteuren, die wiederum nur im Zusammenhang mit anderen Handlungsebenen analysiert werden können, im Mittelpunkt einer Koalitionsuntersuchung. Aus diesen Gründen liegt es nahe, für die ersten konzeptionellen Überlegungen auf generalisierte Befunde von theoretischen Ansätzen zurückzugreifen, die Verhandlungsbeziehungen zwischen politischen Akteuren zum Gegenstand haben.

Parteienbündnisse lassen sich nach unterschiedlichen Ebenen der Kooperation typisieren, da die Zusammenarbeit eine ganze Spannbreite an Formen abdecken kann. Den größten Verbindlichkeitsgrad weisen Regierungskoalitionen auf. Parteien gehen jedoch auch ohne Regierungsbeteiligung parlamentarische Bündnisse ein, wenn sie eine Minderheitsregierung parlamentarisch stützen oder diese tolerieren (vgl. Schütt-Wetschky 1987)[40]. In solchen Fällen sind Kooperationsbeziehungen weniger stark institutionalisiert, da Regierungs- und Tolerierungs- bzw. Stützparteien im Kabinett selbst nicht zusammenarbeiten. Die Beziehungen zwischen Regierung und parlamentarischem Partner können indes auch schriftlich vereinbart werden; manch eine Kooperation zwischen Regierung und Regierungsfraktionen sowie den "Stützpartnern" nimmt dann durchaus den Charakter von Koalitionsverhandlungen an (vgl. Strøm 1986). Kurz: Die Art und Weise, wie kooperative Beziehungen zwischen den Akteuren ausgestaltet sind, hängt in Parteienbündnissen *auch* davon ab, auf welcher Ebene sie vollzogen werden.

Der Wettbewerb zwischen der Regierung und der sie tragenden Parteienmehrheit im Parlament einerseits sowie der Opposition andererseits baut wesentlich auf der Fähigkeit von Parteien auf, die Konkurrenz zwischen ihnen in die Kooperation eines Regierungsbündnisses zu überführen. Entscheidungen von Koalitionen setzen Verhandlungsbeziehungen und Absprachen voraus; in parlamentarischen Systemen, in denen Koalitionsbildungen die Regel sind, sind Mehrheitsentscheide und Verhandlungsbeziehungen somit funktional aufeinander bezogen. Hierarchisch gesteuerte Entscheidungen sind nur eingeschränkt durchsetzbar, weil die Richtlinienkompetenz des Regierungschefs hierzulande in Koalitionen zwar wirksam, aber doch durch die Vetoposition des oder der Koalitionspartner begrenzt ist. Führung bedeutet vielmehr die Fähigkeit, integrieren und koordinieren zu können ("Koordinationsdemokratie", vgl. Jäger 1988, 1994). Sie findet ihre äußerste Grenze an der Austrittsoption der Koalitionspartner; auf Tolerierungs- oder Stützfraktionen, die keine Regierungsverantwortung übernehmen, ist die Richtlinienkompetenz nicht anwendbar. Der Verhandlungscharakter ist im Falle einer gestützten oder tolerierten Minderheitsregierung deshalb grundsätzlich stärker ausgeprägt als in einer Regierungskoalition.

---

40 Schütt-Wetschky (1987) unterscheidet zwei Typen von Minderheitsregierungen. Die "*parlamentarisch gestützten*" treffen personelle und sachliche Vereinbarungen. Das Kabinett kann davon ausgehen, in der Regel eine Mehrheit im Parlament zu finden. Die "Stützfraktionen" identifizieren sich aber nicht mit der Regierungsverantwortung. "*Bloß tolerierte*" Minderheitsregierungen finden hingegen von Streitfrage zu Streitfrage eine parlamentarische Mehrheit. Ein Mißtrauensantrag wird zwar meistens abgelehnt, die Tolerierungsfraktionen unterstützen die Regierung aber nicht unbedingt in stark umkämpften Streitfragen. Es gibt keine kontinuierliche Zusammenarbeit. Die in dieser Studie untersuchte rot-grüne Minderheitsregierung in Sachsen-Anhalt trägt Merkmale beider Idealtypen. Im Sinne einer sprachlichen Vereinfachung wird im folgenden der Begriff "Tolerierung" verwendet.

Verhandlungsbeziehungen werden zwar gewisse Vorteile gegenüber majoritären Verfahren zugewiesen[41]. Sie bergen aber grundsätzlich die Gefahr in sich, daß ihre Funktionsfähigkeit durch *"Verhandlungsdilemmata"* geschmälert wird und Entscheidungsblockaden entstehen. Wenn bei einer Seite kompetitive Einstellungen zum Partner überwiegen, können die Akteure, die gutwillig nach einer gemeinsam vorteilhaften Lösung suchen, von am Wettbewerb ausgerichteten Akteuren übervorteilt werden. Wenn wiederum alle Partner ihre Zusammenarbeit als Konkurrenzbeziehung deuten, ist es nicht unwahrscheinlich, daß eine Einigung auch in solchen Fragen verhindert wird, die für alle Seiten Vorteile bringen würden (vgl. Scharpf 1992a; 1993a: 66)[42]. In Koalitionen, zumal in "minimal winning coalitions", ist indessen ein gewisser Schutz vor wechselseitiger Übervorteilung eingebaut, weil die Partner mit Veto-Positionen ausgestattet sind (Schwarz 1978: 188 ff.). Der Austritt eines Partners aus dem Bündnis - als Reaktion auf eine Übervorteilung - würde in einem solchen Koalitionsformat mit dem Verlust der Mehrheit einhergehen. Diese Überlegungen verweisen erneut auf die strategisch günstige Position, die ein "dominant player" einnimmt, der also realistisch auf einen alternativen Partner zurückgreifen kann. Die auf den theoretischen Vorüberlegungen fußenden Bedenken gegenüber der Problemlösungsfähigkeit von Koalitionen haben zudem nur solange eine realistische Grundlage, wie man Parteien grundsätzlich die Fähigkeit abspricht, sich in ihren Entscheidungen am gemeinsamen Nutzen oder an übergeordneten Gemeinwohlkriterien zu orientieren (vgl. Teil 2, Kap. 4). Diese sind jedoch selbst auslegungsbedürftig und bleiben damit dem politischen Parteienstreit unterzogen. Welche Instrumente - so eine empirisch relevante Frage, die in einer Analyse des Koalitionshandelns beantwortet werden muß - setzen Koalitionspartner ein, um trotz vorhandener Wettbewerbsbeziehungen im Bündnis zu gemeinsamen Lösungen zu kommen und handlungsfähig zu bleiben? Ferner: Wann treten Bedingungen ein, die kooperative Beziehungen nicht mehr zulassen?

Nach den bisherigen Überlegungen ist im koalitionspolitischen Normalfall davon auszugehen, daß aufgrund des ständigen Umgangs der Koalitionspartner miteinander die eigenen Gewinne und Verluste eher in Beziehung zu denen des oder der Interaktionspartner gesehen werden. Deshalb ist auch nicht anzunehmen, daß die egoistisch-rationale Interaktionsorientierung im Verhalten von Koalitionsakteuren überwiegt, auch wenn sie im ökonomischen Verhaltensmodell lange Zeit als die verallgemeinerbare Haltung vorausgesetzt wurde.

In Koalitionen herrschen typischerweise Mischungsverhältnisse von kooperativen und kompetitiven Interaktionsorientierungen vor. Koalitionsentscheidungen sind in aller Regel von gemischten Motiven der Parteien unterlegt, denn das gemeinsame Interesse an der

41 Sie schwächen die mehrheitsdemokratischen Verfahren innewohnende Dichotomisierung von Entscheidungen ab, sie vermögen externe Effekte zu mildern, indem sie formal festgelegte Kompetenzgrenzen überwinden, vgl. Benz 1998: 204.

42 Faßt man solche Situationen spieltheoretisch, so ähneln sie der Konstellation des "Gefangenendilemmas": Wenn egoistisch-rationale Akteure nicht-kooperativ handeln, so ist die Auszahlungsmatrix für beide Akteure immer schlechter als im Falle einer Kooperation. Handelt nur einer kooperativ, der andere jedoch nicht, so wird jener benachteiligt, der nicht-kooperierende jedoch erhält einen maximalen Gewinn. Der Gesamtnutzen ist dennoch geringer als im Falle der Kooperation. Erforderlich sind somit Informationen und Kommunikationsbeziehungen, die das Ziel haben, Mißtrauen gegenüber dem Interaktionspartner abzubauen.

Kooperation wird von in das Bündnis hineinverlagerten Elementen des Parteienwettbewerbs durchdrungen. Solche Beziehungen bergen Risiken für die Beteiligten in sich, weil die eigene Kosten-Nutzen-Rechnung immer vom Verhalten des Gegenüber mit abhängt (vgl. auch Scharpf 1993a: 76). Auch in Koalitionen, in denen sich die jeweiligen Wunschpartner zusammenfinden, bleibt deren Zusammenarbeit an konkurrenzdemokratische Bedingungen angebunden. Kompetitive Verhaltensmuster können extern begründet sein, wenn sie von anderen Handlungsebenen (z.B. föderale, innerparteiliche, nahende Wahlen) aus auf die Entscheidungsbildung der Koalition übergreifen. Daneben sind aber auch intern erzeugte Wettbewerbsorientierungen denkbar, die z.B. aus negativen wechselseitigen Lernerfahrungen resultieren. Wie sich unterschiedliche Mischungsverhältnisse verschiedenartiger Interaktionsorientierungen auf die Zusammenarbeit in Koalitionen und die von ihr gesteuerten Entscheidungsprozesse auswirken, wird im empirischen Teil 2 anhand der drei Fallbeispiele überprüft. Unterschiedliche Einstellungen gegenüber dem Partner sind zum einen wohl auf den verschiedenen parlamentarischen und exekutiven Arbeitsebenen in unterschiedlichen Anteilen vorhanden; zum anderen sind sie zu verschiedenen abgebbaren Zeitpunkten jeweils unterschiedlich dominant. Daneben können einzelne Koalitionsakteure oder auch Gruppierungen innerhalb einer Koalitionspartei dem Bündnispartner feindlich gesonnen sein. Wenn solche Feindseligkeiten nicht isoliert werden können, drohen sie die Funktionsfähigkeit oder sogar den Bestand des Bündnisses zu gefährden. In stabilen Interaktionsbeziehungen sind feindliche Einstellungen wiederum deshalb kaum dominant, da ihnen ein erklärtes Destruktionspotential innewohnt.

Dauerbeziehungen weisen zumeist einen gewissen Grad der Institutionalisierung auf; sie bilden typischerweise Kooperationsregeln aus, die einseitige Schädigungen eines der Partner auszuschließen versuchen, d.h. negative (oder auch positive) externe Effekte internalisieren wollen (vgl. Opp 1983: 59-111; vgl. Teil 2, Kap. 1). Solche Versuche, die Zusammenarbeit selbst auf informeller Ebene zu formalisieren, sind gerade von Koalitionen bekannt (vgl. Rudzio 1991; Wewer 1991b; den Band von Müller/Strøm 1997a; Kropp/Sturm 1998: 106 ff.). Im Interesse der Kooperation nehmen die Partner zuweilen vorübergehend individuelle Verluste hin, sofern sie sich sicher sein können, daß über die Zeit hinweg ein Ausgleich erfolgen kann. Institutionalisierte Regeln und regelmäßig tagende Gremien können solche Sicherheiten in gewissem Umfang gewähren. Wenn die Koalitionspartner kompetitive Beziehungen zueinander pflegen und sie damit den Gewinnabstand gegenüber der anderen Seite zur Grundlage ihres Handelns machen, drohen den Überlegungen von Verhandlungstheorien zufolge Koalitionsentscheidungen in "Nullsummenspiele"[43] überführt zu werden. Nullsummenspiele kommen allerdings, so unsere Vorüberlegung, in der politischen Realität von Koalitionen schon deshalb so gut wie nie vor, weil Entscheidungen und Strategien von Parteien immer in mehrdimensionale Handlungsanordnungen eingebettet sind, die einem unterlegenen Akteur Gewinne auf "benachbarten" Spielfeldern ermöglichen. In Dauerbeziehungen ist zudem ein zeitlich

43 In Nullsummenspielen wird der Gewinn des Mitspielers als eigener Verlust gewertet, da die Gewinnmasse konstant bleibt. Allerdings wurde bereits in Kap. 2 darauf hingewiesen, daß Koalitionspartner die Gewinnmasse durchaus erweitern können (vgl. Hogwood 1999).

gestreckter Interessenausgleich möglich. Könnte ein Koalitionspartner im Bündnis nicht "gewinnen", wäre seine Motivation, die Zusammenarbeit aufrechtzuerhalten, wohl gering.

Wettbewerbssituationen verschärfen sich in Parteienbündnissen zumeist dann, wenn die Bündnispartner die Zusammenarbeit im Bündnis von vornherein als zeitlich befristet betrachten, d.h. keine Fortsetzung ihrer Kooperation planen (vgl. Axelrod 1984). Für Konkurrenzbeziehungen "anfälliger" sind tendenziell nicht gewollte Parteienbündnisse, die "Notgemeinschaften" darstellen. Dies ist etwa dann der Fall, wenn die Existenz systemoppositioneller Parteien im Parlament die Koalitionsoptionen begrenzt. Dies war z.B. in Mecklenburg-Vorpommern (1994-1998), in Thüringen (1994-1999) oder auch in Berlin (seit 1991) der Fall, weil die PDS bis in die zweite Hälfte der neunziger Jahre hinein ein koalitionspolitisches Sperrpotential ausübte. Anders als in Sachsen oder Brandenburg (1994-1999), wo Alleinregierungen entstanden[44], zwang diese Situation SPD und CDU in große Koalitionen, die schon wegen bundespolitischer Rücksichten der Landesparteien auch dann nicht aufgekündigt wurden, als massive koalitionsinterne Konflikte auftraten. In solchen Fällen entstehen somit Bündnisse mit faktisch eingeschränkten Austrittsoptionen für die Beteiligten, auch wenn die Kooperation selbstverständlich nicht rechtlich erzwungen werden kann. Generell ist der Ausstieg aus einem Regierungsbündnis ein risikoreiches Unterfangen, da dies die Wähler zumal dann als Verlust an Glaubwürdigkeit interpretieren, wenn vor den Wahlen eine eindeutige Koalitionsaussage abgegeben worden war (vgl. Hogwood 1999). Auch Schwarz (1978) argumentiert in diesem Sinne, daß Koalitionen auch deshalb haltbar seien, weil die Kosten des Austritts für die Parteien aufgrund der daraus resultierenden Unsicherheit hoch seien. Partnerwechsel ziehen zudem, wie das Beispiel der F.D.P. plastisch zeigt, oft einen teilweisen Austausch der Wählerschaft nach sich (vgl. Niedermayer 1982; Hoffmann-Lange 1986). Der Koalitionswechsel der F.D.P. zur CDU im Jahr 1982 wurde nur von 60% der Funktionäre und 58% der F.D.P.-Wähler begrüßt (von Beyme 1983a: 16 ff.). Nicht zuletzt die Wechselbeziehungen zwischen Bundesparteien und Landesverbänden können Bündnis- und Ausstiegsoptionen in föderalen Systemen einschränken: So schloß die SPD erst nach den Bundestagswahlen im Oktober 1998 im zeitgleich gewählten mecklenburg-vorpommerschen Landtag das erste formelle Bündnis mit der PDS ab, um nicht die Chancen auf einen Wahlsieg der Bundes-SPD zu gefährden. Auch politisch-kulturelle Gründe, wie die in Deutschland hohe Stabilitätserwartung und die historisch gewachsene negative Einschätzung von Minderheitsregierungen, grenzen die Bereitschaft zum Partnerwechsel ein.

Sind Regierungsbündnisse nicht zur Fortsetzung angelegt, kann dies Konsequenzen für die Konfliktmoderation im Bündnis nach sich ziehen. Wenn dann die egoistisch-rationale oder gar die Wettbewerbsorientierung dominiert, ist es wahrscheinlicher, daß die Partner für sie nachteilige Vorhaben durch ein Veto blockieren werden. Koalitionen verfügen indessen über Möglichkeiten, Veto-Positionen zu überwinden und Blockaden aufzulösen. Ständige Entscheidungsblockaden sind in Koalitionen schon wohl deshalb nicht die Regel, weil nicht nur der individuelle Erfolg einer Koalitionspartei, sondern auch der

44 Sachsen-Anhalt ist hier als Ausnahmefall zu begreifen, weil dort von 1994-1998 eine rot-grüne Minderheitsregierung von der PDS toleriert wurde. Seit April 1998 wird eine SPD-Alleinregierung von der PDS tolerieren.

gemeinsame Erfolg eines Regierungsbündnisses eine Ressource für den kommenden Wahlkampf darstellt (Müller/McGovern 1999). Auf der Basis von Koppelgeschäften bzw. Paketlösungen sind theoretisch Tauschbeziehungen (vgl. Coleman 1990: 119) denkbar, die keine Blockaden erzeugen. Koppelgeschäfte haben den Vorteil, daß eine Seite einen Nachteil hinnehmen kann, wenn sie dafür bei einem anderen Teil des geschnürten Pakets einen Erfolg erzielt; solche Lösungen erlauben demnach den Eingriff in die Interessen und in die Ressourcen eines der Partner. Sie muten jeweils einem der Beteiligten ein "Opfer" zu, das deshalb akzeptiert wird, weil die Bündnispartner in einem anderen Teil des Pakets ebenfalls "Kröten" schlucken müssen. Das entscheidungsleitende Kriterium kann dann die Vergrößerung des gemeinsamen Nutzens sein. Sogenannte *"kaldor-optimale" Lösungen* gelten, eben weil sie den gemeinsamen Vorteil im Auge behalten können, als gemeinwohlverträglicher als Entscheidungen, die nach dem Pareto-Kriterium getroffen werden (vgl. Scharpf 1992a), nach dem lediglich keiner der Beteiligten schlechter gestellt werden darf. Dauerbeziehungen bieten insofern günstigere Rahmenbedingungen als eine nur kurzfristige Zusammenarbeit, als Koppelgeschäfte nicht nur punktuell einzelne Entscheidungsmaterien zu bündeln in der Lage sind, sondern auch zeitlich gestreckt werden können. Eine personelle Kontinuität in Verhandlungsbeziehungen ist hierbei von Vorteil, ebenso ein "institutionelles" Gedächtnis, mit dessen Hilfe Gewinne und Verluste von Interaktionen im Zeitverlauf ausgeglichen werden können. Auch instabile Verhandlungsbeziehungen können durch institutionelle Vorkehrungen zumindest teilweise gekittet werden (Elster 1989b).

In Koppelgeschäften werden jedoch nicht unbedingt sachlich angemessene Entscheidungen erzielt, weil nicht selten sachlich nicht zusammengehörige Materien in Entscheidungssituationen "zusammengepackt" werden. Die Spannweite von miteinander koppelbaren Materien ist zudem durch Parteiprogramme begrenzt. Auch kann es sich nachteilig auswirken, wenn eine der Parteien - z.B. als "dominant player" (vgl. van Deemen 1989, 1991) - Inhaber einer hervorgehobenen Veto-Position ist und deshalb das jeweilige Koppelvorhaben einseitig bestimmen kann. Solche Nachteile könnten dann zumindest ansatzweise behoben werden, wenn Materien in ausreichender Anzahl zur "auswiegenden" Verfügung bereitstünden und damit eine für alle Seiten profitable Lösung erreichbar wäre (Scharpf 1992b: 75). Ob Paketlösungen im Koalitionsalltag tatsächlich die hohe Bedeutung zukommt, wie dies die theoretischen Vorüberlegungen nahelegen, wird im empirischen Teil der Arbeit überprüft (vgl. Teil 2, Kap. 4).

Paketlösungen sichern den Koalitionsparteien somit eine wechselseitig zugestandene Durchsetzungsmacht, die es den Bündnispartnern grundsätzlich ermöglicht, sowohl gegenüber ihren Wählern als auch gegenüber der eigenen Parteibasis - eingeschränkte - Erfolge zu vermelden. Manchmal weisen jedoch einzelne Materien im politischen Alltag einen so hohen symbolträchtigen Wert auf, daß sie sich von vornherein einer Kopplung entziehen. In solchen Fällen sowie in Situationen, in denen keine adäquaten Koppelmaterien verfügbar sind, ist es erforderlich, einen Kompromiß in der Sache selbst einzugehen: Jede der Parteien muß einen oder mehrere Schritte auf den Partner zugehen und Abstriche an den eigenen ursprünglichen Präferenzen akzeptieren. Wahrscheinlich steigt eben in Koalitionen, die auf längerfristigen Beziehungen gründen, grundsätzlich die Chance, daß die Parteien als Folge von Lernprozessen wechselseitig Perspektiven übernehmen und Präferenzen sowie Handlungszwänge, denen der Koalitionspartner ausgesetzt ist, in die eigenen strategischen Überlegungen einbeziehen. Eine solche konstruktive Zusammenarbeit bedarf allerdings der immer wiederkehrenden wechselseitigen Bestätigung, daß der Partner Fairneß walten läßt. Nur so kann sich eine auf diesen Erfahrungen gründende Vertrauensbasis als bedeutsame Steuerungsressource von Koalitionen ausbilden.

Die bislang vorgenommene Fallauswahl, welche die rheinland-pfälzische, die thüringische und die sachsen-anhaltische Koalition berücksichtigt, deckt auch unter den oben referierten Gesichtspunkten wieder eine große Spannbreite an möglichen Konstellationen ab: Während in Rheinland-Pfalz die F.D.P. als "dominant player" rechnerisch auch eine Koalition mit der CDU eingehen kann, verfügten in Thüringen zum Untersuchungszeitpunkt - d.h. nach der umstrittenen Bildung der Minderheitsregierung in Sachsen-Anhalt 1994 und vor Oktober 1998, als die SPD in Mecklenburg-Vorpommern nach den Bundestagswahlen ein Bündnis mit der PDS abschloß - weder SPD noch CDU über eine realistische Alternative (vgl. Schmitt 1999). Auch strebten die Parteien dort, anders als in Rheinland-Pfalz, keine Fortsetzung der Zusammenarbeit an. Nach den oben angestellten Überlegungen ist deshalb dort mit einem höheren Konfliktniveau in der Koalition zu rechnen als in Rheinland-Pfalz. In Sachsen-Anhalt waren zwar die Alternativen für die regierende Minderheitskoalition schon deshalb eingeschränkt, da nach der umstrittenen Entscheidung, eine Minderheitsregierung zu bilden, für diese der Bestand der Regierung als Erfolgsnachweis von hoher Bedeutung war. Dort aber waren wiederum, anders als in Thüringen, sowohl die SPD als auch B'90/Grüne vor den Landtagswahlen im April 1998 bereit, ihre Zusammenarbeit im Bündnis fortzusetzen[45]. Somit ist nach diesen vorläufigen Überlegungen für die Kooperation der Regierungsparteien von einem niedrigeren Konfliktniveau auszugehen als in Thüringen. Allerdings erhöht sich im parlamentarischen Raum die Anzahl der Akteure, da die Minderheitskoalition auf die Tolerierung durch die auch in der SPD als Partner nicht unumstrittene PDS angewiesen war. Deshalb ist in Sachsen-Anhalt ebenfalls mit nicht unkomplizierten Einigungsprozessen zu rechnen.

4.5 Koalitionshandeln und föderale Arena

Werden Koalitionsregierungen in den Gliedstaaten eines föderativen Systems untersucht, so muß man grundsätzlich von koalitionsrelevanten wechselseitigen Einwirkungen von föderaler Handlungsarena und Koalitionshandeln auf beiden Ebenen des föderalen Systems ausgehen (vgl. Downs 1998). Die institutionellen Strukturen des föderalen Systems formen Strategien und Handlungsorientierungen der Koalitionsakteure bereits teilweise vor. Im folgenden werden die Strukturen des bundesdeutschen Föderalismus als bekannt vorausgesetzt. Von Interesse ist ausschließlich, in welcher Weise die institutionelle Ausstattung des föderativen Systems Strategien von Koalitionsparteien wahrscheinlich bereits vorprägt und Konflikte erzeugt.

45 Hierzu kam es nicht, weil B'90/Die Grünen den Einzug in den Landtag verfehlten und die DVU 12,9% der abgegebenen Stimmen erzielen konnte.

Der Blick auf den deutschen Föderalismus wurde lange Zeit von der These gelenkt, daß durch seine spezifische institutionelle Ausstattung ein "Strukturbruch" entstanden sei, der Regierungskrisen und Entscheidungsblockaden zulasse (vgl. Lehmbruch 1976; 1998a). Diese These kann auch heute zur strukturierten Analyse der Wechselbeziehungen von Parteiensystem und Föderalismus herangezogen werden, auch wenn sie empirisch inzwischen ausdifferenziert wird. In ihrer Perspektive sind Parteiensystem und Föderalismus jeweils von unterschiedlichen Entscheidungsmodi geprägt. Während die Interaktionen der Parteien vom Wettbewerb dominiert seien, könne dem Föderalismus idealtypisch das Konsensprinzip zugeordnet werden. Die *Entscheidungsfunktion* der föderalen Arena besteht demzufolge darin, regional angepaßte Problemlösungen hervorzubringen, die zumindest nicht zuvörderst der Logik des Parteienwettbewerbs gehorchen. Wenn in Bundestag und Bundesrat, so Lehmbruch, allerdings unterschiedliche parteipolitische Mehrheiten existierten, komme es zu einer systemwidrigen Vermengung der Entscheidungsprinzipien und letztlich zu Demokratiedefiziten. Einerseits werde der Parteienwettbewerb auf die Konfliktmoderation zwischen Bundestag und Bundesrat übertragen; damit werde das spezifisch föderale Innovationspotential gleichsam "trockengelegt", da nicht mehr föderale Aspekte, sondern parteipolitische Gesichtspunkte die Konsensbildung im Föderalismus dominierten. Andererseits schade es der klaren Verantwortlichkeit und der Transparenz politischer Entscheidungen, wenn Regierungsmehrheit (im Bundestag) und Opposition (im Bundesrat) konkordanzähnlich politische Lösungen aushandelten. Die Regierung könne von den Wählern nicht mehr eindeutig für ihre Entscheidungen verantwortlich gemacht werden. In den siebziger Jahren, als diese These entwickelt wurde, nahm die CDU-Bundesratsmehrheit in der Tat die Rolle der gestaltenden Opposition wahr, indem sie bedeutsame und symbolträchtige Reformprojekte der sozialliberalen Koalition ablehnte (Koschnick 1989). Nicht zuletzt diese Analyse Lehmbruchs hat die Einschätzung befestigt, daß institutionell voneinander abgegrenzten Handlungsarenen in der Bundesrepublik spezifische Funktionslogiken innewohnen, die kaum kompatibel sind und deshalb schwer miteinander verknüpft werden können. Politische Handlungen und Strategien, die sich über mehrere Arenen aufspannen, sind - in Verlängerung dieser Sicht - schwerwiegenden Unvereinbarkeiten ausgesetzt.

Die These baut letztlich auf einer Sichtweise von Parteien auf, nach der die Bundesparteien ihre Landesverbände und Landesregierungen im Bundesrat zu einem Stimmverhalten im Sinne der Bundesregierung bzw. Opposition anleiten könnten (vgl. Abromeit 1992: 64). In dieser Perspektive dienen auch die parlamentarischen Regierungssysteme in den Ländern vor allem der "Aufrechterhaltung des gesamtstaatlichen Rollenspiels von Regierung und Opposition" (Friedrich 1989: 1708). Eben diese Sichtweise - dies zeigen in unterschiedlichen Zusammenhängen gewonnene Befunde - bedarf jedoch einer Modifizierung. Die Bundesparteien können, wie oben erwähnt (Kap. 4.3), nicht ohne weiteres auf die einer eigenständigen politischen Haftbarkeit unterliegenden Landesverbände durchgreifen. Da sich die Legitimation der Parlamentsmehrheiten in den Ländern und der Landesregierungen auf von der Bundesebene getrennte Wahlgänge zurückführen läßt, werden landespolitische Materien nicht ohne weiteres den bundespolitischen Präferenzen der jeweils eigenen Partei untergeordnet. Etliche Konfliktthemen, wie die Ausgestaltung der föderalen Finanzbeziehungen, lassen sich nicht automatisch auf den Nenner des dualistischen Parteienwettbewerbs bringen (vgl. z.B. Renzsch 1991, 1994; Sturm 1999a, 1992c; skeptischer: Krupp 1992: 67).

Die Neigung, Vorgaben der jeweiligen Bundespartei in die Willensbildung der Landesregierungen zu übersetzen, muß zumal in den Koalitionen begrenzt bleiben, die sowohl aus einer in der Bundesregierung vertretenen als auch sich in der im Bund in Opposition befindlichen Partei zusammensetzen. Solche "nicht-konformen" Bündnisse sind gezwungen, den von der Bundesebene hinübergreifenden Parteienwettbewerb aus dem Regierungsbündnis weitgehend herauszuhalten, um kompetitive - und damit konfliktsteigernde - Interaktionsorientierungen in der Koalition einzudämmen. Im Bundesrat zustimmungspflichtige, zwischen Oppositionsmehrheit im Bundesrat und Regierungsmehrheit im Bundestag umstrittene Gesetze können in "nicht-konformen" Koalitionen Krisen verursachen; in konformen Koalitionen entfalten sie hingegen - sofern es nicht innerhalb ein und derselben Partei regional unterschiedliche Sichtweisen gibt - weniger Krisenpotential. Dem entsprechen die in Koalitionsvereinbarungen festgeschriebenen Verfahren, mit deren Hilfe sich Länderkoalitionen in diesem Geflecht von föderalen und parteipolitischen Interessen selbst justieren (vgl. Teil 2, Kap. 1.2.3.2). "Nicht-konforme" Koalitionsregierungen in den Ländern schreiben typischerweise den Enthaltungsgrundsatz in ihren Abkommen fest, nach dem sich das Land immer dann im Bundesrat der Stimme zu enthalten hat, wenn zwischen den Regierungsparteien keine Einigung erzielt werden kann. Auf der Basis solcher Regelungen versuchen "nicht-konforme" Regierungen, extern begründete Wettbewerbsneigungen zu kontrollieren. Da jedoch Enthaltungen im Bundesrat wie Nein-Stimmen zählen, kann ein Koalitionspartner, der auf Stimmenthaltung drängt, damit dennoch Konflikte erzeugen, weil er Mehrheiten der SPD-regierten A-Länder oder der CDU-regierten B-Länder im Bundesrat u.U. zunichte machen kann.

Die Anzahl "nicht-konformer" Landesregierungen hat seit den neunziger Jahren erkennbar zugenommen (Tab. 1). Waren sie in den siebziger und achtziger Jahre noch die seltene Ausnahme (vgl. Kropp/Sturm 1998: 118), stieg ihre Zahl seit 1990 sprunghaft an. In den Jahren 1994 und 1995 etwa stimmten jeweils sechs Länderkoalitionen nicht mit der parteipolitischen Farbenlehre der Bundesebene überein. Je bunter die Koalitionsvarianten über die Bundesländer streuen, desto weniger läßt sich das Grundmuster des dualistischen Parteienwettbewerbs auf den Bundesrat übertragen. Für unsere Untersuchung bedeutet dieser Befund, daß "nicht-konforme" Länderkoalitionen, sofern ihnen an Bestand und Handlungsfähigkeit ihres Regierungsbündnisses gelegen ist, die Entscheidungsebene der "Koalition" dem Wechselspiel von Bundes- und Landesparteienwettbewerb in ihrer Bedeutung vorordnen müssen, wollen sie nicht kaum zu bewältigende Koalitionskonflikte provozieren. Bezieht man diese Überlegungen auf den in Kapitel 3 entwickelten Untersuchungsansatz, so stellt sich für die empirische Untersuchung die Frage, welchen Handlungsrahmen die Koalitionsakteure als ihren primären betrachten.

In den für diese Untersuchung ausgewählten Koalitionen werden die Bundesratsentscheidungen nach jeweils verschiedenen Verfahren moderiert. Während die rot-grüne Minderheitsregierung in Madgeburg die gleiche Einfärbung aufwies wie die Opposition im Bundestag und daher dem "Gegenlager" zur Bundesregierung zuzuordnen ist, vereinbarte die thüringische große Koalition den klassischen Enthaltungsgrundsatz in Form einer vorgeschriebenen Nichtbeteiligung an der Abstimmung. In Rheinland-Pfalz wiederum vereinbarten SPD und F.D.P. als ebenfalls "nicht-konforme" Regierung eine in der Folge umstrittene Losformel, nach welcher der Zufall über das Stimmverhalten entscheiden sollte. In allen drei Koalitionen gilt es zu prüfen, ob und in welcher Form von der Bundesebene ausgreifende Konflikte die Zusammenarbeit im Bündnis beeinträchtigten und welche Instrumente angewandt wurden, um die Stabilität und die Handlungsfähigkeit der Koalition dennoch zu erhalten (vgl. Teil 2, Kap. 3).

Manche Untersuchungen zum Föderalismus weisen darauf hin, daß Verhandlungsbeziehungen und Wettbewerb nicht eindeutig der föderalen Arena bzw. dem Parteiensystem und Parlamenten zugeordnet werden können (z.B. Renzsch 1995; Sturm 1999a). Beide Prinzipien würden sich vielmehr auf vielfache Weise in beiden Handlungsfeldern durchdringen. So würden in beiden großen Parteien, die in sich föderal gegliedert sind, föderale Probleme bereits vorverhandelt; oft gebe es durchaus parallele Interessenlagen in den Parteien. Aus den Parteiorganisationen sind vielfache horizontale und vertikale Verflechtungen bekannt. So treffen sich beispielsweise die Fraktionsvorsitzenden aus Bund und Ländern regelmäßig, um über die Koordinierung ihrer Politik zu beraten; daneben gibt es z.B. Treffen der Arbeitskreisvorsitzenden der Fraktionen, die Wissen und Probleme untereinander austauschen. Noch ausgeprägter sind die Koordinationsbeziehungen zwischen den Exekutiven. In diesem verzweigten Geflecht verläuft die Willensbildung nicht in einer Einbahnstraße; vielmehr ist - nach dem Gegenstromprinzip - von wechselseitigen Beziehungen und Beeinflussungen zwischen den teilnehmenden Personen auszugehen. Knappe Mehrheiten im Bundestag erhöhen, wie die Vergangenheit gezeigt hat, das Gewicht einzelner Landesregierungen, welche auch eine parteipolitisch gleich eingefärbte Bundesregierung unter Druck setzen und landesspezifische Bedürfnisse auch gegen die "eigene" Bundesregierung durchsetzen können (vgl. Renzsch 1989).

4.6 Resümee: Institutionelle Bindungen, Wahlfreiheit und Interaktionsorientierungen von Koalitionsakteuren in einer mehrdimensionalen Handlungsanordnung

Um Entscheidungsfindungen in Koalitionen analysieren zu können, wurden im ersten Teil dieser Arbeit akteurs- und institutionentheoretische Ansätze zu einer Forschungsheuristik zusammengefügt, die von einer begrenzten Rationalität von Koalitionsakteuren ausgeht. Über die Konzeption der Interaktionsorientierungen können auch politisch-kulturelle Variablen angebunden werden, die sonst häufig als Residualkategorie herangezogen werden, um unvollständige Erklärungen aufzufüllen. Die Handlungsumwelt von Koalitionen wurde als ein Geflecht von miteinander in Wechselbeziehungen stehenden Handlungsarenen bzw. Entscheidungsebenen gefaßt, von denen die Koalitionsparteien für ein und dieselbe Entscheidung zumeist mehrere Ebenen gleichzeitig berücksichtigen müssen. Koalitionsakteure sind deshalb gezwungen, ihre Nutzenkalküle über mehrere Arenen hinweg gleichzeitig aufzuspannen.

Im vorangegangenen Arbeitsschritt (Kap. 4) wurden die für Koalitionen auf Länderebene relevanten Arenen bestimmt, die jeweils unterschiedliche Entscheidungsfunktionen (idealtypisch) erfüllen. Während der Parteienwettbewerb den Parteien über Wahlen die notwendige demokratische Legitimation verschafft und den Wählern politische Alternativen bietet, müssen in der parlamentarischen Arena Mehrheiten für Gesetzesvorhaben hergestellt werden. In der föderalen Arena sollen regional angepaßte Problemlösungen gefunden werden; in Koalitionen verhandeln Parteien gemeinsam zu tragende Entscheidungen. Verhandlungsbeziehungen und Mehrheitsentscheide sind somit in Koalitionen funktional aufeinander bezogen. In der innerparteilichen Arena wiederum werden unterschiedliche Positionen zu einem nach außen vertretbaren Parteiwillen aggregiert und Personal für Regierungsämter und Mandate rekrutiert. Diese unterschiedlichen Handlungszusammenhänge sind, wie Abbildung 5 zeigt, institutionell zwar voneinander abgrenzbar. Dennoch stehen sie - nicht nur über das Scharnier "Koalition" - in ständigen engen Wechselbeziehungen zueinander, die in der Abbildung aus Gründen der Übersichtlichkeit nicht dargestellt worden sind. Bildhaft wiedergegeben sind nur die Beziehungen zwischen der Konsensbildung in der Koalition einerseits und den jeweils einzeln gefaßten unterschiedlichen Handlungsarenen andererseits. Dabei wurde im Schaubild nicht zwischen den einzelnen Arbeitsebenen der Koalition (Fraktion, Regierung) differenziert, da diese quer zur Koalition, dem innerparteilichen und dem parlamentarischen Handlungsfeld liegen. Diesen "Spielfeldern" wohnen jeweils unterschiedliche Entscheidungsverfahren (Verhandlungslösungen, Mehrheitsentscheide) sowie institutionell z.T. vorgeformte Handlungsrahmen bzw. Deutungsmuster inne, welche die Handlungsorientierungen von Koalitionsakteuren zwar strukturieren, ihr Verhalten jedoch nicht determinieren. Diese Handlungsrahmen wurden als typische, den Arenen eigene Interaktionsorientierungen operationalisiert. Über diesen Ansatz der miteinander vernetzten, funktional aufeinander bezogenen Arenen können externe Faktoren konzeptionell gefaßt werden, die auf die Konsensbildung von Koalitionen einwirken, aber auch koalitionsinterne Faktoren, wie Lernerfahrungen, wechselseitige Sympathien und personale Merkmale.

Die eingehendere Betrachtung dieser fünf Handlungsarenen hat gezeigt, daß die Interaktionsorientierungen auf den verschiedenen "Spielfeldern" von Koalitionen zumeist in Mischungsverhältnissen vorliegen, eine eindeutige Zuordnung *einer* Orientierung zu *einer* Arena mithin nicht möglich ist. Dieser Befund ist insofern nicht verwunderlich, als in der Bundesrepublik Deutschland - wie in den meisten europäischen Demokratien - mehrheitsdemokratische mit konkordanzdemokratischen Elementen durchmischt sind (vgl. Lijphart 1984b) und diese Arenen - nicht zuletzt die Parteien - eng miteinander verwoben sind. In Parteienkoalitionen gehen kooperative und kompetitive Elemente ohnehin Mischungsverhältnisse ein. Selbst im Parteienwettbewerb sind kompetitive Beziehungen zwischen den Parteien zwar dominant, zuweilen jedoch - je nach Struktur des Parteiensystems und der ihm eigenen Neigung zur Koalitionsbildung - graduell zu kooperativen Beziehungen zwischen den Parteien hin abgeschichtet. Wollen zwei Parteien ihre Zusammenarbeit nach den kommenden Wahlen fortsetzen, so werden sie ein gewisses Maß an Rücksicht aufeinander nehmen oder sogar auf kompatible Strategien achten. Umgekehrt sind Verhandlungsmuster in der föderalen Arena auch mit Elementen des Parteienwettbewerbs durchmischt (vgl. Lehmbruch 1976, 1998a). In den Parlamenten können sich nicht nur zwischen den Regierungsparteien kooperative Beziehungen ausbilden. Auf den verschiedenen Arbeitsebenen des Parlaments liegen kooperative Muster und Wettbewerb wahrscheinlich in unterschiedlichen Mischungsverhältnissen vor (vgl. Sturm 1988; Mayntz/Neidhardt 1989). In der innerparteilichen Arena wiederum können parteiinterne Fraktionierungen oder durch die Basis eingeschränkte Verhandlungsmandate der Partei- oder Fraktionsführungen Konsensfindungen in der Koalition erschweren, aber auch die eigenen Durchsetzungschancen erweitern. Somit ist es nur möglich, bestimmte Interaktionsorientierungen *idealtypisch* einzelnen Arenen zuzuordnen. Wenn Koalitionsakteure ihren Handlungsrahmen "wechseln", so kann dies der vorstehenden Konzeption zufolge *empirisch* also nur bedeuten, daß sich die *Anteile* bestimmter Einstellungen in einer Handlung erkennbar verändern. Kooperative, kompetitive, eventuell auch feindselige Handlungsorientierungen liegen im Koalitionshandeln in einer nur analytisch auflösbaren Melange vor.

Koalitionspolitiker besitzen die Möglichkeit, von diesen Mischungsverhältnissen in verschiedener Form Gebrauch zu machen. Sie werden verschiedenartige Interaktionsorientierungen unterschiedlich stark akzentuieren. Die institutionelle Ausstattung des politischen Systems und die gegebene Zuordnung der beschriebenen Arenen strukturieren zwar die Handlungen von Koalitionsakteuren vor. Gleichwohl dürfen Strategien nicht nur institutionentheoretisch, sondern sie müssen auch handlungstheoretisch erklärt werden, da trotz institutioneller Bindungen eine beträchtliche Handlungsfreiheit gegeben ist. Daß Koalitionen in ein Geflecht von Entscheidungsebenen bzw. Handlungsarenen eingebunden sind, muß zwar als Umstand angesehen werden, der Parteienbündnissen enorme Koordinationsleistungen abverlangt und auch Blockaden hervorrufen kann (vgl. Benz 1995; Lehmbruch 1998a). Umgekehrt eröffnet diese nicht vollständig fixierte Zuordnung der Arenen den Verhandlungsführern von Koalitionsparteien wahrscheinlich aber auch strategische Möglichkeiten.

Die Handlungsarenen werden in den Bundesländern insbesondere dadurch miteinander verknüpft, daß die Verhandlungsspitzen von Koalitionsparteien gleichzeitig auch andere zentrale Funktionen auf den anderen "Spielfeldern" ausüben. Stellen Koalitionsanalysen den Regierungsalltag, d.h. die gouvernementale Seite von Regierungsbündnissen, in den Mittelpunkt, können sie weite Teile der Analyse von diesem Personenkreis ausgehend strukturieren. Beispielsweise sind die Ministerpräsidenten oder führende Kabinettsmitglieder oft auch die Vorsitzenden ihres Landesverbands; gleichzeitig nehmen die Exekutiven in Ministerpräsidentenkonferenzen oder im Bundesrat entscheidende Funktionen im föderalen System ein. Ministerpräsidenten sind zuweilen auch Parteivorsitzende, eben weil sie mit der Autorität ihres Amtes ehestens Wählerstimmen mobilisieren können und aufgrund ihrer hervorgehobenen Stellung in der Öffentlichkeit, in föderalen Gremien und Regierungen auch innerparteiliche Konflikte im Sinne von Koalitionskompromissen zu gestalten in der Lage sind. Es ist ein überschaubarer, zumeist hoch professionalisierter Personenkreis, der den Schlüsselakteuren zugerechnet werden kann, die an den Schnittstellen der jeweils bedeutsamen Handlungsarenen agieren. Diese "Grenzstellenakteure" (vgl. Benz 1995) müssen für jeden zu untersuchenden Fall jeweils neu bestimmt werden, auch wenn es aus institutionell angebbaren Gründen gewisse Regelmäßigkeiten geben mag. Indem sie mehrere führende Positionen gleichzeitig innehaben, können Grenzstellenakteure - je nach Stärke des Problemdrucks und ihren institutionell und situativ bestimmbaren Handlungsspielräumen mehr oder weniger - zwischen den Handlungsarenen Prioritäten setzen und diese einander zuordnen, aber auch Blockaden auflösen, die entstehen, wenn die unterschiedlichen Anforderungen in den einzelnen Arenen nur schwer kompatibel sind.

Schaubild 4: Handlungsarenen von Länderkoalitionen (vereinfachte Darstellung)

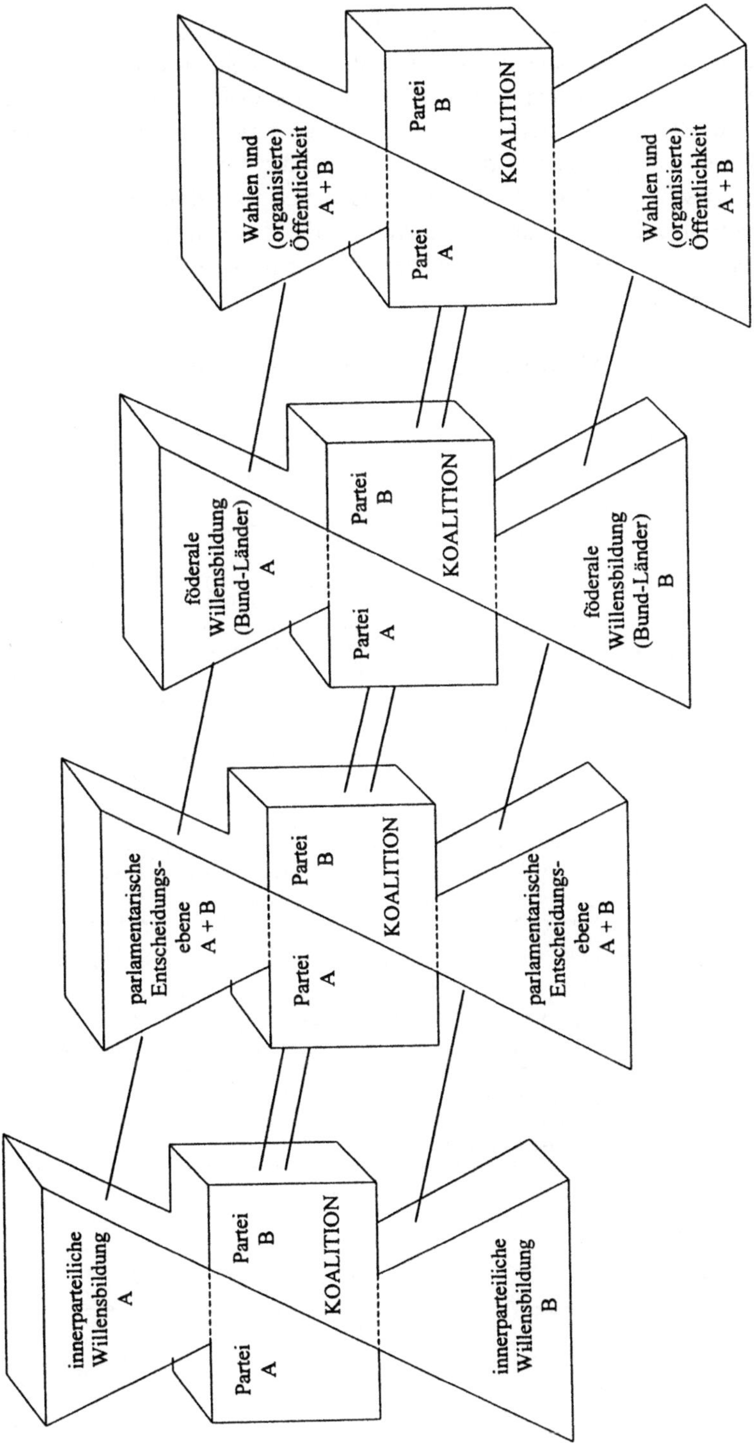

5. Fallauswahl und Materiallage

Anhand der in Kapitel 4 angestellten Überlegungen und der auf theoretischer Basis hergeleiteten Zusammenhänge, welche Koalitionshandeln in seinen Verknüpfungen mit anderen Arenen beleuchten, haben sich koalitionsspezifische Kriterien herausgeschält, nach denen die Auswahl der Fälle vorgenommen wurde. Diese Kriterien weisen bereits auf mögliche unterschiedliche Konfliktniveaus, auf den Anteil kompetitiver Einstellungen im Koalitionsalltag, auf verschiedene Entscheidungsprozeßstrukturen etc. hin. Auf dieser Grundlage sind drei Fälle ausgewählt worden, die sich in ihren Merkmalen weit unterscheiden. Die nachfolgende Zusammenstellung gibt diese Merkmale nochmals überblickshaft wieder.

Tabelle 5: Unterscheidungsmerkmale der ausgewählten Länderkoalitionen

Unterscheidungs-merkmal	Rheinland-Pfalz	Sachsen-Anhalt	Thüringen
Koalitionsformat	kleine Koalition (minimal winning)	Minderheitsregierung unter Tolerierung der PDS (undersized)	große Koalition (minimal winning; faktisch oversized)
Koalitionsvariante	SPD/F.D.P. (1996-2001)	SPD/B´90/Grüne (1994-1998)	CDU/SPD (1994-1999)
Wunschkoalition	ja	ja (als Mehrheitskoalition)	nein
Fortsetzungs-koalition	ja	nein	nein
als Fortsetzungs-koalition geplant	ja	ja (eigene Mehrheit angestrebt)	nein
strategische Alternative	ja	ja	nein
"dominant player" (realistisch)	F.D.P.	SPD (eingeschränkt)	keiner (sich wandelnd)
konforme/nicht-konforme Koalition	nicht-konform (mit kleinerem Koalitionspartner)	konform	nicht-konform (mit großem Koalitionspartner)
innerparteiliche Konflikte über Koalition (Wechsel des Parteivorsitzes)	nein	nein	ja

Aus der Fragestellung der Arbeit und ihrem Untersuchungsansatz ergibt sich die Auswahl des für den empirischen Teil herangezogenen Materials (vgl. Quellen- und Literaturverzeichnis). Wenn institutionell gebundene, aber dennoch mit Handlungsfreiheit versehene Koalitionsakteure und ihre Einstellungen und (sich wandelnden) Strategien sowie Entscheidungsverfahren - kurz: die hier u.a. anhand des Politikfelds "Haushalt" untersuchte Politics-Dimension - im Vordergrund des empirischen Teils der Studie stehen, sind Quellenstudien und Tiefeninterviews unverzichtbar. Deshalb wurde eine Reihe von (anschließend transkribierten) Expertengesprächen geführt, die - wie auch zahlreiche zusätzliche Hintergrundgespräche - Licht in die Praxis der informellen Entscheidungsfindung brachten, denn eben diese entscheidenden Formen des Koalitionsmanagements sind nicht oder nur sehr unzureichend - als nicht zugängliche Ergebnisnotizen - dokumentiert. Befragt wurden in aller Regel Abgeordnete mit Mehrfachfunktionen; die Kabinettsebene wurde über die Fraktionsvorsitzenden einbezogen, die gleichzeitig an Kabinettsitzungen teilnehmen. Die Fragen waren anhand eines Leitfadens vorstrukturiert; sie wurden aber auf eine relativ freie Weise in das Gespräch eingebracht, um eine flexible Gesprächsführung zu ermöglichen. Je nach Funktion der Befragten wurde auch der Fragenkatalog abgeändert. Die Gespräche dauerten zwischen 35 Minuten und drei Stunden. Informationen über typische Koalitionskonflikte und Wechselbeziehungen zwischen den oben angegebenen Handlungsarenen der Länderkoalitionen bot die Berichterstattung von rund 25 vor allem regionalen Zeitungen, die jeweils für den Untersuchungszeitraum von rund zwei Jahren ausgewertet wurden. Daneben wurden Quellen unterschiedlicher Provenienz aufgearbeitet, darunter Drucksachen und Plenarprotokolle der Landtage, Koalitionsvereinbarungen, Wahlprogramme, Presseverlautbarungen der Parteien, Gutachten u.v.m. Auch haben die Landtage der Autorin für den Untersuchungszeitraum freundlicherweise die Einsicht in die Protokolle der Haushalts- und Finanzausschüsse gewährt. Die Einsichtnahme war indes daran gebunden, daß aus diesen Dokumenten nicht wörtlich zitiert werden durfte. Die Aussagen wurden deshalb umschrieben.

Teil 2

Kooperationsmuster und Entscheidungsbildungen von Koalitionen auf Länderebene

1. Erste Schritte der Kooperation und Institutionalisierungsprozesse

1.1 Wahlkämpfe und Wahlen: Eingeschränkter Parteienwettbewerb mit Blick auf Koalitionsbildung?

In Wahlkampfzeiten nehmen am Wettbewerb orientierte Verhaltensweisen von Parteien tendenziell schärfere Konturen an als zu Beginn oder inmitten einer Legislaturperiode, da dann die Konkurrenz um Wählerstimmen als Beziehungsmuster zwischen den Parteien dominiert und sich die Summe der Wählerstimmen für eine amtierende Koalition oft nur schwer vermehren läßt (vgl. Müller/McGovern 1999: 232). Es ist daher anzunehmen, daß sich das Binnenklima in einer Koalition vor anstehenden Wahlen verschlechtert. Typisch für die Zusammenarbeit in einem Regierungsbündnis wären diesen Überlegungen zufolge zyklische Entwicklungen, in denen Konflikte zum Ende der Legislaturperiode hin gehäuft auftreten, da die Partner gezwungen sind, sich stärker - auch gegeneinander - zu profilieren. Der Wettbewerb zwischen Noch-Koalitionspartnern ist im Wahlkampf voraussichtlich dann besonders ausgeprägt, wenn die Parteien nach den Wahlen keine Verbindung mehr einzugehen beabsichtigen. Eine härtere Konkurrenz ist ebenfalls für das Verhältnis zwischen Parteien anzunehmen, die nicht in einem Regierungsbündnis kooperieren wollen.

Schon die Phase des Wahlkampfs legt einen Grundstein für die wechselseitige Einschätzung von Koalitionspartnern. Sie hat Auswirkungen darauf, ob die Bündnispartner in Koalitionsverhandlungen einander mit Mißtrauen begegnen und wie weit sie Konzessionen einzugehen bereit sind. Bereits vor Regierungsbildungen können sich Parteien durchaus nur schwer reparable Beschädigungen zufügen, die im Koalitionsalltag nachwirken. Wettbewerb und konflikthafte Auseinandersetzungen oder gar feindliche Haltungen zwischen den Bündnispartnern sind beispielsweise dann in abgeschwächter Form zu erwarten, wenn die Koalitionäre gewillt sind, ihre Zusammenarbeit über das Ende der Wahlperiode hinweg fortzusetzen (vgl. Axelrod 1984) oder wenn Parteien auf ihren eigentlichen Wunschpartner im Wahlkampf Rücksicht nehmen. Gibt es zwischen Parteien kompatible Interessen und Strategien, so können diese teilweise in eine aufeinander abgestimmte Eigenwerbung umgesetzt werden, auch wenn dabei der Wettbewerb das beherrschende Element bleibt. Differenziertere Befunde ergeben sich überdies dann, wenn an Wahlkämpfen und Koalitionsverhandlungen beteiligte Parteien nicht als homogene, unitarische Akteure gefaßt werden, sondern ihre innere horizontale und vertikale Fragmentierung berücksichtigt wird. Akteure auf den unterschiedlichen Handlungsebenen einer Partei können gegenüber unterschiedlichen politischen Kräften durchaus gleichzeitig verschiedenartige Interaktionsorientierungen pflegen. Die Koalitionsneigungen variieren nicht selten innerhalb ein und derselben Partei. Hat eine Partei keine eindeutige Koalitionsaussage getroffen, können solche in sich schattierten Akteurseigenschaften (vgl. Elster 1986a) dazu beitragen, daß sich eine Partei unterschiedliche Optionen offen halten kann.

Die drei hier untersuchten Fälle wiesen vor dem Eintritt in die Koalitionsverhandlungen jeweils sehr unterschiedliche Konstellationen auf. In Thüringen und in Sachsen-Anhalt äußerten die seinerzeit regierenden CDU/F.D.P.-Koalitionen grundsätzlich ihre Bereitschaft, die Zusammenarbeit fortzusetzen. Die Thüringer CDU war jedoch schließlich gezwungen, den kleinen Koalitionspartner F.D.P. gegen eine vergleichsweise wesentlich stärkere SPD einzutauschen und damit sowohl ihren Einfluß auf politische Inhalte als auch den Umfang an von ihr besetzten Ämtern zurückzuschneiden. In diesem Bundesland wurde somit eine Regierungspartei ausgetauscht. In Sachsen-Anhalt mußte die amtierende CDU/F.D.P.-Regierung die Macht an die sich neu formierende Minderheitsregierung aus SPD und B'90/Die Grünen abgeben, die, allerdings im Gewand einer Mehrheitskoalition, die Wunschverbindung beider letzteren Parteien dargestellt hätte. Auch eine Ampelkoalition aus SPD, F.D.P. und Bündnisgrünen wurde im Vorfeld als Option ins Auge gefaßt. In Rheinland-Pfalz bekundeten SPD und F.D.P. ihr Interesse, das Regierungsbündnis weiterzuführen. Dort gelang es beiden Parteien, erneut eine Mehrheit an Mandaten zu erringen und ihre Koalition fortzusetzen.

Angesichts dieser verschiedenen Ausgangsbedingungen lautet die Frage, ob Wahlkämpfen gemeinsame koalitionsbedeutsame Merkmale innewohnen. Gibt es Rücksichtnahmen auf potentielle Koalitionspartner, weil die Mehrheitsbildung nach Wahlen als unsicher erscheint? Sind kooperative Interaktionsorientierungen auch Wahlkämpfen - zumindest verhalten - beigemischt? Gilt dies auch für Regierungsbündnisse, die keine Wunschverbindung darstellen? Welche Rolle spielt der Umstand, daß viele Parteien auch in ihren Koalitionspräferenzen innerparteilich fragmentiert sind? Welche Bedeutung haben institutionelle Faktoren, wie die Struktur des regionalen Parteiensystems, auf die Konkurrenzbeziehungen im Wahlkampf, und welche Bedeutung entfalten demgegenüber akteursspezifische Variablen?

Der Wahlkampf in *Rheinland-Pfalz* im Jahr 1996 war in besonderer Weise von koalitionstaktischen Schachzügen der Parteien geprägt. Strategien und Kooperationsmuster folgten einer dem Land eigentümlichen Farbenlehre. In der F.D.P. gab es zwar eine Minderheit, die sich vor den Wahlen dafür ausgesprochen hatte, mit der oppositionellen CDU zusammenzugehen und damit das Ende der seinerzeit einzigen rot-gelben Koalition zu besiegeln. Schon 1991, als die F.D.P. nach den Wahlen trotz anderslautender Wahlaussage - die Partei strebte urspünglich eine Koalition mit der CDU an - doch mit der SPD koalierte, wurde die Partnerwahl damit begründet, daß man eine grüne Regierungsbeteiligung vermeiden wollte. Auch im Wahlkampf 1996 argumentierten die Parteispitzen der F.D.P. damit, daß ein rot-grünes Bündnis die SPD in eine programmatische und sachpolitische Richtung lenke, die deutlich links von ihrer jetzigen Positionierung im Parteienspektrum liege. Dies gelte es nun erneut zu vermeiden (GAn, 5.2.1996). Eine Regierungsbeteiligung der Grünen, betonte der Wirtschaftsminister und amtierende Landesparteivorsitzende der F.D.P., Rainer Brüderle, würde den Wirtschaftsstandort Rheinland-Pfalz um Jahre zurückwerfen und Tausende von Arbeitsplätzen vernichten.

Dies könne man nicht zuletzt am Vorhaben der Grünen ablesen, die Chlorchemie abzuschaffen (RP, 18.1.96). Auch Justizminister Peter Caesar (F.D.P.) unterstrich, daß die F.D.P. für die SPD im Vergleich zu den Grünen der bessere Koalitionspartner sei, weil sie die politische Mitte repräsentiere (MM, 23.2.1996; TV, 5.2.1996). Weiterhin gab die F.D.P. als Grund für eine rot-gelbe Koalition zu bedenken, daß die CDU ihre in Rheinland-Pfalz augenfällige innerparteiliche Schwächung noch nicht überwunden habe und ihr deshalb keine Regierungsfähigkeit zugesprochen werden könne (RZ, 8.11.1995)[46]. Diesen Äußerungen zufolge wirkt die Einbindung einer Partei in eine Koalition durchaus auf ihre ideologische Positionierung im Parteiensystem zurück. An die bevorzugte Koalition werden auch die Personalentscheidungen angepaßt: Die SPD habe beispielsweise einen Fraktionsvorsitzenden gewählt, der die sozialliberale Koalition trage (Thomas RhP-FV-Grü).

Die Befürchtung der F.D.P., die rheinland-pfälzische SPD könnte den sozialliberalen Kurs nach links verlassen, speiste sich nicht zuletzt aus dem auf dem Mannheimer Parteitag von 1995 vollzogenen Führungswechsel an der Spitze der Bundespartei. Der neue Parteivorsitzende Oskar Lafontaine hatte mit dem Votum der Parteitagsdelegierten Rudolf Scharping im Amt abgelöst. Scharping hatte als rheinland-pfälzischer Spitzenkandidat der SPD nach den Landtagswahlen 1991, aus denen die SPD mit 44,8% als deutlicher Sieger hervorgegangen war, die rot-gelbe Koalition gegenüber einem ebenfalls mehrheitsfähigen rot-grünen Bündnis bevorzugt. Er galt der F.D.P. deshalb als Garant des sozialliberalen Experiments und einer Ausrichtung der Landes-SPD auf die Mitte des politischen Spektrums hin. Die F.D.P. in Rheinland-Pfalz befürchtete nun, daß sich der Landesverband der SPD unter dem Einfluß der Bundespartei stärker an staatsinterventionistischen Zielen orientieren und dieser Kurs nicht mehr mit der wirtschaftsliberalen Ausrichtung der F.D.P.[47] vereinbart werden könnte. Alle 61 Mitglieder des Landeshauptausschusses der F.D.P. votierten jedoch schließlich für eine Koalitionsaussage zugunsten der SPD: ein Indiz dafür, daß der Parteivorsitzende Rainer Brüderle die Landespartei fest im Griff hatte (GAn, 5.2.1996) und auch widerstrebende innerparteiliche Kräfte einzubinden vermochte. Die Wahlkampfplakate der F.D.P., die eine gelbe Tulpe inmitten eines roten Tulpenfeldes zeigten, bildeten die Koalitionsaussage farblich abgestimmt und einprägsam ab.

Wie so oft in der Geschichte der F.D.P., versuchte die Partei auch in Rheinland-Pfalz, ihre Rolle als Korrektiv gegenüber den mit ihr koalitionsfähigen Parteien zu unterstreichen, die, links und rechts von ihr plaziert, einer in der Mitte des Parteienspektrums stehenden Partei als Koalitionspartner bedürften, um damit die zentripetale Logik des

---

46 Bernhard Vogel, von 1976 bis 1988 Ministerpräsident des Landes Rheinland-Pfalz, wurde nach internen Querelen in der CDU 1988 als Parteivorsitzender abgewählt und trat daraufhin auch vom Amt des Ministerpräsidenten zurück. Vorausgegangen war der Verlust der absoluten Mehrheit im Land, so daß die CDU die Macht mit der FDP teilen mußte. In den vorangegangenen Landtagswahlen hatte die CDU insbesondere in ländlichen Gegenden, bei Bauern und Winzern, bis zu 18 Prozentpunkte eingebüßt. Beklagt wurde auch die wachsende Kluft zwischen Basis und Führungsspitze in der Partei. Auf Vogels Abwahl folgten eine Regierungsumbildung und danach erhebliche Einbußen bei den Kommunalwahlen; die FDP begann sich noch während der Legislaturperiode vorsichtig von der CDU abzusetzen.

47 Vgl. Programm der F.D.P. Rheinland-Pfalz zur Landtagswahl 1996, wirtschafts- und sozialpolitische Zielsetzungen, S. 17 ff.; 70 ff.

Parteienwettbewerbs zu sichern (vgl. Heinrich 1999; Broughton/Kirchner 1986; Hoffmann-Lange 1986). Die (mögliche) Regierungsbeteiligung der Grünen im Falle einer rot-grünen Koalition sowie die demgegenüber ausgleichende, weil in der Mitte des Parteienspektrums angesiedelte Position der F.D.P. schienen geeignete Argumente, um bürgerliche Wähler davon zu überzeugen, den Liberalen ihre Stimme zu geben. Ein Ende der rot-gelben Koalition in Rheinland-Pfalz hätte diese Variante überdies für die nächsten Jahre mit dem Siegel des Mißerfolgs versehen und die F.D.P. damit einer u.U. auch bundespolitisch strategisch bedeutsamen Option beraubt. Beide Parteien waren sich somit auch der ***bundespolitischen Dimension*** dieser Koalitionsvariante bewußt: die F.D.P., weil sie sich ansonsten vollends in den "schwarzen Turm" begeben hätte, in dem sie ein großer Teil der Wähler ohnehin gesehen hatte (vgl. Falter/Winkler 1996); die SPD, weil sie ihre koalitionspolitischen Optionen - und damit ihre Verhandlungsposition im föderalen Koalitionsgefüge - um eine Variante erweitern konnte (Mertes RhP-FV-SPD; Bauckhage RhP-WiMin-FDP).

Für die durch innerparteiliche Zerwürfnisse in Rheinland-Pfalz seit Jahren geschwächte CDU ergab sich aus dieser schon im Wahlkampf deutlichen Hinwendung der F.D.P. zur SPD ein strategisches Dilemma. Die bipolare Blockstruktur von SPD und Grünen auf der einen Seite und CDU sowie F.D.P. auf der anderen Seite, die zu dieser Zeit in vielen Landtagen sowie im Bundestag kennzeichnendes Merkmal des Parteienwettbewerbs war, wurde in Rheinland-Pfalz durch das rot-gelbe Bündnis teilweise aufgehoben. Ein konfrontativer Wahlkampf, der mitunter als das Gütezeichen der Opposition angesehen wird (Stern 1977: 820 ff.; Schneider 1989), konnte angesichts dieser Konstellation nur eingeschränkt durchgehalten werden. Die CDU mit ihrem Spitzenkandidaten Johannes Gerster verfolgte deshalb eine Doppelstrategie, die zwar nicht auf Angriffe auf die gesamte Regierung verzichtete, aber doch gegenüber der F.D.P. Zurückhaltung übte. Zielscheibe der Kritik waren vor allem die Grünen, aber auch die SPD. Die F.D.P. blieb Wunschpartner der CDU, weshalb ein verhältnismäßig pfleglicher Umgang mit der Partei geboten schien. CDU-Spitzenkandidat Johannes Gerster äußerte im Wahlkampf wiederholt politische Positionen, die genuin freidemokratische Politik kennzeichneten: Die CDU werde sich für die Verschlankung des Staates einsetzen, die Senkung von Steuern durchsetzen und sich auch für mehr kommunale Partizipationsangebote stark machen (Die Welt, 4.12.1995)[48]. Die F.D.P., so sollten ihr diese Avancen bedeuten, würde jederzeit wieder von ihrem angestammten Koalitionspartner aufgenommen (WamS, 3.12.1995).

Desweiteren verwies die CDU immer wieder darauf, daß Wähler, die der F.D.P. ihre Stimme gäben, letztlich Rot-grün begünstigten, weil die F.D.P. vielen Umfragen zufolge nicht stark genug sein werde, um allein mit der SPD weiterregieren zu können. Diese Stimmen gingen, so die CDU, letztlich verloren (vgl. auch: Scheuer 1996: 620). Mit dieser Strategie, vermuteten Wahlkampfbeobachter, verstärkte die CDU indes eher die Neigung auch konservativer Wähler, sie nicht zu wählen, weil manche CDU-Wähler dann erst recht der F.D.P. die Stimme gäben, um Rot-grün zu verhindern. Die Zweitstimmen-

48 Vgl. gleichlautende Forderungen im Programm der F.D.P. Rheinland-Pfalz zur Landtagswahl 1996, S. 17 f., 45, 91.

kampagne der F.D.P., so die berechtigte und sich schließlich bestätigende[49] Befürchtung der CDU, werde letztlich auf Kosten der CDU gehen, da die F.D.P. gestärkt mit der SPD koalieren könne. Die Gesprächsangebote Gersters an die Adresse der Grünen wiederum ließen schnell deutlich werden, daß zwar ein aus koalitionspolitischem Notstand geborenes hypothetisches Interesse an einem schwarz-grünen Bündnis bestand, die politischen Positionen zwischen den beiden Parteien jedoch unüberbrückbar auseinanderlagen (vgl. SZ, 25.3.1996). Die Avancen an die Grünen waren eher dazu gedacht, die F.D.P. unter Druck zu setzen. Die F.D.P. wiederum vermochte eben diese halbherzige Annäherung der CDU an die Grünen in ihrem Sinne zu wenden, indem sie darauf hinwies, daß nur über sie das Land auf einem bürgerlichen Kurs gehalten werden könne (RP, 3.12.1995).

Auch den Grünen bereitete es zwar Probleme, dem als Wiederauflage geplanten rot-gelben Bündnis eine zugkräftige Strategie entgegenzusetzen. Gleichwohl schien die Zeit für die Grünen zu arbeiten. Den Umfragen vor den Wahlen folgend, sahen sich die Grünen bereits sicher in der Regierung, auch wenn die Partei ohne eine eindeutige Koalitionsaussage zugunsten der SPD angetreten war. Deutlich erkennbar war der Wille, über den Weg einer rot-grünen Regierungsbeteiligung im Bundesrat dort eine eindeutige rot-grüne Mehrheit herzustellen und damit die ganze Bundespolitik zu beeinflussen. Auch in dem Beschluß des "Kleinen Parteitags" tat die Partei ihre Bereitschaft kund, grüne Politik in Regierungsverantwortung umsetzen zu wollen. Dabei setze man - gleichsam zur gesellschaftlichen Verstärkung der eigenen Positionen - auf ein "Reformbündnis" mit Umweltverbänden, Gewerkschaften, Fraueninitiativen, Jugend- und Sozialverbänden (RP, 30.1.1996). Die Grünen räumten einer rot-grünen Zusammenarbeit überdies schon deshalb keine schlechte Chance ein, weil die SPD in Rheinland-Pfalz im Gegensatz zum Beispiel zum nordrhein-westfälischen Landesverband daran gewöhnt sei, die Macht in einer Koalition mit einer anderen Partei zu teilen (RZ, 4.3.1996). Die heftigen Konflikte zwischen SPD und Grünen in Nordrhein-Westfalen über Verkehrs- und Infrastrukturpolitik, insbesondere über den Braunkohletagebau Garzweiler II, wirkten auf einen Teil der SPD in Rheinland-Pfalz jedoch eher abschreckend. Als weiteres Ziel gaben die Grünen - spiegelbildlich zu den Willensbekundungen der F.D.P. - an, die F.D.P. nicht wieder an der Regierung teilhaben zu lassen.

Auch wenn die Grünen für ein rot-grünes Bündnis optierten, so bekundete die Partei doch nach außen, daß sie als Mehrheitsbeschafferin nicht zur Verfügung stehe und auch nicht bereit sei, ihre politischen Inhalte gegen Ministersessel einzutauschen. In den Kategorien von Koalitionstheorien interpretiert, verortete sich die Partei im Wahlkampf selbst eher als "policy-seeker" denn als "office-seeker". Dem Parteivorstand gelang es nicht, die Partei auf eine vorzeitige Koalitionsaussage zugunsten der SPD festzulegen. Auf einem "Kleinen Parteitag" der Grünen wurde ein entsprechendes Papier des damaligen Landesvorstandssprechers Mehdi Jafari-Gorzini rundweg abgelehnt: Bevor die Grünen Abstriche an ihrer ökologisch-sozialen Reformpolitik machten, sollten sie lieber in der Opposition weiterarbeiten (RZ, 30.1.1996; RP, 30.1.1996). Diese von den Grünen verfolgte Strategie sollte vor allem die Verhandlungsposition gegenüber der SPD stärken.

49 Die CDU erhielt in den Landtagswahlen zwar 42% der Erststimmen, aber nur 38,7% der Zweitstimmen. Gerster folgerte aus diesem Wahlergebnis, daß es einen Wählerwillen gebe, der CDU und F.D.P. zusammen in der Regierungsverantwortung sehe (Welt, 22.4.1996; TV, 23.4.1996).

Etliche der im Wahlkampf von den Grünen verfochtenen Positionen waren allerdings kaum mit der SPD-Linie vereinbar: Zentrale Forderungen waren der Ausstieg aus der Chlorchemie ebenso wie der komplette Stop des Autobahnbaus.

In der SPD wiederum gab es Kräfte, die ein Bündnis mit den Grünen bevorzugt hätten (Thomas RhP-FV-Grü; Kuhn RhP-FV-FDP und Schleimer RhP-Ma-FDP). Einzelne Befürworter einer rot-grünen Option befanden sich in der Fraktion ebenso wie im Landesvorstand der SPD; sie wurden jedoch vom der persönlichen Autorität des Ministerpräsidenten Beck beiseite gedrückt (Thomas RhP-FV-Grü; vgl. Kap. 2). Auch wenn Teile der SPD, so etwa die Jusos, für eine Koalition mit den Grünen eintraten, galt eine rot-grüne Verbindung der Parteispitze doch nur als Notlösung, auf die man hätte zurückgreifen müssen, wenn die F.D.P. nicht die zur gemeinsamen Mehrheitsbildung erforderliche Stärke erreicht hätte. Dennoch bereitete man sich aufgrund der anfänglich schlechten Prognosen für die F.D.P. auch für den Fall vor, daß nur eine Koalition mit den Grünen möglich sein könnte (Kuhn RhP-FV-FDP und Schleimer RhP-Ma-FDP). Kontakte und ein wechselseitiges "Vorfühlen" gab es deshalb auch zwischen SPD und den Grünen (Thomas RhP-FV-Grü).

Schon frühzeitig zeichnete sich eine Art "Arbeitsteilung" zwischen SPD und F.D.P. im Wahlkampf ab, bei welcher die SPD konzedierte, daß die Klientel, die sicher nicht SPD wählen würde, an die F.D.P. gebunden wurde. Bei Becks Kabinettsumbildung 1994 hatte Wirtschafts- und Verkehrsminister Rainer Brüderle (F.D.P.) in seinem Ressort als neue Zuständigkeiten Landwirtschaft und Weinbau hinzubekommen, um die Landwirte und Winzer, die der SPD mehrheitlich fernstehen, der Koalition zu erhalten (TV, 16.4.1996). So warb der Fraktionsvorsitzende der SPD, Joachim Mertes, dafür, daß die eher "schwarzen" Bauern der F.D.P., nicht aber der CDU ihre Stimme geben sollten, um Rot-grün zu verhindern. Brüderle bemühte sich im Wahlkampf denn auch zusammen mit seinem Staatssekretär Eymael insbesondere um die Winzer und Bauern (GAn, 15.1.1996; RP, 29.2.1996; RP, 6.3.1996)[50].

Trotz notwendiger jeweiliger Profilierung versuchten also beide Koalitionspartner, mit zwar getrennten, aber doch kompatiblen Wahlkampfstrategien anzutreten, die es ermöglichen sollten, das *Wählerpotential* möglichst optimal auszuschöpfen (Kuhn RhP-FV-FDP und Schleimer RhP-Ma-FDP; Mertes RhP-FV-SPD). Beide Parteien achteten schon im Vorfeld darauf, Positionen einzunehmen, die zwar das Profil der eigenen Partei schärfen sollten, sich später aber nicht als gänzlich unvereinbar erwiesen (vgl. Bauckhage 1999). Auch das Wahlkampfprogramm der SPD war im Kern bereits auf eine Fortsetzung der Koalition mit der F.D.P. angelegt. So forderte die Partei beispielsweise, die "wirtschaftlich Erfolgreichen" zu stärken, um auf diesem Wege Anforderungen an den Sozialstaat bezahlen zu können (MM, 22.1.1996). Die Koalition versuchte, weil sie ihre Zusammenarbeit fortsetzen wollte, in der Tat selbst in der heißen Wahlkampfphase den Wettbewerb so unter Kontrolle zu halten, daß die spätere Zusammenarbeit keinen ernsthaften Schaden nahm. Diese Strategie ist für eine Koalition, die ihre Zusammenarbeit

50 Die F.D.P. widmete dem Bereich "Landwirtschaft und Weinbau" ebenfalls ein mehrere Seiten langes Kapitel in ihrem Wahlprogramm, vgl. Programm der F.D.P. Rheinland-Pfalz zur Landtagswahl 1996, S. 62 ff.

fortsetzen will, durchaus plausibel. Für "partiideologische" Positionen, dies sollte auch das Programm signalisieren, sei bei der SPD kein Platz. Das Land, so begründete der Fraktionsvorsitzende der SPD, Mertes, den sozialdemokratischen Pragmatismus, sei schließlich konservativ strukturiert, und nur wenn die Partei dies berücksichtige, könne sie Wahlen gewinnen (Mertes RhP-FV-SPD). Anträge der Jusos auf dem Parteitag der SPD in Wirges im Januar 1996 zum Beispiel, die, wie die Förderung alternativer Energien oder der Verzicht auf Straßenbauprojekte sowie die Rücknahme der strafrechtlichen Verfolgung bei Drogenkonsum, in die Richtung grüner Positionen zielten, wurden von der Delegiertenmehrheit abgelehnt (AZ, 22.1.1996; RP, 22.1.1996). Gleichwohl verweigerten auch die Jusos dem Wahlprogramm nicht ihre Zustimmung, sondern folgten dem Votum der Parteispitze.

Ähnlich behutsam gingen SPD und F.D.P. mit der in allen Landeswahlkämpfen zu beobachtenden Verflechtung von bundespolitischen und genuin landespolitischen Themen um. Die SPD führte zwar ihren Wahlkampf auch in Richtung der Bonner CDU/F.D.P.-Koalition, schonte dabei aber auffallend den eigenen Koalitionspartner. Dennoch mangelte es nicht an Hinweisen auf die Verantwortung der Bundesregierung für landespolitische Probleme, wie für den durch den Abzug der amerikanischen Streitkräfte bedingten Verlust von 70000 Arbeitsplätzen, für den der Bund keine ausreichenden Hilfen gewährt habe. Eine entsprechende Bundesratsinitiative des (von SPD und F.D.P. regierten) Landes sei mit den Stimmen von (Bundes-)CDU/CSU und F.D.P. abgelehnt worden. Die Landesregierung könne eine noch so gute Politik machen, sie bleibe, so der Tenor, erfolglos, wenn die Bundesregierung ineffizient agiere (RP, 24.2.1996).

Regierungschef Kurt Beck selbst vermied auf dem Parteitag der SPD im Vorfeld der Wahlen eine klare Koalitionsaussage ebenso wie Angriffe auf den politischen Gegner. Aufgrund seiner großen Popularität im Land schien es die angemessene Strategie zu sein, den Wahlkampf zu personalisieren[51] - eine Strategie, die auch die CDU mit ihrem Spitzenkandidaten Johannes Gerster und die F.D.P. mit Rainer Brüderle verfolgten. Die Konzeption Lafontaines einer Mehrheit "links von der Mitte" hielt man schon deshalb für Rheinland-Pfalz für wenig geeignet, weil die SPD nach eigener Anschauung ihren Wahlsieg 1991 weniger einem Zuwachs an überzeugten SPD-Wählern, sondern vielen "Denkzetteln" für die CDU zu verdanken hatte (Mertes RhP-FV-SPD). Die SPD entschied sich daher für eine den Landesverhältnissen angepaßte Strategie. Selbstverständlich können für Wahlkämpfe Wechselwirkungen und gegenseitige Beeinflussungen zwischen den Ebenen eines föderalen Systems sowie Abstimmungen zwischen Bundespartei und Landesparteien sowie der Landesparteien untereinander beobachtet werden (vgl. Kropp/Sturm 1999). Bundespolitische Entscheidungen sind oft auch Gegenstand landespolitischer Wahlkämpfe. Wahlkampfstrategien können aber, wollen sie landespoli-

---

51 Knapp die Hälfte der Rheinland-Pfälzer wünschte ihm eine weitere Amtszeit, und auch im Bekanntheits- und Beliebtheitsgrad schlug er alle Konkurrenten. Außerdem versprach man sich von einem personalisierten Wahlkampf, unter Umgehung der nicht besonders funktionsfähigen Ortsvereine direkt die Wähler ansprechen zu können; vgl. Scheuer 1996: 618 f. Entscheidungen der Wähler werden von Einschätzungen des Charakters und der Sachkompetenz der Kandidaten gesteuert. Dabei orientieren sich die Wähler vor allem am Erscheinungsbild der Kandidaten. Eine Kluft zwischen beiden Auswahlkriterien entsteht nur dann, wenn Wähler eine Diskrepanz zwischen dem Charakter und der Sachkunde eines Kandidaten wahrnehmen. Vgl. Kepplinger/Brotius/Dahlem 1994: 472-505.

tisch erfolgreich sein, kaum aus den Zentralen der Bundesparteien "verordnet" werden. Sozialstrukturelle Gegebenheiten in den Ländern und parteipolitische Konstellationen sowie das durch von der Bundesebene getrennte Wahlgänge begründete Eigengewicht der Landesregierungen erfordern unter Umständen eine von der Marschroute der Bundespartei abweichende Wahlkampfstrategie. In Rheinland-Pfalz legen schon die ländliche Prägung und der hohe Katholikenanteil der SPD einen Wahlkampf nahe, der darauf zielt, in die Themen und Wählerschichten der CDU einzudringen (Mertes RhP-FV-SPD; Scheuer 1996: 622). Die Logik des Parteienwettbewerbs im Bund schlägt somit keineswegs ungefiltert auf die politische Willensbildung in den Ländern durch (vgl. Downs 1998: 187 ff.), wie dies unter dem Eindruck von umstrittenen Bundesratsentscheidungen zuweilen angenommen wurde (vgl. Friedrich 1989: 1708).

Das Beispiel Rheinland-Pfalz erhellt, daß Koalitionen, die ihre Zusammenarbeit als erfolgreich betrachten und diese über das Ende der laufenden Legislaturperiode hinweg fortsetzen wollen, eher in der Lage sind, konfrontative oder polarisierende Strategien abzudämpfen (*Fortsetzungs- und Wunschkoalition*). Eine besondere Rolle spielt dabei auch der *personale Faktor*: Rainer Brüderle (F.D.P.), Wirtschaftsminister und stellvertretender Regierungschef sowie Landesparteivorsitzender, und Kurt Beck (SPD), Ministerpräsident und Landesparteivorsitzender, pflegten schon in der ersten gemeinsamen Legislaturperiode ein freundschaftliches Verhältnis zueinander, das sich auf wechselseitiges Vertrauen gründete (Kuhn RhP-FV-FDP und Schleimer RhP-Ma-FDP; Mertes RhP-FV-SPD; FAZ, 4.4.1996). Dadurch konnte ein beachtlicher Vorrat an kooperativen Einstellungen im wechselseitigen Umgang der Parteien zur Geltung gebracht werden. Als vorteilhaft erwies sich dabei die für beide Parteien beobachtbare *personelle Verflechtung* von leitender Funktion in der Regierung (Ministerpräsident und Stellvertreter) sowie Parteivorsitz: Indem die Spitzenakteure der Parteien eben auch die Perspektiven und Anforderungen gemeinsamen Koalitionsregierens zu berücksichtigen wußten, vermochten sie im Wahlkampf einen den kooperativen Umgang eventuell schädigenden Parteienwettbewerb mit Blick auf die anschließenden Koalitionsverhandlungen einzugrenzen. Der Wettbewerb wurde weiterhin dadurch begrenzt, daß SPD und F.D.P. gemeinsam das Wählerpotential auszuschöpfen beabsichtigten, mithin nicht um die gleichen Wählergruppen konkurrierten. Die Kooperation zwischen Koalitionsparteien ist auch dann weniger vom Wettbewerb belastet, wenn sie sozialstrukturell verankert ist und *gemeinsame Strategien am Wählermarkt* möglich sind: Nicht nur die programmatische Nähe zwischen Parteien kann die Zusammenarbeit erleichtern, sondern auch die Kompatibilität von - verschiedenartigen - Positionen[52]. Vorteilhaft wirkte sich, wie gezeigt, weiterhin aus, daß es für diese landespolitische Koalitionspräferenz *bundespolitische Rückendek-*

52 Eine Parteienstudie über die Mainzer SPD erbrachte das Ergebnis, daß sich die Mitglieder selbst etwas links von der Mitte plazieren (auf einer Skala von 1 bis 10 bei 4,6). Es fällt auf, daß die SPD-Mitglieder die Mitgliedschaft der Grünen etwas links davon sehen (bei 3,5): Damit liegen SPD und Grüne in der Wahrnehmung dicht beieinander und wären diesen Ergebnissen zufolge ideale Partner. Demgegenüber werden die CDU bei 8,8 und die FDP bei 8,6 eingestuft und damit ebenfalls dicht nebeneinander gesehen; damit bildet sich die sozialliberale Koalition nicht entsprechend auf dieser Skala ab; vgl. Winkler 1999: 56 f. Von diesen Befunden über eine Großstadtpartei kann jedoch nicht ohne weiteres auf die gesamte Landes-SPD geschlossen werden.

kung gab. Daneben zeigt dieses Beispiel, daß Parlamente, in denen die *Blockstruktur des Parteiensystems* aufgehoben ist, Oppositionsstrategien nahelegen, die auch kooperative Elemente einschließen.

Das Land *Sachsen-Anhalt* hielt während der ersten Legislaturperiode (1990-1994) einen "Rekord" an Regierungswechseln und Fraktionsaustritten. Dieser "Vorlauf" des Wahlkampfs 1994 ist deshalb erwähnenswert, weil die Ereignisse in der ersten Legislaturperiode noch wenige Monate vor den Wahlen einen Sieg der SPD nahelegten (Spiegel 25/1994: 25) und die spätere Entscheidung der Sozialdemokraten gegen eine große Koalition mit begründeten. In Sachsen-Anhalt wechselten sich innerhalb nur einer Legislaturperiode nicht weniger als drei Ministerpräsidenten an der Spitze der CDU/F.D.P.-Regierung ab. Schon im Juli 1991 traten Ministerpräsident Gerd Gies und sein Innenminister Wolfgang Braun, beide CDU, wegen angeblicher verdeckter Nachforschungen eines Privatdedektivs zurück. Dieser hatte nach eigener Aussage den Auftrag erhalten, die CDU-Landtagsabgeordneten auf ihre Vergangenheit hin auszuspähen (Holtmann/Boll 1997: 124). Finanzminister Werner Münch folgte als zweiter Ministerpräsident. Noch im Sommer 1991 mußten zwei weitere Minister, der Minister für Bundes- und Europaangelegenheiten, Gerd Brunner (F.D.P.), sowie Landwirtschaftsminister Otto Mintus (CDU), wegen ihrer Stasi-Verstrickung zurücktreten (Plöhn 1996: 14). Ende November 1991 trat der CDU-Fraktionsvorsitzende Joachim Auer aus Partei und Fraktion aus. Im November 1993 schließlich gaben aufgrund einer Kritik des Landesrechnungshofes an überhöhten Bezügen Ministerpräsident Münch sowie die Minister Perschau, Rehberger und Schreiber ihre Ämter auf (diese wurden Jahre später juristisch rehabilitiert). Christoph Bergner (CDU), der wiederum Münch beerbte, amtierte bis Juli 1994 als Ministerpräsident. Am Ende der Legislaturperiode gehörte fast jeder zehnte Abgeordnete keiner Fraktion mehr an: Folge von Enthüllungen über Stasi-Verstrickungen von Abgeordneten, von enttäuschten Karriereerwartungen u.a.m. Der Organisationsstand der Landesparteien - und damit auch die Möglichkeit der Parteiführungen, ihren Verband straff zu führen - zeigte sich gegenüber den gewachsenen Parteiensystemen in den alten Ländern als noch vergleichsweise wenig entwickelt. Insbesondere die an der Regierung beteiligten CDU und F.D.P. waren am Ende der Legislaturperiode mit dem Stigma der unseriösen Politik behaftet.

Die PDS hatte bereits während des Wahlkampfs der SPD ein Tolerierungsangebot unterbreitet, auf das die SPD nicht eingegangen war (MZ, 20.6.1994; FAZ, 14.6.1994). Die SPD favorisierte ihrerseits eine rot-grüne oder auch eine Ampelkoalition. Mit dem F.D.P.-Landeschef wurde bereits vor den Wahlen Fühlung aufgenommen (SZ, 21.6.1994). Das Verhältnis der PDS zu den anderen parlamentarischen Kräften war nach eigenen Angaben aber vergleichsweise entspannter als in anderen Landtagen der neuen Länder. Die "erste Phase der totalen Ausgrenzung" sei lediglich auf ein oder zwei Jahre begrenzt geblieben, und selbst diese Zeit sei nie von persönlichen Angriffen begleitet gewesen, wie dies in anderen Landtagen zu beobachten gewesen sei (Sitte SnA-FV-PDS). Diese bis dahin weniger harte Polarisierung lasse sich in Sachsen-Anhalt wesentlich auf die handelnden Personen und die auf eine eigene Weise miteinander vernetzten Biographien und die davon abstrahlenden Auswirkungen auf die praktische Politik zurückführen. Die Fraktionsvorsitzenden und der damalige Ministerpräsident Bergner kannten sich bereits von früher aus beruflichen oder politischen Zusammenhängen[53]. Das Arbeitsklima der PDS zur CDU sei "relativ ruhig" gewesen, dagegen habe im Verhältnis zur SPD eine "ziemliche Eiseskälte" geherrscht. Zwischen der Fraktionsvorsitzenden der PDS, Petra Sitte, und dem späteren Ministerpräsidenten der SPD, Reinhard Höppner, sei es nur zu belanglosen Wortwechseln, nie aber zu einem Gespräch über politische Inhalte gekommen.

Substantielle Gespräche waren andererseits mit dem Fraktionsvorsitzenden von B'90/Die Grünen, Hans-Jochen Tschiche, möglich, da es zu dieser Partei sehr schnell "inhaltliche Übereinstimmungen und Parallelen" gegeben habe. Trotz des stets vorhandenen Bewußtseins, daß beide Parteien durch ihre Vergangenheit voneinander getrennt blieben, sei eine begrenzte inhaltliche Kooperation möglich gewesen. Nach den ersten Landtagswahlen, als die Bündnisgrünen nur mit fünf Abgeordneten eingezogen waren und der bestplazierte "echte" Grüne auf Platz sechs der Liste nicht zum Zuge gekommen war, hatten sich beispielsweise beide Fraktionen darauf verständigt, daß der PDS-Abgeordnete Lüderitz - als "der Ökologe" seiner Partei - den Vorsitz im Umweltausschuß übernahm.

Die Kontakte der PDS zu den Bündnisgrünen waren denn auch vor Beginn der zweiten Legislaturperiode enger als die zur SPD. Nicht zuletzt aufgrund des Verhältnisses zu den Grünen sei für die PDS eine rot-grüne Regierung mit weniger Problemen behaftet gewesen als eine schwarz-gelbe. Deshalb habe die PDS auch die Meinung vertreten, daß man einen Machtwechsel mit befördern werde[54]. Von einem Machtwechsel habe man sich versprochen, landespolitische Entwicklungsvorstellungen, die denen der PDS näher kommen als den bisherigen, zur Durchsetzung zu verhelfen. Im Wahlkampf hätten sich dann die anderen Parteien freilich "heftig abgegrenzt" (Sitte SnA-FV-PDS).

In Sachsen-Anhalt zeichnete sich schon im Wahlkampf eine Reihe von Besonderheiten ab. Der Herausforderer der Regierung, Reinhard Höppner (SPD), lag bei der Frage, wen die Wähler lieber als Ministerpräsidenten hätten, mit 34% knapp vor Christoph Bergner (CDU), der 32% aufweisen konnte (Plöhn 1995: 219; Holtmann/Boll 1995: 185). Da Kompetenz in den Augen der Wähler insbesondere mit Führungskompetenz gleichgesetzt wird, sind von vornherein die Spitzenkandidaten begünstigt, die eine gesamte Regierungsperiode im Amt sind. Daher waren die Chancen des in Sachsen-Anhalt regierenden Christoph Bergner (CDU), der nur etwa ein halbes Jahr Regierungserfahrung aufweisen konnte, von vornherein geringer als etwa die seines amtierenden Thüringer Kollegen Bernhard Vogel, der in zweieinhalb Jahren Regierungszeit die Partei wieder zu einer größeren Geschlossenheit hatte führen können (Schmitt 1995: 289). Mit Ausnahme der eigenen Parteianhänger kam die sachsen-anhaltische CDU, mit Ausnahme der Anhänger

53 "...also ich beispielsweise kannte von der Universität den Fraktionsvorsitzenden der CDU. Der Fraktionsvorsitzende der SPD kannte den von der CDU aus der Synode und der kirchlichen Arbeit, und der Fraktionsvorsitzende, Jochen Tschiche, vom Bündnis 90/Die Grünen kannte beide aus seiner Widerstandsarbeit" (Sitte SnA-FV-PDS).

54 So auch die Begründung für das Tolerierungsmodell im Wahlkampfprogramm der sachsen-anhaltischen PDS 1998: "Eine Regierungsbeteiligung der PDS wäre höchst fraglich, wenn sich Bündnis 90/Die Grünen nicht beteiligen wollen; immerhin hat sich die inhaltliche Nähe der PDS zur Landesregierung vor allem aus Positionen der Bündnisgrünen ergeben". Vgl. Programm der PDS zur Landtagswahl 1998, S. 5 f.

von CDU und F.D.P. kam auch die F.D.P. Sachsen-Anhalts auf negative Werte bei allen Sympathisantengruppen der Parteien. Die SPD wiederum wurde nur von den potentiellen Nichtwählern, B'90/Die Grünen nur von den CDU-Anhängern negativ beurteilt. Der Anteil der mit der Landesregierung Unzufriedenen lag mit 74% noch im Mai 1994 höher als in allen anderen Bundesländern. Auch angesichts dieser Werte durfte die SPD darauf hoffen, die stärkste Fraktion im neuen Landtag und damit den Regierungschef zu stellen.

Aufgrund des besonderen Engagements von Bundeskanzler Helmut Kohl (CDU) im Lande vermochte die Landes-CDU ihre schlechten Ausgangsbedingungen noch vor dem Urnengang jedoch erheblich zu verbessern (SZ, 21.6.1994). Auch die PDS befand sich im Aufwind. Deshalb seien, vermutete die PDS, offenkundig noch während des Wahlkampfs Kontakte zwischen SPD und CDU aufgenommen worden, um den Rahmen für eine große Koalition auszuloten (Sitte SnA-FV-PDS), auch wenn eine Mehrheit aus SPD und Bündnisgrünen nach wie vor von der SPD bevorzugt wurde. Zumindest hatte der Spitzenkandidat der SPD, Reinhard Höppner, Zustimmung für eine große Koalition als der "letzten demokratischen Notvariante" signalisiert (Tageblatt, 21.6.1994). Christoph Bergner hielt die Positionen von SPD und CDU für durchaus vereinbar. Eine große Koalition schien somit noch kurz vor den Wahlen die naheliegende Verbindung zu sein (Plöhn 1995: 227). Allerdings galt das Verhältnis zwischen den Spitzenkandidaten der SPD und CDU seit der "Gehälteraffäre" Münchs als ziemlich abgekühlt. Seit dieser Zeit und dem Amtsantritt Bergners als Ministerpräsident hatte es zwischen diesem und Höppner keine direkten Kontakte mehr gegeben (SZ, 21.6.1994).

Während also die SPD unter ihrem Spitzenkandidaten Reinhard Höppner einer - als wohl unvermeidlich angesehenen - großen Koalition mit großer Skepsis gegenüberstand, galt eine künftige Zusammenarbeit zwischen SPD und B'90/Die Grünen als unproblematisch. Bei dieser handelte es sich um eine *Wunschkoalition*, und auch das Verhältnis zwischen den Partei- und Fraktionsspitzen galt als vertraut (*personaler Faktor*). Demgegenüber entfalteten die latenten, aber starken Antipathien zwischen den Kandidaten von SPD und CDU eine die Kooperationsbereitschaft einschränkende Wirkung. Auch die inhaltlichen Positionen von SPD und Bündnisgrünen lagen, wie deren Wahlprogramme zeigen[55], nahe aneinander. Eine parlamentarische Kooperation mit der PDS in Form einer Tolerierung hingegen wurde von den Sozialdemokraten im Wahlkampf noch kategorisch ausgeschlossen. Grüne und Sozialdemokraten führten somit keinen ausgeprägt kompetitiven Wahlkampf gegeneinander, da man die künftige *Zusammenarbeit antizipierte*. Bereits in der Opposition hatte man in etlichen parlamentarischen Initiativen zusammengewirkt. Die Beziehungen der SPD zur CDU, dem mutmaßlichen Koalitionspartner, waren demgegenüber erheblich unterkühlter. Die Grünen wiederum vermochten, als sich überraschend die Regierung des "Magdeburger Modells" formierte, dann aufgrund ihres tendenziell besseren Verhältnisses zur PDS in der Anfangszeit der Minderheitsregierung eine Brückenfunktion zum "Tolerierungspartner" wahrzunehmen ("Maklerrolle", vgl. Schwarz 1978).

55 Dies zeigt ein Vergleich wesentlicher Positionen in den Bereichen Verkehrspolitik, Umweltpolitik, Soziales, Schule, z.T. Wirtschaft. Vgl. B'90/Die Grünen, Landesverband Sachsen-Anhalt: Bausteine für eine zukünftige Landespolitik, Wahlprogramm für die Landtagswahlen 1994; SPD Sachsen-Anhalt: Eine neue Politik für Sachsen-Anhalt, Wahlprogramm für die Landtagswahlen 1994.

In *Thüringen* waren die Parteien im Wahlkampf 1994 mit einer gänzlich anderen Konstellation als in Rheinland-Pfalz konfrontiert. Anders als dort standen sich die Parteien im Landtag der 1. Wahlperiode in einer Blockstruktur gegenüber, die aus dem bürgerlichen Lager von CDU und F.D.P. auf der einen Seite sowie SPD, Bündnisgrünen und der damals noch als nicht koalitionsfähig angesehenen PDS auf der anderen Seite bestand. Die PDS trug seinerzeit in Thüringen, wie auch in anderen neuen Ländern (Mecklenburg-Vorpommern und Berlin), zu einer Segmentierung des Parteiensystems bei, indem sie die Koalitionsoptionen der anderen Parteien, insbesondere der SPD, de facto begrenzte. Da eine einfache Mehrheit zusammen mit den Bündnisgrünen aussichtslos erschien, verblieben der SPD im Vorfeld der Wahlen - Verluste von CDU und F.D.P. vorausgesetzt - nur zwei realistische Perspektiven: eine - umstrittene und im Vorfeld der Bundestagswahlen von der CDU polarisierend stigmatisierte - Tolerierung durch die PDS, wie sie seinerzeit in Sachsen-Anhalt bereits seit mehreren Monaten praktiziert wurde (vgl. Schmitt 1995: 273 f.), oder aber der Gang in eine große Koalition, unter wahrscheinlicher Führung der CDU. Für die Führungsrolle der CDU sprachen die Sympathiewerte des amtierenden Ministerpräsidenten Bernhard Vogel, der zuletzt weit vor seinem Herausforderer Gerd Schuchardt lag (Schmitt 1995: 268).

Im Rahmen dieses Dilemmas bewegte sich die Wahlkampfstrategie der SPD-Spitze in Thüringen. Anders als in Sachsen-Anhalt, galt das Verhältnis zwischen dem Ministerpräsidenten der CDU, Bernhard Vogel, und dem Oppositionsführer der SPD, Gerd Schuchardt, während der ersten Legislaturperiode als vergleichsweise freundlich und entspannt (vgl. Schmitt 1995: 274; Schmitt 1999: 4; *personaler Faktor*). Schuchardt trat als erklärter Gegner jedweder Zusammenarbeit mit der PDS auf, so daß ein Linksbündnis in Erfurt seinerzeit als ausgeschlossen galt (FAZ, 18.10.1994; OTZ, 19.10.1994). Im Falle einer Koalition seiner Partei mit der PDS, dies hatte Schuchardt angekündigt, werde er die SPD verlassen (FW, 5.10.1994)[56]. Er empfahl auch den Kreis- und Ortsverbänden seiner Partei, keine Koalitionen mit der PDS einzugehen. Auch die spätere Sozialministerin, Irene Ellenberger, schloß eine Zusammenarbeit im Rahmen einer Minderheitsregierung von vornherein als nicht funktionsfähig und wenig zweckmäßig aus (OTZ, 20.10.1994). Ziel dieses Flügels der SPD war es, eine Regierungsbeteiligung ohne die SPD zu verhindern. Da kleine Mehrheitskoalitionen aus CDU und F.D.P. oder SPD und Bündnisgrünen nach den Umfragen vor der Wahl als wenig wahrscheinliche Optionen galten, erschien die große Koalition alsbald als Ultima ratio.

Die Wahl und die Regierungsbildung in Sachsen-Anhalt hatten die Ausgangssituation für die nachfolgenden Landtagswahlen und die Bundestagswahlen im Jahr 1994 deutlich verändert. Die neue, von der PDS tolerierte rot-grüne Minderheitsregierung in Sachsen-Anhalt hat den Wahlen in Thüringen eindeutig das Etikett von "Richtungswahlen" verliehen und darüber hinaus auch die Anhängerschaft der SPD nicht gerade geeint. Obschon der Thüringer Spitzenkandidat eine Nachahmung des "Magdeburger Modells" klar ablehnte, hat die politische Konstellation in Sachsen-Anhalt die Thüringer Wahlen polarisiert. Diese Situation wirkte sich zu Lasten der SPD und der kleineren Parteien

56 Die spätere Fraktionsvorsitzende der PDS, Birgit Klaubert, bestätigte, daß Schuchardt bis in die zweite Legislaturperiode hinein Kontakte mit der PDS strikt gemieden habe (Klaubert Th-FV-PDS).

sowie zugunsten der CDU und der PDS aus (Schmitt 1995: 290). Die zeitliche Abfolge von Landtagswahlen hat dazu beigetragen, daß sich die SPD in Thüringen klar von der PDS abgenzen mußte. Die innerparteilichen Widerstände gegen den Kurs des SPD-Parteivorsitzenden Schuchardt, der eine Kooperation mit der PDS ablehnte, wurden in Thüringen indes schon im Wahlkampf offenkundig.

Das Wahlprogramm der SPD[57] geriet schon frühzeitig in die innerparteiliche Kritik. In ihm sei zu wenig eigenes Profil erkennbar (FW, 3.2.1994; FW 29.2.1994), viele Forderungen würden auch von der CDU fast gleichlautend vorgebracht[58]. Auch lasse die von der Parteispitze vorgelegte Landesliste eine regionale Ausgewogenheit vermissen. Schuchardt, so vermuteten politische Beobachter, bastle sich über die Liste bereits eine Fraktion für eine große Koalition zusammen, da auf den ersten 20 Plätzen vor allem Parteigänger seines Kurses vertreten seien (MA, 8.9.1994; OTZ, 23.2.1994; STZ, 17.2.1994). Der Führungsstil Schuchardts geriet somit bereits in der Wahlkampfzeit unter innerparteilichen Beschuß. Spannungen zwischen der Führungsspitze und Teilen der Parteibasis sowie in der Führungsspitze selbst zeichneten sich schon vor den Wahlen ab. So wurde dem SPD-Schattenkabinett teilweise die nötige Kompetenz abgesprochen; auch die Kommunalpolitiker sahen sich im Personaltableau Schuchardts und der Fraktion nicht genügend gewürdigt. Ein Antrag des Kreisverbands Gotha für den Geraer Parteitag vom Februar 1994 forderte schon im Vorgriff die Trennung von Amt und Mandat, um auf diese Weise die Fraktion als Gegengewicht zu den später in die Regierung eingebundenen Ministern zu konstruieren. Die damalige, zum linken Flügel zählende Landesparteivorsitzende Gisela Schröter, die im Schattenkabinett nicht berücksichtigt worden war, stellte sich hinter diesen Initiativantrag; ein Riß ging in dieser Frage quer durch den Landesverband (vgl. auch: Kiefer 1996: 52). Schröter wiederum erhielt bei der Wahl zu den Bundestagslisten des Landesverbands nur 106 von 169 gültigen Stimmen - für eine Landesvorsitzende kein überzeugendes Ergebnis (TLZ, 28.2.1994). Anzeichen mangelnder Folgebereitschaft zeigten sich ebenfalls bei der Diskussion einzelner Sachthemen. Kurz: anders als in Rheinland-Pfalz, wo die Parteiführungen sowohl der F.D.P. als auch der SPD als künftige Koalitionspartner die in sich ebenfalls nicht homogene Parteibasis und die Parteispitze geschlossen hinter sich zu bringen wußten, zeigte sich die Thüringer SPD schon vor der Regierungsbildung uneinig (*innerparteiliche Fragmentierung*).

Auch in der CDU öffneten sich während der Aufstellung der Landesliste die Gräben innerhalb der Partei. Die Fronten zwischen den ehemaligen Mitgliedern des "Demokratischen Aufbruchs" (DA) und den Mitgliedern aus der Blockpartei CDU (vgl. hierzu: Schmidt 1996b: 291 ff.) wurden personell z.B. abgebildet im Konflikt zwischen der Europaministerin Christine Lieberknecht und dem ehemaligen Landesvorsitzenden und Innenminister Willibald Böck. Lieberknecht hatte schon 1990 Böcks Kreise gestört, als dieser für den Posten des Ministerpräsidenten kandidierte (TA, 14.3.1994). Während der

57 Landtagswahl-Programm der SPD Thüringen, beschlossen auf dem Parteitag in Gera am 26./27. Februar 1994.

58 Ein Vergleich der Wahlprogramme von SPD und CDU bestätigt dies jedoch nicht. In zentralen Bereichen der Schulpolitik, der Innenpolitik, der Arbeitsmarkt- und Wirtschaftspolitik bestehen deutliche Unterschiede. Vgl. CDU Thüringen: Es gibt keine Alternative: Landtagswahlprogramm der CDU Thüringen 1994; Landtagswahl-Programm der SPD Thüringen 1994.

"Raststättenaffäre"[59] betrieb sie außerdem seinen Sturz als Parteichef und Minister. Die einstigen Aktivisten des DA und späteren Minister Lieberknecht, Althaus und Zeh hatten sich mit ihrer "Altlastenkampagne", in deren Rahmen sie einen Kriterienkatalog zur Selbstüberprüfung herausgegeben hatten, an der CDU-Basis nicht nur Freunde gemacht (OVZ, 8.3.1994). An der Landesliste entzündete sich nicht zuletzt Kritik, weil auf den vorderen Plätzen vornehmlich "Reformer" plaziert waren (MA, 12.3.1994). Als schließlich in der CDU-Landesvertreterversammlung über die Landesliste abgestimmt wurde, trat Böck, obgleich ihm sein Wahlkreis im Eichsfeld sicher war, entgegen seinen ursprünglich bekundeten Absichten, nicht auf der Liste kandidieren zu wollen, doch gegen Lieberknecht um Platz 2 an. Böck erhielt 59, Lieberknecht 71 Stimmen (OTZ, 14.3.1994). Damit demonstrierte Böck als ehemaliges Blockparteimitglied seinen Rückhalt in der Partei - und gleichzeitig auch deren Uneinigkeit.

Diese Beispiele zeigen, daß innerhalb der Thüringer Union die Gräben auch vom Parteivorsitzenden Bernhard Vogel nur mühsam überbrückt werden konnten, auch wenn es sein Ziel war, die verschiedenen regionalen und sozialen Gruppierungen über die Landesliste zu integrieren (Schmidt 1996b: 349). Viele Kreisverbände der CDU waren zerstritten und oft mehr mit sich selbst beschäftigt als mit der Lösung politischer Probleme[60]. Die CDU kann als "Fraktionspartei" gelten: Die Fraktion stellt die personellen Ressourcen bereit, während die Landesorganisation durch Reorganisationen und Positionskämpfen zwischen Alt- und Neumitgliedern geschwächt ist (Schmidt 1996b: 348). Wie für die SPD war zu erwarten, daß sich innerparteiliche Querelen erst recht im Koalitionsalltag niederschlagen würden, wenn einerseits Kompromisse zwischen den Koalitionspartnern ausgehandelt und innerparteilich wie innerfraktionell abgesichert werden mußten, andererseits der an sich einigende Druck des Wahlkampfs aber weggefallen war.

Die PDS wiederum erleichterte durch ihr zweideutiges Verhalten der SPD die Entscheidung, sich gegen ein Linksbündnis auszusprechen. Die gelegentlichen Avancen der PDS in Richtung SPD, eine SPD-Minderheitsregierung stützen zu wollen, blieben letztlich halbherzig. Die Parteivorsitzende Gabriele Zimmer unterstrich, noch sei unklar, wohin sich die Partei entwickle; zu Machtfragen habe man sich noch keine endgültige Meinung gebildet. Minderheitsregierungen, wie die in Sachsen-Anhalt, seien zwar interessant, weil sie Sachdiskussionen beförderten. Dieser Vorzug komme aber nur dann zum Tragen, wenn wechselnde Mehrheiten zum parlamentarischen Alltag gehörten; ansonsten sei der Tolerierungspartner fester Bestandteil des Regierungslagers. Diese Konstellation sei für die PDS in Thüringen nicht tragbar, denn die SPD unter Schuchardt, so die PDS-Vorsitzende, wolle keine wirklich andere Politik als die bisher im Lande praktizierte, und deshalb werde sie von der PDS auch keinen Freibrief erhalten (TA, 7.10.1994). Aus Sicht der PDS habe sich die SPD vier Jahre lang so profil- und prinzipienlos gezeigt, daß in Thüringen selbst eine rot-grüne Minderheitsregierung unmöglich

59 In der Affäre ging es um den Verkauf von Raststättenlizenzen für die Thüringer Autobahnen. Böck wurde vorgeworfen, Spenden von einer hessischen Firma angenommen zu haben.

60 Die Gründe hierfür lagen teilweise in persönlichen Aversionen. Schwierigkeiten ergaben sich aber auch dadurch, daß durch die Gebietsreform Kreise zusammengefaßt worden waren. Dadurch hatten z.B. 18 der einst 35 Landräte keine Chance auf eine Wiederwahl (NZ, 30.3.1994; MA, 1.4.1995).

sei (FW, 10.10.1994). Die Parteivorsitzende Zimmer prophezeite, Schuchardt werde die SPD unter einer neuen Regierung Vogel ohnehin in die große Koalition führen (FW, 31.8.1994). Vorrangig komme es für die PDS deshalb darauf an, auf die SPD Druck auszuüben, um eine Regierung Schuchardt zu verhindern. In ihrem Wahlkampfprogramm hatte die PDS zwar einige typisch "sozialdemokratische" Positionen aufgegriffen[61]. Eine echte Annäherung im Sinne eines Mitwirkungsangebots umschrieb dies jedoch nicht. Das Programm war vielmehr als ein Signal an die Mitgliedschaft von organisierten Verbänden, wie den DGB oder den Mieterschutzbund, gedacht.

Das Verhältnis zwischen PDS und CDU wiederum war noch angespannter als das zwischen SPD und PDS. In Teilen der CDU-Fraktion, so die Wahrnehmung der PDS-Fraktionsvorsitzenden, existiere eine tiefgreifende Ablehnung gegenüber ihrer Partei, die sich nicht nur auf die Partei, sondern auch auf Personen beziehe. Die Distanz wachse sogar noch, da die politischen Verhaltensmuster des Runden Tisches, denen zufolge für Sachaufgaben Lösungen gefunden werden müssen, mit zunehmender, von den Mutterparteien im Westen importierter Konkurrenzorientierung allmählich verblaßten (Klaubert Th-FV-PDS).

So zeichnete sich in Thüringen eine Situation ab, in der die regierende CDU trotz vorangegangener Querelen mit dem kleinen Koalitionspartner ein Bündnis mit der F.D.P. bevorzugte, sich aber dennoch auf eine - von großen Teilen der Partei selbstredend ungeliebte - große Koalition mit der SPD als größeren Partner als die F.D.P. einstellte, die PDS aus Sicht aller anderen Parteien als Regierungs- und Tolerierungspartner ausfiel und die SPD wiederum von der Parteiführung - gegen innere Widerstände - auf die `Elefantenhochzeit´ mit der CDU eingestellt wurde. Die innere Spaltung in der SPD, von der ein beachtlicher Teil der Basis und der Eliten nicht einer großen Koalition zuneigte (vgl. Teil 2, Kap. 2), zeichnete sich bereits im Vorfeld der Wahlen ab. So war absehbar, daß eine große Koalition in beiden Parteien nicht auf durchgängige Zustimmung stoßen würde. Die Verbindung aus CDU und SPD stellte somit weder eine *Wunsch-* noch eine *Fortsetzungskoalition* dar, obgleich die Bildung einer großen Koalition bereits im Vorfeld antizipiert wurde. Eine der koalitionspolitisch spannenden Fragen in Thüringen mußte also lauten, wie die Wechselbeziehungen zwischen organisationsinterner Willensbildung und zwischenparteilicher Kooperation im Regierungsbündnis würden austariert werden können.

Alle drei Fälle bestätigen in unterschiedlichem Ausmaß die aus den theoretischen Vorüberlegungen in Teil 1 gewonnene Annahme, daß unter verschiedenen Ausgangsbedingungen im Wahlkampf der Wettbewerb zwischen den Parteien zwar dominant bleibt, aber auf Zusammenarbeit angelegte Interaktionsorientierungen nicht vollständig abgelegt werden. Hierfür zeichnen verschiedene Gründe verantwortlich: Zum einen erzeugt das Verhältniswahlsystem Verhaltensweisen, die notwendige Kooperationsbeziehungen in Koalitionen antizipieren (vgl. Czada 1997). Zum anderen befördern die Faktoren Wunschpartner und Fortsetzungskoalition die wechselseitige Rücksichtnahme oder auch ansatzweise aufeinander abgestimmte Strategien. Diese beiden Faktoren

---

61 So für ein umfassendes Programm des sozialen Wohnungsbaus, Erhöhung der Mittel für eine aktive Arbeitsmarktpolitik, vgl. PDS Thüringen: Veränderung beginnt mit Opposition. Landtags-Wahlprogramm 1994.

wiederum können auf andere Erklärungen zurückgeführt werden (z.B. auf durch Zusammenarbeit in Regierung oder in der Opposition positiv verstärkte Erfahrungen, auf die programmatische Nähe). Nicht zuletzt sind es auch persönliche Sympathien zwischen den Spitzenpolitikern von Landesverbänden, die kooperative Orientierungen stabilisieren helfen. Kann das Wählerpotential zudem gemeinsam abgeschöpft werden, müssen Parteien nicht um die gleiche Wählerschaft konkurrieren (vgl. Müller/McGovern 1999). Auch die Struktur des Parteiensystems stärkt Interaktionsmuster, die den Wettbewerb abdämpfen, wenn nicht zwei klar gegeneinander positionierte Blöcke von Parteien um die Regierungsmehrheit miteinander konkurrieren. Ist ein Parteiensystem durch die Existenz von als nicht koalitionsfähig angesehenen Parteien segmentiert, legt dies u.U. weniger kompetitive Strategien gegenüber Mitbewerbern nahe, mit denen eine Zusammenarbeit eigentlich nicht angestrebt war, auf die man aber u.U. angewiesen ist. Wie diese einzelnen Faktoren zusammenwirken, muß für jeden Einzelfall untersucht werden. Das kennzeichnende Nebeneinander von kompetitiven Handlungsmustern und kooperativen Handlungsreserven bildet sich oft innerparteilich in den unterschiedlichen Wunschpartnern der verschiedenen Strömungen und Flügel ab. "Koalitionsfähigkeit" setzt allerdings voraus, daß die Partei- und Fraktionsspitzen innerparteilich den erforderlichen Rückhalt für ihren Kurs herzustellen vermögen.

Die anhand der drei Fälle herausgearbeiteten Erklärungen können untereinander schwerlich gewichtet werden. Vielmehr ist ihre jeweilige Wirkung in jedem der hier untersuchten Fälle unterschiedlich. Zudem wirken sie wechselseitig aufeinander ein. Die für Kooperationsbeziehungen ungünstigste Verteilung dieser Faktoren weist jedoch - in Stadium vor der Regierungsbildung - offenkundig die große Koalition in Thüringen auf. Aber auch die Konstellationen in Sachsen-Anhalt und Rheinland-Pfalz belegen keineswegs, daß dort der Wettbewerb zwischen den Parteien zugunsten einer Kooperationsbeziehung aufgehoben wäre. Wichtig ist vielmehr die Erkenntnis, daß selbst in Wahlkampfzeiten, in denen sich kompetitive Interaktionsmuster stärker ausbilden, auch kooperative Einstellungen fortwirken können, wie umgekehrt auch *in* Koalitionen der Wettbewerb niemals außer Kraft gesetzt ist. Die Ursachen hierfür liegen, wie gezeigt, teilweise in der *institutionellen Ausstattung* des politischen Systems (Verhältniswahlsystem, Struktur des Parteiensystems), sie sind aber auch auf die schwieriger verallgemeinerbaren *akteursspezifische Gründe* (z.B. Sympathie, Autorität des Parteivorsitzenden im Landesverband) zurückzuführen. Auch die Beschaffenheit der mit dem Parteienwettbewerb verbundenen *Handlungsarenen* (z.B. innerparteiliche) hat darauf Einfluß, wie stark kooperative Elemente Wahlkampfsituationen beigemischt sind. Wird die von der Landespartei favorisierte Koalitionsvariante von der Bundespartei unterstützt, so kann sich dies ebenfalls stabilisierend auswirken. Wie die einzelnen Handlungsarenen ineinandergreifen und zusammenwirken, kann ebenfalls nicht verallgemeinert, sondern muß für jeden Einzelfall erneut bestimmt werden.

1.2 Die Koalitionsverhandlungen: Gewinnverteilung und Vertrauensbildung

1.2.1 Ressourcen der Parteien, Ämterverteilung und Ressortzuschnitt

Den frühen Koalitionstheorien zufolge (Gamson 1961; Riker 1962), bestehen im Koalitionsspiel die Ressourcen der Parteien in ihrer Anzahl an Mandaten, die sie in den Wahlen errungen haben. Die Koalitionsparteien setzen diese Ressourcen in Gewinne um, die wiederum an Anzahl und Gewicht der von ihnen geführten Ressorts gemessen werden können. Eine herausgehobene Position im Koalitionsspiel nehmen insbesondere die Parteien ein, die als "dominant player" die Wahl zwischen mehr als einer Koalitionsvariante haben. Solche Parteien können aufgrund ihrer relativen Stärke damit drohen, die Verhandlungen abzubrechen und diese mit einem anderen Partner weiterzuführen. Die Koalitionsanalyse liefert somit zwei wesentliche Indikatoren, die Aufschluß geben können, wie Gewinne verteilt werden können. Weniger einfach überprüfbar sind akteursspezifische Ressourcen, wie das Verhandlungsgeschick der an Koalitionsgesprächen beteiligten Partei- und Fraktionsmitglieder.

Die Wahlergebnisse von 1994 und 1996 schufen in allen drei Ländern neue koalitionspolitische Situationen. In *Sachsen-Anhalt* erbrachte das Wahlergebnis eine Konstellation, in welcher die F.D.P. als angestammter Koalitionspartner der CDU mit dramatischen Verlusten von -9,9% abgewählt worden war. Die CDU hatte mit -4,6% ebenfalls deutliche Einbußen zu verzeichnen, die aber wesentlich geringer ausgefallen waren als nach dem Verlauf der ersten Legislaturperiode befürchtet. Sie stellte damit weiterhin die stärkste Fraktion. Die regierende Koalition mußte somit insgesamt -14,5% Verluste hinnehmen. Relative Gewinner waren die SPD mit 8,0% und die PDS mit 7,9 Prozentpunkten Zuwachs. Der SPD war es aber weder gelungen, eine rot-grüne Mehrheit oder eine Ampelkoalition unter ihrer Führung herzustellen, noch konnte sie in einer großen Koalition auf der Grundlage des Wahlergebnisses für sich das Amt des Regierungschefs reklamieren. Die Grünen waren entgegen günstiger Prognosen nur mit 5,1% knapp wieder in den Landtag eingezogen und verloren 0,2 Prozentpunkte. In Sachsen-Anhalt gab es somit, nimmt man die PDS aus der Koalitionsarithmetik aus, nur eine rechnerische Mehrheitskoalition: aus CDU, die weiterhin knapp ihre Rolle als stärkste Fraktion behaupten konnte, und der ihr dicht folgenden SPD.

Insofern deuteten nach dem Wahlgang vorerst alle Zeichen in Richtung einer großen Koalition. Noch am Wahlabend bekräftigten die beiden Spitzenkandidaten von SPD und CDU, daß das Wählervotum nur eine CDU/SPD-Koalition zulasse. Höppner schloß die Bildung einer von der PDS tolerierten Minderheitsregierung nochmals nachdrücklich aus[62]. In Sachsen-Anhalt trennten die beiden großen Parteien lediglich rund 4000 Stimmen voneinander: ein Kräfteverhältnis, das, wie bereits die Hinweise Höppners, auf mögliche konfliktreiche Verhandlungen hindeutete, zumal die CDU nach ungeschriebenen parlamentarischen Spielregeln als stärkste Fraktion zwar den Regierungschef gestellt hätte, aber als Wahlverlierer galt, die SPD sich hingegen als subjektiver Wahlgewinner

62 Für den Ablauf des Wahlabends wurden die Meldungen der Presseagenturen AP, Reuter, ddp und dpa ausgewertet.

in die Rolle des Juniorpartners hätte fügen müssen. In einer großen Koalition hätte die SPD über 49% der Mandate als Ressourcen verfügt. Keine der beiden Parteien befand sich am Wahlabend in der Ausgangssituation eines "dominant player", da die F.D.P. nicht mehr als Partner zur Verfügung stand und die SPD zusammen mit B'90/Die Grünen nur 41 Mandate (41,4%) erzielt hatte[63]. Für die absolute Mehrheit hätten 50 Mandate erreicht werden müssen. Als die SPD tags darauf die Option einer Minderheitsregierung in das "Koalitionsspiel" einbrachte, manövrierte sie sich strategisch in die Position eines dominanten Spielers und erweiterte damit die nach den Wahlen eingeschränkten Alternativen der Regierungsbildung durch eine in der Bundesrepublik ungewöhnliche und heftig umstrittene Koalitionsvariante. Sie stellte damit im "linken" Parteienlager erstmals eine gewisse Kooperationsfähigkeit her. Allerdings war es der SPD nach dieser Entscheidung ohne Glaubwürdigkeitsverlust kaum mehr möglich, parallele Koalitionsverhandlungen zu führen. Der Mandatsanteil der SPD am gesamten Koalitionsgewinn von 41 Mandaten betrug 36 : 5, das entspricht 87,8%. Die Grünen erreichten mit 12,3% einen geringeren Anteil als die ebenfalls den kleinen Partner stellende F.D.P. in Rheinland-Pfalz; anders als die F.D.P. dort waren sie nicht in der Lage, als "Scharnier" Mehrheiten nach zwei Seiten hin herzustellen.

In *Rheinland-Pfalz* blieb es nach den 1996er Wahlen zwar bei der SPD/F.D.P.-Koalition, und auch die SPD konnte trotz hoher Verluste von 5% ihre Stellung als größte im Parlament vertretene Partei behaupten. Die Verluste kennzeichneten nach der gegen die CDU gerichtete Denkzettelwahl von 1991, die unter besonderen landespolitischen Vorzeichen stattgefunden hatte, eine gewisse Normalisierung der Wählerlandschaft (Mertes RhP-FV-SPD). Die F.D.P. gewann hingegen 2% hinzu. Sie war nunmehr in der Lage, sowohl mit der CDU als auch mit der SPD eine rechnerische Mehrheit herzustellen. Eine rot-grüne Verbindung hingegen hätte nicht über eine Mehrheit an Mandaten verfügt. Aufgrund ihres Wahlerfolges und ihrer Stellung als "dominant player" in den folgenden koalitionspolitischen Verhandlungen konnte die F.D.P. damit rechnen, deutlich über das zwischen ihr und der SPD bestehende neue Mandatsverhältnis (43: 10; das entspricht 18,9% des Koalitionsgewinns) hinaus Gewinne zu erzielen. Ihr kam in den Verhandlungen schon rein rechnerisch die entscheidende Veto-Position zu. Das Beispiel der F.D.P. zeigt, daß in Koalitionsverhandlungen nicht immer die tatsächliche, sondern die *perzipierte Stärke* einer Partei deren Stellung während der Koalitionsbildung und nachfolgender Verhandlungssituationen definiert. Denn faktisch war die Stärke der F.D.P. durch zwei Faktoren eingeschränkt: Zum einen hätte ein neuerlicher Koalitionswechsel hin zur CDU der F.D.P. erneut das Image der "Umfallerpartei" verliehen und nach der eindeutigen Koalitionsaussage zugunsten der SPD einen Glaubwürdigkeitsverlust in den eigenen Wählerreihen verursacht. Zum anderen hätte die Partei den Wechsel von der stärksten zur zweitstärksten Partei nur schwer begründen können (Weiland RhP-MdL-CDU). So war es letztlich der direkte Vergleich zwischen den eingebrachten Ressourcen

---

63 Minderheitsregierungen wurden in der Koalitionsanalyse anfänglich als verfehlte Mehrheitsregierungen dargestellt. Empirische Untersuchungen zeigen jedoch, daß etwa ein Drittel aller Regierungen Minderheitsregierungen sind. Wenn eine Regierung mehr als 40% der Mandate halte, könne sie mit der Unterstützung anderer Parteien rechnen (Herman/Pope 1973).

der zur Auswahl stehenden Koalitionspartner, aufgrund dessen die F.D.P. einen größeren Gewinnanteil begründen konnte.

In *Thüringen* befanden sich nach den 1994er Wahlen weder die SPD noch die CDU in einer vergleichbar günstigen Situation, da die PDS als Koalitionspartner nicht zur Verfügung stand und sowohl die Bündnisgrünen als auch die F.D.P., letztere mit erheblichen Stimmeinbrüchen, nicht mehr im Landtag vertreten waren. Hier betrug das Mandatsverhältnis zwischen den Parteien 42: 29 Mandate. Die SPD errang damit 40,8% des gemeinsam von CDU und SPD erzielten Anteils von 71 Mandaten. Die regierende Koalition verlor insgesamt 8,9 Prozentpunkte (die CDU davon aber nur 2,8%), während SPD und PDS mit jeweils 6,9% deutlich zulegen konnten. In Thüringen waren aufgrund des segmentierten Parteiensystems CDU und SPD als Koalitionspartner in besonderer Weise aufeinander angewiesen: Keine der beiden Parteien hätte mit einem Austritt aus dem Bündnis drohen können, ohne dabei die PDS als potentiellen Kooperationspartner aufzuwerten. Damit hat in keinem der drei hier untersuchten Fälle eine der künftigen Koalitionsparteien bilaterale Verhandlungen mit zwei potentiellen Partnern geführt, um diese gegeneinander auszuspielen und damit die eigene Verhandlungsposition zu stärken - eine Strategie, die aus anderen Koalitionsbildungen durchaus vertraut ist[64]. Die Koalitionspartner waren in allen hier untersuchten Fällen bereits auf die Kooperation mit dem späteren Bündnispartner festgelegt.

Welche Ressourcen die Parteien in Koalitionsverhandlungen einbringen, entscheidet mit darüber, wie die Gewinnmasse an Ämtern verteilt wird. Ein bedeutsames Kriterium stellt in den Verhandlungen die Verteilungsgerechtigkeit dar. Koalitionsparteien haben mitunter unterschiedliche Vorstellungen davon, wie der Gewinn "gerecht" aufzuteilen sei und wie ein fairer Umgang miteinander auszusehen habe. In Koalitionsverhandlungen wird deshalb manchmal über konkurrierende Verteilungsnormen gestritten, weshalb auch das Verhandlungsgeschick der Akteure die letztgültige Gewinnverteilung mit beeinflußt (vgl. auch: Hogwood 1999). Dieses muß in Koalitionsanalysen mit Blick auf das spezifische Verhalten der Akteure erklärt werden. In sog. "Anrechtsspielen" (vgl. Zintl 1992: 110 ff.) geht es darum, Ansprüche gegenüber dem Partner zu begründen und dessen Ansprüche als gerechtfertigt oder ungerechtfertigt zu deklarieren. Die Akteure verfolgen dabei das Ziel, hinsichtlich der anzuwendenden Verteilungsmaßstäbe eine möglichst vorteilhafte Stellung zu erreichen. Werden solche Verteilungsgrundsätze aus der Sicht wichtiger Koalitionsakteure schon zu Beginn der gemeinsamen Zusammenarbeit verletzt, so hat dies mit großer Wahrscheinlichkeit Auswirkungen auf die Handlungsorientierungen, mit denen sich die Partner im Laufe der Legislaturperiode gegenübertreten werden. Wer mit dem Ausgang eines Verteilungsverfahrens unzufrieden ist, wird Verfahrenskritik z.B. an mangelnder Fairneß üben, egal, ob die Verhandlungen korrekt verliefen oder nicht (vgl. Döbert 1996: 172). Ein von den Partnern professionell geführtes und an dauerhaftem Erfolg interessiertes Verhandlungsmanagement wird also darauf achten, daß keine der beteiligten Seiten zu sehr in die Enge getrieben wird.

---

64 Zwei von zahlreichen Beispielen hierfür sind die Koalitionsverhandlungen in Hamburg 1993, wo die SPD unter Henning Voscherau Koalitionsverhandlungen mit den Grünen scheitern ließ, um dann mit der Statt-Partei ein Regierungsbündnis zu bilden; auch in Rheinland-Pfalz nahm die siegreiche SPD 1991 Fühlung mit den Grünen und der F.D.P. auf, um sich dann für ein Bündnis mit den Liberalen zu entscheiden.

Tabelle 6:
Wahlergebnisse sowie Gewinne und Verluste der Parteien im Überblick

Thüringen 16.10.1994				**Sachsen-Anhalt 26.6.1994**				**Rheinland-Pfalz 24.3.1996**			
Wahlergebnis/ Gewinne/Verluste			Mandate	Wahlergebnis Gewinne/Verluste			Mandate	Wahlergebnis Gewinne/Verluste			Mandate
CDU	42,6%	- 2,8	42	CDU	34,4%	- 4,6	37	CDU	38,7%	+ 0,0	41
SPD	29,6%	+ 6,9	29	SPD	34,0%	+ 8,0	36	SPD	39,8%	- 5,0	43
PDS	16,6%	+ 6,9	17	PDS	19,9%	+ 7,9	21	PDS	--	--	--
Grü	4,5%	- 2,7	--	Grü	5,1%	- 0,2	5	Grü	6,9%	+ 0,4	7
FDP	3,2%	- 6,1	--	FDP	3,6%	- 9,9	--	FDP	8,9%	+ 2,0	10

Die Koalitionsparteien legen Schwerpunkte ihrer künftigen Zusammenarbeit fest, indem sie den Ministerien bestimmte "Geschäftsbereiche" zuweisen (vgl. Austen-Smith/Banks 1990; Laver/Shepsle 1990b). Wie diese "portfolios" an die Ministerien verteilt werden, und welche Ressorts ein Koalitionspartner erhält, ist somit ein Indikator dafür, wie die realen Machtverhältnisse zu Beginn der Legislaturperiode zwischen den Koalitionspartnern, aber auch innerparteilich ausgestaltet sind. Solche Überlegungen beziehen auch die Möglichkeit ein, daß Gewinne über Ressortzuschnitte eingelöst werden. Kooperationsgewinne, die in Form von Ministerien und Regierungsämtern ausgezahlt werden, können den Koalitionsparteien, wie erwähnt, grundsätzlich nach verschiedenartigen Aufteilungsnormen zugewiesen werden. Bekannt sind die Verteilung nach Bedürfnis, die Gleichverteilung sowie die Verteilung des Kooperationsgewinns nach Beitrag (vgl. Zintl 1992: 111). Gleichverteilungsnormen scheiden immer dann aus, wenn die Parteien sehr unterschiedlich gewichtige Ressourcen einbringen können und deshalb die Anwendung dieser Norm als ungerecht erachtet würde. Da die einzubringenden Ressourcen überdies aus Wahlen, d.h. eben vorrangig aus Konkurrenzsituationen hervorgehen, scheint es eher unwahrscheinlich, daß einer der Partner freiwillig auf den ihm "zustehenden" Gewinnanteil zugunsten einer Gleichverteilung verzichtet. Diese Annahme wird im folgenden sowohl für die Phase der Koalitionsverhandlungen als auch für Koalitionsentscheidungen während der Legislaturperiode zu prüfen sein. Die gleichsam "natürliche", weil der Situation der Koalitionsbildung angemessene Norm ist vielmehr der Versuch, Ämter und Einfluß nach eingebrachten Ressourcen aufzuteilen. Dies schließt nicht aus, daß bestimmte Bedürfnisse von Parteien, die sich beispielsweise aus der programmatischen Ausrichtung oder einem bestimmten Profilierungsbestreben ergeben, nicht gleichzeitig berücksichtigt werden können. Die Koalitionsparteien setzen Bargaining-Strategien ein, mit denen die Partner versuchen, ihre durch Mandatszahl und Koalitionsalternativen begründete Ausgangsposition zu verbessern.

Tabelle 7: Ressortverteilung zwischen den Parteien (Zeitpunkt der Regierungsbildung)

Sachsen-Anhalt		Thüringen		Rheinland-Pfalz	
Partei	**erhaltene Ressorts**	Partei	**erhaltene Ressorts**	Partei	**erhaltene Ressorts**
SPD (8)	Inneres (Manfred Püchel) Finanzen (Wolfgang Schäfer) Kultus (Karl-Heinz Reck) Wohnungswesen /Städtebau/ Verkehr (Jürgen Heyer) Justiz (Karin Schubert) Wirtschaft/ Technologie (Jürgen Gramke, Klaus Schucht) Arbeit/Soziales/ Gesundheit (Gerlinde Kuppe) Ernährung/Land-wirtschaft/Forsten (Helmut Rehhahn) *Regierungschef: Reinhard Höppner*	CDU (5)	Finanzen (Andreas Traut-vetter) Wirtschaft/Infra-struktur (Franz Schuster) Kultus (Dieter Althaus) Landwirtschaft/ Umwelt (Volker Sklenar) Bundesangele-genheiten (Christine Lieber-knecht) *Regierungschef: Bernhard Vogel*	SPD (6)	Finanzen (Gernot Mittler) Inneres/Sport (Walter Zuber) Umwelt/Forsten (Klaudia Martini) Arbeit/Soziales /Gesundheit (Florian Gerster) Kultur/Frauen (Rose Götte) Kultus (Jürgen Zöllner) *Regierungschef: Kurt Beck*
Grü (1)	Umwelt/Raum-ordnung (Heidrun Heidecke) (seit 1996 zusam-mengeführt mit Landwirtschaft)	SPD (4)	Inneres (Richard Dewes) Justiz/Europa (Otto Kretschmer) Soziales/ Gesund-heit (Irene Ellenberger) Wissenschaft/ Forschung/ Kultur (Gerd Schuchardt)	FDP (2)	Wirtschaft/ Ver-kehr/ Landwirt-schaft/Weinbau (Rainer Brüderle) Justiz (Peter Caesar)

In *Rheinland-Pfalz*, wo SPD und F.D.P. bereits eine gemeinsame Legislaturperiode hinter sich gebracht hatten (Fortsetzungskoalition), war es Aufgabe der Partner, auf der Grundlage des Wahlergebnisses und der sich daraus im Vergleich zur vorangegangenen Legislaturperiode ergebenden Verschiebungen Korrekturen an der Gewinnverteilung vorzunehmen. An der Struktur des Kabinetts wurde nur so viel verändert wie eben nötig. Die F.D.P., die, gemessen an der Mandatszahl, 18,9% des Koalitionsgewinns erzielt hatte, erhielt mit 25% (2 von 8, darunter das als "Superministerium" geschnittene Wirtschaftsministerium) der Ressorts einen überproportionalen Gewinn: eine Vorzugsbehandlung, die nahezu alle kleineren Koalitionsparteien auszeichnet, deren Stellung in einer Vetoposition begründet liegt. Zwar konnte die F.D.P. damit kein Ministerium mehr für sich verbuchen als in der Legislaturperiode zuvor. Ihren Gewinn erweiterte sie jedoch dadurch, daß sie dem Koalitionsabkommen eine deutlich liberale Handschrift verlieh. Dieses Zugeständnis mußte die SPD mittragen (Mertes RhP-FV-SPD; Thomas RhP-FV-Grü). Neuere Ansätze der Koalitionstheorie, die davon ausgehen, daß den Ressorts eine umfassende Autonomie zukommt und die Parteien deshalb innerhalb der von ihnen errungenen ministeriellen Zuständigkeiten große Gestaltungsfreiheit besitzen, berücksichtigen solche Gewinne nicht oder allenfalls ansatzweise (Austen-Smith/Banks 1990: 891 f.; Laver/Shepsle 1996: 57 f.). Wie diese tatsächlich verteilt werden, kann somit kaum quantifizierend angegeben werden. Keineswegs kann die *Anzahl* der von den Parteien errungenen Ressorts hinreichend Aufschluß geben, denn auch die Ministerien müssen unterschiedlich nach ihrer für die Partei jeweils realen politischen Bedeutung und nach ihrem Zuschnitt gewichtet werden. Solche Versuche erweisen sich jedoch insbesondere für vergleichende Studien als problematisch (vgl. hierzu Laver/Hunt 1992), denn nicht jedes Ministerium ist für das Profil einer Partei gleich bedeutend[65]. Auch existieren Unterschiede zwischen unterschiedlichen Regierungssystemen.

Daneben erhielt Wirtschaftsminister Rainer Brüderle, dessen Ressortzuständigkeiten in anderen Bundesländern auf zwei (oder gar drei) Ministerien verteilt wären, weitere Zuständigkeiten, so z.B. für die "Zukunftsinitiative Rheinland-Pfalz" (Zirp), einer Erfindung Rudolf Scharpings, über die Unternehmen und SPD miteinander vernetzt wurden. Der Ressortzuschnitt seines Hauses wurde somit ein weiteres Mal erweitert. Diese Aktivitäten der SPD waren dem liberalen Wirtschaftsminister schon lange ein Dorn im Auge, weil sie die Profilierung der F.D.P. als Wirtschaftspartei durchkreuzten. Wie auch in sechs von neun anderen Bundesländern, in denen die F.D.P. seit 1990 an der Regierung beteiligt war, vermochte sie das Wirtschaftsministerium zu besetzen und damit ihre Kompetenz als "Wirtschaftspartei" zu unterstreichen. Das Ministerium bietet nicht zuletzt Gestaltungskompetenzen und damit Profilierungsmöglichkeiten auf dem Feld der regionalen Wirtschaftsförderung. Das Justizministerium, seinerzeit besetzt mit dem gemäßigt sozialliberalen Peter Caesar, vermochte wiederum das bürgerrechtsliberale Verständnis der Landespartei abzudecken. Generell gilt die Regel, daß sich der jeweils größere Koalitionspartner zumeist das Finanzressort sichert, da er mit dem Instrument der vorläufigen Ausgabenfestlegung über ein (eingeschränkt) wirksames Mittel verfügt, um die Aktivitäten der anderen Ressorts, eben auch der des kleineren Koalitionspartners, zu

65 So führten beispielsweise die Grünen in allen Bundesländern, in denen sie an der Regierung beteiligt waren (und seit 1998 auch auf Bundesebene), das Umweltministerium. Einzige Ausnahme war Niedersachsen, wo Gerhard Schröder die Umweltaktivistin Monika Griefahn im Einverständnis mit den Grünen als Umweltministerin berief. Die SPD wiederum führt in aller Regel die Ministerien für Arbeit und Soziales.

kontrollieren[66]. Ebenso verhält es sich mit den Zuständigkeitsbereichen, die den Ländern noch in eigener Kompetenz verblieben sind: In aller Regel beanspruchen die größeren Koalitionspartner das Innen- sowie das Kultusministerium. In der SPD wurde es überdies als vorteilhaft angesehen, daß auch die F.D.P. mit dem Justizministerium über ein personalintensives Ressort verfügte, so daß auch beim kleinen Koalitionspartner in Haushaltsverhandlungen konsumtive Ausgaben anfielen.

Im Vorfeld der Wahlen in *Sachsen-Anhalt* hatten B'90/Die Grünen ein Schlüsselressort für sich gefordert, weil Umfragen den Grünen ursprünglich ein besseres Wahlergebnis prognostiziert hatten. Dafür wären eigentlich nur Finanzen, Innneres oder Arbeit und Soziales in Frage gekommen. Der spätere Ministerpräsident der SPD, Reinhard Höppner, spielte ursprünglich mit dem Gedanken, den Grünen das Finanzministerium anzubieten. In Gesprächen mit der Bundespartei sei ihm dann aber wohl bedeutet worden, daß dies gegen die ungeschriebenen Konventionen des Koalitionsgeschäfts verstoße (Tschiche SnA-FV-Grü). Erklärt wurde dieses unübliche Ansinnen von den Akteuren selbst damit, daß man in den neuen Ländern mit den Regeln des parlamentarischen Betriebs noch nicht hinreichend vertraut gewesen sei. Die Grünen wiederum lehnten das Innen- und das Justizministerium ab, weil sie Interessenkonflikte mit ihrer eigenen Klientel befürchteten und man "natürlich einen ostdeutschen Minister (wollte) und keinen westdeutschen" (Tschiche SnA-FV-Grü). Für das Justizministerium konnte noch kein qualifizierter ostdeutscher Bewerber gefunden werden. So blieb für die Grünen schließlich das um Raumordnung erweiterte Umweltministerium sowie eine Frauenstaatssekretärin in der Staatskanzlei, die an Kabinettsitzungen teilnehmen durfte, im Gegensatz zu den anderen Kabinettsmitgliedern aber ohne Stimmrecht war. Diese Einschränkung habe, so Tschiche, nochmals zu einer kleinen Krise in den Koalitionsverhandlungen geführt. Die Grünen bestanden ursprünglich auf einer Frauenministerin. Doch auch die SPD erhob Anspruch auf ein von ihr geführtes Ministerium für Arbeit, Soziales und Frauen (MZ, 12.7.1994). Der Konflikt konnte nur dadurch gelöst werden, daß die Zuständigkeit für Frauen aus dem SPD-geführten Ministerium herausgelöst wurde. Parteilose Kandidaten konnten nicht in dem Umfang wie ursprünglich geplant in das Kabinett berufen werden. Wirtschaftsminister Jürgen Gramke trat schließlich zurück, weil er u.a. die Tolerierung der Regierung durch die PDS nicht mittragen wollte.

Zwar brachten die Bündnisgrünen lediglich 12,3% des gesamten Koalitionsgewinns, gemessen an ihrer Mandatszahl, in das Magdeburger Regierungsbündnis ein. Mit einem von neun Ministerien wären sie damit - rein quantitativ - etwa gleichwertig "entlohnt" worden. Kleine Koalitionspartner werden aber, zumal wenn ihnen als "dominant player" eine Vetoposition im Parteienbündnis zukommt oder wenn sie, wie in Sachsen-Anhalt die Grünen, die strategische Mehrheit (gegenüber der CDU) sichern, zumeist überproportional mit Ämtern ausgestattet. Auch hier wurde somit die Gewinnmasse für die Grünen erweitert. Am Beispiel der Koalitionsbildung in Sachsen-Anhalt läßt sich exemplarisch zeigen, daß die Gewinnsumme der Koalitionspartner keine konstante Größe ist, sondern

66 Nur in zwei der zwischen 1990 und Frühjahr 1999 abgeschlossenen Länderkoalitionen, nämlich in Berlin (1995-1999) und Bremen (1995-1999), ging die Zuständigkeit für Finanzen an den kleineren Partner. In Berlin und Bremen stattet die überaus hohe Verschuldung der Städte das Finanzressort allerdings mit zwiespältiger Attraktivität aus.

bedarfsweise aufgestockt werden kann (Hogwood 1999). Koalitionsverhandlungen sind in der Tat keine Nullsummenspiele, da auf ihrer Grundlage eine Zusammenarbeit nur unter erschwerten Bedingungen entstehen könnte. Die Gewinnsumme kann z.B. durch Staatssekretäre (vgl. Mershon 1996), Beauftragte sowie Benennungsrechte für andere durch Parteien besetzbare Posten aufgestockt werden (z.B. Landesgesellschaften). Um den Bündnisgrünen eine erweitere Mitsprache einzuräumen, vereinbarten SPD und Grüne ein gemeinsames Vorschlagsrecht für die Besetzung des Ministeriums für Ernährung, Landwirtschaft und Forsten sowie für das Ministerium für Städtebau, Wohnungswesen und Verkehr (Koalitionsvereinbarung Sachsen-Anhalt 1994: 89). Neben der Frauenleitstelle in der Staatskanzlei verhandelten die Bündnisgrünen zusätzlich noch das Besetzungsrecht für eine Staatssekretärsstelle im Justizministerium heraus. Im Laufe der Legislaturperiode (Juni 1996) wurden dem "grün" geführten Umweltministerium gegen den Protest der Bauernverbände zusätzlich die Kompetenzen des aufgelösten Landwirtschaftsministeriums übereignet und damit der "Gewinn" der Bündnisgrünen durch Änderung des Ressortzuschnitts nochmals erweitert. Ökologische Zielsetzungen waren überdies für alle Politikfelder in den Koalitionsvertrag aufgenommen worden.

In Rheinland-Pfalz wurden mithin Forderungen, die auf nach der Wahl veränderten Machtpositionen der Parteien beruhten, weniger durch die Ressortanzahl als vielmehr durch den Ressortzuschnitt und die Verankerung von liberalen Leitzielen auch in den SPD-Ressorts eingelöst. In Sachsen-Anhalt konnten Forderungen der Grünen durch Staatssekretärsposten und Ressortzuschnitte, durch gemeinsame Benennungsrechte sowie durch die Festschreibung ökologischer Positionen eingelöst werden, für die freilich auch die SPD offen war. Am Beispiel der Thüringer großen Koalition wiederum läßt sich zeigen, daß Verteilungsnormen umstritten sein können.

In *Thüringen* rangen SPD und CDU nach den 1996er Wahlen darum, welche Aufteilungsnorm zwischen den Parteien anzuwenden sei. Die SPD stellte sich als gleichberechtigter Partner dar, dem die Hälfte aller Ressorts zustehen müsse (HB, 10.11.1994). Da die F.D.P. in der vorangegangenen Legislaturperiode mit 9,3% der Stimmen bereits drei von zehn Ministerien erhalten hatte[67], mußten nach Ansicht der SPD-Verhandlungsspitzen die eigenen Anteile gegenüber der CDU erheblich größer ausfallen - nicht nur quantitativ, gemessen an der Anzahl der Ministerien, sondern auch qualitativ, hinsichtlich der Bedeutung der Ressorts. Während die SPD also vorerst die Gleichverteilungsnorm verfocht, verwies die CDU darauf, daß der Wählerstimmenabstand zwischen den Parteien sich auch in der Ressortverteilung niederschlagen müsse, hatte die SPD doch nur 40,8% der gemeinsam von beiden Parteien errungenen Mandate erzielt. Diesem Wählerstimmenabstand war nach Ansicht der SPD wiederum schon dadurch Rechnung getragen, daß die CDU mit Berhard Vogel den mit Richtlinienkompetenz ausgestatteten Ministerprä-

67 Die F.D.P. hatte 9,3% der Stimmen erzielt, die CDU hingegen 45,4%. Die F.D.P. brachte damit 16,9% des gesamten Koalitionsgewinns, gemessen an der Anzahl der von beiden Parteien eingebrachten Mandaten (CDU 44, F.D.P. 9), ein. Die F.D.P. war - rein quantitativ - mit 30% der Ressorts damit deutlich überproportional entlohnt worden. Neben dem Wirtschaftsministerium hatte sie die Zuständigkeiten für Kultur/Wissenschaft sowie für Umwelt erhalten. Damit verfügte sie nicht nur über zwei landespolitisch bedeutsame Ressorts, sondern mit den Zuständigkeiten für Wirtschaft und Wissenschaft auch über Ministerien, die ihren Profilierungswünschen entsprechen.

sidenten stellte. Da von Beginn an feststand, daß es nicht mehr Minsterien geben dürfe, die Anzahl besser noch reduziert werden sollte, stellte die Frage, wie die Ressorts zugeschnitten sein sollten, einen der wesentlichen Verhandlungspunkte dar.

Schon im Vorfeld der Koalitionsabsprachen wurden in beiden Parteien Personalia gehandelt. Regierungsbildungen sind immer auch Plattformen für persönliche Karrieren. Darüber hinaus müssen innerhalb der Parteien oft auch Proporzzwänge unterschiedlicher Art austariert werden. Der Personalpoker in beiden Parteien bestätigte, daß sich die Vergabepraxis in parlamentarischen Regierungssystemem nicht nur auf Regierungsämter erstreckt, sondern auch repräsentative bzw. hoch dotierte Parlamentsposten in das Kalkül einbezogen werden. In der letzten Verhandlungsphase zwischen beiden Parteien galt es somit, die kleinste gemeinsame Schnittmenge an Personal und Posten zu suchen, um auf dieser Grundlage weiterverhandeln zu können. In der CDU galten drei Personen als "gefährdet": Der bisherige Finanzminister Zeh hatte die Regierung in der Vergangenheit wiederholt durch Doppelzählungen und andere Fehler in Verlegenheit gebracht. Landtagspräsident Gottfried Müller zog, obschon auf Platz 3 der Landesliste plaziert, nicht wieder in den Landtag ein, da alle CDU-Abgeordneten ein Direktmandat erreicht hatten. Diese Funktion stand somit als Dispositionsmasse bereit. Der bisherige Sozialminister der CDU, Pietzsch, mußte schließlich der Personalrochade zum Opfer fallen, weil Irene Ellenberger (SPD), eine Vertraute des Spitzenkandidaten Gerd Schuchardt, für das Sozialministerium vorgesehen war. Pietzsch konnte auf den Posten des Landtagspräsidenten wechseln. Er galt zwar vielen als idealer Nachfolger für Jörg Schwäblein, den Fraktionsvorsitzenden der CDU, der in der Vergangenheit immer wieder im Zentrum parteiinterner Kritik gestanden hatte. In einer großen Koalition, so das Kalkül, würde der Posten des Fraktionsvorsitzenden schließlich an Gewicht gewinnen, da sich die Fraktionen immer auch als "Bereichsopposition", d.h. als Kontrollinstanz für die vom anderen Koalitionspartner geführten Ressorts, verstehen. Schwäblein war zu diesem Zeitpunkt aber nicht bereit zu weichen (TLZ, 20.10.1994; MA, 20.10.1994). Ministerpräsident Vogel seinerseits präferierte Kultusminister Althaus für den Fraktionsvorsitz; Schwäblein sollte dafür die Funktion des Parlamentarischen Geschäftsführers einnehmen. Der Leiter der Staatskanzlei Krapp hätte dann das Kultusministerium übernehmen und der als Finanzminister innerparteilich umstrittene Zeh in die Staatskanzlei wechseln können. Vogels Plan scheiterte jedoch an der Weigerung Althaus', die Leitung des Kultusministeriums aufzugeben. Allein schon im CDU-Flügel des Koalitionsgebäudes mußten mithin sich überschneidende, teils persönlich, teils strömungspolitisch, teils gouvernemental motivierte Besetzungswünsche zur Deckung gebracht werden.

In großen Koalitionen werden Schlüsselministerien auf beide Partner verteilt. Gegen diese ungeschriebenen, auf den realen Machtverhältnissen aufbauenden Regeln verstoßen Koalitionen nur selten. So übernahm in Thüringen der Sozialdemokrat Richard Dewes das Innenressort. Allerdings wurde seitens der CDU betont, daß die dem Innenminister im Rahmen der staatlichen Auftragsverwaltung unterstehenden Landräte fast ausschließlich der CDU angehörten und dieser Koalitionsgewinn der SPD deshalb geringer ausfalle[68].

Innerparteilicher Widerstand formierte sich in der CDU, weil die SPD schon im Wahlkampf das Innenressort für den Saarländer Richard Dewes gefordert hatte. Der ehemalige, innerparteilich umstrittene Innenminister der CDU, Willibald Böck, der aufgrund der "Raststätten-Affäre" seinen Posten während der vorangegangenen Legislaturperiode hatte räumen müssen, betonte, daß das Innenministerium weiterhin der CDU zustehen müsse, da diese im Land eben die weitaus meisten Landräte und auch viele Oberbürgermeister stelle. Diese hätten sich in dieser Angelegenheit bereits schriftlich an Ministerpräsident Vogel gewandt. Für die SPD wiederum wurde diese Frage zu einer Prestigeangelegenheit, da Schuchardt im Wahlkampf für Dewes das Innenministerium reklamiert hatte und ein Zurückweichen in dieser Sache innerparteilich schwer vermittelbar gewesen wäre. Schließlich einigte man sich darauf, daß einzelne Zuständigkeiten aus dem Innenministerium herausgelöst (z.B. Bauen, oder die Zuständigkeit für die Landesentwicklungsgesellschaft) und dem Wirtschaftsministerium zugeschlagen wurden (*Ressortzuschnitt*). Zwar hatte die SPD im Wahlkampf für sich ein "Aufbauministerium" reklamiert, für das der spätere Fraktionsvorsitzende, Frieder Lippmann, gehandelt worden war. Indem die genannten Zuständigkeiten sowie außerdem die Landesplanung (bisher bei Umwelt), ferner die Zuständigkeiten für Bergbau und Abfallwirtschaft sowie Verkehr noch an das Wirtschaftsministerium gingen, entstand tatsächlich eine Art "Aufbauministerium" - nun allerdings unter Führung des CDU-Ministers Franz Schuster (MA, 19.11.1994; TA, 19.11.1994).

Das Umweltministerium, für das die mit einem Direktmandat ausgestattete Christine Klaus (SPD) vorgesehen war, wurde aufgelöst, seine Zuständigkeiten wurden weitgehend dem Landwirtschaftsministerium (Volker Sklenar, CDU) zugeschlagen. Christine Klaus und Frieder Lippmann hatten nach den Koalitionsverhandlungen keine Chancen mehr auf ein Ministerium. Klaus mobilisierte anders als Lippmann, der das Ergebnis akzeptierte, auf einem Blitzparteitag Delegierte gegen die Zusammenlegung von Umwelt- und Landwirtschaftsressort, unterlag aber. Bei den anschließenden Wahlen zum Fraktionsvorsitz, für den beide kandidierten, entstand im ersten Wahlgang eine Patt-Situation. Lippmann wurde schließlich im zweiten Wahlgang mit knapper Mehrheit von 13 zu 16 Stimmen gewählt. Schuchardt gelang es schließlich, auch Christine Klaus als stellvertretende Fraktionsvorsitzende einzubinden und damit aus dieser Kontroverse vorerst gestärkt hervorzugehen (TA, 5.12.1994; TLZ, 5.12.1994; FW, 5.12.1994). Klaus' Niederlage wurde überdies dadurch teilweise kompensiert, daß sie an den Sitzungen des Koalitionsausschusses teilnahm.

Während der Verhandlungen ließ sich die SPD das von der CDU freiwillig angebotene Finanzministerium letztlich aus der Hand nehmen, damit auch die Einflußnahme auf die

68 In 18 von 25 Fällen (einschließlich der Thüringer Koalition) erhielten die größeren Partner das Innenressort. Ausnahmen sind die Ampelkoalition in Bremen (1991-1995) und die große Koalition in Baden-Württemberg (1992-1996), wo die F.D.P. bzw. die SPD das Innenministerium besetzten. In der großen Koalition Bremens haben CDU und SPD wiederum die gleiche Mandatszahl, so daß die wichtigen Ressorts eher nach Gleichverteilungsnormen zwischen den beiden Parteien aufgeteilt wurden. In drei Ländern erhielt der kleinere Partner das Kultusministerium.

anderen Ressorts. Die CDU verfügte schließlich mit dem Wirtschafts-, dem Finanz- und dem Kultusministerium über drei landespolitisch zentrale Ressorts, die SPD über das - wenngleich in seinen Zuständigkeiten verkleinerte - Innenministerium und das Sozialministerium. Das Bundes- und Europaministerium wurde aufgelöst; die Bundesangelegenheiten wechselten zur Staatskanzlei, wo Christine Lieberknecht (CDU) den Rang einer Ministerin bekleidete. Die Zuständigkeiten für Europa sollte hinfort das Justizministerium wahrnehmen (Otto Kretschmer, SPD). Gerd Schuchardt schließlich erhielt als stellvertretender Ministerpräsident das von ihm erstrebte Ressort für Wissenschaft und Forschung. Dem Wählerstimmenabstand zwischen den Parteien war somit durch die Ministerin in der Staatskanzlei sowie durch die Richtlinienkompetenz des Ministerpräsidenten, vor allem aber über neue Ressortzuschnitte Rechnung getragen. Die CDU hatte mehr Zuständigkeiten für landeseigene Gestaltungskompetenzen erhalten; darunter mit dem Wirtschaftsministerium die Bereiche, die für investive Ausgaben zuständig sind.

Auch die Staatskanzlei - und damit die Möglichkeit der öffentlichkeitswirksamen Selbstdarstellung der gemeinsamen Regierungspolitik - lag im Einflußbereich der CDU. Die SPD hatte zwar in den Koalitionsverhandlungen einen stellvertretenden Regierungssprecher durchgesetzt, dabei aber versäumt auszuhandeln, wo dessen Schreibtisch stehen sollte. Er wurde schließlich im Wissenschaftsministerium untergebracht. Dieses Beispiel ist symptomatisch für Defizite im Steuerungswissen, wenn eine Partei ohne jegliche Regierungserfahrung einer bereits "eingeübten" und über einen ministeriellen Unterbau verfügenden Regierungspartei gegenübertritt. Erstere befindet sich in einer vergleichsweise ungünstigeren Verhandlungsposition. Das Innenministerium, vor allem aber das Sozialministerium, beide in der vorangegangenen Legislaturperiode von der CDU geführt, galten zu Beginn der Legislaturperiode als fast durchgängig CDU-besetzt. Die CDU hatte vor den Landtagswahlen noch Hunderte von Landesbediensteten verbeamtet; bei dem außerdem nun anstehenden Stellenabbau boten sich der SPD somit *vorerst* wenig Möglichkeiten, selbst Stellen zu besetzen (TA, 24.5.1995). Irene Ellenberger konnte bei Amtsantritt nicht einmal einen eigenen Pressesprecher mitbringen, so daß ein Mitarbeiter ihres Vorgängers als Redenschreiber einspringen mußte. Im Innenministerium hatte es die CDU zum Bedauern des früheren Innenministers Böck allerdings verpaßt, drei Abteilungsleiterposten zu besetzen (Böck Th-MdL-CDU).

In beiden Parteien waren schließlich Teile der Basis unzufrieden mit den Ergebnissen der Ressortverhandlungen. Während sich die CDU aus der Sicht innerparteilicher Kritiker das wichtige Innenressort hatte aus der Hand nehmen lassen, vermochte die SPD keine Kompetenzen für Wirtschaft und Finanzen an sich zu ziehen (MA, 4.12.1995). Innerparteiliche Willensbildung und Koalitionskompromisse konnten folglich schon während der Koalitionsverhandlungen nicht störungsfrei miteinander vereinbart werden. Bei Teilen beider Parteien hinterließ das Verhandlungsergebnis den Eindruck, es seien durch das Wahlergebnis erworbene "Anrechte" verletzt worden oder aber die Verhandlungsspitzen hätten nicht genügend hart verhandelt. Auch verfestigte sich die Meinung, durch Koalitionskompromisse der Verhandlungsspitzen seien Profilierungsmöglichkeiten der jeweils eigenen Partei leichtfertig aus der Hand gegeben worden. In Thüringen wurden somit auch über die Ergebnisse der Koalitionsverhandlungen die Weichen dafür gestellt, daß von der innerparteilichen Handlungsebene aus wettbewerbsverstärkende Einflüsse auf die Koalition einwirkten.

Die Ressortverteilungen zeigen in allen drei Fällen ähnliche Merkmale. Keine der Verhandlungssituationen wies Merkmale eines Nullsummenspiels auf, da unter dessen Bedingungen eine Zusammenarbeit von miteinander konkurrierenden Partnern erschwert würde: Konflikte können in Nullsummenspielen, in denen der Gewinn des einen den Verlust des anderen bedeutet, weniger leicht entschärft werden. In den hier untersuchten Fällen wurden deshalb die Gewinne einzelner Parteien erweitert, indem verschiedenartige Posten in die Verhandlungsmasse einbezogen, gemeinsame Benennungsrechte vereinbart oder aber die Ressortzuschnitte neu definiert wurden. Daneben konnten Einflußnahmen auf die Ressorts des jeweiligen Koalitionspartners gesichert werden, indem politische Inhalte und Zielvorstellungen in Koalitionsvereinbarungen festgeschrieben wurden. Die Ressortverteilungen erfolgten in allen drei Fällen nach dem Maßstab der Verteilungsgerechtigkeit. In den kleinen Koalitionen wurde als Aufteilungsnorm die Verteilung nach Beitrag zugrunde gelegt. Diesen Beitrag definieren die Mandatszahl und die Stellung einer Partei als "dominant player" - also ihre relative Stärke. Beide Merkmale sind als maßgebliche Ressourcen der Parteien anzusehen, welche die Verhandlungsposition einer Partei definieren. Daneben befestigt auch das - akteursspezifisch zu erklärende - Verhandlungsgeschick von Parteieliten die strategische Position einer Partei im Koalitionsspiel (ein Beispiel hierfür ist die Thüringer CDU) - zumal dann, wenn es durch Regierungserfahrung und einen verfügbaren ministeriellen Unterbau abgestützt wird. In der großen Koalition Thüringens, wo Anrechte unter annähernd gleich starken Partnern aufzuteilen waren, rang vor allem der kleinere Partner SPD darum, die Gleichverteilungsnorm anzuwenden. Das Beharren auf einem gleichen Anteil erklärt sich in einer großen Koalition dadurch, daß dieses Bündnis von vornherein an sich nicht auf Fortsetzung angelegt war. In diesem Bündnis wurde denn auch der Parteienwettbewerb in stärkerem Umfang internalisiert als in den beiden kleinen Koalitionen. Beide Parteien konkurrieren zudem um einen ähnlichen Ausschnitt der Wählerschaft. Wenn beide Parteien in der nächstfolgenden Legislaturperiode wieder eine Mehrheit ohne den Partner (eventuell als Alleinregierung oder mit einem kleineren Partner) erreichen wollen, bedeutet eine Schlechterstellung gegenüber dem Koalitionspartner unter Umständen eine diesem gegenüber schlechtere Ausgangsposition.

1.2.2 Ablauf und Verfahren der Koalitionsverhandlungen

In Koalitionsverhandlungen brechen aufgrund der am Wettbewerb ausgerichteten Haltung der beteiligten Parteienvertreter fast notwendig Konflikte auf. Die Partner wissen zwar, *daß* sie kooperieren wollen, sie sind sich aber nicht immer darüber einig, *wie* bestimmte Probleme bewertet werden sollen. Konkurrierende Weltsichten sind nicht zuletzt Ausdruck des demokratischen Parteienwettbewerbs, in dem den Wählern mehr oder weniger alternative Politikangebote unterbreitet werden. In diesem kontroversen Sektor grundsätzlich gegenläufiger Interessen bilden sich Bargaining-Strategien aus, mit deren Hilfe sich die Beteiligten in der Auseinandersetzung um konkurrierende Situationsdeutungen und vorteilhafte Positionen gegenüber dem Partner durchsetzen wollen. In Koalitionsverhandlungen müssen daher gemeinsame Schnittmengen gefunden oder erst geschaffen werden. Die Gewinne und Verluste von Koalitionsakteuren erstrecken sich dabei über verschiedene, ineinander verschachtelte Handlungsarenen. Ein durchwegs nicht-kooperatives Verhalten eines Koalitionspartners ist nur dann möglich, wenn dieser über eine *realistische* Austrittsoption und einen alternativen potentiellen Koalitionspartner verfügt und Verhandlungen nur geführt werden, um einen anderen, wirklich "begehrten" Partner unter Druck zu setzen. Realistische Alternativen sind aber, wie gezeigt (Teil 1, Kap. 4.4), seltener als die zur Beurteilung oftmals herangezogenen rechnerischen Möglichkeiten.

Koalitionsverhandlungen sind das Herzstück der *informalen* Regierungsbildung, obschon ihnen Formalisierungstendenzen innewohnen. In allen drei Ländern wiesen erstere auffallende strukturelle und prozedurale Ähnlichkeiten auf, die auf bereits bekannte Eigenheiten solcher Verhandlungen verweisen: Die Teilnehmerschaft der Verhandlungen ist fest abgegrenzt; es existieren Zeit- und Ablaufpläne, welche die Koalitionsparteien unter Handlungs- und Erfolgsdruck setzen. Die Verhandlungen werden von zentralen Kommissionen und diesen nachgeordneten Arbeitsgruppen geführt, die zueinander in hierarchischen Beziehungen stehen. Auf diese Weise werden die sektoralen Perspektiven und Interessen auf einer übergeordneten Ebene nochmals zusammengebunden. Wie auch auf Bundesebene (vgl. Schüttemeyer 1998: 261 f., 1999), sind es nicht "die Parteien", welche den Koalitionsvertrag aushandeln. Vielmehr zeichnen für die Ergebnisse Akteure verantwortlich, welche zumeist Mehrfachfunktionen in Partei, Fraktion und (künftiger oder schon bestehender) Regierung wahrnehmen. Deshalb können in Koalitionsverhandlungen auch keine scharfen Trennlinien zwischen "Partei" und "Fraktion" gezogen werden. Die Verhandlungsergebnisse wiederum werden schließlich in Form eines Koalitionsvertrags ratifiziert und zumeist von der Parteibasis abgesegnet (vgl. König 1999: 54).

Da es in den Ländern (wie auch im Bund) keinen designierten "Formateur" oder Koordinator der Verhandlungen gibt, zählt das Verfahren zum sog. "Freestyle Bargaining" (vgl. Laver/Schofield 1990: 208). In allen drei hier untersuchten Fällen stand aber aufgrund von Vorgesprächen bereits bei Beginn der Verhandlungen der Kooperationswille der beteiligten Parteien fest. Verhandlungen wurden daher geführt, um distributive Probleme zu lösen, aber auch um Kooperationsgrundlagen für die Dauer der Legislaturperiode zu schaffen. Begrenzbare Konflikte traten, wie zu erwarten war, in *Rheinland-Pfalz* auf. Die F.D.P. hielt sich an ihre Koalitionsaussage und verhandelte ausschließlich mit der SPD. Bereits im Vorfeld der Koalitionsgespräche hatten beide Parteien ihren Willen bekundet, sich gegenseitig nicht zu überfordern und die Verhandlungen diskret zu führen. Die Partner versicherten zu wissen, wie weit man mit dem jeweils anderen gehen könne, ohne dabei an die Substanz des Koalitionspartners zu rühren (AZ, 26.3.1996). Den Verhandlungsspitzen war der Korridor bekannt, dessen Grenzen durch die Positionen der Parteien abgesteckt waren und innerhalb dessen Verhandlungslösungen gefunden werden konnten (Mertes RhP-FV-SPD). Gleichwohl gestalteten sich die Verhandlungen durchaus hart (Kuhn RhP-FV-FDP und Schleimer RhP-Ma-FDP). Die F.D.P. vermochte den Verhandlungskorridor aufgrund ihrer im Vergleich zur vorangegangenen Koalitionsbildung verbesserten strategischen Position zu ihren Gunsten auszudehnen. Daß den Ansprüchen des kleineren Partners Genüge getan werden mußte, war der SPD in den Verhandlungen durchaus bewußt (Mertes RhP-FV-SPD). Anders als in Baden-Württemberg (CDU/F.D.P.) oder vor allem in Schleswig-Holstein (SDP/B'90/Die Grünen)[69], wo sich die Koalitionspartner während der Koalitionsverhandlungen in öffentlich geäußerten Forderungen und Spekulationen ergingen, legten die Parteien in Rheinland-Pfalz größten Wert darauf, ihre Verhandlungen solange unter Ausschluß der *Öffentlichkeit* zu führen, bis das gesamte Verhandlungspaket geschnürt war.

Ob Koalitionsgespräche diskret geführt werden, hat großen Einfluß auf deren Ergebnis: Verhandlungspartner, die ihre Positionen schon vor oder auch während der Gespräche öffentlich darlegen, können nur unter dem Risiko des Gesichtsverlusts und mit dem Stigma des Verlierers von einmal festgelegten Positionen wieder abrücken. Öffentlichkeit bedeutet Selbstbindung: Wer seine Positionen offenlegt, muß sich und seine Glaubwürdigkeit daran messen lassen. Öffentliche oder unter Einbeziehung der Öffentlichkeit geführte Verhandlungen werden deshalb zumeist mit größerer Härte geführt als vertrauliche Gespräche (vgl. Benz 1995; von Prittwitz 1996b: 51). Die beteiligten Akteure sind dann wesentlich stärker geneigt, auf maximale Durchsetzung der eigenen Position bedachte Bargaining-Strategien zu verfolgen.

Von Verbänden erzeugter Druck, der auch innerhalb der Parteien aufgegriffen werden kann, hat weniger Gelegenheit, die Verhandlungspositionen der Parteien zu schärfen, wenn die Verhandlungen unter weitgehendem Ausschluß der Öffentlichkeit geführt werden. Dies bedeutet nicht, daß Parteien in diskret geführten Koalitionsverhandlungen nicht die Interessen von Verbänden und gesellschaftlichen Organisationen, die ihrer Wählerklientel zugeordnet werden können, einbringen. Werden Koalitionsgespräche vertraulich geführt, kann dies gleichwohl dazu beitragen, daß die Anzahl der zu berücksichtigenden Vetopositionen geringer gehalten wird. Mißt man erfolgreiche Politik an der Fähigkeit der mit Veto-Positionen ausgestatteten Akteure, Kompromisse einzugehen, so trägt die Abschottung der Akteure gegenüber der Öffentlichkeit durchaus zu erfolgreichen Beziehungen bei (von Prittwitz 1996: 51; Benz 1998). An diese Spielregeln hielten sich in Rheinland-Pfalz weitgehend beide Parteien (Mertes RhP-FV-SPD); der Presse war zeitweise nicht einmal der Tagungsort der Verhandlungsstäbe bekannt. In beiden Parteien wurde realisiert, daß Akteure in konflikthaften Verhandlungen nur dann ihr Gesicht wahren können, wenn konträre Positionen hinter verschlossenen Türen thematisiert werden (Bauckhage RhP-WiMin-FDP, Mertes RhP-FV-SPD). Der Eindruck einer in sich geschlossenen Regierung konnte somit selbst dann aufrecht erhalten werden, wenn die Koalitionsparteien, wie dies auch in Rheinland-Pfalz der Fall war, in der Sache durchaus harte Verhandlungen führten. Die Wähler, so die Verhandlungsspitzen, goutierten keinen öffentlichen Streit, sondern wollten eine möglichst reibungslose Regierungsarbeit.

Beide Parteien hatten bereits im Vorfeld der Koalitionsgespräche die Wahlprogramme der Gegenseite auf "Knackpunkte", d.h. auf unvereinbare Positionen hin untersucht und dabei auch einige strittige Fragen entdeckt[70]. Die SPD-Spitze sei, berichtete die F.D.P., in

---

69 In diesen beiden Ländern wurde am selben Tag gewählt wie in Rheinland-Pfalz. In Baden-Württemberg wurde die große Koalition durch eine CDU/F.D.P.-Regierung abgelöst; in Schleswig-Holstein ging die zuvor allein regierende SPD eine Koalition mit den Bündnisgrünen ein. Dort war aufgrund des Wahlergebnisses ebenfalls eine rot-gelbe Koalition möglich.

70 Hierzu gehörten beispielsweise das kommunale Privatisierungsgebot oder die Abschaffung der Bezirksregierungen.

die Verhandlungen mit den Programmen der Grünen und der F.D.P. gegangen, beide genauestens auf Vereinbarkeiten mit dem SPD-Programm analysiert und in Synopsen zusammengefaßt. Insgeheim habe sich die SPD bereits mit der Möglichkeit auseinandergesetzt, eine Koalition mit den Grünen eingehen zu müssen. Die SPD sei letztlich "sehr froh" gewesen, die Verhandlungen überhaupt mit der F.D.P. führen zu können, da die SPD-Spitze gegenüber den pragmatischen F.D.P.-Vertretern eine Affinität entwickelt habe, die sie gegenüber den Grünen nicht zeige (*Wunschpartner*; Kuhn RhP-FV-FDP und Schleimer RhP-Ma-FDP). Erleichtert wurden die Verhandlungen weiterhin durch das persönlich gute Verhältnis zwischen Beck und Brüderle (*personaler Faktor*). Der Ministerpräsident und sein Stellvertreter trafen sich bereits vor Beginn der offiziellen Koalitionsverhandlungen zu Gesprächen unter vier Augen, um strittige Fragen vorab zu klären (AZ, 3.4.1996).

Im ersten Sondierungsgespräch wurden allgemeine Richtlinien und Raster für die Koalitionsgespräche festgelegt, die Themen dabei grob umrissen und eine Reihenfolge aufgestellt, nach der verhandelt werden sollte. Die SPD schickte neben dem Ministerpräsidenten Beck den Sozialminister Gerster, ihren Fraktionsvorsitzenden Mertes, den Bezirksvorsitzenden Hirschberger, Landtagspräsident Grimm und Staatssekretär Rüter in die Verhandlungskommission. Die F.D.P. entsandte den stellvertretenden Ministerpräsidenten Brüderle, die stellvertretenden Landesvorsitzenden Eggers und Langensiepen, den Vorsitzenden des Landeshauptausschusses Glahn sowie den künftigen Fraktionsvorsitzenden Bauckhage (AZ, 15.4.1996). Beck und Brüderle fungierten als Kommissionsleiter. In beiden Parteien wurden somit, wie in Koalitionsverhandlungen üblich (vgl. Schüttemeyer 1999), die Fraktion, die Leitungsebene der Regierung und die Parteispitzen in der Kommission personell miteinander verzahnt, um schon während der Regierungsbildung die im Koalitionsalltag bedeutsamen Handlungszentren des parlamentarischen Regierungssystems einzubinden. Nach dem ersten Sondierungsgespräch folgten mehrere Vorbereitungsgespräche von Arbeitsgruppen, in denen die Verhandlungsthemen abgearbeitet wurden. In solchen Arbeitsgruppen können einzelne Verhandlungsthemen auf der Grundlage einer grundsätzlich feststehenden Kooperationsabsicht arbeitsteilig und damit spezialisiert bearbeitet werden (von Prittwitz 1996b: 52). War Koordinierung erforderlich, so wurde diese auf höchster Ebene, zwischen Beck und Brüderle, vorgenommen.

Wie für Koalitionsverhandlungen mehrfach nachgewiesen, stehen zuerst Verhandlungen über Sachkomplexe an; die personellen Fragen sollen zuletzt beraten werden (vgl. Saalfeld 1997: 64 ff.; Dexheimer 1973: 154 f.; Schüttemeyer 1998). Dennoch hat sich immer wieder gezeigt, daß während der Aushandlung politischer Inhalte die Frage, wie einzelne Ressorts personell besetzt werden sollen, nur schwer ausgeblendet werden kann (vgl. Kap. 1.2.3). Die prädestinierten Ressortspitzen legen Wert darauf, daß sie nicht nur in der Koalitionsvereinbarung festgeschriebene Inhalte vollziehen müssen. Designierte oder weiter amtierende Minister sind deshalb oft in die Arbeitsgruppen eingebunden. Sofern eine oder beide künftigen Koalitionspartei bereits der Regierung angehörte (wie in Rheinland-Pfalz), können inhaltliche Vorschläge zudem direkt aus den von ihr geleiteten Ministerien heraus erarbeitet werden (Lamers Th-Stk). Das ministerialbürokratische Kommunikationsnetz, so auch König (1999: 47 f.), bleibt während der Koalitionsbildung erhalten. Eine Schlüsselstellung im Prozeß der informalen Bildung der neuen Regierung nimmt naturgemäß ein bereits amtierender Regierungschef ein. Die Exekutive wird somit durch immer umfassendere Koalitionsvereinbarungen nicht automatisch an die Kette gelegt (Berger 1996). Vielmehr läßt sich am hohen Operationalisierungsgrad von Koalitionsabkommen oft die inhaltliche Mitwirkung von Regierungsapparaten erkennen. Vormalige Oppositionsparteien, die nicht auf Personal und Sachverstand aus den Ministerien zurückgreifen können, lassen sich ersatzweise extern beraten, so etwa von der Ministerialbürokratie parteipolitisch gleich geführter Länder. So machten beispielsweise SPD und Grüne in Sachsen-Anhalt vom Sachverstand der niedersächsischen Landesregierung Gebrauch (Tschiche SnA-FV-Grü).

Anders als während der ersten rot-gelben Koalitionsbildung in Rheinland-Pfalz 1991, gab es 1996 seitens der Bundes-F.D.P. keine Interventionen in die Mainzer Regierungsbildung (vgl. auch: Downs 1998: 196 f.)[71]. Noch während der damals ersten rot-gelben Koalitionsverhandlungen habe der damalige Bundesvorsitzende, Otto Graf Lambsdorf, "...in Mainz angerufen und so gut wie alles getan, um eine sozial-liberale Koalition zu verhindern" (Kuhn RhP-FV-FDP und Schleimer RhP-Ma-FDP)[72]. Im Jahr 1996 sah die Bundespartei aus unterschiedlichen Gründen von Einmischungsversuchen ab: Zum einen war die Situation 1996, als die F.D.P. nur noch in vier Landtagen vertreten war, eine völlig andere als 1991, als die Partei noch in alle Landtage Mandatsträger hatte entsenden können. Da zum anderen Rainer Brüderle 1996 bereits das Amt des stellvertretenden Bundesparteivorsitzenden bekleidete, war die rot-gelbe Koalition gleichsam auch personell im Bundesvorstand verankert. Inzwischen, so Vertreter beider Parteien, werde die rot-gelbe Variante sowohl in der SPD als auch in der F.D.P. als strategische Option gewertet (*Wechselbeziehung Bundespartei - Landespartei*; RhP-FV-FDP Kuhn und RhP-Ma-FDP Schleimer; Mertes RhP-FV-SPD; vgl. generell Downs 1998: 59 f., 203).

Der Mainzer Koalitionsvertrag wurde schließlich auf den Parteitagen beider Parteien ohne Probleme ratifiziert, die Basis damit auf den zwischen den Koalitionspartnern ausgehandelten Kompromiß verpflichtet. Dies ist ein erster Beleg dafür, daß es beiden Landesverbänden gelungen war, Koalitionskompromisse in die Basis hinein zu vermitteln und die *innerparteiliche Willensbildung* mit der Arena des Koalitionshandelns auf die Handlungszwänge interner Koalitionssteuerung abzustimmen.

Sowohl in Rheinland-Pfalz als auch in Thüringen stand die Koalitionsvariante durch eine vorherige Koalitionsaussage (der F.D.P.) bzw. durch die Absage an eine Kooperation mit der PDS nach den Wahlen fest. Auch die Wahlen in *Sachsen-Anhalt* hatten vermeintlich ein eindeutiges Ergebnis erbracht, das nur eine große Koalition zuließ, da die SPD ihre ablehnende Haltung gegenüber dem Tolerierungsabgebot der PDS nicht geändert hatte und Reinhard Höppner (SPD) noch am Wahlsonntag eine von der PDS tolerierte

---

71 In der von Downs durchgeführten Untersuchung bestätigten nahezu alle befragten FDP-Abgeordnete, daß die Koalitionsentscheidung für Regierungsbündnisse in den Ländern in den Landesverbänden, nicht aber auf nationaler Ebene fallen. Allerdings räumte etwa die Hälfte der Befragten der Bundespartei einen "starken Einfluß" ein.

72 Die F.D.P. konnte 1991 nur zwischen dem Gang in die Opposition und einer Beteiligung an einer rot-gelben Regierung wählen. Die SPD hingegen besaß die Möglichkeit, sowohl mit der F.D.P. als auch mit den Grünen zu koalieren. Die SPD kam auf 47 Mandate, die CDU auf 40, F.D.P. und Grüne jeweils auf 7. Der damalige Landesvorsitzende der SPD in Rheinland-Pfalz, Rudolf Scharping, entschied sich nach beidseitigen Verhandlungen jedoch bald für ein rot-gelbes Bündnis. Die Landes-F.D.P. begründete ihre Koalitionsentscheidung schon 1991 damit, daß sie eine rot-grüne Regierung verhindern wolle.

Minderheitsregierung ausschloß. Noch am Wahlabend erklärten die Spitzenkandidaten Höppner (SPD) und Bergner (CDU), daß das Wahlergebnis wohl nur die ungeliebte große Koalition zulassen werde und sich die Koalitionspartner auf harte Verhandlungen einstellen müßten[73]. Das Verhältnis zwischen den beiden Spitzenkandidaten galt allerdings schon zum damaligen Zeitpunkt als nicht besonders innig (*personaler Faktor*). Der damalige SPD-Bundesgeschäftsführer, Günter Verheugen, bestätigte die Marschroute der SPD, derzufolge es keine Regierung geben werde, bei der die PDS irgendeine Rolle spielen werde. Alles andere, schwächte er bereits ab, sei aber "offen" (AP, 20.31 Uhr). Der PDS-Parteivorsitzende Gregor Gysi erneuerte das Tolerierungsangebot der PDS.

Schon am Wahlabend mehrten sich die Anzeichen dafür, daß die SPD-Landtagsfraktion und auch Höppner eine Zusammenarbeit mit der CDU vermeiden wollten. Keiner der beiden Spitzenkandidaten, so wurde gemutmaßt, wolle sich der Führung des anderen im Kabinett unterordnen. SPD-Abgeordnete äußerten sich dezidiert ablehnend gegenüber der CDU[74]. Die "Nationale Front" aus CDU und PDS habe erneut gewonnen, hieß es. Tags darauf forderten die Jusos, eine rot-grüne Minderheitsregierung zu bilden, damit die SPD klare Alternativen zur bislang praktizierten konservativen Politik beziehen könne und die Gefahr meide, in einer großen Koalition zwischen CDU und einer opponierenden PDS an beide Seiten Wähler zu verlieren[75]. Die Stimmung in der Landes-SPD wies nach den Wahlen somit nicht in die Richtung einer großen Koalition; noch in der Wahlnacht kippte die Präferenz zugunsten einer Minderheitsregierung ohne CDU-Beteiligung um. Der Fraktionsvorsitzende von B'90/Die Grünen, Hans-Jochen Tschiche, wurde von dem Kurswechsel der SPD ebenso wie die Öffentlichkeit überrascht:

> "Und das war ja noch in der Nacht nicht klar, was wird, und ich bin davon ausgegangen, also in der Wahlnacht, daß es eine große Koalition gibt, und wir sitzen in der Opposition. Und ich habe schon gedacht,...neben der PDS vier Jahre, das wird ja langweilig...Und in der Nacht haben die sich erst entschieden..., aber die haben dann hier in so einem Raum auch gesessen, und dann haben sie geschrien: "Rot-grün, rot-grün", und als ich hier früh um 11 Uhr kam, da stand schon die Presse vor der Tür und sagt, der Höppner will regieren und ihr sollt mitmachen...Nun blieb uns ja gar nichts anderes übrig in dieser Situation." (Tschiche SnA-FV-Grü).

Noch am 28. Juni sprachen sich die Fraktion und der Landesvorstand der SPD einstimmig für ein Zusammengehen mit den Bündnisgrünen aus (MZ, 29.6.1994). Alle Kreisverbände der SPD befürworteten die von Höppner angestrebte Minderheitsregierung. Die in vier Jahren Opposition angestaute Abneigung gegen die Landes-CDU und die seit langer Zeit antizipierte Zusammenarbeit mit den Grünen ließen ein kooperatives Verhältnis zu den Christdemokraten unmöglich erscheinen. Der Politikwechsel, auf den sich die SPD im Lande bereits eingestellt hatte, sei zudem mit der CDU nicht möglich, hieß es. Daneben wurden persönliche Motive Höppners als Grund für seine Entschlossenheit vermutet. Höppner hatte nach dem Rücktritt der Regierung Münch im Dezember 1993 in einer für

73 Informationen zum Verlauf des Wahlabends am 26.6.1994 wurden den Agenturmeldungen des Tages (Reuter, ddp, dpa und AP) entnommen.

74 Vgl. z.B. Reuter, 26.6.1994, 20.35 Uhr; ddp 26.6.1994, 20.51 Uhr.

75 Presseerklärung des Juso-Landesvorsitzenden Roman Dütsch: "Jusos fordern Minderheitsregierung" vom 27.6.1994.

ihn günstigen Situation darauf verzichtet, gegen Bergner für das Amt des Ministerpräsidenten zu kandidieren. Vor unsicheren Mehrheiten im Landtag schreckte Höppner damals noch zurück (SZ, 21.6.1994; MZ, 29.6.1994). Er wollte eine Selbstauflösung des Landtags durchsetzen, scheiterte aber damit. Ein neuerliches Zögern hätte ihm nun endgültig das Image des Zauderers verleihen können *(personaler Faktor)*.

Nicht zuletzt in ***bundespolitischer Sicht*** wurde eine rot-grüne Minderheitsregierung im Land als Chance interpretiert, mit Blick auf die anstehenden Bundestagswahlen das Signal für einen Regierungswechsel zu setzen (Plöhn 1996: 50 f.). Schon am Vorabend der Wahl sei auf der Grundlage gesicherter Prognosen in der Bonner Parteiführung vereinbart worden, eine große Koalition nicht hinnehmen zu wollen (FAZ, 7.7.1994). Verheugen brachte vorübergehend eine Koalition aus CDU, SPD und B'90/Die Grünen ins Spiel, die von den Grünen jedoch klar abgelehnt wurde, weil sie befürchteten, zwischen zwei an Mandaten starken Partnern aufgerieben zu werden (MZ, 28.6.1996). Das SPD-Präsidium hatte Höppner schon kurz nach den Wahlen nachdrücklich zur Bildung einer rot-grünen Minderheitsregierung ermutigt (SZ, 29.6.1994; MZ, 29.6.1994; SäZ, 29.6.1994). Auch der SPD-Parteirat sprach sich wenig später einstimmig dafür aus, Verhandlungen mit B'90/Die Grünen aufzunehmen (SäZ, 4.7.1994). Der Parteivorstand stützte dieses Vorgehen (FAZ, 5.7.1994). Nur Vertreter des konservativen "Seeheimer Kreises" plädierten für eine große Koalition (SZ, 29.6.1994). Der Bundesvorstand der Grünen wiederum unterstützte eine Minderheitsregierung mit der SPD (MZ, 1.7.1994); die Kreisverbände im Land gaben grünes Licht für kompromißorientierte Gespräche mit der SPD (MZ, 7.7.1994). Höppner betonte, er wolle zwar mit allen Parteien Gespräche führen; eine CDU-geführte Regierung lehnte er jedoch ab. Die CDU solle ihrer staatspolitischen Verantwortung vielmehr dadurch gerecht werden, daß sie eine Minderheitsregierung der SPD toleriere. Ansonsten bleibe ihr nur die Möglichkeit, mit der PDS gegen die SPD stimmen (SäZ, 29.6.1994) - eine Forderung, die für die CDU als der stärksten parlamentarischen Kraft nicht annehmbar war (SZ, 7.7.1994) und in der Partei den Grundstein für stärker kompetitive, teils sogar feindliche Orientierungen gegenüber der SPD legen sollte. Je deutlicher die Entschlossenheit der SPD zutage trat, desto deutlicher zeichnete sich der Wille der CDU ab, eine kompromißlose Opposition gegen die künftige Regierung zu betreiben. Dieser Kurs wurde von der Bundespartei entschieden unterstützt, da auf diese Weise den Wählern verdeutlicht werden konnte, daß die Minderheitsregierung auf die Unterstützung der PDS angewiesen sein werde (FAZ, 1.7.1994). Die PDS wiederum beschloß auf einem kleinen Landesparteitag, die rot-grüne Minderheitsregierung tolerieren zu wollen.

Daß Höppner nicht parallel mit den Grünen und der CDU verhandelte, werteten politische Beobachter als freiwillige strategische Beschränkung, da nun die SPD nicht mehr argumentieren konnte, daß sie aufgrund unvereinbarer Gegensätze mit der CDU zu einer Minderheitsregierung gezwungen sei. Vielmehr entschloß sie sich - auf nachdrücklichen Wunsch der Basis hin - dazu, die Möglichkeiten zur Kooperation sowie die erwarteten Unvereinbarkeiten erst gar nicht auszuloten (FAZ, 6.7.1994). Nach Aussagen Bergners hätte man sich eine Lösung vorstellen können, die den Wechsel des Ministerpräsidenten zur Mitte der Legislaturperiode beinhaltet hätte (FAZ, 1.7.1994). In der Landes-SPD hatte sich die Abneigung gegen die CDU im Laufe der ersten Legislaturperiode aber so vertieft, daß sie Strategien, die eine flexible Verhandlungsführung mit

CDU und Grünen einschlossen, nicht in Betrachtung zog. Das Beispiel zeigt, daß nicht nur institutionelle Faktoren oder programmatische Distanzen, sondern eben auch die aus Erfahrungen und persönlichen Antipathien gespeiste ablehnende Einstellung gegenüber einem potentiellen Partner die Handlungsalternativen der Akteure eingrenzen können. Die strategische Selbstbegrenzung der SPD vermochte die Bundes-CDU in ihrem Wahlkampf zum Deutschen Bundestag für sich zu nutzen, indem sie die Unterstützung der SPD durch die PDS als "Rote-Socken-Kampagne" wendete. Eine Polarisierung des Wahlkampfs wurde zunächst auch von Teilen der SPD-Führung als Möglichkeit gewertet, die eigene Klientel enger an die Partei zu binden.

Der Koalitionsvertrag sollte binnen sehr kurzer Zeit - in möglichst einer Woche - verhandelt werden, um Höppner auf der konstituierenden Sitzung des Landtages am 21.7.1994 zum Ministerpräsidenten wählen zu können. Vertreter von SPD und B'90/Die Grünen hatten bereits im Vorfeld die Wahlprogramme der jeweils anderen Partei analysiert und dabei keinen tiefgründigen Dissens feststellen können (MZ, 6.7.1994; SZ, 7.7.1994). In den Koalitionsverhandlungen wurde von beiden Parteien "externer" Sachverstand aus den Bundestagsfraktionen und aus Niedersachsen hinzugezogen. Jedes Politikfeld wurde in einer von elf gebildeten Arbeitsgruppen behandelt. Die Ergebnisse der Arbeitsgruppen wurden in einer erweiterten Runde, der jeweils acht Vertreter beider Parteien angehörten, nochmals abgestimmt (MZ, 11.7.1994). Diese Verhandlungskommission hatte u.a. die Aufgabe, Fragen der Finanzierbarkeit von Vorhaben zu klären. In den Arbeitsgruppen blieben durchschnittlich jeweils zwei Dissenspunkte, die noch geklärt werden mußten (so z.B. über das Thema der Chlorchemie oder um den Verfassungsschutz). Da die rot-grüne Option ohnehin von der SPD bevorzugte wurde und der Außendruck auf beiden Seiten hoch war, konnte relativ zügig verhandelt werden. Die Parteien betonten, daß ihre Zusammenarbeit auf einer festen Vertrauensgrundlage stehe, deren Wurzeln in der Wendezeit von 1989 lägen (MZ, 16.7.1994). Das Verhandlungsergebnis wurde in beiden Parteien mit überwältigender Mehrheit angenommen: Die Landesdelegiertenkonferenz der Grünen stimmte dem Papier mit 44 zu 6 Stimmen zu (MZ, 16.7.1994; Tschiche SnA-FV-Grü). Auf dem SPD-Sonderparteitag wurde der Vertrag mit 51 Stimmen bei einer Enthaltung[76] angenommen; das Koalitionsabkommen entsprach nach Ansicht von SPD-Vertretern ohnehin weitgehend dem SPD-Wahlprogramm. Ähnlich wie in Rheinland-Pfalz, mieden es die Parteien, die Verhandlungen von der *Öffentlichkeit* begleiten zu lassen; auch hier waren den Journalisten anfangs Ort und Zeit der Zusammenkünfte nicht bekannt. Dem angekündigten neuen Politikstil, der sich auch in mehr Transparenz niederschlagen sollte, wurde jedoch entsprochen, indem sich die Verhandlungsführer täglich den Fragen der Journalisten stellten. Vertreter von B'90/Die Grünen stellten nach den Koalitionsverhandlungen die ersten Kontakte zur die Minderheitsregierung später tolerierenden PDS her; die Koalitionsvereinbarung wurde der PDS durch den Fraktionsvorsitzenden der Grünen überbracht. Auch die ersten Gespräche zwischen SPD und der PDS hatten unter Vermittlung des Fraktionsvorsitzen-

76 Die Enthaltung stammte vom Magdeburger Oberbürgermeister Willi Polte, der als Befürworter einer großen Koalition gilt.

den von B'90/Die Grünen, Hans-Jochen Tschiche, in den Fraktionsräumen der Grünen stattgefunden (Fikentscher 1999: 240).

Während die rot-grüne Regierung in Sachsen-Anhalt unter Druck der SPD-Basis und mit nachdrücklicher Unterstützung der grünen Basis zustande gekommen war, lösten der Gang in die große Koalition und die Koalitionsverhandlungen in *Thüringen* bereits längere Zeit schwelende Konflikte insbesondere innerhalb der SPD - sowohl auf Vorstandsebene als auch innerhalb der Mitgliederschaft - aus, die während der Regierungszeit anhalten sollten (*innerparteiliche Dimension*). Der Konflikt zwischen der damaligen SPD-Landesvorsitzenden und Vertreterin des linken Parteiflügels, Gisela Schröter, und dem Fraktionschef der SPD im Landtag, Gerd Schuchardt, brach sich während der Koalitionsverhandlungen endgültig Bahn. Nach Ansicht Schröters hatten sich Schuchardt und die Fraktion zu früh auf die Option einer großen Koalition festgelegt. Die SPD würde durch ihren Kurs in Richtung große Koalition, so die Befürchtung auch eines Teils der Parteibasis und mancher Ortvereine (OTZ, 29.10.1994), ihre eigene Verhandlungsposition unnötig verschlechtern. Die Partei, so Schröter, solle deshalb auch die Tolerierung einer CDU-Minderheitsregierung in Betracht ziehen (MA, 19.10.1994). Schröter verfolgte das Ziel, die SPD aus ihrer Rolle als Juniorpartner der CDU zu lösen und sie auf diese Weise in eine verbesserte Verhandlungsposition zu bringen. Sowohl Schuchardt als auch Vogel hatten jedoch einmütig eine Minderheitsregierung ausgeschlossen, da das Land während der Aufbauzeit parlamentarische Mehrheiten und eine darauf begründete Handlungsfähigkeit benötige (FW, 18.10.1994)[77]. Durch die Regierungsbildung in Sachsen-Anhalt und aufgrund des Bundestags-Wahlkampfes der CDU, welche die Tolerierung der Minderheitsregierung durch die PDS polarisierend einzusetzen wußte, war der Druck auf die Thüringer SPD, eine große Koalition einzugehen, besonders groß. Aus der Sicht der Landtagsfraktion behinderte Schröter mit ihren Vorstößen gegen eine große Koalition nur den Gang der Verhandlungen. In der Fraktion wurde der Weg, für den Schuchardt stand, für den einzig gangbaren und glaubwürdigen gehalten. Schuchardt wußte überdies die Mehrheit der Partei hinter sich, da er, bevor er sich auf eine große Koalition festgelegt hatte, alle 44 Kreisverbände besucht und dort die Stimmung getestet hatte. Daß - trotz unterschiedlicher Meinungen in der SPD - auf einem einzuberufenden Parteitag eine Mehrheit in der SPD für die große Koalition zustandekommen werde, stand frühzeitig fest (ND, 21.10.1994).

In einer kurz nach den Wahlen anberaumten Vorstandssitzung der Partei wurde Schröter zwar erneut auf Platz 1 der Landesliste für die Bundestagswahl gesetzt, dafür aber, so die Beobachtung von Journalisten, wurde ihr bedeutet, sich weniger in die Landespolitik einzumischen (OTZ, 21.10.1994). Als Bundestagsabgeordnete, so der Vorwurf aus Partei und Fraktion, habe sie sich zu wenig um die Entwicklung der Landespartei gekümmert. Während des Landeswahlkampfes war sie offenbar nur wenig in Erscheinung getreten (TLZ, 20.10.1994). Die Sitzung war geprägt von wechselseitigen Vorwürfen und tief-

77 Auch im thüringischen Koalitionsvertrag heißt es: "Die durch die Wahlen zum II. Landtag geschaffene besondere landespolitische Situation, die gebotenen Anstrengungen beim weiteren Ausbau des wiedergegründeten Freistaates sowie die bundes- und europapolitischen Herausforderungen machen es aus der Sicht der Koalitionspartner erforderlich, die zukünftige Landesregierung auf eine breite parlamentarische Legitimation zu stützen" (Koalitionsvereinbarung Thüringen 1994: 2).

greifenden Konflikten. Schröter verließ schließlich vorzeitig die Vorstandssitzung. Nach ihrer Abreise sprach sich der Vorstand einhellig für Verhandlungen mit der CDU aus (FAZ, 22.10.1994) und bestätigte damit die Linie Schuchardts. Noch im Sommer hatten der geschäftsführende Vorstand und die Fraktionsspitze Gisela Schröter nahegelegt, den Parteivorsitz aufzugeben. Vor den Wahlen wurde dieser Konflikt jedoch weitgehend vertuscht. Schon während der Koalitionsverhandlungen wurde bekannt, daß Schuchardt auf dem anstehenden Landesparteitag, auf dem auch das Koalitionsabkommen von der Basis bestätigt werden sollte, Schröter im Landesparteivorsitz ablösen wollte. Mit der Perspektive, bald mit einer ähnlichen Funktions- und Machtfülle wie sein Gegenüber Vogel ausgestattet zu werden, sollte Schuchardt nun gestärkt in die Koalitionsverhandlungen gehen (STZ, 21.10.1994).

Schuchardt, dem ein ausgezeichneter Draht zum damals noch amtierenden Bundesparteivorsitzenden Scharping nachgesagt wurde, wurde von diesem in seinem Kurs unterstützt *(Wechselwirkung Bundes- Landespartei)*. Im August 1994 hatte der damalige Kanzlerkandidat Scharping zusammen mit den ostdeutschen SPD-Landes- und Fraktionsvorsitzenden in der "Dresdner Erklärung" unterstrichen, daß eine Zusammenarbeit mit der PDS für die SPD nicht in Frage komme. Die Bundespartei versuchte mit diesem Kurs einer eindeutigen Abgrenzung den Eindruck abzuwenden, die SPD sei angesichts des "Magdeburger Modells" generell zu einer Kooperation mit der PDS bereit. Es sollte weder auf Landes- noch auf Bundesebene Koalitionen oder andere Formen der Zusammenarbeit mit der PDS geben (OTZ, 28.11.1994). Die Bundespartei fürchtete zudem negative Auswirkungen der gleichzeitig stattfindenden Koalitionsbildungen in Thüringen und Mecklenburg-Vorpommern auf die für 1995 anberaumten Wahlkämpfe in Hessen und Nordrhein-Westfalen. Der Spitzenkandidat der SPD in Mecklenburg-Vorpommern, Harald Ringstorff, wurde letztlich von Scharping dazu gebracht, den Gang in eine große Koalition anzutreten. In den gleichzeitig laufenden Verhandlungen in Mecklenburg-Vorpommern war es der SPD jedoch gelungen, durch Annäherung an die PDS den Koalitionspartner CDU zu verunsichern und damit den eigenen Koalitionsgewinn zu verbessern (MA, 4.11.1994) - allerdings gegenüber einer in Mecklenburg-Vorpommern schwächeren CDU[78].

Anders als in Rheinland-Pfalz, band die SPD somit die noch amtierende Landesvorsitzende der Partei nicht in die Koalitionsverhandlungen ein. In das Spitzensextett, das die Koalitionsgespräche führen sollte, wurden für die SPD neben Fraktionschef Schuchardt noch Landtagsvizepräsident Peter Friedrich und der stellvertretende Landesvorsitzende Volker Schemmel entsandt. Für die CDU nahmen neben dem Ministerpräsidenten und Parteivorsitzenden Vogel der Kultusminister und Parteivize Dieter Althaus sowie Fraktionschef Schwäblein teil. Als "Unterbau" dieser Verhandlungsgruppe wurden 15 paritätisch besetzte Arbeitsgruppen einberufen. Die Anzahl dieser Arbeitsgruppen wurde absichtlich hoch angesetzt, damit niemand einen voreiligen Rückschluß auf den

78 In Mecklenburg-Vorpommern erreichten die SPD 29,5%, die CDU 37,7% und die PDS 22,7% der Stimmen. CDU und SPD erhielten jeweils vier Ressorts; im Gegensatz zur thüringischen SPD konnte die mecklenburg-vorpommersche neben dem Sozial- und dem Justiz- auch das Kultusministerium und das Wirtschaftsministerium für sich verbuchen. Die CDU erhielt Inneres, Finanzen, Landwirtschaft/ Naturschutz sowie Bau/Raumordnung/Umweltschutz.

möglichen Kabinettszuschnitt ziehen konnte. In den Gruppen waren bisherige und künftige Minister bereits vertreten; diese besaßen daher eine durch Verfahren abgesicherte Möglichkeit, die in der Koalitionsvereinbarung festgeschriebenen Politikinhalte mitzugestalten. Vogel und Schuchardt, die ein verhältnismäßig entspanntes Verhältnis zueinander pflegten (*personaler Faktor*), gehörten keiner dieser Arbeitsgruppen an. Je nach Fachgebiet sollte nach den von den Arbeitsgruppen vorgenommenen Besprechungen je ein Vertreter der SPD und der CDU mit dem Spitzensextett zusammenkommen, um dann in 6 + 2-Gesprächen zu beraten (FAZ, 22.10.1994; Lamers Th-Stk). Auf diese Weise sollte eine segmentierte Betrachtungsweise der vereinbarten Politik vermieden und sich schon in den Verhandlungen sich festsetzenden Ressortegoismen vorgebeugt werden.

Die Erfurter Koalitionsverhandlungen erstreckten sich über einen längeren Zeitraum als die des bereits eingespielten Regierungsbündnisses in Rheinland-Pfalz, wo es vor allem um inhaltliche Kursänderungen ging, und erst recht als in Sachsen-Anhalt, wo in Rekordzeit verhandelt worden war. Die beiden Parteien benötigten insgesamt 11 Gesprächsrunden, bis das Verhandlungspaket geschnürt war. Die SPD-Verhandlungsführer waren nicht daran interessiert, allzu rasch zu einer Einigung zu gelangen, um sich nicht dem Vorwurf der Nachgiebigkeit auszusetzen. Beide Parteien betonten, daß man erst einen Vorrat an Gemeinsamkeiten herstellen müsse, nachdem man sich vier Jahre lang in der Regierungs- bzw. Oppositionsrolle gegenübergestanden habe (*kein Wunschpartner*). Von einstiger Gegnerschaft müsse man erst auf Kooperation umschalten lernen; je mehr man sich an sachorientierten Kriterien orientiere, desto einfacher lasse sich Konsens herstellen. Beide Parteien standen vor der Aufgabe, in der großen Koalition Einigungsfähigkeit bei gleichzeitiger Profilierung in den Koalitionsverhandlungen zu demonstrieren.

Im ersten Zusammentreffen sollten deshalb noch keine Details, sondern nur grundsätzliche Zusammenhänge beprochen werden. Die Atmosphäre des ersten vierstündigen Gesprächs wurde von beiden Seiten als harmonisch und sachorientiert bewertet (FAZ, 25.10.1994). Nach der ersten Runde konnten einige Punkte bereits als unterschriftsreif abgehakt werden. Die SPD-Fraktion bestätigte jeweils die Verhandlungsergebnisse nach jeder Runde. Strittige Fragen wurden vorerst ausgeklammert, um sie in einer weiteren Verhandlungsrunde aufzulösen. Da die SPD ihren Wahlkampf allerdings an einer Reihe sehr konkreter Forderungen festgemacht hatte (z.B. in der Arbeitsmarktpolitik und in der Verkehrspolitik)[79], geriet sie von vornherein in Gefahr, bei unvermeidbaren Kompromissen als Verliererin dazustehen. Auch in Thüringen achteten die künftigen Koalitionspartner darauf, Verhandlungsdetails nicht zu früh an die *Öffentlichkeit* gelangen zu lassen, um der organisierten Verbändelandschaft keinen störenden Einfluß einzuräumen. Nur möglichst fertige Verhandlungsergebnisse sollten regelmäßig an die Medien vermittelt werden. Im Gegensatz zur SPD, die das Koalitionsabkommen mit einer Zweidrittelmehrheit absegnete, ließ sich die CDU den Koalitionsvertrag nicht durch das Votum eines Parteitages bestätigen; das Abkommen wurde nur innerparteilich diskutiert.

Die drei Fälle haben gezeigt, daß der persönlichen Sympathie zwischen den Spitzenakteuren der Koalitionsparteien in den Verhandlungen eine hohe Bedeutung zukommt.

---

79 Landtagswahlprogramm der SPD Thüringen, beschlossen auf dem Parteitag in Gera am 26./27. Februar 1994.

Wo sich die Spitzenkandidaten zueinander abweisend verhalten, sind an kooperativen Verhaltensweisen orientierte Verhandlungen erschwert. Umgekehrt bedarf es der Folgebereitschaft der Parteibasis, damit die Spitzenkandidaten untereinander tragfähige Koalitionskompromisse aushandeln können. Die Autorität der Verhandlungsführer gegenüber Parteibasis und Fraktion stellt eine nicht zu unterschätzende Steuerungsressource in Koalitionen dar. Der Einfluß der Bundesparteien war in den drei untersuchten Fällen nicht ausschlaggebend für die Entscheidung, eine bestimmte Koalition einzugehen (anders z.B. in Mecklenburg-Vorpommern). Bedeutsamer waren landespolitische Motive, wie eben die Präferenzen der Verhandlungsspitzen oder auch der Parteibasis - und nicht zuletzt die Beschaffenheit des regionalen Parteiensystems. *Daß* sich bundes- und landespolitische Gründe bei der Wahl des Koalitionspartners wechselseitig durchdringen, ist aufgrund der Bedeutung einer Landtagswahl für nachfolgende Wahlen in Bund oder Ländern einsichtig. Wie stark dabei der Anteil bundespolitischen Einflusses ist, muß indessen für jeden konkreten Fall erhoben werden (vgl. Downs 1998: 187-218)[80].

Die Koalitionsverhandlungen wiederum wiesen in allen drei Ländern erkennbare strukturelle Gemeinsamkeiten auf. Je weniger öffentlich verhandelt wird, desto eher sind Koalitionskompromisse möglich. Je präziser in Koalitionsvereinbarungen Sachkomplexe abgearbeitet werden, desto mehr bedarf es der Einbeziehung und vorausschauenden Einbindung der Fachpolitiker der künftigen Koalitionsparteien und, sofern möglich, des ministeriellen Sachverstands. Die angewandten informellen, arbeitsteilig gegliederten Verfahren, auf die in Koalitionsverhandlungen zurückgegriffen wird, ermöglichen es, umfassende, inhaltliche Regelungen umschließende Vereinbarungen zu treffen. Diese Verfahren erinnern an *"Skripte"* (Vowe 1994), die, obgleich nicht förmlich festgeschrieben und damit nicht (im engen Sinne) institutionalisiert, Akteuren Regeln vorgeben. "Skripte" sind geronnene Erfahrungen, die Handlungsabläufe und Interaktionen in Abschnitte unterteilen, den Beteiligten Rollen zuweisen und damit Prozessen eine feste Struktur geben. Mit Hilfe solcher "Regieanweisungen" kann das Wissen über (politische) Abläufe typisiert werden. Die oben untersuchten Verfahren gelten als in vorangegangenen Koalitionsverhandlungen anderer Bundesländer erprobt und werden aufgrund des ihnen zugeschriebenen Richtigkeitsgehalts von den Koalitionsparteien übernommen. Potentielle Konflikte über Verhandlungs*verfahren* können auf diese Weise eingegrenzt und die Verfahren selbst beschleunigt werden. Solche "Skripte" stellen einen Wissensvorrat dar, auf den Koalitionsakteure zugreifen können. Sie sind Ausdruck des Umstands, daß in Bund und Ländern nicht nur in Regierungsbündnissen, sondern auch über die einzelne Koalition hinweg Lernprozesse stattfinden. Diese "Regieanweisungen" können handlungstheoretisch zwar als strategisch gedachte Entlastung interpretiert werden. Gleichwohl weisen die bisher gewonnenen Befunde darauf hin, daß "Skripte" eine gewisse verfestigte Wirkungsmacht besitzen, die über das strategische Kalkül eines einzelnen

80 Den Ergebnissen von Downs (1998: 194) zufolge, ist es nur für eine Minderheit (ca. 25%) der FDP-Landtagsabgeordneten wichtig, die Koalitionsvariante im Bund zu duplizieren. Auch in der SPD werden gleichgerichtete Koalitionen nur von etwa einem Drittel der Befragten als "wichtig" angesehen (Grüne: ca. 45%; CDU: ca. 65%).

Akteurs hinausreicht, auch wenn die angewandten Verfahren nicht zu Institutionen im engen Sinne zu zählen sind (vgl. Hall/Taylor 1996: 947; auch: Teil 3).

1.2.3 Verfahren der Konfliktmoderation und Konsensbildung

1.2.3.1 Zur Regelungskraft von Koalitionsvereinbarungen

Der Abschluß einer vertragsförmigen Übereinkunft ist mittlerweile zu einem gemeinsamen Merkmal von Regierungskoalitionen geworden - nicht nur in Deutschland, sondern auch in vielen anderen parlamentarischen Regierungssystemen Westeuropas (vgl. den Gesamtüberblick von Müller/Strøm 1997a). Es muß folglich länder- und systemübergreifende Gründe geben, weshalb Parteien ihre Kooperation zu institutionalisieren und zu verstetigen suchen. Für die Koalitionen, die kein Koalitionsabkommen abschließen, wäre nach einem funktionalen Äquivalent für dieses Phänomen zu suchen. Koalitionsvereinbarungen bilden heutzutage auch in Bund und Ländern in Deutschland fast ausnahmslos den Abschluß von Verhandlungen über ein Regierungsbündnis (vgl. Kropp/Sturm 1998). Schon in den fünfziger Jahren, so etwa in Bayern oder in Rheinland-Pfalz, gab es vergleichbare Abmachungen zwischen Koalitionsparteien (Schüle 1964). Auf Bundesebene markiert die Regierungsbildung von CDU/CSU und F.D.P. von 1961 insofern einen Wendepunkt, als hier von den Koalitionsparteien auf den Wunsch der F.D.P. hin zum ersten Mal schriftlich vertragsförmige Regelungen getroffen wurden, die das Ziel hatten, die Amtszeit des Bundeskanzlers (Konrad Adenauer) vorzeitig zu beenden (vgl. Rudzio 1991). Erst seit den achtziger Jahren finden Koalitionsvereinbarungen auch in der Öffentlichkeit große Beachtung, weil ihnen zurecht eine mindestens ebenso große, wenn nicht höhere Regelungskraft und Verbindlichkeit beigemessen wird als der Regierungserklärung des Regierungschefs. Dessen Richtlinienkompetenz ist schon dadurch eingegrenzt, daß seine Partei in ein Regierungsbündnis eingebunden ist und sich Interessen und programmatische Absichten des Bündnispartners deshalb auch im Regierungsprogramm widerspiegeln müssen (vgl. Rudzio 1971: 218). Nicht zufällig haben Landeskoalitionen mit zunehmender Diversifizierung der regionalen Parteiensysteme seit den späten achtziger Jahren immer umfangreichere und detailliertere Regelungen hervorgebracht. Insbesondere die kleinen Koalitionspartner drängen darauf, sich ihren Einfluß in der Koalition schriftlich absichern zu lassen (König 1999: 47), um gegenüber dem großen Partner, der überdies den Regierungschef stellt, Möglichkeiten der Machtausübung und Außendarstellung zu verankern.

Koalitionsvereinbarungen füllen in den Ländern den institutionell, d.h. durch Verfassung und Geschäftsordnungen etc. vorgegebenen Rahmen des parlamentarischen Regierungssystems weiter aus. Sie tragen dazu bei, daß der Spielraum informellen Regierens mit Regeln eingegrenzt wird. Oft wurden Koalitionsvereinbarungen primär unter staatsrechtlichen Gesichtspunkten gewürdigt: Da sie das freie Mandat des Abgeordneten aushöhlen, die von der Verfassung für Entscheidungen vorgesehenen Staatsorgane, wie die Landesregierungen im Bundesrat, materiell an den Willen der Parteispitzen binden und die Richtlinienkompetenz des Bundeskanzlers einschränken würden, sei zu prüfen, ob sie als verfassungsrechtlich bedenklich eingestuft werden müßten (vgl. z.B. Bandorf

1977; Kewenig 1965; Schreckenberger 1994). Wie erwähnt, haben andere Untersuchungen darauf hingewiesen, daß in Koalitionsverhandlungen kaum zwischen Partei und Fraktion unterschieden werden kann (vgl. Schüttemeyer 1999). Die politikwissenschaftlich interessante Frage lautet zudem, wie diese Konventionen des informellen Regierens in der Koalitionspolitik erklärt werden können.

Koalitionsvereinbarungen haben keine rechtsverbindliche Wirkung in dem Sinne, daß Zuwiderhandlungen mit Sanktionen belegt werden könnten (Kewenig 1965: 182 ff.). "Vertragspartner" sind jeweils die Parteien, nicht aber Staatsorgane. Kewenig weist zurecht darauf hin, daß eine Rechtsverbindlichkeit solcher Abkommen die Parteien nur dazu zwingen würde, sich andere Kanäle informeller, dabei eben nicht schriftlich fixierter Zusammenarbeit zu schaffen. Gleichwohl besitzen Koalitionsvereinbarungen eine hohe faktische Geltungskraft. Verstößt ein "Vertragspartner" absichtlich gegen das vereinbarte Regelwerk, kommt dies einer Absage an einer an kooperativen Grundsätzen orientierten Zusammenarbeit der Parteien gleich. Die Koalitionsakteure selbst messen der Einhaltung von Koalitionsabkommen eine hohe Priorität bei (Mertes RhP-FV-SPD, Bauckhage RhP-WiMin-FDP, Tschiche SnA-FV-Grü; Bauckhage 1999).

Koalitionsparteien schließen heute in aller Regel Koalitionsvereinbarungen ab, um Kooperationsbeziehungen in der anstehenden Legislaturperiode auf eine stabile Grundlage zu stellen. Spieltheoretisch können Koalitionsverhandlungen als kooperative Spielsituationen interpretiert werden, die sich dadurch auszeichnen, daß verbindliche Absprachen zwischen den Verhandlungspartnern erlaubt sind. Mit Hilfe eines schriftlich fixierten Regelsystems können Informationsmängel, die sich im Laufe der Kooperation ergeben, vorbeugend eingegrenzt und Präferenzstrukturen der Koalitionspartner - wenn auch nur vorläufig - stabilisiert werden (zur Rolle von Institutionen vgl. z.B.: Elster 1989b; Shepsle 1989; North 1990). In Koalitionsabkommen versichern sich die Partner wechselseitig zugestandener Konzessionen und des Willens zur Kooperation. Schriftliche Vereinbarungen sind umso bedeutsamer, als die Präferenzen der Bündnispartner im Laufe einer Legislaturperiode nicht stabil bleiben müssen und eben auch zwischen den Handlungsarenen einer Koalition wechseln können. Da von anderen Entscheidungsebenen aus immer wieder am Wettbewerb ausgerichtete oder sogar feindliche Interaktionsorientierungen auf die Zusammenarbeit von Koalitionsparteien einwirken, sind feste Kooperationsregeln zur wechselseitigen Absicherung der Zusammenarbeit fast unverzichtbar. Die Koalitionsforschung hat schriftliche Vereinbarungen überdies als Instrument bewertet, mit dessen Hilfe eine Partei sich den Einfluß auf Ressorts festschreiben läßt, die sich in der Zuständigkeit des Bündnispartners befinden (vgl. Müller/Strøm 1997b: 28).

Koalitionsvereinbarungen sind ein Prozeß des Agenda-setting, da über sie die politischen Inhalte für die anstehende Legislaturperiode formuliert werden. Sie können zum einen als Ergebnisse von Koppelgeschäften gelten, da sie bereits erzielte Gewinne und Verluste der Parteien festlegen. Gewinne und Verluste lassen sich an den vereinbarten politischen Inhalten und an der Verteilung der Ressorts und weiterer Ämter bemessen[81].

81 Wie die Ressorts den an einer Koalition beteiligten Parteien zugeordnet werden, ist nicht immer in der Koalitionsvereinbarung, sondern in Zusatzabkommen festgehalten, denn die formelle Kompetenz zu entscheiden, wie die einzelnen Ministerien besetzt werden, obliegt im Bund und in den meisten Bundesländern dem Regierungschef. Daß die Verteilung der Ressorts zwischen den Koalitionspartnern

Zum anderen ermöglichen sie Tauschhandlungen und Paketlösungen, die einen der Bündnispartner vorübergehend zwar einseitig benachteiligen, auf Dauer aber wieder für Ausgleich sorgen. Da Leistungen und Gegenleistungen in einem Bündnis zeitlich oft auseinanderfallen, versuchen die Bündnispartner, die Risiken der Kooperation durch Vorkehrungen institutioneller Art, insbesondere durch vereinbarte Entscheidungs- und Verhaltensregeln, zumindest ansatzweise zu begrenzen. Denn Kooperationen bergen oft die Gefahr in sich, daß gerade die Akteure ausgenutzt werden, die ihr Handeln am gemeinsamen Nutzen orientieren und Eigeninteressen zurückstellen *(Verhandlungsdilemma*; vgl. z.B. Scharpf 1992a: 20 ff.; Lax/Sebenius 1986; Hall/Taylor 1996: 944 f.), so daß egozentriertes Verhalten der Akteure letztlich belohnt würde. Schriftliche Vereinbarungen dienen deshalb dem Ziel, das individuell an sich rationale Verhalten eines Akteurs, sich in einer konkreten Situation den maximalen Nutzen zu Lasten des anderen zu sichern, von vornherein zugunsten einer kooperativen Verhaltensweise umzulenken. Dies kann zwar schon deshalb nicht immer gelingen, weil Koalitionsabkommen nicht vorausschauend alle Problembereiche abdecken können. Koalitionshandeln ist ein dynamischer Prozeß, in dem sich die Prioritäten und Präferenzen von Akteuren weiterentwickeln oder sogar umkehren können. Jedoch vermögen Normen und Regeln das wechselseitige Mißtrauen der Parteien einzudämmen und Unsicherheiten zu reduzieren, die nicht zuletzt dadurch zustande kommen, daß Handlungen und Entscheidungen von Koalitionsakteuren zumeist auch konkurrierende Anforderungen aus verschiedenen Arenen berücksichtigen müssen. Faire Tauschprozesse werden über Koalitionsvereinbarungen besonders legitimiert. Indem sich die Koalitionspartner freiwillig an Regeln und Kompromisse binden, kann in der Folgezeit kompromißorientierter verhandelt werden.

In Koalitionsvereinbarungen einigen sich die Regierungspartner auf sachpolitische Inhalte, Personalentscheidungen und Entscheidungsverfahren (Kropp/Sturm 1998: 106 ff.). Sie kombinieren materielle und prozessuale Abmachungen. Koalitionsabkommen können daher als ein Beispiel dafür herangezogen werden, wie Normen durch Akteursstrategien gebildet werden. Manche Rational-Choice-Theorien haben *geplante* Normentstehungen[82] aus dem Bestreben von Akteuren erklärt, externe Kosten und Gewinne zu internalisieren (vgl. hierzu kritisch Opp 1983: 59-111). Externe Effekte treten demzufolge dann auf, wenn Handlungen von Personen anderen Akteuren Kosten (negative Externalitäten) oder Nutzen (positive Externalitäten) verursachen. Normen entstehen diesen Überlegungen zufolge, wenn Akteure glauben, daß der Nutzen, der aus der Eliminierung oder Verringerung von Externalitäten entsteht, größer ist als die mit dieser Anstrengung verbundenen Kosten. Liegen negative Externalitäten vor, so muß der Geschädigte dem Verursacher einen Anreiz schaffen, damit dieser Regeln akzeptiert, welche die negativen Folgen des Handelns wieder beseitigen. Umgekehrt muß der Nutznießer positiver Externalitäten Vergünstigungen behalten, um dem für diese positi-

ausgehandelt wird, kann jedoch nicht als verfassungswidrig bezeichnet werden, denn sonst müßten auch externe Einflüsse auf den Bundeskanzler oder auf Ministerpräsidenten anderer Art sanktioniert werden können. Letztlich laufe, so Kewenig (1965), eine Argumentation, welche die Verfassungskonformität dieser politischen Praxis thematisiere, darauf hinaus, einen schwachen Regierungschef als verfassungswidrig zu bezeichnen.

82 Normen und Regeln können auch evolutionär, d.h. ungeplant entstehen, vgl. Opp 1983: 205 ff.

ven Effekte Verantwortlichen den bei ihm anfallenden Ertrag zu vergüten. Aus dem skizzierten Ansatz geht allerdings unschwer hervor, daß seine Annahmen jeweils egoistisch-rationale Handlungsorientierungen voraussetzen, die in Koalitionen jedoch nicht die allein wirksamen und wichtigen sind.

Können nun diese Annahmen erklären, warum sich Koalitionspartner freiwillig auf gemeinsame Regeln und Sachpolitiken einigen, die ihren eigenen Handlungsspielraum einschränken und wechselseitige Konzessionen festschreiben? Die oben dargelegten Überlegungen greifen, wie unschwer ersichtlich wird, umso kürzer, je mehr man sich realistischen Akteursbeschreibungen und Interaktionssituationen nähert. Koalitionsparteien finden stets durch ein gemeinsames Interesse zusammen; ihr Ziel ist u.a., sowohl Regierungsämter zu erlangen als auch Politikinhalte zu gestalten. Die Motivation zum gemeinsamen Handeln und zur Setzung von Normen entsteht eben nicht dadurch, daß ein Akteur Kosten oder Nutzen einseitig auslagert. Selbst wenn eine Partei "dominant player" ist, muß sie ihrem Partner immer Konzessionen anbieten, sonst käme eine Kooperation erst gar nicht zustande. Weil Koalitionsparteien von vornherein ein gemeinsames Interesse an der Zusammenarbeit eint, liegen bei Koalitionsverhandlungen und den diese zum vorläufigen Abschluß bringenden Abkommen immer *auch* kooperative - und eben nicht ausschließlich egoistisch-rationale oder kompetitive - Handlungsorientierungen vor[83].

Daß in Koalitionsverhandlungen Normen und Regeln gesetzt werden, kann den vorausgegangenen Überlegungen zufolge dadurch erklärt werden, daß Parteien kompetitive oder feindliche Interaktionsorientierungen und darauf aufbauende Handlungen im beiderseitigen Interesse eindämmen wollen. Koalitionsverträge sind ein Beispiel für rationale Selbstbindungen von Akteuren, wie sie für politische Prozesse typisch sind (vgl. Elster 1989b). Indem sich die Partner wechselseitig ihres Kooperationswillens versichern, nutzen sie Koalitionsvereinbarungen, um situative Konstellationen, die dem "Gefangenendilemma" entsprechen, erst gar nicht entstehen zu lassen (vgl. Teil 1, Kap. 4.4). Koalitionsabkommen sollen präventiv eine konsensbildende Wirkung entfalten. Denn Verhandlungsblockaden können in Koalitionen nicht schon dadurch zuverlässig vermieden werden, daß die Akteure wiederholten Spielsituationen ausgesetzt sind, in denen vorangegangenes nicht-kooperatives Verhalten einer Partei beim nächsten Spielzug von der anderen wahrscheinlich bestraft wird (vgl. Axelrod 1984). Die Dauer der Zusammenarbeit wird beispielsweise von Koalitionsakteuren, die ihre Zusammenarbeit nicht über das Ende der Legislaturperiode hinaus fortsetzen wollen, als zeitlich begrenzt angesehen. Das Ende der Kooperation und nahende Wahlen im Blick, könnten solche Koalitionspartner durchaus motiviert sein, egoistische oder gar feindliche Handlungsweisen auszuüben, sobald der Partner keine Chance zur Revanche mehr besitzt. Das "Gesetz des Wiedersehens" ist in solchen Situationen außer Kraft gesetzt. Die Annahme, durch wiederholte Verhandlungssituationen ließen sich nicht-kooperative Verhaltensmuster ausschließen, läßt sich überdies immer dann nicht aufrechterhalten, wenn Konstellationen gegeben sind, die mehr als zwei Akteure umfassen (Scharpf 1997: 76). Koalitionsparteien können den Nutzen und die Kosten ihres Verhaltens wechselseitig auch deshalb nicht

83 Opp (1983: 96) weist ferner darauf hin, daß in dieser Theorie keine präzisen Angaben darüber möglich sind, wie die Kosten-Nutzen-Relation externer Effekte *in* einem Kollektiv - in unserem Falle wären das Parteien - verteilt sind. Dieser Ansatz setzt deshalb eine Individualisierung des Handelns voraus.

immer zuverlässig verrechnen, weil sie - entgegen den Annahmen vieler Koalitionstheorien - eben keine unitarischen Akteure sind und in ihnen unterschiedliche Kräfte auch gegeneinander wirken. Die interne Fragmentierung von Parteien und Fraktionen führt dazu, daß sich die Zahl der relevanten Koalitionsakteure vervielfachen kann. Daneben können sich - dies wird in spieltheoretischen Konzepten nicht immer hinreichend bedacht - die externen Rahmenbedingungen des Handelns verändern, so z.B., wenn eine Koalitionspartei zwischenzeitig Wahlen in einem anderen Bundesland oder im Bund verliert und sich gezwungen sieht, andere, der Profilierung dienliche Handlungsstrategien einzuschlagen. Da die Präferenzen der Koalitionsspitzen überdies, wie oben erläutert, zwischen unterschiedlichen Arenen austariert werden müssen, kann ein die Koalition belastender Druck entstehen, der seine Ursachen in anderen Handlungsarenen hat.

Unter solchen Voraussetzungen, die ein erhebliches Maß an Unsicherheit mit sich bringen, sind institutionalisierte Verhaltensregeln, die Vertrauen und Berechenbarkeit schaffen, eine fast unverzichtbare Steuerungsressource, weil mit ihrer Hilfe Wettbewerbskalküle zwar nicht ausgeschlossen, aber eben doch eingegrenzt werden können (vgl. Müller/McGovern 1999)[84]. Die "Wirksamkeit" von Koalitionsvereinbarungen läßt allerdings im Laufe der Legislaturperiode nach; jedoch dient die schriftliche Vereinbarung bei unterschiedlichen Auffassungen als verbindliche Bezugsgröße, sofern sie bereits eine Regelung über die strittige Materie getroffen hat. Da die "Vertragstreue" für Koalitionen ein wichtiges Gut ist, ist es notwendig und für die Parteien vorteilhaft, wenn präzise Regelungen vorliegen (Bauckhage RhP-WiMin-FDP). Der Koalitionsvertrag wird in manchen Koalitionen erst dann wieder zur Hand genommen, wenn die Partner auf eine strittige Frage stoßen. Dann wird im Koalitionsabkommen nachgelesen, welche Regelung bei Eintritt in das Regierungsbündnis vereinbart worden ist. Die von Parteien abgeschlossenen Abkommen werden indes generell nur so lange akzeptiert, wie der politische Wille zur Kooperation überhaupt anhält. Auch verweisen Vertreter von Parteien, die im Laufe der Legislaturperiode erkennen, daß der Koalitionsvertrag sie insgesamt oder in einer bedeutsamen Sachfrage benachteiligt, zuweilen darauf, daß sich auf ein solches Abkommen keine sklavische Vertragstreue gründe, sondern die Vereinbarung "weiterentwickelt" werden müsse (vgl. Kap. 3, 4). Hat eine Partei in den Koalitionsverhandlungen mehr Verhandlungsgeschick als ihr Partner ausspielen können, ist es nicht unwahrscheinlich, daß dieser die aus seiner Sicht mangelnde Fairneß später einklagen wird.

Die Notwendigkeit, gegenüber dem Koalitionspartner Zugeständnisse machen zu müssen, ist innerparteilich leichter mit einem Fingerzeig auf einen "Vertrag" zu vermitteln als durch das unverhüllte Eingeständnis faktischer Abhängigkeit vom Bündnispartner. Die Kompromißbereitschaft einer Partei gegenüber dem Bündnispartner kann gegenüber der Basis dann leichter gerechtfertigt werden, wenn die Zusammenarbeit in der Koalition *vertraglich* geregelt ist. Koalitionsverträge dienen somit auch dem Ziel, die Einigungszwänge und die Kooperation im Regierungsbündnis den anderen, mit dem Koalitionshandeln verknüpften Arenen überzuordnen und damit eine *Hierarchisierung* der jeweiligen Handlungs- und Entscheidungsebenen vorzunehmen. Um die Zusammen-

84 Müller und McGovern bezeichnen Koalitionsvereinbarungen als notwendige, aber nicht hinreichende Bedingung.

arbeit mit den Regierungsparteien innerparteilich absichern zu können, wird die Koalitionsvereinbarung, wie erwähnt, zumeist auf Parteitagen von den Delegierten bestätigt. Sie dient somit auch dazu, den Verhandlungsspitzen im Rahmen der vereinbarten Inhalte und Verfahren Handlungsspielraum sowie Tausch- und Kompromißfähigkeit zu verschaffen. In der Minderheitskonstellation, wie sie 1994-1998 in Sachsen-Anhalt gegeben war, diente der Koalitionsvertrag der tolerierenden PDS überdies als Orientierungsrahmen, der das Feld für die parlamentarische Unterstützung der rot-grünen Koalition absteckte (Sitte SnA-FV-PDS). Seine Inhalte wurden von der PDS des öfteren eingefordert, da der Koalitionsvertrag für die PDS die inhaltliche Verhandlungsgrundlage im Umgang mit den Regierungsparteien bot.

Da die Verhandlungsergebnisse von einer Gruppe von Entscheidungsträgern, die innerhalb der Koalition eine Schlüsselrolle spielen, erzielt worden sind, läßt sich für diese erste Phase der Zusammenarbeit als allgemeines Merkmal aller Koalitionen feststellen, daß die innerparteiliche Willensbildung in der Tat weitgehend hierarchisiert ist und die Basis zumeist auf die Funktion der Zustimmung und damit nachträglichen Legitimation von Verhandlungsergebnissen verwiesen wird. Forderungen, die, wie die der sachsenanhaltischen Grünen, darauf zielten, während des Parteitags über jeden einzelnen Kompromißpunkt des Koalitionsvertrags abzustimmen, wurden mit Hinweis auf die Undurchführbarkeit eines solchen Vorhabens abgeblockt. Bereits beschlossene Kompromißpakete können eben nicht mehr aufgeschnürt werden, ohne daß erneute Konflikte produziert werden. Unterschiedliche innerparteiliche Positionen werden von den Verhandlungsspitzen einer Partei jedoch auch mitbedacht, um die Zustimmung der Basis nicht zu gefährden. Die Gründe dafür, daß die innerparteiliche Mitwirkung während der Koalitionsverhandlungen zurückgeschnitten werden muß, liegen in den spezifischen Erfolgsbedingungen von Verhandlungen, von denen einige bereits genannt worden sind: So ist es sinnvoll, öffentliche Verhandlungen ebenso zu vermeiden wie eine stringente Rückbindung an den Willen der Parteibasis, da sonst die Delegationen nurmehr unverrückbare Positionen zu addieren in der Lage wären und ein "aggregierter Koalitionswille" schwerlich zustande käme.

1.2.3.2 Erleichterte Kooperation durch vereinbarte Verfahrensregeln

Die Zusammenarbeit in einem Regierungsbündnis ist für die beteiligten Akteure mit Unsicherheiten versehen. Koalitionshandeln ist, wie mehrfach betont, mit vielfachen, zumeist institutionell abgrenzbaren Entscheidungs- und Handlungsebenen verwoben, deren Einflüsse und Wechselwirkungen von den Koalitionsakteuren nicht immer hinreichend vorhergesehen, kontrolliert und gesteuert werden können. Deshalb werden zwischen diesen institutionell abgrenzbaren Handlungsebenen informelle Arbeitsebenen eingezogen, die quer zu jenen liegen und die einzelnen Arenen miteinander verbinden können. Wenn sich Koalitionsparteien in schriftlichen Abkommen darüber einigen, wie der Koalitionsgewinn in Form von Ämtern und politischen Programmen verteilt werden soll, so reichen derartige Absprachen keineswegs hin, um den Grundstein für eine möglichst reibungslose Zusammenarbeit zu legen. Ebenso wichtig wie die Frage, wie die Einflußsphären der Parteien materiell abgegrenzt werden, sind Verfahrensregeln (vgl.

Kropp/Sturm 1998: 106 ff.). Solche Kooperationsregeln, die heute ausnahmslos von allen Länderkoalitionen in ihre Abkommen aufgenommen werden, dienen dem Ziel, latent vorhandene kompetitive oder feindselige Handlungen und Einstellungen zurückzudrängen und kooperative Handlungsweisen als verbindlichen Verhaltenskodex von den Koalitionsparteien absegnen zu lassen.

Koalitionsverhandlungen sind somit immer auch Institutionalisierungsprozesse, die für die Regierungspraxis verbindliche Verfahren festlegen. Die vereinbarten Regeln sind Ausdruck der Selbstbindung von Akteuren, die Regeln "erfinden" und auf bestehende zurückgreifen, um in einer dynamischen Handlungsumwelt Sicherheiten zu schaffen. Institutionen dieses Zuschnitts können deshalb in Koalitionsanalysen auch als *abhängige Variable* untersucht werden. Vereinbarte Verfahrensregeln stellen erst die Grundlage her, auf der kompromiß- und mehrheitsfähige Entscheidungen, die politische Inhalte regeln, getroffen werden können (vgl. Tsebelis 1990: 8). Wie diese Spielregeln ausgestaltet werden, entscheidet somit darüber mit, welchen Einfluß die "Vertragspartner" später bei der Gestaltung politischer Programme nehmen können. Neben der - auf den ersten Blick einsichtigen - *Verfahrensdimension* bergen Kooperations- und Entscheidungsregeln somit implizit auch *inhaltliche Dimensionen* in sich, da sie Einflußchancen verteilen bzw. verstetigen.

Daß durch institutionalisierte Regeln allein keine konstruktive Zusammenarbeit gewährleistet werden kann, liegt zwar auf der Hand. Dennoch liegen die Hürden, welche die Parteien bei einer Mißachtung förmlich vereinbarter Kooperationsregeln überwinden müssen, erheblich höher, als wenn der gegenseitige Umgang allein den für den Interessenausgleich in Koalitionen nicht ausreichenden parlamentarischen Verfahren und Institutionen überlassen bliebe. Insofern signalisieren formalisierte Kooperationsregeln auch das Mißtrauen, mit dem sich Koalitionsparteien begegnen, trotz aller Kooperationsbereitschaft und der Einsicht in die faktischen Notwendigkeiten von Wahl- und Parteiensystemen, die Koalitionen unverzichtbar machen.

Daß Koalitionsparteien in beiderseitigem Einverständnis Entscheidungs- und Kooperationsregeln festlegen und auf diese Weise ihren Handlungsspielraum freiwillig und bewußt institutionell verengen, kann ebenfalls als Beleg dafür gewertet werden, daß den Akteuren in der Tat eine "begrenzte Rationalität" eigen ist, die es ihnen geboten erscheinen läßt, in einer mit hoher Unsicherheit ausgestatteten Umgebung den Gang ihrer Kooperation nicht allein den sich situativ ausbildenden Ergebnissen strategischer Handlungen zu überlassen (vgl. Teil 1, Kap. 3; vgl. Wiesenthal 1997; Elster 1989b; Esser 1990). Sie trachten vielmehr danach, die ihnen unausweichlich bevorstehenden komplexen Entscheidungssituationen mit Hilfe von Verfahrensregeln in ein haltbares, die oft labilen Präferenzen der Parteien abstützendes Gerüst einzubauen.

Daß die Verhandlungsführer der Parteien in solchen Situationen in aller Regel auf bereits bewährte, weil vielfach erprobte Verfahren zurückgreifen, kann angesichts hoher Handlungsunsicherheit nicht verwundern. Die Kooperationsregeln ähneln sich oft bis in den Wortlaut hinein. Standardisierte Verhaltensregeln sind bereits in Koalitionen anderer Bundesländer ersonnen und erprobt worden, deren Regierungssysteme eine sehr ähnliche institutionelle Struktur aufweisen. Eingeübte Regeln und Verfahren bergen somit eine gewisse Richtigkeitsgewähr (vgl. V. Schneider 1997: 186 f.) sowie eine höhere Legitimität (vgl. March/Olsen 1989)[85] in sich: Wer von standardisierten Handlungsanweisungen abweicht, ist deshalb zumeist begründungspflichtig. Parteien geben erprobte Regeln zumeist erst dann auf, wenn ungewohnte Koalitionsvarianten und -formate (z.B. Ampelkoalitionen oder Minderheitskoalitionen) oder Ausnahmefälle in der koalitionspolitischen Landschaft (z.B. die einzige sozialliberale Koalition in Rheinland-Pfalz) es erfordern. Daneben vereinfacht der Rückgriff auf gleichsam "standardisierte" Verfahren spätere Verhandlungssituationen zwischen den Parteien erheblich, eben weil diese Regeln gleichsam dem "nicht-kontroversen Sektor" des Koalitionsspiels angehören. In zuweilen konfliktbeladenen, in alle Politikfelder ausgreifenden Koalitionsverhandlungen wird überdies Zeit gespart, und auch die Entscheidungskosten verringern sich, wenn sich durch den Rückgriff auf "tradierte" Verfahren die Anzahl der zu verhandelnden Alternativen reduziert. Formalisierte, institutionalisierte Regeln werden somit absichtsvoll übernommen. Dabei handelt es sich keineswegs um habitualisiertes Verhalten der Parteieliten in dem Sinne, daß ohne Reflexion der mit diesen Regeln verbundenen Vor- und Nachteile vorhandene Verfahren einfach "blind" nachvollzogen werden. Allerdings weisen auch diese Überlegungen erneut darauf hin, daß diesen Regeln, eben weil sie inzwischen gleichsam zur generalisierten "Spielanleitung" von Länderkoalitionen gehören, eine gewisse Verbindlichkeit zukommt, der sich die Verhandlungsführer von Landesparteien in Koalitionsverhandlungen nicht ohne weiteres entziehen können.

Verbot wechselnder Mehrheiten: Zum Standardrepertoire aller Koalitionsvereinbarungen auf Länderebene gehört das Verbot, mit wechselnden Mehrheiten im Parlament abzustimmen. Den Abgeordneten der Koalitionsfraktionen ist es somit ohne ausdrückliche Freigabe des Stimmverhaltens nicht gestattet, mit Teilen der Opposition zu stimmen und auf diese Weise den Zusammenhalt im Regierungsbündnis zu gefährden. Nicht zufällig wird diese Regelung als augenfälliges Beispiel dafür gewertet, wie die Funktionsweisen des Parteienstaats durch koalitionsinterne Absprachen das in Art. 38 GG grundgesetzlich verankerte freie Mandat des Abgeordneten einschränken, so daß diesem letztlich nurmehr die Aufgabe zukomme, den vorgegebenen Parteiwillen zu exekutieren (vgl. sinngemäß: Schreckenberger 1994; auch Hamm-Brücher 1989; kritisch hierzu: Patzelt 1998). Um der mittlerweile verbreiteten öffentlichen Parteienkritik und dem Vorurteil gegen eine angeblich hierarchisch strukturierte Willensbildung in den Fraktionen, die den einzelnen Abgeordneten lediglich zu einem Befehlsempfänger degradiere, entgegenzuwirken, gehen Koalitionen immer häufiger dazu über, nochmals schriftlich zu unterstreichen, daß "die freie Gewissensentscheidung des einzelnen Abgeordneten hiervon unberührt" bleibe (hier: Koalitionsvereinbarung Sachsen-Anhalt 1994: 88; vgl. auch: Kropp/Sturm 1998: 183 ff.)[86]. Diese Abstimmungsmodalitäten gelten nicht nur für das Plenum, sondern auch für alle parlamentarischen Ausschüsse.

---

85 Institutionelle Regeln bieten Vorhersehbarkeit, Stabilität, Ordnung, aber auch Flexibilität und Anpassungsfähigkeit. Vgl. hierzu March/Olsen 1989: 161 ff.

86 Zu unterschiedlichen Mandatstheorien, die das Spannungsverhältnis zwischen Fraktionsdisziplin und freiem Mandat verschiedenartig deuten (als "rahmengebundenes Mandat" etc.), vgl. Arndt 1989.

Alle drei hier untersuchten Koalitionen haben das Verbot wechselnder Mehrheiten in ihre Koalitionsvereinbarungen aufgenommen[87]. Diese Regel gilt generell nicht nur für die in diesen Vereinbarungen festgeschriebenen politischen Vorhaben, sondern vorausschauend "auch für Fragen, die nicht Gegenstand der vereinbarten Politik sind". Einzelne Abkommen, wie hier das der sachsen-anhaltischen Regierungsparteien, heben dies nochmals mit Nachdruck hervor. Fraktionsdisziplin, besser: "Fraktionsloyalität oder -solidarität" (vgl. Patzelt 1998: 337 ff.), dies signalisiert diese Verfahrensregel, stellt die Voraussetzung dafür dar, daß einer Koalitionsregierung von außen eine kompakte Handlungs- und Regierungsfähigkeit zugetraut und bestätigt wird. Dies bedeutet jedoch nicht, daß damit einzelne Abgeordnete oder Gruppen von Abgeordneten einflußlos wären. Ein erheblicher Teil von Abgeordneten hat parlamentarische Ämter inne, die sie der Position des Hinterbänklers entheben und sie mit einem nicht unerheblichen Einfluß auf die Willensbildung in der Fraktion ausstatten. Die Vorstellung, in Fraktionen gebe es einen kleinen Zirkel von "Strippenziehern", welche den großen Rest der Abgeordneten zu parlamentarischer Einflußlosigkeit verurteilen, entpuppt sich bei näherem Hinsehen als ein sich hartnäckig haltender Mythos (vgl. Schüttemeyer 1998: 77 ff.). Einer neueren Abgeordnetenstudie zufolge, haben jeweils gut 27% der Parlamentarier einen hohen oder mittleren politischen Rang inne, während nur ca. 45% als "einfache" Abgeordnete einzustufen sind. In kleinen Fraktionen üben die Abgeordneten sogar zumeist mehrere Funktionen (Ausschußvorsitzende(r) etc.) gleichzeitig aus. Diese breite Schicht von mit parlamentarischen Funktionen ausgestatteten Abgeordneten kann ihre Ämter wiederum nur dann verteidigen, wenn sie den Konsens mit dem "breiten Mittelbau der Fraktion" hält und die "Fühlung mit der Fraktionsbasis nicht verliert" (Patzelt 1996: 477). Der Stimmabgabe sind deshalb fraktionsinterne und innerparteiliche Willensbildungsprozesse vorgelagert, in denen unterschiedliche Positionen bereits zusammengeführt werden. Der Sachverstand von Abgeordneten, die als sachpolitische Experten gelten könne, ist zudem für die Fraktionen unverzichtbar. Auch für den Aktionsrahmen der fraktionsinternen Willensbildung ist somit die Annahme aufrechtzuerhalten, daß verschiedene Gruppenmeinungen auf der Basis eines Fundus an gemeinsamen Werten und Anschauungen aggregiert werden. In den Fraktionsvorständen sind überdies unterschiedliche Interessenlagen und Proporzzwänge bereits repräsentiert (Schüttemeyer 1998: 72).

Die sachsen-anhaltische Koalitionsvereinbarung geht über das herkömmliche Verbot wechselnder Mehrheiten noch hinaus, indem dort weitere genaue Regelungen zur parlamentarischen Koordination festgeschrieben sind. Zwischen den beiden Fraktionen solle, so der Wortlaut, "ein enger und regelmäßiger Informationsaustausch" stattfinden. Initiativen der Koalitionsfraktionen, auch das Beantragen von Großen Anfragen und Aktuellen Debatten, müßten zuvor mit dem jeweils anderen Fraktionsvorsitzenden oder Fraktionsgeschäftsführer in Inhalt und Vorgehen abgesprochen werden. Eine weitere Regelung bzw. Absichtserklärung, die der Minderheitssituation der Koalitionsregierung geschuldet ist, schreibt für die Fraktionsvorsitzenden die Aufgabe fest, für die Umsetzung der vereinbarten Inhalte um parlamentarische Mehrheiten zu werben. Die Fraktions-

87 Vgl. Koalitionsvereinbarung Rheinland-Pfalz 1996: 73; Koalitionsvereinbarung Thüringen 1994: 53; Koalitionsvereinbarung Sachsen-Anhalt 1994: 88.

vorsitzenden von SPD und B'90/Die Grünen sollten sich gemeinsam bemühen, Absprachen mit den anderen Fraktionen zur Schaffung parlamentarischer Mehrheiten zu treffen (Koalitionsvereinbarung Sachsen-Anhalt 1994: 88).

Allein diese Formulierungen zeigen, daß die Regelungskraft und die Gültigkeit der vereinbarten Inhalte eines Koalitionsabkommens in einer parlamentarischen Minderheitssituation begrenzt bleiben müssen, da nicht über Ämter und Ressorts an der Regierung beteiligte Tolerierungs- oder Stützpartner sich Unterstützungsleistungen in aller Regel damit bezahlen lassen, daß ihnen ein - wie groß im Einzelfall auch immer ausfallender - Einfluß auf politische Inhalte eingeräumt wird (vgl. hierzu die Studie von Strøm 1990). In einer Minderheitskoalition kann eine Koalitionsvereinbarung Unsicherheiten des Handelns tendenziell weniger eingrenzen als in anderen Koalitionsformaten.

Einrichtung von Koalitionsausschüssen: Das parlamentarische Regierungssystem Deutschlands hält nur wenige feste institutionelle Grundstrukturen für die Kooperation zweier oder mehrerer Regierungsparteien bereit (Kabinett, Ausschüsse, Plena). Die Bündnispartner müssen deshalb über eigens für das Koalitionsmanagement geschaffene Verfahren und Gremien Konsens und Kompromisse herstellen. Da Parteien mit unterschiedlichen Präferenzen unter Zeitdruck gemeinsame Entscheidungen herbeiführen müssen, ist es unverzichtbar, zusätzliche Kommunikationsstrukturen innerhalb des Entscheidungszentrums "Koalition" einzurichten (vgl. Rudzio 1971). Kurze Informations- und Entscheidungswege sind zumal dann vonnöten, wenn Konflikte die Koalitionsarbeit zu beeinträchtigen drohen. In vielen Koalitionen gilt zwar das Kabinett als einer der zentralen Orte des Koalitionsmanagements (vgl. Mackie/Hogwood 1985b). Da jedoch den Ressortchefs und dem diesem nachgeordneten Personal zumeist die typische sektorale Betrachtungsweise von Politik eigen ist, die darauf gerichtet ist, den eigenen Einflußbereich zu konsolidieren und auszubauen, können die Politikfelder im Kabinett nicht immer integrativ zusammengeführt und Paketlösungen nicht ohne Eingriff in den Zuständigkeitsbereich eines Ressorts erreicht werden (vgl. Teil 2, Kap. 4). Viele der Koalitionsvereinbarungen führen auch aufgrund dieser Defizite den Koalitionsausschuß als ein Gremium ein, in dem Konflikte geschlichtet werden sollen. Koalitionsausschüsse sind, so das Fazit eines politischen Insiders, Ausdruck eines "kontraktiven Handlungsstils", der gemeinsames Entscheiden vorrangig als das Aushandeln unterschiedlicher Interessen "auf der Grundlage der bestehenden Machtverteilung" auffaßt (vgl. Schreckenberger 1992, 1994). So heißt es in der rheinland-pfälzischen Vereinbarung, daß bei "unterschiedlichen Auffassungen über wesentliche Fragen auf Verlangen des Vorsitzenden einer Koalitionspartei" der Koalitionsausschuß einzuberufen sei (Koalitionsvereinbarung Rheinland-Pfalz 1996: 73). Das Gremium wird hier als letzte Instanz des Konfliktmanagements behandelt; seine Anrufung ist aus der Sicht der Fraktionsvorsitzenden der Partei entsprechend mit dem Odium des Parteienstreits und Krisenmanagements behaftet (Bauckhage 1999; Kuhn RhP-FV-FDP und Schleimer RhP-Ma-FDP, Mertes RhP-FV-SPD). In diesem Bundesland tagte der Koalitionsausschuß im Untersuchungszeitraum entsprechend selten. Absprachen wurden auf anderem Wege, in regelmäßigen Gesprächen zwischen dem Ministerpräsidenten und seinem Stellvertreter und durch informelle Absprachen der Fraktionsvorsitzenden, vorgenommen (vgl. Teil 2, Kap. 4.).

Auch nach dem Wortlaut des thüringischen Abkommens dient der Koalitionsausschuß nicht als regelmäßig tagendes Organ zur Koordination des Regierungsalltags. Vielmehr sollen Fragen von grundsätzlicher Bedeutung, welche der Abstimmung unter den Koalitionspartnern bedürfen, erörtert werden, wenn dies von einem Koalitionspartner verlangt wird. Da auch in Thüringen der Koalitionsausschuß als Indiz für konflikthafte Auseinandersetzungen gilt, hat man in seinem Vorfeld eine weitere Clearingstelle in Form eines "kleinen Koalitionsausschusses" eingerichtet (Köckert Th-FV-CDU, Klaus Th-MdL-SPD vgl. Teil 2, Kap. 4). Anders in Sachsen-Anhalt: dort galt zwar einerseits dieselbe Regelung wie in Thüringen. Andererseits jedoch solle der Ausschuß, so der Koalitionsvertrag, auch regelmäßig tagen. Von Fall zu Fall könnten auch Fachleute der Koalitionsfraktionen hinzugezogen werden, ebenfalls koalitionsexterne Berater, auf die sich allerdings beide Fraktionen einigen müßten (Koalitionsvereinbarung Thüringen 1994: 53; Koalitionsvereinbarung Sachsen-Anhalt 1994: 88). Für die Grünen nahmen zwei von der Basis gewählte Vertreter, die Ministerin, die Parteivorsitzende und der Fraktionsvorsitzende an den Sitzungen teil. Für die SPD waren der Ministerpräsident, der Fraktionsvorsitzende, der Staatssekretär im Wirtschaftsministerium und der Chef der Staatskanzlei eingebunden. Zuweilen stieß noch ein Fachminister der SPD hinzu (Tschiche SnA-FV-Grü; Fikentscher 1999).

In Sachsen-Anhalt kam dem Koalitionsausschuß somit auch die Funktion zu, grundlegende Abstimmungen zwischen den Koalitionspartnern herbeizuführen. Als institutionelles Gedächtnis sollte er ausgleichende Maßnahmen auch über eine längere Zeitspanne hinweg ermöglichen. Die in ihm ausgehandelten Kompromisse mußten jedoch erst Mehrheiten im Parlament finden, sie waren daher von eingeschränkter Verbindlichkeit. Der Koalitionsausschuß spielte im Magdeburger Koalitionsalltag somit keine überragende Rolle. Er sei in Sachsen-Anhalt, wurde berichtet, zwar als eine "Mischung aus Schlichtungs- und Strategieausschuß" eingesetzt worden. Manchmal habe man jedoch nicht einmal ein richtiges Streitthema für die Sitzungen gefunden; es habe relativ wenig Konflikte gegeben, die "innen hochgekocht" seien. Insbesondere der kleinere Koalitionspartner habe jedoch auf seine Einberufung gedrängt (Tschiche SnA-FV-Grü).

In Koalitionsausschüssen gilt das Konsensprinzip als Entscheidungsregel. Das Mehrheitsprinzip ist einer koalitionären Zusammenarbeit nicht angemessen, da mit ihm gegensätzliche Präferenzen nicht aggregiert werden können (vgl. grundsätzlich Arrow 1963). Entsprechend betonen einige Koalitionsvereinbarungen (hier: Rheinland-Pfalz), daß im Kabinett keiner der Partner überstimmt werden darf. Aus dieser Regelung ergibt sich ein Schutz insbesondere des kleineren Koalitionspartners, der vom großen prinzipiell majorisiert werden kann. Überstimmt der große Koalitionspartei im Kabinett seinen Partner, kann dies eher als Symptom einer konflikthaften Zusammenarbeit angesehen werden.

Daß das Konsensprinzip nur in kleinen Gremien mit wenigen Teilnehmern angewendet werden kann, liegt auf der Hand. Nur kleine Gruppen sind in der Lage, komplexe Entscheidungsprozesse, denen auch Koalitionen ausgesetzt sind, zu bewältigen (vgl. Benz 1998: 204 ff.). Die formelle Entscheidungsstruktur in Kabinett und Parlament erscheint vor diesem Hintergrund aus unterschiedlichen Gründen nur bedingt geeignet, den Koalitionsalltag zu steuern. Versuchte man die Parlamente als den Ort für Konfliktlösungen einzusetzen, stiegen der Zeitaufwand für den Argumentationsprozeß und damit die Transaktionskosten erheblich an. Denn je mehr Teilnehmer an einem Entscheidungsfindungsprozeß beteiligt sind, desto schwieriger ist es, tauschfähige Güter ausfindig zu machen, die von allen Beteiligten akzeptiert werden. In öffentlichen Gremien wird zudem härter und konfrontativer verhandelt, da sich die Beteiligten stärker profilieren müssen; um Polarisierungen zu vermeiden, scheint "Geheimniskrämerei" in Koalitionsausschüssen (oder in anderen informellen Gremien) als befriedende Voraussetzung geradezu unverzichtbar. Entscheidungseffizienz und Anforderungen an die demokratische Qualität eines Verfahrens, wie Transparenz und Partizipation, stehen sich oft eher als Widersprüche gegenüber, als daß sie eine symbiotische Beziehung eingehen (vgl. Buchanan/Tullock 1962; Benz 1998).

Das Abschotten gegenüber der Öffentlichkeit sowie die Kleinheit des Gremiums sind somit dem Koalitionsfrieden dienliche Bedingungen, welche die Kompromißbereitschaft der Koalitionsakteure steigern helfen. Sechs bis fünfzehn Teilnehmer gelten als maximale Größe für ein Gremium, das Verhandlungslösungen und Entscheidungen herbeiführen soll; die Zahl der aktiven Mitglieder reduziert sich jedoch durchschnittlich auf acht (Pfetsch 1987; Olson 1965). Die Koalitionsvereinbarungen der hier untersuchten Länderkoalitionen entsprechen diesen Erkenntnissen insofern, als die durchschnittliche Anzahl der an einem Koalitionsausschuß Beteiligten bei nicht weniger als sechs Personen und nur selten den als funktionale "Obergrenze" definierten Kreis von zehn bis fünfzehn Teilnehmern übersteigt. Während der Koalitionsvertrag in Rheinland-Pfalz nur aussagt, daß jeweils drei Vertreter der Koalitionsparteien am Koalitionsausschuß teilnehmen sollen, ist der Teilnehmerkreis in den beiden anderen Abkommen präziser bestimmt. Er spiegelt das für das Koalitionsmanagement notwendige Erfordernis wider, verschiedenartige Handlungsebenen, darunter auch die parlamentarische und die innerparteiliche, mit der Abstimmung in der Koalition zusammenzubinden. Aus diesem Grunde sind in Koalitionsausschüssen zumeist der Ministerpräsident und sein Stellvertreter, die Parteiführungen (zuweilen in Personalunion mit dem Ministerpräsidenten) und die Fraktionsvorsitzenden vertreten. In allen drei Koalitionen wird die Alltagsarbeit jedoch in andere Runden verlagert, die weniger formalisiert als der Koalitionsausschuß sind. Selbst dessen Arbeitsgröße erlaube, so eine Argumentation, keine effizienten Entscheidungen. Die Koalitionsausschüsse seien zu "schwerfällig", um schnelle Entscheidungen herbeiführen und um Konflikte befriedigend auflösen zu können (Mertes RhP-FV-SPD; vgl. Teil 2, Kap. 4.3).

Bundesratsklauseln: Daß Länderkoalitionen in Koalitionsverhandlungen sich auch auf Absprachen über ihr Bundesratsverhalten einigen, zeigt zweierlei. Sofern ein politisches System in sich föderal gegliedert ist, liegt es nahe, daß Koalitionsparteien ihr Kalkül zum einen auch über die föderale Arena hinweg ausdehnen, denn auch dort lassen sich Gewinne und Verluste erzielen. Die föderale Arena ist Objekt strategischen Handelns und bietet die Gelegenheit, die Gewinnmasse von Koalitionen auszudehnen. Sie ist somit auch Gegenstand kompetitiven Verhaltens der Koalitionsakteure. Zum anderen trachten diese danach, interne Konflikte über das Stimmverhalten im Bundesrat durch geeignet erscheinende Vereinbarungen abzumildern. Indem Länderkoalitionen Bundesratsklauseln und -initiativen bereits in Koalitionsabkommen festschreiben, soll die auf Bundesebene geltende Logik des Parteienwettbewerbs, der die föderale Konfliktmoderation zwischen Bundestag und Bundesrat im Falle unterschiedlicher parteipolitischer Mehrheiten dominieren kann (vgl. Lehmbruch 1998a; Koschnick 1989), im eigenen Land ausgeklammert oder moderiert werden (vgl. Kropp/Sturm 1999). Bundesratsklauseln sind somit auch ein Beleg für den Kooperationswillen der Koalitionsparteien in einem Bundesland.

Zum Zeitpunkt der Koalitionsbildungen in den drei hier untersuchten Ländern gab es unterschiedliche parteipolitische Mehrheiten im Bundestag, wo die CDU/CSU/F.D.P.-Koalition die Regierung stellte, und im Bundesrat, wo die SPD-geführten A-Länder eine (z.T. koalitionspolitische gebundene) Mehrheit besaßen. Ließen es die Landesverbände von Koalitionsparteien zu, daß der Wettbewerb und das Kalkül der Bundesparteien ungehindert auf die Entscheidungsbildung innerhalb der Landesregierungen durchschlagen, könnten Kompromisse in Bundesratsfragen kaum erreicht werden. Als Folge träten schwerwiegende Koalitionskrisen auf. Aus diesem Grunde unterstreichen alle drei Koalitionsvereinbarungen mit Nachdruck, daß sich das Stimmverhalten der Landesregierung zuvörderst am Interesse des Landes zu orientieren habe, die Logik des Parteienwettbewerbs im Bund mithin für die Konsensbildung über föderale Fragen in der Landeskoalition nachrangig sei. Selbst wenn Bundesratsklauseln keine Garantie dafür bieten können, daß föderale Fragen nicht doch als "Spaltpilz" die Kooperation zwischen den Koalitionspartnern belasten, so besitzen sie doch eine Art *Filterfunktion*, die potentielle Konflikte regulierbar erscheinen läßt.

Dem interessierten politischen Betrachter ist zumeist die Standardformel vertraut, nach der sich die Koalitionspartner der Stimme enthalten, wenn sie sie sich auf kein gemeinsames Vorgehen im Bundesrat einigen können. Dieser herkömmlichen Regelung hatten sich SPD und B'90/Die Grünen in Sachsen-Anhalt angeschlossen; dort gab es zwischen den Wunschpartnern, die einander ein vergleichsweise hohes Maß an Vertrauen entgegenbrachten (Tschiche SnA-FV-Grü), keine Notwendigkeit, eine abweichende Formulierung zu suchen. Die Einfärbung der Regierungskoalition - die tolerierende PDS besaß keinen direkten Einfluß auf das Stimmverhalten der Regierung im Bundesrat - verhielt sich zudem konform zum Parteienwettbewerb auf Bundesebene, so daß die Handlungsunsicherheiten in Sachsen-Anhalt im Vergleich zu den beiden anderen Koalitionen geringer ausfielen. In Thüringen wiederum gingen SPD und CDU keine Wunschkoalition ein; die "Elefantenhochzeit" der beiden großen Parteien zählt überdies zu den "nichtkonformen" Koalitionen. Die SPD wollte - zeitgleich auch in den mecklenburg-vorpommerschen Koalitionsverhandlungen - erreichen, daß sich die thüringische Landesregierung im Bundesrat der Mehrheit der Stimmen anschließen sollte, die den Vermittlungsausschuß anrufen wollte. Damit hätte Thüringen die SPD-geführten Länder unterstützt, die ein vom Bundestag mit der Mehrheit der von der CDU/CSU/F.D.P.-Koalition beschlossenes Gesetz ablehnen und den Vermittlungsausschuß hätten anrufen wollen (FAZ, 9.11.1994)[88].

SPD und CDU in Erfurt vereinbarten schließlich, nicht an der Abstimmung im Bundesrat teilzunehmen, wenn in einer Angelegenheit von grundsätzlicher Bedeutung keine Einigkeit zwischen den Parteien erzielt werden könnte. Falls keine Frage von grundsätzlicher Bedeutung vorliege, habe "...die Auffassung des federführenden Ministers für das Verhalten Thüringens im Bundesrat besonderes Gewicht" (Koalitionsvereinbarung Thüringen 1994: 53). Damit trugen SPD und CDU implizit der Tatsache Rechnung, daß

88 Die SPD nutzte den Bundesrat in der 12. und 13. Legislaturperiode in der Tat als Instrument der gestaltenden Opposition, indem sie eine Rekordzahl an Gesetzentwürfen in den Bundesrat einbrachte (vgl. Handbuch des Bundesrates für das Geschäftsjahr 1996/97: 285 f.).

der Parteienwettbewerb in einer großen Koalition, der sich überdies mit dem Wechselspiel von Regierung und Opposition auf Bundesebene überkreuzt, in ungleich stärkerem Maße in das Regierungsbündnis hineinverlagert wird als in kleinformatigen Konstellationen und die Parteien deshalb eher Gefahr laufen, sich in Bundesratsentscheidungen wechselseitig zu blockieren. Bei umstrittenen Fragen von nachrangiger Bedeutung, wie immer diese zu definieren waren, sollten Konflikte somit durch erworbene "Anrechte" zwischen den Koalitionsparteien aufgelöst werden, nach dem Motto: Die Ressortverteilung erfolgt gemäß den erzielten Ressourcen, und dementsprechend haben die Partner ein Anrecht darauf, mit ihren Gewinnen nach ihren Präferenzen zu verfahren. Ob dieses im Koalitionsvertrag erstmals erkennbare Konfliktregelungsmuster paradigmatisch für den Umgang der Koalitionspartner steht, in dem Kompromisse zuvörderst durch wechselseitiges Sich-Durchsetzen der beiden Parteien erzielt werden, muß im folgenden noch untersucht werden (vgl. Kap. 4).

Die Verbindung aus SPD und F.D.P. in Rheinland-Pfalz stellt, wie die beiden Bündnispartner auch in der Präambel ihres Abkommens betonen[89], im Gegensatz zur Thüringer Koalition zwar eine Wunschverbindung dar, die indes mit dem konfliktverstärkenden Merkmal des nicht-konformen Bündnisses behaftet ist. Schon während der Koalitionsverhandlungen war klar, daß sich die gestärkte Position der F.D.P. im Land auch dahingehend auswirken könnte, daß die Bundesratsklausel zu ihren Gunsten gefaßt wird (MM, 3.4.1996). So war es das erklärte Ziel des rheinland-pfälzischen F.D.P.-Vorsitzenden, Rainer Brüderle, der Bonner Koalition über die Landesregierung mehr Unterstützung zukommen zu lassen (TV, 22.3.1996). Bis 1996 hatte die herkömmliche Bundesratsklausel in Rheinland-Pfalz gegolten; in Streitfällen war seinerzeit der Koalitionsausschuß einzuschalten.

Vor den Landtagwahlen am 24.3.1996 verfügten die von der SPD geführten A-Länder über eine Mehrheit von 42 der 69 Bundesratsstimmen. Die Länder, die einen CDU- oder CSU-Regierungschef stellten, kamen auf 27 Stimmen[90]. Teilmengen dieser Stimmen waren jedoch aus koalitionspolitischen Gründen blockiert. Die Bundesratsmacht der SPD beruhte seinerzeit auf der Gestaltungsmehrheit von 35 der 69 Stimmen. Diese setzte sich zusammen aus den 17 Stimmen der vier allein von der SPD regierten Länder Schleswig-Holstein, Niedersachsen, Brandenburg und Saarland; 15 Stimmen entstammten den drei rot-grünen Ländern Nordrhein-Westfalen, Hessen, Sachsen-Anhalt. Hamburgs rot-graue Koalition aus SPD und Statt-Partei steuerte drei Stimmen bei. In den am gleichen Tag stattfinden Wahlen in Baden-Württemberg und Schleswig-Holstein wurde die große Koalition im Südwesten durch eine CDU/F.D.P.-Regierung abgelöst, im Norden ersetzte eine rot-grüne Koalition die Alleinregierung des von Ministerpräsidentin Heide Simonis geführten SPD-Kabinetts. Das rheinland-pfälzische Stimmverhalten würde, dies war während der Koalitionsverhandlungen offenkundig, unter diesen Bedingungen vor allem dann an Bedeutung gewinnen, wenn ein SPD-regiertes Land in Zukunft aus der A-Länderfront ausscheren würde oder eine Landtagswahl für die SPD verloren ginge (vgl. Teil

89 "Die ersten fünf Jahre sozialliberaler Regierung in Rheinland-Pfalz haben unserem Land gut getan. Es war der feste Wille und die klare Aussage der Koalitionsparteien vor der Landtagswahl, dieses Bündnis fortzuführen" (Koalitionsvereinbarung Rheinland-Pfalz 1996: 5).

90 Zur Einteilung von A-Ländern und B-Ländern vgl. Lehmbruch 1998b.

2, Kap. 3). Die noch zu beschließende rheinland-pfälzische Regelung würde somit insofern auf die anderen SPD-Länder zurückwirken, als sie den Konformitätsdruck unter den A-Ländern erhöhte. In einem solchen Fall konnte jedoch - gleichsam mit umgekehrter Wirkungsrichtung - auch das Gewicht eines Landes innerhalb des SPD-Lagers wachsen. Da der seinerzeit einzigen sozialliberalen Koalition jedoch von beiden (Bundes- und Landes-)Parteien strategisches Gewicht beigemessen wurde, nahmen sie auch ein unsicheres Stimmverhalten im Bundesrat in Kauf. Für die rheinland-pfälzische SPD war die F.D.P. ohnehin der einzig mögliche Koalitionspartner, wollte sie keine große Koalition eingehen. Längerfristige Kalkulationen, die sich auf die Entwicklung der gesamtdeutschen Koalitionsarithmetik beziehen, und Unsicherheiten, die aufgrund dieser nicht-konformen Koalitionskonstellation in der föderalen Handlungsarena entstehen können, wurden in diesem Fall zugunsten strategischer Koalitionsoptionen (und der Präferenz im Lande) abgewogen.

Auf Initiative des amtierenden rheinland-pfälzischen Justizministers Peter Caesar (F.D.P.), der die SPD kurz vor der Pressekonferenz über den Koalitionsvertrag mit seinem Vorschlag, das Los bei umstrittenen Fragen entscheiden zu lassen, gleichsam überrumpelte (Mertes RhP-FV-SPD), fand die in der Folgezeit in der Öffentlichkeit umstrittene, tatsächlich niemals angewandte Losformel Eingang in die Koalitionsvereinbarung. In der Bundesratsklausel vereinbarten beide Parteien, ihr Stimmverhalten künftig an übergeordneten inhaltlichen Kriterien, nämlich an den Zielen einer steuerlichen Entlastung der Bürger und von Investitionen in Arbeitsplätze, auszurichten. Daneben sollte das Land im Bundesrat familien- und kinderfreundliche Politik unterstützen "...und einer Orientierung der Gesellschaft an Selbstverantwortung und Solidarität entsprechen". Mit diesen Formulierungen wurden abstrakte Grundpositionen und Selbstverständnisse beider Parteien zusammengebunden, die im konkreten Fall jedoch auslegungs- und abwägungsbedürftig sind. Für die im Bundesrat zwischen Bund und Ländern sowie zwischen Bundesregierung und Opposition anstehenden besonders konfliktträchtigen Steuergesetze vereinbarten die Parteien ein Stimmverhalten, das sich strikt am Ziel der Belastungssenkung orientieren sollte. Die Fälle, die von der Vereinbarung nicht erfaßt waren, sollten der umstrittenen Losformel zufolge nach Zustimmungs- und Einspruchsgesetzen getrennt behandelt werden. Dissenspunkte im Stimmverhalten des Bundesrates waren demnach in der Reihenfolge der Tagesordnungspunkte der jeweiligen Sitzung des Bundesrates festzustellen. Das Los sollte dann darüber entscheiden, welche Haltung die Regierung beim ersten Dissenspunkt einnehmen sollte. Die folgenden Punkte waren dann den Koalitionspartnern alternierend zur Entscheidung nach den jeweils eigenen Präferenzen zuzuteilen.

Grundsätzlich mag eine Losformel eben für eine nicht-konforme Koalition durchaus eine konfliktentlastende Wirkung entfalten, da die Verantwortung für eine bestimmte Entscheidung nicht dem einen oder anderen Koalitionspartner und seiner Durchsetzungsmacht zugeordnet wird. Werden umstrittene Materien der unsichtbaren Hand des Zufalls überlassen, macht es auch für die Bundesparteien wenig Sinn, auf die Landesverbände im Sinne eines bestimmten Stimmverhaltens einzuwirken. Die versteckte Rationalität dieser Entscheidungsformel, welche die Irrationalität und das Zufallsprinzip in das Stimmverhalten der Landesregierung eingebaut hatte, lag aber in ihrem für beide Partner unwägbaren Risiko. Die abwechselnde Zuteilung des Entscheidungsvorrangs hätte

Gewinne und Verluste den Partnern keineswegs automatisch jeweils hälftig zugewiesen, da die Reihenfolge der Tagesordnungspunkte nicht durch die Koalitionsparteien austariert werden kann, sondern durch den Bundesrat vorgenommen wird. Somit hätten durchaus ungleiche Gewinnverteilungen zustandekommen können - je nachdem, welche Materien für welche Partei von Bedeutung gewesen wären. Nach Aussagen beider Koalitionsparteien hat die pure Möglichkeit des Losentscheids deshalb den Einigungsdruck zwischen den Partnern in der Folgezeit erhöht (Mertes RhP-FV-SPD, Kuhn RhP-FV-FDP und Schleimer RhP-Ma-FDP; zur Anwendung der Formel vgl. Teil 2, Kap. 3).

Somit haben alle Koalitionen Verfahrensregeln zum Stimmverhalten im Bundesrat in ihre Koalitionsvereinbarungen aufgenommen, um föderale Arena und Koalitionshandeln konfliktminimierend miteinander zu verknüpfen. Abweichungen vom standardisierten Procedere ergeben sich, wie gezeigt, dann, wenn unterschiedliche Koalitions*formate* oder sehr knappe *Mehrheiten im Bundesrat*, mithin besondere Konfigurationen und Verknüpfungen der Handlungsarenen, dies erforderlich machten. Diese Beispiele belegen erneut, daß Koalitionspartner Sicherheit gebende Verfahren suchen, die ein gewisses Maß an Berechenbarkeit und Akzeptanz gewähren. Nur vor diesem Hintergrund läßt sich der immer wieder feststellbare verfahrenspolitische Konservatismus erklären.

1.2.2.3 Mechanismen der Konsensfindung

Koalitionsakteure bedienen sich unterschiedlicher Mechanismen, um in Koalitionsverhandlungen trotz divergierender Positionen und teilweise unaufhebbarer Verteilungskonflikte konsensfähige Lösungen zu finden. Kontroverse Positionen müssen auf der Grundlage von Machtbeziehungen verhandelt werden. Selbst wenn der Phantasie kaum Grenzen gesetzt sind, lassen sich, erkennbar im Verhandlungsverlauf und ablesbar an Koalitionsvereinbarungen, doch bereits typische Muster der Konsensbildung herausfiltern, die auch im Regierungsalltag (in Kap. 4 untersucht am Beispiel von Haushaltsentscheidungen) von Bedeutung sind.

Da sich in *Sachsen-Anhalt* Wunschpartner zusammenfanden, wurden dort Konsensbildungsmuster festgeschrieben, welche die zukünftige Zusammenarbeit zwischen den Koalitionspartnern vergleichsweise weniger belasteten. In *Rheinland-Pfalz* ergaben sich aufgrund der Wahlkampfaussagen der beiden Parteien zwar einige konkurrierende Positionen und Präferenzen, die aufgrund der gestärkten Stellung der F.D.P. ganz überwiegend zu ihren Gunsten aufgelöst wurden[91]. Erheblich mehr als andere SPD-geführte Koalitionen (vgl. Kropp/Sturm 1998: 53 ff.), hat die sozialliberale Koalition in der Koalitionsvereinbarung Themen der Deregulierung, Verwaltungsmodernisierung und Privatisierung aufgegriffen. Auch in den Politikfeldern, die in die Ressortverantwortung der SPD fallen, hat sich die F.D.P. ihre Leitziele festschreiben lassen und damit ihren Anspruch deutlich gemacht, daß die sozialliberale Koalitionspolitik eine deutlich liberale Handschrift tragen solle. Daß der rheinland-pfälzische Koalitionsvertrag eindeutig

91 Die F.D.P. forderte in ihrem Programm beispielsweise die Abschaffung der Bezirksregierungen, die Privatisierung kommunaler Betriebe. Programm der F.D.P. Rheinland-Pfalz zur Landtagswahl 1996, S. 50, 92 f.

liberale Züge trägt, läßt sich an einigen während der Legislaturperiode symbolisch aufgeladenen Themen verdeutlichen. So heißt es unter dem Kapitel "Verwaltungsmodernisierung", daß "...die historisch gewachsene Struktur der Bezirksregierungen den heutigen Anforderungen nicht mehr entspricht" und deshalb die Standorte in Trier, Neustadt/Weinstraße und Koblenz aufgelöst werden sollten (Koalitionsvereinbarung Rheinland-Pfalz 1996: 67 f.): eine Übereinkunft, die für Spannungen im Koalitionsverhältnis sorgen sollte. Ebenso umstritten war das kommunale Privatisierungsgebot, nach dem eine Gemeinde von einer wirtschaftlichen Betätigung schon dann absehen muß, wenn ein privater Dritter die Aufgabe *gleichwertig* wahrnehmen kann. Hierzu vereinbarten die Koalitionspartner, die Subsidiaritätsklausel der Gemeindeordnung zu ändern (Koalitionsvereinbarung Rheinland-Pfalz 1996: 50). Beide Vorhaben, an denen, da sie Privatisierungsvorhaben und Maßnahmen der Verwaltungsmodernisierung beinhalten, liberales Herzblut hängt, wurden gegen die erklärten Präferenzen der SPD in das Abkommen aufgenommen. Umgekehrt findet sich eine der zentralen Wahlkampfforderungen der SPD, nämlich die Einrichtung von sog. "Sozialagenturen", nicht im Koalitionsvertrag. Die Agenturen waren dazu gedacht, Anreize zu schaffen, um sozialversicherte Haushaltshilfen in Privathaushalten einzustellen; die SPD erhoffte sich davon einen Zuwachs an Arbeitsplätzen. Hier konnte sich die SPD nicht durchsetzen. Allen drei strittigen Punkten ist gemein, daß sie während der Legislaturperiode erneut Gegenstand von Diskussionen geworden sind.

In *Thüringen* wiederum mußten die Parteien divergierende Positionen für die Koalitionsvereinbarung annähernd gleichgewichtig austarieren. Diese Notwendigkeit ergab sich schon daraus, daß mit der SPD ein stärkerer Juniorpartner als in Rheinland-Pfalz die Bühne der Regierung betrat und sich das Kräfteverhältnis zwischen SPD und CDU anders darstellen mußte als zwischen CDU und FDP in der vorangegangenen Legislaturperiode. Mehr als in den beiden anderen Koalitionen, wurden als ungleich empfundene Gewinnverteilungen ehestens als Verletzung des Gerechtigkeitsgrundsatzes interpretiert. Daher ist in Thüringen die während der Koalitionsverhandlungen beobachtbare und im Abkommen der beiden Parteien festgehaltene Palette an Konsensfindungsmustern besonders breit. Dennoch lassen sich über die Grenzen der drei verschiedenen Koalitionsvarianten und -formate hinweg Gemeinsamkeiten feststellen.

Konsens durch Wortwahl und Formelkompromisse: Parteien müssen in Koalitionsverhandlungen Kompromisse eingehen. Sie sind aber aufgrund abgegebener Wahlversprechen und ihres - mehr oder weniger ausgeprägten - Konkurrenzverhältnisses gezwungen, ihr jeweils eigenes Profil zu wahren und dieses nach außen, gegenüber den Wählern und organisierten Interessen, erkennbar zu machen. Wenn einer der Bündnispartner öffentlichkeitswirksam angekündigte Positionen räumen muß, so wird er dennoch versuchen, einen Verlust zu bagatellisieren oder ihn als grundsätzlich vereinbar mit den eigenen Präferenzen darzustellen. Zu diesem Zweck eignen sich Kompromißformeln oder interpretierbare Begrifflichkeiten. Eines der zwischen den Koalitionspartnern während der Verhandlungen umstrittenen Themen war die durch Südthüringen geplante Autobahn nach Bayern, die von der CDU befürwortet, von der SPD jedoch abgelehnt wurde. Sie plädierte für eine "Hochleistungsstraße". Zwar setzte sich die CDU insofern durch, als sie den Neubau einer auch so bezeichneten "Regional-Autobahn" in den Koalitionsvertrag zu diktieren vermochte. Die SPD wiederum drängte u.a. erfolgreich auf reduzierte Ausbauparameter und einen Trassenverlauf, der das Raumordnungsverfahren beachtete (Koalitionsvereinbarung Thüringen 1994: 10). Die CDU verzichtete auf die Bezeichnung "Thüringer Waldautobahn", so daß auch die SPD ihr Gesicht wahren konnte. Als auf der Pressekonferenz der Kompromiß präsentiert wurde, kam angesichts dieser Verbalakrobatik der Vorschlag auf, man möge das Vorhaben doch "Straße der Großen Koalition" benennen (OVZ, 29.10.1994).

Gutachterverfahren und Sachverständigengremien: Liegen parteipolitische und im Wahlkampf vertretene Positionen zu einzelnen Sachthemen weit auseinander und werden diese Positionen auch noch wechselseitig als ideologiebehaftet, d.h. *"partei"*-politisch gekennzeichnet, sind Einigungen hernach oftmals kaum zu erzielen. So liegt es nahe, eine Verfahrenslösung zu suchen, welche das umstrittene Thema zu versachlichen vermag. Da solche Lösungen in aller Regel nicht binnen der kurzen Zeit der Verhandlungsdauer bis zum Abschluß des Koalitionsvertrags erzielt werden können, das Abkommen aber dennoch nach einigen Wochen unterzeichnet werden muß, sind Verfahren gefordert, die es erlauben, eine Einigung über dissente Punkte zu verschieben und sich dabei auf eine scheinbar objektivierbare Lösung zu verständigen. Hierfür sind insbesondere Gutachterverfahren und die Prüfung durch unabhängige Sachverständigengremien ausersehen, in denen zuvor an parteipolitischen Präferenzen orientierte Lösungsvorschläge einen "objektiven" Schiedsrichter finden sollen. Sie werden z.B. dann eingesetzt, wenn sich die Parteien streiten, wie die Realität zu bewerten sei, wenn also kognitiv unterschiedliche Wahrnehmungen nicht durch strategisch geführte Verhandlungen zur Deckung gebracht werden können. Der Weg über Gutachten ist in den hier untersuchten Koalitionsvereinbarungen mehrfach festgeschrieben: So trat der designierte Erfurter Innenminister, Richard Dewes (SPD), mit der von der CDU zurückgewiesenen Forderung an, das Landesverwaltungsamt und die Polizeipräsidien aufzulösen; auch sollte die Talsperre Leibis nach dem Willen der SPD nicht gebaut werden. In beiden Fällen einigten sich die Parteien darauf, gutachterliche Verfahren anzustrengen (Koalitionsvereinbarung Thüringen 1994: 24 f.; 46). Auch in Rheinland-Pfalz sollten umstrittene, von der F.D.P. durchgesetzte Vorhaben, so etwa zur Auflösung der Bezirksregierungen, nochmals durch Expertenkommissionen überprüft werden (Koalitionsvereinbarung Rheinland-Pfalz 1996: 69). In Koalitionsverhandlungen unterlegene Parteien erhoffen sich, durch Gutachterverfahren oder Expertenkommissionen doch noch eine Hintertür zu öffnen, die ihnen Einlaß zur Mitgestaltung in vom Koalitionspartner durchgesetzten Materien verschafft. Dieses Verfahren wird ebenfalls bei unauflösbaren Konfliken angewandt.

Expertenmeinungen sollen übergeordnete, an *sachlichen* Gesichtspunkten ausgerichtete Kriterien in den Parteiendisput einbringen und dergestalt moderierend auf die auf *parteipolitischen* Präferenzen fußenden Überzeugungen einwirken. Zuallererst ist diese Methode ein Mittel, damit Parteien trotz gegensätzlicher Positionen zu einem Koalitionsvertrag gelangen können. Daneben scheint jedoch in solchen Lösungen der in Deutschland altvertraute Gegensatz zwischen "Sachpolitik" und "Parteipolitik" auf, in dessen Rahmen ersterer gegenüber letzterer implizit, zuweilen auch nachdrücklich eine höhere Rationalität eingeräumt wird. Denn während Parteien nach diesem Rollenmuster an eigenen Interessen orientiertes Bargaining betreiben, pflegen Experten, so auch die Annahme unterschiedlicher Diskursmodelle, eher einen argumentativen Verhandlungsstil ("arguing" versus "bargaining", vgl. Elster 1986b). Wer sich am Interaktionsstil des "Bargaining" orientiert, will sein Gegenüber kraft seiner Verhandlungsmacht, die sich beispielsweise auf Drohungen, Austrittsoptionen oder Versprechungen stützt, dazu bewegen, auf seine Forderungen einzugehen. Bargaining-Situationen beruhen somit auf den Eigeninteressen der beteiligten Akteure. Wer sich in Interaktionen indes auf Argumente beruft, muß seine empirischen oder normativen Behauptungen an nachprüfbaren Kriterien, wie Unparteilichkeit oder Widerspruchslosigkeit, messen lassen. Wer argumentiert, so die Annahme, will Einsicht erzeugen und überzeugen, nicht aber auf der Grundlage einer größeren Verhandlungsmacht sein Gegenüber in die Knie zwingen (vgl. hierzu kritisch: Saretzki 1996: 22 f.). Ausgangspositionen der Akteure werden hierbei, anders als bei Bargaining, auf ihre Konsequenzen für das gemeine Wohl, nicht auf Eigeninteressen hin untersucht. Damit wird argumentativen Verfahren eine höhere Leistungsfähigkeit und Sachangemessenheit zugeordnet. Solche Verhandlungsbeziehungen setzen voraus, daß sie weitgehend abgeschottet von der Öffentlichkeit sind, damit die Beteiligten aus Einsicht gegebenenfalls von ihren Positionen abrücken können.

Dieser idealistischen Annahme entspricht die Logik von Koalitionen allenfalls bedingt. Denn erstens können sich die Akteure auch beim Argumentieren von Eigeninteressen leiten lassen, und umgekehrt muß nicht jedes Bargaining ausschließen, daß sich die Beteiligten an sachlichen Kriterien orientieren. Argumente können außerdem strategisch eingesetzt werden. Man kann davon ausgehen, daß sich Koalitionsparteien zuweilen auch deshalb vor Expertenurteilen beugen, um in einer Sachfrage, die an sich für die eigene programmatische Position essentiell ist, der höheren Räson des Koalitionsfriedens willen sich selbst und (Teilen) der eigenen Anhängerschaft sagen zu können: Eigentlich wollen wir anders, aber selbst die Fachleute geben uns anderen Rat. Auf diese Weise können gegebenenfalls auch Ansprüche von koalitionsexternen Akteuren abgewehrt werden.

Da die Wissenschaft kein objektivistisches Selbstverständnis mehr besitzt, ringen auch Experten um Argumentationsgrundlagen und streiten um konkurrierende Realitätsdeutungen. Diese werden selbst zum Gegenstand politischer Kontroversen und Optionen (Nullmeier 1993: 181 ff.); unterschiedliche Wirklichkeitsverständnisse gehören somit auch zum Kern des Politischen. Auch die politischen Akteure gaben in Gesprächen an, daß Sach- und Parteipolitik nicht getrennt werden könnten. Die Zusammensetzung solcher Gremien ist deshalb selbst oft Gegenstand von Kontroversen, da man von Experten erwartet, daß sie die Interessen der Auftraggeber vertreten.

Die Unterscheidung beider Kommunikationsmodi ist somit eine idealtypische, wenn nicht gar künstliche; in der Realität durchdringen sich konstituierende Elemente und zuschreibbare Merkmale beider Handlungsformen auf vielfache Weise. Auch Argumente lassen Spielräume für Entscheidungen. Gutachten und Expertenkommissionen sind jedoch als strategisches Mittel gedacht, um Konflikte zwischen den Parteien und innerhalb dieser moderieren zu können; sie dienen den Bündnispartnern überdies dazu, sich ein Bild von einer Problemlage zu verschaffen (vgl. Döbert 1996: 178 f.; Koalitionsvereinbarung Sachsen-Anhalt 1994: 26).

Konfliktmarkierung: Eine Strategievariante von Koalitionsparteien, keinen Kompromiß einzugehen und dennoch zu einem Vertragsabschluß zu gelangen, besteht darin, unterschiedliche Positionen offenzulegen und sie als umstrittene Punkte im Abkommen zu verankern. Die eingegrenzte Kompromißfähigkeit kann zum einem darauf zurückgeführt werden, daß die Vertreter von Parteien von der Richtigkeit ihrer Positionen überzeugt sind. Indem Konflikte somit schon zu Beginn des gemeinsamen Regierens im Koalitionsvertrag markiert werden, soll aber auch der Parteibasis und den Wählern signalisiert werden, daß die Partei trotz Einigungsdrucks und ungeachtet der Gegenmacht des Koalitionspartners nicht "umgefallen" sei. Die Wähler sollen sich darauf verlassen können, daß die Partei Inhalte, mit denen sie um Stimmen geworben hat, nicht leichtfertig preisgibt. Insofern sind Konfliktmarkierungen ein Beispiel dafür, wie das Spannungsverhältnis zwischen der innerparteilichen Legitimation des Koalitionshandelns, dem Wettbewerb um Wählerstimmen und den Kompromißnotwendigkeiten im Regierungsbündnis scheinbar unter Kontrolle gehalten wird. Daß diese Strategie in der Koalitionsvereinbarung angewandt wird, erscheint umso einleuchtender, als die Kommunikation zwischen Parteien und ihren Wählern wesentlich über die Medien läuft (vgl. Lösche 1996: 27), die über das Zustandekommen von Koalitionsvereinbarungen und die in ihnen festgeschriebenen Inhalte sehr detailliert berichten.

Konfliktmarkierungen finden sich in vielen Koalitionsvereinbarungen (vgl. Kropp/Sturm 1998: 98 ff.), sie erweisen sich zumeist jedoch als denkbar ungeeignete Grundlage für eine erfolgreiche Zusammenarbeit. Aufgeschobene Konflikte können wieder aufbrechen - zuweilen mit einer solchen Intensität, daß die anschließende Konfliktschlichtung mit erheblichen Kosten verbunden ist[92]. Werden unterschiedliche Positionen und Einstellungen in der Koalitionsvereinbarung schriftlich fixiert, kommt ihnen eine gesteigerte Verbindlichkeit zu, so daß die Parteien anschließend kaum mehr in der Lage sind, von ihrer Position abzurücken, ohne dabei einen Gesichtsverlust zu erleiden. Werden widersprüchliche Positionen einmal der Öffentlichkeit preisgegeben, sind spätere Kompromisse oft nur mit Mühe erreichbar.

Auffallend viele Dissenspunkte finden sich in der Thüringer Koalitionsvereinbarung (Koalitionsvereinbarung Thüringen 1994: 18, 28, 32, 35, 41). Wo CDU und SPD deutlich sagen, daß sie sich nicht einigen konnten, ist dies eigens als Gliederungspunkt hervorgehoben. Daß die Zahl der Konfliktpunkte gerade in Thüringen von allen drei hier untersuchten Regierungsbündnissen am größten ist, hat teilweise mit dem Koalitionsformat zu tun. Gerade große Koalitionen internalisieren einen beachtlichen Ausschnitt des Parteienwettbewerbs und damit eine große Konfliktmasse. Da die Parteien ihre Zusammenarbeit, wie in diesem Fall, als vorübergehende *Notlösung* interpretieren und teilweise um den *gleichen Ausschnitt der Wählerschaft* werben, müssen sie ihr Konkurrenzverhältnis naturgemäß auch nach außen sichtbar machen. Die im Koalitionsvertrag dissent gestellten Punkte verdeutlichen auch, daß die Positionen der Parteien, bei-

---

92 So wurden beispielsweise im von SPD und B'90/Die Grünen in Nordrhein-Westfalen abgeschlossenen Koalitionsabkommen mehrere Konflikte markiert, darunter in der Verkehrspolitik und zum Ausbau des Braunkohletagebaus Garzweiler II. Im Wahlkampf waren die Grünen als entschiedene Gegner von Garzweiler aufgetreten. Garzweiler II entwickelte sich seit 1996 deshalb zum Prüfstein für die Glaubwürdigkeit der Bündnisgrünen, die bereits im Streit um den Flughafenausbau in Düsseldorf und Dortmund sowie um den Autobahnausbau Positionen geräumt hatten. Die Koalition drohte vorübergehend an dieser Frage zu scheitern. Die grüne Umweltministerin, Bärbel Höhn, warb jedoch letztlich erfolgreich vor der grünen Basis für eine Weiterführung des Regierungsbündnisses, um durch einen Austritt nicht die letzte Einflußchancen auf den Fortgang des Ausbaus von Garzweiler zu verspielen. Von Bedeutung für den Verbleib in der Koalition waren letztlich bundespolitische Argumente, da die Chancen für einen rotgrünen Wechsel in Bonn 1998 nicht durch ein Scheitern in Nordrhein-Westfalen verspielt werden sollten. Die Landesdelegiertenkonferenz der Grünen votierte schließlich für den Verbleib in der Koalition.

spielsweise in Fragen der Schulpolitik, der Sozialpolitik oder der Wohnungspolitik, weit auseinanderlagen[93]. Um zu vermeiden, daß sich solche latent vorhandenen Konfliktpotentiale im Laufe der Legislaturperiode unkontrollierbar entfalten, haben die Koalitionspartner - anders als in anderen Bundesländern - eine *Status-Quo-Klausel* in ihr Abkommen aufgenommen. Demnach sei das Abstimmverhalten im Landtag bei Themenkomplexen, die ausdrücklich dissent gestellt worden seien, so zu gestalten, daß die Landesregierung hinsichtlich dieser Punkte nicht zum Handeln gezwungen werde. Der Kompromiß besteht somit in einer Nicht-Entscheidung. Tritt dieser Fall ein, bleibt es folglich beim bisherigen Zustand - der, so wäre zu ergänzen, die CDU im Land nach dieser Regelung insofern begünstigte, als sie den Status quo als Regierungspartei in der vorangegangenen Legislaturperiode wesentlich mit hergestellt hatte.

In der sachsen-anhaltischen Koalitionsvereinbarung finden sich keine dissent gestellten Materien. Hier verwendeten die Bündnispartner, zwischen denen sich vergleichsweise weniger programmatische Distanzen auftaten, andere Formen der Entscheidungsvertagung (vgl. unten). Im rheinland-pfälzischen Abkommen wiederum haben die Koalitionspartner einen einzigen Konfliktpunkt hervorgehoben (Koalitionsvereinbarung Rheinland-Pfalz 1996: 11[94]) - allerdings nur als Ausnahme und daher in geringerer Anzahl als in Thüringen. Daß Dissens zwischen den Koalitionsparteien auch von den Wählern nicht gewollt, sondern eher ein nach außen einheitliches Bild geschätzt werde (vgl. grundsätzlich: Patzelt 1998), habe man in Rheinland-Pfalz, so der Fraktionsvorsitzende der SPD, als Grundlage und Bedingung erfolgreichen Regierens und als Rezept für einen wiederholten Wahlerfolg akzeptiert (RhP-FV-SPD Mertes).

Zeitliche Schnittmengen: Mitunter werden verschiedenartige Positionen der Parteien hervorgehoben, Konflikte aber dadurch präventiv entschärft, daß man zeitliche Schnittmengen gemeinsamen Handelns definiert. Schon im Wahlkampf hatte die SPD unterstrichen, daß der öffentlich finanzierte (zweite) Arbeitsmarkt für Thüringen unentbehrlich sei. Die CDU wiederum betonte, daß ihr besonderes Augenmerk der Investitionsförderung gelte und sie daher den zweiten Arbeitsmarkt nur für eine Übergangszeit für erforderlich halte. Indem nun die nächsten fünf Jahre als diese Übergangszeit definiert wurden, konnten beide Partner weiterhin eine grundsätzlich unterschiedliche Haltung einnehmen und dennoch handlungsfähig bleiben (FW, 19.11.1994; Koalitionsvereinbarung Thüringen 1994: 18). Auch in Sachsen-Anhalt forderten die Grünen schließlich einen nur "mittelfristigen" Ausstieg aus der Chlorchemie (MZ, 6.7.1994). Das Thema

---

93 So heißt es im Kapitel über die Schul- und Bildungspolitik: "Während die SPD unter den Aspekten einer erhöhten Prognosesicherheit im Hinblick auf die Entscheidung zur Schullaufbahn und der Veränderung des gemeinsamen Lernens aller Kinder eines Jahrgangs die Einführung der Orientierungsstufe anstrebt, ist die CDU der Meinung, daß das erreichte Maß an Prognosesicherheit und die jetzige Durchlässigkeit auch aufgrund gleicher Stundentafeln in den Klassen 5 und 6 ("offene Orientierung") bereits optimale Voraussetzungen der Entscheidung zur Schullaufbahn bieten." Im Kapitel zur Sozialpolitik heißt es: "Während die CDU die Freigabe "weicher Drogen" konsequent ablehnt, um den Einstieg in Suchtkarrieren zu verhindern, befürwortet die SPD Straffreiheit bei Besitz kleinerer Mengen für den Eigenbedarf und möchte die Diskussion hinsichtlich der Vermeidung der Kriminalisierung Drogenabhängiger offenhalten." (Koalitionsvereinbarung Thüringen 1994: 35, 18).

94 "Die Koalitionspartner haben unterschiedliche Auffassungen über die Verantwortbarkeit und Dauer der Nutzung der Atomenergie zur Stromerzeugung".

war damit vorerst aus dem Konfliktfeld zwischen den Koalitionsparteien genommen worden.

Entscheidungsvertagung und Ausklammern: Allen drei Koalitionen ist gemein, daß während der Verhandlungen viele Entscheidungen vertagt wurden, um drohenden Immobilismus zu verhindern (vgl. Schwarz 1978: 188 ff.). Angesichts der kurzen Zeitspanne, in der Kompromisse in den unterschiedlichsten Politikfeldern gefunden werden müssen, kann realistischerweise nicht damit gerechnet werden, daß zu allen umstrittenen Fragen sogleich tragfähige Lösungen gefunden werden. Entscheidungsvertagungen reduzieren daher die Anzahl der Materien, über die eine Einigung hergestellt werden muß. Obschon es in manchen Fragen keine gemeinsame Schnittmenge an Lösungen gibt und Einigungen auch nicht durch Koppelgeschäfte erreichbar sind, können durch Ausklammern dennoch Einigungen in anderen Themenfeldern gefunden werden. Entscheidungsvertagungen entlasten daher - wenngleich nur vorübergehend - kompakte Verhandlungssituationen. In allen Koalitionsvereinbarungen finden sich zahlreiche typische Formulierungen, die Lösungen für die Zukunft andeuten sollen: Man werde "prüfen" und es werde "angestrebt" - so lauten viele Absichtserklärungen, über die noch keine Entscheidung getroffen wurde. Mögliche Konflikte, die mit solchen Formulierungen überdeckt werden, brechen im Laufe der Legislaturperiode oftmals wieder auf.

Leitkriterien: Koalitionspartner legen weiterhin übergeordnete, wenn auch interpretationsbedürftige Leitziele fest. Fester Bestandteil solcher "objektivierbaren" Regeln sind z.B. die Begrenzung oder sogar Rückführung der Neuverschuldung, die Orientierung der Parteien am Wohl des Landes oder Haushaltsvorbehalte[95]. Diese Kriterien sollen die Verhandlungen zwischen den Koalitionspartnern in der Zukunft inhaltlich strukturieren und egoistischen Strategien vorbeugen. Die Auslegung solcher Kriterien birgt allerdings erneut Konfliktquellen in sich.

Halten wir fest: Koalitionsvereinbarungen legen Gewinne und Verluste für die an einem Regierungsbündnis beteiligten Parteien bereits fest. Konflikte entstehen voraussichtlich vorrangig über die Fragen, über die keine Einigung erzielt werden konnte. Zwar werden nicht in allen Koalitionen Materien explizit als dissent hervorgehoben (Sachsen-Anhalt), und in manchen Koalitionen sind solche klar definierten Streitpunkte eher die Ausnahme (Rheinland-Pfalz). Als optisch "elegantere" Art des Konfliktmanagements können Entscheidungsvertagungen gelten, die oft mit Formelkompromissen umschrieben werden. Zwar ist es auch bei einem solchen Verfahren keineswegs ausgeschlossen, daß während der Legislaturperiode Konflikte unterschiedlicher Intensität auftreten. Sie besitzen gegenüber den mit Nachdruck als Streitpunkt hervorgehobenen Materien allerdings den Vorteil, daß sie tendenziell weniger im Rampenlicht der Öffentlichkeit stehen. Wähler und der Koalition gegenüber kritisch eingestellte Teile der Parteibasis werden Kompromisse in solchen Fällen weniger als Glaubwürdigkeitsverlust interpretieren - sofern nicht im Wahlprogramm bereits eindeutige Positionen eingenommen wurden.

95 In Thüringer Koalitionsvertrag sind die Mittel für die industrienahe Forschung nachdrücklich vom Haushaltsvorbehalt ausgenommen. Mit dieser Materie verband der Spitzenkandidat der SPD und spätere Minister für diesen Bereich, Gerd Schuchardt, seine persönlichen Ambitionen. Vgl. Koalitionsvereinbarung Thüringen (1994: 5).

Alle drei hier untersuchten Regierungsbündnisse bedienen sich denn auch dieses Instruments. Ohne Entscheidungsvertagungen könnten angesichts der komplexen, z.T. konkurrierende Positionen, zahlreiche Politikfelder und mehrere Handlungsarenen verspannenden Koalitionsverhandlungen keine Lösungen innerhalb des begrenzten Verhandlungszeitraums gefunden werden. Dies mag man unter normativem Vorzeichen kritisieren oder bedauern; vertagte Entscheidungen können im Regierungsalltag wiederum als Konflikte aufbrechen und stellen deshalb auch unter funktionalen Gesichtspunkten eine Gefahr dar. Die Verhandlungsspitzen der Koalitionsparteien verfügen aber eben über lediglich beschränkte Ressourcen, die es nur begrenzt erlauben, die Vielzahl der anstehenden, miteinander in Wechselwirkungen stehenden - und oft umstrittenen - Materien einer Lösung zuzuführen oder gar integrierend zusammenzufügen. Koalitionen müssen nicht nur verschiedene Politikfelder in einem Konzept zusammenschnüren, sondern dabei auch noch verschiedenartige Positionen austarieren. Sie stehen somit vor einem ungleich höheren Koordinationsaufwand als sektorale Politiknetzwerke, denen oftmals eine gegenüber von Parteien herbeigeführten Entscheidungen größere Sachrationalität beigemessen wird.

Eine Koalition wie die rheinland-pfälzische, die aus "Wunschpartnern" besteht und die ihre Zusammenarbeit bereits in einer zweiten Legislaturperiode fortsetzt, war im Verhandlungsmanagement ersichtlich geübter als die Thüringer Koalition, die überdies aus zwei im Parteiensystem stärker miteinander konkurrierenden (großen) Parteien bestand. Die Faktoren Wunsch- und Fortsetzungskoalition sind somit wesentliche Ressourcen für die Konsensbildung in Koalitionen, die wiederum durch andere Erklärungen begründet werden (vgl. Abb. 12): Beide minimieren die Gefahr, daß verschiedene Positionen nicht zur Deckung gebracht werden können. In Thüringen heben diese beiden Erklärungen den Einfluß des als ungünstig angesehenen großen Koalitionsformats auf: Große Koalitionen sind meistens (aber eben nicht immer; vgl. den Fall Bremen) von den Partnern nicht gewollt und werden zumeist auch nur im Notfall fortgesetzt. Ob es stimmt, daß nicht, wie in der Koalitionstheorie angenommen, das Koalitionsformat, sondern andere, im Koalitionsformat aufgehobene Faktoren über die Handlungsfähigkeit eines Regierungsbündnisses bestimmen, muß in den folgenden Kapiteln weiter überprüft werden. Bei Wunschkoalitionen, wie der sachsen-anhaltischen, gilt es zu berücksichtigen, daß diese sich zwar zumeist dadurch auszeichnen, daß zwischen den Parteien vergleichsweise geringere programmatische Differenzen vorliegen. Das rheinland-pfälzische Beispiel zeigt aber darüber hinaus, daß die Partner - obwohl zwischen SPD und F.D.P. in einigen Themen beachtliche Divergenzen bestanden (vgl. auch: Winkler 1999: 49 ff.) - auseinanderliegende Positionen zu überbrücken vermögen, wenn die Verhandlungsspitzen die Kooperation im Bündnis wollen und in der Lage sind, die Verhandlungsergebnisse in die Partei hinein zu vermitteln. Diese Befunde verweisen somit darauf, daß akteursspezifischen Erklärungen ein nicht zu gering einzuschätzendes Gewicht zukommt.

Konflikte können im Laufe der Legislaturperiode allerdings auch dann auftreten, wenn sich die Koalitionspartner auf die Position eines Partners festgelegt oder sie sich bereits auf einen Kompromiß geeinigt haben. Veränderungen in der Handlungsumgebung (externe Faktoren) können die Bündnispartner veranlassen, bereits beschlossene Vorhaben neu zu bewerten. Koalitionsparteien müssen gewärtig sein, daß ihnen niemals alle Handlungsvoraussetzungen und Handlungsfolgen bei Abschluß der Koalitionsvereinbarung, die schließlich verläßliche Grundlage der folgenden Kooperation sein soll, vertraut sind. Diese Unsicherheiten bergen neue Konfliktquellen in sich.

1.3 Resümee

Koalitionsverhandlungen sind die Phase des gemeinsamen Regierens von Parteien, in welcher die Grundlagen für die künftige Zusammenarbeit eines Parteienbündnisses gelegt werden. Manche Konflikte oder typische Konfliktstrukturen, die sich im Laufe einer Legislaturperiode herausbilden, können nur dann treffsicher interpretiert werden, wenn man diese Initiationsphase einer Koalition in die Analyse einbezieht. In diesem zeitlichen Abschnitt bilden sich Situationsdeutungen und Handlungsorientierungen aus, werden Vertrauensgrundlagen geschaffen oder von Mißtrauen gezeichnete Beziehungen zwischen den Koalitionsparteien geboren. Obgleich für die vorliegende Studie drei sich in koalitionsspezifischen Merkmalen weitestmöglich unterscheidende Fälle ausgewählt wurden, lassen sich dennoch für alle drei Koalitionen Gemeinsamkeiten feststellen, die als vorläufige, in Zukunft weiter zu überprüfende Hypothesen und Befunde formuliert werden können.

Koalitionsbildungen stellen typische Verhandlungssituationen dar. Zwischen den Koalitionsparteien bestehen unterschiedliche Positionen und Interessen, die in verschiedenem Ausmaß kompatibel sind. In Koalitionsverhandlungen müssen gemeinsame Schnittmengen dieser Interessen und Positionen gefunden werden. Aufgabe der Koalitionsparteien ist es, diese Schnittmengen durch Tauschgeschäfte oder durch Vergrößerung der Verhandlungsmasse so zu weiten, daß bei möglichst vielen Materien Einigungen erzielt werden können. Koalitionsverhandlungen sind keine Nullsummenspiele, wie dies die frühen Koalitionstheorien angenommen haben. Die Gewinnmasse kann vielmehr, wie gezeigt, durch unterschiedliche Maßnahmen (Ressortzuschnitte, Vermehrung von Ämtern, Festlegung inhaltlicher Positionen, Ausdehnung auf weitere Handlungsarenen) erweitert werden.

Erschwert werden Koalitionsverhandlungen dadurch, daß sich - wie in den hier behandelten drei Fällen - die Kalküle und Strategien der verhandelnden Parteiführungen während der Koalitionsbildung über verschiedene Handlungsarenen erstrecken. Während dieser Phase müssen - wie auch im Koalitionsalltag - Handlungsanforderungen aus der innerparteilichen Willensbildung, aus der föderalen und parlamentarischen Arena und Wechselbeziehungen mit der als "Wähler und Öffentlichkeit" bezeichneten Handlungsebene berücksichtigt werden. Aus diesem Grunde machen es Koalitionsbildungen erforderlich, daß die Verhandlungen in den Händen von zentralen Koalitionsakteuren zusammengeführt werden. Sofern dies in den jeweils gegebenen Situationen möglich war, geschah dies durch personelle Vernetzungen, die dadurch charakterisiert waren, daß die "Spitzenakteure" jeweils führende Funktionen in Fraktion, Partei und, falls es sich um eine Fortsetzungskoalition handelte, in der Regierung innehatten - zuweilen auch in Personalunion. Damit wurden während der Koalitionsverhandlungen aufgrund struktureller Notwendigkeiten bereits unterschiedliche relevante Handlungsebenen des parlamentarischen Regierungssystems miteinander personell verknüpft (vgl. auch: Schüttemeyer 1999). Zwar besitzen die Spitzenakteure das für Verhandlungen notwendige Verhandlungsmandat; üblich sind aber Rückkopplungen mit der eigenen Fraktion, um Entscheidungen legitimieren und intern vermitteln zu können.

Auch die Verhandlungsabläufe zeigen große Ähnlichkeiten: Inhaltliche Verhandlungsthemen werden in funktional und nach Problembereichen gegliederte gemeinsame Arbeitsgruppen ausgelagert und dort spezialisiert bearbeitet. In diesen Arbeitsgruppen werden Entscheidungen für einzelne Policies getroffen, so daß bereits im Vorfeld und während der Vergabe der Ministerien ein gewisser Einfluß aller Koalitionspartner auf die von den Ministerien in der Legislaturperiode getroffenen Maßnahmen sichergestellt ist. Die Verhandlungsführungen haben dann die Aufgabe, diese Ergebnisse zusammenzubinden, gegebenenfalls zu verändern und aneinander anzupassen sowie konflikthafte Materien (schon im Vorfeld) abzuklären. In allen Koalitionen wurde eine zu enge Begleitung durch die Öffentlichkeit vermieden, da von externen Einwirkungen abgeschottete Verhandlungsbeziehungen eine grundlegende Vorausssetzung für einen am Konsens orientierten Konfliktaustrag sind. Die nirgendwo festgeschriebenen, aber fast identischen Verfahren ähneln *"Skripten"* (vgl. Vowe 1994), die den Beteiligten Rollen zuweisen und diese Rollen zu einer Handlungsanordnung verdichten. Diese Anordnungen wurden in vorangegangenen Koalitionsverhandlungen systematisch "erprobt"; sie haben sich daher als geeignete Grundlage erwiesen. Sie zeigen eine Wirkungsmacht, die nicht an den einzelnen Akteur gebunden ist. Zwar können sie nach einem eng gefaßten Begriff nicht als "Institutionen" gelten. Gleichwohl handelt es sich bei ihnen um strukturierte Handlungsmuster, die innerhalb ein und desselben politischen Systems zwischen den Koalitionsparteien in Bund und Ländern weitergegeben werden (vgl. Teil 3).

Allen untersuchten Regierungsbündnissen war gemein, daß sie die Fülle an anstehenden Entscheidungen und Vorhaben nur bewältigen konnten, indem sie einen Teil der umstrittenen Materien vertagten, ausklammerten oder auf künftige Verfahren verwiesen. Die dem koalitionsinternen Parteienwettbewerb unterzogene Verhandlungsmasse wird auf diese Weise verkleinert. Parteien vertreten in Koalitionsverhandlungen verschiedene Problemdeutungen, für die sie jeweils unterschiedliche Argumente ins Feld führen können. Bei vielen Materien gibt es keine sachlich objektiv "richtigen" Lösungen; vielmehr sind unterschiedliche Problemdeutungen oft selbst Gegenstand der Diskussion zwischen Koalitionsparteien. Daß ein und derselbe Sachverhalt von Parteien unterschiedlich bewertet wird, gehört zum Kernbereich des politischen Wettbewerbs. Koalitionsvereinbarungen weisen zumal dann einen großen Grad an Detailliertheit und Regelungsdichte auf, wenn sich zumindest eine beteiligte Partei in der vorangegangenen Legislaturperiode bereits in der Regierung befunden hat. In solchen Fällen können sich die Parteien der Zuarbeit der von ihr geführten Ministerien bedienen, während in die Regierung neu eintretende Parteien externen Sachverstand z.B. über Landesverbände einholen, die in einem anderen Bundesland Regierungspartei sind.

Vereinbart werden nicht selten unklare Regelungen und Formelkompromisse. Oft wird dies als Unfähigkeit der Parteien kritisiert, zu tragfähigen Lösungen kommen zu können. Erklärbar ist dieser Mangel jedoch aus komplexen und vielfach verschlungenen Verhandlungssituationen, in denen verschiedenartige Politikfelder, Handlungsarenen und zumeist divergierende Positionen der Parteien aggregiert werden müssen. Der Verzicht auf präzise Regelungen entlastet zeitlich begrenzte Verhandlungssituationen, da auch auf diese Weise die Masse der Verhandlungsgegenstände reduziert werden kann. Somit sind

Nicht-Entscheidungen durchaus ein Mittel, dessen sich Koalitionsparteien bedienen, um Verhandlungsblockaden zu vermeiden und zu Abschlüssen gelangen zu können. Sie schließen aber keineswegs aus, daß einmal vertagte Konflikte später wieder aufbrechen, ja bewirken dieses sogar fast zwangsläufig. Mehr noch gilt dies für im Koalitionsvertrag als dissent gestellte Punkte, welche gegenüber der eigenen Parteibasis und den Wählern die Standfestigkeit der Partei demonstrieren sollen und denen deshalb ein vergleichsweise höherer symbolischer Wert zukommt.

In allen Koalitionen ergriffen die Parteienvertreter ähnliche strukturelle und verfahrenstechnische Maßnahmen, welche zukünftige Verhandlungssituationen vereinfachen sollten. Eine dieser vereinfachenden Maßnahmen besteht darin, die in parlamentarischen Regierungssystemen strukturell wenig verfestigte Kooperation zwischen Regierungsparteien zu institutionalisieren. Koalitionsverhandlungen sind somit auch *Institutionalisierungsprozesse*, während denen "Spiele" um künftig anzuwendende Normen und Regeln ausgetragen werden (vgl. Tsebelis 1990: 8). In Koalitionsverhandlungen wird die Zusammenarbeit zwischen den Parteien institutionell verdichtet, indem sich die verhandlungsführenden Parteien auf für die Dauer der Legislaturperiode geltende Kooperationsregeln einigen. Diese Regeln unterwerfen sie einerseits bestimmten Restriktionen, sie bieten ihnen andererseits aber - als Kehrseite der Selbstbindung - in zukünftig unter Unsicherheit stattfindenden Interaktionssituationen verfahrenstechnische Sicherheit. Diese institutionelle Verdichtung ist ihrerseits Resultat des hochfragmentierten Regierungssystems der Bundesrepublik, das zusätzliche "Scharniere" der Willensübertragung und Einigung erfordert (vgl. Wewer 1991c).

Beiderseitige strategische Selbstbindungen minimieren die Gefahr, während der Zusammenarbeit übervorteilt zu werden. Die Kooperations- und Entscheidungsregeln wurden in allen drei Koalitionen in Koalitionsvereinbarungen schriftlich fixiert, um ihre Verbindlichkeit hervorzuheben. Zumeist sind solche Regeln "tradiert", denn sie werden bis in den Wortlaut hinein von anderen Koalitionen übernommen. Damit besitzen sie eine gewisse Wirkungmacht und Verbindlichkeit, wenngleich sie nicht formal vorgeschrieben sind. Parteienbündnisse weichen erst dann von solchen standardisierten Verfahrensregeln ab, wenn neue Formationen, wie etwa ungewohnte Koalitionsvarianten oder veränderte externe Rahmenbedingungen, dies erfordern. Wenn der informelle Raum des Regierungshandelns mit Verfahrensregeln geordnet wird, müssen in künftigen Entscheidungssituationen nicht erst Verhandlungen über Spielregeln vorgeschaltet werden. Kooperationsregeln wirken insoweit entlastend. Der hohe Standardisierungsgrad bei Verfahren und vereinbarten Regeln belegt, daß komplexe Handlungsanordnungen und latente - oder bereits manifeste - Konfliktstrukturen *institutionelle* Selbstbindungen nahelegen.

Solche Verstrebungen sind zwar an die Akteure und ihr Handeln gebunden; sie bilden eine handlungsleitende Konstante aber auch in wechselnden bzw. variierbaren Akteurskonstellationen während einer Legislaturperiode und sind daher auch kulturell vorgeformt (vgl. Hall/Taylor 1996: 951). Diese Überlegungen weisen darauf hin, daß Rational-Choice-Theorien, die Institutionalisierungsprozesse aus dem strategischen Kalkül der Akteure heraus erklären, zwar eine beachtliche analytische Tiefenschärfe erzeugen, aber eben nicht alle Facetten solcher Prozesse zu fassen vermögen.

Wo keine Koalitionsvereinbarungen abgeschlossen werden, wäre nach funktionalen Äquivalenten zu suchen. Koalitionsvereinbarungen dienen dem Ziel, Gewinne und

Verluste so weit als möglich zwischen den Koalitionsparteien verbindlich aufzuteilen. Gegenstand solcher Vereinbarungen sind nicht nur Policies, sondern auch Verhaltensweisen in der föderalen Arena, in welche Parteien in föderal gegliederten Systemen wie dem der Bundesrepublik eingebunden sind. Koalitionsparteien dehnen ihre Nutzenkalküle folglich auch auf diese Handlungsebene aus. Verfahrensregeln haben, wie gezeigt, insofern eine inhaltliche Dimension, als über Entscheidungsverfahren auch Durchsetzungschancen vergeben werden können. Koalitionsvereinbarungen sind somit Ergebnis von Tauschhandlungen zwischen den Parteien; sie spiegeln die Durchsetzungskraft der jeweiligen Parteien in den Koalitionsverhandlungen wider. Koalitionsvereinbarungen besitzen darüber hinaus auch eine funktionale Bedeutung im innerparteilichen Handlungsfeld von Parteien: Indem sie in den meisten Fällen auf Parteitagen innerparteilich abgestimmt oder doch zumindest diskutiert werden, dienen sie dem Ziel, die - in der Zustimmung zur eingegangenen Koalitionsvariante zumeist nicht geschlossenen - Parteien an die ausgehandelten Ergebnisse zu binden.

Anhand der drei in dieser Studie untersuchten Fälle läßt sich zeigen, daß der Wettbewerb in Wahlkämpfen zweifelsohne das dominierende Element ist. Die Beziehungen zwischen den Parteien eines Parteiensystems sind aber selbst unter diesen Bedingungen nicht ausschließlich kompetitiv geprägt. Wer diese Mischungsverhältnisse abschätzen will, muß berücksichtigen, daß sich auf den einzelnen Handlungs- und Organisationsebenen einer Partei - etwa den Führungsspitzen, den Kreisverbänden oder auf Parteitagen - verschiedenartige Konflikt- und Verhandlungsmuster gleichzeitig ausbilden können. Die Verhandlungsspitzen von Parteien antizipieren im Umgang mit anderen Parteien eher als die Basis, daß sie nach Wahlen aufgrund der Mandatsverteilung von konkurrierenden Verhaltensmustern abgehen und zum Zweck der Mehrheitsbildung Verhandlungen mit Konkurrenten aufnehmen müssen, sprich: in Kooperation zu anderen Parteien, auch zu solchen, die nicht der Wunschpartner in einer Koalition sind, eintreten werden. Eine nicht-unitarische Akteursstruktur ist unter den Vorzeichen eines oft unsicheren Wahlausgangs und nicht vorhersehbarer Mehrheitsbildungen eine Eigenschaft, die es erleichtert, daß eine Koalitionspartei sich den miteinander konkurrierenden Anforderungen der verschiedenartigen Handlungsebenen anpassen kann.

In Koalitionsverhandlungen werden neben Einflüssen auf policies auch Ämter verteilt. Dabei ist die Frage, welche Aufteilungsnorm angewandt werden soll, ein Verhandlungsgegenstand. Zumeist wird die Verteilungsnorm zugrunde gelegt, die Gewinne nach eingebrachten Ressourcen zuweist. Maßgebende Kriterien sind die von den Parteien errungene Mandatszahl sowie die strategische Verhandlungsposition (z.B. "dominant player"), die wesentlich von der Struktur des Parteiensystems - d.h. der im Parlament vertretenen Parteien - abhängig ist. Wie das Gesamtpaket der beschlossenen Vereinbarungen aussieht, wird daneben durch das strategische Verhandlungsgeschick der beteiligten Akteure bestimmt. Die "Gewinne" einer Partei schlagen sich dabei keineswegs allein in der Anzahl der errungenen Ressorts nieder, sondern wesentlich auch im Ressortzuschnitt und in der "parteispezifischen" Bedeutung eines Ministeriums, in zusätzlich erzielten Posten wie Staatssekretären oder Beauftragten sowie in der Festschreibung von Vorhaben, die in den Zuständigkeitsbereich des Partners fallen. Diese "Gewinnaufteilungen" sind schwer zu quantifizieren; sie müssen für jede Koalition einzeln ermittelt werden.

Handlungsleitende Interaktionsorientierungen definieren wesentlich das Konfliktniveau in einer Koalition. Das Konfliktniveau in den in dieser Studie untersuchten Koalitionen wird nach dem bisher erreichten Untersuchungsstand vor allem durch zwei Variablen gering gehalten: Stellt eine Koalition eine *Wunschverbindung* dar, so sind die programmatischen Distanzen zwischen den Parteien wahrscheinlich vergleichweise geringer. Wenn es sich bei einem Regierungsbündnis insbesondere um eine Wunschverbindung der *führenden* Koalitionsakteure handelt, so kann diese auch trotz innerparteilicher Widerstände und Konkurrenzorientierungen handlungsfähig sein, wenn die Spitzenakteure aufgrund ihrer persönlichen Autorität und Anerkennung in der Partei die Koalitionsvariante und ausgehandelte Kompromisse innerparteilich vermitteln können. Der Grad der Zustimmung der Parteibasis zur Koalitionsvariante kann bei Abschluß der Koalitionsverhandlungen bereits Hinweise auf die Folgebereitschaft der Partei geben. Fällt der Faktor "Wunschverbindung" überdies damit zusammen, daß es sich bei dem Regierungsbündnis um eine *Fortsetzungskoalition* handelt, so können in der vorangegangenen Legislaturperiode erworbene Routinen den Gang der Verhandlungen erleichtern. In Fortsetzungskoalitionen wissen die Akteure bereits, was sie in der Zusammenarbeit mit dem alten und künftigen Koalitionspartner erwartet. Damit ist es voraussichtlich weniger das Koalitions*format*, das über die Handlungsfähigkeit eines Regierungsbündnisses entscheidet. Wenn großen Koalitionen Schwerfälligkeit und ein hohes Maß an innewohnenden Wettbewerbs- und Konfliktelementen zugeschrieben wird, so liegt dies nach den bisherigen Überlegungen eher daran, daß sie in aller Regel weder Wunsch- noch Fortsetzungskoalitionen darstellen und sie zumeist auch nicht zur *Neuauflage* bestimmt sind. Im Faktor "Format" sind stattdessen wahrscheinlich erklärende Variablen aufgehoben, welche die Konsensbildung zwischen Koalitionspartnern erleichtern. Diese vorläufigen Befunde werden in den folgenden Kapiteln weiter überprüft und in Teil 3 zusammengefaßt.

2. Innerparteiliche Arena, fraktionsinterne Konflikte und Koalitionshandeln

In der Koalitionsforschung herrscht Einigkeit darüber, daß die innerparteiliche Fragmentierung und auch die fraktionsinternen Schattierungen einer Koalitionspartei eine der bedeutsamsten Dimensionen von Koalitionspolitik darstellen (Laver/Schofield 1990: 21 ff.; Luebbert 1986; Pridham 1986; Bogdanor 1983; Maor 1995; Laver/Shepsle 1996; Druckman 1996; zur empirischen Umsetzung vgl. z.B. Pridham 1986; Knorr 1975; Niedermayer 1982; Maor 1998; Downs 1998), die einen systematischen empirischen Zugang und Möglichkeiten der Theoriebildung in der Koalitionsforschung erlauben[96]. Im Gegensatz zu vielen Studien zur Koalitionsbildung, die davon ausgehen, daß die Koalitionsparteien zumindest zum Zeitpunkt des Eintritts und des Austritts in ein Regierungsbündnis als unitarische Akteure gefaßt werden können (Laver/Shepsle 1996: 25), hat die Betrachtung der Koalitions*bildung* in den hier behandelten Ländern gezeigt, daß verschiedene innerparteiliche Kräfte - und auch persönliche Ambitionen - in Koalitionsverhandlungen berücksichtigt werden müssen, um Gewinnverteilungen erklären zu können. Auch aus diesem Grunde weiten Koalitionsparteien die Gewinnmasse - an Ämtern wie an inhaltlichen Entscheidungsmaterien - oftmals über eine Handlungsebene hinweg aus. Untersucht wird im nachstehenden Kapitel, wie sich innerparteiliche Konflikte nach Bildung der Koalitionsregierung an der beschlossenen Koalitionsvariante entzünden. Dabei lautet auch hier die Annahme, daß innerparteilicher Dissens und vertikale oder horizontale Fragmentierungen von Koalitionsparteien die Strategien gegenüber dem Bündnispartner formen und damit Entscheidungsprozesse in Koalitionen strukturieren.

Im Mittelpunkt dieser Überlegungen stehen wiederum zwei Fragestellungen. *Erstens*: Inwieweit ist eine Koalitionspartei oder eine Koalitionsfraktion in sich fragmentiert, und welche Folgen ergeben sich aus unterschiedlichen Fragmentierungsgraden für die Kooperation in einem Regierungsbündnis? Nach Maor (1998: 143 f.) haben dezentralisierte Parteien mehr Chancen, interne Konflikte zu befrieden, die sich aus Fragmentierungen ergeben, als zentralisierte Parteien. Eine starke organisatorische Dezentralisierung erhöhe die Verhandlungsfähigkeit und die Verhandlungsmacht einer Koalitionspartei, weil die Mitglieder die Möglichkeit besäßen, Unmut zu artikulieren ("voice"). In zentralisierten Parteien hingegen drohe bei innerparteilichen Konflikten eher die Gefahr der Abwanderung ("exit"). Man könnte diesem Gedankengang hinzufügen, daß die Existenz unterschiedlicher Strömungen innerhalb einer Partei zudem Verhandlungsoptionen gegenüber unterschiedlichen im Parlament vertretenen Parteien offenhält. Eine solche Situation könnte für Minderheitsregierungen, die sich wechselnde Mehrheiten suchen, von Vorteil sein.

---

96 Laver und Schofield sehen die Fraktionsdisziplin in Parteien als hinreichenden Indikator dafür, daß eine Partei als "unitary actor" bewertet werden kann. Man solle in Untersuchungen Ausnahmen für Parteien einräumen, die tatsächlich nicht mehr seien als eine Koalition von "factions" (vgl. Laver/Schofield 1990: 28). Innerparteiliche Strömungen wirken aber selbst dann auf Entscheidungsbildungen in Koalitionen ein, wenn die Fraktionsdisziplin ausgeprägt ist; sie eröffnen darüber hinaus neue strategische Optionen im Koalitionsalltag.

Diese Perspektive soll im folgenden zudem um die Annahme ergänzt werden, daß innerparteiliche Fragmentierungen durchaus nicht nur von Vorteil sind. Sie können auch die Entscheidungskosten einer Koalition erhöhen, wenn es nämlich der Parteispitze nicht gelingt, koalitionskritische Gruppierungen im Entscheidungsprozeß ausreichend "einzukapseln". Wenn innerparteiliche Gruppierungen dem Koalitionspartner feindselig gegenüberstehen, wachsen die Konflikte in einem Regierungsbündnis unter Umständen an (ähnlich: Druckman 1996: 403[97]). Dieser Zusammenhang wurde von der Koalitionsforschung bislang auch deshalb nicht hinreichend berücksichtigt, weil diese nicht explizit zwischen den verschiedenen Interaktionsorientierungen eines kollektiven Akteurs differenziert. Gleichzeitig gilt es aber auch zu überprüfen, inwieweit innerparteiliche Konflikte und eine dezentralisierte Struktur neue strategische Möglichkeiten für die Verhandlungsführung einer Koalitionspartei gegenüber dem Partner eröffnen. Damit werden zwei Untersuchungsebenen miteinander analytisch verbunden: die der Koalition und der Verhandlungsbeziehungen auf der einen Seite und die der erforderlichen Zustimmung innerhalb der Partei bzw. Fraktion auf der anderen Seite. In solchen "Zweiebenenspielen" (Putnam 1988; Tsebelis 1990) findet der auf der Koalitionsebene erzielte Kompromiß im Idealfall die unmanipulierte Akzeptanz in der Fraktion bzw. Partei (vgl. für anderen Kontext: Scharpf 1993c: 168). Meistens, so der aus anderen Zusammenhängen gewonnene Befund, dominiere allerdings eine Ebene die andere: Als Folge entstehe entweder ein externes Koordinationsdefizit oder ein internes Demokratiedefizit (Scharpf 1993c: 168; vgl. Knorr 1975: 119[98]).

Zweitens ist es für die Struktur des Koalitionsmanagements von Bedeutung, inwieweit die Verhandlungsspitzen von ihrer Bezugsgruppe mit Verhandlungs- oder Vertretungsmandaten (vgl. Teil 1, Kap. 4. 3) ausgestattet werden. Diese beiden Fragen müssen insbesondere für die Fraktion einer Koalitionspartei geklärt werden, da sie in parlamentarischen Entscheidungsprozessen als ein eigenständiger, von der Partei abgrenzbarer Akteur zu begreifen ist. In Sachsen-Anhalt, wo die PDS die rot-grüne Minderheitsregierung toleriert hat, werden diese Fragestellungen ebenfalls auf den Tolerierungspartner angewandt. In den folgenden Teilkapiteln sollen solche Fragmentierungen nicht umfassend deskriptiv nachgezeichnet, sondern in ihrer Bedeutung für koalitionsinterne Konfliktregelungen und Konsensbildungen diskutiert werden.

---

97 Anders als Maor kommt Druckman zu dem Ergebnis, daß Koalitionsregierungen, die aus in sich stark fraktionalisierten Parteien bestehen, weniger stabil sind.

98 Knorr bestätigt für die Große Koalition in Bonn ein ähnliches Phänomen: Zwischen Parteiführung und einem großen Teil der Aktivmitgliederschaft der SPD habe sich eine Informations- und Kommunikationslücke aufgetan; die Koalition belastete das Verhältnis zwischen den mittleren und unteren Parteigliederungen.

2.1 Innerparteiliche und fraktionsinterne Fragmentierungen in Koalitionsparteien

Innerparteiliche und fraktionsinterne Fragmentierungen sind in allen hier untersuchten Koalitionsparteien vorhanden, allerdings in unterschiedlicher Weise ausgeprägt. In der *rheinland-pfälzischen* F.D.P. gab es zwar einen Teil in der Partei, der lieber eine Koalition mit der CDU eingegangen wäre. Gebremst wurde diese Option jedoch allein schon durch den schwachen Zustand der CDU (RP, 31.10.1996), aber auch durch die Koalitionsaussage zugunsten der SPD. Potentielle Widerstände wurden überdies durch die persönliche Autorität des Landesvorsitzenden Rainer Brüderle überlagert, der für die beschlossene Koalition stand. Auf Landesparteitagen erhielt er ohne nennenswerte Probleme die erforderliche Zustimmung für den Kurs des Landesverbands in der Koalitionsfrage - auch deshalb, weil, so wurde betont, in der Partei inzwischen durchaus realisiert werde, daß der Handlungsspielraum in der sozialliberalen Koalition größer sei als der in einem möglichen Bündnis mit der CDU (Kuhn RhP-FV-FDP und Schleimer RhP-Ma-FDP). Zum einen vermag sich die F.D.P. als Wirtschafts- und Landwirtschaftspartei gegenüber der SPD wirksamer zu profilieren als gegenüber der CDU, zum anderen war es Brüderle gelungen, den Einflußbereich seines Ministeriums zu arrondieren und in Haushaltsverhandlungen - anders als die anderen Ressorts - eine sog. “Kriegskasse”, d.h. freie, ungebundene Mittel für seinen Zuständigkeitsbereich, herauszuhandeln (vgl. Kap. 4). Darüber hinaus wirkte sich günstig auf die Entwicklung der sozialliberalen Koalition aus, daß die jüngeren Abgeordneten in der F.D.P.-Fraktion, die 1996 zum ersten Mal in den Landtag eingezogen waren, “eher sozialliberal ticken als christliberal” (Mertes RhP-FV-SPD; RP, 31.10.1996). So habe es durchaus Fälle gegeben, bei denen die F.D.P., wenn sie einen Antrag zu einem sozialen Thema formulierte, nicht gewollt habe, daß dieser Antrag als gemeinsamer mit der SPD eingebracht wurde, weil man in der Fraktion der Meinung sei, die F.D.P. müsse sich auch als soziale Partei profilieren (Mertes RhP-FV-SPD).

Die überaus starke Stellung der F.D.P. in der Koalition und insbesondere die unangefochtene Position Brüderles im Kabinett lösten wiederum innerparteilichen Unmut in Teilen der SPD und bei den Jusos aus. Auch das Stimmverhalten im Bundesrat und die Umsetzung umstrittener, im Koalitionsabkommen vereinbarter Fragen (z.B. die Auflösung der Bezirksregierungen oder das kommunale Privatisierungsgebot) sorgten für Widerspruch an der Parteibasis. Selbst in der SPD-Fraktion, so Beobachtungen aus der grünen Oppositionsfraktion, gebe es Kräfte, die “...nicht nur unter der momentanen Koalition leiden, sondern auch ganz deutlich sagen, wenn es eine Möglichkeit gibt, mit den Grünen zusammenzuarbeiten, dann würden wir das bevorzugen” (Thomas RhP-FV-Grü). Auch innerhalb der Führung der SPD gebe es Personen, wie den Landtagspräsidenten und stellvertretenden Landesparteichef Grimm, die Befürworter einer rot-grünen Zusammenarbeit seien. Grimm selbst wußte von Parteifreunden zu berichten, die sich über den auch nach seiner Meinung schwer erträglichen Kurs des Kabinetts bei ihm bitter beklagt hätten (FAZ, 13.8.1996). Das Gewicht Grimms im Landesvorstand ist indes durch die sog. "Landtagskassenaffäre"[99] geringer geworden. Auch auf kommunaler Ebene herrschte in der SPD Verärgerung über den Kurs der sozialliberalen Koalition, insbesondere wegen der geplanten Änderung der Gemeindeordnung, welche die wirtschaftliche Betätigung der Kommunen eingrenzen sollte. Die SPD-Führung verwies indessen immer wieder auf die Probleme, mit denen die rot-grünen Bündnisse in Hessen oder Nordrhein-Westfalen konfrontiert waren: In einem konservativ strukturierten Land wie Rheinland-Pfalz könne man mit einem grünen Koalitionspartner die Regierungsmacht erst recht nicht dauerhaft halten (Mertes RhP-FV-SPD).

Innerparteilicher und fraktionsinterner Unmut konnte in der rheinland-pfälzischen SPD durch die starke persönliche Stellung Kurt Becks in der Partei und im Land überdeckt und moderiert werden. Es gebe, so die Beobachtung der grünen Fraktionsvorsitzenden, neben Beck nicht viele profilierte Sozialdemokraten in Rheinland-Pfalz. Deshalb konzentriere sich die Aufmerksamkeit auf die Person des Ministerpräsidenten; Beck sei gleichsam die "Repräsentanz der SPD hier im Land". Über seinen persönlichen Einfluß habe Beck, der hohe Sympathiewerte in der Bevölkerung erringt (vgl. Teil 2, Kap.1), innerhalb der SPD eine enorme Geschlossenheit erreicht und gegenläufige Meinungen und Koalitionspräferenzen zur Seite geschoben. Dieser Befund gelte nicht nur für den inneren SPD-Kern, sondern auch für die gewerkschaftliche Vertretung, deren Gegenpositionen inzwischen verklungen seien. Die mit der Führungsspitze der F.D.P. ausgehandelten Ergebnisse würden dann von Beck in Partei und Fraktion hineinvermittelt; insofern gebe es eine "klare Unterordnung" von Partei und Fraktion unter die Regierung (Thomas RhP-FV-Grü). Ähnlich wie die oppositionellen Grünen die SPD analysieren, beschreibt auch die F.D.P. ihren Koalitionspartner: Der hohe Sympathiewert, den Beck in der Bevölkerung erziele, "...kommt natürlich wieder zurück, die Partei sieht das, und es ist überhaupt keine Alternative, und der macht das glänzend, kommt gut an" (Kuhn RhP-FV-FDP und Schleimer RhP-MA-FDP). Daß innerparteilicher Protest in der SPD im Untersuchungszeitraum nicht durchschlug, unterstrich auch der Fraktionsvorsitzende der SPD. So seien die Landesvorstände in Rheinland-Pfalz nicht sehr politisiert. Vielmehr handle es sich um ziemlich abgeklärte und nach vorwärts strebende junge Leute, die sich ihrer Rolle bewußt seien. Jeder wisse, daß der Ministerpräsident das Pfund sei, mit dem die SPD die Bevölkerung überzeugen könne, so daß übermäßige Kritik keinen Sinn habe. Mit dem Hinweis auf Sachzwänge werde Kritik weitgehend wirkungslos. Die Landesvorstände würden zumeist nachträglich einbezogen; dort unterhalte man sich eher allgemein über Trends (Mertes RhP-FV-SPD).

Die Geschlossenheit des - obschon in sich nicht homogenen - Landesverbands verdankt sich diesen übereinstimmenden Aussagen zufolge der Einsicht, daß es letztlich die Person Becks ist, welche die Zustimmung zur SPD in der Bevölkerung und damit die Mehrheitsfähigkeit im Land zu garantieren vermag. Will eine Koalition erfolgreich zusammenarbeiten, darf der Ministerpräsident als die herausragende Person, mit der insbesondere die Öffentlichkeit und die Wähler den Kurs der gesamten Regierung identifizieren, nicht beschädigt werden (vgl. Müller/McGovern 1999). Daß das höchste Partei- und Regie-

---

99 Aus einer Essensmarkenkasse des Landtags wurden immer wieder "Blitzkredite" abgezweigt. Zudem gerieten Abgeordnete aller vier Fraktionen bei der Staatsanwaltschaft in Verdacht, bei der Bewirtung von Besuchern des Landtags falsch abgerechnet zu haben.

rungsamt miteinander verflochten waren, trug in diesem Fall somit dazu bei, daß der Landesverband in seinem *entscheidungsrelevanten* Verhalten nach außen geschlossen gehalten werden konnte. Wenn die innerparteiliche Geschlossenheit gewahrt werden kann, entsteht nach Ansicht der Koalitionsspitzen wiederum eine größere Vertrauensgrundlage zwischen den Koalitionspartnern. Die Willensbildung im Landesverband wird Einschätzungen von Landespolitikern zufolge wesentlich durch die Regierungsspitze und die Fraktion vorgesteuert und dann in die Partei hineingetragen (Thomas RhP-FV-Grü). Beck sei, kommentierte auch die "Rheinische Post", in erster Linie Regierungschef, dann erst Parteichef, der das Profil seiner Partei schärfen wolle (RhP, 10.11.1997). Damit wurden in Rheinland-Pfalz in diesem Spannungsfeld zwischen innerparteilichem Handeln und Koalitionsraison besonders die *gouvernementalen Erfordernisse*, d.h. die Stabilität der Regierung, handlungsleitend. Ob sich aus der Folgebereitschaft der Parteien und Fraktionen gegenüber ihren Führungen für diese auch ein größerer koalitionsinterner Verhandlungsspielraum ergab, muß indes noch überprüft werden (vgl. Kap. 4).

Daß trotz der "Krötensammlung", welche die F.D.P. ihrem großen Koalitionspartner im Koalitionsvertrag und bei Bundesratsentscheidungen serviert hatte, und trotz manchen Unmuts in Fraktion und Partei Kurt Beck die Unterstützung seines Landesverband genoß, zeigte sich auf dem Parteitag der SPD im November 1997. Beck wurde mit 243 von 254 Stimmen wieder zum Landesvorsitzenden gewählt. Auf dem Parteitag wurde zwar heftige Kritik am Vorstand geübt, der aus der Sicht der Parteilinken weniger die Interessen der eigenen Partei, als vielmehr die des Koalitionspartners vertrete (Welt, 10.11.1997; RZ, 8.11.1997). Dem "Pfalztreffen" der SPD sei aber beispielsweise nur einer von mehr als 500 Ortsvereinen demonstrativ ferngeblieben. Letztlich wurden die Einigungszwänge in der Koalition auch in der SPD-Fraktion im großen und ganzen anerkannt. Die Parlamentarier, beschrieb ein SPD-Abgeordneter die eigene Situation, könnten sich nicht über Grundsatzentscheidungen hinwegsetzen, die Beck und Brüderle in ihren regelmäßigen Zweierrunden getroffen hätten oder die in der Koalitionsvereinbarung festgeschrieben sind. Die Aufgabe eines Abgeordneten in einer die Koalition tragenden Mehrheitsfraktion unterscheide sich eben von der eines Oppositionsabgeordneten (Itzek RhP-MdL-SPD, Mertes RhP-FV-SPD). Die Unterstützungsfunktion der Koalitionsfraktionen rangiert diesen Aussagen zufolge vor der Kontrollfunktion gegenüber der Regierung bzw. gegenüber den vom Koalitionspartner geführten Ressorts. Dabei werden die Fraktionen in Rheinland-Pfalz in ihrer eigenen Wahrnehmung jedoch nicht, wie es für die CDU der Regierungszeit Kohl zuweilen beschrieben wurde, zum verlängerten Arm der Regierung. Vielmehr sei die Koalition durch eine harmonische Zusammenarbeit gekennzeichnet, die auf die Funktionsnotwendigkeiten des Regierens Rücksicht zu nehmen weiß.

Der sozialdemokratischen Parteiführung gelang es, die beiden Handlungsarenen "innerparteiliche Willensbildung" und "Koalition" in ihren Prioritäten einander letztlich so zuzuordnen, daß Koalitionskompromisse erleichtert wurden *(Hierarchisierung der Arenen*; vgl. auch: Knorr 1975: 119). Voraussetzung dieser eindeutigen Zuordnung war nach Einschätzung von befragten Parlamentariern aus Regierungs- und Oppositionsparteien die weitreichende *Entideologisierung* der SPD-Landespartei, zumindest an ihrer Spitze, die durch schwache Kreisverbände gleichsam abgesichert wurde und gleichzeitig mit einer weitreichenden *Folgebereitschaft der Parteibasis und der Fraktionen* einherging[100]. Diese wiederum wurde zum einen dadurch sichergestellt, daß nach Ansicht der Befragten die *Vertrauensgrundlage* zwischen der Partei- bzw. Fraktionsspitze und der Basis bzw. der Fraktion tragfähig war (vgl. 2.2). Damit eine solche Vertrauensgrundlage Bestand hat, muß eine Koalition allerdings beiden oder allen Partnern Erfolge und Gewinne ermöglichen (Müller/McGovern 1999): Die SPD konnte den Regierungschef stellen und führende Partei im Lande bleiben, und die F.D.P. besaß, gemessen an ihrer Stärke, eine erhebliche Gestaltungsmacht. Zum anderen sicherte die ***herausragende Position*** von Beck und Brüderle in Partei und Regierung die beiden Spitzenakteure vor starker Kritik ab. Beide Personen galten in ihren Parteien als unumstritten. Die Autorität von Führungspersönlichkeiten erweitert in Koalitionen die Chance, Konflikte zu reduzieren (Schwarz 1978: 190 ff.), weil auf dieser Grundlage die Anforderungen von Koalitionskompromissen innerparteilich einfacher vermittelt werden können.

Die Verknüpfung der Handlungsarenen: Wähler/Öffentlichkeit, Partei und Koalition und der sie tragenden Fraktionen, denen eine unterschiedliche, auf den ersten Blick bedingt vereinbare Handlungslogik innewohnt, gelang im Fall Rheinland-Pfalz wiederum deshalb, weil die Spitzenakteure beider Parteien als *"Grenzstellenakteure"* (vgl. Benz 1995: 91 ff.; Luhmann 1964: 220) Mehrfachfunktionen in diesen verschiedenen Arenen wahrnehmen und ihre Wirkungskraft überdies durch ihre persönliche Reputation und Autorität auf den drei Handlungsebenen der Koalitionspartner abgesichert ist[101]. Eben weil Koalitionsakteure in ein Regierungsbündnis eingebunden sind und auf faktische Abhängigkeiten verweisen können, sind sie in der Lage, sich innerparteilichen, miteinander konkurrierenden Präferenzen und Erwartungen zum Teil zu entziehen. Auf der einen Seite müssen die Spitzenakteure konkurrierende oder gar konfligierende Rollen (vgl. Gross/ Mason/McEachern 1958) miteinander vereinbaren. Auf der anderen Seite erwächst ihnen eben durch solche mehrfachen Anforderungen eine hervorgehobene Machtposition, die Blockadegefahren und damit Unsicherheiten im Regierungsalltag vermeiden helfen kann.

Rollen- oder Normkonflikte können indes nach unterschiedlichen Präferenzen eines Akteurs verschieden aufgelöst werden (vgl. Opp 1986: 12 f.). Sie sind deshalb nicht automatisch, wie dies der erste Fall Rheinland-Pfalz nahelegen mag, unumschränkt auf die Funktionsbedingungen eines reibungslosen Koalitionsmanagements gerichtet, das Konkurrenzorientierungen gegenüber dem Koalitionspartner kontrollieren kann. Denn gleichzeitig kann es durchaus im rationalen Kalkül eines Koalitionsakteurs liegen, die innerparteiliche Handlungsarena zu instrumentalisieren, um gegenüber dem Koalitionspartner das eigene Durchsetzungspotential zu vergrößern (vgl. 2.3). Eine weitere Voraus-

100 Bei einer Mitgliederbefragung des Mainzer Unterbezirksverbands der SPD zeigte sich, daß sich die Mitglieder auf einer Links-Rechts-Skala erheblich näher zu den Grünen positionieren als zur F.D.P., die auf dieser Skala dicht neben die CDU gesetzt wird (vgl. Winkler 1999). Diese Selbsteinschätzung der Mitglieder setzt sich jedoch ersichtlich nicht automatisch in manifeste Koalitionspräferenzen um. Einschränkend muß jedoch hinzugefügt werden, daß die für die Großstadt Mainz ermittelten Befunde nicht unbesehen auf den gesamten Landesverband übertragen werden können.

101 Einen ähnlichen Zusammenhang beobachtete Gros für die CDU, wo Kanzler Kohl das Spannungsverhältnis zwischen Koalitionsentscheidungen und innerparteilichen Interessenlagen in der Finanzpolitik zugunsten koalitionspolitischer Handlungsspielräume austarieren mußte. Dies gelang ihm nicht zuletzt aufgrund seiner Doppelstellung als Parteivorsitzender und Bundeskanzler (Gros 1998: 136 f. 160 f.).

setzung, um Koalitionskompromisse innerparteilichen Anforderungen überordnen oder doch beide aggregieren zu können, ist jedoch generell dadurch gegeben, daß die Spitzenakteure der Koalition mit einem *Verhandlungsmandat* ausgestattet werden (vgl. Czada 1997; vgl. 2.3). Daneben ist es von Vorteil, wenn innerparteiliche Kritiker des Koalitionskurses, wie in Rheinland-Pfalz der Landtagspräsident Grimm, über hervorgehobene Ämter in die Koalitionsdisziplin eingebunden werden: Die *Repräsentation verschiedener Positionen* in Parlament und Regierung kann ebenfalls zur Stabilisierung eines Regierungsbündnisses beitragen.

Somit ist es in Rheinland-Pfalz eine Kombination verschiedener Faktoren, die es erleichtert hat, die innerparteiliche Willensbildung mit den Anforderungen des Koalitionsregierens abzustimmen. Die Koalitionsparteien, so betrachtete ein Vertreter der CDU-Opposition das Verhalten der Regierung kritisch, verfügten über keinen "programmatischen Ansatz" in dem Sinne, daß man eine Vorstellung davon habe, wie man Rheinland-Pfalz in der Zukunft positionieren wolle (Weiland RhP-MdL-CDU). Da die Koalition somit in sich weniger stark polarisiert sei, entstehe auch weniger Konfliktstoff. Ausdruck solcher entideologisierten Positionen waren beispielsweise die ursprünglich als internes Diskussionpapier gedachten Thesen des zum rechten Parteiflügel zählenden SPD-Sozialministers Florian Gerster[102]. Das Thesenpapier rief Kritik der SPD-Bundestagsfraktion und von Vertretern der AfA, aber auch vom DGB und seitens des sozialpolitischen Sprechers der Fraktion, Günter Rösch, hervor (RP, 4.6.1996). Der Fraktionsvorsitzende der SPD, Joachim Mertes, betonte ähnlich wie Gerster, die SPD-Identität sei nicht gleichzusetzen mit dem Fortschreiben alter Werte; manche Parteimitglieder diskutierten auf dem Problemstand von 1975 (FAZ, 13.8.1996; RZ, 10.7.1996).

Wurden die Parteien in Rheinland-Pfalz durch den unbedingten und erklärten Willen zur Zusammenarbeit zusammengehalten, so gestaltete sich die Wechselbeziehung zwischen innerparteilicher Willensbildung und Koalitionsmanagement in *Thüringen* in beiden Koalitionsparteien CDU und SPD erheblich komplizierter. Parteien in großen Koalitionen, die im Regelfall keine Liebeshochzeiten sind, tendieren ohnehin in stärkerem Maße dazu, sich wechselseitig zu profilieren, um sich, den Blick auf die kommenden Wahlen gerichtet, den Wählern als eigenständige politische Kraft zu präsentieren. Auch lockert die umfangreiche Mandatsmehrheit - in Thüringen verfügten SPD und CDU zusammen über 71 von 88 Mandaten und damit über mehr als eine Dreiviertelmehrheit - die innerparteiliche und fraktionsinterne Disziplin tendenziell auf (vgl. Knorr 1975: 147). Die Fraktionen tendieren weit mehr als in kleinformatigen Koalitionen dazu, die Funktion einer "Bereichsopposition" wahrzunehmen, die den Koalitionspartner in der Regierung überwacht. In der Großen Koalition in Bonn (1966-1969) nahm beispielsweise der Fraktionsvorsitzende der SPD, Helmut Schmidt, die Rolle des koalitionsinternen Oppositionsführers gegenüber dem CDU-Bundeskanzler wahr. Ziel der Fraktionen war, die

102 Inhalte des Papiers "Argumente für eine neue Sozialpolitik" waren u.a. Forderungen, das Lohnabstandsgebot zu konkretisieren, das Arbeitgebermodell für Behinderte einzugrenzen und die Regelhilfe für Sozialhilfe an die Einkommensentwicklung anzupassen. Gerster griff in seinem Papier die Bonner SPD-Opposition an. Diese bewahre ihre Ideale, um nicht konkrete Lösungskompetenz nachweisen zu müssen (RP, 7.6.1996; AZ, 29.5.1996; 31.5.1996; RP, 21.8.1996).

Ressorts, die sich jeweils nicht in der Hand der eigenen Partei befanden, wirksam zu kontrollieren[103].

Ähnliche Konstellationen, wie sie für die Bonner Große Koalition bekannt sind, traten auch in der Thüringer großen Koalition auf. Auch dort nahm insbesondere die SPD als kleinerer Koalitionspartner, der nicht den Regierungschef stellte, auf Regierungs- und Fraktionsebene oppositionsähnliche Funktionen wahr, um sich trotz ihrer Einbindung in eine große Koalition als zweitgrößte Partei profilieren zu können (Köckert Th-FV-CDU).

In der Thüringer SPD formierte sich, wie oben beschrieben (Kap. 1.1), bereits während des Wahlkampfs und während der Koalitionsbildung innerparteilicher Widerstand gegen den konsensorientierten Stil Schuchardts. Dessen innerparteiliche Konkurrentin, die Bundestagsabgeordnete Gisela Schröter, zog sich auf innerparteilichen Druck hin vom Posten der Vorstandsvorsitzenden zurück. Auch aufgrund dieser Ereignisse zeigten sie und ein Teil der Parteilinken sich in der Folgezeit wenig bereit, den Koalitionskurs mitzutragen. Bereits vor der Koalitionsbildung stand zudem der Führungsstil Schuchardts in der Kritik. Aus der Sicht der Parteilinken hatten Schuchardt und der Landesvorstand die Koalitionsverhandlungen zu nachgiebig geführt und die Basis nur unzureichend über die Teilergebnisse informiert. Zumindest bevor die Ministerien verteilt worden waren, so die Kritik, hätte die Basis gefragt werden müssen. Auch der Landesvorstand hätte die Ergebnisse der Koalitionsvereinbarung nochmals beraten sollen (TLZ, 14.12.1994). Die Entscheidungen in der SPD, so der Vorwurf, fielen nach zentralistischem Muster (TLZ, 22.11.1994; OVZ, 16.12.1994). Daß Koalitionskompromisse der Entfaltung innerparteilicher Kritik in einem Regierungsbündnis teilweise vorgeordnet werden müssen, wurde von dem der großen Koalition gegenüber kritisch eingestellten Teil der thüringischen SPD nicht akzeptiert. Auch die Art und Weise, wie Gisela Schröter vom Landesvorsitz verdrängt worden war, löste Kritik aus.

Bereits vor den Landtagswahlen hatten sich die Gewichte in der thüringischen SPD vom Parteivorstand in die Fraktion verschoben (Kiefer 1996: 52). Die von Schuchardt angestrebte Ämterkumulierung als Parteivorsitzender, Minister und stellvertretender Ministerpräsident wurde in der Thüringer SPD nicht rückhaltlos befürwortet. Vielmehr machte sich bei der Parteilinken Mißtrauen gegen diese Machtzusammenballung breit. Da Schuchardt überdies nicht Regierungschef war und daher nicht die unangreifbare, weil mit dem Erfolg der Partei gleichgesetzte persönliche Position eines Kurt Beck in Rheinland-Pfalz genoß, wurde die innerparteiliche Kritik an seinem Koalitionskurs erheblich deutlicher artikuliert. Als Schuchardt im Dezember 1994 auf dem Landesparteitag in Weimar zum Parteivorsitzenden gewählt werden sollte, stellte die Parteilinke mit Gerhard Neumann vom Gothaer Kreisverband einen Gegenkandidaten auf, der als Vertrauter Schröters und Kritiker Schuchardts galt (TLZ, 16.11.1994). In einer großen Koalition, so die Argumentation, müßten die eigene Ministerriege und die Fraktion von der Partei kritisch begleitet werden können. Schuchardt sei als stellvertretender Minister-

103 Die parlamentarische Opposition ist bei solchen "übergroßen" Regierungen nur eingeschränkt aktionsfähig. Sie kann zumal dann, wenn sie weniger als 25% der Mandate innehat, etliche Antrags- und Kontrollrechte nicht mehr wirksam ausüben (vgl. Schachtschneider 1989: 175 ff.). Deshalb erhielt B'90/Die Grünen in Bremen nach den letzten Wahlen, die wieder zu einer großen Koalition führten, die vollen Oppositionsrechte.

präsident und Minister der Richtlinienkompetenz Vogels und der Koalitionsdisziplin unterworfen und könne deshalb die Wahlkampfaussagen der SPD in der Koalition nicht mit Nachdruck verteidigen. Deshalb müsse gesichert sein, daß die Arbeit der Partei von der des Kabinetts und der Fraktion unabhängig bleibe (MA, 17.11.1994; TLZ 19.12.1994), um so das Profil der SPD in einer großen Koalition wahren zu können. Schon jetzt sei der Parteivorstand nurmehr der Vollzugsgehilfe von Fraktion und Kabinett. Die Parteilinke sah sich nicht ausreichend in Regierungsämtern und Fraktion repräsentiert. Sie forderte auch deshalb, Amt und Mandat voneinander zu trennen. Innenminister Richard Dewes (SPD), der Schuchardt ein Jahr später im Amt des Landesvorsitzenden ablösen sollte, befürwortete hingegen die Ämterkumulation, da nur so sichergestellt sei, daß Schuchardt zu dem mit derselben Amtsfülle ausgestatteten Bernhard Vogel ein wirksames Gegengewicht darstellen könne (FAZ, 19.12.1994).

Die Konflikte zwischen Schuchardt und Schröter waren auf dem Parteitag mit harten persönlichen Angriffen unterlegt. Schuchardt erhielt schließlich 121 Stimmen, sein Gegenkandidat Neumann 81 Stimmen bei zwei Enthaltungen (TLZ, 19.12.1994). Der Koalitionsvertrag traf so spät ein, daß den Delegierten kaum Zeit zum Durchlesen blieb; das Paket konnte ohnehin nicht mehr aufgeschnürt werden, ohne damit das Regierungsbündnis zu gefährden. Das Abkommen fand schließlich die Zustimmung von zwei Dritteln der Delegierten - ein deutliches Signal für die eingeschränkte innerparteiliche Zustimmung (Lippmann Th-FV-SPD).

Die thüringische SPD kann als ein Beispiel dafür gelten, wie eng die Wechselwirkungen zwischen Koalitionshandeln und innerparteilicher Willensbildung geknüpft sind. Ebenso wie in der rheinland-pfälzischen SPD, maß der Spitzenkandidat der Partei der Stabilität der Koalition tendenziell eine höhere Priorität bei als der parteipolitischen Profilierung. Anders als Kurt Beck war Schuchardt jedoch nicht mit dem Amts- und Sympathiebonus des Ministerpräsidenten ausgestattet, über den viele Länderregierungschefs auch deshalb verfügen, weil die Landespolitik eher gouvernemental ausgerichtet ist und die Einbindung der Länderregierungen in den kooperativen Föderalismus das Gewicht von Regierungen und Verwaltungen, insbesondere des Ministerpräsidenten, stark hervortreten läßt. Dieser Bonus kann gleichsam einen Schutzwall gegenüber innerparteilicher Kritik bilden. Auch fehlte Schuchardt, wie sich anhand der Wahlergebnisse zum Landesvorstand vergleichend zeigen läßt, von vornherein die ungeteilte innerparteiliche Zustimmung[104]. Schon nach kurzer Zeit galt er vielen in der Partei nicht mehr - anders als Kurt Beck - als Garant des landespolitischen Erfolgs und damit nicht mehr als unumstrittene erste Wahl.

Die Kritik am Kurs der sozialdemokratischen Parteispitze in der Erfurter großen Koalition entzündete sich am anfangs schwachen Erscheinungsbild der SPD, dem die CDU eine deutliche Dominanz entgegenzusetzen wußte (Lippmann Th-FV-SPD). Unter Schuchardt hatte sich wenig am schwachen Erscheinungsbild der Partei geändert (MA, 8.3.1995). Einige Beispiele stützen diese Einschätzung: Der Haushaltsentwurf für 1995 war bereits wesentlich festgeschrieben, als die SPD in die Koalition eintrat, und ließ

---

104 Während Kurt Beck mit einem Ergebnis von 96,4% zum Landesvorsitzenden gewählt worden war, erzielte Gerd Schuchardt nur 59,3% der abgegebenen Stimmen.

damit nur wenig Raum für die Selbstdarstellung der Partei. Sozialministerin Irene Ellenberger (SPD) bemerkte zu spät, daß ihre Interessen im Haushaltsplan nicht ausreichend berücksichtigt waren. Für ihr Ressort waren keine ausreichenden Mittel eingestellt, um, wie angekündigt, weitere 4500 Stellen in ABM-Projekten finanzieren zu können. Dieser Vorgang wurde später im Sinne der SPD korrigiert. Ihr Amtsvorgänger Pietzsch (CDU), inzwischen Landtagspräsident, trat weiterhin öffentlichkeitswirksam in sozialen Einrichtungen auf (OTZ, 9.3.1995). Auch mehrte sich die Kritik am Koalitionsabkommen, in dem die SPD aus der Sicht von Teilen der Basis über den Tisch gezogen worden war. Allerdings räumte die SPD-Abgeordnete Christine Klaus, Mitglied des Koalitionsausschusses, ein, daß die Verletzungen in der Anfangszeit der SPD teilweise auch nur so *wahrgenommen* worden seien: Die Partei, auch die Fraktion, seien es aus der Oppositionsrolle heraus nicht gewohnt gewesen, an Forderungen Abstriche zu machen, um an anderer Stelle etwas bewegen zu können; ihre Tauschfähigkeit war demnach gering. Insofern sei das erste halbe Jahr in der Fraktion auch als Lernphase zu begreifen, in der man die für eine Koalition erforderliche Kompromißbereitschaft erst habe einüben müssen (Klaus Th-MdL-SPD).

Die CDU, mit einem Vorsprung an Regierungserfahrung ausgestattet, provozierte ihrerseits den Koalitionspartner, indem sie der SPD das Attribut “pflegeleicht” verpaßte. Zum Ärger der SPD-Fraktion und -Basis wurde Schuchardt, der sich selbst einmal als Vogels “loyalster Minister” bezeichnete, vom Ministerpräsidenten immer wieder gelobt (FR, 18.10.1995; TA, 18.5.1995). Obschon Vogel und Schuchardt nach wie vor ein sachliches Verhältnis zueinander pflegten, vermochten beide diesen Konsens aufgrund der erwähnten Verstimmungen nicht hinreichend in die Parteien hinein zu vermitteln. Das Vertrauen der kritischen SPD-Linken gegenüber Schuchardt wäre wohl gefestigter gewesen, wenn dieser eine deutlichere Distanz zu den Positionen des Koalitionspartners eingenommen hätte[105]. Der damalige Fraktionsvorsitzende der CDU, Jürgen Schwäblein, überzog die SPD zudem mit Häme, als er 100 Mio DM im Haushalt als “angemessen” bezeichnete, um damit den Koalitionspartner innerparteilich zu stützen (FR, 18.10.1995). Indem einzelne Akteure der CDU zum Mißfallen des Ministerpräsidenten die SPD immer wieder vorführten und durch öffentliche Äußerungen desavouierten, setzten sie die Partei unter Profilierungszwang und beschworen damit eine stärker konfrontative und konkurrenzorientierte Haltung der SPD herauf. “Wenn einer sein Gesicht verliert”, so beschrieb der rheinland-pfälzische Wirtschaftsminister Hans-Artur Bauckhage eine eherne Koalitionsregel, die in Thüringen nicht immer eingehalten wurde, “kann man die Koalition vergessen” (Bauckhage RhP-WiMin-FDP; vgl. ähnlich: Müller/McGovern 1999). Auch der Thüringer Ministerpräsident Vogel betonte in einem Interview, man dürfe dem Partner “nicht die Nase aus dem Gesicht schneiden”, wenn man dauerhaft mit ihm zusammenwirken wolle (FW, 19.11.1994). Schuchardt versuchte - ebenso wie Vogel - diese Konflikte schönzureden, indem er das gute Klima in der Koalition als nicht gefährdet bezeichnete. Während dieser Phase der Koalition bemühte sich insbesondere die Fraktion unter ihrem Vorsitzenden Frieder Lippmann, das Profil der SPD im Bündnis zu

105 Diesen Zusammenhang bestätigen auch Müller/McGovern 1999: Damit rot-grüne Koalitionen auch innerparteilich akzeptiert würden, sei es erforderlich, daß die Fraktionsvorsitzenden oder die grünen Minister einen erkennbaren Abstand zum Koalitionspartner wahrten.

stärken, indem sie einen Nachtragshaushalt zur Aufstockung sozialdemokratischer Vorhaben beantragte (vgl. Teil 2, 4.3).

Der innerparteiliche Unmut in der SPD wuchs alsbald weiter an. Die Schuchardt-Kontrahentin Schröter rief einen Gesprächskreis ("Hopfenbergkreis") ins Leben, um die aus ihrer Sicht überfällige programmatische Diskussion zu beginnen. Mitglieder an der Basis forderten ein stärkeres sozialdemokratisches Profil der Landespartei, das sich an den Themen der Sozialpolitik, Arbeit und am ökologischen Umbau zu orientieren habe. Auch die Jusos zeigten nur wenig Verständnis für Koalitionskompromisse, wenn diese vom Koalitionspapier abwichen (Klaus Th-MdL-SPD). Der Abgeordnete Jochen Greiner-Well erwog seinen Austritt, weil der Landesverband basisfern agiere und unfähig sei, in einer großen Koalition die Oppositionsrolle zu übernehmen (MA, 20.6.1995). Die SPD-Gremien seien mangelhaft mit der Basis verzahnt, zwischen Landesvorstand und Fraktion zeigten sich Verständigungsprobleme. Auch existiere keine regelmäßige Gesprächsrunde der SPD-Kreisvorsitzenden beim Landesvorstand. Die Kreisvorsitzenden, eine jedenfalls bedeutsame Schaltstelle der innerparteilichen Willensbildung innerhalb eines Landesverbands, sähen sich, so die kritische Umschreibung einer aus dieser Sicht zu stark hierarchisierten innerparteilichen Willenbildung, nurmehr als Anhängsel der Partei.

Immer wieder rückte auch die Koalitionsfrage in den Mittelpunkt von Diskussionen. Der Landesvorsitzende des DGB, Frank Spieth, gleichzeitig Landesvorstandsmitglied der SPD, forderte, man müsse mit den Reformkräften in der PDS nicht nur reden, sondern auch ihre Ansätze aufgreifen. Die CDU sei sich der Folgsamkeit der SPD viel zu sicher; nötig sei vielmehr ein gewisses Maß an Unruhe in der Koalition. Ein Parteivorsitzender müsse in der Lage sein, auch außerparlamentarische Ideen in die Fraktion und in die Ministerriege hineinzutragen (MA, 16.8.1995). SPD und PDS hätten bereits in vielen Punkten eine Reformmehrheit (MA, 1.9.1995). Spieth hob mit seiner Argumentation darauf ab, die SPD in den Rang eines *"dominant player"* zu erheben, denn die CDU könne ohne die SPD nicht regieren, wohl aber umgekehrt. Hierfür hätte allerdings die PDS als kooperationsfähige Partei anerkannt sein müssen. Schuchardt bezog denn auch prompt Position gegen Spieths Äußerungen (MDR-Radio, Mitschrift vom 16.8.1995). Seine Anhänger warfen Spieth vor, er hätte als Mitglied des Landesvorstands seine Kritik weniger öffentlichkeitswirksam und damit weniger schädlich für die Partei anbringen können. Die SPD erlange durch gute Regierungsarbeit in der Bevölkerung Vertrauen; dieses werde durch Spieth verspielt (TLZ, 17.8.1995; STZ, 17.8.1995). Wie gespalten die thüringische SPD in der Koalitionsfrage war, zeigen Ergebnisse einer Parteienstudie (von 1997/1998; vgl. Schmitt 1999): 54% der Mitglieder und 55% der Ortsvereinsvorsitzenden, aber nur 21% der Kreisvorsitzenden wollen demnach "auf keinen Fall" eine Koalition mit der CDU. Dagegen lehnen 57% der Mitglieder, 52% der Ortsvereinsvorsitzenden und 44% der Kreisvorsitzenden eine Koalition mit der PDS ab. Als "akzeptabel" wurde eine Koalition mit der CDU von 43% der SPD-Mitglieder, 40% der Ortsvereinsvorsitzenden und 79% der Kreisvorsitzenden bewertet. Demgegenüber würden 36% der Mitglieder, 46% der Ortsvereinsvorsitzenden und 56% der Kreisvorsitzenden eine Koalition mit der PDS akzeptieren. Die an sich günstige strategische Stellung der SPD als "dominant player" hat somit eine "innerparteiliche Kehrseite...Die Partei ist in zwei Lager gespalten; die Gruppe der in beiden Richtungen offenen Mitglieder ist zu klein, um der einen oder anderen Seite zu einer Mehrheit zu verhelfen". Koalitionsentscheidungen der Thüringer SPD geraten damit unweigerlich zu einer "Zerreißprobe" (Schmitt 1999: 16).

Schuchardt sah sich selbst eher als Mitglied der Regierung denn als Parteivorsitzender. Er vermochte es nicht, zwischen beiden konkurrierenden Rollen - dem Ministeramt und dem Landesvorsitz der Partei - flexibel zu wechseln und beide Anforderungen - Kooperation und Profilierung - zu bedienen. Letztlich wies er - ähnlich Beck - dem Regierungsamt die höhere Priorität zu, verlor aber eben dadurch an Anerkennung in den eigenen, im Vergleich zur rheinland-pfälzischen SPD weniger geschlossenen Reihen. Generalisiertes Vertrauen, das den Spitzenakteuren einer Koalition seitens der eigenen Partei entgegengebracht wird, ist indessen eine unverzichtbare Bedingung dafür, daß sich die Spitzen einer Partei in einer Koalition auf ein zuverlässiges Verhandlungsmandat stützen können. Ohne Verhandlungsmandate wiederum können Kompromisse, Koppelgeschäfte und Tauschbeziehungen - als eine Möglichkeit der Konfliktlösung in einer Koalition - nicht zuverlässig getätigt werden, weil sich die Koalitionspartner dann wechselseitig nicht auf die Loyalität des jeweils anderen verlassen können.

In der SPD-Fraktion waren die Anhänger Spieths in der Minderheit. Der Fraktionsvorsitzende Lippmann unterstrich, er halte nichts von einer Kooperation der SPD mit der PDS im Landtag (FW, 17.8.1995; Lippmann Th-FV-SPD). In einem Presseinterview kündigte Lippmann anschließend an, man werde im nächsten Wahlkampf nicht als Partner, sondern als Gegner der CDU auftreten, auch wenn das Bündnis derzeit einen anderen Eindruck vermittle. Im Koalitionsabkommen sei überdies vereinbart worden, nicht mit wechselnden Mehrheiten abzustimmen (OTZ, 14.10.1995). Mit diesen Äußerungen unterstrich Lippmann zwar die Bündnistreue der SPD, gab aber auch dem Sachverhalt Ausdruck, daß in der großen Koalition der Wettbewerb zwischen den beiden großen Parteien nicht zu sehr zugunsten einer konsensorientierten Zusammenarbeit zurückgestellt werden kann. Der Eindruck einer koalitionskonformen Gesamthaltung der SPD-Fraktion wurde auch seitens der PDS-Opposition bestätigt: In der SPD-Fraktion sei ein linker Flügel kaum erkennbar, allenfalls bei denjenigen, die auf den hinteren Bänken säßen. Insgesamt sei die SPD, so die Aussage der PDS, "sehr CDU-hörig". Im Abstimmungsverhalten sei nichts zu machen[106]. Die PDS zählte nur sehr wenige SPD-Abgeordnete zu einer potentiell linkeren Opposition (Klaubert Th-FV-PDS).

Die innerparteilichen Konflikte in der SPD mündeten schließlich in einen Wechsel an der Spitze der Landespartei. Innenminister Richard Dewes rückte im Laufe des Jahres 1995 merklich von der - je nach politischem Standort als geradlinig oder starrsinnig bezeichneten - Linie Schuchardts ab. Im Oktober 1995 veröffentlichten zum linken Flügel der SPD zählende Politiker ein Diskussionspapier "Für eine souveräne SPD" (TA, 19.10.1995), in dem gefordert wurde, das Verhältnis der SPD zur PDS zu überdenken. Auf dem Parteitag in Sonneberg im September 1995 bekräftigte Dewes, die PDS befinde sich auf dem Boden des Grundgesetzes und sei theoretisch koalitionsfähig, sofern sie sich von der Kommunistischen Plattform trenne (TA, 1.9.1995). Obschon er die PDS für einen politischen Gegner halte, plädiere er gegen eine Ausgrenzung der PDS (FAZ,

106 Diese Einschätzungen decken sich mit den Befunden zum Selbstverständnis ostdeutscher Parlamentarier, welche das reibungslose Funktionieren des parlamentarischen Systems - hierzu gehört auch die Fraktionsdisziplin - eher als Defekt auslegen (Patzelt/Schirmer 1996: 26 f.).

4.11.1995). Dewes war später der einzige ostdeutsche Landesvorsitzende seiner Partei, der die Erfurter Erklärung vom Januar 1997 unterzeichnete und damit für eine außerparlamentarische Mehrheit links von der CDU warb. Anschauungsmaterial für die schwierige Spagatstellung der SPD zwischen CDU und PDS boten andere Bundesländer, in denen sich die SPD in einer großen Koalition befand. Im Oktober hatte die Berliner SPD, ebenfalls in eine große Koalition eingebunden, bei den Wahlen einen Verlust von 6,8% erlitten (vgl. Jesse/Michel 1996)[107]. Dies konnte als eine deutliche Warnung an die thüringische SPD interpretiert werden, ihr Profil gegenüber der CDU besser zu schärfen. Schuchardt wandte sich schließlich im November 1995 brieflich an die Parteimitglieder. Demzufolge sollte per Mitgliederbefragung geklärt werden, wer auf dem Parteitag als Landesvorsitzender kandidieren sollte. Die Wahl selbst hatte dann auf dem Parteitag im März 1996 stattzufinden. Er selbst, so Schuchardt, habe Richard Dewes gebeten, sich als Landesvorsitzender aufstellen zu lassen. Als Grund für seinen Rückzug gab er an, die verschiedenartigen Aufgaben und Verantwortungen entflechten zu wollen. Als Gegenkandidat von Dewes trat der - alsbald entmachtete (OVZ, 19.2.1996) - Vorsitzende der AG der Selbständigen, Jürgen Schaffara, auf. Die Mitgliederbefragung erbrachte schließlich bei einer Beteiligung von 55,69% der seinerzeit 5718 Mitglieder ein eindeutiges Ergebnis: 2374 Stimmen (75%) entfielen auf Dewes, 594 (16%) auf Schaffara, 193 Mitglieder enthielten sich, 19 Stimmen waren ungültig. In der Thüringer SPD führte somit die innerparteiliche Kritik am Landesvorsitzenden, die sich auf Unmut über den persönlichen Umgangsstil sowie auf den Kurs der Führungsspitze in der Koalition zurückführen ließ, zu einem Wechsel im Landesvorsitz der Partei. Mit dem Personalwechsel an der Spitze der Partei wurde der Wettbewerb in der Koalition stärker akzentuiert. Eine Entflechtung von Regierungsamt und Parteivorsitz, wie es einige Parteilinke ursprünglich gefordert hatten, wurde jedoch nicht erreicht, da auch Dewes als Innenminister grundsätzlich der Richtlinienkompetenz des Ministerpräsidenten unterstellt blieb.

Insbesondere der linke Flügel der SPD - mit Ausnahme Dewes' nicht auf der Regierungsbank vertreten - und der rechte Flügel der CDU beäugten sich wechselseitig mißtrauisch. Beide Parteien nahmen ihre jeweiligen Flügel als eine Bedrohung für die Politik der Koalition wahr. Die Vorgänge in Thüringen zeigen, daß es in einer Koalitionsanalyse nicht genügt, die Parteien als Einheit auf der Links-Rechts-Skala zu positionieren und davon das wahrscheinliche Konfliktniveau abzuleiten (vgl. auch: Laver/Schofield 1990: 33). Vielmehr müssen innerparteiliche oder fraktionsinterne Teilgruppen berücksichtigt werden, weil sie Konfliktniveaus mit begründen und die Reichweite von Koalitionskompromissen wesentlich abstecken.

Ebenso wie Teile der SPD-Basis, waren auch in der CDU Teile der Mitgliedschaft und der Fraktion der Meinung, man habe bei den Koalitionsverhandlungen unnötig Einflußbereiche verschenkt. Schon während der Wahlen zum Fraktionsvorsitz wurde deutlich, daß sich der Ministerpräsident, Bernhard Vogel, mit seinem Wunsch, Dieter Althaus zum

107 Sowohl SPD als auch CDU verloren bei den Wahlen zum Berliner Abgeordnetenhaus. Während der Stimmanteil der SPD von 30,4% auf 23,6% sank, rutschte die CDU "nur" von 40,4% auf 37,4%. Die PDS legte von 9,2% auf 14,6% zu; Grüne/AL konnten 1990 5,0%, B'90/Grüne 4,4% erzielen. Die vereinigten Grünen kamen 1995 auf 13,2%.

Fraktionsvorsitzenden zu machen, nicht gegen Althaus selbst und auch nicht gegen die Fraktion durchsetzen konnte (vgl. Kap. 1.2). Der Fraktionsvorsitzende Schwäblein, der gegenüber der SPD ständig polarisierte, stärkte mit seinem Führungsstil eher den Koalitionspartner. Seine Abwahl im November 1995, die von Vogel mitbetrieben wurde, legte die fraktionsinternen Konflikte in der CDU offen[108]. Erst im dritten Wahlgang unterlag Schwäblein dem späteren Fraktionsvorsitzenden Köckert, für den sich Vogel stark gemacht hatte (OVZ, TLZ, MA, jeweils 23.11.1995). Fragmentierungen innerhalb der Partei entstanden, wie erwähnt, durch Konflikte zwischen Blockparteimitgliedern und Reformern sowie durch regionale Neugliederungen der Kreise (vgl. Schmidt 1996b: 349)[109]. Insbesondere Willibald Böck, ehedem Innenminister des Landes, fand sich nicht damit ab, daß Vogel in den Koalitionsverhandlungen die Zuständigkeiten für Inneres an die SPD abgetreten hatte. Vogel konnte Böck nur dadurch davon abhalten, gegen Schwäblein für den Fraktionsvorsitz zu kandidieren, daß Böck zum Vorsitzenden des Innenausschusses gewählt wurde. Zwar hatte Vogel bereits zu Beginn des Jahres 1995 Arbeitsgruppen eingesetzt, die Vorschläge erarbeiten sollten, wie man das Profil der CDU schärfen könne. Um Böck sammelte sich jedoch bald eine Gruppe von Konservativen als "Wachsenburger Gesprächskreis", der, so das Ziel, intensiv mit dem Landesvorstand und den Organisationen der Partei vernetzt sein sollte. Zulauf erhielt Böck insbesondere von aufgrund der Gebietsreform und wegen des sozialdemokratischen Innenministers verärgerten Landräten und Bürgermeistern (STZ, 10.2.1995; TLZ, 10.2.1995; OTZ, 10.2.1995; OVZ, 10.2.1995). Ähnlich wie die Parteilinke in der SPD, argumentierte auch Böck, daß sich die CDU in einer großen Koalition stärker von der SPD abgrenzen müsse:

> "Wir hatten die Überlegung unmittelbar nach der Wahl. Da gehörten ein paar Richter dazu, Leute aus der Verwaltung, Leute aus der Wirtschaft [...] Es gab damals...auch Leute aus den alten Bundesländern, Leute aus Bayern, die noch CSU-Mitglied sind und dergleichen, die sagten, Menschenskind, bei einer großen Koalition ist es günstig, wenn eine Partei eine Gruppe hat, die auch das aussprechen darf, was man in einer großen Koalition normalerweise nicht sagt, also so eine Art Organisation neben oder vor oder hinter der Partei, die dann was sagen kann. Ich hatte das im Landesvorstand gesagt, daß es dort Bestrebungen gibt,...um sich klar zu äußern und unsere Positionen zu vertreten, die man so nicht vertreten kann. Und da ist von eigenen Leuten mit voller Absicht...verbreitet worden, da sollte sich eine rechte Gruppe bilden [...] Ja, es wäre eine Hilfstruppe gewesen, wäre auch ein Stoßtrupp gewesen, der... [dort], wo Streit zu erwarten gewesen wäre, sich hätte im Vorfeld artikulieren können, um das in die öffentliche Debatte zu bringen." (Böck Th-MdL-CDU).

Beim Koalitionspartner verfestigte sich alsbald der Eindruck, "...daß der CDU-Fraktionsvorsitzende seine Truppen nicht so recht im Griff hat, zumindest nicht in jedem Punkt" (Klaus Th-MdL-SPD). Das Arbeitsklima werde "stark beeinträchtigt", weil man feststellen müsse, daß bei Gesprächsrunden "nicht mehr die Geschlossenheit da ist, die notwendig wäre" (Lippmann Th-FV-SPD). Umgekehrt wurde von Abgeordneten immer

---

108 Schwäblein geriet in die Kritik, als lanciert wurde, daß er eingehende Faxe an CDU-Abgeordnete kontrolliert habe (MA, 30.9.1995). Daneben wurde ihm angekreidet, einen engen Freund, der Geschäftsführer der CDU-Mittelstandsvereinigung war, über Umwege aus Geldern der CDU-Fraktion finanziert zu haben (TA, TLZ 30.9.1995).

109 Ute Schmidt betont, daß in der Thüringer CDU starke kommunalpolitisch definierte Interessen wirksam seien.

wieder darauf verwiesen, daß die Einbindung in eine Koalition dem Ministerpräsidenten die Möglichkeit gab, "widerspenstige" Abgeordnete mit Verweis auf die bestehenden Einigungszwänge zu disziplinieren. Aus der Sicht der PDS-Opposition entsteht der beschriebene koalitionsinterne Dissens allerdings nicht so sehr aus der großen Koalition heraus, sondern aus der Positionierung der CDU auf der Links-Rechts-Skala; die CDU Thüringens sei viel weiter rechts anzusiedeln sei als die Gesamt-CDU im Osten (Klaubert Th-FV-PDS). Grundsätzlich schätzen PDS-Mitglieder die CDU jedoch erheblich weiter rechts ein als alle anderen Parteien, wie eine Parteienstudie über Sachsen-Anhalt ergab (Boll/Crow/Hofmann/Holtmann 1999: 41). Diese Befunde werden auch für Thüringen bestätigt (Schmitt 1999: 9). Dort sehen auch die SPD-Mitglieder die CDU weiter rechts als diese sich selbst; die CDU stuft sich weiter links ein als alle anderen Parteien. Umgekehrt sehen die CDU-Mitglieder die SPD weiter links als deren Mitglieder ihre eigene Partei. Die Mitglieder der SPD wiederum sehen ihre eigene Partei näher an der PDS als umgekehrt. Die Ortsvereins- und Kreisvorsitzenden der CDU positionieren sich wiederum deutlich weiter rechts als die eigenen Mitglieder; die Ortsvereins- und Kreisvorsitzenden der SPD sehen sich hingegen etwas weiter links als ihre Mitglieder.

Der innerparteiliche Vorstoß Böcks fand indessen, wie Böck selbst einräumte, nicht nur Anhänger in der CDU-Fraktion. Um ein Gegengewicht zum SPD-geführten Innenministerium auch in Fragen der Kommunalpolitik bilden zu können, kandidierte Böck überdies mit Erfolg für den Posten des Vorsitzenden der kommunalpolitischen Vereinigung der Thüringer CDU (TLZ, 10.2.1996; Böck Th-MdL-CDU). Böck sah sich in seinem mehr an parteilicher Konkurrenz orientierten Kurs schließlich bestärkt: Nachdem er zwei Jahre nicht im Landesvorstand gewesen sei, habe er wieder als Beisitzer kandidiert und - bei einem Verhältnis von 15 Beisitzerposten bei 45 Bewerbungen - bereits im ersten Wahlgang über 80% Zustimmung erhalten. Er fühle sich in einer starken Position, weil sein Kurs von der Mehrheit der Partei eben auch gewollt werde (Böck Th-MdL-CDU). Das Beispiel Thüringen zeigt, daß eine Partei zwar in der Tat Vorteile davon haben kann, wenn sie verschiedene Strömungen und organisationelle Fragmentierungen in sich birgt. Der Koalition gegenüber kritisch eingestellte Mitglieder müssen in einem solchen Fall nicht die Partei verlassen, um ihrem Unmut Ausdruck zu verleihen (vgl. Maor 1998: 143). Haben sich innerhalb solcher Fragmentierungen jedoch feindselige Orientierungen ausgebildet, so kann dies die Zusammenarbeit zwischen den Koalitionspartnern beeinträchtigen.

Die *sachsen-anhaltische* Minderheitskoalition aus SPD und Bündnisgrünen stand schon deshalb unter einem besonderen Erfolgsdruck, weil die Bildung einer Minderheitsregierung, die von der SED-Nachfolgepartei toleriert wurde, in der Öffentlichkeit zum Teil scharf angegriffen und noch 1994 zum Bestandteil des Bundestags-Wahlkampfs der CDU gegen die SPD gemacht wurde ("Rote-Socken-Kampagne") und in der SPD auch innerparteilich nicht unumstritten war. Dieser Erfolgsdruck wirkte auf die SPD und die Grünen disziplinierend: "...das Scheitern dieser Geschichte [würde] einen solchen politischen Flurschaden für uns nach innen anrichten,...und alle würden höhnen und sagen, seht ihr, das habt ihr davon" (Tschiche SnA-FV-Grü). Da sich die CDU um die Regierungsbeteiligung betrogen fühlte und fortan eine entschieden konfrontative Oppositionsstrategie pflegte, stand sie als Kooperationspartner grundsätzlich nicht mehr bereit, so daß SPD und Grüne auf die PDS als Mehrheitsbeschafferin umso mehr angewiesen waren. Nach

Maor (1998: 146) können sich Minderheitsregierungen, wenn sie die Position eines "dominant player" und überdies die Medianposition im politischen Spektrum innehaben, den für die Kohäsion und die innerparteiliche Stabilität der Partei am wenigsten teuren Partner aussuchen. Dieser Befund gilt jedoch dann einschränkt, wenn sich eine potentielle Tolerierungspartei der Unterstützung der Regierung entzieht. Da die sachsen-anhaltische CDU die Zusammenarbeit mit der SPD ablehnte, um damit deren Stellung als "dominant player" von vornherein einzugrenzen, stärkte sie faktisch die Verhandlungsposition der PDS gegenüber der Minderheitskoalition.

Innerparteiliche Konflikte, die sich an der Koalitionsvariante bzw. der Rolle der PDS für die Entscheidungsfähigkeit der Minderheitsregierung entzündeten, zeigten sich bei den Grünen zu Beginn nur selten. Die bündnisgrüne Basis äußerte indessen mehrfach ihren Unmut über Koalitionsentscheidungen, die grüne Positionen ihrer Meinung nach nicht ausreichend widerspiegelten und die Ziele der Partei verraten hätten (so über die militärische Nutzung der Colbitz-Letzlinger-Heide oder den Flughafenbau in der Altmark; Tschiche SnA-FV-Grü). Der Wechsel von Opposition zur professionellen Handhabung der Macht falle vielen Bündnisgrünen schwer, so daß allenthalben Klagen über den Profilverlust von B'90/Die Grünen zu vernehmen seien (Schrägstrich 1-2, 1997). Selbst wenn zwischen Grünen und PDS eine echte, für die Vertreter der Grünen aufgrund der inhaltlichen Wendung von SED-Altmitgliedern kaum mehr nachvollziehbare Themenkonkurrenz bestand (vgl. Teil 2, Kap. 4.3)[110], sahen sich die Grünen dennoch in einigen Fragen von der PDS gegenüber der SPD unterstützt. Man habe, so der Fraktionsvorsitzende von B'90/Die Grünen, Hans-Jochen Tschiche, mit der SPD einen Koalitionspartner, der unter Umständen ganz anders mit den Grünen umspringen würde, wenn die PDS nicht wäre. Mit der PDS wiederum habe man einen Tolerierungspartner, der die Grünen an bestimmten Punkten - in ökologischen Fragen und Frauenthemen etwa - gegenüber der SPD stärke. Das gestehe sich zwar niemand gerne ein, treffe aber dennoch zu (Tschiche SnA-FV-Grü; ähnlich: Sitte SnA-FV-PDS). Gleichwohl müsse sich die Partei immer wieder vergewissern, nicht das fünfte Rad am Wagen von SPD und PDS zu sein (vgl. hierzu Teil 2, Kap. 4).

In der SPD äußerten die Minister Püchel (Inneres) und Schucht (Wirtschaft) und auch Finanzminister Schaefer zwar Kritik an der Minderheitsregierung. Dennoch konnten sie im Laufe der Legislaturperiode - wenn auch mit gelegentlichen Schwierigkeiten[111] - eingebunden werden. Die aus der umstrittenen Koalitionsentscheidung der SPD geborene konfrontative Oppositionsstrategie der CDU sowie das gestörte persönliche Verhältnis zwischen dem Ministerpräsidenten Höppner und dem CDU-Fraktionsvorsitzenden Christoph Bergner trugen indes dazu bei, daß eine Zusammenarbeit mit den Christdemo-

110 "Und bei der PDS ist es ja im Grunde so, daß die...über Nacht...plötzlich, jedenfalls wenn sie im Parlament auftreten, die Umweltschützer, die Naturschützer, die Friedensfreunde, die Frauenfreunde, die Dezentralisierer [sind]. Also, manchmal hält man das ja nicht im Kopf aus, nicht....Wenn man also jemanden weiß, der zwei Jahre im Wachregiment Dzerschinski oder gar drei Jahre gedient hat, da bei diesem Stasibataillon, und jetzt der Oberfriedenskämpfer ist, dann wird es ein bißchen schwierig" (Tschiche SnA-FV-Grü).

111 So äußerte Wirtschaftsminister Schucht immer wieder öffentlich Unmut über den grünen Koalitionspartner; zwischen ihm und der Umweltministerin Heidrun Heidecke kam es des öfteren zu einem verbalen Schlagabtausch.

kraten sich so gut wie gar nicht entwickelte. Andere Proteste, wie die der Kommunalpolitiker gegen geplante Kürzungen im kommunalen Finanzausgleich[112], entzündeten sich nicht an der Koalitionsvariante bzw. PDS-Tolerierung, sondern wären nach Einschätzung von SPD-Abgeordneten auch ohne diese entflammt (Bullerjahn SnA-PG-SPD). Organisationen der Parteilinken, wie das Mansfelder Forum, waren für das Koalitionsverhalten nicht ausschlaggebend, und auch das Stimmverhalten der Fraktion war weitgehend geschlossen. Gleichwohl, so die Beobachtung der Fraktionsvorsitzenden der PDS im sachsen-anhaltischen Landtag, Petra Sitte, hätten die hausgemachten Auseinandersetzungen in SPD und Bündnis 90/Die Grünen und die Flügelkämpfe auch damit zu tun, daß die PDS in das Magdeburger Modell integriert sei. "Es gibt ja auch bei den anderen politischen Kräften nach wie vor Leute, die sich lieber heute früh als morgen von diesem Modell verabschieden würden und auch ganz klar die PDS nach wie vor ablehnen. Wir sind eine riesige Kröte für die, und insofern ist das für die eine Dauerkonzession, die nur ausgesessen werden soll" (Sitte SnA-FV-PDS). Dies gelte insbesondere für den Innen- und den Finanzbereich. Dort würden die verantwortlichen Minister und einige der Abgeordneten lieber mit der CDU zusammengehen. Bestehende innerparteiliche Konflikte wurden somit durch die beschriebene Situation, in der die Minderheitsregierung entstand, lediglich überdeckt.

Für eine Partei wie die PDS, die sich grundsätzlich als Systemopposition bzw. als "gesellschaftliche Opposition" verstand (vgl. hierzu Neugebauer/Stöss 1996: 239 f.; Moreau 1998; Moreau/Neu 1994; Jesse 1999; vgl. auch Wahlprogramm der PDS Sachsen-Anhalt 1998: 5) und auch die parlamentarische Demokratie noch immer im Grundsatz ablehnte, bedeutete die Einbindung der Partei in eine Konstellation, in der sie immer wieder die parlamentarische Mehrheit einer rot-grünen Minderheitsregierung sichern wollte, einen Kraftakt, der sich nicht zuletzt in argumentativen und rhetorischen Windungen niederschlug. Die Mitgliederschaft der PDS kann als weitestgehend homogen, dabei aber traditionalistisch und diszipliniert beschrieben werden. Die Vermittlung mußte vor allem zwischen diesen Traditionalisten an der Basis und der Führung geleistet werden, die aus etlichen sog. "Neuerern" bestand. Die Tolerierungsrolle, welche die PDS in Magdeburg übernommen hatte, mußte gegenüber der Parteibasis immer wieder von neuem begründet werden. Zwischen der Zustimmung zur aktuellen Tagespolitik der Landesregierung und der langfristigen politischen Zielsetzung der PDS, so löste die Fraktionsvorsitzende Petra Sitte auf dem Sonderparteitag der PDS den Widerspruch zwischen grundsätzlicher Systemopposition und parlamentarischer Mitwirkung auf, bestehe zwar eine wesentliche Diskrepanz. Politische Provokation als Ausdruck fundamentaler Opposition sei aber nicht ausreichend, wenn man praktische Ergebnisse im Sinne einer Verbesserung der Lebensverhältnisse erreichen wolle. Die PDS könne sich nicht aus allen Situationen herausnehmen, die Menschen dabei im Stich lassen, nur damit die reine Lehre keinen Schaden nehme. Die Partei habe ihre Unschuld längst verloren[113] -

---

112 Anläßlich der Haushaltsberatungen der Koalition für den Haushalt 1997 demonstrierten rund 250 Bürgermeister vor dem Landtag gegen die geplanten Kürzungen bei den Finanzzuweisungen, vgl. Teil 2, Kap. 4.3.

113 Rede der Fraktionsvorsitzenden Petra Sitte "zu den Erfahrungen und Ergebnissen der Arbeit der PDS-Landtagsfraktion in der Zweiten Wahlperiode" auf dem Sonderparteitag der PDS am 25.2.1995.

und dennoch nicht ihr oppositionelles Selbstverständnis aufgegeben. In der Partei, so Sitte, habe die "ziemlich starke parlamentarische Bindung" zu einer deutlichen Kritik in den Kreisen und den PDS-Basisorganisationen geführt, welche die Partei- und die Fraktionsführung sehr wohl bemerkt und aufgenommen habe: Der Wille der Partei sollte den Kompromissen der Tolerierungsrolle nicht nachgeordnet werden. Nun gehe man - als Reaktion auf diese Kritik - wieder häufiger in die Kreise, Städte und Dörfer auf Info-Touren, um auch an der Parteibasis wieder mehr Präsenz zu zeigen und die eigene Haltung erklärend zu vermitteln (Sitte SnA-FV-PDS). Dennoch habe sich die Fraktion in der Tolerierungsfrage immer auf ein innerparteiliches Hinterland und eine nicht unkritische Unterstützung - auch seitens der Bundespartei - verlassen können.

In der PDS-Fraktion, so Sitte, ließen sich zwar hinsichtlich der Tolerierung der rot-grünen Minderheitsregierung einige "Schattierungen" feststellen. Es gebe aber - im Gegensatz zur vorangegangenen Legislaturperiode - keinen Abgeordneten, der das Tolerierungsmodell glatt ablehne. In dieser Frage existiere ein "ziemlich starker Grundkonsens", den Machtwechsel zu begünstigen, um einer rot-grünen Regierung "Raum zur Gestaltung zu lassen" (Sitte SnA-FV-PDS). Ähnliches bestätigte auch der parlamentarische Geschäftsführer der PDS, Wulf Gallert: Die Positionen der Abgeordneten seiner Fraktion hätten sich wechselseitig angenähert auf ein "kritisches Ja" zur Tolerierung (Gallert SnA-PG-PDS). Es gebe, so auch Sitte, in der Fraktion einen Grundkonsens, und wenn einer der Abgeordneten merke, daß er eventuell bei einer anstehenden Rede davon abweichen wolle, dann trage er dies selber in der Fraktion vor. Auch die Fraktionsvorsitzenden von SPD und B'90/Die Grünen, Rüdiger Fikentscher und Hans-Jochen Tschiche, bescheinigten der PDS trotz oder auch wegen des fast durchgängig gesplitteten Stimmverhaltens, das immer die erforderliche Mehrheit für die Minderheitskoalition hergestellt habe, eine große Zuverlässigkeit (vgl. Fikentscher 1999; Tschiche SnA-FV-Grü). Gallert unterstrich, ein Teil der PDS-Fraktion würde inzwischen "Haus und Hof verkaufen, um diese Konstellation aufrecht zu erhalten" (Gallert SnA-PG-PDS).

Auf Seiten der CDU-Opposition wurde das Abstimmungsverhalten zum einen als vorgeschobene Strategie interpretiert, mit deren Hilfe die PDS - auch im Hinblick auf den Erhalt ihres Oppositionsstatus[114] - demonstriere, daß sie nicht zum Regierungslager gehöre. Zum anderen habe es sich die PDS-Parteiführung zum Ziel gesetzt, die unterschiedlichen fraktionsinternen Flügel nicht mehr zu einem Gesamtwillen zusammenbinden, um auf allen Seiten und in allen gesellschaftlichen Schichten Sympathisanten einsammeln zu können. Auf diese Weise stünden unterschiedliche Positionen unvermittelt nebeneinander, und es werde im parlamentarischen Verfahren eben diejenige dargestellt, deren Vertreter von der Fraktion als Redner bestimmt worden sei (Scharf SnA-PG-CDU). Die Fraktionsvorsitzende der PDS räumte ein, im öffentlichen Umgang mit verschiedenen Meinungen innerhalb der Fraktion liege ein "kleiner, aber doch zu entschärfender Sprengsatz". Die Abgeordneten würden vor allem als Sprecher oder Sprecherin der Fraktion wahrgenommen, so daß die jeweils vertretene Position in der Öffentlichkeit und im Parlament auch als Fraktionsbeschluß aufgefaßt werde. Sofern also klare Fraktions-

114 Die CDU-Opposition hatte gegen den Landtag eine Klage vor dem Landesverfassungsgericht angestrengt, um der PDS, welche die Minderheitsregierung nach Einschätzung der CDU stützte, den verfassungsrechtlich zugesicherten Zuschlag auf die Oppositionsarbeit aberkennen zu lassen.

beschlüsse bestünden, habe kein Abgeordneter das Recht, zuerst die abweichende persönliche Position darzustellen. Dieses könne erst nach der Wiedergabe einer Fraktionsposition geschehen, an deren Durchsetzung schließlich alle mitwirkten. Es könne nicht sein, daß man immer nur dann zur Fraktion stehe, wenn man die gleiche Meinung vertrete. Eine solche Übereinkunft sei unerläßlich, wenn Fraktionsarbeit und -beschlüsse überhaupt einen Sinn machen sollten (Sitte SnA-FV-PDS)[115].

2.2. *Verhandlungsmandate der Fraktionsführungen*

In den *Parteien* aller drei Koalitionen existierten innerparteiliche Fragmentierungen oder Flügel, die unterschiedliche inhaltliche Präferenzen vertraten und der jeweils gebildeten Koalition skeptisch bis ablehnend gegenüberstanden. Alle Parteien stellten sich insofern keinesfalls als homogene oder unitarische Akteure dar. Die innerparteiliche Fragmentierung wirkte sich jedoch auf die Willensbildung innerhalb der Parteien und auch in der Koalition durchaus unterschiedlich aus. Auch innerhalb der *Fraktionen* sind, wie gezeigt, zumal in den großen Parteien SPD und CDU, verschiedene politische Präferenzen - und damit unterschiedliche Einstellungen gegenüber der aktuellen Koalitionsvariante - mehr oder weniger ausgeprägt. Eine der grundlegenden Voraussetzungen dafür, daß Koalitionen handlungsfähig sind, besteht nun darin, daß die Verhandlungsspitzen auf den verschiedenen, ineinander geschachtelten, formellen und informellen Aktionsebenen einer Koalition mit Verhandlungsmandaten ihrer Bezugsgruppe ausgestattet sind (vgl. Czada 1997). Diese Mandate erst ermöglichen es, Tauschgeschäfte und Paketlösungen oder Kompromisse in einer umstrittenen Sachfrage mit dem Verhandlungspartner abzuschließen. Nicht selten, dies haben die Beispiele aus der Thüringer SPD gezeigt, weichen "Mitgliedschaftslogik und Einflußlogik" (vgl. Streeck 1987) jedoch voneinander ab. Während Parteiführungen es eher als Ziel betrachten, Ämter und Stimmen zu maximieren ("offices"), tendiert die aktive Mitgliedschaft dazu, Prinzipien und politische Inhalte höher zu gewichten ("policies"; Koelble 1996: 255). Den Verhandlungsspitzen kommt in einer solchen Situation die Aufgabe zu, diese Anforderungen so miteinander zu verbinden, daß sowohl ein Konsens mit dem Koalitionspartner hergestellt werden kann als auch die innerparteiliche bzw. fraktionsinterne Stabilität gewährleistet bleibt.

Ein Instrument, welches die Geschlossenheit der Fraktion *nach außen* gewährleistet und wesentlich zur institutionellen Stabilität des parlamentarischen Regierungssystems beiträgt, ist die Fraktionsdisziplin, die im parlamentarischen Betrieb für alle etablierten Parteien der alten Länder, insbesondere der Regierungsparteien, als Normalfall anzusehen ist (vgl. Saalfeld 1995; Schüttemeyer 1998: 248 ff.; Patzelt 1998). Aufgrund der hohen Fraktionsdisziplin den Fraktionen eine unitarische Akteursqualität zusprechen zu wollen (vgl. Laver/Schofield 1990: 28; hierzu: Müller/Strøm 1997b: 14 f.), erscheint jedoch für die Analyse von Koalitions*entscheidungen* verfehlt, weil oft verschiedenartige Positionen innerhalb einer Fraktion miteinander abgestimmt werden müssen. Lediglich die PDS im

115 Ähnlich: Petra Sitte, Vorbereitung zur Klausurtagung und Referat zum Landesparteitag Bad Neuenahr-Ahrweiler, 22.8.1996.

sachsen-anhaltischen Landtag demonstriert, wie gezeigt, grundsätzlich unterschiedliche Meinungen in der Fraktion auch im Stimmverhalten. Dennoch zeitigte dieses strategisch absichtsvoll differenzierte Verhalten insofern disziplinierende Effekte, als sich die rot-grüne Minderheitsregierung stets darauf verlassen konnte, nach Absprachen die erforderliche Mehrheit im Landtag zu erhalten.

Für alle Koalitionen bestätigten die in Verhandlungsrunden eingebundenen Spitzenakteure, von einem Verhandlungsmandat Gebrauch machen zu können. Die Legitimation für dieses Verhandlungsmandat ergibt sich aus dem Vertrauensvorschuß, der aus den Wahlen für das Amt des Fraktionsvorsitzenden herrührt. Als Kehrseite dieses Vertrauensbonus kann ein Verhalten von Fraktionsvorsitzenden als wahrscheinlich gelten, das unterschiedliche Positionen in der Fraktion vorausschauend berücksichtigt. "Meine Macht", so der CDU-Fraktionsvorsitzende in Thüringen, "ist die Zustimmung der anderen" (Köckert TFVCDU). Verschiedene Positionen sind überdies auch über den Fraktionsvorstand oder über hervorgehobene parlamentarische Posten repräsentiert (Ausschußvorsitz, Arbeitskreissprecher usw.). Ein Bindemittel sind Mehrheitsentscheide innerhalb der Fraktion, an die sich auch die unterlegenen Abgeordneten halten. Ist eine tragfähige Übereinstimmung zwischen Fraktion und ihrer Führung nicht gegeben, so liegt es nahe, daß Fraktionsvorsitzende ihr Amt aufgeben. Parteitage entscheiden, insbesondere bei SPD und CDU, selten über inhaltliche Koalitionskompromisse. Die Mitentscheidung der Partei ist - bisher noch - eher ein Merkmal der Grünen.

Ein anderes Verständnis pflegt die *sachsen-anhaltische* PDS. Hier betrachtete man parteiinterne Repräsentation dem Selbstverständnis nach grundsätzlich skeptisch. Wenn die Verhandlungsspitzen der Fraktion von einem Beschluß des Parteitags oder des Landesvorstands abweichen wollten, würden die Gremien jeweils wieder einberufen, um neu zu beraten und zu entscheiden. Dies mache den Umgang mit der PDS für die anderen Parteien so schwer, "...weil wir uns eben...auch wirklich strikt gebunden fühlen, [während] die anderen Fraktionen...durchaus nicht nach den Beschlüssen ihrer Parteitage [handeln]" (Sitte SnA-FV-PDS). Ein Repräsentationsmodell lehne die PDS ausdrücklich ab. Sie fühle sich, so Sitte, aber nicht in ihrem Verhandlungsspielraum eingeschränkt, da sie für die PDS in dieses Gremium gegangen sei. Sie müsse dann eben um Mehrheiten kämpfen, würde dabei aber niemals an Mehrheitsentscheidungen von Parteitagen vorbeigehen. Vor parlamentarischen Abstimmungen zu Vorlagen der Regierung führe die PDS in der Fraktion Probeabstimmungen durch, um Klarheit über die parlamentarischen Mehrheitsverhältnisse zu gewinnen. Wenn sie eine Position nicht öffentlich vertreten könne, müsse diesen Part eben jemand übernehmen, der eine andere Meinung teile, ohne dabei einem Gewissenskonflikt ausgesetzt zu sein. Wenn die PDS-Fraktion beispielsweise den Haushalt der Regierung mittragen wollte - etwa in Form einer geschlossenen Enthaltung -, wurde ein kleiner Parteitag einberufen, auf dem sich die Fraktion ein entsprechendes Mandat erteilen ließ.

Der parlamentarische Geschäftsführer der PDS im Magdeburger Landtag, Wulf Gallert, zusammen mit seinem sozialdemokratischen Pendant, Jens Bullerjahn, einer der Schlüsselakteure in Verhandlungen der Minderheitsregierung mit der PDS, bestätigte, daß er in konfliktbeladenen Situationen, wie etwa den Haushaltsverhandlungen, in der Regel auf ein Verhandlungsmandat habe zurückgreifen können (vgl. hierzu Teil 2, Kap. 4.). Zwischen den informellen Runden der Koalitionsführung mit den PDS-Vertretern stelle man die Ergebnisse in der Fraktion vor und versuche dann einen Beschluß herbeizuführen (Gallert SnA-PG-PDS). Rückkopplungen mit den Fraktionen seien überdies nötig, damit verhindert werde, daß ausgehandelte Kompromisse im Finanzausschuß wieder umgekrempelt würden (Tschiche SnA-FV-Grü). Man berichte *im Normalfall* bei schwierigen Verhandlungsrunden zwischen SPD, PDS und Grünen in den wöchentlichen Fraktionssitzungen und führe dann dort Entscheidungen herbei, so daß man sich zwischenzeitlich immer ein Votum hole (Bullerjahn SnA-PG-SPD). Diese enge Bindung an die Fraktionsmeinung war schon deshalb erforderlich, weil die Verhandlungsführer der Minderheitsregierung parlamentarische Mehrheiten erst herstellen mußten und der parlamentarischen Ebene somit eine größere Gestaltungsmacht zukam. Generalisiertes Vertrauen, das Fraktionsvorsitzenden oder parlamentarischen Geschäftsführern seitens der eigenen Abgeordneten generell entgegengebracht wird, entfaltet im Falle von Minderheitskoalitionen eine u.U. geringere Reichweite als in Mehrheitskoalitionen, weil Koalitionskompromisse nicht ausreichen, um parlamentarisch tragfähige politische Entscheidungen herstellen zu können. Diese müssen zuvor mit den Präferenzen des Tolerierungspartners abgeklärt werden (vgl. hierzu auch: Renzsch/Schieren 1997).

Daß den Fraktionsvorsitzenden von den eigenen Abgeordneten üblicherweise ein hohes Maß an Vertrauen entgegengebracht wird, bestätigten auch die Fraktionsvorsitzenden in *Rheinland-Pfalz*. Dennoch zeigt sich auch in diesem Bundesland, daß das Verhandlungsmandat der Fraktionsvorsitzenden ein *rahmengebundenes Mandat* ist. Ohne Rückkopplung an die Fraktion könne man nicht erfolgreich verhandeln, denn die Macht des Fraktionsvorsitzenden gründe sich auf die Zustimmung der eigenen Abgeordneten. Je größer die Geschlossenheit der Fraktion, desto stärker das Gewicht desjenigen, der in Koalitionsverhandlungen für die Fraktion stehe. Abstimmungen mit der Fraktion seien deshalb unverzichtbar (Mertes RhP-FV-SPD). Dem Fraktionsvorsitzenden werde zwar viel Vertrauen entgegengebracht, aber es sei nicht so, daß man "außer Kontrolle über der Fraktion Krisen managt"; ein nach Belieben eigenständiges Handeln gebe es nicht (Kuhn RhP-FV-FDP und Schleimer RhP-Ma-FDP). Letztlich sei es immer "eine Frage des Fingerspitzengefühls", so der ehemalige Fraktionsvorsitzende der F.D.P. und jetzige Wirtschaftsminister des Landes, Hans-Artur Bauckhage, eine Frage, wie gut man seine eigene Fraktion kenne. In der Regel habe er über ein weit gefaßtes Mandat verfügt und sich nur dann mit der Fraktion synchron geschaltet, wenn die Verhandlungen sehr schwierig gewesen seien (Bauckhage RhP-FV-FDP). Diese Art des Fraktionsmanagements, das ohne fortwährende Rückkopplungen auskommen kann, läßt sich in einer kleinen Fraktion mit wenigen Abgeordneten einfacher handhaben als in einer großen Fraktion.

Auch in der großen Koalition *Thüringens* verfügten die Fraktionsvorsitzenden und die Verhandlungspitzen der Fraktion für ihre informellen Kontakte, auch bei Zusammentreffen des Koalitionsausschusses, über ein solches rahmengebundenes Verhandlungsmandat. In der CDU, so der Fraktionsvorsitzende Christian Köckert, werde nicht versucht, den Vorsitzenden durch Fraktionsbeschlüsse zu binden. Er habe vielmehr im Kopf, daß ein Vorschlag oder ein Kompromiß mit dem Koalitionspartner auch in der Fraktion akzeptiert sein müsse. Deshalb sei es eher so, daß der Fraktionsvorsitzende Themen in die Fraktion hineintrage, "...um die Fraktion...auf die Problematik einzustimmen, um zu wissen, wo läuft der Hase hin. Und um sozusagen aus der Diskussion heraus für sich selbst ein Verhandlungsmandat abzuleiten und eine Verhandlungsrichtung..." (Köckert

Th-FV-CDU). In krisenhaften Auseinandersetzungen mit dem Koalitionspartner, wenn der Koalitionsausschuß eingeschaltet werden müsse, sei es für den Fraktionsvorsitzenden sinnvoll, sich in der Fraktion noch einmal rückzuversichern. Eben der Koalitionsausschuß sei in Thüringen als "Rat der Götter" verschrien, weshalb der Fraktionsvorsitzende bei Fragen, in denen er sich nicht sicher sei, daß die eigenen Abgeordneten mitzögen, sehr darauf achten müsse, daß er die entsprechende Rückendeckung habe und er die Fraktion "begleitend dazuholt". Wenn, wie in der Thüringer CDU, alle Abgeordneten mit einem Direktmandat ausgestattet sind, ist das Selbstbewußtsein der Fraktion gegenüber der Exekutive und den eigenen Verhandlungsführern besonders hoch.

Auch die Verhandlungsführer der SPD im Koalitionsausschuß bestätigten, daß die Fraktion zwar einen "gewissen Spielraum abstecken" könne, die Führungen aber dennoch ein Verhandlungsmandat benötigten (Lippmann Th-MdL-SPD). Er gehe, bestätigte der Fraktionsvorsitzende der SPD, Frieder Lippmann, "...nicht in einen Koalitionsausschuß, ohne mir ein bestimmtes Mandat, inhaltliches Mandat, inhaltliche Spielräume, von der Fraktion gegeben zu haben" (Lippmann Th-FV-SPD). Könne man bestimmte Beschlußlagen in den Verhandlungen mit dem Koalitionspartner nicht mehr einhalten, dann müsse noch einmal in der Fraktion verhandelt werden. Die Fraktionsvorsitzenden sind daher in der Tat ein wichtiges "Scharnier" (Köckert Th-FV-CDU), das Koalitionskompromisse und den Fraktionswillen miteinander abstimmen muß. Über diese Schlüsselpersonen werden somit informelle Verhandlungsrunden zwischen den Koalitionspartnern mit der parlamentarischen Handlungsarena verzahnt. Diese Befunde relativieren die oben beschriebene "Überordnung" des Koalitionskompromisses über den innerparteilichen bzw. innerfraktionellen Willen insofern, als ohne die Zustimmung der Fraktionen Koalitionskompromisse nicht haltbar sind. Ob sich dadurch die vermuteten "Koordinationsdefizite" in Koalitionsentscheidungen ergeben müssen, wird in Kap. 4 diskutiert.

2.3 Instrumentalisierung der innerparteilichen Arena und der Handlungsebene "Fraktion" in Koalitionsverhandlungen

Rahmengebundene Verhandlungsmandate der Fraktionsspitzen sind mithin eine unverzichtbare Grundlage der Arbeitsfähigkeit von Koalitionsregierungen. Handlungsfähigen (im Sinne von einigungsfähigen) Koalitionen, so die Annahme, gelingt es in der Regel, Koalitionskompromissen im Regierungsalltag Geltung zu verschaffen. Diese Annahme setzt voraus, daß auf Kooperation angelegte Orientierungen zwischen den Verhandlungsspitzen von Koalitionsparteien vorhanden und wirksam sind. Welche Entwicklungen ergeben sich nun aber, wenn bei einer der Regierungsparteien Wettbewerbsorientierungen besonders ausgeprägt sind? Was geschieht, wenn, wie in Thüringen, Teile der Basis kooperative Verhaltensmuster von Koalitionsspitzen als profilschädigend interpretieren, wenn innerparteilicher Widerstand zum Sturz des Parteivorsitzenden geführt hat und dessen Nachfolger somit von Teilen der Basis gleichsam den Auftrag mitbekommen hat, die Konkurrenz zum Koalitionspartner stärker zu betonen? Diese Fragen sollen im folgenden anhand von vier unterschiedlichen Szenarien beantwortet werden, die zeigen, wie die innerparteiliche Handlungsebene oder die Willensbildung in der Koalition instrumentalisiert werden können, um die Partei intern zu befrieden oder um eine höhere Durchsetzungsmacht in der Koalition zu erzielen.

Instrumentalisierung von innerparteilichen Fragmentierungen und Konflikten gegenüber dem Koalitionspartner: Daß innerparteiliche Fraktionierungen zuweilen deshalb gebildet werden, um das Profil der eigenen Partei gegenüber der Öffentlichkeit zu schärfen und gleichzeitig den eigenen Koalitionspartner unter Druck zu setzen, hat das oben erläuterte Beispiel um den "Wachsenburger Kreis" oder den "Hopfenbergkreis" gezeigt (vgl. 2.1). Daß solche innerparteilichen Fragmentierungen instrumentell und strategisch eingesetzt werden, um die Gewinne der eigenen Partei gegenüber dem Koalitionspartner zu steigern, könnte ein Handlungsmuster sein, das typisch für große Koalitionen ist. In solchen Bündnissen sind beide Partner in besonderer Weise geneigt darauf zu achten, daß ihr Gewinnanteil subjektiv nicht zu gering ausfällt und die Profilbildung gegenüber den Wählern - zumal mit Blick auf die kommenden Wahlen - nicht zu kurz kommt. Insbesondere in Bündnissen, die nicht auf Fortsetzung angelegt sind, gehen Profilierungsbestrebungen einer Partei mit kompetitiven Verhaltensweisen einher. Da die große Koalition in Thüringen nicht als Fortsetzungskoalition gedacht und auch keine Wunschkoalition war, spricht vieles dafür, daß gerade hier die skizzierten Handlungsmuster auftauchen.

In der Thüringer CDU wurde mit dem erwähnten "Wachsenburger Kreis" eine innerparteiliche Gruppierung gegründet, um von der Koalitionslinie abweichende Meinungen artikulieren und das Profil der Partei in der großen Koalition schärfen zu können. Eine ähnliche Funktion sollten Gesprächskreise des linken SPD-Flügels wahrnehmen. Gezielt eingesetzte innerparteiliche Fragmentierungen, welche das Ziel verfolgen, die eigene Position zu stärken oder gar den Koalitionspartner zu schwächen, können jedoch nicht nur Erfolge nach sich ziehen, sondern sich auch gegen die ursprünglich verfolgte Intention wenden und dem Koalitionspartner in die Hände spielen. Darauf machte der Fraktionsvorsitzende der CDU, Christian Köckert, aufmerksam. Insbesondere Innenminister Dewes entwerfe in der Öffentlichkeit das Bild, in der CDU sei eine "autonome Truppe" um Willibald Böck aktiv (z.B. Tagesspiegel, 23.12.1996). Damit beschädige er den Fraktionsvorsitzenden und auch den Ministerpräsidenten der CDU, weil der Eindruck erweckt werde, beide hätten ihre "eigene Truppe" nicht im Griff. Dieser Eindruck werde von Dewes ***bewußt*** gefördert, unbewußt auch durch den Ministerpräsidenten aufgrund seiner Schlichtungsversuche. Genau dieses Muster habe sich während der "Computeraffäre" im Hause Dewes abgespielt[116]. Es sei sehr schwierig für die CDU, dem in der Öffentlichkeit wirksam entgegenzutreten.

Auch in den beiden anderen Koalitionen werden innerparteiliche Fragmentierungen argumentativ eingesetzt, um die eigene Verhandlungsposition gegenüber dem Koalitionspartner auszuweiten. Vergleichbare Befunde bestätigte der Fraktionsvorsitzende der SPD, Joachim Mertes, für beide Koalitionspartner. Allerdings "...wird sehr genau schon vorher bedacht, wie weit man da gehen kann, um nicht unnötige Schärfen hinein zu bringen" (Mertes RhP-FV-SPD; ähnlich Tschiche SnA-FV-Grü). Im Sinne eines guten Koalitionsklimas achte man darauf, den Koalitionspartner auch innerparteilich nicht unnötig in

116 Während eines Umzugs des Innenministeriums waren Computer mit vertraulichen Daten verschwunden.

Bedrängnis zu bringen. Außerdem wisse der Koalitionspartner um tatsächlich bestehende oder nur vorgeschobene Begründungen, so daß der Verweis auf die mangelnde innerparteiliche Durchsetzbarkeit einer Lösung einen realen Kern besitzen müsse.

Instrumentalisierung von Austrittsdrohungen: Beispiele für Instrumentalisierungsstrategien, die, um innerparteilichem Unmut die Spitze zu nehmen und gleichzeitig die Durchsetzungskraft in der Koalition zu steigern, mit Koalitionsaustritt drohen, bietet nicht zufällig wiederum die *Thüringer* SPD. In diesem Fall sollten die eingeschränkten Bündnisoptionen des regionalen Parteiensystems erweitert werden. Solche Strategien können die Kooperationsgewinne einer Partei in einer Koalition kurzfristig durchaus erhöhen. Um den Vorsprung der größeren Koalitionspartei CDU an Regierungserfahrung zu kompensieren und die anfänglich dominante Rolle des größeren Koalitionspartners einzuschränken, verfolgte Innenminister Dewes im Vergleich zu seinem Vorgänger Schuchardt, der jede Kooperation mit der PDS kategorisch ausgeschlossen hatte, als SPD-Landesvorsitzender eine zweideutige Strategie. Immer wieder betonte er öffentlichkeitswirksam die Möglichkeit alternativer parlamentarischer Mehrheiten der SPD - als dem Akteur, der grundsätzlich über mehr als eine Koalitionsmöglichkeit verfügt ("dominant player") - mit der PDS, um kurz darauf wieder zu versichern, bis zum Ende der Legislaturperiode bestehe die Koalition fort (TA, 18.3.1996; TLZ, 25.3.1996; OTZ, 30.11.1996; OTZ, 8.1.1997; TLZ, 24.2.1997). Voraussetzung für eine Koalition mit der PDS sei, daß sie sich von ihrer Kommunistischen Plattform trenne. Bereits jetzt gebe es mehr inhaltliche Gemeinsamkeiten mit der PDS als mit dem eigenen Koalitionspartner[117]. Dem neuen Parteivorsitzenden und Innenminister gelang es, gegenüber der CDU Drohpotential zu entwickeln und die SPD aufgrund ihres gewachsenen Profils und Selbstbewußtseins in eine offensivere Position zu bringen - eine Aufgabe, die zuvor ansatzweise der Fraktionsvorsitzende der SPD übernommen hatte (Lippmann Th-FV-SPD; Köckert Th-FV-CDU). Die innerparteilichen Konflikte in der SPD konnten angesichts der nun deutlicheren Profilierung der Partei in der Regierung *vorübergehend* besser moderiert werden. Der Preis dieser Strategie bestand freilich darin, daß kompetitive, zuweilen auch feindliche Einschätzungen in der anderen Koalitionspartei CDU verstärkt wurden (Böck Th-MdL-CDU) und die Distanz zwischen den Abgeordneten beider Parteien wuchs[118]. Eine semantische Analyse der von der Autorin geführten Interviews zeigen deutliche Anzeichen wechselseitiger Ablehnung oder Geringschätzung zwischen Vertretern beider Parteien[119]. Abgeordnete von CDU und PDS zweifelten zu Beginn dieser strategischen Wende überdies die Glaubwürdigkeit dieser Strategie an, weil die Abgeordneten der SPD-Fraktion überwiegend nicht für eine Annäherung an die PDS stünden (Böck Th-

---

117 Die Parteienstudie über das regionale Parteiensystem Thüringens zeigt, daß die politischen Positionen der SPD-Mitglieder meist in der Mitte, zwischen denen der CDU und PDS, angesiedelt sind (vgl. Schmitt 1999: 10).

118 "...seitdem zum ersten Mal solche Ausstiegsszenarien durchdacht wurden, war das direkt zu erkennen im Abgeordnetenhaus oder hier in der Kantine dann. Da setzten die sich plötzlich nicht mehr mit an den Tisch."

119 Beispiele hierzu: "Der Windbeutel"; "die Autonomen"; "die tönen und randalieren"; "wilde Reden"; "dreist"; Wir haben "...die besseren Rezepte und die vernünftigeren Köpfe und sehen eigentlich ziemlich verächtlich auf die Dilettanten, die da rumspringen..."; die sind "beschissen dran"; ein "Heilsbringer...als falscher Prophet".

MdL-CDU, Klaubert Th-FV-PDS). Von beiden Seiten wurde die Ernsthaftigkeit von Dewes in Zweifel gezogen (Köckert Th-FV-CDU). Bis Mitte 1998 waren jedenfalls - entsprechend der Koalitionsdisziplin - keine Gespräche über eine auch nur punktuelle parlamentarische Kooperation mit der PDS geführt worden (Klaubert Th-FV-PDS).

Versteht man die Glaubwürdigkeit eines Parteivorsitzenden, die gegenüber dem Koalitionspartner das für die Zusammenarbeit erforderliche Vertrauen begründet, als eine nicht unwesentliche Ressource für die Steuerung der Partei- und der Koalitionsgeschäfte, aber auch als Pfund, mit dem man gegenüber dem Wähler wuchern kann, so ist die beschriebene Strategie Dewes', der die Handlungsprioritäten "flexibel" wechselte, nicht ohne Risiko. Konzeptionell gesehen, entspricht dieses Vorgehen einer *Neugewichtung des Handlungsrahmens* (vgl. Teil 2, Kap. 3.2), da der konsensorierten Zusammenarbeit in der Koalition zugunsten eines vermuteten Zuwachses an Profilierung weniger Priorität beigemessen wurde. Führende Koalitionspolitiker waren sich seinerzeit, im Frühjahr 1998, keineswegs sicher, ob eine rot-rote Zusammenarbeit im SPD-Landesverband und in einer neuen Koalition überhaupt die nötige Mehrheit erhalten könnte, auch wenn Dewes eine rege Basisarbeit betreibe und engen Kontakt zu den Kreisverbänden pflege (Klaus Th-MdL-SPD); daß die Landespartei in dieser Frage in sich gespalten war, wurde durchaus gesehen. Dewes hinterließ mit dieser Strategie den Eindruck, daß er für die SPD in Zukunft die Macht als größere Regierungspartei erringen wolle und er dabei durchaus einen Koalitionpartner PDS in Kauf nehmen könnte, zumal die PDS in Thüringen in einem wenig gefestigten Zustand sei. Die SPD, so die zuweilen von der CDU ausgesprochene Vermutung, wolle sich mit der PDS einen schwachen Koalitionspartner 'einkaufen'. Die Doppelstrategie Dewes' gehe allerdings nicht nur in die Richtung des jetzigen Koalitionspartners, sondern verfolge auch das Ziel, das innere Stimmungsbild der SPD für die Zeit nach den Bundestagswahlen im Oktober 1998 und für die Landtagswahlen im Herbst 1999 zu ergründen (Köckert Th-FV-CDU). Aus der Sicht des Fraktionsvorsitzenden der CDU wurde damit ein höheres Konfliktpotential auf der Entscheidungsebene der Koalition nicht nur in Kauf genommen, sondern sogar gewünscht, um mit dem Druck auf den Koalitionspartner die eigene Durchsetzungsmacht in der Koalition zu steigern. Deutlich wird jedenfalls, daß durch diese Konfliktstrategie die Vertrauensgrundlage zwischen den Partnern weiter untergraben wurde und damit die ohnehin begrenzten kooperativen Handlungseinstellungen als wesentliche Ressource für eine längerfristige Zusammenarbeit gemindert wurden[120]. Die internen Konflikte in der SPD sowie deren gespaltene Bündnispräferenzen wurden mit dieser Strategie lediglich überdeckt.

In den beiden anderen Koalitionen wurde von vergleichbaren Austrittsdrohungen kein Gebrauch gemacht. Für die *sachsen-anhaltische* SPD besaß der Bestand der tolerierten Minderheitsregierung, wie gezeigt, hohen Prestigewert. Durch die konflikthafte Oppositionsstrategie der CDU[121] verschlechterte sich das Verhältnis zwischen den beiden großen

120 Im Vorfeld der Wahlen 1999 waren nur 41% der SPD-Anhänger der Meinung, Dewes werde ein guter Ministerpräsident sein; dagegen hielten 51% Vogel für einen guten Ministerpräsidenten (infratest-dimap: Thüringen Trend II, Erhebungszeitraum von 24.8.-28.8.1999).

121 Wie bereits erwähnt, strengte die CDU gegen die PDS eine Klage vor dem Landesverfassungsgericht an, um die SPD-geführte Regierung und die Bundespartei in Schwierigkeiten zu bringen und den nach Meinung der CDU *faktischen* Status der PDS als einer Partei, die im Land mitregiere, offenzulegen (Scharf SnA-PG-CDU). Die Klage wurde vom Gericht schließlich zurückgewiesen, die PDS behielt ihren

Parteien auch auf der persönlichen Ebene zwischen Ministerpräsident Höppner und dem CDU-Fraktionsvorsitzenden Bergner während der Legislaturperiode zusehends, so daß die CDU als alternativer Koalitionspartner für die SPD nicht mehr in Frage kam. Ein formaler Eintritt der PDS in die SPD-geführte Koalitionsregierung mit B'90/Die Grünen war bis zum Ablauf der Legislaturperiode im April 1998 andererseits undenkbar, schon weil sie die Chancen der Bundespartei auf einen Wahlsieg im Oktober 1998 unter Umständen verschlechtert hätte. In *Rheinland-Pfalz* wiederum waren SPD und F.D.P. eine - bereits in der vorangegangenen Legislaturperiode eingeübte - Wunschgemeinschaft eingegangen, die überdies als strategische Option gewertet wurde, so daß Ausstiegsszenarien nicht durchgespielt wurden. Dem größeren Teil der SPD-Führungsriege galt ein rot-grünes Bündnis, wie dargelegt, nicht als wünschenswerte Alternative; die F.D.P. wiederum vermochte innerhalb dieser Koalition ein gerüttelt Maß an eigenen Vorstellungen durchzusetzen und hatte schon deshalb keinen Anlaß, mit einem Wechsel zu drohen.

Instrumentalisierung begrenzter Koalitionskonflikte mit Blick auf Öffentlichkeit und Partei/Fraktion: Indem die thüringische SPD ihr Profil in der großen Koalition zu schärfen versuchte, konnten auch innerparteiliche Konflikte besser befriedet werden. Auf diese Weise waren vorläufig größere "Gewinne" auf beiden Handlungsebenen möglich. Mitunter wollen Parteien jedoch interne Kritik an Koalitionskompromissen dämpfen, ohne ernsthafte Konflikte auszulösen. Hierfür bietet sich an, daß führende Koalitionspolitiker begrenzte Konflikte inszenieren, die mit dem Koalitionspartner zuvor abgesprochen sind. Über inszenierte Konflikte sind Profilbildungen der Koalitionspartner möglich; es können Elemente von Wettbewerb sichtbar gemacht werden, ohne daß dabei kooperative Einstellungen im Grundsatz beschädigt werden. Diese Strategien, die an die Öffentlichkeit, aber auch an die eigene Parteibasis adressiert sind, müssen aber koalitionsintern kontrollierbar bleiben (Bauckhage 1999). Die prozedurale Steuerung des Koalitionsalltags wird in solchen Fällen durch Lerneffekte ("*Koalitionslernen*") erleichtert: Angekündigte kompetitive Strategien eines Koalitionspartners können als strategische Profilierung eingeordnet werden, solange die Kooperation konstruktiv aufrechterhalten wird und die Versachlichung von Konflikten - in welchen Gremien oder Gesprächskreisen auch immer - gewahrt bleibt. Solche Verhaltensweisen setzen allerdings voraus, daß zwischen den Koalitionspartnern eine Vertrauensgrundlage besteht. Diese wiederum ist in Parteienbündnissen eher gegeben, die aus Wunschpartnern bestehen und als Fortsetzungskoalitionen ihre Zusammenarbeit verstetigen. *Thüringen* eignet sich als Anschauungsobjekt für dieses Szenario deshalb weniger.

Inszenierte Konflikte sind als ein sehr dosiert eingesetztes Mittel für *Sachsen-Anhalt* und *Rheinland-Pfalz* nachweisbar. Um die Spannung zwischen innerparteilicher Zustimmung und Koalitionskompromissen auszugleichen, wurden kleinere begrenzte Konflikte ausgelöst, die zuvor abgesprochen waren. So hätten die Grünen in Sachsen-Anhalt bei weniger wichtigen Punkten einige Male anders abgestimmt als die SPD,

---

Oppositionsstatus bei (vgl. Porscher 1997; Kropp 1997; Plöhn 1997). Daneben versuchte die CDU am 26.11.1996, nachdem die Regierung im Land aufgrund eines mißglückten Krisenmanagements zur Rettung des SKET-Unternehmens in die Kritik geraten war, die Minderheitsregierung mittels eines konstruktiven Mißtrauensvotums zu stürzen. Auch dieser Versuch mißlang.

allerdings nach vorheriger Absprache (Tschiche SnA-FV-Grü). In Rheinland-Pfalz wurden solche Konflikte - allerdings als Ausnahmefall - ebenfalls vorher verabredet (Bauckhage RhP-WiMin-FDP): Als die Grünen eine namentliche Abstimmung im Parlament bei der Debatte um die Lohnfortzahlung im Krankheitsfall forderten, stimmten die Abgeordneten der SPD nur aus Koalitionsräson mit der F.D.P. Zu diesem Zeitpunkt waren in der SPD überdies Spannungen wegen der Bundesratspolitik der Landesregierung aufgetreten, die auf Drängen der F.D.P. mehrfach die Bonner CDU/CSU/F.D.P.-Regierung gestützt hatte. Deshalb habe die F.D.P. einige Anträge in die Ausschüsse gegeben, die dann wiederum die SPD-Fraktion hätte ablehnen können (Kuhn RhP-FV-FDP und Schleimer RhP-Ma-FDP). Solche Strategien können aber nur in unechten Konfliktsituationen verfolgt werden. Der Fraktionsvorsitzende der SPD im Mainzer Landtag, Joachim Mertes, wies folgerichtig darauf hin, daß die Begrenzung von Konflikten ein "ungeheures Management" bedeuten würde, da diese sehr schnell ausufern und sich unkontrollierbar entwickeln könnten. Wirksamer und ungefährlicher sei ohnehin ein politisches Fingerspitzengefühl, das die Entstehung ernsthaften Streits bereits im Vorfeld verhindere. Dieses sei bei den beiden Fraktionsvorsitzenden - früher Mertes und Bauckhage, nun Mertes und Kuhn -, aber auch bei den beiden Landesvorsitzenden Beck und Brüderle durchaus ausgeprägt (Mertes RhP-FV-SPD, Bauckhage RhP-WiMin-FDP)[122].

Instrumentalisierung von Verhandlungs- und Vertretungsmandaten: Eine weitere Möglichkeit, Handlungszwänge in einer Arena instrumentell einzusetzen, um in einer anderen Gewinne zu erzielen, eröffnet sich, wenn Verhandlungsspitzen einer Koalition argumentieren, daß ihnen die Fraktion nur ein eingeschränktes Verhandlungsmandat erteilt habe bzw. kaum Verhandlungsspielraum bestehe, so daß sich der Koalitionspartner auf seinen Bündnisgenossen zubewegen müsse. In Rheinland-Pfalz betonen beide Parteien, daß man solche Argumente nur dann einsetzen könne, wenn sie einen realen Hintergrund besäßen. Ansonsten würde die so taktierende Fraktion an Glaubwürdigkeit verlieren. Der Thüringer Fraktionsvorsitzende der SPD, Frieder Lippmann, vermerkte ähnlich, es beeindrucke keinen Koalitionspartner, wenn der andere sage, man sei ohne jegliche Verhandlungsmasse. So könne man auf Dauer nicht erfolgreich regieren. Es komme aber des öfteren vor, daß ein Problem vorübergehend vertagt werde, weil einer der Fraktionsvorsitzenden oder beide sich erst noch mit der Fraktion abstimmen müßten. Dies ist jedoch nicht als Instrumentalisierungsstrategie zu werten. Sein Pendant, der Fraktionsvorsitzende der CDU, berichtete allerdings von einer härteren Gangart der SPD, die ab und zu schon einmal in Ausschüssen darauf bestanden habe, daß sich die Fraktion schon festgelegt habe und deshalb kein Verhandlungsspielraum mehr bestehe (Köckert Th-FV-CDU). Die SPD agiere in dieser Frage geschickter als die CDU. Andererseits habe die SPD-Fraktion schon Beschlüsse gefaßt, die sie schließlich nicht habe umsetzen können (Ulbrich Th-MdL-CDU). Selbiges versuche zuweilen auch der Landesparteitag. Ähnliche Verhaltensweisen bestätigten auch die Gesprächspartner der Koalitionsparteien

122 Der SPD-Fraktionsvorsitzende betonte, daß die FDP auch in umstrittenen Situationen die SPD nie vollständig in die Enge getrieben habe. Man überschreite niemals die Grenzen (Mertes RhP-FV-SPD). "Man muß eben das notwendige Fingerspitzengefühl haben,...es darf nur nicht überzogen werden,...die Sprache muß noch, sage ich mal, mitteleuropäischen Umgangsformen entsprechen" (Bauckhage RhP-WiMin-FDP).

SPD und Bündnisgrüne in Sachsen-Anhalt. Es sei zudem in Verhandlungen für die PDS als Tolerierungspartner manchmal ein Problem, daß die präjudizierende Wirkung von Fraktionsvorschlägen nur noch wenig Spielraum für Verhandlungen mit den Koalitionsparteien lasse (Gallert SnA-PG-PDS).

Diese Art von Instrumentalisierungsversuch ist unabhängig vom Koalitionsformat. Einmal mehr erweist es sich als eigentlich bedeutsam, ob zwischen den Koalitionspartnern kooperative Interaktionsorientierungen überwiegen. Entscheidend hierfür scheint die "Koalitionserfahrung" der Akteure zu sein: Je länger Parteien in einer Koalition zusammen regieren, desto wahrscheinlicher ist es, daß die begrenzte Wirkung solcher Versuche, die durch ein Verweisen auf fraktionsinterne oder innerparteilich gebundene Spielräume den Handlungsspielraum des Partners einschränken will, erkannt wird. Ebenso könnte den Fraktionsvorsitzenden eine solche Argumentation als Schwäche ausgelegt werden. Der kalkulierte Einsatz von angeblich oder tatsächlich eingeschränkten Verhandlungsmandaten ist überdies dann von eingeschränkter Wirkungskraft, wenn die durch diese Strategie erzielten Gewinne in ein längerfristiges Tausch- bzw. Koppelgeschäft einbezogen werden. Der Koalitionspartner wird dann großen Wert darauf legen, daß er in einer nächstfolgenden Verhandlungssituation *seine* Präferenzen gegen den Partner durchsetzen wird.

2.4 Resümee

Alle hier untersuchten Koalitions- (und Tolerierungs-)Parteien der drei Koalitionen waren - allerdings mit verschiedenen Abstufungen - in sich fragmentiert. Diese Fragmentierungen hatten unterschiedliche Bedeutung für das Zusammenspiel der Koalitionspartner. In Sachsen-Anhalt waren die Koalitionsparteien aufgrund der öffentlichen Kritik an dieser Regierungsform großem *koalitionsexternen* Erfolgsdruck ausgesetzt, der innerparteiliche und innerfraktionelle Strömungen und Gruppierungen disziplinieren half. In Rheinland-Pfalz konnte Koalitionskompromissen meistens die Priorität vor der Befriedung innerparteilicher Kritik eingeräumt werden, weil Regierungs- und Parteiämter in SPD und F.D.P. in den Personen des Ministerpräsidenten und seines Stellvertreters miteinander verschmolzen waren. Das Amt des Ministerpräsidenten bietet eine Art Schutzmauer vor innerparteilicher Kritik an Koalitionskompromissen, weil es sich eine Partei kaum leisten kann, ihren im Regierungschef Person gewordenen Erfolg zu beschädigen[123]. Die Kehrseite der gouvernementalen Ausrichtung einer Partei kann allerdings sein, daß das innerparteiliche Leben und mit kritischen Anstößen verbundene Impulse zu sehr unterdrückt werden.

---

123 Auch dies ist jedoch keineswegs ausgeschlossen, wie die innerparteilichen Querelen in der Mainzer CDU gezeigt haben, die 1988 zum Sturz Bernhard Vogels als Parteichef und schließlich zu seinem Rücktritt als Ministerpräsident des Landes Rheinland-Pfalz geführt haben. Allerdings wurde Vogel das vergleichsweise schlechte Wahlergebnis von 1987 zur Last gelegt, das zu einem Verlust der absoluten Mehrheit der CDU geführt hatte. Daher stand er aus der Sicht der Parteimitglieder nicht für einen erfolgreichen Kurs der Landespartei.

Daß die Hürden der Parteien für einen Partnerwechsel faktisch höher lagen, als dies das Wahlergebnis rechnerisch nahelegt (vgl. Teil 2, Kap. 1.2), übte in Mainz einen disziplinierenden Einfluß auf innerparteiliche und fraktionsinterne Kritiker in SPD und F.D.P. aus. Anders hingegen in Thüringen: Dort beeinflußten parteiinterne, mit der eingegangenen Koalitionsvariante unzufriedene Strömungen und Gruppen spürbar das Verhandlungsklima in der Koalition. Das große Koalitionsformat lockerte darüber hinaus den innerparteilichen und innerfraktionellen Zusammenhalt in den beiden Parteien SPD und CDU auf.

Wenn Koalitionsparteien in sich fragmentiert sind, hat dies Auswirkungen darauf, wie groß die Schnittmenge an gemeinsam getragenen Lösungen im Bündnis ausfällt. Untersucht man die Regierungs*praxis* von Koalitionen, reicht es folglich nicht aus, die Parteien lediglich als kollektiven Akteur auf der Links-Rechts-Skala zu positionieren, um von der ideologischen Nähe zwischen Parteien die Verhandlungskosten für eine Koalition abzuleiten. Vielmehr müssen Koalitionsanalysen unterschiedliche Strömungen und Gruppierungen der Parteien berücksichtigen, weil diese für die Entscheidungsbildung in der Koalition von Bedeutung sind (ähnlich: Laver/Schofield 1990: 33).

Strömungs- bzw. gruppenbedingte Interaktionen und deren Folgen, aber auch die Handlungen dieser Gruppierungen auf den untereinander vernetzten Handlungs- und Entscheidungsebenen, spielen für das Konfliktniveau und die Konsensbildung in der Koalition eine wichtige Rolle. Denn innerparteiliche und fraktionsinterne Fragmentierungen können die Entscheidungskosten für eine Koalition erhöhen, indem sie die Konkurrenz zwischen den Partnern verstärken. Sie wirken aber in dezentralisierten Parteien "kostenmindernd", da sie es erlauben, verschiedene Strömungen zu integrieren und der Abwanderung von Mitgliedern vorzubeugen (vgl. Maor 1998). Parteiführungen haben nicht immer ein genuines Interesse daran, interne Differenzen zu beseitigen, weil diese im Koalitionshandeln auch Spielräume eröffnen und erst Gelegenheitsstrukturen für Strategien bieten, die den Handlungsspielraum gegenüber dem Koalitionspartner erweitern können. Allerdings sind in der Regel in allen Koalitionsparteien professionelle Akteure vertreten, die Versuche der Gegenseite, innerparteiliche und innerfraktionelle Fragmentierungen zu instrumentalisieren, zumeist durchschauen. "Tricksereien" werden vom Koalitionspartner schnell erkannt, und allzu raffinierte Winkelzüge werden schnell als Übervorteilung und Verletzung der Fairneßregel betrachtet.

Die Fraktions- und Parteivorsitzenden von Koalitionsparteien verfügen im Normalfall über rahmengebundene Verhandlungsmandate. Es ist kein Zufall, daß dies weitgehend unabhängig von Koalitionsvarianten und Koalitionsformaten der Fall ist, da Verhandlungsmandate eine grundlegende Voraussetzung sind, um innerhalb der Koalition konsensuale Entscheidungen - über Kompromisse, Koppel- und Tauschgeschäfte - herbeiführen zu können. Verhandlungsmandate sind ein Mittel, durch das der Wille der Fraktion mit der Handlungsebene "Koalition" zusammengeführt wird. Sie existieren - abhängig vom innerparteilichen Demokratieverständnis, vom Vertrauen, das dem oder der Fraktionsvorsitzenden seitens der Fraktion (oder dem Parteivorsitzenden seitens der Partei) entgegengebracht wird und von der Vertrauensbasis zwischen den Koalitionspartnern, d.h. abhängig auch von *akteurspezifischen* Ressourcen - in *unterschiedlichen* Abstufungen. Das Verständnis, eher ein *Vertretungs*mandat ausüben zu müssen, zeigte sich ehestens bei den Vertretern der die rot-grüne Minderheitsregierung tolerierenden PDS. Hier lagen deutliche Bekenntnisse zugunsten einer Transmission des innerparteilichen und innerfraktionellen Willens vor (vgl. Niedermayer 1989). Doch auch für die Tolerierungsrolle der PDS gilt: Die politische Führung der PDS trug ihren Willen - in umgekehrte Richtung - in die Fraktion und in die Partei hinein, da den Fraktions- und Parteivorsitzenden daran gelegen war, das "Tolerierungsmodell" nicht scheitern zu lassen. Das Vertrauen von Fraktionen und Parteien gegenüber ihren Verhandlungsspitzen - eine Voraussetzung für Verhandlungsmandate - hängt nicht zuletzt davon ab, daß diese für ihre Partei immer wieder nachvollziehbare Erfolge in der Koalition (bzw. durch deren Tolerierung) erzielen. Sind die Koalitionspartner wiederum an einem gemeinsamen Erfolg interessiert, so werden sie darauf achten, daß die Verhandlungsmandate nicht überdehnt werden und keine der Parteien zu sehr in die Enge getrieben wird.

Wenn Spitzenämter in Partei, Regierung und Fraktion miteinander personell verflochten sind, so kann dies dazu beitragen, daß eine Koalition einfacher zu einvernehmlichen Lösungen findet. Nicht zufällig werden in den meisten Koalitionen Ämter in Personalunion geführt; auf diese Weise können die parlamentarische und die innerparteiliche Handlungsebene sowie die Ebene der Koalition miteinander verschränkt werden (eine Ausnahme stellen grundsätzlich die Grünen dar). Mehrfachfunktionen führender Koalitionspolitiker können dazu beitragen, daß kooperative Handlungsorientierungen in der Koalition trotz "widriger" Einflüsse aus anderen Arenen gewahrt werden können. In solchen Fällen ordnen die Verhandlungsführer den Koalitionskompromissen die anderen Handlungsebenen gewissermaßen nach. Dabei muß aber, wie das Beispiel Thüringen zeigt, immer das grundsätzliche Einvernehmen mit der Partei und der Fraktion gewahrt bleiben, von deren Zustimmung ein Fraktions- oder Parteivorsitzender abhängig ist. Selbst wenn also die Koalition als Entscheidungsebene die innerparteiliche oder fraktionsinterne Willensbildung dominiert, so stellt sich diese Beziehung zumeist keineswegs als Einbahnstraße dar. Es kann durchaus ein Vorteil sein, wenn Partei- und Fraktionsvorsitzende eine gewisse Distanz zu den inhaltlichen Positionen des Koalitionspartners einnehmen, da ihnen Mitglieder und Anhänger dann zutrauen, daß sie die Interessen der eigenen Partei besser wahren (vgl. Müller/McGovern 1999). Auch die Startphase einer Koalition, sprich: die Regierungsbildung, ist von Bedeutung, wenn z.B. die Parteibasis oder die Fraktion der Meinung ist, die Gewinne der Partei oder ihre Durchsetzungspotentiale seien von den Verhandlungsspitzen nicht ausreichend gewahrt und umgesetzt worden.

In den hier untersuchten Koalitionen wurden tatsächliche oder vorgeschobene innerparteiliche Zwänge instrumentell eingesetzt, um eigene Erfolge erzielen zu können. Umgekehrt dienten Koalitionskonflikte dazu, die Partei intern zu befrieden. *"Instrumentalisierungsstrategien"* sind nur möglich, weil Koalitionshandeln in miteinander vernetzten Arenen stattfindet (vgl. hierzu: Tsebelis 1990; Teil 1, Kap. 3.). Solche Strategien ziehen daraus Nutzen, daß jeweils unterschiedlichen Arenen Priorität gegeben, d.h. der "Handlungsrahmen" flexibel gewichtet werden kann. Die Koalition kann anderen Handlungsebenen in ihrer Bedeutung jedoch allenfalls zeitweise untergeordnet werden, ohne daß ihr Bestand gefährdet wird. Nicht zufällig wurden Wettbewerbsorientierungen in der Thüringer Koalition aus CDU und SPD stärker belebt, da die Parteien einander dort nicht als Wunschpartner betrachteten und in Thüringen auch keine Neuauflage des Bündnisses geplant war. Instrumentalisierungen bergen Risiken in sich, weil die Akteure die Folgen solcher Strategien und deren Wirkungen auf andere Handlungszusammenhänge nicht immer sicher abschätzen können. Im ungünstigen Fall kann der durch eine solche Instrumentalisierung angestrebte Gewinn einen geringeren politischen Nettonutzen erzeugen als erwartet.

Die vorstehenden Befunde zeigen, daß die *institutionelle Ausstattung* des politischen Systems mit darüber entscheidet, wie die innerparteiliche Handlungsebene einer Koalitionspartei und die Entscheidungsbildung in der Koalition miteinander verschränkt werden. Zu dieser institutionellen Ausstattung zählen die gesetzlich vorgeschriebenen Anforderungen an die innerparteiliche Willensbildung für die Wahl des Parteivorsitzenden, ferner die Möglichkeit für führende Koalitionspolitiker, Mehrfachfunktionen wahrzunehmen, oder auch die Struktur der Parteiensysteme auf Länderebene, die Koalitionsmöglichkeiten eröffnet und begrenzt. So sind Verhandlungsmandate schon deshalb unverzichtbar, weil ohne sie keine Kompromisse in der Koalition gefunden werden können. Gleichwohl bieten institutionelle Faktoren nur Gelegenheitsstrukturen, die bestimmte Handlungen und Strategien von Koalitionspolitikern zwar nahelegen, nicht aber determinieren. Die Strategien der Koalitionsakteure, welche die innerparteilichen Fragmentierungen und die Koalitionsentscheidungen miteinander verzahnen müssen, sind auch auf die Nutzung akteurs- und koalitionsspezifischer Ressourcen zurückzuführen, die nicht gleichermaßen zur Verfügung stehen. Hierzu zählen der Wunsch, eine Koalition mit einem bestimmten Partner einzugehen; die Sympathie zwischen den Spitzenakteuren von Koalitionsparteien; der Wunsch, die Koalition über das Ende der Legislaturperiode hinweg fortzusetzen, der sich zumeist auf gute Erfahrungen mit dem Partner zurückführen läßt; schließlich auch das Vorhandensein von Persönlichkeiten, die innerparteiliche Kritik an Koalitionskompromissen oder am Koalitionspartner wirksam formulieren wollen und können. Ein Teil dieser Präferenzen und Strategien von Akteuren kann somit zwar über institutionelle Faktoren und anhand von Handlungsrahmen der Akteure erklärt werden. Ein Teil dieser akteursspezifischen Ressourcen bleibt dabei jedoch gleichzeitig historisch kontingent. Dies heißt: In einer Koalitionsanalyse müssen die jeweils bedeutsamen Gruppierungen und Fragmentierungen in einer Partei erst empirisch erhoben werden, um zu ergründen, weshalb es zur spezifischen, separaten oder kombinierten Anwendung akteursbezogener Handlungsmuster kommt; sie können nicht einfach aus institutionellen Gegebenheiten abgeleitet werden. Auf dieser Grundlage greifen dann Erklärungsmuster, die sich institutioneller *und* akteursspezifischer Variablen bedienen.

3. Föderale Arena und Koalitionshandeln - Zur Moderation von Bundesratsentscheidungen in Länderkoalitionen

3.1 Bundesratspolitik und Länderkoalitionen

In föderal gegliederten Systemen, wie dem der Bundesrepublik, beziehen Koalitionsparteien föderale Aspekte als Gewinn- und Verlustkalküle in ihre Überlegungen ein. Föderale Fragen und Problemlagen bieten somit grundsätzlich die Möglichkeit, die Verhandlungsmasse nicht nur während der Koalitionsbildung, sondern auch in nachfolgenden Entscheidungssituationen auszuweiten und Koppelgeschäfte über mehrere Entscheidungsebenen hinweg abzuschließen. Koalitionsentscheidungen von Länderkoalitionen und Bundespolitik sind zumal im bundesdeutschen politischen System eng miteinander verknüpft, da durch Politikverflechtung, durch die im internationalen Vergleich einmalige Bundesratskonstruktion, nach der die Länder*regierungen* an der Gesetzgebung des Bundes teilhaben, sowie aufgrund der unzähligen Ausprägungen und Gremien des kooperativen Föderalismus, welche der horizontalen und vertikalen Koordination politischer Entscheidungen dienen, die Länder ihre regionalen und parteipolitisch definierten Interessen auch in der "räumlichen Dimension" wahrnehmen müssen (vgl. Nolte 1988: 243 ff.; Downs 1998).

Wer Länderkoalitionen untersucht, wird deshalb immer auch deren Entscheidungsverhalten auf dem "föderalen Spielfeld" zu berücksichtigen haben, denn die Koalitionsparteien müssen unterschiedliche föderale bzw. föderal-parteipolitisch geprägte Präferenzen innerhalb des Regierungsbündnisses austarieren. Auch (Anteile an) Bundesratsentscheidungen sind somit grundsätzlich als Gegenstand von Tauschhandlungen und Koppelgeschäften denkbar, um in Verhandlungen die Bandbreite möglicher Konfliktlösungen und Gewinnverteilungen zu erweitern. Sie wirken sich wiederum darauf aus, ob und wie weit die Koalition partei- und fraktionsintern akzeptiert wird. Konflikte darüber, auf welches Bundesratsverhalten sich eine Länderkoalition festlegen soll, entstehen insbesondere dann, wenn in Bundestag und Bundesrat verschiedene parteipolitische Mehrheiten existieren und die zu untersuchende Länderkoalition zu den "nicht-konformen" Varianten zählt, d.h. aus einer der auf Bundesebene regierenden Parteien und einer Oppositionspartei besteht. Selbst wenn die Parteien präzise Bundesratsklauseln oder andere Verfahren während der Koalitionsbildung vereinbart haben (vgl. Teil 2, Kap. 1.2.3.2), reicht deren Regelungskraft doch nicht immer hin, um Konflikte aus dem Bündnis heraushalten zu können.

Die Logik des Parteienwettbewerbs im Bund wirkt somit auch auf die Moderation von föderalen Entscheidungen in Länderregierungen ein. Gerhard Lehmbruch hat die Beobachtung, daß sich die Länderregierungen im Bundesrat dem Wechselspiel von Regierung und Opposition einordnen, als "Strukturbruch" im politischen System klassifiziert (Lehmbruch 1976, 1998a; vgl. Teil 1, Kap. 4.5). Aufgrund der engen Durchdringung grundsätzlich entgegengesetzter Entscheidungsmodi und Interaktionsorientierungen in beiden Arenen müßten demzufolge mit hoher Wahrscheinlichkeit Blockaden entstehen: In der - idealtypisch - von Verhandlungsbeziehungen geprägten, an einvernehmlichen Problemlösungen orientierten föderalen Arena sei der Parteienwettbewerb bestimmend geworden; gleichzeitig werde der Parteienwettbewerb zwischen Regierung und Opposition auf Bundesebene von Verhandlungsbeziehungen zwischen den Parteien überlagert. Augenfälligstes Merkmal dieser Verquickung ist nicht zuletzt die Konfliktmoderation zwischen Bundestags- und Bundesratspolitik im Vermittlungsausschuß (vgl. König 1999; Daestner 1995), der gleichsam eine Scharnierfunktion zwischen Parteienwettbewerb und Föderalismus einnimmt. Blockaden können aufgrund der so beschriebenen Verschränkung von Handlungsarenen somit grundsätzlich zum einen auf Bundesebene entstehen, zum anderen aber auch - und dies ist für unsere Fragestellung bedeutsam - zwischen den an einer Länderkoalition beteiligten Parteien. Wodurch entstehen nun aber genau solche Blockaden, und wie umgehen und lösen Koalitionsparteien Konflikte in der föderalen Arena?

Betrachtet man das Selbstverständnis von Koalitionen, d.h. die Art und Weise, wie sich regierende Landesparteien zwischen konkurrierenden Anforderungen des Parteienwettbewerbs im Bund und föderaler Problemlösungen positionieren, so fallen mehrere Befunde auf. Im Zeitraum von 1990 bis September 1998, als der CDU/CSU/F.D.P.-Regierung im Bund eine Mehrheit SPD-regierter Länder im Bundesrat gegenüberstand, definierten sich die meisten rot-grünen Länderkoalitionen in den von ihnen abgeschlossenen Koalitionsvereinbarungen in der Tat als "Widerlager" (Lehmbruch 1976; 1998a) bzw. "Gegenlager" zur Bundesregierung (vgl. Kropp/Sturm 1998: 138, 195 f.; 1999)[124]. Die seinerzeit einzige rot-grüne Minderheitsregierung in Sachsen-Anhalt, in besonderem Maße von Finanzhilfen des Bundes und Zuweisungen aus dem horizontalen Länderfinanzausgleich abhängig[125], hat in ihrem Koalitionsvertrag darauf verzichtet, dezidiert Positionen gegen die Bundesregierung festzuschreiben. Die Koalitionspartner bekunden vielmehr ihren Willen, "...die Eigenständigkeit von Sachsen-Anhalt im föderalen System der Bundesrepublik [zu] fördern" (Koalitionsvereinbarung Sachsen-Anhalt 1994: 8). Länderkoalitionen aus CDU und F.D.P. legten in ihren Abkommen demgegenüber fest, die Position der Bundesregierung im Bundesrat zu unterstützen (Koalitionsvereinbarung Thüringen 1990: 3; Koalitionsvereinbarung Sachsen-Anhalt 1990: 2 f.). Gemischte bzw. "nicht-konforme" Koalitionen wiederum sind nicht in der Lage, eindeutige Stellungnahmen und Gegenstrategien gegen Gesetzesvorlagen der Bundesregierung und der sie stützenden Parlamentsmehrheit zu beziehen. Aus diesem Grunde vereinbaren gemischte Koalitionen Bundesratsklauseln, die das Ziel verfolgen, den Parteienwettbewerb innerhalb der Koalition zu steuern.

124 So heißt es etwa im hessischen Koalitionsvertrag von SPD und Bündnisgrünen (1995-1999): "Die Hessische Landesregierung wird ihre Politik der sozialen und ökologischen Erneuerung des Landes weiterführen und so zeigen, daß eine Reformalternative zur Stagnationspolitik der gegenwärtigen Regierungskoalition in Bonn möglich ist." (Koalitionsvereinbarung Hessen 1995: 2f.). Die nordrhein-westfälische rot-grüne Koalition definierte sich als "Gegengewicht" zur Bonner Koalition (Koalitionsvereinbarung Nordrhein-Westfalen 1995: 5). Die Parteien in Schleswig-Holstein wiesen darauf hin, daß die Politik der Landesregierung teilweise "in krassem Widerspruch zu den Zielen der amtierenden Bundesregierung" stehe (Koalitionsvereinbarung Schleswig-Holstein 1996: 18).

125 1996 erhielt das Land Sachsen-Anhalt 2,879 Mrd DM Bundesergänzungszuweisungen und 1,196 Mrd aus dem Länderfinanzausgleich, vgl. Landesrechnungshof Sachsen-Anhalt, Jahresbericht 1997, Teil 2, S. 7.

Die Annahme, daß sich die Länderregierungen im Bundesrat durchwegs nach dem Wechselspiel von Regierungsmehrheit und Opposition im Bund gruppieren, stützt sich implizit auf ein zentralistisches Organisationsverständnis von Parteien (vgl. pointiert: Abromeit 1992: 64). Nun sind in der Tat zahlreiche Fälle bekannt, in denen sich die Länderregierungen im Bundesrat als Opposition gegen Bundesregierung formierten und Blockadepolitik betrieben (Lehmbruch 1998a; Koschnick 1989). Gleichwohl lassen sich etliche Materien, wie die Steuerpolitik und Fragen der Finanzbeziehungen, nicht auf den Nenner des Wechselspiels von Regierung und Opposition bringen (vgl. z.B. Hesse/Renzsch 1991: 31 f.; Schultze 1993; Renzsch 1995: 185 ff., 1999; Sturm 1999a, 1999c). Die Länder setzen in diesen Fragen auch eigene Vorstellungen gegen die parteipolitisch gleich eingefärbte Bundespartei durch (vgl. für Niedersachsen: Renzsch 1989); ebenso kann der Verweis auf Koalitionsbindungen dazu dienen, für das Land gegenüber dem Bund Vorteile zu erlangen. Die Landesregierungen werden überdies schon im Vorfeld in die Positionsklärungen der Bundesregierung und der sie stützenden Fraktionen einbezogen, so daß schon während der Programmformulierung von Wechselwirkungen zwischen Länderregierungen und Bundesregierung auszugehen ist (vgl. Gros 1998: 136)[126]. Wären Länderparteien durch die Interessen ihrer Bundeszentralen gesteuert, müßten nicht-konforme Koalitionen u.U. mit erheblichen Konfliktpotentialen rechnen, die bis zur Handlungsunfähigkeit reichen könnten. Der Zuwachs an nicht-konformen Koalitionen stärkt unseren Überlegungen zufolge jedoch vielmehr die Autonomie der Parteiensysteme in den Ländern - und damit auch das föderale Strukturprinzip in Deutschland (vgl. Kropp/Sturm 1999). Eine Differenzierung in den Koalitionsvarianten wird mittlerweile etwa auch von Vertretern der F.D.P. als Entwicklungschance für die eigene Partei im Föderalismus angesehen: Es müsse, so der Wirtschaftsminister des Landes Rheinland-Pfalz, Bauckhage (F.D.P.), "...in diesem Föderalismus möglich sein, unterschiedliche Koalitionen auf unterschiedlichen Ebenen zu haben, auch wegen des Profils der einzelnen Parteien, und zwar aller Parteien, auch der großen". Auch die Mehrheit der F.D.P.-Bundespartei sehe das inzwischen so (Bauckhage RhP-WiMin-FDP).

Für alle drei hier untersuchten Länderkoalitionen - gleich, ob konform oder nicht-konform - lassen sich Beispiele finden, die belegen, daß von einer durchgängig zentralistischen Steuerung der Landesverbände durch die Bundesparteien nicht die Rede sein kann, auch wenn diese ihren Einfluß durchaus geltend machen (vgl. Downs 1998: 194 ff., 203). Schon die Regierungsbildung in Sachsen-Anhalt wurde im wesentlichen im Lande selbst entschieden. Auch 1998, als sich die SPD in Sachsen-Anhalt nur fünf Monate vor der Bundestagswahl für eine Wiederauflage einer Minderheitsregierung unter PDS-Tolerierung - diesmal ohne die Beteiligung der nicht mehr im Landtag vertretenen

126 Gros beschrieb solche wechselseitigen Beeinflussungen für das "Machtdreieck" von der von Kohl geführten Bundesregierung, der CDU/CSU-Fraktion und den CDU-Parteiführungsgremien. Dabei kamen Absprachen in der Finanzpolitik zu dieser Zeit auch zwischen der Bundesregierung und der parteipolitisch gleich eingefärbten Bundesratsmehrheit zustande. Das Bundesverfassungsgericht hat später diese in den achtziger Jahren angewandte Praxis, nach der die SPD-geführten Landesregierungen von solchen Besprechungen verfahrensmäßig ausgeschlossen waren, prinzipiell als verfassungswidrig verworfen. Im konkreten Fall konnte jedoch kein Verstoß festgestellt werden. Darüber hinaus sind Absprachen zwischen dem Bundeskanzler und den Landesregierungen ohnehin über § 31 GO der Bundesregierung festgeschrieben.

B'90/Die Grünen - entschied, wurde dies vom Kanzlerkandidaten Gerhard Schröder nicht unterstützt. Das Votum der Landtagswahlen[127] wurde von der SPD-Landesführung als handlungsleitend angesehen, nicht aber die Rücksichtnahme auf den Bundestagswahlkampf der SPD. Letztlich erhalten die im Parlament vertretenen Landesparteien ihre Legitimation vom Landesvolk, d.h. in von Bundestagswahlen getrennten Wahlgängen. Zwar trafen sich beipielsweise auch die Fraktionsvorsitzenden und Landesvorsitzenden der CDU in den neuen Ländern in regelmäßigen Abständen mit Kanzler Kohl, um Probleme abzuarbeiten und sich gemeinsam abzustimmen. Vor Bundestagswahlen erhöht sich diese Abstimmungsfrequenz enorm (Köckert Th-FV-CDU)[128]. Dennoch mochten sämtliche Akteure nicht bestätigen, daß es einseitige Einwirkungen von der Bundes- auf die Landespartei gebe; vielmehr sei von Wechselwirkungen zwischen den Ebenen einer Partei auszugehen.

Dies trifft auch auf die Bundesratsentscheidungen in der hier untersuchten "nichtkonformen" Koalition aus SPD und F.D.P. in *Rheinland-Pfalz* zu. Daß über das Stimmverhalten im Land entschieden wird, wird von den handelnden Akteuren mit Nachdruck betont: Repressionen der Bundespartei würde man sich nicht bieten lassen, dafür sei das Selbstbewußtsein im Lande viel zu groß (Kuhn RhP-FV-FDP und Schleimer RhP-Ma-FDP, Bauckhage RhP-WiMin-FDP). Polarisierungen, die von der Bundesebene ausgingen, würden an der "Gelassenheit im Lande abprallen" (Mertes RhP-FV-SPD, Itzek RhP-MdL-SPD)[129]. Dennoch, so der Fraktionsvorsitzende der F.D.P., würde der Landesverband selbst natürlich - soweit als möglich - versuchen, "die Entscheidungen so hinzukriegen,...daß man möglichst stützt" (Kuhn RhP-FV-FDP und Schleimer RhP-Ma-FDP). Allerdings betonten sowohl die SPD als auch die F.D.P., daß die rot-gelbe Koalition seinerzeit "Glück" gehabt habe. Der Druck auf die Landesparteien sei schon deshalb gering gewesen, weil die Stimmen von Rheinland-Pfalz nicht ausschlaggebend waren. "Das wäre viel schwieriger gewesen, wenn unsere Stimmen die gewesen wären, auf die es angekommen wäre" (Mertes RhP-FV-SPD). Insofern konnte man sich auch "...richtig darüber zoffen, öffentlich, um verschiedene Positionen kenntlich zu machen, und dann wird sich nachher enthalten, und es wird sich auch an der Gemengelage nichts ändern" (Kuhn RhP-FV-FDP und Schleimer RhP-Ma-FDP). Die rheinland-pfälzische Regierung brachte vielmehr des öfteren eigene Entwürfe in den Bunderat ein, die vermittelnde Positionen enthielten[130]. Es fällt auf, daß alle befragten Akteure ihre eigenen Handlungsmöglichkeiten gegenüber der Bundespartei tendenziell größer einschätzen als die des jeweiligen Koalitionspartners (z.B. Klaus Th-MdL-SPD, Köckert Th-FV-CDU). Dies

---

127 Die SPD gewann 1,9%, die CDU verlor 12 Prozentpunkte, so daß sie als klarer Verlierer aus den Wahlen hervorging. Daneben zog die rechtsextreme DVU mit 12,9% in den Landtag ein.

128 "Ich bin im Monat ungefähr vier, fünf Mal in Bonn, und das ist schon eine Menge, in Normalzeiten bist du alle zwei Monate mal dort gewesen" (Köckert Th-FV-CDU).

129 "Wir haben hier Politik für unser Land zu machen. Und wenn, egal unter welcher Regierung, rheinland-pfälzische Interessen irgendwie damit konfrontiert werden, dann werden wir rheinland-pfälzische Interessen durchsetzen" (Itzek RhP-MdL-SPD).

130 Einer davon ist der nach dem Verlust der Bundesratsmehrheit der SPD mittlerweile zur mehrheitsfähigen Position gewordene Entwurf zum Staatsbürgerschaftsrecht. Die rot-grüne Bundesregierung bewegte sich nach den Wahlen in Hessen 1999, als dort die rot-grüne Landesregierung durch eine schwarz-gelbe abgelöst worden war, auf die ursprünglich von Rheinland-Pfalz formulierte Position zu. Die Stimmen des Landes waren im Bundesrat seinerzeit ausschlaggebend.

mag man als Indiz dafür sehen, daß die Koalitionsakteure ein mit der Bundespartei konformes Koalitionsverhalten beim jeweiligen Bündnispartner eher als oktroyiertes, bei sich selbst jedoch eher als freiwilliges, auf der Basis gemeinsamer Werte und Anschauungen eingegangenes Handeln wahrnehmen.

Der rheinland-pfälzische Koalitionsvertrag wurde von den Parteien vergleichsweise präzise formuliert, und zwar in etlichen Punkten im Sinne der F.D.P., die viele konkrete Vorhaben und übergeordnete Leitziele zu ihren Gunsten definieren konnte. Auch das Bundesratsverhalten ist, wie erwähnt, an übergeordnete Kriterien, wie eine steuerliche Entlastung von Bürgern und Wirtschaft, gebunden worden (Koalitionsvereinbarung Rheinland-Pfalz 1996: 72). Insofern ist der Spielraum des Entscheidungsverhaltens des Landes im Bundesrat thematisch bereits eingegrenzt. Von der vereinbarten Losformel (vgl. Teil 2, Kap. 1.2.3.2) wurde indessen nie Gebrauch gemacht: Die Losformel entfaltete auch deshalb eine befriedende Wirkung, weil die Öffentlichkeit diesen Plan von Anfang an negativ begleitet hatte, "...weil man gesagt hat, die spielen ja Lotto. Und da keiner gerne Lotto spielt in der Politik, wird jetzt *entschieden*" (Bauckhage RhP-WiMin-FDP). Die Losformel sei letztlich ohne jede "politische Dimension" gewesen (Mertes RhP-FV-SPD). Faktisch hat die Losformel den Einigungszwang zwischen den Koalitionspartnern dergestalt erhöht (Kuhn RhP-FV-FDP und Schleimer RhP-Ma-FDP), daß sich beide in der Folgezeit entweder auf ein gemeinsames Stimmverhalten einigten oder aber auf den in den meisten anderen Länderkoalitionen praktizierten Enthaltungsgrundsatz zurückgriffen. Bei etlichen symbolträchtigen Vorhaben der Bundesregierung zwischen 1996 und 1998, wie bei der Verlängerung der Ladenschlußzeiten oder bei der Verschiebung der Kindergelderhöhung um ein Jahr, auch bei der Abschaffung der Vermögensteuer, den Mindestlöhnen am Bau oder der Senkung des Solidarzuschlags, hat die Mainzer Regierung so abgestimmt, daß sie die Position der damaligen Bundesregierung aus CDU/CSU und F.D.P. gestützt hat. Letzlich hat die SPD der strategisch günstigen Position der F.D.P. als "dominant player" Tribut gezollt (Mertes RhP-FV-SPD) - selbst wenn die F.D.P. diese Position nur eingeschränkt zu realisieren vermag (vgl. Teil 2, Kap. 1). Auch das Bewußtsein, ohne die F.D.P. in einem konservativ strukturierten Land nur schwer Regierungsfähigkeit behaupten zu können (Mertes RhP-FV-SPD), hat zu einer eher nachgiebigen Haltung der SPD gegenüber dem Koalitionspartner beigetragen. Beide Faktoren sind zwar empirisch schwer überprüfbar, da die F.D.P. weder mit der CDU verhandelt hat noch die SPD mit einer Koalitionsaussage zugunsten der Grünen in den Wahlkampf gezogen ist. Dennoch spielen sie als Handlungsrahmen bzw. *Situationsdeutungen* der Akteure eine entscheidende Rolle, sie haben eine handlungsleitende Funktion für die Parteien (vgl. Teil, 1 Kap. 3)[131]. Gewinne werden innerhalb dieser Situationsdeutungen begründet und durch diese angestrebt.

Die schwierigen Bonner Entscheidungen, so begründete auch Ministerpräsident Beck (SPD) vordergründig den Vorrang landespolitischer vor bundespolitischen Interessen, indirekt aber die Nachgiebigkeit seiner Partei gegenüber dem kleineren Koalitionspartner,

---

131 Der Fraktionsvorsitzende der rheinland-pfälzischen F.D.P., Kuhn, beschrieb diesen Sachverhalt so: "Ohne uns gäbe es außer einer großen Koalition [für die SPD, Anm. d. Verf.] keine andere Konstellation. Das ist ein strategischer Vorteil. Der hat im *Hinterkopf* mit Sicherheit oder im *Unterbewußtsein* doch eine Rolle gespielt." (Kuhn RhP-FV-FDP; Hervorh. der Verf.).

hätten die Bündnispartner des öfteren strapaziert (TV, 31.7.1996). Letztlich gehe aber das Interesse des Landes vor, das die Abschaffung der betrieblichen Vermögensteuer zum Beispiel deswegen befürworte, weil dies die Voraussetzungen für den Wirtschaftsstandort verbessere. Allerdings müsse es einen Ausgleich für die Einnahmeausfälle der Länder geben. Da die Koalitionspartner über die Verschiebung der Kindergelderhöhung keine Einigkeit erzielt hätten, habe sich das Land im Bundesrat der Stimme enthalten müssen (RP, 6.7.1996).

Während die *sachsen-anhaltische* Minderheitskoalition der Bonner Farbenlehre entsprach - die Stimmen der PDS waren nur für parlamentarische Mehrheiten erforderlich - und in ihr deshalb keine aufsehenerregenden Konflikte über das Bundesratsverhalten der Landesregierung ausgetragen werden mußten (vgl. auch: Fikentscher 1999: 242 f.), gab es auch in *Thüringen* koalitionsinterne Konflikte über bundespolitisch umstrittene Themen. Diese gipfelten in einem die große Koalition aus CDU und SPD belastenden Fall, als der Stimmführer der CDU entgegen der Koalitionsabsprache bei der Abstimmung über das Ozon-Gesetz im Bundesrat mit der Bundesregierung stimmte und sich nicht, wie in der Koalitionsvereinbarung festgeschrieben, der Stimme enthielt (FW, 14.8.1995)[132]. Auch die CDU in Baden-Württemberg, damals in eine große Koalition mit der SPD eingebunden, hielt sich nicht an die Koalitionsabsprache und stimmte gegen den erklärten Willen des Koalitionspartners für die Sommersmogverodnung des Bundes (vgl. Sturm 1996: 603). Dort revanchierte sich die SPD, indem sie gegen eine Gesetzesvorlage der CDU stimmte. Anders als in Thüringen, stand das baden-württembergische Regierungsbündnis zu dieser Zeit bereits vor dem Ende der Legislaturperiode. Das abweichende Verhalten der dortigen CDU wurde als Indiz dafür gewertet, daß letztlich beide Partner die Absicht hatten, die große Koalition aufzukündigen. In Thüringen stimmte die CDU hingegen am *Beginn* der Legislaturperiode abweichend ab; dieses Verhalten hat die Vertrauensbasis zwischen den beiden Parteien nicht gestärkt. Die SPD kündigte ihrerseits an, das Bundesratsverhalten der CDU dergestalt in ein Koppelgeschäft einzubeziehen, daß sie bei den nächsten Haushaltsberatungen für Vorhaben im sozialen Wohnungsbau mehr Mittel einstellen wolle (vgl. Teil 2, Kap. 4.3). Hier wurden somit unterschiedliche Arenen für die Gewinn- und Verlustkalküle der Parteien in ein zeitlich gestrecktes Koppelgeschäft "zusammengepackt".

3.2 Konfliktmoderation in konformen und nicht-konformen Koalitionen: Das "Sparpaket" der Bundesregierung von 1996

Im Sommer 1996 verabschiedete die CDU/CSU/F.D.P.-Bundesregierung im Bundestag das "Bonner Programm für mehr Wachstum und Beschäftigung", kurz das "Sparpaket" der Bundesregierung genannt. Die in diesem Gesetzespaket zusammengebundenen Vorhaben besaßen insbesondere für die oppositionelle SPD, die zu diesem Zeitpunkt die -

132 Allerdings heißt es - auslegungsbedürftig - in der Thüringer Koalitionsvereinbarung (1994: 53), daß die Auffassung des federführenden Ministers bei einer Angelegenheit, die nicht von grundsätzlicher Bedeutung sei, besonderes Gewicht habe.

koalitionspolitisch teilweise jedoch gebundene - Stimmenmehrheit im Bundesrat besaß, einen hohen Symbolwert. Das Paket enthielt Maßnahmen wie die Einführung von Karenztagen und die Einschränkung der Lohnfortzahlung im Krankheitsfall, daneben die Lockerung des Kündigungsschutzes und die Kürzung der Beamtenbezüge. Für die Länderkoalitionen, die nicht der Bonner Farbenlehre entsprachen, gestaltete sich das Verhalten im Bundesrat und gegenüber den jeweils eigenen Wählern und Mitgliedern der Partei zum politischen Drahtseilakt. Einerseits galt es für die SPD, die Glaubwürdigkeit gegenüber den eigenen Wählern zu dokumentieren. Andererseits mußten Lösungen gefunden werden, welche die Bundesratspositionen der jeweils eigenen Bundesparteien halbwegs wiedergaben. Gleichwohl bezogen auch CDU-geführte Länder Stellung gegen einzelne Vorhaben des Sparpakets[133], und auch die SPD-Länder standen nicht geschlossen hinter der Ablehnungsstrategie der Bundespartei. SPD-Geschäftsführer Müntefering wies jedoch der Geschlossenheit der Partei höchste Priorität zu: Es sei weniger schlimm, wenn die SPD überstimmt werde, als wenn die Partei intern auseinanderfalle (FR, 13.7.1996). Schon im Vorfeld versuchte die Bundespartei somit, ein gewisses Druckpotential gegenüber den Landesverbänden auszuspielen.

Die SPD konnte zum Zeitpunkt der Abstimmungen im Bundesrat auf 32 Stimmen zurückgreifen, die sich aus von ihr allein regierten oder rot-grünen Landesregierungen zusammensetzten. Mit den drei Stimmen der Hamburger Koalition aus SPD und Statt-Partei verfügte die SPD gerade über die nötige Bundesratsmehrheit von 35 von 69 Stimmen. Rheinland-Pfalz konnte vier Stimmen im Bundesrat abgeben[134]. Die rheinland-pfälzischen Stimmen waren deshalb solange nicht von Bedeutung, wie der restliche Block aus SPD-regierten Ländern einheitlich abstimmte. Just die Statt-Partei, von der die hamburgische SPD angenommen hatte, daß sie als regional begrenzte Partei keinen bundespolitischen Gestaltungsanspruch anmelden würde, entpuppte sich jedoch in dieser Situation als Unsicherheitsfaktor, der den Einigungs- und Entscheidungsdruck auf die rheinland-pfälzische Koalition vorübergehend erhöhen sollte. Die Statt-Partei verfaßte eine Erklärung zum Sparpaket, nach der die meisten Einkommensbezieher Karenztage und eine eingeschränkte Lohnfortzahlung im Krankheitsfall durchaus ohne Notlage leisten könnten. Die Statt-Partei, so ließ sie verlauten, wolle darauf hinwirken, daß der Vermittlungsausschuß in dieser Sache nicht angerufen werde und daß sich Hamburg im Bundesrat der Stimme enthalte.

Durch dieses Vorgehen, das ein weiteres Mal zeigt, wie sehr das Koalitionsverhalten in einem Bundesland in den föderalen Gesamtzusammenhang eingebettet sein kann, wurde Rheinland-Pfalz vorübergehend zum Zünglein an der Waage. Die Parteien einigten sich schließlich vorerst auf eine Art "Entspannungspolitik", nach der die SPD nun, nachdem sie in mehreren Bundesratsentscheidungen dem kleineren Koalitionspartner nachgegeben hatte, wieder Flagge zeigen sollte. So räumte auch Justizminister Caesar (F.D.P.) ein, die F.D.P. habe in der Vergangenheit mehrfach die Schmerzgrenzen der SPD tangiert (RP, 16.7.1996). Außerdem, so der Fraktionsvorsitzende der F.D.P., Bauckhage, sei es eine Folge des Sparpakets, daß die Länder weniger Finanzmittel zur Verfügung hätten. Bei der

133 So wollte Bayern z.B. eine Sonderregelung für Schwangere durchsetzen.

134 Reine B-Länder waren Bayern, Sachsen und Baden-Württemberg mit zusammen 16 Stimmen; der Rest setzte sich aus Ländern mit gemischten Koalitionen zusammen.

Ablehnung des Sparpakets wollte sich das Land aber auf eine andere Begründung stützen als andere SPD-regierte Länder: Rheinland-Pfalz forderte eine Neuregelung bei den Kuren, da Kürzungen hier vor allem die Staatsbäder beträfen (HB, 12.7.1996). Die Regierung betonte mit Nachdruck, daß man nicht die von der Bundes-SPD vorgegebene harte Linie gegen das Sparpaket verfolge, welches nicht in Gänze abgelehnt werde (Welt, 13.7.1996).

Diese Strategie senkte den innerparteilichen Druck auf Beck, denn sowohl in Rheinland-Pfalz als auch in Thüringen hatten die Bundesratsentscheidungen der Landesregierung zu innerparteilichen oder fraktionsinternen Verstimmungen geführt. In beiden Ländern, in denen "nicht-konforme" Regierungsbündnisse amtierten, waren die föderale Arena, Koalitionshandeln und die innerparteiliche und innerfraktionelle Willensbildung eng miteinander verknüpft. Schon bei vorangegangenen umstrittenen Bundesratsfragen hatte es Proteste innerhalb der Landes-SPD gegen Becks Kurs gegeben ("da wird gemurrt", Mertes RhP-FV-SPD), dem vorgeworfen wurde, gegenüber der F.D.P. in Kernfragen sozialdemokratischer Politik zu nachgiebig zu sein (HB, 12.7.1996; StgZ 16.7.1996).

Daß die F.D.P. einlenkte, war indes insofern folgenlos für die Partei, als die Teile des Sparpakets, die nicht zustimmungspflichtig waren, nach Abschluß des von der SPD angestrengten Vermittlungsverfahrens erneut von der Kanzlermehrheit überstimmt werden konnten. Insofern wurde ein *Verfahrensvorteil* für die SPD vereinbart; der *inhaltliche Vorteil* lag allerdings weiter bei der F.D.P. Mit diesem Kompromiß vermochten beide Partner ihr Gesicht zu wahren. Die zustimmungspflichtigen Teile des Sparpakets, die Regelungen zum Beamtenrecht enthielten, waren indessen folgenreicher für die F.D.P., da bei zustimmungspflichtigen Gesetzen eine Überstimmung durch die Kanzlermehrheit nicht möglich ist. Als die Statt-Partei in Hamburg schließlich doch noch auf SPD-Kurs gebracht werden konnte, änderte die Mainzer Regierung erneut ihre Haltung: Die Mainzer Koalition beschloß nun, sich beim ersten, nicht zustimmungspflichtigen Teil des Sparpakets der Stimme zu enthalten, weil man letztlich unauflösbaren Dissens festgestellt habe. Das Land werde deshalb weder gegen die Lockerung des Kündigungsschutzes noch gegen die Kürzung der Lohnfortzahlung im Krankheitsfall Einspruch erheben (RP, 11.9.1996). Eben weil das Stimmverhalten der SPD/F.D.P.-Koalition folgenlos blieb, konnte sich die F.D.P. nun auch in Verfahrensfragen durchsetzen. Gleichwohl erlitt die SPD vorübergehend einen Imageverlust, zumal Beck zuvor auf einer Demonstration gegen das Sparpaket Position bezogen hatte. Die Gewerkschaften äußerten deshalb Kritik am Verhalten der Regierung. Zu dieser Zeit inszenierte die Koalition begrenzte Konflikte, um die SPD fraktionsintern und innerparteilich zu befrieden (vgl. Teil 2, Kap. 2.3). Beck verwies zur Rechtfertigung seiner Position schließlich auf die Loyalität, welche die Partner in einer Koalition befolgen müßten: Damit räumte er der Funktionsfähigkeit seines Regierungsbündisses letztlich den primären Stellenwert vor der parteipolitischen Profilierung der SPD ein.

Bedeutsam für die Landes-SPD war somit, letztlich nicht den Ausschlag für eine Niederlage der SPD im Bundesrat gegeben und die Koalition dennoch arbeitsfähig gehalten zu haben. Das eigene Profil gegenüber Wählern und der Öffentlichkeit konnte mit diesem Verhalten jedoch nicht geschärft werden. Auch innerparteilicher und fraktionsinterner Unmut mußte geglättet werden. Die F.D.P. ging schließlich als Punktsieger aus dieser Entscheidungssituation hervor.

Die Strategien, Kalküle und Handlungszwänge der Parteien während der Entscheidungen um das Sparpaket verdeutlichen erneut, daß eng miteinander vernetzte Arenen von den Entscheidungsträgern eine "integrierte" Präferenzabwägung fordern, in denen Verluste und Probleme auf einigen Handlungsebenen hingenommen werden, um die Regierungsfähigkeit und Stabilität des Regierungsbündnisses zu wahren (vgl. Tsebelis 1990). Die Akteure in Rheinland-Pfalz waren gezwungen, konkurrierende Anforderungen aus unterschiedlichen Handlungsarenen in ein und derselben Entscheidungssituation zu aggregieren. Aus der Sicht eines Teils der Parteibasis mögen solche Ergebnisse "suboptimal" sein; sie sind jedoch - unter Berücksichtigung der mehrfachen Anforderungen, vielfachen Handlungsrestriktionen, individuellen Situationsdeutungen und mehrdimensionalen Ziele der Akteure - für diese eine durchaus ihren rationalen Gewinnkalkülen angemessene Lösung. Die erzielten Ergebnisse spiegeln dabei stets eine nur vorübergehende Stabilität wider, die in der nächsten Handlungssituation wieder in Frage stehen kann.

Es kann abermals als struktureller Vorteil betrachtet werden, wenn der Kern der Koalitionsakteure gleichzeitig die tragenden Funktionen in der föderalen Arena innehat: Wenn die Funktion als (stellvertretender) Ministerpräsident - und damit als im Bundesrat stimmberechtigtes Regierungsmitglied - und als Parteivorsitzender in ein und denselben Händen liegen, können die Handlungsanforderungen der verschiedenartigen Arenen grundsätzlich einfacher aggregiert werden. Solche Mehrfachfunktionen können unter Umständen auch durch eine enge Kooperation der Spitzenakteure ersetzt werden. Der Nachteil einer solchen Verquickung kann, wie sich am Beispiel Thüringens gezeigt hat, darin bestehen, daß ein Akteur gegenüber dem Partner oder gegenüber der eigenen Partei nur mit Mühe mit getrennten Rollen auftritt und aus eben diesem Grunde an Durchsetzungskraft verliert. Für solche "Grenzstellenakteure" ist es zudem schwierig, nach außen ihre Glaubwürdigkeit zu bewahren, weil sie, um Problemlösungen und Kompromisse herstellen zu können, immer wieder Maximalpositionen räumen müssen.

Ob eine personelle Vernetzung für die Stabilität einer Koalitionsregierung vorteilhaft ist, hängt somit immer auch von intervenierenden Einflüssen ab, wie der persönlichen Autorität des Landesvorsitzenden, der Stärke innerparteilicher Kritiker oder dem Ausmaß kooperativen Verhaltens des Koalitionspartners. Koalitionshandeln bewegt sich auf einer Zeitachse; es ist vom situativ bestimmten Zusammenfluß verschiedenartiger Einflußfaktoren bestimmt, die wechselseitig aufeinander wirken, dem Geschehen ein eigenes Gepräge verleihen (vgl. Cohen 1972; March/Olsen 1989) und die Bedingungen für zukünftige Handlungssituationen formen (Hall/Taylor 1996: 937 f.; Hay/Wincott 1998: 955). Damit muß eine strukturierende Systematisierung von Koalitionshandeln immer auch die besonderen Bedingungen des zu untersuchenden Einzelfalls berücksichtigen: Zu einem gewissen Teil, dies zeigen diese Befunde abermals, ist Koalitionshandeln kontingent.

In derart "vernetzten Spielen" (vgl. Tsebelis 1990) kann die Schnittmenge gemeinsamer Lösungen ("win set") anders ausfallen, als dies politische oder wissenschaftliche Beobachter einschätzen, die ihr Augenmerk auf *eine* Arena richten. Die Koalitionsforschung hat sich zwar ähnlicher Überlegungen modellhaft bedient, um diesen Sachverhalt zu veranschaulichen. Sie hat die eingeschränkte Manövrierfähigkeit von Koalitionsakteuren jedoch oft auf die Akteursausstattung der Koalitionsparteien mit unterschiedlichen *programmatischen* Positionen zurückgeführt, selten aber auf den Sachverhalt, daß Koalitionsakteure in unterschiedlichen Arenen gleichzeitig Verbundlösungen finden müssen.

In *Thüringen* wurde der - in Rheinland-Pfalz sich über drei Arenen aufspannende - Konflikt darüber hinaus noch in die parlamentarische Arena hineingetragen; er führte zur innerparteilichen Belastung der SPD und zu Problemen der Profilbildung. Nach innerparteilichen Konflikten schlug die SPD eine härtere Gangart gegenüber dem Koalitionspartner ein. Aufgrund der nun stärker ausgeprägten kompetitiven Interaktionsorientierungen der SPD-Führung wurde nicht sofort auf die in der Koalitionsvereinbarung festgeschriebene Bundesratsklausel zurückgegriffen. Die Positionen innerhalb der großen Koalition waren, wie nicht anders zu erwarten war, konträr: Während die Landes-CDU das Sparpaket unterstützte, äußerte die Thüringer SPD klare Ablehnung. Der Fraktionsvorsitzende der SPD, Frieder Lippmann, betonte, die SPD könne, auch wenn sie in die Koalition eingebunden sei, nicht Grundsatzpositionen von CDU und F.D.P. zustimmen. Da mit dieser Entscheidung sozialdemokratische Grundwurzeln berührt seien, setze sie den Koalitionsvertrag außer Kraft. Auch Innenminister Dewes, zu diesem Zeitpunkt bereits zum Parteivorsitzenden der thüringischen SPD gewählt, betonte, soziale Werte müßten in ihrer Bedeutung letztlich höher angesiedelt werden als der Frieden in einer Koalition (FW, 15.6.1996). Die SPD, dies sollte dieser Vorstoß signalisieren, verfüge über einen Grundkanon an Werten und programmatischen Positionen, der sich Tauschgeschäften und Kompromißlösungen entziehe. Der Fraktionsvorsitzende der CDU, Christian Köckert, warnte die SPD wiederum davor, den Koalitionsvertrag zu spitzfindig auszulegen (OVZ, 15.6.1996).

Die SPD plante, das Sparpaket im Landtag zur Abstimmung zu bringen. Sie formulierte das Vorhaben als gemeinsamen Antrag mit der CDU, hatte den Antrag jedoch nicht, wie bei umstrittenen Vorhaben üblich, mit dem Koalitionspartner abgesprochen; es fehlte die notwendige Unterschrift des Koalitionspartners. Ziel der SPD war, mit diesem Antrag die gleichzeitig tagende Ministerpräsidentenkonferenz unter Druck zu setzen. Gleichzeitig brachte die PDS die Landesregierung in Bedrängnis, da sie eine Sondersitzung zum Sparpaket der Bundesregierung gefordert und ebenfalls bereits einen Antrag ins Plenum eingebracht hatte. Hätte die SPD glaubwürdig sein wollen, hätte sie den PDS-Positionen im Landtag zustimmen müssen. Dagegen stand aber das im Koalitionsabkommen vereinbarte Gebot, nicht mit wechselnden Mehrheiten abzustimmen. Auch drohte die Gefahr, die PDS könnte dem weitergehenden Antrag der SPD zustimmen, wenn der zur Schlichtung des Konflikts angerufene Koalitionsausschuß keinen Ausweg fand (FAZ, 17.6.1996; Klaubert Th-FV-PDS).

Der Koalitionsausschuß fand schließlich eine Verfahrenslösung für die aufgrund der unvereinbaren Positionen beider Parteien blockierte Entscheidungssituation. Der Riß zwischen den Koalitionspartnern wurde schließlich durch Konfliktverzögerung und *Verfahrensverschleppung* wieder notdürftig gekittet. Der Antrag der SPD wurde an die Ausschüsse verwiesen; damit hatte die PDS keine Möglichkeit, dem Antrag zuzustimmen und wechselnde Mehrheiten herzustellen. Die CDU konnte in den Ausschüssen des Thüringer Landtags ein Patt herstellen und damit die Behandlung des Antrags definieren. Über dieses Verfahren kam der Antrag während der Sommerpause nicht mehr aus den

Ausschüssen heraus; damit waren beide Parteien vorerst in der Lage, weiterhin dissente Positionen zu vertreten und dennoch nicht entscheiden zu müssen (FAZ, 18.6.1996; TLZ, 18.6.1996). Die SPD stand durch die von ihr selbst erzeugte Verfahrensfalle vor einem doppeltem Verlust an Reputation: Zum einen konnte die PDS als die einzige Wahrerin der Interessenpolitik der Arbeitnehmerschaft erscheinen und damit die SPD teilweise vorführen. Zum anderen attestierte die Landtagsverwaltung der SPD eine Kompetenzüberschreitung, da die Landtagsfraktionen nicht in Gesetzgebungsverfahren des Bundes eingreifen, sondern nur unverbindliche Empfehlungen an die Landesregierung zum Stimmverhalten im Bundesrat abgeben dürften (TA, 3.9.1996). Die SPD stimmte den Antrag, der zuletzt auch von der SPD-Bundespolitik überholt wurde, schließlich als "erledigt" mit ab. Letztlich mußte die Landes-SPD die kritisierte Bonner Politik indirekt mittragen, da sie in die Koalition mit der CDU eingebunden war.

3.3 Resümee

Die kurzen Fallstudien zu Bundesratsentscheidungen konformer und nicht-konformer Länderkoalitionen zeigen, daß Koalitionsparteien eine enorme Aggregationsleistung erbringen müssen, die je nach länderspezifischer Zuordnung der Handlungsarenen im Ergebnis unterschiedlich ausfallen kann. Wie diese Arenen im Einzelfall zusammengefügt werden, muß jeweils gesondert erfaßt werden.

In allen Fällen mußten Anforderungen der föderalen Willensbildung in die Konsensbildung zwischen den Koalitionspartnern übersetzt werden. Welches Gewicht föderalen Entscheidungen für die hier untersuchten Konfliktmoderationen und Konsensbildungen in den Länderkoalitionen zukam, war allerdings unterschiedlich. Diese Unterschiede können nicht allein durch die Existenz von konformen und nicht-konformen Koalitionen erklärt werden, weil sich deutliche Unterschiede zwischen dem Verhalten der sozialliberalen Koalition in Rheinland-Pfalz und dem schwarz-roten Bündnis in Thüringen feststellen lassen. In der nicht-konformen rheinland-pfälzischen Koalition war die bundespolitische Dimension weniger hoch in der Präferenzhierarchie der beiden Parteien angesiedelt, weil den Stimmen der Koalition kein entscheidendes Gewicht zukam. Als sich diese Situation vorübergehend änderte, bezogen beide Parteien das Verhalten der Partei in ein längerfristiges Koppelgeschäft ein. Die Nachgiebigkeit der SPD gegenüber dem kleinen Koalitionspartner, begründet durch die von der Partei wahrgenommene starke relative Stellung der F.D.P. im regionalen Parteiensystem, hat zwar innerhalb der SPD zu Verstimmungen geführt, die aber durch die Parteiführung gesteuert werden konnten (vgl. auch Teil 2, Kap. 2). Das Beispiel zeigt, daß die Art und Weise, wie Koalitionsakteure die verschiedenen Handlungsebenen einander zuordnen, nur bedingt verallgemeinerbar ist. Die Akteure passen ihre Strategien vielmehr den sich situativ herausbildenden Anforderungen an.

Auch die Stimmen der nicht-konformen großen Koalition Thüringens waren für die Willensbildung im Bundesrat nicht ausschlaggebend. Dort aber konnten die Parteien auseinanderliegende Positionen über Bundesratsfragen nicht ohne schwerwiegende Konflikte zusammenführen: Der Streit zwischen den Parteien nahm härtere Formen an, weil CDU und SPD die Parteienkonkurrenz in erheblichem Umfang verinnerlicht hatten. Die wechselseitige Profilierung beider Parteien war schon deshalb erforderlich, weil die

Koalition als "Bündnis in der Not" nicht dazu gedacht war, sie über eine Legislaturperiode hinweg weiterzuführen. Nachdem die SPD monatelang in der großen Koalition um ihr Profil gerungen hatte, war es aus ihrer Sicht erforderlich, in einer symbolträchtigen Frage wie dem Sparpaket ihre Glaubwürdigkeit innerparteilich und gegenüber den Wählern zu wahren. Hinzu trat der subjektive Eindruck, in der Anfangszeit von der CDU übervorteilt worden zu sein. Dieser Fall zeigt wiederum deutlich, daß Koalitionsverhalten auf einer Zeitachse analysiert werden sollte, da Interaktionen zwischen den Koalitionspartnern als Erfahrungsvorrat abgespeichert werden. Die nachfolgenden Handlungen finden vor dem Hintergrund solcher Erfahrungen und geleitet durch diese statt. Koalitionsregieren ist als eine Abfolge von mehreren gleichzeitig stattfindenden, wiederholten und miteinander vernetzten Handlungssituationen zu deuten.

Der Wettbewerb zwischen SPD und CDU in Thüringen fiel jedoch nicht nur aufgrund der diesem Koalitionsformat innewohnenden stärkeren Spannung schärfer aus. Vielmehr erwies es sich auch als nachteilig, daß die Verbindung beider Parteien weder eine *Wunsch-* noch eine *Fortsetzungskoalition* oder zur Fortsetzung angelegte Koalition - und deshalb auch keine strategische Option - darstellte. Dem Koalitionsfrieden wiesen beide Parteien daher eine geringere Bedeutung zu als die Koalitionäre in Rheinland-Pfalz, wo Kompromisse immerhin ausgehandelt werden konnten. In beiden nicht-konformen Koalitionen fanden die Parteien Lösungen über Verfahrensfragen, und in beiden Koalitionen wurden Bundesratsentscheidungen in zeitlich gestreckte Koppelgeschäfte einbezogen. Auf diese Weise konnten Problemlösungen gefunden werden. Die sachsenanhaltische konforme Koalition wiederum, die eine Wunschverbindung darstellte, mußte nicht zu dieser Form der föderalen Konfliktmoderation greifen. In den beiden nichtkonformen Koalitionen drohten somit zwar durch föderale Entscheidungen Blockaden, die jedoch durch *Verfahren* auflösbar waren.

Ein weiteres gemeinsames Merkmal der hier untersuchten Fälle bestand darin, daß keine einseitigen von der Bundes- auf die Landespartei gerichteten hierarchischen Beziehungen festgestellt werden konnten. Vielmehr besaßen die Landeskoalitionen im großen und ganzen - wenn auch unter dem Druck der Bundesparteien - den von ihnen als notwendig befundenen Handlungsspielraum, um föderale Konflikte handhaben zu können. Konfliktbewältigungen liegen solange im Eigeninteresse der Landesparteien, wie sie an einer Zusammenarbeit zumindest mittelfristig interessiert sind.

4. Koalitionsalltag: Entscheidungsprozesse in Regierungsbündnissen - das Beispiel Landeshaushalt

4.1 Koalitionen und Haushaltsentscheidung

Haushalte, befand Aaron Wildavsky, sagen mehr über Regierungspolitik aus als Parteiprogramme oder Gesetze: "Compared to party platforms and legislative laws...inclusion in the budget carries a higher propability of concrete action. Little can be done without money, and what will be tried is embedded in the budget" (Wildavsky 1986: 9). Haushalte haben schon deshalb eine höhere Aussagekraft über die konkrete Politik einer Koalitionsregierung als die Programmatik von Parteien, weil sie als Ergebnis eines Bargaining-Prozesses zwischen unterschiedlichen Kräften anzusehen sind (vgl. Lange 1987; Wildavsky 1986: 7). Haushalte sind Paketlösungen, in denen sektorale Interessen der Ressorts und der Fachpolitiker der Fraktionen, verschiedenartige Präferenzen von Koalitionspartnern, aber auch Forderungen organisierter Interessen zusammengebunden werden müssen. Die Klientelorientierung von Regierungspolitik, die sich in Haushaltsentscheidungen widerspiegelt, potenziert sich vermutlich in Koalitionen (Sturm 1992a: 39). Diese Annahme scheint insofern begründet, als mit der jährlichen Verteilung der Haushaltsmittel auch über die Prioritätensetzung einer Regierung, mithin über die Gestaltungsmöglichkeiten der Ressorts - und damit der einzelnen Koalitionspartner - befunden wird. Deshalb werden die Bündnispartner darauf achten, daß ihre Interessen im Entwurf abgesichert sind. Der in Koalitionen internalisierte Parteienwettbewerb hat nach Ansicht mancher volkswirtschaftlicher Analysen zur Folge, daß die Verschuldungsquote in solchen Systemen, die regelmäßig Regierungsbündnisse hervorbringen, tendenziell höher liegt als in Einparteienregierungen (vgl. Roubini/Sachs 1989; von Weizsäcker 1999), denn alle Partner versuchen sich nicht zuletzt über die von ihnen geführten Zuständigkeitsbereiche zu profilieren und sich der Zustimmung der Wählerschaft zu versichern.

Die begrenzte Rationalität von politischen Akteuren zeigt sich nicht zuletzt in der Haushaltspolitik, wo die Zeit für Entscheidungen knapp bemessen ist, wo nicht alle Belange und Forderungen gleichzeitig gegeneinander abgewogen werden können und die Fähigkeit der Akteure, umfassende Nutzenkalküle zu erstellen, begrenzt bleiben muß (Wildavsky 1986: 10). Unter den Bedingungen komplexer Entscheidungssituationen und des eingeschränkten Informationsstandes der Akteure wird zumeist nur eine begrenzte Auswahl von alternativen Handlungsmöglichkeiten beachtet (Böhret 1991: 146; vgl. Naschold 1969: 30 ff.). Über solche generalisierten Befunde hinaus sind jedoch präzise Kenntnisse darüber, wie Koalitionsparteien untereinander den jährlich zu beschließenden Haushalt aushandeln und mit welchen Instrumenten und auf der Grundlage welcher Entscheidungsmuster sie einen Haushalt verabschieden, ausgesprochen rar (vgl. Sturm 1989; zur Finanzpolitik vgl. Gros 1998). Haushaltsentscheidungsprozesse eignen sich insofern besonders dafür, die "Mechanik" des Regierungshandelns von Koalitionen zu durchleuchten, als in diesen Entscheidungssituationen die unterschiedlichen - formell vorgesehenen - Akteure und Arbeitsebenen in Regierung und Parlament zusammengebunden werden müssen, aber auch informelle Abstimmungsprozesse exemplarisch betrachtet werden können. Von Interesse sind in diesem Kapitel somit Erkenntnisse darüber, auf welche Weise Koalitionspartner zu einer Einigung gelangen (*politics-Dimension*), nicht aber zuvörderst die materielle Haushaltspolitik eines Regierungsbündnisses (policy-Dimension). Im Blickpunkt stehen koalitionstypische Entscheidungsmuster, die am Beispiel des Haushaltsprozesses betrachtet werden. Policies, d.h. die zu bearbeitenden Probleme, formen andererseits die Struktur von Entscheidungsprozessen (vgl. z.B. Heinelt 1993: 309; Benz 1997b: 303 f.), so daß die im Rahmen der in dieser Studie ermittelten Befunde über Kooperationsmuster von Koalitionsakteuren in der Haushaltspolitik nicht unbesehen auf alle anderen Politikfelder übertragen werden können.

Gemeinsamkeiten im Entscheidungsprozeß der drei in dieser Studie untersuchten Koalitionen ergeben sich schon dadurch, daß der Prozeß der Aufstellung und Verabschiedung des Haushalts institutionell durch die Landesverfassungen, durch das Haushaltsgrundsätzegesetz des Bundes sowie durch die diesem weitgehend entsprechenden Haushaltsordnungen der Länder vorgeformt ist. Über die damit festgeschriebenen Regeln werden die Rollen der am Haushaltsprozeß beteiligten Akteure bereits teilweise festgelegt. So ist auch damit zu rechnen, daß die Informalisierung des Entscheidungsprozesses manche Ähnlichkeiten aufweist, denn das informelle Handeln von Koalitionen füllt nicht zuletzt die institutionellen "Lücken", d.h. die nicht geregelten Verfahrensabläufe. Institutionelle Rahmenbedingungen stellen indessen nur Gelegenheitsstrukturen dar, die unterschiedlich genutzt werden können. Da in den hier ausgewählten drei Fällen verschiedenartige Akteurskonstellationen vorliegen, sind unterschiedliche Muster der Konfliktbewältigung und der Konsensbildung wahrscheinlich. Diese Unterschiede entstehen wohl nicht zuletzt durch verschiedenartige *Koalitionsformate*. Während in der Thüringer großen Koalition und in der rheinland-pfälzischen sozialliberalen Koalition Mehrheitssituationen gegeben sind, die es ermöglichen, den Konsens grundsätzlich innerhalb der Regierung und der sie tragenden Fraktionen herzustellen, war die sachsen-anhaltische rot-grüne Minderheitskoalition darauf angewiesen, sich für ihren Haushalt im Parlament eine Mehrheit zu suchen. Deshalb ist davon auszugehen, daß sich in Sachsen-Anhalt andere informelle Muster der Konsensbildung ausgebildet haben als in den beiden anderen Koalitionen. Ob sich innerhalb einer großen Koalition, in der sich die Parteienkonkurrenz tendenziell weniger zurückdrängen läßt als in einer kleinen Koalition, wiederum andere Muster der Entscheidungsbildung ausformen, soll ebenfalls überprüft werden.

Zu berücksichtigen sind daneben *externe Faktoren*, die den Handlungsspielraum - und damit auch das Konfliktniveau - einer Koalition beeinflussen können. Dazu zählen beispielsweise die Abhängigkeit der Länder von Finanzzuweisungen des Bundes, generell die Finanzausstattung eines Landes, aber auch die regelmäßigen Steuerschätzungen, die im Laufe eines Haushaltsjahres oder während des Prozesses der Haushaltsaufstellung den erwarteten Einnahmenumfang verändern können. Bereits zwischen den Koalitionspartnern vereinbarte Haushaltspakete müssen in einem solchen Fall u.U. nochmals unter Zeitdruck aufgeschnürt werden, was erneute Konfliktquellen in sich bergen kann. Diese externen Faktoren werden in der nachfolgenden Analyse weitgehend konstant gehalten, für die abschließende Einschätzung der Entscheidungsergebnisse aber nochmals problematisiert (Kap. 4.3.2).

Haben Parteien in einer *Fortsetzungskoalition* (wie in Rheinland-Pfalz) bereits ihre Zusammenarbeit eingeübt, können erworbene Routinen dazu beitragen, die Entscheidungskosten im Prozeß der Haushaltsaufstellung zu senken. Den bisher vorgetragenen

Überlegungen und Befunden zufolge, weisen *Wunschkoalitionen* (Sachsen-Anhalt, Rheinland-Pfalz) tendenziell eine geringere interne Polarisierung auf als Regierungsbündnisse, in denen die Parteien eine andere Verbindung bevorzugt hätten. In Sachsen-Anhalt wiederum ist diese Wunschkoalition auf die Kooperation mit der PDS angewiesen, so daß wegen der Existenz des Tolerierungspartners eine zusätzliche Konfliktlinie in den Verhandlungsprozeß eingezogen ist. Eine weitere Frage lautet, welchen Einfluß *innerparteiliche Gruppierungen*, die wiederum gesellschaftliche Forderungen vertreten, auf den Haushaltsprozeß ausüben. Müssen diese im Haushaltsplanungsprozeß zufriedengestellt werden oder kann der Entscheidungsprozeß weitgehend hierarchisiert werden? Wo liegen die Gründe für eine erfolgreiche Hierarchisierung der Haushaltsaufstellung bzw. für einen weitgehend fragmentierten Entscheidungsprozeß?

Im Prozeß der Haushaltsaufstellung werden alle die Handlungsebenen zusammengeführt, die als typische Aktionsfelder für das in den Bundesländern mehrdimensionale Koalitionshandeln gekennzeichnet wurden (vgl. Teil 1, Kap. 4). Er eignet sich deshalb in besonderer Weise, den Regierungsalltag von Koalitionen auszuleuchten. Um Lernprozesse der Akteure einbeziehen und externe Faktoren (wie das Steueraufkommen) kontrollieren zu können, wurden für die drei untersuchten Koalitionen jeweils zwei zusammenhängende Haushaltsjahre im Untersuchungszeitraum von 1995-1998 analysiert. In den folgenden Kapiteln werden die Haushaltsentscheidungen nicht für jedes Jahr einzeln in allen Details geschildert. Wo sich im Entscheidungsverhalten einer Koalition von einem Jahr zum nächsten aber Abweichungen ergeben, werden diese erklärend einbezogen.

4.2 Die Erstellung der Regierungsvorlage - doppelte Konfliktlinie zwischen Koalitionspartnern und Ressorts

4.2.1 Die Regierung: Finanzminister, Ressorts und Ministerpräsident

Nach den Verfassungsgrundsätzen des Bundes und der Länder obliegt das Initiativrecht in der Haushaltsgesetzgebung allein der Landesregierung. Bis zur Schlußabstimmung im Landtag bleibt diese Herrin ihres Haushaltsentwurfs (Mahnke 1993: 246 f.). Selbiges bestimmen Art. 93,3 der LV-SnA und Art. 99,3 LV-Th übereinstimmend, sinngemäß: Art. 118 LV-RhP. Davon sind Vorwirkungen und Vorgespräche zwischen dem Finanzministerium und Abgeordneten freilich unberührt (vgl. Sturm 1988: 46 ff.). Alle drei Verfassungen bestimmen, daß der Landtag Mehrausgaben oder Mindereinnahmen gegenüber dem Entwurf nur beschließen darf, wenn Deckung gewährleistet ist (Art. 96,1 LV-SnA; Art. 118 LV-RhP; Art. 99,3 LV-Th). Die Regierung muß somit die finanzielle Gesamtverantwortung für ihren Entwurf übernehmen und Ausgabenwünsche der Ressorts und der Parlamentarier abwehren, welche die Interessen ihrer Wähler vertreten (Krupp 1992: 61). Der Finanzminister übernimmt in diesem Szenario typischerweise die Rolle des "Kassenwarts" gegenüber dem Parlament, aber auch gegenüber den eigenen Kabinettskollegen, die ihre sektoral definierten Interessen im Haushalt durchzusetzen suchen. Nach den Haushaltsordnungen der Länder nimmt der Finanzminister in Finanzfragen im Kabinett eine hervorgehobene Stellung ein (LHO-SnA § 28,2; LHO-Th § 28,2; LHO-RhP

§ 28,2). Er kann gegen Beschlüsse des Kabinetts ein aufschiebendes Veto einlegen[135]. Dessen Bedeutung liegt allerdings eher in seiner Existenz, nicht aber in seiner tatsächlichen Anwendung (Zunker 1972: 47).

Gegenüber seinen Kabinettskollegen verfügt der Finanzminister in finanztechnischen Fragen über einen Wissensvorsprung: Sein Ministerium ist als Querschnittsverwaltung angelegt, die zumeist Spiegelreferate für die jeweiligen Fachministerien enthält. Auf diese Weise ist das Finanzministerium grundsätzlich in der Lage, sachorientierte Gegenpositionen zu Forderungen aus den Fachressorts aufzubauen. Besteht zwischen dem Ministerpräsidenten eines Landes und seinem Finanzminister eine enge Kooperation, so sind beide Personen in der Lage, notwendige Entscheidungen im Kabinett durchzusetzen (vgl. Krupp 1992: 63). Über- und außerplanmäßige Ausgaben bedürfen nach Art. 95,1 der LV-SnA (entsprechend Art. 101,1 LV-Th; Art. 119 LV-RhP) überdies der Zustimmung des Finanzministers. Diese Sonderbewilligungsbefugnis räumt dem Finanzminister eine "eigenständige, verfassungsrechtlich gesicherte und das Prinzip der Ressortgleichheit durchbrechende Rechtstellung ein" (Mahnke 1993: 251). Er bleibt in der Ausübung dieser Befugnis indes verpflichtet, die Richtlinienentscheidungen des Ministerpräsidenten zu beachten sowie das Einverständnis des Kabinetts einzuholen, das die politische Verantwortung für die Haushaltsüberschreitung gegenüber dem Landtag übernimmt. Der Finanzminister ist dabei durch Beschlüsse des Kabinetts allerdings nicht gebunden.

Diese Bestimmungen in den Landesverfassungen und in den Haushaltsordnungen der Länder stecken den Handlungsradius des Finanzministers innerhalb der Regierung ab. Wenn eine Koalitionspartei das Finanzressort führt, verfügt sie demnach über die Möglichkeit, Entscheidungen zu treffen, die sich auf die Handlungsmöglichkeiten der anderen, auch vom Koalitionspartner geführten Fachressorts auswirken. Diesen Vorteil kann der Finanzminister aber nur begrenzt ausspielen, da der Koalitionspartner nur solange zur Kooperation bereit ist, wie er auch innerhalb des Regierungsbündnisses seine Gewinne in Form von finanziell abgesicherten Einflußmöglichkeiten einlösen kann. Selbst Sparmaßnahmen müssen deshalb so ausgestaltet werden, daß sich die vom Koalitionspartner geführten Fachressorts profilieren können.

Die tatsächliche Autorität des Finanzministers liegt indes nicht allein in seiner institutionell befestigten Ausstattung begründet. Amt und Funktion des Finanzministers in der Regierung bestimmen aber, wie der Ressortinhaber seine Rolle definiert. Der Finanzminister muß die Gesamtheit im Auge behalten, seine Perspektive entspricht bei knapp bemessenen Haushaltsmitteln zumeist einer "Sparoptik". Lange spricht von der "finanzministeriellen Endzeiterwartung des unvermeidlichen Staatsbankrotts" (Lange 1987: 52 f.), die das Auftreten und die Argumentation des Finanzministers gegenüber den anderen politischen Akteuren prägt und gegenüber diesen strategisch eingesetzt wird. Anders als die Fachressorts, kann der Finanzminister mit gesellschaftlichen Interessen, die überdies oft parlamentarische Unterstützung erhalten, kaum Bündnisse eingehen. Um die Forde-

135 Nach § 28,2 der LHO in Rheinland-Pfalz muß beispielsweise nach einem Widerspruch des Finanzministers erneut in einer weiteren Sitzung der Landesregierung über die Angelegenheit abgestimmt werden. Der betroffene Sachverhalt darf nicht in den Entwurf des Haushaltsplans aufgenommen werden, wenn er nicht in Anwesenheit des Finanzministers von der Mehrheit sämtlicher Mitglieder der Landesregierung beschlossen wurde und der Ministerpräsident mit der Mehrheit gestimmt hat.

rungen seiner Ressortkollegen und -kolleginnen abzuwehren, muß er seinen Plänen eine eher ungünstige Einnahmenentwicklung zugrunde legen - was die Minister dazu veranlaßt, gewisse "Luftpolster", d.h. nicht ausgewiesene oder zu gering veranschlagte Einnahmen, im Etatentwurf anzulegen. Diese Taktik bestätigten alle befragten Abgeordneten.

Daß der Finanzminister seine Rolle als "Kassenwart" wahrnehme und dies auch von anderen Teilnehmern am Haushaltsprozeß so antizipiert werde, kann für die Finanzminister aller drei hier untersuchten Koalitionen bestätigt werden. Die Reden des Thüringer Finanzministers entbehren beispielsweise nicht Hinweisen auf den kritischen Zustand der Landesfinanzen: Die

> "...Eckwerte zeigen, daß Thüringen an die Grenze der Belastbarkeit stößt. Und um die Rolle des Finanzministers bei der gegebenen Haushaltslage in einem Bild auszudrücken: Ich komme mir vor wie ein Wanderer auf hohem Berggrat, und wenn ich nicht schwindelfrei wäre, könnte mir beim Runterschauen manchmal schon schwindelig werden." (Trautvetter, Th-PlPr 2/22: 2)[136].

Ein ähnliches Verständnis der eigenen Funktion läßt sich auch für den rheinland-pfälzischen Minister Gernot Mittler (SPD) nachweisen (vgl. RhP-PlPr 13/15: 1015 ff.). Der Zwang zum Sparen, aufgrund dessen es wenig zu verteilen gebe, wurde auch vom sachsen-anhaltischen Minister Wolfgang Schaefer (SPD) unterstrichen (SnA-PlPr 2/27: 1898), der sich, seinem Kollegen Trautvetter gleich, selbst als "Fels in der Brandung" sah (VS, 4.12.1996). Taktisches Kalkül, die Ausgaben möglichst niedrig anzusetzen, um Forderungen von Ressorts und Parlamentariern nach erhöhten Ausgaben von einem möglichst niedrigen Sockel aus abfedern zu können, und die verinnerlichte Rolle des "Sparkommissars" überlagern sich ersichtlich im Verhalten der Finanzminister. Dies zeigt, daß akteursspezifische Begründungen *strategischen* Handelns und durch Institutionen vorgegebene, verinnerlichte, d.h. *habitualisierte* Rollen als Gründe für ein und dieselbe Handlung nicht immer präzise voneinander geschieden werden können, sondern sich durchaus vermengen können (vgl. hierzu Teil 1, Kap. 3.1; auch: Hall/Taylor 1996; Hay/Wincott 1998). Die Parlamentarier der Koalitionsparteien schätzen indes die Durchsetzungskraft ihrer Finanzminister sehr unterschiedlich ein. Gravierende Unterschiede ergeben sich insbesondere zwischen Rheinland-Pfalz und Thüringen auf der einen Seite und *Sachsen-Anhalt* auf der anderen Seite.

Quer durch die Fraktionen wurde dem Magdeburger Finanzminister Schaefer bescheinigt, eher "unpolitisch" zu sein, d.h.die politischen Probleme hinter dem unter seiner Führung erarbeiteten Zahlenwerk nicht genau abschätzen zu können (Sitte SnA-FV-PDS; Bullerjahn SnA-PG-SPD; Tschiche SnA-FV-Grü). Er sei "zu theoretisch" und führe nicht straff genug. Diese *personalen* Begründungen dafür, daß der Finanzminister des Landes sowohl innerhalb des Kabinetts als auch gegenüber den Parlamentsfraktionen eine nur eingeschränkte Durchsetzungsfähigkeit besaß, reichen indes als Erklärung nicht hin. Vielmehr zeichnen auch *strukturelle* Faktoren dafür verantwortlich, daß Schaefer seine ihm durch die Verfassung zugewiesenen Kompetenzen nur eingeschränkt geltend machen

136 Anm. der Verf.: Die Plenarprotokolle des Thüringer Landtags lagen der Verfasserin in Form von auf CD gepreßten Dateien vor. Daher weichen die Seitenzahlen von der Numerierung der in gedruckter Dokumentform erhältlichen Protokolle ab.

konnte. Der Unterschied gegenüber dem "normalen Gang der Dinge" habe in Sachsen-Anhalt darin bestanden, "...daß wir eben nicht eine parlamentarische Mehrheit haben, die es von Haus aus so macht, daß das Kabinett sagt, was gemacht wird, und die Fraktion eigentlich aufgrund der Mehrheitsverhältnisse fast nur noch gezwungen ist, das zu übernehmen." Das Parlament mache vielmehr, anders als in den alten Ländern, "von seinem Recht Gebrauch,...den Haushalt hier zu beraten und umzustrukturieren" (Bullerjahn SnA-PG-SPD). Zwar gibt der Koalitionsvertrag dem Finanzminister insofern Einsparinstrumente an die Hand, als dort sowohl ein Finanzierungsvorbehalt als auch der Grundsatz festgeschrieben steht, daß sich das Ausgabevolumen grundsätzlich an den zu erwartenden Einnahmen auszurichten habe, auch wenn dadurch schon eingeplante oder dringend erforderliche Vorhaben nicht realisiert werden könnten. Ausgabenwünsche sollten grundsätzlich durch Umschichtungen innerhalb der Ressorts realisiert werden (Koalitionsvereinbarung Sachsen-Anhalt 1994: 16). Die "Sparphilosophie" des Finanzministers war im Koalitionsabkommen überdies dadurch abgestützt, daß die Nettokreditaufnahme auf die Zuwachsrate der eigenen Steuereinnahmen begrenzt bleiben sollte (Koalitionsvereinbarung Sachsen-Anhalt 1994: 18).

Schaefer hatte bei seinen Kürzungsvorschlägen für den Haushalt 1997, der Einsparungen im kommunalen Ausgleichsgesetz und bei Fördermaßnahmen in dreistelliger Millionenhöhe vorsah, die Akzeptanz seines Sparhaushalts im Kabinett und im Parlament falsch eingeschätzt. Innenminister Püchel hatte als einziger Minister im Kabinett diesen Kürzungsplänen nicht zugestimmt (MZ, 21.8.1996; 23.8.1996). Auch die Forderungen Schaefers, die Auflagen des Landes beim Schulgesetz, bei der Kinderbetreuung oder beim ÖPNV zu lockern, wurden im Kabinett später nicht akzeptiert (MZ, 2.9.1996; Bullerjahn SnA-PG-SPD). Im Finanzministerium waren überdies ständig neue Zahlen als Berechnungsgrundlage aufgetaucht (Tschiche SnA-FV-Grü). Höppner selbst ließ sich schließlich von den Kommunen die Problematik vorrechnen (MZ, 23.8.1996). Da auch die Parlamentarier der Koalitionsfraktionen und der die Regierung tolerierenden PDS die Pläne des Finanzministers nicht befürworteten, stand dieser auch in den Folgejahren einer doppelten Konfliktlinie gegenüber: Seine Durchsetzungsfähigkeit sowohl innerhalb des Kabinetts als auch gegenüber den Parlamentsfraktionen von SPD, B'90/Die Grünen und PDS war begrenzt (vgl. Kap. 4.3).

Schon der Haushalt für das Jahr 1996 sei, so der Bericht von Beteiligten, komplett durch die Abgeordneten "aufgedröselt" worden (zum Verfahren vgl. Kap. 4.3). Im Folgejahr hätten die Parlamentarier der SPD, die auch im Fraktionsarbeitskreis mit Haushalt und Finanzen beschäftigt seien, präventiv eigene Berechnungen zum Haushalt aufgestellt. "Da war der Plan überhaupt noch nicht dagewesen, da haben wir sozusagen schon eigene Vorschläge, Vergleiche gemacht" (Bullerjahn SnA-PG-SPD). Auch wenn Absprachen und Kontakte zwischen Ministerien und Abgeordneten während der Haushaltsaufstellung und auch der Aufbau eines Gegensachverstandes durch die Finanzpolitiker der Fraktionen durchaus üblich sind (vgl. Sturm 1989: 209 ff.), griffen die Abgeordneten der regierungseigenen Fraktion doch dem Recht der Landesregierung, den Haushaltsentwurf in eigener Regie zu erstellen und einzubringen, in unüblicher Weise vor. Der 1996er Haushalt sei, so auch der parlamentarische Geschäftsführer und Verhandlungsführer der PDS in Haushaltsfragen, Wulf Gallert, "der letzte ernst gemeinte" gewesen:

> "Wir waren alle davon ausgegangen, daß das eine taktische Variante ist und auch eine sehr schlechte taktische Variante, aber im nachhinein haben wir gemerkt, er (Finanzminister Schaefer, S.K.) hat es ernst gemeint. Das war aber wirklich eine Überraschung für uns, daß das Kabinett das Ding hat so durchgehen lassen...alle Haushalte, die danach kommen, die gehen unter der Voraussetzung heran, daß es ein Verhandlungsangebot ist...Eine Regierung, die sich in einer Minderheitssituation befindet, das kann man sich auf einem Blatt aufzeichnen und da kann man sich vier Zahlen nebeneinander schreiben und dann weiß man, daß das so sein muß. Da braucht man sich eigentlich nicht so aufzuregen..." (Gallert SnA-PG-PDS). "Selbst der Kompetenteste würde einen Haufen Probleme haben, sich durchzusetzen" (Sitte SnA-FV-PDS).

Regierungsvorlagen galten somit in dieser parlamentarischen Minderheitssituation nur als Angebot an die Fraktionen - eine Lesart, die quer durch alle Parteien bestätigt wurde (vgl. Fikentscher 1999)[137]. Der finanzpolitische Sprecher und parlamentarische Geschäftsführer der CDU-Opposition im Landtag, Jürgen Scharf, bestätigte sinngemäß kritisch, daß es "ziemlich egal" sei, welche Art von Entwurf der Finanzminister in das Parlament einbringe. Die Regierung, die die Verantwortung für das Land trage, gebe diese mit dem eingeschlagenen Verfahren aus der Hand (Scharf SnA-PG-CDU).

Daß der Finanzminister über hervorgehobene, institutionell abgesicherte Kompetenzen im Haushaltsentscheidungsprozeß verfügt, erlaubt es ihm nicht zwangsläufig, notwendige Vorentscheidungen innerhalb des Kabinetts durchzusetzen. Daß die "angemessene" Ausstattung der Ressorts, die in die Zuständigkeit des Koalitionspartners fallen, diese Kompetenzen begrenzt, beschreibt nur die eine Seite dieses Sachverhalts. Die andere Seite besteht darin, daß die Ressorts aller Partner routiniert Argumente anführen und Anträge einbringen, um dem vom Finanzminister ausgeübten Sparzwang die Spitze zu nehmen. Viele Minister hegen den Verdacht, daß andere Ressorts überproportional begünstigt würden (Lange 1987: 52 f.) und wachen eifersüchtig über eine "angemessene" Ausstattung ihres Hauses. So würden auch die Minister in Sachsen-Anhalt zur Einstellung neigen: "Wenn du hier einen Schritt zurückgehst, das ist eine Niederlage...im Haushalt. Für die (Minister, S.K.) ist Politik (auch), mehr Geld zu fordern" (Bullerjahn, SnA-PG-SPD)[138]. Kabinett und Ministerialbürokratie, so auch Gallert, seien kaum fähig zu sparen. Daß aber Konflikte zwischen den Ressorts, wie dies bei den Verhandlungen zum Etat 1996 in Sachsen-Anhalt der Fall war, weitgehend erst auf parlamentarischer Ebene gelöst werden müssen, wirft nicht nur die Frage auf, welche Rolle dem Koalitions*format* in einem solchen Szenario zukommt, oder wie weit die Autorität des Finanzministers reicht (*personaler Faktor*). Vielmehr ist auch von Bedeutung, wie der Ministerpräsident seine *Richtlinienkompetenz* geltend macht.

Daß Höppner diese Funktion eher zurückhaltend ausübe, wurde von allen Gesprächspartnern übereinstimmend bestätigt. Die Einschätzungen und Gründe, warum dies so sei, variieren jedoch. Daß der Ministerpräsident seine Richtlinienkompetenz eher im Sinne einer Moderatorenrolle wahrnehme bzw. sein Amt im präsidialen Stil leite, liege in seiner Persönlichkeit und seiner kirchlichen Herkunft begründet (Tschiche SnA-FV-Grü; Gallert

---

137 So auch die Abgeordneten unterschiedlicher Fraktionen in den Sitzungen des Finanzausschusses des Landtags, 74. Sitzung, 5.11.1996: Die Entwürfe seien lediglich eine "Arbeitsgrundlage für die Mehrheitsfindung".

138 Ähnlich Tschiche: "..die Beamten sagen, derjenige, der viel Geld im Haushalt hat, ist ein guter Beamter" (Tschiche SnA-FV-Grü).

SnA-PG-PDS; Sitte SnA-FV-PDS). Andererseits "fummle" der Ministerpräsident als "eigentlicher Matador" auch selber gerne in den Zahlen seines Finanzministers herum (Tschiche SnA-FV-Grü). Höppner erwarte von seinen Ministern, daß sie ihren Job erst einmal selbständig in ihren Ressorts ausführten und in der Lage seien, untereinander zu einem Konsens zu gelangen (Bullerjahn SnA-PG-SPD). Auch hielt es ein Abgeordneter für nicht unwahrscheinlich, "...daß er sagt, ich lasse die jetzt mal streiten. Endgültig wird der Kampf sowieso im Parlament ausgehen, und da habe ich einen anderen, der sich damit beschäftigen kann...Also hat er die Differenzen zwischen den Häusern dann einfach nicht entschieden, hat gesagt, darum sollen die sich nachher kümmern" (Gallert SnA-PG-PDS). Hätte sich der Ministerpräsident frühzeitig auf eine Position festlegt, wäre diesen Einschätzungen zufolge die Gefahr für ihn groß gewesen, daß er aufgrund der Minderheitskonstellation wieder von seiner Position abrücken muß und dadurch an Autorität verliert.

Persönlichkeitsmerkmale und Amts- bzw. Rollenverständnis des Ministerpräsidenten sowie der strukturelle Faktor der Minderheitssituation, der ein von der herkömmlichen Rollenwahrnehmung abweichendes strategisches Verhalten nahelegt, wären demnach Ursachen für die zurückhaltende Ausübung der Richtlinienkompetenz in der Finanzpolitik. Welches Gewicht diesen Faktoren jeweils zukam, wußten die befragten Abgeordneten nicht präzise anzugeben. Aus der Sicht der CDU-Opposition wurde diese Lesart von der SPD ohnehin nur instrumentell eingesetzt, um damit das "Magdeburger Modell" legitimieren zu können: Höppner wolle das Bild des Moderators mit der ostdeutschen Tradition der Runden Tische überhöhen. Dies sei Teil der äußeren Darstellung, mit welcher der Ministerpräsident versuche, der Öffentlichkeit beizubringen, in Sachsen-Anhalt herrsche ein anderes Politikverständnis, nach dem jeder mit jedem reden solle. In Wirklichkeit gehe es nur darum, die umstrittene Machtkonstellation des "Magdeburger Modells" machtpolitisch zum Erfolg zu führen. In diesem Sinne ordne der Ministerpräsident einen soliden Haushaltsentwurf dem Bestand des Tolerierungsmodells in seiner Bedeutung nach. Deshalb habe der Ministerpräsident seinen Finanzminister auch jedesmal, wenn dieser zaghafte Versuche unternommen habe, sich gegenüber überbordenden Ressortinteressen durchzusetzen, im Regen stehen lassen (Scharf SnA-PG-CDU)[139]. Nach dieser Darstellung wiederum werden Amtsverständnis und Faktoren politischer Kultur instrumentell vorgeschoben, um der Minderheitskoalition eine höhere Legitimation zu verleihen. Die jeweils angegebenen Gründe zeigen nicht zuletzt, daß sich in ein und derselben Handlung verschiedene Motive - ein internalisiertes Rollenverständnis ebenso wie strategische Erwägungen - vermischen können (vgl. Teil 1, Kap. 3).

Anders als in Sachsen-Anhalt standen in Rheinland-Pfalz und Thüringen die Ministerpräsidenten deutlicher hinter den Sparplänen ihres Finanzministers, aber auch dort wurde die Ausübung der Richtlinienkompetenz durch die Rücksichtnahme auf den Koalitionspartner eingegrenzt. In *Rheinland-Pfalz* verlief die von Finanzminister Gernot Mittler verantwortete Haushaltsaufstellung weitgehend nach dem in der Verfassung und der Landeshaushaltsordnung beschriebenen Verfahren. Die Eckwerte und der Haushaltsplan wurden vom Finanzministerium erstellt, es folgten Anträge der Fachressorts, der Haus-

139 Hesse und Ellwein geben zu bedenken, daß die Kabinette in den Ländern noch homogener seien als die Bundeskabinette, da in den Ländern alle Ministerien Vollzugsaufgaben hätten. Reine Gesetzgebungsministerien gebe es nicht (vgl. Hesse/Ellwein 1992: 268).

haltsentwurf wurde anschließend vom Kabinett beschlossen und in das Parlament eingebracht. Wie in den anderen Landeshaushaltsordnungen ist festgelegt, daß bei jeder Dienststelle, die Einnahmen oder Ausgaben bewirtschaftet, ein Beauftragter für den Haushalt zu bestellen ist, dem die Aufstellung der Unterlagen für die Finanzplanung und für den Entwurf des Haushaltsplans und dessen Ausführung obliegt (LHO-Th, LHO-SnA, LHO-RhP, jeweils § 9). Die "Sparphilosophie" des Finanzministers, der damit den Wünschen der Ressorts nach Ausgabenzuwächsen begegnen muß, wird auch in Rheinland-Pfalz durch einschlägige Bestimmungen im Koalitionsvertrag abgestützt. Einen Finanzierungsvorbehalt kennt zwar auch das sachsen-anhaltische Abkommen. Im rheinland-pfälzischen Vertrag ist aber überdies festgehalten, daß das Ausgabenwachstum "der Einnahmeentwicklung entsprechen" und das Wachstum der Personalausgaben auf 3 bis 3,5% jährlich begrenzt werden müsse (Koalitionsvereinbarung Rheinland-Pfalz 1996: 69).

Der Ressortegoismus, bestätigten Abgeordnete, sei selbstverständlich auch in Rheinland-Pfalz vorhanden (Mertes RhP-FV-SPD; Thomas RhP-FV-Grü). Sobald man jemandem einen Ministerhut gebe, beschrieb ein Abgeordneter den Persönlichkeitswandel eines Ministers und ehemaligen Abgeordneten, verliere er den ganzheitlichen Blick und habe nur noch sein eigenes Haus im Sinn. In Rheinland-Pfalz habe man jedoch gelernt, die zuweilen durchaus harten Auseinandersetzungen zwischen den Häusern nicht in die Öffentlichkeit zu tragen, weil das für beide Partner negative Folgen nach sich ziehe: In solchen Fällen können sie nicht mehr von schon verlauteten Positionen abrücken; die Verhandlungsmasse wird dadurch eingegrenzt. Selbst wenn die Koalition nach außen hin als harmonisch zusammenarbeitende Zweckehe erscheine, träten doch immer wieder Konflikte auf. Die Konsensorientierung der Ressorts und deren Etatdisziplin seien allerdings im Laufe des gemeinsamen Regierens gewachsen (RZ, 30.9.1997), was nach Ansicht von Abgeordneten nicht nur mit den *Lerneffekten* in einer *Fortsetzungskoalition*, sondern auch mit *personalen Faktoren* zu tun habe. Der frühere Finanzstaatssekretär, Thilo Sarrazin, sei zwar ein renommierter "Finanzkünstler" gewesen, der mit den Ressorts trickreich verhandelt habe. Diese hätten solche Strategien aber natürlich bemerkt und entsprechende Gegenpositionen aufgebaut; die Konsensbildung sei auf diese Weise erschwert worden. Sein Nachfolger Ingolf Deubel sei im Umgang verbindlicher; er lehne nur die Ausgabenwünsche ab, die tatsächlich unrealistisch seien, und "spiele" nicht mit seinem Gegenüber (RZ, 30.9.1997; Mertes RhP-FV-SPD; Thomas RhP-FV-Grü; Kuhn RhP-FV-FDP und Schleimer RhP-Ma-FDP). Wenn demnach in den Verhandlungen Einsicht erzeugt wird, daß das Land sparen muß, erhöht dies die Kooperationsbereitschaft. Die Eckwerte für den 1998/99er Doppelhaushalt konnten denn auch trotz der Sparvorschläge im Kabinett zügig in nur zweieinhalb Stunden verhandelt werden (TV, 30.9.1997). Die Minister betonten in diesem Stadium des Haushaltsprozesses, sie fühlten sich im Rahmen des engen Haushalts fair behandelt. Ausgabenwünsche der Ministerien mußten durch Umschichtungen in den jeweils eigenen Ressorts befriedigt werden. Die Sparabsichten des Finanzministers wurden in Rheinland-Pfalz durch den Ministerpräsidenten zwar grundsätzlich gestützt, dieser mußte aber auf die relative Stärke seines Koalitionspartners Rücksicht nehmen.

Kritische Einwände gegenüber dieser Sichtweise von Vertretern der Koalitionsparteien erhebt indes die oppositionelle CDU. Der Ressortegoismus könne nur deswegen abgedämpft und Konsens nur deshalb hergestellt werden, weil die Kürzungsvorschläge des Finanzministers eher unverbindliche Willenserklärungen seien. Vorhersehbare Ausgaben würden beispielsweise nicht ausgewiesen, sondern als über- und außerplanmäßig nachbewilligt, so daß der Finanzminister trotz seiner Sparankündigungen die Nettoverschuldung des Landes nach oben treibe (Weiland RhP-MdL-CDU; Welt, 5.8.1996; HB, 26.7.1996; RZ, 20.7.1996; RP, 20.7.1996; vgl. 4.3)[140]. Demgegenüber führt die Fraktionsvorsitzende der Grünen den eingegrenzten Ressortegoismus auf den ständig stärker werdenden Sparzwang zurück (Thomas RhP-FV-Grü).

Koalitionsinterne Konflikte entstanden, als nach der Steuerschätzung vom November 1997 erneute Einschnitte in die bereits vereinbarte Haushaltsgrundstruktur vonnöten waren. Der damalige Fraktionsvorsitzende der F.D.P., Hans-Artur Bauckhage, meldete Protest an, weil nach den Einsparvorschlägen des Finanzministers das F.D.P.-geführte Wirtschaftsministerium Rainer Brüderles die größten Einbußen hätte hinnehmen müssen (RP, 4.12.1997; AZ, 4.12.1997; PM, 4.12.1997). Koalitionskonflikte - nicht nur über Budgetfragen - seien allerdings dadurch entschärft worden, daß dem "Superministerium" von Rainer Brüderle zusätzliche Programme genehmigt worden seien (Mertes RhP-FV-SPD; Thomas RhP-FV-Grü; Kuhn RhP-FV-FDP und Schleimer RhP-Ma-FDP; Weiland RhP-MdL-CDU). So wurden dem Wirtschaftsministerium investive Mittel ohne Zuordnung zu den Haushaltstiteln zugewiesen. Nicht zuletzt an diesen Beispielen wird erneut deutlich, daß die Stellung der F.D.P. als "dominant player" auch bei den Etatansätzen berücksichtigt wurde.

Die Haushaltsverhandlungen bis zur Verabschiedung des Ressortentwurfs zeigen in *Thüringen* zwar mehr Übereinstimmungen mit dem rheinland-pfälzischen Verfahren als mit dem in Sachsen-Anhalt. Gleichwohl weisen sie auch Unterschiede zur anderen Mehrheitskoalition auf, die einer Erklärung bedürfen. Ähnliche Verfahren wie in Sachsen-Anhalt, wo im Arbeitskreis Finanzen der SPD auf parlamentarischer Ebene versucht wurde, eigene Eckwerte zu errechnen, sind nicht nachweisbar. Dem Thüringer Finanzminister, Franz Trautvetter (CDU), wurde eine durchaus energische Interessenvertretung nachgesagt. Er arbeite stets nach dem Gesichtspunkt "nur keinen Streit vermeiden" (Ulbrich Th-MdL-CDU; Lamers Th-Stk). Die Sparziele des Finanzministers waren stärker noch als in Rheinland-Pfalz durch die Koalitionsvereinbarung abgestützt, um dem in großen Koalitionen zumeist in besonderer Weise internalisierten Parteienwettbewerb die Spitze zu nehmen. Für das Haushaltsjahr 1995 waren das Haushaltsvolumen sowie die abzusenkende Höhe der Nettoneuverschuldung und die Kreditfinanzierungsquote festgelegt. Der Schuldenstand pro Kopf der Bevölkerung hatte demnach dauerhaft unter dem Durchschnitt der alten Flächenländer zu liegen. Die Investitionsquote sollte sich vorerst auf über 30% einpendeln (Koalitionsvereinbarung Thüringen 1994: 50 f.).

Zumal letztere Teilvereinbarung sicherte die finanzielle Ausstattung des Wirtschaftsministeriums unter Franz Schuster (CDU) ab, der über den Hauptanteil der investiven Mittel verfügte. Die im Abkommen vereinbarten Vorhaben standen überdies fast ausnahmslos unter Finanzierungsvorbehalt. Ausnahmen von dieser Regel waren z.B. Landes-

---

140 Das Landesverfassungsgericht wies diese Praxis als unrechtmäßig aus, da sie gegen die Grundsätze der Haushaltswahrheit und Haushaltsklarheit verstoße. Art. 119 der Landesverfassung erlaubt das Notbewilligungsrecht des Finanzministers nur in "unabweisbaren" und "unvorhersehbaren" Fällen.

programme für die industrienahe Förderung, ein vorrangiges Anliegen des SPD-Spitzenkandidaten und Wissenschaftsministers Gerd Schuchardt, oder die Mittel für die Kindertagesstätten, die nicht zurückgeführt werden sollten. Laut Koalitionsvertrag (Thüringen 1994: 49) waren die Ressorts - wie auch in Sachsen-Anhalt - außerdem gehalten, zunächst im eigenen Bereich nach Einsparungen zu suchen, so daß Ausgabenwünsche zumindest vertraglich begrenzt und Auseinandersetzungen zwischen den Koalitionspartnern durch diese Selbstverpflichtung eingedämmt werden sollten. Die thüringische Verfassung (Art. 98,3) bestimmt überdies, daß die Personalausgaben höchstens 40% der Summe der Gesamtausgaben des Haushalts betragen dürfen. Damit ist der Zwang zum langfristigen Personalabbau gleichsam verfassungsrechtlich festgelegt. Ministerpräsident Bernhard Vogel stützte während der Etataufstellung für 1996 die Sparpläne seines Finanzministers, indem er sich ebenfalls darauf festlegte, keine höhere Verschuldung einzugehen (FW, 15.8.1996). Andererseits äußerte er mehrfach die Einsicht, daß in einer Koalition beide Partner auch im Haushaltsverfahren fair behandelt werden müßten (FW, 15.8.1995), sprich: den Sparabsichten in den Ressorts des Koalitionspartners Grenzen gesetzt sind. Damit versuchte er, die beiden zuwiderlaufenden Interessenlagen von Finanzminister und Koalitionspartner zu vermitteln.

Solche "Sicherheitsvorkehrungen" gegen die Ausgabenwünsche der Ressorts reichen jedoch keineswegs aus. Schon die Forderungen der Fachressorts für den Haushalt 1996 überstiegen die vom Finanzminister vorgestellten Eckwerte um rund 1 Mrd DM. Überhöhte Forderungen der Ressorts gehen laut Befunden zur Haushaltspolitik des Bundes darauf zurück, daß sich die Ministerien an den programmatischen Absichtsbekundungen der Regierung orientieren (Koalitionsabkommen, Wahlprogramme), daß sie aber auch aus taktischen Überlegungen ihre Forderungen möglichst hoch ansetzen (vgl. Sturm 1989: 141). In der ersten Haushaltsklausur war es Trautvetter nur gelungen, die Wünsche der Ministerien um ca. 500 Mio zurückzufahren (MA, 17.8.1995). Vorschläge für Einsparungen würden, monierten Vertreter beider Fraktionen, immer nur für die Ministerien des Koalitionspartners formuliert (Ulbrich Th-MdL-CDU; Klaus Th-MdL-SPD). Nachdem der Finanzminister die Eckwerte eingebracht habe, so auch das Resümee des CDU-Fraktionsvorsitzenden, beginne in der Haushaltsklausur der Regierung das Ringen um den angemessenen Ressortproporz nach "..dem Motto: Wenn ihr mir soviel wegnehmt, dann müßt ihr auch soviel nachlassen... (Es) ist viel Klugheit gefordert, um aus dem Geramsche dort noch etwas Vernünftiges zu machen" (Köckert Th-FV-CDU). Dieses Vorgehen läßt sich auch für die Verhandlungen über den 1997er Haushalt belegen, als Innenminister Dewes, zu diesem Zeitpunkt bereits Parteivorsitzender der SPD, einige Prestigeobjekte (wie den von Vogel betriebenen Bau der Erfurter Oper), diesmal aber auch "sein" eigenes Polizeizentrum als Angebot und Kennzeichen des guten Willens auf eine Streichliste setzte (TA, 29.5.1996). Verstärkt und verkompliziert wurde dieses Ringen dadurch, daß sich die bereichsspezifischen Interessen der Ressorts mit dem Bedürfnis beider Koalitionspartner überlagerten, sich gegeneinander zu profilieren: Beide Parteien übernahmen die Oppositionsfunktion und damit den Parteienwettbewerb in größerem Maße als die anderen Regierungsbündnisse in die Koalition (vgl. Knorr 1975: 147 f.).

Aus der Sicht der einzigen Oppositionsfraktion, der PDS, welche die Regierungsarbeit selbstverständlich kritisch begleitete, gab es kein ressortübergreifendes Denken oder gemeinsame Strategien. Jedes Ressort arbeite vor sich hin und versuche sich gegenüber den anderen abzugrenzen (Klaubert Th-FV-PDS). Allerdings haben sich selbst unter dem Vorzeichen der großen Koalition die Parteien in einem Fall darüber geeinigt, die Haushaltstitel gegenseitig deckungsfähig zu machen. Nicht ausgegebene Mittel für den Zweiten Arbeitsmarkt, vom Sozialministerium verwaltet (SPD), wurden dem Wirtschaftsminister (CDU) zugänglich gemacht, der damit Fördermittel aufstocken konnte (Klaus Th-MdL-SPD).

Trautvetter ging mit seinen Eckwerten bereits frühzeitig an die Öffentlichkeit, um dann erkennen zu müssen, daß seine Sparvorstellungen aus koalitionstaktischen Gründen nicht eingehalten werden konnten (MA, 2.9.1995). Nicht zuletzt sozialdemokratische Forderungen waren von den Sparplänen des Finanzministers betroffen. Dazu zählten der im Koalitionsvertrag als der arbeitsmarktpolitischen Lage des Landes angemessen betrachtete Bestand von ca. 40000 ABM-Stellen, aber auch der Neubau von jährlich mindestens 2500 Mietwohnungen und 2000 Eigentumswohnungen im Rahmen des sozialen Wohnungsbaus (Koalitionsvereinbarung Thüringen 1994: 19, 27)[141]. Das von Vertretern der CDU geforderte Lohnabstandsgebot gegenüber den Stellen im ersten Arbeitsmarkt wurde von der SPD zurückgewiesen. Da die SPD in der großen Koalition verhältnismäßig ungünstig - d.h. unter Gesichtspunkten der eigenen Profilierung wenig erfolgreich - gestartet war (Klaus Th-MdL-SPD) und der Haushalt für 1995 noch von der CDU/F.D.P.-Regierung erstellt worden war, wollte sie in den Haushaltsverhandlungen für 1996 Statur beweisen. Aus der Sicht des kleineren Koalitionspartners mußte der Haushalt erkennbare Möglichkeiten zur Profilierung bieten, zumal die SPD ihrer Basis auf dem anstehenden Landesparteitag Erfolge vorzeigen wollte. Der Entwurf Trautvetters sah indes wenig Raum für die Profilierungswünsche der SPD vor, die ihrerseits gegenüber den Zahlen des Finanzministers Mißtrauen hegte. Schon wiesen Abgeordnete darauf hin, daß die SPD in der großen Koalition nicht Bittsteller, sondern Partner sei (TLZ, 15.8.1995). Der Fraktionsvorsitzende Lippmann (SPD) plädierte, abweichend vom Koalitionsabkommen, für ein höheres Haushaltsvolumen, das, wäre es realisiert worden, zu einer höheren Verschuldungsquote geführt hätte. Auch Ministerpräsident Vogel mußte jedoch gegenüber seiner eigenen Fraktion das Verhandlungsergebnis rechtfertigen können. Die Haushaltsklausur des Kabinetts allein brachte somit keinen endgültigen Durchbruch für einen Kompromiß; tragfähige Lösungen wurden im Koalitionsausschuß verhandelt (vgl. Teil 2, Kap. 4.3).

Die untersuchten Fallbeispiele bringen folgendes vorläufiges Ergebnis: Die *institutionelle Ausstattung*, welche die hervorgehobene Stellung des Finanzministers - und selbstverständlich des Ministerpräsidenten - im Prozeß der Haushaltsaufstellung begründen, ist in allen drei Koalitionen fast identisch. Daneben trafen alle Koalitionen im Koalitionsabkommen - in voneinander abweichender, auf die Problemlage des Landes jeweils zugeschnittener Form - vertragliche "Vorkehrungen", welche den Parteienwettbewerb im Bündnis im Sinne einer vereinbarten Ausgabenbegrenzung eindämmen sollten. In nahezu allen Länderkoalitionen ist es üblich, daß die Posten von Ministerpräsident und Finanz-

141 Vgl. hierzu auch die allgemeinen wohnungspolitischen Ziele der SPD im Landtagswahlprogramm der Partei von 1994, S. 31 ff., und die arbeitsmarktpolitischen Zielsetzungen, S. 19 ff.

minister in der Hand des jeweils großen Koalitionspartners sind (Kropp/Sturm 1998: 34). Der größeren Koalitionspartei stehen damit Möglichkeiten zur Verfügung, auf die Politikgestaltung auch der Ressorts Einfluß zu nehmen, die vom Koalitionspartner geführt werden. Die Zuständigkeiten und Rechte von Finanzminister und Ministerpräsident sind aber in allen Koalitionen faktisch dadurch begrenzt, daß der Koalitionspartner nur dann zu kooperieren bereit ist, wenn ihm genügend Möglichkeiten bleiben, sich auch innerhalb des Bündnisses zu profilieren und eine eigene politikgestaltende Handschrift geltend zu machen. Deshalb sind der Richtlinienkompetenz des Ministerpräsidenten auch dann, wenn er - wie in Thüringen und in Rheinland-Pfalz - die Stellung seines Finanzministers im Kabinett stärkt, Grenzen gesetzt.

Das faktische Gewicht von Finanzminister und Ministerpräsident variiert. Abstufungen ergeben sich nach den bisherigen Befunden zum einen durch den Unterschied zwischen Mehrheits- und Minderheitskonstellation, d.h. durch das Regierungs*format*. Die Minderheitssituation schuf Gelegenheitsstrukturen dafür, daß das Parlament den Regierungsentwurf umbauen konnte. “Regierungsexterne” parlamentarische Kräfte (wie in Sachsen-Anhalt die PDS) können in einer solchen Situation Einfluß auf die endgültige Struktur des Etatentwurfs gewinnen. Daß jedoch die regierungseigenen Fraktionen im Benehmen mit einigen Ressorts die Vorlage des Kabinetts umbauten und auch innerhalb des Kabinetts Uneinigkeiten und Konfrontationen mit dem Finanzminister auftraten, kann mit dem Koalitionsformat allein nicht hinreichend erklärt werden. Grundlage dieses Konflikts waren nicht Auseinandersetzungen *zwischen* den Koalitions- bzw. Tolerierungspartnern, weshalb auch der Tatsache, daß es sich bei der rot-grünen Koalition um eine *Wunschverbindung* handelte, in diesem konkreten Zusammenhang kaum erklärende Kraft zukommt. Diese Konflikte wurden zwar durch das Koalitions*format* begünstigt, sie sind aber ebenso zurückzuführen auf Persönlichkeitsmerkmale (Kompetenz, Durchsetzungsfähigkeit, Amtsverständnis) der beteiligten Akteure, d.h. auf *akteursspezifische Erklärungen*, die ihrerseits nur bedingt generalisiert werden können. Auch die befragten Koalitionspolitiker wußten den Stellenwert beider Erklärungen nicht präzise anzugeben, da keine der erklärenden Variablen gleichsam experimentell isoliert werden kann. Akteursspezifische Merkmale wirkten auch in Rheinland-Pfalz dahingehend, daß die Kooperationsbereitschaft der Ressorts erhöht werden konnte. Daneben zeigten die untersuchten Fälle, daß durch Institutionen vorgeprägtes Handeln, wie die verinnerlichte Rolle des Finanzministers als “Sparkommissar”, und strategisches, d.h. durch handlungstheoretische Ansätze zu erklärendes Handeln, wie die taktische Berechnung des Ausgabenvolumens durch den Finanzminister, in einer konkreten Handlung eines Akteurs nicht immer trennscharf voneinander geschieden werden können (vgl. Teil 1, Kap.2; Teil 3).

4.2.2 Koordination zwischen Exekutive und Parlament

Bevor der Haushalt parlamentarisch beraten wurde, hatten alle drei Koalitionen Abstimmungen auf zwei unterschiedlichen Ebenen vorgenommen: Zum einen wurden die parlamentarische Arbeitsebene und die Exekutive miteinander verzahnt, noch bevor der Haushalt zur Beratung in die Ausschüsse überwiesen wurde. Zum anderen mußten dabei die Präferenzen der Koalitionsakteure zumindest teilweise zur Deckung gebracht werden. In *Rheinland-Pfalz* nahmen die Fraktionsvorsitzenden an den Haushaltsklausuren des Kabinetts teil, zuweilen auch der haushaltspolitische Sprecher der SPD, Gerd Itzek, der gleichzeitig das Amt des stellvertretenden Fraktionsvorsitzenden ausübte (Kuhn RhP-FV-FDP und Schleimer RhP-Ma-FDP; Itzek RhP-MdL-SPD). Die Fraktionsvorsitzenden von SPD und F.D.P. wiederum trafen sich vor den Kabinettsitzungen zur Unterredung und Abstimmung (Bauckhage RhP-WiMin-FDP; Kuhn RhP-FV-FDP und Schleimer RhP-Ma-FDP) und brachten ihren Fraktionen anschließend die Ergebnisse dieser Beratungen zur Kenntnis (vgl. auch: Vogel 1991: 105)[142]. Allerdings, berichteten die Fraktionsvorsitzenden, fänden im Kabinett keine großen Diskussionen mehr statt. Ins Kabinett kämen nur die Belange, die schon auf den Weg gebracht seien, d.h. die Themen, die bereits auf der Referatsebene zwischen den Ministerien (vgl. für die Bundesebene ähnlich: Patzelt 1999: 202) und zwischen Parlamentariern der Koalitionsfraktionen und den Ministerien vorbesprochen seien[143]. So würden die Informationen über die Eckwerte bereits frühzeitig in die Koalitionsfraktionen gelangen. Entsprechend wurde dem Kabinett keine herausgehobene Steuerungsfunktion zugewiesen. Unmittelbar vor den Kabinettsitzungen träfen sich Regierungschef Beck und sein Stellvertreter Brüderle überdies zum Frühstück, wo Wichtiges vorgeklärt werde, und am Tag davor fänden die gegenüber den Kabinettsitzungen ohnehin wichtigeren Staatssekretärssitzungen statt.

Diese Muster der Zusammenarbeit zwischen den Koalitionsfraktionen und der Exekutive können indes nicht als Einbahnstraße begriffen werden, auf der die Regierung die Fraktionsvorsitzenden lediglich instruiert und diese den Regierungswillen in die Fraktion hineintragen. Die Willensbildung verläuft vielmehr nach dem Gegenstromprinzip in beide Richtungen, auch wenn es, so die Aussage, durchaus Situationen gebe, in denen der "Chef", d.h. der Ministerpräsident bzw. sein Stellvertreter, den Fraktionsvorsitzenden die Notwendigkeit verdeutlichten, einen von ihnen erzielten Kompromiß in die Fraktionen hineinzuvermitteln (Mertes RhP-FV-SPD). Als für den Einigungsprozeß vorteilhaft wurde von allen Befragten die "gute Chemie" zwischen den beteiligten Spitzenakteuren, d.h. zwischen Beck und Brüderle einerseits und Mertes und Bauckhage andererseits, bewertet. Daneben lerne man es im Laufe des gemeinsamen Regierens, Konflikte zu vermeiden bzw. diese nicht eskalieren zu lassen. Äußere die SPD-Fraktion im Zuge der Haushaltsaufstellung bestimmte Wünsche, so ließen sich diese in den F.D.P.-geführten Ministerien kaum realisieren. In den von der eigenen Partei geleiteten Ressorts hingegen

142 Bernhard Vogel bestätigt aus seiner Regierungszeit in Rheinland-Pfalz die Notwendigkeit, die Fraktion rechtzeitig einzubeziehen: Was im Kabinett beschlossen wurde, sollten die Abgeordneten nicht aus den Medien, sondern direkt von einem der Regierungsmitglieder erfahren.

143 "...die echten Herrscher aller Preußen sind die in der Leiste B6 oder B3,...die können viel, viel machen" (Itzek RhP-MdL-SPD).

seien die Durchsetzungschancen erheblich größer; dort könne die Fraktion auch Einsparvorschläge auf dem kurzen Dienstweg anbringen (Itzek RhP-MdL-SPD).

Die Koalitionsfraktionen sind gegenüber den Oppositionsfraktionen im Vorteil, da sie umfassendere Informationen über den Haushaltsentwurf früher erhalten (vgl. hierzu: Sturm 1989: 212). Für die Opposition, so ein Vertreter der CDU, beginne der Haushaltsprozeß, wenn die Eckwerte des Kabinetts auf dem Tisch lägen. Die genauen Zahlen erhalte man erst, nachdem der Haushalt ins Parlament eingebracht worden sei. Würde man das Finanzministerium vorher um Informationen ersuchen, erfahre man nicht mehr, als der Pressereferent des Finanzministers in seinen Presseerklärungen schreibe (Weiland RhP-MdL-CDU). Auch die Fraktionsvorsitzende der Grünen, Ise Thomas, bestätigte, sie erhalte auf Nachfragen zwar Informationen vom Ministerium, an “die Heiligtümer” komme sie aber nicht heran. Andererseits suchten eben Referenten des Finanzministeriums zuweilen den Austausch auch mit ihr; es würden “...bestimmte Anliegen herangetragen mit der Frage, ob ich das nicht im Ausschuß...thematisieren und unterstützen kann...Also, da gibt es eigentlich eine ganz angenehme Arbeitsebene” (Thomas RhP-FV-Grü). Über neue Methoden des Haushaltsmanagements habe sie schon intensive Diskussionen mit dem Ministerium geführt.

In *Thüringen* sind Vertreter des Parlaments in ähnlicher Form an der Haushaltsaufstellung beteiligt wie in Rheinland-Pfalz. An der Haushaltsklausur des Kabinetts nehmen die Fraktionsvorsitzenden und die haushaltspolitischen Sprecher beider Koalitionsfraktionen teil (Köckert Th-FV-CDU; Lippmann Th-FV-SPD; Ulbrich Th-MdL-CDU). Das Kabinett habe, so die befragten Parlamentarier, bei der Haushaltsaufstellung ohnehin im Hinterkopf, daß sein Vorschlag in den Fraktionen akzeptiert werden müsse. Deshalb antizipierten die Minister, auch der Finanzminister, bereits im Vorfeld Wünsche und Positionen der Fraktionen. Umgekehrt erhielten die Fraktionen die Referentenentwürfe aus den Ministerien, aus denen der Haushalt gebildet würde. Die Ministerien würden ihre Abgeordneten in unterschiedlicher Weise und Intensität einbeziehen. Letztlich müsse, auch wenn eine enge Zusammenarbeit sinnvoll sei, sichergestellt bleiben, “...daß die Arbeit der Exekutive (nicht) ausgehebelt wird. Also das darf nicht passieren, daß letztendlich der Abgeordnete entscheidet, was in einem Gesetz zu erscheinen hat...Die sollen sich ruhig erst einmal Mühe geben...(Es) ist leider auch schon passiert, daß ein Minister `rumgereist ist und gesagt hat, ich hätte ja gern, aber die Abgeordneten wollten nicht, obwohl von ihm noch überhaupt kein Vorschlag vorlag” (Klaus Th-MdL-SPD). Insbesondere der Personalabbau werde von den Ministerien ungern durchgeführt. Die Abgeordneten der Koalitionsfraktionen haben diesen Überlegungen zufolge ein genuines Interesse daran, daß die Verantwortung und der geschützte Eigenbereich der Exekutive (BVerfGE 9; 268, 280; vgl. Art. 53,4 LV-SnA) nicht vom Parlament ausgehöhlt werden.

Die Kabinettsmitglieder müssen ihre Entscheidungen schließlich in den Koalitionsfraktionen begründen können, was ihnen erleichtert wird, weil sie als Mitglieder der Fraktion mit dieser in engem Austausch stehen. Nach den Kabinettsklausuren werden die Fraktionen unverzüglich von den beteiligten Fraktionsvorsitzenden informiert. Die SPD berät den Haushaltsentwurf überdies im Landesvorstand der Partei und bezieht im Stadium des Kabinettsentwurfs auf diese Weise nicht nur die Fraktionen, sondern auch die *Partei* in die Willensbildung mit ein. Eine weitere innerparteiliche Koordinierungsstelle stellen in allen Parteien die *Sprecherkonferenzen* dar, in denen die haushaltspolitischen

Sprecher der Landtagsfraktionen Erfahrungen austauschen. Eine direkte Einwirkung dieses Meinungsaustauschs auf den konkreten Prozeß der Haushaltsaufstellung konnte indes für alle drei Länder nicht nachgewiesen werden. Ähnlich wie die Abgeordneten in Rheinland-Pfalz bestätigten auch die beiden Thüringer Fraktionsvorsitzenden, daß die Fraktionen in den jeweils "eigenen" Ressorts über etwas mehr Gestaltungsmöglichkeiten verfügten, in denen des Partners hingegen könne man kaum etwas bewegen. Der Entwurf des Finanzministers für das Jahr 1996 sei, so die Einschätzung des SPD-Fraktionsvorsitzenden, zugunsten der CDU-Ressorts gerechnet gewesen. Deshalb habe man die erste Kabinettsklausur auch abbrechen müssen. In den Folgejahren habe sich dieser Mißstand jedoch nicht wiederholt (Lippmann Th-FV-SPD).

Auch für Thüringen bestätigten Abgeordnete der PDS-Oppositionsfraktion im Landtag, daß sie im großen und ganzen erst dann parlamentarisch tätig würden, wenn der Entwurf des Finanzministers vorliege. Zwar gebe es Kontakte zwischen einzelnen Abgeordneten und den Ministerien, wenn es um konkrete Fragen gehe. Die Ausbeute sei aber gering, da man aus diesen Informationen keinen Überblick über den Gesamthaushalt gewinnen könne. Anhaltspunkte erhalte man aber nicht zuletzt dadurch, daß in der Koalition umstrittene Themen an die Öffentlichkeit gerieten (Neudert Th-MdL-PDS). Da die PDS jedoch mit den Abgeordneten der beiden Koalitionsfraktionen kaum Kontakt pflege, sei die Informationslage für die Fraktion insgesamt äußerst dürftig. Man habe zwar keine schlechten Erfahrungen gemacht, wenn man auf Mitarbeiter und Mitarbeiterinnen von Ministerien oder auf die Minister zugegangen sei, die Fraktion habe allerdings den Kontakt nicht von sich aus gesucht (Klaubert Th-FV-PDS).

Konflikte traten in *Sachsen-Anhalt* zwischen den Parlamentariern der Regierungsfraktionen und der Regierung, insbesondere dem Finanzminister, auf, weil dieser im Herbst 1995 nach Ansicht von Abgeordneten einen nicht mehrheitsfähigen Haushalt vorgelegt habe. Dieser Umstand wirft die Frage auf, ob Parlament und Exekutive während der Haushaltsaufstellung ausreichend zusammengewirkt haben. Wie in den beiden anderen Ländern, nahmen auch in Sachsen-Anhalt die Fraktionsvorsitzenden von SPD und B'90/Die Grünen an den Kabinettsitzungen teil. Die Tagesordnungen wurden im Vorfeld an den geschäftsführenden Fraktionsvorstand versandt. Auf mögliche Probleme werde in den Kabinettsitzungen, so der Einwand, aber nur "sporadisch" hingewiesen (Bullerjahn SnA-PG-SPD); das Kabinett eigne sich - zumal in der Minderheitskoalition - eher für einen Informationsaustausch als für problemlösendes Handeln. Aus den Konflikten um den 1996er Haushalt habe Höppner insofern gelernt, als die Regierung nun zwei Klausuren anbiete, um dazwischen Zeit für Überarbeitungen durch das Parlament zu lassen. Auf diese Weise wird eine zusätzliche Rückkopplungsschleife zwischen Exekutive und Parlament eingebaut. Auch die Haushaltspolitiker der Fraktionen seien nach den Erfahrungen mit den ersten Haushalten an den Haushaltsklausuren beteiligt. Daß die Fraktion inzwischen stärker eingebunden werde, sei darauf zurückzuführen, daß die Koalition die Spielregeln der Minderheitsregierung erst habe (weiter)entwickeln müssen. Finanzminister und Haushälter der SPD-Fraktion hätten erkannt, daß sie nicht gegeneinander arbeiten dürften, sondern kooperieren müßten, weil sie wechselseitig aufeinander angewiesen seien. Deshalb würde er, Bullerjahn, sich nun, vor der ersten Haushaltsklausur für den 1998er Haushalt, mit dem Finanzminister zu einem vertraulichen Gespräch treffen, um Konflikte von vornherein auszuräumen. Die Haushaltsentscheidungen innerhalb der Legislaturperiode werden in dieser Sicht als ein *Prozeß kontinuierlichen Lernens* dargestellt, in dem die Auseinandersetzungen zwischen Exekutive und Regierungsfraktionen stetig besser begrenzt werden konnten. Der Finanzminister, so Bullerjahn, müsse schließlich "vorgewarnt" werden, damit er ein mehrheitsfähiges Konzept vorlegen könne. Vorwirkungen des Parlamentswillens auf den Prozeß der Haushaltsaufstellung sind demnach ausdrücklich erwünscht, um den Eigentümlichkeiten des Entscheidungsprozesses in einer Minderheitskoalition Genüge zu tun. Der "Eigenbereich" der Exekutive wird damit stärker als in den beiden anderen Ländern zugunsten einer gestalterischen Mitwirkung des Parlaments eingeengt.

Die Grünen waren in Sachsen-Anhalt in die ersten Haushaltsverhandlungen für den 1995er Etat über die Person Tschiches noch intensiv eingebunden. Da die Fraktion aber nur fünf Abgeordnete stellte, war deren Möglichkeit, am Haushaltsprozeß mitzuwirken, vergleichsweise begrenzt. Sowohl Vertreter der PDS als auch der SPD gingen deshalb davon aus, daß sie die Grünen jeweils mitvertreten würden (Gespräche Gallert SnA-PG-PDS; Bullerjahn SnA-PG-SPD; vgl. Teil 2, Kap. 4.3). Nach Aussagen der Grünen legte der Finanzminister selbst jedoch Wert darauf, diese mit im Boot zu haben, so daß die Grünen nach 1996 eigens Termine im Finanzministerium wahrnahmen, denn, so der Vorbehalt gegenüber dem Koalitionspartner, auch die Sozialdemokraten neigten dazu, gerne Schulden zu machen. Auch aus diesem Grund - der Orientierung der SPD an wohlfahrtstaatlichen Konzeptionen, die mit hohen Staatsausgaben verbunden seien - sei die Durchsetzungskraft des Finanzministers in den eigenen Reihen begrenzt (Tschiche SnA-FV-Grü). Bullerjahn bestätigte in diesem Sinne, die Abgeordneten der SPD hätten "manchmal noch viel verrücktere Ideen als die PDS".

Versuche, schon während der Erstellung des Haushaltsplans durch die Ministerien Einfluß zu nehmen, unternahm auch die PDS. Man habe ursprünglich vorgehabt, schon nach dem ersten Quartal mit eigenen Vorstellungen im Sinne einer "präventiven Konfliktbewältigung" an die Landesregierung heranzutreten. Die Gespräche mit dem Ministerpräsidenten und den Fraktionsvorsitzenden der Koalitionsparteien hätten der PDS aber keine Erfolge gebracht, da die Regierung Vorschläge zur Kenntnis genommen und ad acta gelegt habe (MZ, 12.8.1995). Es sei das Ziel der Regierung gewesen, das Grundkonzept und den Deckelbetrag des Kreditrahmens absegnen zu lassen und die PDS frühzeitig auf diese Eckwerte zu verpflichten (Sitte SnA-FV-PDS). Zwar formulierte die PDS schon im März 1995 nach einem Treffen mit Höppner und Innenminister Püchel einen Fraktionsbeschluß mit haushaltspolitischen Prioritäten, der vor allem die Bestandssicherung der Kommunalfinanzen und sozialer Leistungsgesetze zum Ziel hatte. Der Beschluß habe sich jedoch nicht im dann verabschiedeten Etatentwurf widergespiegelt. Insofern könne man, befand Gallert, nicht automatisch davon ausgehen, daß die Beschlüsse der PDS die Vorentscheidungen der Koalition prägten. Mögliche Vorwirkungen könne man schwer abschätzen, geschweige denn quantifizieren, zumal die Interessenlagen von SPD und PDS manchmal sehr nahe aneinander lägen - und, so wäre zu ergänzen, die SPD der PDS die geforderte soziale "Reformpolitik" als Profilierungsfeld nicht überlassen konnte und wollte. Die Unterschiede seien innerhalb der Fraktionen ohnehin oftmals größer als zwischen den jeweiligen Fachvertretern verschiedener Fraktionen (Gallert SnA-PG-PDS; Sitte SnA-FV-PDS; Bullerjahn SnA-PG-SPD), so daß die Parteien nicht als geschlossene Einheiten - d.h. nicht als unitarische Akteure - zu betrachten seien (vgl. Teil 2, Kap. 2). Alle Partner wüßten allerdings, welche strategischen Zielsetzungen der jeweils andere vertrete. Je mehr die PDS jedoch mit den Ministerien in Kontakt trete, desto eher laufe sie Gefahr, deren Sparperspektiven zu übernehmen, und desto stärker würde die Partei ihre Grundpositionen verändern und damit ihre Verhandlungsposition gegenüber der Minderheitskoalition einengen (Gallert SnA-PG-PDS; Sitte SnA-FV-PDS). Eine gewisse Distanz zur Koalition wird demnach als Voraussetzung für erfolgreiche Haushaltsverhandlungen und für die PDS ertragreiche Tauschgeschäfte eingeschätzt.

Vertreter der PDS gaben weitere Gründe an, warum die Partei inzwischen darauf verzichte, bereits im Vorfeld des parlamentarischen Verfahrens mit dem Finanzminister Gespräche zu führen: Zum einen habe man keine positiven Erfahrungen damit gemacht, schon frühzeitig eingebunden zu sein. Zum anderen stehe die Fraktion vor dem Problem, den Gang der Verhandlungen nicht mehr mitvollziehen zu können. Der für informelle Verhandlungen typische Mangel an Transparenz und demokratischer Partizipation (vgl. Buchanan/Tullock 1962; Benz 1998) müsse vermieden werden. Die Klage der CDU vor dem Landesverfassungsgericht, die das Ziel hatte, der PDS wegen der Zusammenarbeit mit der Minderheitskoalition den Oppositionsstatus aberkennen zu lassen, trug nach Aussagen der PDS-Fraktionsvorsitzenden jedoch nicht dazu bei, daß sich die Partei im Prozeß der Haushaltsaufstellung zurückhielt. Vielmehr wurde die angestrebte Distanz gegenüber der Koalition auf einen Lernprozeß zurückgeführt. Man beschließe in der Fraktion weiterhin einige Grundpositionen zum Haushalt, die aber nur dann wirksam würden, wenn auch der Landesvorstand der PDS diese Eckpositionen mittrage (Sitte SnA-FV-PDS). Die Ebene der Partei wird demnach in der PDS mehrfach in den Haushaltsprozeß einbezogen, sowohl bei der Formulierung von Grundpositionen als auch für die Bestätigung des Verhandlungsergebnisses.

Auch die PDS bestätigte, daß die Informationen, die sie aus den Ministerien erhalte, von sehr unterschiedlicher Qualität seien. Insbesondere auf der mittleren ministeriellen Ebene, die personell noch teilweise von der Vorgängerregierung geprägt sei, werde "gemauert". Man weise die PDS zwar nie ab, jedoch unterschieden sich die erteilten Auskünfte hinsichtlich ihrer Qualität. Oft beglichen die Mitarbeiter oder Referenten nur eine Pflicht, ohne jedoch ernsthaft informieren zu wollen. Deshalb blieben die Erfolge, sich die ministerielle Ebene zu erschließen, letztlich begrenzt. Dies gelte nicht zuletzt für das Innenministerium, wo es ein "traditionelles Abwehrverhalten" gegenüber der PDS gebe (Sitte SnA-FV-PDS).

Erneut zeigten sich somit Gemeinsamkeiten im Entscheidungsprozeß der hier untersuchten Koalitionen, die auf *institutionelle* Strukturen, d.h. auf die Funktionslogik des parlamentarischen Regierungssystems zurückzuführen sind, in dem die Regierung auf die sie tragenden Fraktionen angewiesen ist. Um Exekutive und Parlament und die verschiedenen Ebenen des Koalitionshandelns schon während der Haushaltsklausuren des Kabinetts miteinander zu verzahnen und Konflikten vorzubeugen, wurden in allen drei Fällen Vertreter der Koalitionsfraktionen an den Kabinettsitzungen beteiligt. In allen hier untersuchten Koalitionen wurde den Kabinettsitzungen in Fragen der Haushaltsberatungen zwar nicht die entscheidende Koordinationsfunktion und Fähigkeit zum problemlösenden Handeln bescheinigt (vgl. hierzu auch Rudzio 1991: 130 ff.; Rudzio 1996: 274 f.; Müller-Rommel 1988). Gleichwohl zeigt dieser Befund deutliche Abstufungen, die auf das unterschiedliche Koalitions*format* und die dem Regierungsbündnis innewohnenden Wettbewerbsorientierungen der Parteien, aber auch auf *akteursspezifische* Erklärungen, wie die Amtsführung des Ministerpräsidenten und die Autorität des Finanzministers, zurückgeführt werden können. Am wenigsten nahm das Kabinett diese Funktion in Sachsen-Anhalt wahr, wo erst auf parlamentarischer Ebene die entscheidenden Weichen für den Haushalt gestellt wurden. Aufgrund der Konflikte zwischen dem Finanzminister und Teilen der eigenen Koalitionsfraktionen lag es nahe, durch eine frühzeitige Abstimmung zwischen Regierung und Abgeordneten (auch des Tolerierungspartners) klarzustellen, welche Haushaltsansätze im Parlament mehrheitsfähig sein würden. In Rheinland-Pfalz wiederum war die Aufstellung des Etats von einer vergleichsweise deutlich stärkeren Stellung der Regierung gekennzeichnet. Dort gelang es der Koalition, die Eckwerte und den Entwurf ohne größere Konflikte zu verabschieden. Die "Richtlinien" der Politik wurden allerdings in den Zweiergesprächen von Ministerpräsident und seinem Stellvertreter bereits wesentlich definiert. Nicht zuletzt der kleine Koalitionspartner hat ein Interessen an solchen - auch von der Anzahl der Akteure her gesehen - "gleichberechtigten" Arbeitsstrukturen, da er sich im Kabinett stets der Mehrheit des Koalitionspartners gegenüber sieht (vgl. Rudzio 1991: 137). In Thüringen wiederum waren die Konflikte im Kabinett durch die regierungsinterne Polarisierung zwischen CDU und SPD stärker ausgeprägt, so daß im Haushaltsentscheidungsprozeß der Koalitionsausschuß als Konfliktschlichtungsstelle eingeschaltet werden mußte. In allen drei Koalitionen war von *Lernprozessen* die Rede, die dazu beitrugen, aus vorangegangenen Konflikten "verfahrenstechnisches" Wissen für die Hauhaltsaufstellung im folgenden Jahr abzuleiten (vgl. hierzu: Böhret 1991: 151).

4.2.3 Sektorale Organisation und fachpolitische Interessenlagen

4.2.3.1 Zur Rolle von Arbeitskreisen der Fraktionen und Koalitionsarbeitskreisen für Koalitionsentscheidungen

Fraktionen bilden Arbeitskreise aus, in denen die Fachpolitiker der Fraktion Entscheidungen vorbereiten, an denen sich die nicht auf die zu entscheidende Materie spezialisierten Abgeordneten orientieren können (vgl. auch: Ismayr 1992: 87 ff.; Apel 1970; Dexheimer/Hartmann 1970; Kretschmer 1989; Schüttemeyer 1998: 73). Insofern können die Arbeitskreise als Hilfsorgane der Fraktionen gelten. Ihr realer Einfluß geht jedoch über diese ihnen zugeschriebene Funktion hinaus, weil sich, sofern keine Unstimmigkeiten in der Fraktion vorhanden sind, diese dem Votum des Arbeitskreises in aller Regel anschließen wird. Kleine Fraktionen, wie hier die sachsen-anhaltischen Grünen mit fünf oder die rheinland-pfälzische F.D.P. mit zehn Abgeordneten, verfügen nicht über ausreichende personelle Substanz, um sich in dieser Form sinnvoll arbeitsteilig organisieren zu können.

Die Arbeitskreise der Fraktionen sind nicht nur mehr oder weniger spiegelbildlich zu den Parlamentsausschüssen, sondern auch zu den Ministerien geschnitten; an den Sitzungen nehmen zumeist entweder der Minister selbst oder einer seiner Staatssekretäre teil (vgl. auch: Hesse/Ellwein 1992: 231 f.)[144]. Die Arbeitskreise stellen somit ein weiteres wichtiges Bindeglied zwischen der parlamentarischen Arbeitsebene und der Regierung dar. Manche Koalitionen kennen überdies - als gleichsam zwischengeschaltete Arbeitsebene - Koalitionsarbeitskreise, in denen die Fachpolitiker der Koalitionsfraktionen mit Vertretern der jeweiligen Ministerien zusammentreffen. Auf diese Weise wird eine weitere Verstrebung, nämlich horizontal zwischen den Koalitionsparteien, in den Entscheidungsprozeß eingezogen. Erst wenn eine Angelegenheit dieses zweistufige Verfahren durchlaufen hat, kommt sie in das Fraktionsplenum oder in die Ausschüsse.

Koalitionsarbeitskreise eignen sich bei den hier auswählten Fällen nur für die *Thüringer* große Koalition, da sie aus zwei großen, in sich hinreichend gliederbaren Fraktionen besteht. Zuerst aber werden auch dort Probleme jeweils im Arbeitskreis der Fraktion behandelt, um eine gemeinsame Position zu definieren, die anschließend gegenüber dem Koalitionspartner vertreten und mit diesem abgeklärt wird (Lippmann Th-FV-SPD; Köckert Th-FV-CDU). Die Facharbeitskreise haben außerdem noch die Möglichkeit, sich an die Ländersprecherkonferenzen zu wenden, um Rat oder Informationen von anderen Landtagsfraktionen einzuholen (Klaus Th-MdL-SPD). Die Koalitionsarbeitskreise treten vor jeder Ausschußsitzung und jeder Plenartagung zusammen. Die Häufigkeit der Zusammenkünfte variiert zudem mit dem Arbeitsanfall. Die Arbeitsatmosphäre im Koalitionsarbeitskreis Haushalt ist nach Aussage beteiligter Abgeordneter unterschiedlich, "...je nachdem, wie das Koalitionsklima stimmt oder auch nicht stimmt...Eine Sachlichkeit ist auf jeden Fall da. Wir hatten also noch keinen...direkten Streit in diesem Ausschuß". Wenn einer der beiden Partner nicht wisse, ob eine angestrebte Einigung in der eigenen Fraktion mitgetragen werde, müßten sich die Abgeordneten erst der Zustimmung versichern, um bereits vereinbarte Kompromisse nicht wieder rückgängig machen zu müssen (Ulbrich Th-MdL-CDU). Indem der Fraktionswille eingebunden wird, könne eine wechselseitige Zuverlässigkeit und damit eine präventive Konfliktbegrenzung besser abgesichert werden. Können sich die Abgeordneten im Koalitionsarbeitskreis nicht einigen, wird eine weitere Zwischenstufe eingeschaltet, um eine umstrittene Angelegenheit nicht sofort in den Koalitionsausschuß geben zu müssen. Dieses Bindeglied besteht in Thüringen aus den jeweiligen Fraktionsvorsitzenden und den Sprechern der Arbeitskreise. Nur wenn in dieser Runde wieder keine Einigung zu erzielen ist, wird die Entscheidung an den Koalitionsausschuß weitergereicht. Insofern existiert im Koalitionsbetrieb Thüringens ein dreistufiges Verfahren der Konfliktschlichtung zwischen den Koalitionspartnern, das den Koalitionsarbeitskreis, eine "kleine" fachpolitische Koalitionsrunde sowie den Koalitionsausschuß umfaßt.

Der Fraktionsvorsitzende der SPD, Lippmann, beklagte, daß es den Koalitionsarbeitskreisen an der erforderlichen Geschlossenheit mangele. Die CDU müsse oft erst noch einmal die Fraktion konsultieren, weshalb Entscheidungen verzögert und verschleppt

144 Hesse/Ellwein machen darauf aufmerksam, daß durch diese Verzahnung von Exekutive und Legislative in den Arbeitskreisen eine Feinabstimmung zwischen Regierung und der sie tragenden Mehrheit möglich ist. Wer dabei "führe", hänge aber von der personellen Konstellation ab. Wie sich Kontrolle und wechselseitige Beeinflussung abspielten, sei kaum zu generalisieren. Der Umgangston in den Arbeitskreisen sei nicht immer kooperativ und freundlich, weshalb manche Minister nicht gerne die Arbeitskreise der eigenen Fraktion besuchten.

würden. Umgekehrt betonte auch der Fraktionsvorsitzende der CDU, daß die SPD Fraktionsbeschlüsse gerne ausspiele. Vertreter der SPD berichteten, daß selbst dann, wenn sich die Fachpolitiker von SPD und CDU einig seien, diese Einigkeit von der eigenen Fraktion nicht immer geteilt werde (Klaus Th-MdL-SPD). Insgesamt seien die Abgeordneten aber bestrebt, selbst zu einer Lösung zu gelangen. Denn werde eine Angelegenheit erst einmal in den Koalitionsausschuß gegeben, besäßen die Fachpolitiker keinen Einfluß mehr. Der Fraktionsvorstand ermuntere deshalb die Abgeordneten, sich erneut mit den Vertretern der anderen Koalitionspartei zusammenzusetzen. Sei zu erwarten, daß sich die Fachpolitiker doch noch einigen, werde die Entscheidung nochmals verschoben. Könne auch das nicht erreicht werden, könne der Koalitionsausschuß auch gleich selbst entscheiden; dann aber seien manche Anträge der Fachpolitiker nicht mehr zu realisieren. Die drohende Entmachtung bzw. der Verlust der Mitgestaltung übt demnach einen gewissen Einigungszwang auf die Fachpolitiker aus (Klaus Th-MdL-SPD). Wird eine Angelegenheit erst einmal im Koalitionsausschuß entschieden, kann dort die fachpolitische Perspektive leicht verloren gehen. In diesem Fall entstehen aus der Sicht der Fachpolitiker leicht nicht befriedigende Entscheidungen. Allerdings sind diese unter Umständen einem Zustand vorzuziehen, in dem sich die Koalitionspartner einander blockieren.

Nachdem der Etat im Koalitionsarbeitskreis für Haushalt beraten ist, lädt dieser Arbeitskreis wiederum die anderen fachpolitischen Arbeitskreise ein, um mit diesen die Pläne der einzelnen Ressorts zu besprechen. In diesem Verfahren, in dem die fachpolitische und die fiskalische Sicht verbunden werden sollen, muß zumeist eine beachtliche Anzahl von Änderungsanträgen bearbeitet werden, die, gäbe man ihnen statt, in der Regel mit einem Ausgabenzuwachs verbunden wären.

In *Rheinland-Pfalz* ist die SPD arbeitsteilig in Fraktionsarbeitskreisen organisiert. Auch dort müssen die fachpolitischen Arbeitskreise ihre Forderungen mit dem Finanzarbeitskreis abklären. Dies sei, bestätigen Abgeordnete, oftmals ein mühseliger Arbeitsprozeß, da die erzielten Ergebnisse den Eindruck vermitteln müßten, daß trotz notwendiger Abstriche an eingebrachten Forderungen "alle gewonnen" haben (Mertes RhP-FV-SPD). Die F.D.P. als kleiner Koalitionspartner wird in dieses Verfahren nicht eingebunden. Allerdings treffen sich die Fachpolitiker beider Parteien jeweils vor den Sitzungen des Fachausschusses und gehen die Tagesordnungen gemeinsam durch. Wenn brisante Themen anstehen, werden diese außerhalb dieses Rhythmus vorbesprochen. Mit der Schiene der gut miteinander kooperierenden Fraktionsmitarbeiter von SPD und F.D.P. verfügt die sozialliberale Koalition überdies über eine Art "Frühwarnsystem", so daß Meldungen über "brenzlige" Situationen recht schnell an die Fachpolitiker oder Fraktionsvorsitzenden gelangen (Kuhn RhP-FV-FDP und Schleimer RhP-Ma-FDP; Bauckhage RhP-WiMin-FDP). Damit macht auch die rheinland-pfälzische Koalition von einem abgestuften, weniger formalisierten Verfahren der Zusammenarbeit Gebrauch, dessen Ebenen allerdings andere Merkmale als das thüringische Procedere trugen.

In *Sachsen-Anhalt* weist das Verfahren einige Ähnlichkeiten mit dem in Rheinland-Pfalz auf. Auch hier war die SPD in Arbeitskreise gegliedert, die untereinander vergleichbare Abstimmungen zwischen Finanz- und Fachpolitikern vornahmen. Vertreter der Grünen nahmen an den Sitzungen des Koalitionspartners teil, um Abstimmungen und gemeinsame Beschlüsse schon auf dieser Ebene herbeizuführen. Dort auftretende Konflikte wurden ohne Umweg über die Fraktion in den Koalitionsausschuß gebracht; die erforderlichen Verhandlungen mit der PDS fanden außerhalb dieser parlamentarischen Arbeitsstrukturen statt (Tschiche SnA-FV-Grü; vgl. Fikentscher 1999). Diese auf die Arbeitsebene der Koalition beschränkten Verfahren waren jedoch insofern "unvollständig", als innerhalb dieser herkömmlichen parlamentarischen Kooperation zwischen den Koalitionspartnern noch keine abschließenden Lösungen gefunden werden konnten.

4.2.3.2 Zur Rolle von "Fachbruderschaften" in der Haushaltsaufstellung

Unter "Fachbruderschaften" (Wagener 1979[145]) versteht man sektorale Interessenlagen, die sowohl die ministerielle Ebene als auch die Fachpolitiker eines Parlaments umfassen. Solche Interessenlagen umspannen die für ein Fachgebiet zuständigen Abgeordneten einer Koalition, sie können jedoch auch durch die der Opposition zusätzlich abgestützt werden. Sie entstehen fast zwangsläufig durch die notwendige Spezialisierung der Abgeordneten, die sich mit "ihrem" Fachgebiet identifizieren. Im Zuge der Haushaltsaufstellung versuchen solche "Fachbruderschaften" nicht selten, ihre Interessen auch gegen die "Haushälter" finanziell abzusichern. Für die vorliegende Koalitionsanalyse stellen sich dabei zwei Fragen: Inwiefern wird, erstens, die Konsensbildung zwischen zwei Koalitionspartnern durch solche Fachbruderschaften vertikal segmentiert? Und wie gelingt es Koalitionspartnern, zweitens, diese Interessenlagen wieder in einen Gesamtwillen einzubinden?

Daß in *Rheinland-Pfalz* keine Koalitionsarbeitskreise und auch keine festen Treffen der Fachsprecher beider Parteien bestehen, wurde einerseits als Umstand gewertet, der Fachbruderschaften zumindest keine institutionalisierte Plattform gibt. Andererseits würden die Arbeitskreise der SPD-Fraktion durchaus von den Ministerien mißbraucht, um im Kabinett gescheiterte Anträge auf der Parlamentsebene durchzusetzen (Mertes RhP-FV-SPD; Itzek RhP-MdL-SPD). Man habe in den vergangenen Haushaltsjahren für diese Fälle immer ein gewisses Geldpolster - etwa in zweistelliger Millionenhöhe oder etwas mehr - bereitgestellt, das dann zwischen den Fraktionen als "Spielgeld" aufgeteilt worden sei. Wenn dann die Minister an die Fraktion herangetreten seien, sei das natürlich für die Fraktion eine Chance gewesen, sich selbst noch einmal bestimmte Wünsche zu erfüllen. Inzwischen müßten sich die Ressorts und ihre Gefolgschaften aufgrund des Sparzwangs jedoch schon während der Aufstellung einigen. Die Wünsche der Fraktionen müßten innerhalb der Eckwerte bleiben. Die Haushälter achteten konsequent darauf, daß keine Anträge zum Zug kämen, die bereits zuvor im Kabinett abgeschmettert worden seien. Wer einen Ausgabenzuwachs wolle, sei aufgefordert, auch Vorschläge zur Gegenfinanzierung zu unterbreiten. Da der Haushaltsarbeitskreis der SPD die Einzelpläne mit den Facharbeitskreisen der Fraktion diskutiert, werden Ausgabenwünsche innerhalb der SPD-Fraktion durch die sich selbst so bezeichnenden "eisenharten Haushälter" (Itzek RhP-MdL-SPD) abgewehrt. Die Ergebnisse dieser horizontalen Kopplung sektoral

---

145 Für die kommunale Politik wurde mit den "Basis-Fachkoalitionen" ein ähnliches Phänomen beschrieben, vgl. Banner 1984.

definierter Interessen werden anschließend wiederum der Fraktion vorgetragen. Eigentlich, befanden Abgeordnete, könne keiner der beiden Koalitionspartner ein Interesse daran haben, daß bereichsspezifische Interessenlagen - mit unterschiedlichen Konstellationen - instrumentalisiert würden (Kuhn RhP-FV-FDP und Schleimer RhP-Ma-FDP). Eine solche Strategie würde "sofort auffallen", und da man in einer Koalition einer Kette von Entscheidungssituationen ausgesetzt sei, würde ein solches instrumentelles Verhalten nur entsprechende Gegenreaktionen provozieren (zu wiederholten "Spielsituationen" vgl. Axelrod 1984), welche die dann anschließende Kooperation erschwerten. Fachbruderschaften, die über die Koalitionsfraktionen hinausgingen, d.h. die Opposition miteinbeziehen, bestünden allerdings vor allem bei den Landwirten (Weiland RhP-MdL-CDU; Thomas RhP-FV-Grü), die nur selten Abstriche an ihren Interessen zu machen bereit seien.

Die *Thüringer* Abgeordneten bestätigten, es sei typisch für den Gang der Haushaltsentscheidung, daß während der Erstellung und der Diskussion der Regierungsvorlage eine Flut von Anträgen in die Arbeitskreise eingebracht werde, welche die Ressortchefs angeblich "übersehen" hätten:

> "...das schlimmste Jahr war 1995, 250 Anträge...Das sind die ganzen Anträge gewesen, die die jeweiligen Minister beim Finanzminister nicht durchbekommen haben. Die Exekutive hat dann praktisch versucht, das den Abgeordneten wieder auf dem Weg zuzuschieben und zu sagen, macht das doch mal, das haben wir nicht durchgekriegt, und da waren sich dann auch meistens beide (SPD- und CDU-Abgeordnete, S.K.) einig...Also, da unterscheiden wir uns sicher auch nicht von den anderen" (Ulbrich Th-MdL-CDU).

Auch in Thüringen nahmen Minister oder Staatssekretäre an den Sitzungen des Koalitionsarbeitskreises für Haushalt teil. Dieser lud wiederum Vertreter der Fachkoalitionsarbeitskreise zu sich ein. Von den genannten 250 Anträgen seien auf diesem Weg, so die Berichte, rund 100 von den Haushältern der Fraktion sofort abgeschmettert worden. 40 bis 50 etwa seien glatt durchgegangen, die restlichen 100 hätten erneut verhandelt werden müssen. Von diesen hätten die Haushälter etwa nochmals 20 bestätigt. Der Rest sei dann auf der Ebene der Fraktionsvorsitzenden besprochen worden, die sich mit den Haushaltssprechern oder den entsprechenden Arbeitskreissprechern zusammengesetzt hätten. Nur wenn dann immer noch einige wenige gravierende Probleme übrig blieben, würden diese an den Koalitionsausschuß weitergereicht (Ulbrich Th-MdL-CDU; Köckert Th-FV-CDU). In dem in Thüringen angewandten mehrstufigen Entscheidungsverfahren soll es somit den Abgeordneten zum einen ermöglicht werden, möglichst lange in den Entscheidungsprozeß eingebunden zu bleiben. Zum anderen wird in diesem Verfahren angestrebt, daß sowohl Verteilungsprobleme gelöst werden und Kompromisse zwischen den Koalitionspartnern zustande kommen, als auch die sektoralen Interessen auf ihre Finanzierbarkeit hin überprüft werden.

Die Fachbruderschaften in Thüringen sind nach Angabe der Abgeordneten von Ressort zu Ressort unterschiedlich stark ausgeprägt, auch wenn natürlich jeder Abgeordnete erst einmal an seinen Fachbereich denke (Klaus Th-MdL-SPD). Die stärkste Übereinstimmung an Interessen zeigten auch dort über alle Parteigrenzen hinweg die Landwirte, auch z.T. die Bildungspolitiker, weniger aber die Sozial- und Wirtschaftspolitiker, und inzwischen auch nicht mehr die Innenpolitiker (Lippmann Th-FV-SPD), da zwischen Innenminister Dewes (SPD) und seinem Vorgänger Böck (CDU), der Vorsitzender des

Innenausschusses war, Spannungen aufbrachen (Böck Th-MdL-CDU). Im Bereich der Sozialpolitik bestanden nach Einschätzung der PDS zwar durchaus einige Berührungspunkte zwischen SPD und PDS, die sich zum Bedauern letzterer aber nicht im Abstimmungsverhalten der SPD niederschlugen. Die PDS gab an, kaum Kontakte zu den Abgeordneten der beiden anderen Fraktionen zu haben, zumal diese, bevor die formal zuständigen parlamentarischen Institutionen (Ausschüsse, Plenum) in Aktion träten, bereits alles im Koalitionsarbeitskreis abgearbeitet hätten und sich deshalb in den Ausschüssen kaum noch eine Diskussion ergebe (Neudert Th-MdL-PDS; Klaubert Th-FV-PDS, vgl. Kap. 4.4). Auch an diesen Aussagen wird erneut deutlich, daß die Polarisierung bzw. die "policy-distances" zwischen den Fraktionen in einem Parlament mit den Politikfeldern variieren.

Da der Haushaltsentwurf des Finanzministers in *Sachsen-Anhalt* auf parlamentarischer Ebene wieder in Teilen aufgeschnürt wurde und der Minister als "Kassenwart" nicht mehr in den Verlauf der informellen Verhandlungen eingebunden war, ist es grundsätzlich denkbar, daß sich sektorale Interessen während der dem Entwurf folgenden Haushaltsverhandlungen einen stärkeren Einfluß verschaffen konnten als in anderen Koalitionen. Die Einschätzungen der Abgeordneten in dieser Frage variieren jedoch, zumal, wie diese selbst betonen, kein laborfähiger Vergleich zur Verfügung steht, der Auskunft darüber geben könnte, wie sich solche bereichsspezifischen Gefolgschaften in einer rot-grünen Mehrheitskoalition ausgewirkt hätten (z.B. Gallert SnA-PG-PDS). Für Sachsen-Anhalt wurden Interessenkoalitionen bestätigt, die, je nach Politikfeld, unterschiedliche Fraktionen umfassen. Während sich im Sozialbereich die Positionen von SPD, PDS und B'90/ Die Grünen ähnelten, verlief die Achse in der Innenpolitik eher über SPD und CDU. CDU-Innenpolitiker sprächen, wurde berichtet, schon einmal von "unserem Minister" und meinten damit Innenminister Püchel (SPD), der eher einer Koalition mit der CDU zuneigte. Allerdings habe es die PDS inzwischen geschafft, auch die Innenpolitiker der SPD "aufzuweichen". Die Koalition habe in kommunalpolitischen Fragen einige Male versucht, Vorhaben mit Unterstützung der CDU durchzusetzen. Bis Ende 1997 wurden von den 28 im Bereich Innen- und Kommunalpolitik beschlossenen Gesetzen tatsächlich 15 mit den Stimmen von CDU und PDS beschlossen; in sieben Fällen stimmte nur die PDS mit der Koalition, in sechs Fällen nur die CDU (Fikentscher 1998: 184). Angesichts der darauf folgenden "Drohrituale" der PDS habe die SPD aber wieder von diesen Annäherungsversuchen Abstand genommen (Tschiche SnA-FV-Grü; Bullerjahn SnA-PG-SPD): "...da ist die SPD auch relativ unproblematisch lange Zeit mit der CDU zusammengegangen, bis wir dann gesagt haben, also jetzt hier mal Schluß" (Sitte SnA-FV-PDS). Dieses Beispiel zeigt, daß eine Minderheitsregierung kaum wechselnde Mehrheiten herstellen kann, wenn eine Tolerierungspartei, wie die PDS in Sachsen-Anhalt, beansprucht, auf möglichst allen Politikfeldern Gestaltungskompetenz zu erlangen.

Vertreter der Ministerien, bestätigten Abgeordnete, gingen auch in Sachsen-Anhalt "ganz frech" auf die anderen Fraktionen zu, um ihre Interessen parlamentarisch zu verstärken. Besonders ausgeprägt sei dieses Vorgehen dann, wenn der Finanzminister einen Sparhaushalt vorlege, der einzelnen Ministerien keinerlei Gestaltungsspielraum mehr lasse. "Da kann ich nicht vorschlagen, ich fahre jetzt in den Universitäten runter bis auf die Personalkosten, also das heißt, wir können nicht mal mehr ein Buch kaufen. Das ist doch klar, daß die (Minister)...dann Druck machen, daß die sich ihre Mehrheiten woanders suchen...da ging es nur noch wer gegen wen und rettet die Felle...". Allerdings würden die Haushaltspolitiker der SPD darauf achten, "...nicht in dieses Räderwerk reinzukommen, sonst fliegt einem das nämlich um die Ohren". Innerhalb der SPD-Fraktion herrsche in diesen Fragen eine "straffe Disziplinierung", um zu verhindern, daß im Sinne von Ausgabenaufwüchsen mit der PDS augenzwinkernd gemauschelt werde (Bullerjahn SnA-PG-SPD). Die PDS hingegen lege in Verhandlungen Wert darauf, den Finanzminister mit seiner Sparpolitik nicht einzubeziehen. "Die wollen erst mal ihre ganzen Fachpolitiker loslassen, und die sollen ihre Ideen mit unseren Leuten mal bereden, was den Haushalt anbelangt. Und im Stillen hoffen sie, daß dann irgendwann Ende des Jahres doch alles wieder gut läuft. Aber das ist natürlich ein gefährliches Spiel, denn wenn sich jemand zu weit aus dem Fenster hängt, wird es ganz schwierig". Wenn sich die Fachpolitiker der PDS den Haushalt vornähmen, um auf dieser Grundlage ihre Forderungen wiederum bei den Fachpolitikern der Koalition anzumelden, gerate der Gesamthaushalt leicht aus dem Blick (Tschiche SnA-FV-Grü), da dann nurmehr sektorale Interessenlagen addiert würden.

Diese Sichtweise wird auch von der Fraktionsvorsitzenden der PDS bestätigt, der Umstand wird dabei allerdings positiv gewendet. Auch in der PDS tendierten die Haushälter dazu, über die anderen Fachpolitiken dominieren zu wollen. Dies bestätigen auch Aussagen eines PDS-Finanzpolitikers, der im Finanzausschuß darüber klagte, daß er sich in einer dem Finanzminister durchaus ähnlichen Situation befinde, wenn er gegenüber den auf - fachpolitisch begründeten - Ausgabenaufwuchs drängenden Fachkollegen seiner eigenen Fraktion die Begrenzung der Nettokreditaufnahme fordere[146]. Deshalb entstünden auch in der PDS-Fraktion Konflikte. Da allerdings alle Abgeordneten der PDS eine sektorale "Doppelbelastung" in den Arbeitskreisen wahrnähmen, trete die "einseitige finanzpolitische Sicht" nicht in der Schärfe hervor wie in den anderen Fraktionen. Die PDS-Fraktion habe es bislang immer geschafft, ihre Haushälter zu den "Inhalten", z.B. in die Sozialpolitik, zurückzuholen, auch wenn dies aus finanzpolitischer Sicht nicht unbedingt vernünftig erscheine. Für viele Abgeordnete der PDS sei das Finanzministerium nur "ein Instrument für die Durchsetzung von inhaltlichen Positionen in anderen Ressorts" (Sitte SnA-FV-PDS). Anders als in allen anderen Fraktionen - auch der anderen für diese Studie untersuchten Länder -, wurden in der sachsen-anhaltischen PDS diesen Aussagen zufolge somit nicht fachpolitische Forderungen innerfraktionell auf ihre Finanzierbarkeit überprüft, sondern die finanzielle Machbarkeit dem Primat der politischen Gestaltung untergeordnet. Damit war es erklärtes Ziel der PDS, Einschnitte in soziale Besitzstände zu vermeiden und die Bewahrung hoher sozialer Standards, die einer Konsolidierung des Landeshaushalt letztlich entgegenstanden, in der Öffentlichkeit als ihren Erfolg darzustellen. Allerdings gebe es, so der Einwand, inzwischen auch in der PDS eine Diskussion darüber, inwiefern die Begrenzung der Nettokreditaufnahme auch als eigene Prämisse angesehen werden müsse.

Anders als Vertreter anderer Parteien, schrieb Gallert den Fachpolitikern seiner Fraktion eine "ziemliche Fachverantwortung für ihren eigenen Bereich" zu, wenn die Mach-

146 Landtag Sachsen-Anhalt, Ausschuß für Finanzen, 42. Sitzung vom 16.10.1995.

barkeit von Forderungen thematisiert worden sei. An die Fraktionsmitglieder sei immer auch die offizielle Frage gerichtet worden, wo man noch etwas einsparen könne. Insofern habe man auch innerhalb der Fraktion auf die eigenen Abgeordneten Druck ausgeübt, indem man die Fachpolitiker gebeten habe, für den 1996er Haushalt 300 Mio DM umzuschichten, um diesen Betrag zur Sicherung der Kommunalfinanzen aufzustocken. Innerhalb der Fraktion seien so Vorschläge erarbeitet worden, wie man "umschaufeln" könne. In der Fraktion habe man das Verfahren verfolgt, zuerst innerhalb der einzelnen Ressortzuständigkeiten umzuverteilen, bevor man an Umschichtungen zwischen den Ressorts gegangen sei. Blockaden seien dann vor allem bei den größeren Summen entstanden, die nicht innerhalb eines Fachbereichs umverteilt werden konnten (Gallert SnA-PG-PDS; Sitte SnA-FV-PDS).

Vertreter der PDS schätzen ihre Chancen, bereichsspezifische Interessenlagen nach ihrem Willen zu verstärken, tendenziell höher ein als Vertreter der Koalitionsfraktionen. Daneben bestätigen sie *Praktiken ministerialen Lobbyings* bei der PDS. Manche Ministerialbeamte versuchten, nicht nur bei der SPD, sondern auch bei der PDS über Abgeordnete ihre Positionen in den Haushaltsentwurf hineinzubringen. Die "...fragen dann bei unseren Leuten an, stimmt es, Leute, ihr setzt doch noch ein paar Millionen...drauf...Da brauchen wir uns doch jetzt mit dem Finanzminister nicht so zu prügeln." Dieses Vorgehen beeinflusse bereits die Struktur des Referentenentwurfs. Für den Innenbereich wurde diese Praxis am wenigsten bestätigt, wohl aber in einer "fast skrupellosen Art und Weise bei den Bauern und bei den Bildungsleuten", in abgestufter Form auch im Sozialbereich. Zwar würde man im Haushaltsprozeß von Einsparungen betroffene Interessengruppen auch deshalb konsultieren, um eine möglichst sachgerechte Entscheidung treffen zu können. Die einzelnen Abgeordneten müßten sich allerdings vor den außerparlamentarischen Interessengruppen für die politische Position der eigenen Fraktion rechtfertigen. Deshalb seien sie für solche gezielten Kontakte aus den Ministerien durchaus empfänglich (Gallert SnA-PG-PDS). Für eine einzelne Interessengruppe seien 1 oder 2 Mio DM im Jahr schließlich "viel Geld". SPD und PDS würden zumal im Bildungsbereich (Schule, Hochschule) aufgrund von Mitgliedschaft bzw. Funktionsträgerschaft in der GEW miteinander verbunden (Scharf SnA-PG-CDU; vgl. 4.3). Eine weitere Variante dieser "Fachbruderschaften" besteht darin, daß die Ministerialbürokratie zwar nicht auf die PDS, sondern auf die eigenen SPD-Abgeordneten mit bestimmten Wünschen zugeht. Diese wiederum würden sich dann zuweilen an die PDS wenden - mit der Bitte, diese Anliegen einzubringen, weil sie in der SPD-Fraktion - zum Beispiel bei den Haushaltspolitikern - nicht vermittelbar seien (Sitte SnA-FV-PDS).

Die PDS verfügt ihrer Einschätzung nach - gleichsam in umgekehrter Stoßrichtung - über die Möglichkeit, als Mehrheitsbeschafferin für Gesetze der Minderheitsregierung ganz bestimmte sektorale Interessenlagen zu verstärken, so z.B. im kommunalen Bereich. Dort existierte allerdings ohnehin ein breiter, sich über alle Parteien hinweg erstreckender Interessenkonsens. Kompromisse könne die PDS weniger mit den Staatssekretären, sondern am besten mit den Abteilungsleitern erzielen, da auf dieser Ebene "die Informationen besser zusammenlaufen". Außerdem trete man auch - instrumentell - an die Verbände heran, um diese vorzuwarnen, daß sich im Entscheidungsprozeß der Koalition eine Entwicklung abzeichne, die zu Lasten ihrer Klientel gehe. Nachteilig wirke sich diese Konstellation, in der die PDS eine Mobilisierung der organisierten Öffentlichkeit vornehmen könne, vor allem für die Wirtschaftspolitiker der Koalition aus (Sitte SnA-FV-PDS) - auch wenn die PDS-Fraktionsvorsitzende aus arbeitsmarktpolitischen Gründen Abstriche am Haushalt des Ministeriums für Wirtschaft und Technologie durchaus kritisierte (SnA-PlPr 2/27: 1915).

Für die drei hier untersuchten Koalitionen sind somit ähnliche Arbeitsstrukturen erkennbar. Auf der Ebene der Fraktion werden Arbeitskreise gebildet, an denen Vertreter der entsprechenden Ministerien teilnehmen. Der für den Haushalt zuständige Querschnittsarbeitskreis nimmt überdies jeweils in der Fraktion bzw. in der Koalition eine Abstimmung mit den fachpolitischen Arbeitskreisen vor, um die finanzpolitische Sicht mit bereichsspezifischen Interessen zu verbinden und letztere auf finanzierbare Forderungen zu begrenzen. Daneben wird in den Arbeitskreisen - ähnlich den Fachausschüssen - die parlamentarische Ebene mit der Regierung verzahnt. Auch in der sachsen-anhaltischen PDS wurden haushaltspolitische und fachpolitische Gesichtspunkte fraktionsintern abgeklärt - allerdings eher unter dem Primat der Fachpolitik. Gleichwohl weist die koalitionsinterne Arbeitsorganisation in den drei hier untersuchten Regierungsbündnissen Unterschiede auf, die durch das Koalitions*format*, genauer: durch die Knappheit an personellen Ressourcen des kleinen Koalitionspartners, erklärt werden können. Zwischen den kleinformatigen Regierungsbündnissen in Rheinland-Pfalz und Sachsen-Anhalt einerseits und der großen Koalition in Thüringen andererseits ergeben sich Abweichungen, die auf die Arbeitsmöglichkeiten und -potentiale des kleinen Koalitionspartners F.D.P. bzw. B'90/Die Grünen zurückzuführen sind. Da es der dünne personelle Besatz den kleinen Koalitionsparteien in beiden Landtagen nicht erlaubte, eigene Arbeitskreise auszubilden, konnten die arbeitsteiligen Gliederungen der Fraktionen nicht zu Koalitionsarbeitskreisen zusammengeführt werden. Die koalitionsinterne Abstimmung erfolgte deshalb auf anderem Wege als in Thüringen; dabei bildeten sich in Rheinland-Pfalz und in Sachsen-Anhalt wiederum - je nach Kooperations- und Regierungsstil - unterschiedliche Gepflogenheiten aus. In Rheinland-Pfalz erfolgte die Abklärung von Positionen vornehmlich in informellen Zweiergesprächen; von anderen Länderkoalitionen weiß man, daß feste Koordinationsrunden installiert sind (Müller/McGovern 1999: 230). In Sachsen-Anhalt mußten zudem die Willensbildungsprozesse in den Koalitionsfraktionen und in der die Minderheitsregierung tolerierenden PDS-Fraktion zusammengeführt werden, wofür ein weiteres Abstimmungsverfahren, gleichsam ein Scharnier zur Übersetzung dieser unterschiedlichen Verhandlungspositionen, notwendig war (vgl. Kap. 4.3). Generell scheinen die Abgeordneten von Koalitionsfraktionen ein Interesse daran zu haben, sich zu einigen, bevor der Koalitionsausschuß als "ultima ratio" eingeschaltet und der Willensbildungsprozeß damit hierarchisiert wird.

Fachpolitische Interessenlagen werden innerhalb der Fraktionen dadurch eingedämmt, daß Anträge, die Ausgabenaufwüchse zur Folge haben, mit dem haushaltspolitischen Arbeitskreis koordiniert werden müssen. "Fachbruderschaften", die den politischen Willen eines Regierungsbündnisses "vertikal segmentieren", wurden für alle drei hier untersuchten Koalitionen bestätigt; Unterschiede zeigten sich jedoch in der Handhabung solcher sektoralen Interessenlagen. Differierende Befunde sind zum einen dadurch zu erklären, daß die koalitionsinterne Polarisierung in den einzelnen Politikfeldern unterschiedlich stark ausfallen kann - erneut ein Beleg dafür, daß es für eine Untersuchung des Koalitions*handelns* nicht aussagekräftig ist, von einer eindimensionalen Links-Rechts-

Skala auszugehen, auf der die Parteien lokalisiert werden. In der großen Koalition Thüringens existierten beispielsweise programmatische Unterschiede zwischen den Sozialpolitikern, so daß sich in diesem Politikfeld parteiübergreifende Interessenlagen nicht ausbilden konnten. Dort wurden sozialpolitische Forderungen allerdings von der SPD im Konflikt *zwischen* den Koalitionspartnern durchgesetzt. Wo bereichsspezifischen Differenzen zwischen den Parteien nicht bestehen - wie bei den Landwirten -, besitzen sektorale Interessen, sofern sie nicht von den Finanzpolitikern (und dem Ministerpräsidenten) gebändigt werden können, unter Umständen eine größere Durchsetzungskraft. Zum anderen sind Unterschiede zwischen Sachsen-Anhalt und den beiden anderen Koalitionen erkennbar, die darauf zurückzuführen sind, daß es die Tolerierungsrolle und die damit verbundene Veto-Position der PDS ermöglichte, bestimmte bereichsspezifische Interessen im Prozeß der Mehrheitsbildung gezielt zu verstärken. Erweitert wurden diese Möglichkeiten für die PDS überdies dadurch, daß sich der Finanzminister gegenüber den Abgeordneten mit seinen Sparvorschlägen nicht durchsetzen konnte und auch der Ministerpräsident nicht die Autorität seines Finanzministers abstützte. Nicht nur das Koalitions*format*, sondern auch *akteursspezifische* Erklärungen begründen somit das Phänomen, daß in Sachsen-Anhalt "Fachbruderschaften" anscheinend stärker ausgeprägt waren. Dieser Befund wird in den folgenden Kapiteln weiter überprüft.

4.3 Konfliktbewältigung und Techniken der Entscheidungsfindung nach Vorlage des Regierungsentwurfs

4.3.1 Empirische Befunde

Um zwischen bereichsspezifischen Interessen einerseits und zwischen den Präferenzen der Koalitionspartner andererseits vermitteln zu können, sind im Koalitionsalltag über die bislang dargestellten Verfahren (Kabinettsklausur, Arbeitskreise) hinaus weitere mehr oder weniger institutionalisierte Kooperationsmuster erforderlich. Zumal in der sachsen-anhaltischen Minderheitskoalition mußte der Wille der Koalitionspartner über informelle "Scharniere" mit den Präferenzen der tolerierenden PDS zusammengeführt werden, die im Verhandlungsprozeß eine Veto-Position innehielt. Doch auch die beiden anderen hier untersuchten Koalitionen kamen im Haushaltsentscheidungsprozeß nicht ohne zusätzliche informelle Verhandlungsebenen aus, auf denen Konflikte aufgelöst werden konnten. Solche informellen Mechanismen erweitern die Kapazität einer Koalition, Konflikte regulieren zu können (vgl. Schwarz 1978: 190 ff.; Rudzio 1970). Die drei hier untersuchten Fälle weisen sowohl einige Gemeinsamkeiten, aber auch Unterschiede in Umfang und Struktur dieser Informalisierung auf. Dasselbe gilt für die eingesetzten Techniken und Instrumente, mit denen die Koalitionspartner Entscheidungen treffen oder auch vertagen konnten.

Sowohl in Sachsen-Anhalt als auch in Rheinland-Pfalz kam dem *Koalitionsausschuß* keine entscheidende Rolle im Haushaltsentscheidungsprozeß zu. Während in Sachsen-Anhalt außerhalb des Koalitionsausschusses Möglichkeiten der Zusammenarbeit gefunden werden mußten, welche die PDS in die Entscheidungsfindung einbezogen, betrachtete die SPD/F.D.P.-Koalition den Ausschuß als letztes Mittel, das erst dann eingesetzt werden sollte, wenn zuvor alle anderen informellen Treffen und Absprachen kein Ergebnis gebracht hatten. Bevor SPD oder CDU in *Thüringen* im parlamentarischen Verfahren den Koalitionsausschuß anriefen, waren sie zumeist in das oben beschriebene mehrstufige Verfahren der Konfliktschlichtung eingebunden, das über die Stufen des Koalitionsarbeitskreises und der fachpolitischen Koalitionsrunde zum Koalitionsausschuß führte. Die Fraktionsvorsitzenden, so der SPD-Inhaber dieses Amtes, würden vom Ministerpräsidenten aufgefordert, sich zu verständigen, bevor man den Ausschuß tagen lasse (Lippmann Th-FV-SPD). Daneben konnte der Koalitionsausschuß jedoch auch angerufen werden, wenn innerhalb des Kabinetts Konflikte auftreten. Dies war im Haushaltsaufstellungsprozeß für 1996 mehrfach der Fall. Regelmäßige Sitzungen gab es nicht, der Ausschuß tagte, wenn einer der Koalitionspartner es wünschte, weil er in einer Angelegenheit Klärungsbedarf sah (Köckert Th-FV-CDU; Koalitionsvereinbarung Thüringen 1994: 53).

Nachdem der Finanzminister für den 1996er Haushalt seine Eckpunkte bekanntgegeben hatte, tagte der Ausschuß, noch bevor das Kabinett für zwei Tage in die Haushaltsklausur ging. Trautvetter hatte die Mehrforderungen der Ressorts in dieser ersten Klausur zwar drosseln können; gleichwohl lagen sie noch immer etwa eine halbe Milliarde höher, als dies die vom Finanzminister vorgesehenen Zahlen vorgaben (FW, 15.8.1995; MA, 17.8.1995). Die SPD interpretierte den Entwurf als Angriff auf ihre Integrität: Man sei sich nicht sicher, ob der Finanzminister den Etat zur "Prüfung der Belastbarkeit des Koalitionspartners" eingesetzt, ihn als "schlecht getarnten Erpressungsversuch" eingebracht habe oder ob mit ihm einfach "die Macht der Gewohnheit" durchgegangen sei, "...daß man mit dem Juniorpartner, wie ihn in die F.D.P. darstellte, beliebig umspringen konnte. Aber...die SPD war kein Juniorpartner" (Gundermann (SPD) Th-PlPr 2/27: 30).

Nach einem unglücklichen Start als Regierungsteilhaber lag der SPD während der Etatverhandlungen daran, ihr sozialdemokratisches Profil in den anstehenden Verhandlungen gewahrt zu sehen, zumal der erste Haushalt noch von der CDU/F.D.P.-Vorgängerregierung geprägt war. Die aus der Sicht der SPD negativen Erfahrungen mit dem Koalitionspartner haben ihre Einstellungen zur Zusammenarbeit im Regierungsbündnis in eine Richtung gelenkt, in welcher der Parteienwettbewerb im Bündnis zu einem guten Teil handlungsleitend wurde. Schon im März 1995 hatte sich die SPD in Gierstädt zu einer "Profilierungsklausur" zusammengefunden, deren Ziel es sein sollte, die Defizite der Regierungsarbeit gerade auf typisch sozialdemokratischen Feldern zu beheben. Die SPD hatte anschließend 52 Mio DM für den Zweiten Arbeitsmarkt herausgehandelt, daneben eine zeitliche Streckung des geplanten Stellenabbaus. Insbesondere Schuchardt hatte den Widerstand der Universitäten zu spüren bekommen, seitdem die Stellen dort nicht mehr hinreichend besetzt werden konnten (MA, 24.3.1995; STZ, 24.3.1995). Einige Forderungen der SPD waren schließlich in einem Nachtragshaushalt realisiert worden.

Hinzu kam, daß die SPD auf ihrem für September 1995 anstehenden Landesparteitag in Sonneberg der Basis Erfolge in den Haushaltsverhandlungen vermelden mußte. Auf dem Parteitag stand nicht zuletzt das Thema Sozialpolitik, d.h. auch die Stellen des Zweiten Arbeitsmarktes, zur Diskussion (OVZ, 2.9.1995). Die Forderungen der Parteibasis, d.h. die innerparteiliche Kritik an der Regierungspolitik der großen Koalition, konnten wiederum als Druckmittel gegenüber dem Koalitionspartner eingesetzt werden. Auf dem Parteitag wurde seitens der Parteilinken die ihrer Ansicht nach zu starke Dominanz der

CDU im Regierungsbündnis bemängelt. Der linke Flügel drängte darauf, das Verhältnis zur PDS innerparteilich zu diskutieren - ein Thema, dem die Parteispitze - seinerzeit noch unter Führung von Schuchardt - weitgehend aus dem Weg ging. Die unausweichlichen Kompromisse in einer Koalition wurden von einem Teil der Basis, der auf die maximale Durchsetzung seiner Positionen drang (Klaus Th-MdL-SPD), nicht akzeptiert. An ihren Forderungen insbesondere im Bereich der Wohnungs- und Sozialpolitik konnte die SPD somit angesichts der kaum auflösbaren Gemengelage von *innerparteilichen Konflikten*, dem Nachholbedarf der SPD an *Profilierung gegenüber dem Koalitionspartner* und den anstehenden Haushaltsverhandlungen nur schwer Abstriche machen.

Nachdem der Koalitionsausschuß getagt hatte, wurde eine Arbeitsgruppe aus SPD und CDU unter Leitung der Staatssekretäre Birkmann (CDU) und Krämer (SPD) eingesetzt, die den Haushaltsentwurf des Finanzministers prüfen und nach finanziellen "Luftpolstern" absuchen sollte. Die von der SPD geforderten Nachbesserungen mußten aus dem vorgegebenen Haushaltsvolumen finanziert werden. Die SPD-Fraktion konnte ihre Forderungen - insbesondere nach ABM-Stellen und für den Sozialen Wohnungsbau - nur dann durchsetzen, wenn es ihr gelang, dem Finanzministerium Rechenfehler bei der Haushaltsaufstellung nachzuweisen. Die "...Sechsergruppe, meinetwegen auch Sechserbande, später wurde sie Ellenbogengruppe genannt, begann, nach Einsparmöglichkeiten im Haushalt ohne Rücksicht auf die Ressorts zu suchen und wurde nach kurzer Zeit fündig" (Gundermann (SPD) Th-PlPr 2/27: 30). Der Finanzminister hatte nach Ansicht der SPD-Fraktion die Zinsen für Kredite und die Verluste für das Jahressteuergesetz aus strategischen Gründen zu hoch angesetzt, um in den Entwurf "Luft" einzubauen (TA, 19.8.1995). Die oben genannte Arbeitsgruppe "entdeckte" auf diese Weise im Einvernehmen mit der CDU 131 Millionen DM, die für die Forderungen der SPD eingesetzt werden konnten. Neben Einnahmenerhöhungen sollten u.a. der Strukturentwicklungsfonds, das Mittelstandsförder- und das Technologieprogramm sowie die wirtschaftsnahe Forschung um 86 Mio DM gekürzt werden. Für die SPD war der schlechte Mittelabfluß im Schuchardt-Ministerium, das die Mittel für die wirtschaftsnahe Forschung verwaltete, eine Schwachstelle in ihrer Argumentation. Schuchardt mußte zwar nach dem im Koalitionsausschuß letztlich erzielten Verhandlungsergebnis Mittel an den zweiten Arbeitsmarkt abgeben, insgesamt gesehen wuchs jedoch der finanzielle Umfang auch seines Ressorts noch geringfügig an, so daß Schuchardt vorerst allenfalls als relativer Verlierer aus den Verhandlungen gehen mußte. Diese Umverteilungsmaßnahme zwischen den Ressorts ein und derselben Partei weist darauf hin, daß hinsichtlich der Ressortanzahl annähernd gleich großen Koalitionspartnern zumindest die Möglichkeit offensteht, parteiintern umzuverteilen. Daneben wurde jedoch auch zwischen den Partnern umgeschichtet.

Am Ende der Etatverhandlungen, so kommentierten regionale Zeitungen, sei der in der Koalitionsvereinbarung festgeschriebene Haushaltsvorbehalt der Profilierung beider Partner geopfert worden (MA, 31.8.1995). Während im Koalitionsvertrag für 1995 eine Nettoneuverschuldung von 7,6%, die anschließend sinken sollte, vereinbart worden war, sahen die ersten Eckwerte des Finanzministers bereits 8,8% vor, um das in Bonn ausgehandelte Jahressteuergesetz abzufangen (OVZ, 18.8.1995). Der nach diesen Verhandlungen beschlossene Entwurf enthielt eine Quote von 9,74%[147]. Insofern wären diese Verhandlungen für den 1995er Etat eine Bestätigung für die - noch zu relativierende (vgl. 4.3.2) - These, daß Koalitionskompromisse auch zu Lasten einer steigenden Neuverschuldung gelöst werden (Sturm 1992: 39; von Weizsäcker 1999). Der Kompromiß wurde in den Fraktionssitzungen von SPD und CDU bestätigt; es schlossen sich Gespräche in den Ministerien an, bevor am 5.9.1995 der Haushaltskompromiß erneut im Kabinett beraten werden sollte (TA, 24.8.1995). Nicht nur in der SPD regte sich innerparteiliche Kritik am Koalitionskompromiß, auch in der CDU wurde das Verhandlungsergebnis als unzureichend bemängelt. Die Kritik richtete sich auch gegen die angeblich zu weiche Verhandlungsstrategie Vogels, der später im Haushalts- und Finanzausschuß die eingestellten Mittel für den Zweiten Arbeitsmarkt als unverzichtbar erklärte. Die CDU-Spitze unter Vogel, so wurde gemutmaßt, wollte mit diesen Zugeständnissen nicht zuletzt die schon instabile innerparteiliche Position des SPD-Parteivorsitzenden Schuchardt retten (TA, 25.8.1995), der von der CDU im Vergleich zu dem ihm im Vorsitz folgenden Richard Dewes als einfacherer Verhandlungspartner eingeschätzt wurde. Vogel monierte, die Profilsuche der SPD habe die Kompromißbereitschaft der CDU erheblich belastet, da die vom Koalitionspartner schon im Vorfeld festgelegten Positionen kaum mehr verhandelbar waren.

Mit diesem Kompromiß waren die Verteilungskämpfe für den 1996er Haushalt jedoch keineswegs abgeschlossen. Die Steuerschätzung[148] vom Herbst 1995 ließ den Haushaltsentwurf des Landes - wie auch in den anderen Bundesländern - bereits wieder zur Makulatur verkommen, da Mindereinnahmen von 530 Mio DM ins Haus standen (OVZ, 21.10.1995). Darauf wies auch der Ministerpräsident im Finanzausschuß hin[149]. Nicht nur die SPD befürchtete, um die gerade erst durchgesetzten Schwerpunkte kämpfen zu müssen. Der erst kurz zuvor vereinbarte Haushaltskompromiß mußte von den Koalitionären somit erneut verhandelt werden. Finanzminister Trautvetter wurde beauftragt, mit den Koalitionsfraktionen eine Streichliste im Umfang von 600 Mio DM auszuhandeln. Trautvetter legte schließlich ohne Absprache mit dem Ministerpräsidenten eine Ergänzungsvorlage[150] zum Haushaltsentwurf vor, die vor allem für die sozialdemokratisch geführten Ressorts Einsparungen vorsah. Vogel, der sich übergangen fühlte, wies diese Vorlage als "nicht existierend" zurück (OVZ, 25.10.1995). Der Koalitionsfrieden dürfe durch eine solche Verhaltensweise nicht erneut gefährdet werden. Die Konfrontation mit dem Koalitionspartner, so letztlich die Einsicht, baut nur Gegenstrategien auf, die sachorientierte Kompromisse erschweren. Wenn beide Partner den Gewinnabstand zur anderen Koalitionspartei als Meßlatte für ihr Verhalten auflegen, sind kaum mehr befriedigende Sparlösungen zu erreichen. Wäre die SPD mit einer solchen Ergänzungsvorlage erneut vor vollendete Tatsachen gestellt worden, wären die ohnehin schwelenden Konflikte mit dem Koalitionspartner ein weiteres Mal entflammt. Der SPD-Fraktions-

147 Thüringer Landtag, Haushalts- und Finanzausschuß, 20. Sitzung am 20.10.1995.

148 Steuerschätzungen erfolgen jährlich zweimal. Die Prognosen des Arbeitskreises Steuerschätzung beruhen auf den Wachstumsvorhersagen des Bundeswirtschaftsministeriums.

149 Thüringer Landtag, Haushalts- und Finanzausschuß, 20. Sitzung vom 20.10.1995.

150 Ergänzungsvorlagen beziehen sich auf den noch nicht verabschiedeten Haushaltsentwurf und werden im Haushaltsausschuß in den Entwurf eingearbeitet (Hölscheidt 1988: 65).

vorsitzende wies in diesem Sinne vorbeugend darauf hin, daß es für die SPD darauf ankomme, auch bei einer Einigung über eine Ergänzungsvorlage einen eigenen Gesichtsverlust zu vermeiden (MZA, 25.10.1995; MA, 25.10.1995).

Die Wahlen in Berlin vom 22. Oktober 1995 (vgl. Jesse/Michel 1996: 585 ff.), wo die SPD in einer großen Koalition 6,8% verloren hatte, und der in der Thüringer SPD schwelende Richtungsstreit erlaubten es der Partei aus deren Sicht nicht, gegenüber der CDU in diesem wiederaufgelegten Konflikt nachzugeben. Daß die Haushaltsverhandlungen zwischen den Koalitionspartnern mit innerparteilichen Handlungsanforderungen verknüpft und in föderal-parteipolitische Problemlagen eingebettet waren, unterschiedliche Handungsebenen somit zusammengebunden wurden (vgl. Tsebelis 1990), hat konkurrenzorientierte Verhaltensweisen in der Zusammenarbeit der Koalitionäre gefördert. Auch die CDU war indes nicht bereit, von den Programmen in ihren Ressorts eine halbe Milliarde DM abzustreichen. In dieser Situation mußte nach einer möglichst "gerechten" Lösung gesucht werden. Mögliche Techniken der Entscheidungsfindung, die - neben der verfassungsrechtlich durch die Höhe der Investitionen indes begrenzten Anhebung der Neuverschuldung - in einer solchen durch verknappte Mittel und einen engen Zeithorizont gekennzeichneten Situation zur Verfügung stehen, sind a) die Einzelkürzung, b) die lineare Kürzung, c) die Einstellung globaler Minderausgaben und d) Sperrvermerke (vgl. Sturm 1988: 56)[151].

Nachdem sich die Fraktionen von SPD und CDU mit den anstehenden Problemen jeweils separat befaßt und intern Positionen festgelegt hatten, tagte erneut der Koalitionsausschuß. Ziel dieser Verfahrensweise war, die Pläne nicht sofort im Kabinett einzubringen und auch der Öffentlichkeit so spät wie möglich die Gelegenheit zur begleitenden Kritik einzuräumen. Nur wenn die Verhandlungen weitgehend diskret geführt wurden, war zu erwarten, daß beide Partner von ihren Positionen Abstriche zu machen bereit waren. Auch wollte man vermeiden, Einzelpositionen erneut im Landtag zu beraten. Im Vorfeld der Gespräche wurden mehrere Alternativen in Erwägung gezogen, wie die notwendigen Einsparungen vorgenommen werden könnten: Es konnten nicht abgeflossene Mittel aus dem laufenden Haushalt eingesetzt werden. Diese waren allerdings schon verplant. Daneben war eine höhere Kreditaufnahme denkbar, die nach dem Willen der Koalitionspartner allerdings vermieden werden sollte. Schließlich konnte ein Gleichverteilungsmodell angewandt werden, das Kürzungen für alle Ressorts vorsah und damit zwar kein prioritätsorientiertes Sparen nach sachlich übergeordneten Kriterien ermöglichte, aber dennoch den Gerechtigkeitsvorstellungen der Koalitionspartner Genüge tat.

Die Erfurter Koalition einigte sich darauf, den schon ausgehandelten Haushaltsplan nicht erneut umzubauen, sondern nur intern, in den Ministerien, nachbessern zu lassen und das Problem damit als Verteilungskonflikt zu behandeln. Aus Termingründen wollte man keinen bis in alle Einzelposten aufgeschlüsselten Haushalt verabschieden, sondern den Ressortchefs Spielraum für Kürzungen geben. In der Tat wurde im großen und

151 Das Haushaltsrecht kennt einfache Sperrvermerke, bei denen Mittel nur mit Einwilligung des Finanzministers freigegeben werden dürfen. Daneben ist bei qualifizierten Sperrvermerken die Einwilligung des Finanzausschusses erforderlich. Bei doppelt qualifizierten Sperrvermerken bedarf es der Einwilligung des Finanzausschusses und eines weiteren Ausschusses (vgl. Mandelartz 1980: 33). Die genannten Landeshaushaltsordnungen erwähnen doppelt qualifizierte Sperrvermerke nicht.

ganzen ein *Gleichverteilungsmodell* bzw. die "Rasenmähermethode" angewandt: Das Wirtschafts- und Landwirtschaftsressort (beide CDU-geführt) sowie Wissenschaft und Soziales (beide SPD) sollten ihre Ausgaben um jeweils 15% senken, die Kommunen statt 108 Mio DM nur noch 10 Mio DM mehr aus dem Kommunalen Finanzausgleich erhalten (MA, 2.11.1995; TLZ, 2.11.1995). Daneben sollten Wiederbesetzungssperren ausgesprochen und die Kreditbelastungen aus dem Jahr 1995 in das Jahr 1997 verschoben werden. Die Nettokreditaufnahme wurde nochmals von 9,74% auf 9,97% erhöht[152]. Die sinkenden Steuereinnahmen wurden somit nicht mit strukturellen Einschnitten beantwortet, sondern als (negativer) *Verteilungskonflikt* behandelt. Da beide Partner eine Vetoposition im Bündnis innehielten, waren sie solange bereit, die "Verteilungsgerechtigkeit" als Handlungsmaßstab zu akzeptieren, wie die andere Seite einen "angemessenen" - in der großen Koalition fast paritätischen - Anteil dazu leistete. Der SPD-Fraktionsvorsitzende betonte in diesem Sinne, daß es "in den Wochen des Streits und der Auseinandersetzung" um die "Ausgewogenheit" des Entwurfs gegangen sei, der aus der Sicht sozialpolitischer Erfordernisse eine erhebliche Schieflage aufgewiesen habe. Für die SPD seien die Maßnahmen nicht hinnehmbar gewesen, weil "einmal zugelassene Einschnitte bestands- und gewohnheitsorientierend für die nächsten Jahre gewesen wären". Deshalb sei auch die hohe Kreditfinanzierungsquote nicht wegen der SPD, sondern wegen der sozialen Schieflage des Haushalts zustande gekommen (Th-PlPr 2/27: 44 f.).

Damit ist treffend der Umstand beschrieben, daß die Interaktionsorientierungen und das Verhalten, das ein Koalitionspartner in einer Verhandlungssituation einnimmt, vor dem Hintergrund künftiger angenommener Entwicklungen abgewogen werden. Je günstiger ein Verhandlungsergebnis in der Gegenwart ausfällt, desto besser ist die Ausgangsbasis für nachfolgende Entscheidungssituationen. Koalitionsentscheidungen sind als Kette miteinander verbundener Interaktionssituationen zu sehen, in denen bisherige Erfahrungen und Entscheidungen die Handlungen und Nutzenerwartungen eines Akteurs für die Zukunft prägen (vgl. dazu auch: Hay/Wincott 1998: 955). Die Entscheidung trägt zudem *inkrementalistische Merkmale* (vgl. Lindblom 1959): Um Gerechtigkeit im Prozeß sicherzustellen und unter Zeitdruck die Komplexität der Haushaltsentscheidung zu verringern, wurde - mit gewissen Abstrichen freilich - linear gekürzt (vgl. Sturm 1989: 296 ff.)[153].

Konkrete *Entscheidungen* wurden *vertagt*, indem man eine *globale Minderausgabe* in Höhe von 425 Mio DM in den Haushalt einstellte, die damit gegenüber dem Entwurf um 200 Mio DM angehoben wurde. Diese Summe umfaßte rund 30% des Volumens, das nicht durch Rechtsverpflichtungen (vgl. Hölscheidt 1988: 75 f.) gebunden war und über das der Landtag gestalterisch verfügen kann. Die Minderausgabe, die von etlichen Parla-

152 Das Haushaltsjahr 1996 wurde schließlich mit einer weiteren Krediterhöhung von 464 Mio DM abgeschlossen, da ungedeckte Mehrausgaben und zusätzliche Mindereinnahmen unvermeidlich waren (Thüringer Landtag, Haushalts- und Finanzausschuß, 47. Sitzung, 13.3.1997). Die Verschuldung stieg damit nochmals auf 11,96% (2,3508 Mrd. DM) an. Es wurde kein Nachtragshaushalt erarbeitet, da keine zusätzlichen Einnahmen mobilisiert werden konnten.

153 Sturm unterscheidet vier unterschiedliche Diskussionsstränge in der Inkrementalismusdebatte. Die hier von den Akteuren angeführten Begründungen für das Entscheidungsverhalten lassen sich auf den vierten Diskussionsstrang, die Erklärung der inkrementalistischen *Intention* im Prozeß der Haushaltsentscheidung, beziehen, vgl. Sturm 1989: 305.

mentariern kritisiert wurde, war vor allem auf das knappe Zeitbudget zurückzuführen, das für die Überarbeitung zur Verfügung stand, mußte doch der Haushalt binnen 14 Tagen nach der Steuerschätzung ausgeglichen werden (Ulbrich (CDU) Th-PlPr 2/27: 29). Die Mindereinnahmen konnten somit auch durch Minderausgaben und geringfügig durch die Erhöhung der Einnahmeansätze gedeckt werden.

Globale Minderausgaben dienen dem Haushaltsausgleich, da die ausgabenleistende Einrichtung die Aufgabe übernimmt, Einsparungen selbst vorzunehmen (Moeser 1978: 122 f.). Der Haushaltsgesetzgeber reagiert damit auf Situationen, in denen nicht genügend Deckungsmittel für geplante Ausgaben zur Verfügung stehen, er aber davon ausgehen kann, daß manche Ausgaben nicht anfallen werden. Der Nachteil dieser Kürzungsstrategie besteht darin, daß das Parlament sein Budgetrecht teilweise an die Exekutive abtritt. Globale Minderausgaben können als ein Indiz dafür gewertet werden, daß die Exekutive in ihren Haushaltsberatungen keine Einigung über die notwendigen Kürzungen im Detail erzielen konnte (vgl. Korff 1975: 104)[154].

Globale Minderausgaben und lineare Kürzungen gelten grundsätzlich als wenig phantasievolle Instrumente der Haushaltsgestaltung (vgl. Sturm 1988: 55 f.). Gegen diesen Einwand wiederum wird argumentiert, daß nur die Ressorts die Sparvorgaben in einer vernünftigen Sachnähe und anhand nachvollziehbarer Sachgesichtspunkte festlegen können (Lange 1987: 64). Globale Sparvorgaben seien bei den Finanzministern beliebt, weil die Ressorts diese mit konkreten Sparvorgaben "ausfüttern" müßten und deshalb nicht gegen ihre eigenen Vorschläge opponieren könnten (Lange 1987: 63). Mehr als die lineare Rückführung von Haushaltsansätzen, setzen Kürzungen en detail voraus, daß die Koalitionspartner einigungswillig und einen Kompromiß in der Sache einzugehen bereit sind. Will man diese Kürzungsmethode anwenden, müssen ursprünglich auseinanderliegende Positionen der Partner einander angenähert werden.

Daß dies den Koalitionspartnern in Thüringen nicht gelang, ist auf unterschiedliche, sich wechselseitig verstärkende Faktoren zurückzuführen. Zum einen war die *Zeit* zu knapp bemessen, um eine Entscheidung herbeizuführen, die detaillierte Kürzungen erlaubt und gleichzeitig Parlament und Haushalts- und Finanzausschuß eingebunden hätte (zum Faktor Zeit vgl. Wildavsky 1986: 10; Sturm 1989: 185 ff.). Zum anderen konnten und wollten nicht zuletzt die SPD-Ministerriege und die SPD-Fraktion aufgrund der *innerparteilichen Kritik* an ihrem anfänglich "zu" kooperativen Stil gegenüber der CDU und des in der *Öffentlichkeit* anfänglich unauffälligen Erscheinungsbildes keine Haltung einnehmen, die den Eindruck der Nachgiebigkeit erweckte. Nach dem anfänglich schwachen Start in der Koalition wollte die SPD den 1996er Haushalt als Gelegenheit nutzen, sich auch öffentlichkeitswirksam zu *profilieren*. Dafür mußten auch innerhalb des Regierungsbündnisses vom Koalitionspartner abweichende Positionen formuliert und in den Haushaltsentwurf umgesetzt werden, um Sympathiewerte wiederzugewinnen, die mit dem Wechsel von der Oppositions- zur Regierungsrolle verlorengegangen waren.

---

154 Nach Korff verstoßen globale Minderausgaben gegen die Grundsätze der Haushaltsklarheit und der Spezia-lisierung. Deshalb seien allenfalls Minderausgaben in Höhe von rund 1% des Gesamtvolumens akzeptabel.

Die Zusammenarbeit zwischen den Bündnispartnern war deutlich von *kompetitiven Einstellungen* untersetzt. Daß man sich gegenüber der CDU abgrenzen müsse, auch wenn man mit ihr bis zum Ende der Legislaturperiode regieren wolle, wurde vom Fraktionsvorsitzenden Lippmann und von Innenminister Dewes mit Nachdruck hervorgehoben (OTZ, 14.10.1995; FAZ 4.11.1995): Im nächsten Wahlkampf wolle die SPD wieder als Gegner der CDU auftreten. Unterschiedliche Abgeordnete bestätigten übereinstimmend, daß die Koalitionsparteien die Oppositionsfunktion in das Regierungsbündnis hineinverlagerten (z.B. Klaus Th-MdL-SPD; Köckert Th-FV-CDU)[155]. Die ohnedies erkennbar von der Konkurrenz mit dem Partner gekennzeichneten Interaktionsorientierungen der Koalitionsakteure wurden somit durch *innerparteiliche Kritik* und durch die Furcht vor *rückläufiger Wählergunst* zusätzlich gespeist.

Auch die Verhandlungen über den 1997er Haushalt standen unter dem Problemdruck erwarteter sinkender Steuereinnahmen und steigender Ausgaben, verursacht durch wachsende Personalkosten und Zinslasten. Spieltheoretisch interpretiert, ähnelte die Entscheidungssituation einem Negativsummenspiel, in dem es darum geht, anfallende Lasten unter den Partnern aufzuteilen (vgl. Holzinger 2000). Allein durch (zustimmungspflichtige) Bundesgesetze, welche die Freistellung des Existenzminimums und eine andere Form der Kindergeldverrechnung vorsahen, wurden dem Land 487 Mio DM weniger an Einnahmen als im Vorjahr beschert. Nach dem Eckwerteentwurf des Finanzministers sollte die Kreditfinanzierungsquote dennoch von 10% auf 8,2% sinken. Trautvetter beabsichtigte, 50% der Mindereinnahmen bei den Leistungsgesetzen einzusparen, so etwa bei Kindertagesstätten oder bei Horten. Unmittelbar nach der Vorlage der Eckwerte brachen sich darüber die Auseinandersetzungen zwischen den Partnern Bahn. Der neue Parteivorsitzende Dewes (SPD), mehr als Schuchardt auf Abgrenzung zum Koalitionspartner bedacht, meldete umgehend Widerstand an, da die SPD nicht bereit sei, Abstriche an Sozialgesetzen hinzunehmen (TLZ, 10.4.1996; TA, 12.4.1996). Streichungen im Sozialbereich hätten seinem erklärten Ziel, neue Mitglieder für die SPD zu werben, nicht eben gedient. Dewes brachte deshalb diverse Sparvorschläge ins Spiel (kein Bau der Erfurter Oper sowie der - allerdings im Koalitionsvertrag vereinbarten - Talsperre Leibis, Halbierung des Polizeizentrums) die auch, aber nicht ausschließlich in den Gestaltungsbereich des Koalitionspartners fielen. Über den Versuch, die Koalitionsvereinbarung zu revidieren, entbrannten sofort Konflikte im Bündnis (OVZ, 3.5.1996). Dewes hielt im Gegensatz zum finanzpolitischen Sprecher der SPD-Fraktion, Alfred Müller, oder zum parlamentarischen Geschäftsführer Gentzel auch eine *höhere Verschuldung* von 0,5% bis 1% für möglich, um das Investitionsniveau halten zu können, und trotzdem keine Einschnitte in Sozialgesetze hinnehmen zu müssen (TA, 27.6.1996;

155 "Das machen beide Seiten mal, so den anderen provozieren...wir haben ja das Problem in Thüringen, daß unsere Opposition im Prinzip nicht so öffentlichkeitswirksam ist, und sonst wäre es ja auch ein langweiliges Parlament, wenn man also in der Öffentlichkeit nur mitteilt, es gab das und das Problem." "Die SPD macht einen Teil der Opposition selbst,...weil sie darüber Profilierung erreichen will". Daß Parteien in großen Koalitionen eher dazu tendieren, innerhalb des Bündnisses nicht nur die Regierungsfunktion, sondern auch die Oppositionsrolle gleichzeitig wahrzunehmen, bestätigt auch die Studie von Knorr (Knorr 1975: 147). Änlich argumentieren auch Renzsch und Schieren, wenn sie pointiert darauf hinweisen, die Innen-verhältnisse großer Koalitionen seien "selbstzerstörerisch" (Renzsch/Schieren 1997: 403).

TLZ, 11.7.1996). Der Fraktionsvorsitzende der CDU wiederum wies öffentlich auf diese Unstimmigkeiten in der SPD hin (OVZ, 12.7.1996); allerdings handelte es sich hierbei um die in ein und derselben Fraktion zumeist üblichen unterschiedlichen Sichtweisen von Finanzpolitikern und Fachpolitikern, die ihren Bereich absichern möchten. Der Ministerpräsident lehnte seinerseits eine höhere Verschuldung ab, aber auch eine Einschränkung der Investitionsausgaben (OVZ, 29.7.1996; FW, 29.7.1996), und stärkte damit die Position des Finanzministers. Der SPD-Fraktionsvorsitzende wiederum sprach sich trotz des Rückgangs der Steuereinnahmen um mehr als 600 Mio DM dagegen aus, Abstriche beim öffentlich geförderten Arbeitsmarkt und im Bereich Forschung und Entwicklung - also in SPD-geführten Ressorts - vorzunehmen (TA, 9.8.1996).

Wie im Vorjahr, wechselten sich Haushaltsklausuren des Kabinetts und Sitzungen des Koalitionsausschusses in den Haushaltsberatungen ab. Die Ministerien forderten insgesamt 600 Mio DM mehr Ausgaben als vorgesehen; das Finanzministerium wiederum ging mit einer Sparliste von 23 Punkten und einem Umfang von 610 Mio DM in die Klausur. Während die CDU Einschnitte in Leistungsgesetze forderte, plädierte die SPD dafür, im Wirtschaftsressort zu kürzen, weil dort die Fördermittel nur spärlich abflossen. Einsparvorschläge erfolgten jeweils für die Ressorts des anderen. Beide Koalitionspartner schnürten für sich jeweils Vorschläge für ein Sparpaket, doch damit konnte auch in der zweiten Klausur kein Durchbruch erzielt werden, und auch die Sitzung des Koalitionsausschusses, die unmittelbar an die des Kabinetts angehängt wurde, brachte kein Ergebnis (TLZ, 24.8.1996). In einer einwöchigen Verhandlungspause wurden die Vorschläge anschließend fraktionsintern beraten, um die jeweils eigenen Positionen abzuklären, die dann gegenüber dem Koalitionspartner geschlossen vertreten werden sollten. Schließlich wurde eine Kreditfinanzierungsquote von 8,5% in den Plan eingestellt, die zwar über den ursprünglichen Eckwerten des Finanzministers lag, aber gegenüber dem Vorjahr doch zurückgeführt werden konnte[156]. Sowohl die arbeitsmarktpolitischen Programme als auch die wirtschaftspolitischen Förderprogramme wurden in großem Umfang aufrechterhalten. Ein Vergleich der Haushaltsansätze für die Einzelpläne in 1996 und 1997 zeigt, daß die im Landeshaushaltsplan vorgesehenen notwendigen Kürzungen für 1997 nicht strukturell, sondern auf der Grundlage einer auch von den Gesprächspartnern für die große Koalition als typisch bezeichneten ("wie eine Waage"; Köckert Th-FV-CDU), allerdings modifizierten *Gleichverteilung* vorgenommen wurden: Die Ausgaben aller Ministerien - mit Ausnahme des Justizministeriums (SPD; 15,3 Mio DM; + 3,9%) - wurden gesenkt. Die größte Einsparung hatten der Bereich Städte- und Wohnungsbauförderung (239,9 Mio DM; -19,3%) und das Wirtschaftsministerium (CDU) hinzunehmen (rd. 289 Mio DM; -9,3%); dort war der - für alle neuen Länder charakteristische[157] - unbefriedigende Mittelabfluß ein Argument, die Ansätze zurückzuführen. Das Innenministerium (SPD) mußte 45,6 Mio (-4,5%), das Sozialministerium (SPD) 48,9 Mio (-2,7%), das Landwirtschafts-

156 Nach Ablauf des Haushaltsjahres 1997 betrug die Quote 12,049% (1,9505 Mrd. DM).

157 Die abgerufenen Investitionsmittel unterschreiten regelmäßig die jeweils verfügbaren Mittel (vgl. Sechs-Thesen-Papier der ostdeutschen Finanzminister von 1996). Als Gründe hierfür wurden in den Interviews u.a. immer wieder die schlechte Konjunkturlage genannt, die die Investitionsneigung hemme, ferner die unübersichtlichen Förderrichtlinien, auf die die Landesregierung nur bedingt Einfluß habe, lange Planungsvorlaufzeiten usw.

ressort (CDU) 27,5 Mio (-2,2%), das Kultusministerium (CDU) 39,1 Mio (-1,5%) und das Wissenschaftsministerium (SPD) 126,2 Mio DM (-9,7%) an Kürzungen gegenüber dem Vorjahr hinnehmen. Den größten Zuwachs verbuchte der Einzelplan 17 (allgemeine Finanzverwaltung) mit einem Zuwachs von 896,7 Mio DM (+ 13%), der die rasch anwachsenden Tilgungsleistungen und die Zinsen für die Landesschulden umfaßte (Th-LT-Drs. 2/682 und 2/1521). Die globale Minderausgabe belief sich schließlich auf 418 Mio DM[158].

Gegen den Haushaltskompromiß wurden zahlreiche Stimmen von gesellschaftlichen Gruppierungen laut: Der DGB-Landesvorsitzende Spieth, Mitglied des Parteivorstands und einer der führenden parteiinternen Gegner der großen Koalition in der SPD, forderte, die Verschuldung des Landes um 500 Mio DM zu erhöhen, um Einsparungen bei der Wirtschaftsförderung zu kompensieren (TA, 19.11.1996). Schon vor den Etatverhandlungen hatten die Gewerkschaften gedrängt, die verfassungsrechtliche Grenze der Neuverschuldung voll auszuschöpfen (FW, 12.4.1996), um Arbeitsplätze zu sichern. Der Landkreistag lehnte das Gesetz ab, weil der kommunale Finanzausgleich zwar nur proportional zum Landeshaushalt sinke, aber gleichzeitig Kosten auf Städte und Gemeinden verlagert würden (OTZ, 9.12.1996).

Der Koalitionsausschuß nahm während der konfliktreichen Haushaltsverhandlungen von SPD und CDU mehrfach die Funktion einer Schlichtungsstelle ein, da im Kabinett keine Einigung herbeigeführt werden konnte. Ein Vorteil dieses Ausschusses besteht darin, daß die in ihm vertretenen Generalisten die "fachpolitische Optik" der Ressortspitzen, die ihre bereichsspezifischen Interessen zu sichern trachten, ehestens überwinden können. Insofern können Koalitionsausschüsse als Folge des Kabinetten innewohnenden "Strukturmangels" gelten (Rudzio 1970). Andererseits droht im Koalitionsausschuß (zumal dann, wenn die fachpolitischen Sprecher nicht beteiligt sind) eben die fachpolitische Kenntnis der Fraktionen verloren zu gehen, weshalb die Koalitionspartner danach streben, Entscheidungen möglichst lange auf der Ebene der Koalitionsarbeitskreise zu belassen (vgl. 4.2.3.1). Beide Seiten betonten, daß den Teilnehmern nicht daran gelegen sei, den Koalitionsausschuß zur Konfliktschlichtung zu häufig zusammentreten zu lassen. Es sei für die Beteiligten eine "Mordsarbeit", sich in die Details eines jeden Politikfeldes einarbeiten zu müssen (Lippmann Th-FV-SPD). Die Atmosphäre im Koalitionsausschuß sei sehr unterschiedlich, je nachdem, wie sehr das Klima zwischen den Koalitionspartnern gerade belastet sei. Spannungsgeladene Themen, in denen es beispielsweise um die öffentlichkeitswirksame Kritik an einem Minister gehe - wie während der sog. "Computeraffäre" von Innenminister Dewes - würden das Koalitionsklima auch im Ausschuß enorm drücken (Klaus Th-MdL-SPD)[159]. Es gebe aber durchaus Situationen, in denen Probleme sachlich diskutiert werden könnten.

Eine feste Tagesordnung gab es für die Koalitionsausschußsitzungen nicht. Wenn eine der Koalitionsparteien darum bat, den Ausschuß einzusetzen, teilten die Partner einander ihre Themenwünsche mit. Auch konnten, sofern es der Zeitplan hergab, ad hoc bestimmte Punkte zusätzlich aufgenommen werden. Die Sitzungen fanden abwechselnd in den

158 Thüringer Landtag, Haushalts- und Finanzausschuß, 40. Sitzung vom 29.10.1996.

159 "...wenn sich dann der andere Koalitionspartner heftig auf die Seite der Kritiker stellt und dann auch noch unwahrscheinlich in Beschimpfungen ausbricht, dann gibt es schon eine sehr gespannte Atmosphäre".

Landesgeschäftsstellen von CDU und SPD statt (Lippmann Th-FV-SPD). Entsprechend übernahm entweder der Landesvorsitzende der CDU, Bernhard Vogel, oder der SPD, Schuchardt bzw. nach ihm Dewes, die Moderation der Sitzungen. Im Koalitionsausschuß komme es, berichteten Teilnehmer, eher selten vor, daß man in einer Sitzung nur einen Tagesordnungspunkt verhandelt habe, denn "...es gibt ja Dinge von größerer oder geringerer Bedeutung, die dann einfach zusammenkommen und irgendwie gelöst werden müssen". Manchmal rede man auch nur darüber, welchen Weg man in Zukunft beschreiten wolle. Allerdings - dies wurde auch von anderen Beteiligten des Koalitionsausschusses bestätigt - seien *Paketlösungen* (vgl. Scharpf 1992b: 69 ff.; kritisch: Mayer 1994) nicht immer möglich, denn diese "Kuhhandel" kämen auch in der Öffentlichkeit schlecht an. In der Regel versuche man, "...etwas Vernünftiges zu machen, also nicht zu sagen, du willst das und ich will das, kommen wir zusammen, wenn jeder die Hälfte nimmt...Das funktioniert einfach nicht. Also muß man wirklich Argumente austauschen, und es gibt eben Fälle, in denen man durchaus sagen muß,...das haben wir nicht bedacht oder das haben die anderen nicht bedacht. Und dann kann man sich relativ schnell einigen". Es führe auch zu nichts, wenn man sich gegenseitig Geschenke zuteile, so daß letztendlich nur noch die Neuverschuldung als Lösung bleibe (Klaus Th-MdL-SPD; ähnlich: Lippmann Th-FV-SPD).

In dieser Perspektive werden Koppelgeschäfte vor allem als wechselseitige Zugeständnisse interpretiert, die beiden Seiten eine Steigerung ihres Gewinns in mindestens einem Verhandlungspunkt erlauben. In Koppelgeschäften können jedoch theoretisch auch beidseitige Verluste vereinbart werden, sofern sich jeder in einem Bestandteil des Pakets durchsetzen kann. Köckert zufolge haben sich allerdings die Paketlösungen im Laufe des gemeinsamen Regierens gehäuft: Wenn man sieben Punkte auf der Tagesordnung habe, dann könne man den Partner eben nicht in sechs Punkten abblitzen lassen. Insbesondere der Haushalt sei an sich schon ein Paket (Köckert Th-FV-CDU; Lippmann Th-FV-SPD). Es lassen sich auch angestrebte Paketlösungen belegen, in denen die Forderungen nach Ausgabenzuwachs mit dem Bundesratsverhalten nachträglich ausgewogen werden sollte. So forderte der SPD-Vorsitzende, die CDU solle im Gegenzug für ihr von der Vereinbarung abweichendes Stimmverhalten im Bundesrat bei der Abstimmung über das Ozongesetz während der Haushaltsberatungen Abstriche machen (FW, 15.8.1995). Damit sollten Themen aus zwei *verschiedenen "Handlungsarenen"* zu einer Lösung *zusammengekoppelt* werden (vgl. Teil 2, Kap. 2).

Die SPD bereitete sich aus der Sicht der CDU auf den Koalitionsausschuß effizienter vor als sie selbst. Nicht nur in die Koalitionsarbeitskreise, sondern auch in den Koalitionsausschuß würden von ihr reine *"Masseanträge"* eingebracht, "...wo man einfach dann sagt, jetzt bauen wir mal das auf und dann lassen wir mal hier nach". Damit wird zum einen die Verhandlungsmasse zum eigenen Vorteil strategisch ausgeweitet. Auch setze die SPD öfter das Druckmittel ein, daß es *Fraktionsbeschlüsse* gebe, hinter die sie nicht zurückkönne (vgl. Teil 2, Kap. 3.3). Demgegenüber führe die CDU erst etwa seit 1997 interne Vorbesprechungen vor dem Zusammentreten des Koalitionsausschusses durch (Köckert Th-FV-CDU). Für die CDU seien die Verhandlungen überdies schwieriger geworden, seitdem sich der Koalitionspartner stärker zu profilieren suche und Dewes als Protagonist eines stärker auf Abgrenzung vom Partner und auf Durchsetzung eigener Positionen bedachten Stils in den Ausschuß eingetreten sei. Insgesamt wurde jedoch bestätigt, daß sich insofern ein Lerneffekt einstelle, als sich beide Parteien im Laufe der Legislaturperiode besser kennengelernt hätten. Beide Parteien versuchten nicht mehr, nicht verhandelbare Positionen zu thematisieren, da auf diese Weise nur neue Konflikte entstünden (Klaus Th-MdL-SPD). Bei solchen Themen werden somit *Entscheidungen* tendenziell *vertagt*. Damit bestätigten die Koalitionspartner, daß sich argumentativ erzielte Kompromisse über ein Thema und Bargaining-Strategien im politischen Alltag - nicht zuletzt im Koalitionsausschuß - wechselseitig überlagern (vgl. Elster 1986b; Saretzki 1996, vgl. Kap. 1.2.2.3). Auch werden Einigungen im Haushaltsverfahren herbeigeführt, indem sie über das Instrument der globalen Minderausgabe entweder aufgeschoben oder durch modifizierte lineare Kürzungen, die eine gewisse "Gerechtigkeit" (i.S. von "Verteilungsgerechtigkeit") symbolisieren, erzielt werden.

Die rot-grüne Minderheitskoalition in *Sachsen-Anhalt* war gezwungen, außerhalb des Koalitionsausschusses nach einer Einigung mit der PDS zu suchen, da dieser Ausschuß nur die Regierungsparteien umfaßte. Auch für diese Koalition wurden der 1996er sowie der 1997er Haushalt zur Belastungsprobe. Da schon der Entwurf des Finanzministers, der nur halbherzig vom Kabinett mitgetragen worden war, von den Abgeordneten nicht akzeptiert wurde, wurde das Haushaltpaket in einem informellen, außerparlamentarischen Verfahren aufgeschnürt und wieder neu - in veränderter Form - zusammengebunden. Der Entscheidungsprozeß wich von dem für Thüringen beschriebenen Verfahren in etlichen Merkmalen ab. Die umfangreiche Informalisierung des Prozesses, auf den die für Thüringen typischen Verfahren und Gremien nicht angewendet werden konnten, ist nicht zuletzt auf das *Koalitionsformat* zurückzuführen.

Die Verhandlungen über den 1996er Etat waren von Auseinandersetzungen zwischen der Regierung und den Abgeordneten der Koalitionsfraktionen, aber auch von Konflikten zwischen PDS und Regierung geprägt. Die PDS hatte bereits im Vorfeld der Verhandlungen auf einer Sitzung ihres Landesvorstands Zuwächse bei den Ausgaben gefordert, Einsparungen dagegen nur im Verwaltungsbereich der Ministerien, Regierungspräsidien und Landesämter vorgeschlagen. Ihre Sparliste sah zudem Abstriche bei den Förderprogrammen vor, insgesamt in Höhe von 600 Mio DM. Diese "Grundsätze" wurden von der PDS als Basis für die Haushaltsberatungen angesehen, weshalb auch das Finanzvolumen der Forderungen nicht näher beziffert wurde (MZ, 16.8.1995, 29.9.1995). Vertreter der PDS hatten sich fünf bis sechs Mal mit dem Finanzminister getroffen, ohne mit diesem jedoch auf einen gemeinsamen Nenner zu kommen. Die PDS, resümierte deren Fraktionsvorsitzende, sei nicht bereit gewesen, die Generallinie der Regierung bereits im Vorfeld zu akzeptieren (SnA-PlPr 2732: 2284). Die Regierung, so ihr Vorwurf, orientiere sich einseitig an einer Konsolidierung des Haushalts und vernachlässige darüber die im Koalitionsabkommen vereinbarte Reformpolitik.

In der ersten Lesung des Haushaltsentwurfs am 28. September kündigte Finanzminister Schaefer Kürzungen u.a. bei der Sozialhilfe und bei den Zuschüssen für Kindertagesstätten, aber auch bei der Arbeitsmarktförderung an (SnA-PlPr 2/27: 1901); die Investitionen wurden um über 700 Mio DM zurückgenommen (SnA-PlPr 2/27: 1903). Schaefer bestand darauf, die Neuverschuldung zu begrenzen, da das Land selbst dann, wenn die Regierung die Verschuldungsquote zurückfahren würde, Kredite allein zu dem Zweck aufnehmen müßte, um die Zinslast zu finanzieren (LT-SnA-PlPr 2/27: 1899). Die PDS kündigte in der Rede ihrer Fraktionsvorsitzenden an, diese Pläne nicht mittragen zu wollen. Die Verhandlungen zwischen der Koalition und der tolerierenden PDS setzten nach der ersten Beratung des Haushalts ein.

Nach der Steuerschätzung im Oktober 1995 mußte das Land mit einem Einnahmeausfall und mit Mehrkosten in Höhe von 732 Mio DM rechnen; die laufenden Haushaltsberatungen wurden somit von neuen Entwicklungen eingeholt. Zusammen mit der bislang vorgesehenen globalen Minderausgabe summierte sich der Konsolidierungsbedarf des Landes auf weit über 1 Mrd DM. Finanzminister Schaefer verhängte unverzüglich eine Haushaltssperre (SnA-LHO § 22). In der Folge gelang es der Landesregierung nicht, ein mit den eigenen Fraktionen abgestimmtes Haushaltskonzept vorzulegen. Als die Nachricht über die Steuermindereinnahmen bekannt wurde, weilten das gesamte Kabinett und auch der Fraktionsvorsitzende der SPD, Fikentscher, auf dem Bundesparteitag in Mannheim. Innerhalb kurzer Zeit wurde nun der Etat von den Parlamentariern umgeschichtet. In dichter Folge lösten sich mehrere informelle Verhandlungsrunden zwischen den Koalitionsfraktionen und der PDS ab, an denen der Finanzminister nicht mitgestaltend beteiligt war:

> "Das war eine Sache von mehreren Wochen, wo wir ständig am Rechner saßen...Sonnabends haben sich dann immer ganz kleine Gruppen getroffen, um die Wochen vorzubereiten, und der Finanzminister sagte, ich will das nicht. Das war erst mal sein strategischer Fehler, sich da auszugrenzen. Unser Fehler war es vielleicht, zu wenig darauf zu achten, daß er es nicht macht" (Bullerjahn SnA-PG-SPD).

Die Verhandlungsgruppe bestand aus den Finanzpolitikern der Koalition und einer Gruppe von PDS-Abgeordneten. Darüber, wer dieser Gruppe - und auch den nachfolgenden Runden - angehörte, waren im Nachhinein keine vollständig präzisen und übereinstimmenden Aussagen mehr zu erhalten - nicht zuletzt deshalb, weil der Teilnehmerkreis immer wieder variierte, denn schließlich habe man, so die Erklärung, kein "festes Regime" installiert (Tschiche SnA-FV-Grü; Sitte SnA-FV-PDS). Auch in den aufeinanderfolgenden Haushaltsjahren tagten jeweils gleichzeitig unterschiedliche, z.T. lose miteinander verbundene und sich personell überlappende informelle Zirkel und Gesprächsrunden. Die Verhandlungen wurden in der parlamentarischen Minderheitssituation getragen von einem "Netz von Kontakten", "an dem - je nach Bedarf - weiter geknüpft wurde, das aber nicht nach einem allgemeinen Konstruktionsprinzip funktionierte" (Fikentscher 1999: 241). Zum Kern der Verhandlungsrunden gehörten jedoch die beiden parlamentarischen Geschäftsführer von SPD und PDS, Bullerjahn und Gallert, weiterhin der Parteivorsitzende der PDS in Sachsen-Anhalt, Roland Claus, teilweise die Fraktionsvorsitzende Sitte. Für die SPD waren die Abgeordneten Eichler und Doll beteiligt, daneben auch die Fraktionsvorsitzenden von SPD und B'90/Die Grünen. Eine gewisse Rolle habe bei der PDS überdies deren Finanzexperte Trepte gespielt (Tschiche SnA-FV-Grü).

Die Ergebnisse der Verhandlungsgruppe wurden von den Parlamentariern von SPD, B'90/Die Grünen und PDS anschließend in den Ausschüssen verteidigt[160]. Beobachter sprachen in dieser Phase der Kooperation zwischen den Koalitionsparteien und der PDS davon, daß die Verhandlungsrunden durchaus den Charakter von Gesprächen zwischen

---

160 Landtag Sachsen-Anhalt, Protokolle des Finanzausschusses, 46. Sitzung am 16.11.1995.

Koalitionspartnern angenommen hätten. So monierte etwa der PDS-Abgeordnete Gärtner, daß die Beziehungen der PDS zur Koalition das Maß einer normalen Tolerierung inzwischen überschritten hätten. Allerdings müsse sich die PDS nach wie vor nicht der "Koalitionsdisziplin" unterwerfen (MZ, 13.12.1995). In der Tat könnte man die Verhandlungsgruppe als eine Art funktionales Äquivalent zu einem Koalitionsarbeitskreis betrachten (vgl. unten). Der PDS-Parteivorsitzende Claus betonte, die Partei habe ihre Vorstellungen, die für die Koalition lange Zeit unannehmbar schienen, fast vollständig durchgesetzt[161] - die Abgeordneten von B'90/Die Grünen und SPD wiederum interpretierten das Verhandlungsergebnis auch als ihren Erfolg (VS, 16.11.1995).

Eine Vorschlagsliste der PDS war von Finanzminister Schaefer zusammengestrichen worden, da es für ihn nicht akzeptabel war, die Investitionsförderung weiter zu reduzieren (MZ, 8.11.1995). Den Kürzungskatalog des Finanzministeriums bezeichnete Sitte als "blanke Provokationsliste" (SnA-PlPr 2/32: 2286). Umstritten war der Plan der Landesregierung, die Kürzungen zu Lasten der Lehrergleichstellung, der Kindertagesstätten und des Sozialbereichs vorzunehmen und die Zuweisungen im kommunalen Finanzausgleich um 317 Mio DM zu kürzen, um die Kommunen an den Mindereinnahmen zu beteiligen. Die PDS-Fraktionsvorsitzende hatte schon während der ersten Lesung des Gesetzes dezidiert erklärt, daß sich die Fraktion gegen jede Reduzierung der Kommunalfinanzen stemmen werde (SnA-Pl/Pr 2/27: 1916). Ein Kompromißvorschlag der Koalitionsfraktionen, die allgemeinen Finanzzuweisungen um 170 Mio DM zurückzufahren, wurde von den Vertretern der kommunalen Spitzenverbände abgelehnt. Der Städte- und Gemeindebund richtete eine Resolution an die Regierung, das Finanzausgleichsgesetz nicht anzutasten (MZ, 7.11.1995; 14.11.1995).

Der Etat des Kabinetts wurde in diesem informellen Verhandlungsverfahren erheblich umgearbeitet. Die CDU forderte eine Ergänzungsvorlage der Landesregierung, um sich einen Gesamtüberblick verschaffen zu können. Der Finanzausschuß setzte seine Beratungen aus, bis sich die Fraktionen von SPD und B'90/Die Grünen auf ein gemeinsames Konzept verständigt hatten. Dabei mußte jeder Änderungsantrag einzeln eingebracht werden, was den Abgeordneten die Möglichkeit eröffnete, den Haushalt noch im Ausschuß umzuarbeiten (Th-PlPr 2/32: 2287). Vom Sparpaket der Regierung blieben so nur Teile übrig. So wurden die geplanten Finanzzuweisungen an die Kommunen nicht um 317 Mio, sondern nur um 25 Mio DM gekürzt. Für eine weiterreichende Beschneidung dieses Ansatzes fand sich quer durch die Parteien keine Mehrheit. Die CDU plädierte allerdings dafür, die die Kommunen belastenden Standards bei den Sozialgesetzen zu kappen und auf diese Weise Einsparungen vorzunehmen[162]. Die Abstriche bei den Landeszuschüssen für die Kindertagesstätten in Höhe von 50 Mio DM wurden gänzlich zurückgenommen; die Investitionsausgaben wurden um 360 Mio DM gesenkt. Bei den

161 So auch die PDS in einer Bilanz ihrer parlamentarischen Tätigkeit bis 1998: PDS Sachsen-Anhalt, Landtagsfraktion: Modell Magdeburg. Eine parlamentarische Bilanz. Danach seien beispielsweise von den Mehrforderungen der PDS nach verbesserten Kommunalzuweisungen gegenüber dem Ansatz der Landesregierung im Jahr 1995 immerhin 310 von 350 geforderten Mio DM realisiert worden; von den im Jahre 1996 geforderten 350 Mio DM immerhin 295 Mio DM. Sitte wies darauf hin, daß die PDS für Haushalt in besonderer Weise Verantwortung trage; man habe sich während der Verhandlungen nicht über den Tisch ziehen lassen (SnA-PlPr 2/32: 2284).

162 Landtag Sachsen-Anhalt, Protokolle des Finanzausschusses, 74. Sitzung vom 5.11.1996.

konsumtiven Ausgaben verständigten sich die Abgeordneten auf Kürzungen von 90 Mio DM. Die Nettokreditaufnahme wurde gegenüber dem Entwurf der Landesregierung (1,848 Mrd DM und 8,6%) nach Abschluß des Verfahrens auf 2,0 Mrd DM erhöht. Als einziger Ausweg, um die Nettoneuverschuldung nicht wesentlich weiter in die Höhe zu treiben und dennoch die Pläne der Abgeordneten realisieren zu können, blieb die Einstellung einer *globalen Minderausgabe* in Höhe von 690 Mio DM (!), die letztlich eine Ermächtigung für die Exekutive bedeutete. Man habe, erklärte einer der Verhandlungsführer, angesichts des *Zeitdrucks* keine Chance gehabt, sich analytisch mit dem Haushalt auseinanderzusetzen, und deshalb habe man nur noch auf eine globale Minderausgabe in dieser Höhe zurückgreifen können (Bullerjahn SnA-PG-SPD). Andererseits schaffe man auf diesem Wege ein Instrument, mit dem man die Ressorts dazu zwinge, die "Luft", die in jedem Entwurf aufgrund zu niedrig angesetzter Einnahmen oder zu hoch veranschlagter Ausgaben enthalten sei, im Haushaltsvollzug herauszulassen (Gallert SnA-PG-PDS).

Der Haushaltsvollzug gestaltete sich jedoch schwierig, eben weil der Etat keine "Luftpolster" mehr enthielt. Noch Ende April 1996 verhängte der Finanzminister eine Ausgabensperre, um im laufenden Haushalt 690 Mio DM sparen zu können. Nach der Steuerschätzung vom Frühjahr 1996 hatte die Regierung die Einnahmenerwartungen erneut um 330 Mio nach unten korrigieren müssen. Die *Ausgabensperre* wurde verhängt, ohne daß der Finanzausschuß und die Regierungsfraktionen informiert wurden. Die Fraktionschefs Fikentscher und Tschiche saßen zwar, wie in Sachsen-Anhalt üblich, mit am Kabinettstisch; auf der dem Beschluß sich anschließenden SPD-Fraktionssitzung hatte jedoch keiner der anwesenden Minister die Parlamentarier über die Sperre unterrichtet (MZ, 10.5.1995, 11.5.1995, 21.5.1995). Dieses Vorgehen wurde von Abgeordneten kritisiert. Schaefer wollte zwar auf der anschließenden Pressekonferenz die Sperre öffentlich bekannt machen, der Rest des Kabinetts einschließlich Höppner lehnte dieses Ansinnen jedoch ab. Die PDS führte die Sperre auf Konflikte innerhalb des Kabinetts und der Koalition zurück (vgl. auch: Korff 1975: 104). Im Oktober 1996 wurde schließlich ein Nachtragshaushalt verabschiedet, der fast ausschließlich durch eine höhere Nettokreditaufnahme beglichen wurde. Weitere Eingriffe in den Haushalt waren wegen der hohen globalen Minderausgabe von 690 Mio DM nicht mehr möglich. Die Differenz zwischen der geplanten Nettokreditaufnahme und den eigenfinanzierten Investitionen lag bei 767 Mio DM; diese Differenz wurde nun durch den Nachtragshaushalt aufgefüllt (SnA-PlPr 2/41: 3119 ff.). Der Landesrechnungshof meldete daraufhin erhebliche Bedenken an, weil die globale Minderausgabe zu einem Teil aus investiven Mitteln erwirtschaftet werden sollte[163]. Die Neuverschuldung stieg ein weiteres Mal auf nun 2,77 Mrd DM (13%) an (LT-SnA-Drs. 2/1381; MZ, 13.12.1996). Der Nachtragshaushalt, so die

163 Landtag Sachsen-Anhalt, 70. Sitzung des Ausschusses für Finanzen, 7.10.1996. Die Höhe der Einnahmen aus Krediten darf die Summe der im Haushaltsplan für Investitionen veranschlagten Ausgaben nicht überschreiten (SnA-LVerf Art. 99, 2). In Sachsen-Anhalt zählen ebenfalls Aufwendungen für den Schutz und die Wiederherstellung der natürlichen Lebensgrundlagen ausdrücklich zu den Investitionen. Diese Regelung ist nicht unproblematisch, da sie die Gefahr einer "unkontrollierten Erweiterung des Kreditvolumens in sich birgt" (Mahnke 1993: 261). Allerdings weist Mahnke darauf hin, daß die gravierenden Umweltprobleme Sachsen-Anhalts diese Regelung als gerechtfertigt erscheinen lassen. Umstritten war ebenfalls die Frage, ob nur durch Landesmittel eigenfinanzierte Investitionen zur Berechnung des Kreditlimits veran-schlagt werden dürften (vgl. Isensee 1997).

nachträgliche Einschätzung mit Blick auf die Bereitschaft zur Ausgabendisziplin in folgenden Haushaltsverhandlungen, sei in dieser Form ein "strategisch sehr schwerer Sündenfall" gewesen,

> "weil wir vorher der PDS und allen gesagt haben, auch unseren eigenen Leuten, es geht keine Mark mehr...Da kommen sie (die Regierung, S.K.) im Herbst an und sagen, ja jetzt brauchen wir einen Nachtragshaushalt, wo wir so locker 750 Mio bei der Neuverschuldung draufsetzen. Da fragt sich selbst der letzte bei uns und erst recht bei der PDS, sagt mal, was ist denn hier eigentlich los, ihr habt uns doch erklärt...Ja, und dann kommen sie aber drei Monate später zum normalen Haushalt und die da sagen...(wir) müssen die Neuverschuldung wieder runterdrücken und dann sagt der andere, also vor drei Monaten war das noch anders. Das sind so die Verhandlungsprobleme, wo unsereiner dann schlechte Karten hat...Da sagen die doch dann auch, beim nächsten Mal, Freunde, wissen wir, wo wir uns finden" (Bullerjahn SnA-PG-SPD).

Die Verhandlungen zum 1997er Haushalt waren bereits von "präventiven" Gegenmaßnahmen der Abgeordneten gegenüber dem Haushaltsentwurf gekennzeichnet, die die Planung nicht dem Finanzminister allein überlassen wollten. Erneut kam es zu Konflikten zwischen den Abgeordneten der Koalitionsfraktionen und der Regierung, aber auch zwischen der PDS und den Koalitionsfraktionen bzw. der Regierung. Angesichts dieser Konstellation war eine doppelseitige Verhandlungsstrategie erforderlich: Zum einen mußten die Regierung und die "eigenen" Abgeordneten der Koalitionsfraktionen zu einer gemeinsam getragenen Lösung kommen. Zum anderen führte die Koalition gleichzeitig Verhandlungen mit der PDS, damit diese im Landtag nicht zusammen mit der CDU gegen den Haushalt stimmte.

Im Vorfeld der Haushaltsverhandlungen für den 1997er Haushalt sprachen sich die Finanzpolitiker der SPD in einem internen Papier für Sparmaßnahmen aus, die Einschnitte vor allem bei den Leistungsgesetzen enthalten sollten. In einem Haushaltsbegleitgesetz, dessen Notwendigkeit auch vom Ministerpräsidenten hervorgehoben wurde, sollten Abstriche an Rechtsverpflichtungen festgelegt, daneben die Ausgaben für den zweiten Arbeitsmarkt gesenkt werden. Widerstand kam vom grünen Bündnispartner, der die Sparliste als politisch nicht durchsetzbar bezeichnete, und von der PDS, die die sozialen Standards für nicht antastbar erklärte (MZ, 16.6.1996; 17.6.1996). Reformprojekte in der Bildungs- und Sozialpolitik, so der Tenor, sollten nicht durch eine höhere Wirtschaftsförderung behindert werden. Die PDS wiederum formulierte einige inhaltliche Grundpositionen (ähnlich denen der 1996er Verhandlungen) in einem Fraktionsbeschluß, welcher der SPD zur Kenntnis gelangte (SnA-PlPr 2/52: 3875).

Im Etatentwurf waren erneut erhebliche Einschnitte in das kommunale Finanzausgleichsgesetz und bei den Fördermaßnahmen vorgesehen. Landkreistag und Bürgermeister befürchteten einen Schneeballeffekt, weil Kürzungen bei den Investitionen und Förderprogrammen zu einem Anstieg der Arbeitslosigkeit führen könnten. Der Protest gegen die geplanten Vorhaben ging quer durch alle Parteien, auch durch die oppositionelle CDU, die im Land eine starke kommunale Kraft darstellt. Der Landkreistag forderte Ministerpräsident Höppner auf, von seiner Richtlinienkompetenz im Kabinettstreit Gebrauch zu machen (MZ, 2.9.1996). Die CDU versuchte, eine "ziemlich breite Bewegung gegen die Kürzung der Kommunalfinanzen ins Leben zu rufen...Wir hatten hier im Sommer eine große Demonstration von Bürgermeistern auf dem alten Markt, und dazu ist ja gemeinsam aufgerufen worden von einem SPD- und einem CDU-Bürgermeister...Und (die Proteste der) kommunalen Spitzenverbände sind ja wesentlich auch von SPD-Bürgermeistern nahtlos mitvollzogen worden. Insofern hat es da eine ganze Menge an parteiübergreifendem Widerstand gegeben" (Scharf SnA-PG-CDU; Siegener Zeitung 18.12.1996). Öffentlicher Druck von gesellschaftlichen Interessen und Verbänden, die ihre Anliegen im Haushalt abgesichert sehen wollen, ist ein üblicher Bestandteil des Ablaufs von Haushaltsberatungen. Artikulieren die kommunalen Spitzenverbände Kritik, so tut sich zumal in den beiden großen Parteien SPD und CDU, deren kommunale Basis breiter ist als die der kleinen Parteien, immer auch eine innerparteiliche Konfliktlinie auf. Die PDS unterstützte diese Anliegen, obschon sich die Partei bewußt war, daß Zuweisungen an die Kommunen einen engeren Gestaltungsspielraum für das Landesparlament bedeuteten und die Gemeinden eben nicht überwiegend von der PDS dominiert würden (Sitte SnA-FV-PDS).

Die Pläne des Finanzministers, Abstriche beim kommunalen Finanzausgleich zu machen, fanden somit durchwegs keine Unterstützung. Allerdings wies Trepte (PDS) darauf hin, daß Vertreter der Koalitionsfraktionen am Haushaltsentwurf beteiligt gewesen seien (SnA-PlPr 2/52: 3902). Höppner hatte zuvor noch erklärt, daß durch Umschichtungen mehr Geld für die Kommunen bereitgestellt werden solle (MZ, 4.9.1996). Inzwischen errechneten Innenminister Püchel und der Finanzminister Möglichkeiten, wie man mehr Mittel als bislang beabsichtigt für die allgemeinen Finanzzuweisungen an Städte und Gemeinden bereitstellen könnte. Da dadurch jedoch wiederum andere Ministerien betroffen gewesen wären, hätte erneut ein Kabinettstreit ins Haus gestanden. Schaefer forderte, die Auflagen und Vorschriften des Landes beim Schulgesetz, bei der Kinderbetreuung oder für den ÖPNV zu lockern. Über diese Punkte konnte jedoch im Kabinett kein Konsens erzielt werden. Die Abgeordneten, voran der parlamentarische Geschäftsführer der SPD, Bullerjahn, monierten, daß Innenminister Püchel seine Vorschläge nicht gemeinsam mit den Parlamentariern erarbeitet hätte. Damit wurde ein Erfordernis außer acht gelassen, das nach den bisherigen Erfahrungen mit der Minderheitsregierung unverzichtbar war, um für Regierungsvorlagen eine Mehrheit im Parlament zu erhalten. Die Einsparvorstellungen der PDS wiederum sahen vor, wenig nachgefragte Fördermittel zu kürzen und im Gegenzug die Kommunalfinanzen mit diesen Mitteln aufzustocken (MZ, 7.9.1995; 11.9.1996).

Um zu einer Einigung zu gelangen, wurden zwischen erster und zweiter Lesung des Gesetzes mehrere "Rechengruppen" von Parlamentariern aus SPD, B'90/Die Grünen und PDS gebildet. Das "Gerüst" dieser Arbeitsgruppen bestand aus dem Arbeitskreis Finanzen der SPD, in den auch die Grünen eingebunden waren. Die PDS wurde einbezogen, indem sie teilweise an den Vor- und Nachbesprechungen teilnahm. Vereinzelt wurden Gespräche geführt, an denen neben den Abgeordneten der SPD und der Grünen sowie der PDS auch Vertreter der Landesregierung beteiligt waren. Diese hätten aber "keinen beschließenden Charakter" gehabt. An der gemeinsamen Arbeitsgruppe nahmen den Aufzählungen befragter Abgeordneten zufolge neben den Finanzpolitikern der SPD (Eichler, Bullerjahn; Doll, Hoffmann als Kommunalpolitiker) auch die Abgeordneten Gallert, Claus, Trepte, zuweilen Sitte von der PDS teil, daneben z.T. Tschiche von den Grünen (Tschiche SnA-FV-Grü). Hinzu stieß überdies ein Vertreter des Finanzministeriums. In diesen unterschiedlichen "Rechengruppen" sei teilweise parallel - auch zum Finanzministerium - gerechnet worden (Sitte SnA-FV-PDS). Im Verlauf dieser Verhandlungen kristallisierte sich ein Netz von informellen Gesprächen zwischen einzelnen Personen heraus. Die Hauptachse dieser Kontakte bildeten die parlamentarischen Geschäftsführer von SPD und PDS, Jens Bullerjahn und Wulf Gallert (vgl. auch: Schüttemeyer 1997: 10 ff.)[164]. Diese Achse wurde durch die Grünen mit ihrer parlamentarischen Geschäftsführerin nicht verstärkt, da diese, so lautete die Begründung, noch immer der "Oppositionsrolle" verhaftet und für Konsensgespräche mit Vertretern der anderen beiden Parteien nicht geeignet gewesen sei (*personaler Faktor*, Tschiche SnA-FV-Grü; Sitte SnA-FV-PDS). Die Person Bullerjahn stellte wiederum eine entscheidende Schiene zwischen der Arbeitsgruppe, an der auch Vertreter der PDS beteiligt waren, und der Landesregierung her. Je stärker solche Verhandlungsbeziehungen in voneinander getrennte Teilgruppen zerfallen, desto stärker ist die Position von Vermittlern (Kappelhoff 1993: 69 ff.), im hier untersuchten Fall der parlamentarischen Geschäftsführer von PDS und insbesondere der SPD, der Regierungspartei. Wegen dieser mehreren, miteinander zu verbindenden Achsen sei der Verhandlungsprozeß "langwierig und aufreibend" verlaufen: "Das führte ja dazu, daß zum Schluß eben die Nerven sehr blank lagen" (Bullerjahn SnA-PG-SPD).

Diese verschiedenen, miteinander lose verbundenen Verhandlungsebenen und -runden und informellen Kontakte wurden auf unterschiedliche Weise zusammengeführt:

> "Eine Runde war, daß der Arbeitskreis Finanzen sich aufgeteilt hat und in jedes Ministerium reingegangen ist und damit die Sommerpause genutzt hat. Nachdem der Plan fertig war, sind wir auf der Grundlage dieses Entwurfs an jeden Minister ran. Wir haben mit denen gesprochen: Was wären ihre Probleme mit dem Entwurf? Dann haben wir noch eine weitere Runde installiert, und zwar habe ich die als Geschäftsführer einberufen. In jedem Arbeitskreis sollten sie einen bestimmen, der sich mit dem Haushalt beschäftigt hat, und wir haben uns dann ab und zu getroffen. Und wir haben dann auch Einzelgespräche geführt von Arbeitskreis zu Arbeitskreis, damit uns das nicht aus dem Ruder läuft. Auch aus der Erfahrung des Haushalts zuvor, wo wir uns massiven Kritiken aussetzen mußten..., wir würden ja alles doch alleine machen, haben wir jeden Dienstag zur Fraktionssitzung berichtet, haben dort Entscheidungen herbeigeführt. Können wir so weitermachen?...Und wir haben uns immer das Votum geholt. Also, das war dann schon wesentlich legitimierter als im Jahr davor..." (Bullerjahn SnA-PG-SPD).

SPD-Fraktion und Fraktion der Grünen, Ministerien und Arbeitskreise wurden somit über unterschiedliche Achsen miteinander verzahnt. Zum einen banden die für Finanzen zuständigen Parlamentarier durch Gespräche die Ministerien in den Entscheidungsprozeß ein. Die Spitze des Finanzministeriums war daran nicht beteiligt. Zum anderen sollten auch auf der parlamentarischen Ebene sachpolitische Forderungen durch die finanzpolitische Sicht gezügelt und mit dieser zur Deckung gebracht werden, indem die Vertreter der fachpolitischen Arbeitskreise mit denen des Arbeitskreises Finanzen zusammentrafen. Dieses Verfahren wird, wie oben geschildert, auch in den Fraktionen der anderen Landtage angewandt. Schließlich holte sich die Verhandlungsführung zwischen den Verhandlungsrunden in den Fraktionssitzungen sukzessive Zustimmung zu den zuvor

164 Im Bundestag - und auch in den Landesparlamenten - nehmen die parlamentarischen Geschäftsführer nicht nur Aufgaben im Bereich der Organisation und technisch-prozeduralen Abwicklung des Parlamentsbetriebs wahr. Sie haben vielmehr auch beachtlichen Einfluß auf die Auswahl und Koordination politischer Ziele, die ihre Fraktion parlamentarisch verfolgen will. Daneben dient ihre Einbeziehung in informelle Koali-tionsrunden dazu, die Akzeptanz der in diesen Runden getroffenen Entscheidungen in der Fraktion sicher-zustellen (Schüttemeyer 1997: 16 f.).

erzielten Verhandlungsergebnissen (dasselbe Verfahren wurde auch von der PDS praktiziert). Erst anschließend faßte die Fraktion den Verhandlungsergebnissen zustimmende Beschlüsse. Im Jahr zuvor - unter dem Zeitdruck der veränderten Steuerschätzung - war die Fraktion nicht begleitend in den Entscheidungsprozeß eingebunden worden. Aufgrund der beschriebenen "Lösung in Kleingruppen" habe es zwar auch während der Verhandlungen für den 1997er Haushalt, noch stärker aber während der für den 1996er Etat, ein *"demokratisches Legitimationsproblem"* gegeben (Bullerjahn SnA-PG-SPD). Daß sich ein "völlig undemokratisches Expertensystem" ausgebildet habe, in dem einige wenige Personen einen Haushalt mit einem Volumen von 21 Mrd. DM umrechneten, wurde auch von der Fraktionsvorsitzenden der PDS kritisiert. Deshalb gehe die PDS inzwischen wieder mehr auf Distanz zu den Koalitionsparteien und lasse sich nicht mehr so eng in Entscheidungsprozesse einbinden. Die während der Verhandlungen zum 1997er Haushalt erzielte Gesprächstiefe sei der Grundeinstellung der PDS, möglichst viel Transparenz in den Landtag hineinzubringen, diametral entgegengelaufen. Die Fraktion habe die Verhandlungsergebnisse kaum mehr nachvollziehen können, "...weil, je komplizierter die Zusammenhänge werden, desto weniger Leute verstehen, was da eigentlich abläuft...Diese Situation will ich...nicht wieder haben..., dann kann man auch wirklich richtig anfangen zu regieren" (Sitte SnA-FV-PDS).

Die Haushaltsarbeitsgruppe, an der Parlamentarier von SPD, PDS, Grünen und der Vertreter des Finanzministeriums beteiligt waren, fungierte insofern als eine Art *"Äquivalent"* zu einem Koalitionsausschuß, als in ihr Kompromisse zwischen den mehrheitsbildenden Fraktionen erzielt wurden. Ein Unterschied zu den "herkömmlichen" Ausschüssen liegt aber in seiner *Zusammensetzung*: Während in allen anderen Bundesländern die Ebenen Regierung, Parteivorsitz bzw. -vorstand und Fraktion zusammengeführt werden, war die Regierung kaum in die Arbeitsgruppe eingebunden. Daneben kam der Arbeitsgruppe eine andere *Funktion* zu als dem Thüringer Koalitionsausschuß. Während dieser ein Instrument zur Schlichtung von Konflikten zwischen den Koalitionspartnern darstellte, hatte sich die Arbeitsgruppe die Aufgabe gestellt, die Regierungsvorlage nach dem Willen der Parlamentarier mehrheitsfähig umzubauen (es gibt indessen in etlichen Bundesländern auch Koalitionsausschüsse, die regelmäßige Steuerungsaufgaben übernehmen). Die Arbeitsgruppe in Sachsen-Anhalt diente somit weniger dazu, Auseinandersetzungen zwischen den Regierungspartnern zu glätten, sondern die Konflikte zwischen Regierung, hier insbesondere dem Finanzminister, und den Regierungsfraktionen im Sinne der Abgeordneten aufzulösen. Dabei wiederum mußten Präferenzen der tolerierenden PDS zumindest teilweise berücksichtigt werden. Ein weiterer Unterschied zu einem Koalitionsausschuß besteht im *Formalisierungsgrad* dieser Arbeitsgruppe: Die Ausschüsse sind, obschon informelle Gremien, vergleichsweise fest institutionalisiert, da ihre Existenz - und weitgehend auch ihre Zusammensetzung - im Koalitionsabkommen festgeschrieben sind. Die Arbeitsgruppe hingegen trat ad hoc zusammen, um ein konkretes Problem zu bearbeiten.

In der Haushaltsarbeitsgruppe traten während der Verhandlungen unüberwindliche Konflikte auf. Man habe dort "gegenseitige Befindlichkeiten" austauschen und mögliche Optionen aufmachen, nicht aber ein Ergebnis erzielen und die entstandenen Blockaden überwinden können, da diese Gruppe einen "halboffiziellen Charakter" hatte. Hinzu gekommen sei ein *Verhandlungsproblem*, das schon kleine Gruppen auszeichne:

> "...man kann sich in der gleichen Verhandlungsgruppe ja nicht kollektiv bewegen. Wenn man merkt, man blockiert sich gegenseitig, dann muß natürlich erst mal eine Seite sich bewegen, und wenn da mehrere Leute unabhängig voneinander am Tisch sitzen, kann man ja nun nicht erwarten, daß sie unausgesprochen alle in die gleiche Richtung denken. Deswegen tat sich da nichts, aber wahrscheinlich auch, weil die Leute schon einen zu offiziellen Auftrag hatten..." (Gallert SnA-PG-PDS).

Als Lösung für dieses Problem bot sich an, die Verhandlungen in einen weniger offiziellen, noch *stärker informalisierten Zirkel* zu verlagern. Damit wurde aufgrund der sich mehrfach überschneidenden Konfliktlinien selbst für die informellen Gespräche ein mehrstufiges Verfahren ad hoc genutzt. Ein höherer Entscheidungsaufwand entstand in Sachsen-Anhalt auch deshalb, weil die Verhandlungsführungen weniger als in Rheinland-Pfalz oder auch in Thüringen mit *Mehrfachfunktionen* in den unterschiedlichen Handlungsarenen ausgestattet waren, so daß die Koordinationskosten für die Abstimmung zwischen den wichtigen Akteuren in Regierung, Parlament und Parteien höher lagen. Da zudem nicht nur zwei, sondern drei Parteien eine Vetoposition in den Entscheidungen zukam, stieg auch das Risiko einer Blockade (vgl. Mayer 1994: 465; *Anzahl der Akteure*). Ein weiterer Grund für diese Vorgehensweise ist darin zu sehen, daß zwischen SPD und PDS ein "*distanziertes Verhältnis*" existierte, "sowohl in der Führung als auch prinzipiell der Parteien zueinander". Dieser Befund schließt nicht aus, daß einzelne Abgeordnete ein gutes persönliches Verhältnis zueinander pflegten, "weil man eben stundenlang zusammenkluckt, wochenlang an irgendwelchen Gesetzen arbeitet" (Sitte SnA-FV-PDS). Die beiden parlamentarischen Geschäftsführer von SPD und PDS, einander freundschaftlich verbunden, waren prädestiniert für diese Aufgabe. Bullerjahn, Gallert sowie der Parteivorsitzende der PDS, Claus, trafen sich auf dessen Wochenendhaus zu dem in der Presse so bezeichneten "Datschengipfel", um den Etat 1997 auszuhandeln. Die drei Personen hätten überhaupt nur verhandeln können, weil sie, so die Einschätzung, von ihren Fraktionen keinen offiziellen Verhandlungsauftrag erhalten hätten und damit über ein völlig *"freies Mandat"* verfügten. Bullerjahn habe sich zuvor jedoch "den Segen" des Ministerpräsidenten geholt. Nach diesen Verhandlungen hätten beide Geschäftsführer die Fraktionen über diesen Alleingang informiert, die "die Sache sofort vom Tisch hätten wedeln" können. Ein Vertreter der Grünen war an diesem "Datschengipfel" nicht beteiligt (Tschiche SnA-FV-Grü; Bullerjahn SnA-PG-SPD). Gallert bestätigte, er sei immer davon ausgegangen, "...daß, wenn ich mit Bullerjahn rede, ich mit der Koalition rede, und das stimmt aber einfach nicht" (Gallert SnA-PG-PDS, vgl. unten).

Die Abgeordneten bauten schließlich den vom Finanzminister vorgelegten und vom Kabinett abgesegneten Regierungsentwurf in diesem *mehrstufig informalisierten Verfahren* in weiten Teilen um. Insgesamt wurden etwa 600 Mio DM (in einem Haushalt von etwas mehr als 20 Mrd DM) umgeschichtet. Das Haushaltsbegleitgesetz, das Einschnitte in Leistungsgesetze vorsah, blieb nur noch in Rudimenten bestehen. Die Kürzungsvorschläge für die Kommunen wurden um mehr als 320 Mio DM zurückgeführt, dafür sollten Einsparungen u.a. bei Förderprogrammen vorgenommen werden. Der Kompromiß sah weiterhin Einsparungen beim Personal vor; die Tragfähigkeit dieses Vorschlags hing indes von den noch nicht abgeschlossenen (!) Tarifverhandlungen ab[165]. Die Neuver-

165 Landtag Sachsen-Anhalt, Protokolle des Finanzausschusses, 74. Sitzung vom 5.11.1996.

schuldung wurde gegenüber dem Kabinettsentwurf nochmals um rund 60 Mio DM auf 2,342 Mrd DM (11,22%) erhöht. Da der Kompromiß mit den Gewerkschaften nochmals 40 Mio DM teurer war als ursprünglich geplant, stellten die Koalitionsfraktionen in der zweiten Beratung des Gesetzes den Antrag, die Verschuldung nochmals um diesen Betrag zu erhöhen (SnA-PlPr 2/25: 3863). Die Neuverschuldung stieg damit letztlich auf 11,38% an. Immer wieder wurde zudem im Finanzausschuß darüber diskutiert, ob die Mindereinnahmen nicht teilweise dadurch kompensiert werden könnten, daß man auf die dem Land zustehenden Bundesmittel für die Gemeinschaftsaufgabe verzichtet und mit dem dadurch freigewordenen Landesanteil Steuermindereinnahmen deckt. Diese Praxis wurde von der PDS bestätigt (Gallert SnA-PG-PDS).

Während dieser informellen Verhandlungsrunden eskalierte der Streit zwischen dem Finanzminister und den Abgeordneten, die am Haushalt wesentlich mitgewirkt hatten. Der Finanzminister wollte den sich abzeichnenden Kompromiß zwischen der Koalition und der PDS durch eine Kampfabstimmung in der Fraktion wieder kippen, mußte dabei aber eine Niederlage einstecken. Selbst Höppner stimmte gegen ihn. Auch als Schaefer im Kabinett den Haushalt nochmals zur Diskussion stellen wollte, erfuhr er keine Rükkendeckung durch die Regierung. Schaefer kritisierte, daß Bullerjahn immerhin bei den Haushaltsberatungen über den Entwurf der Regierung mit am Kabinettstisch gesessen habe (VS, 6.12.1996). Als die Spitze des Finanzministeriums einen Beamten des Hauses maßregelte, weil dieser eng mit Bullerjahn zusammengearbeitet hatte, brach sich der Konflikt vorübergehend auch öffentlichkeitswirksam Bahn. Der Minister hatte überdies das Verhandlungsergebnis als den "Preis des Magdeburger Modells" bezeichnet (MZ, 4.12.1996). Die Abgeordneten der SPD, die in die Arbeitsgruppe eingebunden waren, reagierten daraufhin mit verbalen Attacken gegen den Finanzminister (VS, 5.12.1996). Einige stellten die Qualifikation des Ministers öffentlich in Frage, da der Entwurf ohne Augenmaß gewesen sei und der Minister die in der Minderheitsregierung ablaufenden parlamentarischen Prozesse nicht nachvollziehen könne. Die Kritik am Finanzminister reichte bis hin zu Rücktrittsforderungen aus seiner eigenen Fraktion (MZ, 5.12.1996). Höppner wiederum betonte, er sehe keinen Anlaß, das Kabinett umzubilden. Obschon Bullerjahn seine Äußerungen wieder zurücknahm, wurde von Abgeordneten bezweifelt, ob die tiefen Gräben zwischen Schaefer und den SPD-Finanzpolitikern wieder zugeschüttet werden könnten (VS, 6.12.1996). Für die Akteurskonstellation während der Haushaltsberatungen hatte dies zur Folge, daß die Finanzpolitiker nicht, wie in anderen Regierungen üblich, eine zuverlässige Hausmacht des Finanzministers bilden; deren Beziehung war vielmehr von den Konflikten zwischen Exekutive und den Abgeordneten überlagert. Hätte der Ministerpräsident in dieser Situation Stellung für seinen Finanzminister bezogen, so hätte dies wohl zur Konsequenz gehabt, daß es zwischen ihm und den Koalitionsfraktionen sowie den Abgeordneten der PDS zu einer Kraftprobe gekommen wäre[166].

---

166 "Die Landesregierung ist dann sauer auf die Parlamentarier. Und die Parlamentarier sind sauer auf die Landesregierung, weil sie sagen, naja, die geben uns keinen richtigen Entwurf. Und...der Verhandlungsführer bei der SPD (Bullerjahn, S.K.),...der ist dann immer zu Höppner gelaufen und hat gesagt, du, das und das, und Reinhard (Höppner, S.K.) hat ihm gesagt, mach mal. Und dann höre ich dann irgendwann ein halbes Jahr später im Kabinett, ja, das waren ja keine klugen Entscheidungen der Parlamentarier, obwohl er sie abgesegnet hat" (Tschiche SnA-FV-Grü).

Die *Entscheidungsprozesse*, die für die Minderheitskoalition hier nachgezeichnet wurden, werden von den Beteiligten selbst sowie von wissenschaftlichen Betrachtern als eine Situation angesehen, die den Stellenwert des Parlaments gegenüber der Exekutive gestärkt haben (Tschiche SnA-FV-Grü; Fikentscher 1999: 241; Renzsch/Schieren 1997: 406 f.)[167]. Nach den bisherigen Befunden läßt sich diese Beobachtung teilweise bestätigen. Über den Weg der informellen Verhandlungsgruppen und des Kontakts des Finanzarbeitskreises mit den Vertretern der anderen Arbeitskreise waren die Parlamentarier mit einer Gestaltungsmacht ausgestattet, die für die Abgeordneten der beiden anderen hier untersuchten Koalitionen nicht festgestellt werden kann. Allerdings wurde von den beteiligten Verhandlungsführungen selbst eingeräumt, daß diese "Parlamentarisierung" des Haushaltsprozesses bewirkte, daß sich exklusive Expertenzirkel ausbildeten, deren Arbeit in keinster Weise als transparent erachtet werden kann. Auch die Verantwortung für die getroffenen Entscheidungen konnte nicht eindeutig zugerechnet werden. Mangelnde Transparenz, uneindeutige Verantwortlichkeiten und Exklusivität des Teilnehmerkreises sind typische Merkmale von verhandlungsdemokratisch geprägten Entscheidungsmustern; sie schmälern deren demokratische Qualität auf der Input-Seite des politischen Systems (vgl. Benz 1998: 206 ff.). Die Informalisierung des Verfahrens war in der Minderheitskoalition deutlicher ausgeprägt als in den Mehrheitskoalitionen. Der Prozeß, in dem die Etatansätze mehrfach umgearbeitet wurden, fand in den Ausschußberatungen seine Fortsetzung (vgl. 4.4.1).

Versucht man die für die Minderheitskoalition gefundene *Entscheidungsstruktur* zu typisieren, so stellt man fest, daß der Haushaltsprozeß deutliche Merkmale einer "Doppelstruktur" trug, ohne diesem Idealtypus vollständig zu entsprechen (vgl. Sturm 1987: 68 ff.). Während in einer "Ratifizierungsstruktur" das Parlament nurmehr den Haushalt bestätigt und legitimiert, ist es in einer "Doppelstruktur" in alle Phasen des Entscheidungsprozesses eingebunden; ihm kommt eine entscheidende gestalterische Rolle zu. Zwar kann für Sachsen-Anhalt nicht bestätigt werden, daß das Parlament, wie im Rahmen einer idealtypischen Doppelstruktur möglich, ein eigenes Budget erstellte. Gleichwohl veränderte es den Entwurf erheblich. Die Abgeordneten der Koalitionsfraktionen, die auch im Finanzausschuß vertreten waren, haben den Entwurf der Regierung nicht einfach bestätigt oder, wie in Thüringen oder Rheinland-Pfalz, sich mit dem sogenannten "Spielgeld" - einer begrenzten Summe, die den Fraktionen zur Gestaltung zugebilligt wird - zufriedengegeben. Dies war schon deshalb nicht möglich, weil im Parlament für den Regierungsentwurf erst eine Mehrheit gefunden und die Tolerierung durch die PDS mit Zugeständnissen an diese erst "eingetauscht" werden mußte. Die Minderheitssituation schuf damit, mehr als eine parlamentarische Mehrheitssituation, Gelegenheiten für die Abgeordneten der Regierungsfraktionen und der PDS, den Regierungsentwurf umzubauen. Zu diesem dem *Koalitionsformat* geschuldeten Faktor kommt als *akteursspezifische Erklärung* von Gewicht hinzu, daß der Finanzminister in den regierungseigenen Fraktionen keine Unterstützung für Art und Umfang seiner Sparziele fand und deshalb in der untersuchten Entscheidungssituation Konflikte und nicht-kooperative Einstellungen

167 Renzsch und Schieren stellen fest: "Gleichsam als Nebenprodukt (der stabilen Minderheitsregierung, S.K.) haben sich unter diesen Bedingungen zugleich die Spielräume des Parlaments erweitert und ansatzweise die Konfrontation der Parteien entschärft".

das Verhältnis zwischen den Abgeordneten und dem Finanzminister prägten. Daß die Regierung in sich nicht geschlossen auftrat und sich der Ministerpräsident nur um die Gefahr einer Auseinandersetzung mit (vielen) Abgeordneten von SPD, B'90/Die Grünen und PDS hinter seinen Finanzminister zu stellen vermochte, hat diese Entscheidungsstruktur ebenfalls begünstigt.

Die Grünen nahmen in diesen Verhandlungen die ihnen anfänglich zugekommene "*Scharnierfunktion*" nicht mehr ein (Fikentscher 1999: 234; VS, 21.12.1996). Einerseits haben B'90/Die Grünen nach deren eigener Einschätzung als "Alibi" für die Kooperation von SPD und PDS gedient, insbesondere ihr Fraktionsvorsitzender Tschiche, der als Vertreter der Oppositionsbewegung über jedweden Ruch der Kungelei mit der PDS erhaben war. Andererseits konnte die SPD nur zusammen mit den Grünen die strategische Mehrheit gegenüber der CDU bilden (Tschiche SnA-FV-Grü; Fikentscher 1998: 183). Daß diese Scharnierfunktion bzw. die anfängliche Berührungsängste und Konflikte moderierende "Maklerrolle" (vgl. Schwarz 1978: 188 ff.) der Grünen im Laufe der Legislaturperiode an Bedeutung verloren hat, ist zum einen darauf zurückzuführen, daß die Fraktion nur über fünf Abgeordnete verfügte und deshalb "nicht an drei Stellen gleichzeitig sein kann" (Gallert SnA-PG-PDS). Die eingeschränkte Präsenz der Grünen in den beschriebenen Verhandlungen ist somit den knappen personellen Ressourcen geschuldet. Allerdings hätten die Grünen, so Tschiche, "mindestens den Einfluß von zehn Abgeordneten, obwohl wir nur fünf sind" (Tschiche SnA-FV-Grü). Damit könne die Fraktion ganz zufrieden sein, zumal sie nur rund 500 Mitglieder im Land als Machtressource einbringe.

Zum anderen verdeutlichen die oben beschriebenen Entscheidungsprozesse, daß eine Partei in einer Koalition nur dann eine Chance hat, nicht an Zustimmung zu verlieren, wenn sie sich gegenüber dem Koalitionspartner hinreichend abgrenzen und sich auch innerhalb des Regierungsbündnisses profilieren kann. "Für die politische Erholung und das Wachsen (der Partei, S.K.) wäre natürlich die Oppositionsrolle günstiger..." (Tschiche SnA-FV-Grü). Während sich die Grünen von der SPD in mehreren Punkten - insbesondere durch die Konflikte zwischen Umweltministerin Heidecke und Wirtschaftsminister Schucht - deutlich absetzten (z.B. in der Frage, ob der Verfassungsschutz notwendig sei, oder in der Diskussion um die militärische Nutzung der Colbitz-Letzlinger Heide), bestand zwischen Grünen und der die rot-grüne Regierung tolerierenden PDS eine deutliche *Themenkonkurrenz*. Dies bestätigt nicht zuletzt ein Blick in die Wahlprogramme der beiden Parteien: Beide besetzen fast gleichermaßen die Themen Ökologie, Basisdemokratie, Frauenpolitik, Frieden[168]. Daß dadurch diesen Themen im Rahmen der engen finanziellen Gestaltungsmöglichkeiten mehr Geltung verschafft werden konnte, wurde zwar durchaus gesehen. Allerdings hat nicht zuletzt diese partielle inhaltliche Gleichrichtung - und die im Vergleich zur PDS ausgeprägte personelle Schwäche von B'90/Die Grünen[169] - dazu beigetragen, daß sich die Grünen nur teilweise mit eigenen

---

168 Vgl. "Bausteine für eine zukünftige Landespolitik", hrsg. von Bündnis 90/Die Grünen, Landesverband Sachsen-Anhalt, sowie "Veränderung beginnt mit Opposition". Landes-Wahlprogramm der PDS Sachsen-Anhalt.

169 Mitgliederzahlen für die Parteien Sachsen-Anhalts, Stand Dezember 1998: B'90/Die Grünen 555; PDS 13000; SPD 6100; F.D.P. 3500; CDU 12000. Quelle: Boll/Crow/Hofmann/Holtmann 1999: 35.

Themen profilieren konnten. Diese Einschätzung teilte auch die PDS (Sitte SnA-FV-PDS; Gallert SnA-PG-PDS). Dennoch wolle man, so die Aussage, die Grünen nicht "überflüssig" machen (in diesem Sinne war der Parteivorsitzende Claus in der Presse zitiert worden; Focus 5/97). Denn je mehr die PDS in Entscheidungsprozesse eingebunden sei, desto mehr entwickle sie sich zur Volkspartei mit einem breiten Interessenspektrum. Da grüne Positionen dann auch innerhalb der PDS kaum mehrheitsfähig seien, brauche man die Grünen im politischen Spektrum auch weiterhin. Allerdings würden die "typischen" Wählerschichten der Grünen im Osten eher PDS wählen (Gallert SnA-PG-PDS): In einer "Dreierkonstellation" aus SPD, B'90/Die Grünen und PDS schöpfen demnach die Parteien nicht zusammen die Wählerklientel aus, sondern machen sich wechselseitig Konkurrenz.

Daß SPD und PDS unter Ausschluß von Vertretern von B'90/Die Grünen verhandelten, rief innerparteiliche Kritik an der Fraktion hervor. Zwar könnten, so Tschiche als Antwort darauf, Kompromisse mit der PDS nach wie vor vor allem über die Grünen hergestellt werden. Dabei müsse man sich aber immer vergewissern, nicht fünftes Rad am Wagen der Mehrheitsbildung zu sein. Die Fraktion setze ihre eigenen Forderungen vergleichsweise geräuschlos durch, weshalb ihre Erfolge nicht immer wahrgenommen würden (Schrägstrich 1-2, 97).

Gleichverteilung und Entscheidungsvertagung umrissen typische Muster der Konsensbildung in der großen Koalition Thüringens. In der sachsen-anhaltischen rot-grünen Minderheitskoalition waren Gleichverteilungsmodelle wegen des unterschiedlichen politischen Gewichts der Verhandlungspartner weniger gut anwendbar. Der ungleich kleinere Koalitionspartner B'90/Die Grünen konnte nicht auf Gleichbehandlung drängen, nahm aber dennoch eine Veto-Position im Bündnis ein. Dies galt auch für die PDS, die zwar nicht in der Regierung vertreten war, von der jedoch - gleichsam als *"Tauschleistung"* (vgl. Coleman 1990: 119)[170] für die ihr zugestandene Einflußnahme - ein Stimmverhalten erwartet wurde, das eine Gegenmehrheit von CDU und PDS ausschloß. In den Modellannahmen der Koalitionstheorie gespiegelt, erwies sich die PDS als typischer Fall eines "policy-seekers", der danach trachtete, die Kosten des Regierens - bestehend aus der rückläufigen Zustimmung der Wähler und der Übernahme der Verantwortung für die erzielten Kompromisse - den Koalitionsparteien zu überlassen, der aber seinen "Gewinn" in Form deutlicher Einflußnahme auf politische Inhalte zu realisieren wußte (vgl. hierzu Strøm 1990)[171].

Die Beziehungen zwischen der rot-grünen Minderheitskoalition und der PDS waren wegen der vielfältigen Verhandlungsrunden, der informellen Gespräche und Ad-hoc-

---

170 Zwischen der Regierung und den sie tragenden Fraktionen auf der einen Seite und der PDS auf der anderen Seite sind eindeutige Tauschbeziehungen feststellbar: Die PDS war in der Lage, die Mehrheit im Landtag für den Haushalt zu sichern, und im Gegenzug erhielt sie die Möglichkeit, den Haushaltsentwurf mitzugestalten. Beide Seiten veranschlagten die Ressourcen des jeweils anderen höher als die eigene, die sie bereit waren einzutauschen ("double coincidence of wants").

171 Fast gleichlautend begründet die PDS ihre Rolle im "Magdeburger Modell": "Die PDS versteht dabei ihr Verhältnis zu SPD und B'90/DIE GRÜNEN nicht als "Stillhalteabkommen", sondern als politische Konkurrenz...Das Tolerierungsmodell hat der PDS flexible Gestaltungs- und Einflußräume eröffnet..."; vgl. "Solidarisch gegen soziale Kälte". Programm der PDS Sachsen-Anhalt zur Landtagswahl 1998, S. 5.

Kontakte, die nicht regelmäßig zustande kamen, stets von einer gewissen "Spannung und Unsicherheit" gekennzeichnet (Fikentscher 1999: 240). Dies erforderte nach Aussagen aller befragten Abgeordneten ein gehöriges Maß an wechselseitiger Umsicht und Toleranz. Minderheitsregierungen, die notwendig auf Verhandlungsbeziehungen angewiesen sind, so ein Fazit dieser Zusammenarbeit, funktionierten nur, wenn alle Seiten nicht "erpresserisch" und "ultimativ" miteinander umgingen (Sitte SnA-FV-PDS), zumal die Zustimmungsbereitschaft des Tolerierungspartners nicht einmal "vertraglich" abgesichert war. *Ultimaten* habe man nie angewandt, denn "...in dem Augenblick, wo ich solche ultimativen Grenzen einziehe, und vor dem Hintergrund, daß der andere aber auch ultimative Grenzen einziehen (könnte), aber die Alternative (das Ende der Kooperation, S.K.) immer noch eine schlechtere wäre, war bis jetzt der Druck zum Kompromiß immer größer als das wirkliche Wollen, das Ding hier zu Ende gehen zu lassen. Und vor dem Hintergrund könnte ich heute auch nicht sagen, es wird keine Einschnitte in Leistungsgesetze mit der PDS geben, weil es hat sie ja gegeben..." (Gallert SnA-PG-PDS). Mit anderen Worten: Die Aufrechterhaltung der parlamentarischen Kooperation mit den Koalitionsparteien besaß für die PDS einen eigenständigen Wert, da die Kosten, die für eine Auflösung einer Koalition - und bereits einer bis dato zuverlässigen Tolerierung - entrichtet werden müssen, meistens sehr hoch sind (vgl. Schwarz 1978; Teil 1, Kap. 4.4). Es habe, wurde berichtet, immer einige Personen gegeben, die darauf geachtet hätten, daß "das System nicht überdehnt wird" (Bullerjahn SnA-PG-SPD): Ein Kern an kooperativen Einstellungen wurde demnach auch in Konfliktsituationen bewahrt, um für künftige Entscheidungssituationen nicht die Möglichkeit eines Kompromisses zu verbauen. Zwar arbeitete auch die PDS mit *"Maximalpositionen"*, denn "...je weiter unten ich ansetze, desto weniger kriege ich. Das ist ganz logisch und das (machen die anderen) natürlich auch...". Allerdings müßten selbst Maximalforderungen "irgendwo realistisch" bleiben, sie dürften jedenfalls "nicht fahrlässig gestellt" werden. Der Finanzminister wiederum, so die Einschätzung der PDS-Fraktionsvorsitzenden, baue in den Haushaltsentwurf bereits strategisch "Puffer" speziell für die PDS ein, mit denen ihre Maximalpositionen aufgefangen werden sollen (vgl. hierzu auch: Lange 1987: 66).

Der Verhandlungsführer der SPD, Bullerjahn, bestätigte ähnliche Verhandlungspraktiken wie auch Bedenken, harte Verhandlungspraktiken einzusetzen, deren letzte Konsequenz der Ausstieg aus der Kooperation wäre. Auch die SPD habe mit *Prioritätenlisten* gearbeitet, auf der Kommunales und Arbeitsmarkt ganz oben gestanden hätten. Große Reibungspunkte habe es im Bereich der Wirtschaftsförderung gegeben, insbesondere beim Thema der Unterstützung von Großunternehmen. Wenn seinerzeit in der kleinen Verhandlungsrunde, d.h. während des sogenannten "Datschengipfels", die PDS nicht von einigen Positionen abgelassen hätte, hätte die SPD die Haushaltsverhandlungen platzen lassen müssen. "Und wir wußten auch, nach uns gab es nichts mehr...Man hätte es vielleicht kippen können, indem man Gysi einfliegt oder Höppner, aber letztendlich wäre die Haushaltsberatung nicht von denen gemacht worden, sondern dieselben Leute wären wieder an den Tisch gezogen worden, nur mit unsäglich schweren Verletzungen..." (Bullerjahn SnA-PG-SPD). Manchmal, beschrieb Gallert die hinter dem *politischen Kompromiß* stehende Logik, sei ohnehin "...die Veränderung wichtiger als die politische Position, die dahintersteht" (Gallert SnA-PG-PDS); kleinere eigene "Erfolge" sind demnach wertvoller, als wenn die eigene Position bewahrt, aber mit Stillstand erkauft wird.

Eine gewisse Behutsamkeit im Umgang war diesen Worten zufolge schon deshalb angesagt, weil erneute Verhandlungsrunden im Laufe der Legislaturperiode anstanden und diese nur zu einvernehmlichen Lösungen führen konnten, wenn sich die Partner zuvor wechselseitig ein Mindestmaß an kooperativem Umgang und Kompromißbereitschaft hatten angedeihen lassen. Das Wissen, daß die beteiligten Akteure nicht nur einmalig zusammentreffen, hat auch in Sachsen-Anhalt kooperative Haltungen gefördert und den Einigungsdruck erhöht (zu iterierten Verhandlungssituationen vgl. Axelrod 1984). Möglich waren diese Kompromisse allerdings vor dem Hintergrund einer Verhandlungsgrundlage mit "vielen Gemeinsamkeiten von PDS und SPD, die an vielen Stellen gar nicht mehr thematisiert werden". Auf dieser Grundlage habe man dann auch in den Punkten Kompromisse eingehen können, in denen die Präferenzen und Positionen auseinandergelegen hätten (Gallert SnA-PG-PDS; vgl. Schwarz 1978: 188 ff.). Die PDS-Fraktionsvorsitzende begründete die Kompromißbereitschaft ihrer Partei mit einem *Vermeidungsimperativ*: Der Haushaltskompromiß liege weit von dem entfernt, was die PDS als Ziel in die Verhandlungen eingebracht habe, er sei aber besser als eine von SPD und CDU ausgehandelte Lösung[172] (ähnlich: Trepte (PDS) SnA-PlPr 2/52: 3872). Kompromisse seien jedoch erschwert worden, weil die fachpolitische Orientierung der an Verhandlungen beteiligten Akteure manchmal überhand genommen habe. Selbst Vertreter der Verhandlungsgruppe seien nicht mehr in dieser Funktion aufgetreten, "sondern als Vertreter ihres eigenen Bereichs, und massiv und skrupellos zum Teil" (Gallert SnA-PG-PDS). Innerhalb der Fraktionen von SPD und PDS habe man jedoch versucht, diese Bestrebungen zu unterbinden (Bullerjahn SnA-PG-SPD, vgl. 4.2). Der Ministerpräsident bestätigte den Abgeordneten der PDS insgesamt eine deutliche Zuverlässigkeit; die Koalition sei in Verhandlungen noch nie über den Tisch gezogen worden (WDR 5 Morgenecho, 16.12.1996).

Die PDS argumentierte überdies damit, daß mancher Kompromiß nicht in der Fraktion vermittelbar sei - allerdings, wie betont wurde, weniger als taktische Variante, sondern, weil dem ein realer Hintergrund unterliege. Da in der PDS keine Fraktionsdisziplin herrscht, müssen nicht nur die Abgeordneten von einem erzielten Kompromiß überzeugt werden, damit eine disziplinierte, die Minderheitsregierung stützende Abstimmung im Plenum erfolgen kann. Hinzu kommt, daß sich die PDS von einem kleinen Parteitag im Vorfeld des endgültigen Beschlusses über den Haushalt die Zustimmung holt. Als Fraktionsvorsitzende dürfe man sich, so Sitte, ohnehin nicht zu tief in die Details des Haushalts hineinbegeben, "...weil es mir ansonsten auch Argumentationsraum nehmen würde" (Sitte SnA-FV-PDS). Genaue Kenntnisse der Materie engen demnach den Blickwinkel zu sehr auf finanzpolitische Vorgaben ein.

Alle Seiten waren gezwungen, Abstriche an ihren Ausgangspositionen hinzunehmen. Der Haushalt war "...dadurch gekennzeichnet, daß jeder mitgeschrieben hat, daß jeder Federn lassen mußte und daß jeder auch kleine Erfolge erzielt hat" (Schaefer SnA-PlPr

---

172 Landtag Sachsen-Anhalt, Protokolle des Finanzausschusses, 74. Sitzung am 5.11.1996; "Solidarisch gegen soziale Kälte". Landtagswahlprogramm der PDS Sachsen-Anhalt 1998, S. 5.

2/52: 3864). Der PDS war es zwar gelungen, sich geschickt als Anwalt der Kommunen darzustellen; die SPD wiederum litt in der Öffentlichkeit unter diesem Eindruck. Die PDS, betonte der Fraktionsvorsitzende von B'90/Die Grünen, habe die Rücknahme der Kürzungen in einer Größenordnung gefordert, von der sie wußte, daß sie aus fiskalischen Gründen nicht machbar war. Die PDS-Fraktion wiederum mußte ihrer Basis gegenüber erklären, warum sie auf diesem Feld weniger erreichte, als sie sich zum Ziel gesetzt hatte (Schrägstrich 1-2, 1997). Nach Einschätzung der PDS ist etwa ein Drittel der "verschiebbaren", d.h. nicht durch Rechtsverpflichtungen gebundenen Haushaltsmasse durch die PDS gestaltet worden. Die SPD hätte ohne die PDS bedeutend mehr Mittel für Infrastruktur, Straßenprogramme etc. in den Haushalt eingestellt. Der "extrem hohe Arbeitsmarktansatz", der 160% pro Kopf Ausgaben im Durchschnitt aller neuen Bundesländer betrage, wäre nicht zustande gekommen, wenn die SPD nicht die notwendige Zustimmung der PDS antizipiert hätte. Ähnlich sehe es im Schulbereich aus, wo hohe Personalkosten den Landeshaushalt belasteten (Gallert SnA-PG-PDS). Dort, im öffentlichen Dienst, bei Lehrern und Erziehern, versucht die PDS ihre eigene Klientel gegen Abbaupläne abzusichern[173]. Die GEW, auch Teile der ÖTV, arbeiten eng mit der PDS zusammen. Wenn gewerkschaftliche Vorstellungen bei der SPD abgelehnt würden, so die PDS-Fraktionsvorsitzende, wendeten sie sich eben an die PDS, die dann diese Anliegen aufgreife und darauf hinwirke, daß sich die SPD bewege. Die PDS hat auf diese Weise das neue Lehrerbesoldungsgesetz, das von der Gewerkschaft entworfen worden war, auf die parlamentarische Ebene "überbracht". "Die SPD sagt, ja, uns ist es lieber, wenn es die PDS einbringt. Wir bewegen uns dann schon, aber wir können es nicht einbringen...Das ist dann eben eine subtile Form des Lobbyismus". Die PDS nehme in diesem Falle die Rolle der Interessenvertreterin von bestimmten Gruppierungen wahr. Da andere Parteien eine andere Klientel bedienten, entspreche die Situation eben einer "gesamtgesellschaftlichen politischen Arbeitsteilung" (Sitte SnA-FV-PDS). Auch Bullerjahn bestätigte, daß es manchmal schwer sei, objektiv zu bleiben, denn während der Haushaltsberatungen würden die Abgeordneten nicht nur mit Briefen überschüttet, sondern dabei auch persönlich angegriffen und diffamiert: Es gebe "tausend Lobbyisten, die etwas wollen und es auch auf...zum Teil sehr unangenehme Art und Weise durchzusetzen versuchen...das setzt sich bis zu den Abgeordneten durch, die dem Druck zum Teil nicht standhalten. Die wollen das dann massiv, und deswegen gucken die dann manchmal auch weg, weil die dann jemand haben, der als Feindbild Finanzpolitiker das zu entscheiden hat" (Bullerjahn SnA-PG-SPD)[174]. Der *Druck organisierter Interessen* erschwert nach Ansicht der

173 In diesem Bereich, d.h. bei sozialen Leistungsgesetzen, Betreuungsgesetzen, wie Kindertagesstätte, Lernmit-tel, Schulreform, Förderstufe etc., habe man "unverrückbare Zielsetzungen" (Sitte SnA-FV-PDS).

174 Diese Einschätzungen entsprechen in etwa den Befunden zum Umgang ostdeutscher Parlamentarier mit Interessengruppen und Verbänden. "Lobbyismus" wurde als Versuch unzulässiger Einflußnahme auf die Politik überwiegend abgelehnt. Das "kritisch-distanzierte" Verhältnis wurde im Laufe der ersten Legislaturperiode zusätzlich dadurch verstärkt, daß die sozialen und politischen Konflikte in der Gesellschaft wegen des Transformationsprozesses zunahmen und organisierte Interessen als eigenständige Akteure in solchen Konflikten auftraten. Verbände wurden von den Abgeordneten daher oft als störend empfunden. Andererseits hatte man in den Jahren nach der Wende insofern ein positiveres Verhältnis zu den Interessengruppen als westdeutsche Parlamentarier, als Verbände zunächst als einzige nichtgouvernementale Informationsquelle über fachpolitische Themen zur Verfügung standen (vgl. Patzelt/Schirmer 1996: 25 f.).

Finanzpolitiker eine der Finanzausstattung des Landes angemessene Einigung; für die Fachpolitiker wiederum stellen solche versuchten Einflußnahmen unter Umständen - je nach Gewicht und Selbstverständnis der "Haushälter" - eine Gelegenheit dar, die eigenen Positionen im Verhandlungsprozeß zu verstärken und Sachinformationen zu erhalten.

Um die eigene Verhandlungsposition abzuklären, war es für die SPD wichtig, sich - gleichsam in einem mehrstufigen Spannungsfeld von Durchsetzung und Kompromiß - zu fragen, was die Partei, erstens, getan hätte, wenn sie über die alleinige Mehrheit hätte verfügen können. Nur mit diesem Bewußtsein klarer eigener Positionen habe man verhindern können, daß man mit einer "Schere im Kopf" bereits in Kompromissen dachte. Solche *"Vorklärungen"* nehmen, wie gezeigt, auch die anderen Parteien vor. Weiterhin mußte sich die Partei fragen, was man dem Koalitionspartner zumuten könne. Daneben wurden - als weitere Stufe - Mehrheiten im Landtag gesucht (Fikentscher 1999: 242)[175], die wiederum Kompromisse mit der PDS, selten mit der CDU, voraussetzten. Wenn, wie bei allen Beteiligten, zwar die Bereitschaft vorhanden ist, von Maximalpositionen abzuweichen, gleichzeitig aber einige Themen aus innerparteilichen Gründen oder weil das programmatische Selbstverständnisses der Partei berührt ist, als nicht verhandelbar gelten, müssen, wie bei den Gesprächen über den 1997er Haushalt, Blockaden aufgelöst werden. Ein Instrument hierfür stellen *Koppelgeschäfte* oder *Junktims* dar, die zwar nicht häufig, aber eben doch während der schwierigen Verhandlungen über das Haushaltsgesetz eingesetzt wurden, "...nach dem Motto, wenn ihr jetzt unsere Sozialgesetze anfaßt, dann knallen wir euch das hier weg,...wenn ihr das jetzt aber in Ruhe laßt, dann müßt ihr diese Kröte schlucken...Das gehört nun mal zum Verhandeln..." (Bullerjahn SnA-PG-SPD). Tauschgeschäfte hielt aber die PDS für problematisch, "...weil Teile der SPD diesen Tauschhandel dann genau in dem Bereich sehen, den wir absolut nicht verhandelbar einschätzen. Das ist eben dieser Sozialbereich, wo wir eben sagen, da könnt ihr machen, was ihr wollt. Da haben wir gar kein Verhandlungsmandat" (Sitte SnA-FV-PDS). Koppelgeschäfte eignen sich aus der Sicht der PDS folglich nicht, wenn diese ausgerechnet Einschnitte in die für das Selbstverständnis der PDS essentiellen Materien vorsehen. Paketlösungen sind somit schon deshalb begrenzt machbar, weil die einzelnen Bestandteile unterschiedliche Nutzen- und Kostenniveaus aufweisen (Mayer 1994: 455) und deshalb asymmetrische Tauschstrukturen entstehen.

Solche Koppelgeschäfte werden diesen Aussagen zufolge nicht geschätzt und weniger häufig eingesetzt, als dies die Logik von spieltheoretisch angeleiteten Verhandlungstheorien nahelegt (vgl. z.B. Scharpf 1992b; Benz 1991; kritisch hierzu Mayer 1994): Jeder der Beteiligten muß in einer solchen Situation eine seiner Positionen (teilweise) aufgeben, damit er die Zustimmung des Partners in einem anderen Punkt erreichen kann. Es ist jedoch nicht immer auf beiden (oder drei) Seiten jeweils ein Verhandlungspunkt vorhanden, bei dem eine Position ohne eigenen Gesichtsverlust geräumt werden kann. Die Gründe hierfür können in innerparteilichen Bindungen, in Wahlversprechen und nach außen vertretenen Positionen, aber auch in programmatischen Aussagen einer Partei liegen. Deshalb kann es sinnvoller sein, in Verhandlungssituationen einen Schritt auf den

175 Die Abstimmungen waren zuvor nicht immer besprochen. Die (teilweise) Zustimmung bzw. Enthaltung der PDS-Fraktion zum Haushalt war allerdings sichergestellt, da vor der Abstimmung im Plenum in der Fraktion eine Probeabstimmung vorgenommen wurde.

Partner zuzugehen, und damit einen partiellen Verlust zu erleiden, als auf die maximale Durchsetzung eigener Vorstellungen zu pochen, und deshalb einen anderen Punkt, der vielleicht eine ebenso hohe Bedeutung für die Partei besitzt, dem Gegenüber zu überlassen. Der politische Kompromiß galt den befragten Akteuren jedenfalls als normativ überlegene Entscheidungsvariante.

Finanzpolitische Kriterien, wie die Nettokreditaufnahme, die Personalkosten, die Investitionsquote des Haushalts usw., wurden nach einhelliger Aussage der beteiligten Akteure nicht von der PDS in die Verhandlungen eingebracht, da sie bei knappen Ressourcen die Durchsetzungschancen der Partei nur eingegrenzt hätten. Inzwischen mehrten sich jedoch auch die kritischen Stimmen zur Verschuldung des Landes in der PDS, die aber nie so laut und so vernehmlich wie in der SPD zu hören seien (Gallert SnA-PG-PDS), die immer wieder notwendige Eingriffe in Leistungsgesetze thematisierte. Auch Bullerjahn bestätigte in ähnlichem Sinne, daß die hohe Verschuldung zwar nicht maßgeblich auf die PDS geschoben werden könne, weil auch starke Kräfte in der SPD teuren Leistungsgesetzen zuneigten (ähnlich: Fikentscher in: MZ, 9.1.1997). Allerdings forciere die PDS diesen Hang zur immer höheren Verschuldung (Scharf SnA-PG-CDU). Eine CDU-Alleinregierung wie in Sachsen, bestätigten auch Vertreter der SPD, könne leichter Einschnitte in soziale Leistungsgesetze beschließen. Dies sei in Sachsen-Anhalt aufgrund der Mehrheitsverhältnisse und wegen der beschriebenen innerparteilich verankerten Präferenzen der SPD nicht möglich (Bullerjahn SnA-PG-SPD)[176]. Deshalb, aber auch wegen der hohen Arbeitslosenquote, d.h. aufgrund wirtschafts- und sozialstruktureller Faktoren (vgl. unten), habe das Land ausgesprochen hohe Sozialausgaben zu tragen.

Auch in *Rheinland-Pfalz* kam dem *Koalitionsausschuß* keine überragende Bedeutung im Haushaltsprozeß zu - allerdings aus anderen Gründen als in Sachsen-Anhalt. Die einhellige Meinung beider Fraktionsvorsitzenden war, daß ein Koalitionsausschuß nur als äußerstes Mittel der Krisenbewältigung eingesetzt werden sollte. Wer den Koalitionsausschuß von vornherein als gängiges Instrument im Regierungsalltag verstehe, so Bauckhage, werde keine Erfolge erzielen können, weil schon die kleinsten Auseinandersetzungen zu strittigen Punkten gerieten. Konflikte würden überdies dadurch verstärkt, daß Sitzungen des Koalitionsausschusses das Interesse der Öffentlichkeit und der Medien weckten (Bauckhage RhP-WiMin-FDP; Mertes RhP-FV-SPD).

Daß die öffentliche Begleitung von gleichsam institutionalisierten Koalitionsgesprächen, die den Medien nicht verborgen bleiben, die Einigung zwischen den Parteien erschwert, wurde von beiden Seiten antizipiert. Koalitionen, in denen sich die Partner öffentlich auf Kosten des jeweils anderen profilieren, würden von den Wählern nicht dauerhaft akzeptiert, so lautete die einhellige Meinung: Die Bevölkerung habe die "Nase relativ voll von Streitereien"; die persönliche Profilierung über Konflikte und der

176 Diese Einschätzung bestätigt auch ein Blick auf die Entwicklung der Haushaltseinzelpläne von 1995-1997. Während der Haushalt für Arbeit, Soziales und Gesundheit von 1995 auf 1996 um 51,36 Mio DM wuchs, schrumpfte der Haushalt für Wirtschaft und Technologie um 714,39 Mio DM. Von 1996 auf 1997 läßt sich dieses Verhältnis allerdings nicht bestätigen: Der Haushalt für Arbeit, Soziales und Gesundheit wurde um 455,47 Mio DM beschnitten, der des Wirtschaftsministeriums um 25,03 Mio DM. Während der Haushalt des Arbeits- und Sozialministeriums 1997 2707,27 Mio betrug, umfaßte der des Wirtschaftsministeriums im gleichen Jahr 1612,19 Mio DM (Angaben laut Plan; Quelle: Ministerium der Finanzen).

Wunsch, Eitelkeiten zu befriedigen, seien auf Dauer kontraproduktiv. Wenn sich die Koalition in der Öffentlichkeit ums Geld streite, zeitige das negative Folgen für beide Parteien (Kuhn RhP-FV-FDP und Schleimer RhP-Ma-FDP; Bauckhage RhP-WiMin-FDP; Mertes RhP-FV-SPD). Beide Koalitionspartner vertraten die Ansicht, die Deutschen würden den Konsens in der Politik der Konkurrenz und dem Konflikt vorziehen. Dies sei Bestandteil der politischen Kultur des Landes. Die Wähler, so Kuhn, schätzten einen politischen Kompromiß zwischen Parteien mehr als eine als "wahr" verkaufte Parteimeinung, weil sie sich über die "Richtigkeit" einer Position unsicher seien. Mit anderen Worten: Da viele Wähler sich dieser Ansicht zufolge heutzutage unschlüssig sind, welche von unterschiedlichen konkurrierenden programmatischen Positionen den größeren "Wahrheitsgehalt" besitzt, achten sie einen in der Koalition möglichst geräuschlos erzielten Kompromiß höher als die wechselseitige Profilierung und Konkurrenz von Koalitionsparteien um die "richtige" Meinung.

Die informellen Känale und Achsen des Koalitionsmanagements sind in Rheinland-Pfalz aufgrund der Scheu vor öffentlicher Konfliktbegleitung somit weniger deutlich sichtbar als in den beiden anderen hier untersuchten Regierungsbündnissen. Dies heißt aber keineswegs, daß Harmonie das alleinige Element dieser Beziehung ist oder daß gar keine Konflikte an die Öffentlichkeit gelangten. Verglichen mit den beiden anderen untersuchten Fällen, vermochten die Medien jedoch deutlich weniger Konfliktstoff zu thematisieren. Daß wechselseitige Profilierungen und Auseinandersetzungen - der Wettbewerb als konstitutives Merkmal einer Koalition - auch im rheinland-pfälzischen Regierungsbündnis eine Konstante in der Zusammenarbeit darstellten, wurde von den befragten Akteuren ebenfalls bestätigt. Konflikte wurden auf zwei Achsen: innerhalb der Regierung, zwischen Beck und Brüderle beim dienstäglichen Frühstück vor der Kabinettsitzung, und auf Fraktionsebene, zwischen Mertes und Bauckhage, ausgetragen und geregelt. Die in den Parteien und Fraktionen weitgehend akzeptierte hervorgehobene Stellung sowohl Becks als auch Brüderles erweiterte deren Verhandlungsspielraum. Dem Koalitionsstreit - nicht nur in Haushaltsfragen - begegnete man beispielsweise durch *symbolische Gesten*, indem sich die Fraktionsvorstände wechselseitig zum Essen einluden. Auch dies sei, betonte man, als Indiz dafür zu bewerten, daß die Sensorik für gegenseitige - bereits zugefügte oder drohende - Verletzungen bei beiden Seiten ausgeprägt sei (Kuhn RhP-FV-FDP und Schleimer RhP-Ma-FDP). Etliche Fragen wurden auf dem "kurzen Dienstweg" zwischen den Fraktionsvorsitzenden - und anschließend in den Fraktionen - besprochen. Daneben dienten zahlreiche informelle Treffen, z.B. zwischen dem für ein Problem zuständigen Fachminister, dem Ministerpräsidenten, dem Vertreter der Staatskanzlei und Vertretern beider Fraktionen, dem Zweck, ein bestimmtes Problem zu klären (Mertes RhP-FV-SPD). Diese informellen Gespräche wurden jeweils ad hoc, ohne feste Besetzung, durchgeführt. Grundsatzentscheidungen, über die sich der Ministerpräsident und sein Stellvertreter geeinigt hatten, wurden in den Fraktionen mitgetragen. Daß die wichtigen und grundsätzlichen Entscheidungen in kleinen Runden fielen, bestätigte auch die das Geschehen beobachtende Opposition; die "handwerkliche" Umsetzung dieser Entscheidungen sei dann Sache der parlamentarischen Geschäftsführer und fachpolitischen Sprecher (Weiland RhP-MdL-CDU). Daß persönliche Sympathie und Vertrauen den "Kitt" einer Koalition bilden müssen, wurde in den Interviews unabhängig von Funktion und Parteizugehörigkeit der Gesprächspartner immer wieder hervorgehoben. Ebenso wie das Bestreben, Konflikte nicht öffentlich werden zu lassen, zählten auch die Pflege der "Männerfreundschaft" (SZ, 7.11.1997; Thomas RhP-FV-Grü) und die demonstrativ zur Schau gestellte Koalitionsharmonie zu den unumstrittenen Spielregeln der Zusammenarbeit.

Auseinandersetzungen zwischen Regierung und Parlament in der Form, wie sie in Sachsen-Anhalt auftraten, gab es in Rheinland-Pfalz nicht. Die beiden Fraktionsvorsitzenden hatten während der Verhandlungen für den Doppelhaushalt 1998/99 beispielsweise rechtzeitig erklärt, daß sie den Sparkurs der Regierung mittragen wollten (AZ, 14.11.1997). Die nach außen bekundete Einigkeit in Haushaltsfragen wird auf unterschiedliche Gründe zurückgeführt. Was die Koalitionspartner als positiven Umstand werten, interpretiert die Opposition als generelle Profillosigkeit des Regierungsbündnisses: den *Mangel an ideologischer und programmatischer Prinzipientreue*. Die Fraktionsvorsitzenden hielten sich wechselseitig und auch dem Ministerpräsidenten und seinem Stellvertreter zugute, keine "Ideologen" zu sein. Die handelnden Akteure seien "Pragmatiker", weshalb Kompromisse im Vergleich zu rot-grünen Koalitionen einfacher erzielt werden könnten[177]. "Das Fehlen der Programmatik", so der CDU-Abgeordnete Weiland, "erleichtert das Zusammenwirken der Koalition". Das gemeinsame Regieren, bestätigte er, konzentriere sich auf die Frage, ob man persönlich miteinander könne. Diese Einstellung überdecke wiederum auch programmatische bzw. ideologische Konflikte (Weiland RhP-MdL-CDU). Wie wichtig der "zwischenmenschliche" Bereich für die Harmonie im Regierungsbündnis sei, wurde - positiv gewendet - von allen Koalitionsakteuren gleichermaßen immer wieder hervorgehoben.

Für das Jahr 1997 beschloß die sozialliberale Koalition zum ersten Mal die Budgetierung des Haushalts. Auch die Pensionszahlungen und die Beiträge für den Pensionsfonds wurden im Rahmen eines Personalbewirtschaftungskonzepts in die Einzelpläne verlagert. Das Wachstum der Personalkosten - mit 40% der größte Ausgabenblock - sollte auf 1,9% begrenzt werden. Diese Vorgaben hatten beispielsweise zur Folge, daß Ministerien, die eine verhängte Haushaltssperre (wie 1996 in Höhe von 1,5%; vgl. RhP-LHO § 22) nicht erwirtschafteten, diese als Übertrag in das nächste Haushaltsjahr akzeptieren müßten (AZ, 10.10.1996). Selbst wenn sich dieses Instrument als nur bedingt wirksam erweisen sollte (Thomas RhP-FV-Grü), so war doch der Wille vorhanden, Sparmaßnahmen durchzusetzen und die Nettoneuverschuldung zurückzuführen. In Wahljahren gelingt dies Koalitionspartnern kaum, da die Nähe zum Wahltermin Parteien dazu verleitet, antizipierte Leistungserwartungen der Wähler an die Parteien zu erfüllen (vgl. Sturm 1988: 32). Daß im 1996er Haushalt - dem Haushalt des Wahljahres - vorhersehbare Ausgaben in zweistelliger Millionenhöhe nicht im Etat veranschlagt wurden, sondern vom Finanz-

177 Allerdings wurde - weniger in Haushaltsfragen, sondern in den für die F.D.P. bedeutsamen Kernthemen der Privatisierung und Deregulierung - seitens der SPD darauf hingewiesen, daß sich der kleine Koalitionspartner mit eigenen programmatischen Vorstellungen mehrfach trotz mangelnder Sachkenntnisse habe durchsetzen können. Dies betraf sowohl die in der Koalitionsvereinbarung festgeschriebene Abschaffung der Bezirksregierungen als auch das Privatisierungsgebot für die Kommunen. "Ideologische" Positionen sind demnach durchaus wirksam. Allerdings wurden die Bezirksregierungen in Rheinland-Pfalz nicht, wie es die F.D.P. vorgesehen hatte, abgeschafft, sondern zu sog. "Centern" umstrukturiert, die Bündelungsfunktionen aufgabengebunden durchführen sollen. Auch in der Frage des kommunalen Privatisierungsgebots mußte die F.D.P. Abstriche an ihren ursprünglichen Positionen hinnehmen.

minister als *außerplanmäßige Ausgaben* am Parlament vorbei bewilligt wurden, mag den Einigungsdruck für die Koalitionspartner etwas entschärft haben; die Ausgabensteigerung im 1996er Haushalt von 3,9% wurde damit jedenfalls ein wenig geschönt (Welt, 5.8.1996; HB, 26.7.1996; RZ, 20.7.1996)[178].

Obschon in Rheinland-Pfalz zwischen den Koalitionspartnern weitgehend Einigkeit darüber bestand, daß die *Nettoneuverschuldung* zurückgeführt werden mußte, führten die 1996 und 1997 dramatisch sinkenden Steuereinnahmen dazu, daß - wie auch in Sachsen-Anhalt oder Thüringen - dieses Ziel nicht eingehalten werden konnte. So wurde die Neuverschuldung des Landes nach Plan aufgrund der unterdurchschnittlichen Steuereinnahmen im Vergleich zum Vorjahr nur leicht von 1,968 auf 1,909 Mrd DM verringert (PZ, 2.10.1996; RZ, 2.10.1996). Die Steuermindereinnahmen, insbesondere bei den Einkommensteuerarten, führten dazu, daß die geplante Verschuldung auch 1997 überschritten werden mußte und schließlich bei ca. 2,1 Mrd DM lag[179]. Allein 1997 mußten die Zahlen der Steuerschätzung um 700 Mio DM nach unten korrigiert werden. Bereits im Frühsommer waren die Ausgaben in einem Nachtragshaushalt erheblich gekürzt worden; insgesamt konnten mit zusätzlicher Hilfe einer Haushaltssperre mehr als 500 Mio DM im laufenden Haushalt eingespart werden. Der Fraktionsvorsitzende der SPD machte die Finanzpolitik des Bundes für die Misere in Rheinland-Pfalz verantwortlich (MM, 7.11.1997). Diese Beispiele weisen darauf hin, daß die Verschuldung eines Landes nicht allein dem Einigungszwang zwischen Koalitionsakteuren geschuldet ist, sondern daß *externe Faktoren*, wie die durch die Steuerpolitik des Bundes ausgelösten Einnahmenverluste, ebenfalls bewirken, daß die Nettokreditaufnahme steigt.

Das Wirtschaftsministerium Brüderles (F.D.P.) erhielt nach Plan den größten Zuwachs von 6,5%, die F.D.P. wurde als kleiner Koalitionspartner und "dominant player" mit einer die relative Stärke der Partei berücksichtigenden, vergleichsweise *großen "Gewinnmasse"* entlohnt (TV, 8.11.1996). In den Haushalt wurde eine *globale Minderausgabe* von 360 Mio DM eingestellt. Wie in den anderen beiden Ländern, entfachten die Pläne der Landesregierung, die Schlüsselzuweisungen des Landes an die Kommunen um 8,2% bzw. 120 Mio DM zu kürzen, den Protest des Städtetages. Die Regierung plante, im Gegenzug die zweckgebundenen Zuweisungen für die Kommunen zu erhöhen. Deren Vorsitzender Wolff (CDU) drohte der Regierung mit einem möglichen Gesetzesungehorsam (AZ, 26.4.1996; RP, 26.4.1996; TV, 22.11.1996).

Die Koalitionspartner konnten sich während der Haushaltsverhandlungen für den Doppelhaushalt 1998/99 vergleichsweise zügig einigen. Die sozialliberale Koalition beschloß eine nicht geringe *globale Minderausgabe* von 375 Mio DM. Die für die - seinerzeit aufgrund des Vetos des von einer Mehrheit der SPD dominierten Bundesrates

---

178 Die LHO von Rheinland-Pfalz sieht in § 37 vor, daß über- und außerplanmäßige Ausgaben nur im Falle eines "unvorhergesehenen und unabweislichen Bedürfnisses erteilt werden" dürfen (entsprechend Art. 199 LVerf). Im konkreten Fall wurden Anwaltsgebühren in einem Schadenersatzprozeß der RWE Energie AG gegen das Land genehmigt. Obwohl der Finanzminister wußte, daß Ausgaben in Millionenhöhe auf das Land zukommen würden, waren im Haushalt nur 100 DM veranschlagt. Daneben wurden für die Entseuchung eines landeseigenen Grundstücks nur 50.000 DM veranschlagt, aber 2,3 Mio DM überplanmäßig ausgegeben; außerdem wurden keine Mittel für Darlehen von Hochwassergeschädigten eingestellt, obwohl diese Ausgabe vorherzusehen war. Das Landesverfassungsgericht kritisierte diese Praxis als unrechtmäßig.

179 Landtag Rheinland-Pfalz, Haushalts- und Finanzausschuß, 24. Sitzung am 20.11.1997.

nicht zustande gekommene - Steuerreform der CDU/CSU/F.D.P.-Bundesregierung verplanten Mittel wurden (anders als in Sachsen-Anhalt) nicht zur Finanzierung von Vorhaben einzelner Ressorts verwendet, sondern für die Rückführung des Schuldenstandes eingesetzt (FAZ, 1.10.1997; RP, 1.10.1997; AZ, 1.10.1997). Für Ausfälle bei den Steuereinnahmen wurden zwar für beide Haushaltsjahre Risikovorsorgen von 375 Mio bzw. 425 Mio DM eingeplant; dieses Geld wurde - trotz möglicher Verlockungen, damit noch das eine oder andere Programm finanzieren zu können - nicht anderweitig eingesetzt. Allerdings reichten selbst diese Mittel nach den Prognosen des Arbeitskreises Steuerschätzung[180] nicht aus, um die Steuerausfälle decken zu können. Einen disziplinierenden Effekt übte ebenfalls die 1997 eingeführte Budgetierung aus, da die Ministerien versuchten, jeweils mit den zur Verfügung stehenden Mitteln auszukommen (RP, 28.11.1997).

Für 1998 waren zwar Einschnitte in allen Ministerien vorgesehen: So sollten z.B. das Sozialministerium 12,3 Mio, das Umweltministerium 10,5 Mio und das Wirtschaftsministerium 14 Mio DM Einbußen tragen (GAn, 3.12.1997; TV, 3.12.1997). Gleichzeitig aber wurde für das Wirtschaftsministerium ein Sonderprogramm für Beschäftigung, Ausbildung und Wirtschaftsstruktur in Höhe von 127 Mio DM pro Jahr aufgelegt (RP, 10.10.1997; PZ, 1.10.1997). Insofern erhielt das Wirtschaftsministerium eine gewisse *"Kompensation"* für die Kürzungen - erneut ein Beleg dafür, daß die FDP als "dominant player" in der Regierung und wegen ihrer Vetoposition gegenüber dem größeren Koalitionspartner überproportional "gewinnen" konnte. Die hervorgehobene Stellung dieses Ressorts im Kabinett, bemerkte die Fraktionsvorsitzende von B'90/Die Grünen, erkenne man auch daran, daß dort eine globale Minderausgabe ohne Spezifizierung eingestellt worden war. Die anderen Ministerien hätten demgegenüber ihre Einsparungen genau beziffern müssen (Thomas RhP-FV-Grü). Daß man vor allem mit modifizierten *Gleichverteilungsmodellen* bzw. weitgehend linearen Kürzungen den Haushalt gestaltete, wurde von den Akteuren fast übereinstimmend bestätigt. Das "Rasenmäherprinzip" habe man mehrfach hintereinander angewandt. Für den Wissenschafts- und Bildungsminister sei wegen des dort verwalteten hohen Personalbestands aber beispielsweise eine lineare Kürzung wesentlich weniger leicht zu verkraften als für den Wirtschaftsminister, der einen weniger personalintensiven Bereich leitet. Inzwischen müsse man jedoch strukturelle Eingriffe vornehmen, da lineare Kürzungen nicht mehr vertretbar seien (Mertes RhP-FV-SPD; vgl. Lange 1987: 64)[181]. Akzente, d.h. Abweichungen vom linearen Kürzungsprinzip, würden im Konsens gesetzt, so etwa im Bereich der Polizei oder im Bildungs- oder Hochschulbereich (Thomas RhP-FV-Grü).

Wie in den anderen beiden Koalitionen, bestätigen auch in Rheinland-Pfalz Vertreter beider Parteien, daß sie versuchen, mit Hilfe von *Maximalforderungen* einen Positions-

180 Die Ergebnisse des Arbeitskreises Steuerschätzung sind Grundlage für den Entwurf des Bundeshaushalts und für die mittelfristige Finanzplanung. Die Ergebnisse werden regionalisiert an die Länder weitergegeben. Mitglieder sind u.a. Vertreter der führenden Wirtschaftsforschungsinstitute, des Statistischen Bundesamtes, der Bundesbank, des Sachverständigenrates, der Finanzminister des Bundes und der Länder, des Bundes-wirtschaftsministeriums usw.

181 Diese Abfolge von linearen Kürzungen und prioritätsorientiertem Sparen bestätigt auch Lange: Nach Lange beginnt eine Sparphase in aller Regel mit einem Gleichverteilungsmodell; prioritätsorientiertem Sparen kommt erst nach einer länger andauernden Problemphase ein größeres Gewicht zu.

vorteil in Verhandlungen zu erreichen (Itzek, RhP-MdL-SPD; Bauckhage RhP-WiMin-FDP). Allerdings weisen auch in Rheinland-Pfalz die Koalitionäre darauf hin, daß solche Strategien einen begrenzten Erfolg zeitigen, weil jede Seite auf professionelle "Mitspieler" bzw. Partner stößt. Deshalb werden solche Forderungen in aller Regel durchschaut. Ob diese Strategie beim Gegenüber Mißtrauen hervorruft oder man "damit umgehen" kann, hänge, so Bauckhage, davon ab, ob "die Akteure sich verstehen" oder nicht. Maximalforderungen sollten demnach nur auf der Grundlage eines soliden Vertrauens artikuliert werden, da sonst einer der Partner befürchten muß, vom jeweils anderen übervorteilt zu werden. *Paketlösungen* werden auch in Rheinland-Pfalz von den Akteuren als Instrument der Konfliktschlichtung und des Interessenausgleichs wenig geschätzt. Es sei besser, jede Angelegenheit einzeln zu behandeln und "echte" Kompromisse zu schließen. Allerdings gewinne jeder einmal (Bauckhage RhP-WiMin-FDP), so daß letztlich *zeitlich gestreckte Koppelgeschäfte* bestätigt werden. Diese setzen aber eine Vertrauensgrundlage voraus, die sich nicht zuletzt auf den Willen zur fortgesetzten Kooperation gründet. Auch *Formelkompromisse* seien in funktionierenden Koalitionen zu vermeiden, weil sie interpretationsbedürftig sind und ihre Auslegung neue Konfliktquellen in sich birgt. Verständlicherweise drängte insbesondere der auf Sicherung seines relativen Übergewichts im Regierungsbündnis bedachte kleine Koalitionspartner darauf, die Koalitionsvereinbarung recht präzise abzufassen, da er auf diese Weise etliche Vorhaben zu seinen Gunsten absichern kann. Da die Parteien eine vergleichsweise gut konkretisierbare Koalitionsvereinbarung abgeschlossen hätten, seien auch die Möglichkeiten begrenzt, dem Partner mit Maximalpositionen gegenüberzutreten (Kuhn RhP-FV-FDP und Schleimer RhP-Ma-FDP).

4.3.2 Resümee: Informelle Verhandlungsbeziehungen und Entscheidungstechniken in theoretischer Perspektive - Kooperation unter Bedingungen von Konkurrenz

Die wichtigste Aufgabe einer Regierung ist "das ziel- und problemorientierte Entscheiden als Ausdruck ihrer Führungsfunktion". Entscheiden wiederum bedeutet "überlegtes Wählen zwischen alternativen Möglichkeiten mit dem Ziel, die als am günstigsten erscheinende Alternative herauszufinden und zur Grundlage des Handelns zu machen" (Böhret 1991: 146, 148). Bestandteil dieser Definition ist demnach u.a. das rationale Abwägen zwischen mehreren Handlungsmöglichkeiten. Auch Entscheidungstheorien gehen davon aus, daß eine Entscheidung kein punktueller Akt ist, sondern daß ihr vielfältige Interaktionen der beteiligten Akteure vorausgehen wie auch nachfolgen.

Nicht zuletzt die Haushaltsentscheidungen von Koalitionen zeigen, daß bis zur endgültigen Verabschiedung eines Etats eine Vielzahl von kollektiven oder individuellen Akteuren an diesem Prozeß beteiligt ist. Dem Haushalt als Ergebnis eines Entscheidungsprozesses gehen Verhandlungen zwischen den Ressorts und Fach- sowie Finanzpolitikern ein und derselben Partei sowie zwischen den Koalitionspartnern voraus. Abstimmungen zwischen den Koalitionsparteien sind unverzichtbar, um eine Mehrheit für den Haushalt sicherzustellen. Dafür müssen mehr oder weniger unterschiedliche Präferenzen der Bündnispartner zusammengefügt werden. Koalitionsparteien sind allerdings miteinander konkurrierenden Handlungsanforderungen ausgesetzt: Zwar muß die Parteibasis einem

Haushaltskompromiß in aller Regel nicht eigens zustimmen (eine Ausnahme stellte die tolerierende PDS in Sachsen-Anhalt dar). Gleichwohl müssen die Repräsentanten bzw. Verhandlungsführer, die den Etat auf der Grundlage des Entwurfs des Finanzministers ausgehandelt haben, ihre Erfolge parteiintern und auch vor ihrer Wählerschaft und "Klientel" rechtfertigen können und deshalb deren - zumeist nicht homogene - Interessen in den Verhandlungsprozeß antizipierend einbringen.

In solchen Verhandlungssituationen, in denen die Koalitionsakteure mehr als eine Handlungsebene gleichzeitig berücksichtigen (vgl. Benz 1992; Scharpf 1993c: 168), muß die Kooperation zwischen den Partnern mit den eher auf Durchsetzung ausgerichteten Interessen der Mitgliederschaft und der Parteianhänger, den organisierten Interessen im Vorfeld der Partei, teilweise auch mit föderalen Interessen in Einklang gebracht bzw. gegeneinander abgewogen werden. Daneben gilt es, bereichsspezifische Interessenlagen von Abgeordneten und Ministerien einzubinden und schließlich dem Zwang Genüge zu tun, auch bei Koalitionskompromissen das eigene Profil zu wahren und im koalitionsinternen Wettbewerb individuelle Erfolge vorzuweisen. Solche internen Aggregationsleistungen müssen im übrigen auch Einparteienregierungen erbringen (vgl. Bull 1999). Die jeweils "parteieigene" Handlungsrationalität, die sich daraus ergibt, daß unterschiedliche Handlungsbereiche ("Arenen") aggregiert werden, muß in Koalitionsentscheidungen aber zusätzlich mit dem Willen des Partners abgestimmt werden. Die Auswahl einer Handlungsalternative als Grundlage einer Entscheidung kann in Koalitionen somit weitgehend nur im Konsens mit dem Koalitionspartner erfolgen.

Die Ausgangsfrage der vorliegenden Studie lautete, wie es Koalitionsparteien unter Bedingungen des Wettbewerbs gelingt, zu einem Konsens und zu gemeinsam getragenen Entscheidungen zu kommen. Haushaltsentscheidungen von Koalitionen entstehen auf der Grundlage des gemeinsamen Einverständnisses, daß alle Seiten kooperieren wollen. Allerdings bleibt es zwischen den Bündnispartnern mehr oder weniger umstritten, wie die in Zahlen gegossenen Einflußmöglichkeiten, der "Gewinn" für das nächste Haushaltsjahr, koalitionsintern aufgeteilt werden sollen. *Wie* Koalitionsparteien diese wechselseitigen Annäherungen vollziehen, hängt sowohl von den Konfliktstrukturen im Entscheidungsprozeß als auch von den eingesetzten Entscheidungstechniken ab.

Konfliktstrukturen: Die drei Fallbeispiele haben gezeigt, daß die in dieser Studie untersuchten Koalitionen zwar von verschiedenartigen Konfliktstrukturen geprägt waren, die Parteien aber doch ähnliche Entscheidungstechniken einsetzten, um zu einer Einigung zu gelangen. Die Konfliktstrukturen waren in Sachsen-Anhalt am stärksten fragmentiert: Auseinandersetzungen taten sich zum einen auf zwischen Teilen der Regierung, insbesondere dem Finanzminister, und den eigenen Koalitionsfraktionen. Damit wurde das Regierungslager in besonderer Weise von einer Konfliktlinie zwischen Regierung und den "regierungseigenen" Fraktionen durchzogen. Zum anderen mußten - in vergleichsweise begrenztem Umfang - unterschiedliche Positionen zwischen den Koalitionspartnern, aber auch zwischen diesen und der tolerierenden PDS abgestimmt werden. Die Anzahl der im parlamentarischen Raum für eine Mehrheit benötigten Parteien war damit größer als in den anderen beiden für die vorliegende Studie untersuchten Koalitionen; sofern die Akteure, wie in (tolerierten) Koalitionen der Fall, über ein Veto verfügen, wird die Einigung mit jedem zusätzlichen Partner schwieriger. Der letzte Befund wiederum muß insofern relativiert werden, als die Regierungsfraktionen, insbesondere die SPD, nicht in sich homogen waren und zwischen Teilen der SPD (wie auch der Grünen) und der PDS eine inhaltliche Übereinstimmung über Sachfragen bestand, die stärker trug als die Loyalität der Abgeordneten, auch der Finanzpolitiker, gegenüber den Sparplänen des eigenen Finanzministers. Daneben war der Entscheidungsprozeß mindestens ebenso stark wie in Rheinland-Pfalz oder Thüringen von bereichsspezifischen Interessen der Fachpolitiker der Fraktionen und der Ministerien geformt. Die wechselseitige Profilierung zwischen den Partnern war auch deshalb ausgeprägt, weil sich die Parteien SPD, PDS und B'90/Die Grünen in einem Spektrum ähnlicher Positionen bewegten (z.B. Neugebauer/Stöss 1996: 290 f.).

Das Koalitions*format* zieht nicht notwendigerweise die beschriebenen Konflikte zwischen Exekutive und Parlamentariern und die von der Regierung teilweise unabhängige Entscheidungsmacht des Parlaments wie in Sachsen-Anhalt nach sich. Die Minderheitskoalition bot vielmehr eine *Gelegenheitsstruktur*, die von den Akteuren nach dem geschilderten Muster genutzt werden *konnte*. Wie die Koalitionsakteure eine solche Konstellation einsetzen, liegt in ihrem Verständnis von Amt und Mandat, wie der Wahrnehmung der Richtlinienkompetenz durch den Ministerpräsidenten, in den personellen Konstellationen, wie in der Autorität des Finanzministers, und in ihren Erfahrungen mit vorangegangenen Entscheidungssituationen begründet. Eine Rolle mag die auch die von den Akteuren immer wieder thematisierte "ostdeutsche" *politische Kultur,* genauer: das Institutionenverständnis, gespielt haben, nach der sich die Parlamentarier eben nicht ohne weiteres dem Diktat der Regierung unterwerfen würden, sondern von dieser "überzeugt" werden wollten (*akteursspezifische Erklärungen*). Ob dieses Verständnis tatsächlich dazu beigetragen hat, daß der Entscheidungsprozeß stärker fragmentiert war als in den anderen Ländern, oder, wie die Opposition angab, nur nachträglich zur Rechtfertigung bestehender Machtverhältnisse eingesetzt wurde, kann in dieser Studie zwar nicht abschließend beantwortet werden. Parlamentarismusstudien über die neuen Bundesländer belegen aber, daß in den ostdeutschen Parlamenten noch immer "ein geringeres Verständnis für die Konkurrenz zwischen Regierungslager und Opposition bzw. für das Erfordernis der Fraktionssolidarität" besteht. Die Funktionsweise des parlamentarischen Regierungssystems werde in den neuen Ländern weniger mitvollzogen als in den alten (Patzelt/Schirmer 1996: 26 f.).

In der Thüringer großen Koalition verlief die Konfliktlinie deutlicher entlang der Grenze zwischen den Bündnispartnern, zwischen denen der Wettbewerb im Laufe der Legislaturperiode zunahm. Da beide Parteien in dieser Koalition den individuellen "Gewinn" hoch gewichteten, profilierten sie sich vor allem *gegen* den jeweiligen Partner. Die vorhandenen Wettbewerbsorientierungen und wechselseitigen Profilierungsbestrebungen, die an die Wählerschaft gerichtet waren, wurden nicht dadurch abgedämpft, daß die Zusammenarbeit über das Ende der Legislaturperiode hinaus geplant und gewünscht war. In Thüringen wirkten zudem, wie gezeigt (vgl. Teil 2, Kap. 2), konkurrenzorientierte Verhaltensmuster vergleichsweise weniger gefiltert von der Ebene der innerparteilichen Willensbildung auf die Koalitionsverhandlungen ein. Daß die innerparteiliche Handlungsebene und die Arena "Wähler und Öffentlichkeit" der "Koalitionsebene" nicht nach hierarchischem Muster zugeordnet wurde, sondern eine stärkere *Gleichordnung der Handlungsarenen* zumal in der SPD bestand, hat die Einigung zwischen den Koalitionären nicht erleichtert. Diese Konstellation hat sich auch auf die eingesetzten Entscheidungstechniken ausgewirkt.

Anders als in Thüringen stellte die rheinland-pfälzische sozialliberale Koalition eine *Wunschkoalition* dar. Auch dort traten im Haushaltsprozeß Konflike auf, die jedoch aufgrund des stärker ausgeprägten Willens zum *gemeinsamen* Erfolg vergleichsweise stärker kontrolliert, vor allem aber besser vor öffentlicher Begleitung und Kritik geschützt wurden. Innerparteiliche Spannungen traten in Rheinland-Pfalz in geringerem Umfang auf, so daß konsensorientiertes Handeln auf der Koalitionsebene den weniger ausgeprägten - innerparteilich oder durch Profilierungswünsche gegenüber den Wählern begründeten - Wettbewerbsorientierungen einfacher übergeordnet werden konnte. Die *unangefochtene Stellung* des Ministerpräsidenten (SPD) und seines Stellvertreters (F.D.P.) in den Landesverbänden ihrer Parteien und die vergleichsweise schwächeren innerparteilichen Konflikte bedingten sich wechselseitig. Die stärkere Abschottung der Verhandlungen vor der *Öffentlichkeit* mag dazu beigetragen haben, daß Wettbewerbsorientierungen der Akteure nicht überhand nahmen und die Verhandlungsbereitschaft größer war, da politische Akteure von erst einmal öffentlich markierten Positionen nur noch unter Gesichtsverlust abrücken können. Die nach Einschätzung der Abgeordneten positiven Erfahrungen mit diesem Regierungsstil, durch die *Fortsetzung der Koalition* eingeübt, galten dem Regierungsbündnis als Bestätigung dieses Kurses. Daneben wurde die relative Stärke des kleinen Koalitionspartners F.D.P. von der SPD in Entscheidungssituationen nicht ernsthaft in Frage gestellt, was dem Koalitionsfrieden ebenfalls gedient hat. Eine Profilierung gegenüber den Wählern auf Kosten des Partners wurde überdies dadurch gemildert, daß beide Parteien das *Wählerpotential* für die Koalition (anders als in Sachsen-Anhalt oder in Thüringen) gemeinsam ausschöpfen konnten (vgl. Teil 2, 1.1). Daneben spielte es eine nicht zu vernachlässigende Rolle, daß persönliche Aversionen, wie sie das Verhältnis zwischen den Akteuren in Thüringen teilweise kennzeichneten, in Rheinland-Pfalz nicht vorhanden waren. Dort wurde von allen Seiten auf das *gute persönliche Verhältnis* zwischen den die Koalition tragenden Akteuren hingewiesen (vgl. auch: Abb. 12). In Rheinland-Pfalz gelang es den tragenden Koalitionsakteuren daher besser als in Thüringen, in der Haushaltspolitik die Konsensbildung in der Koalition als primären Handlungsrahmen (vgl. Esser 1990; Lindenberg 1991) den anderen Handlungsebenen vorzuordnen und dadurch kompetitive Interaktionsorientierungen stärker zurückzudrängen - was allerdings nicht bedeutet, daß diese nicht wirksam gewesen wären.

Haushaltsverhandlungen zwischen Koalitionsakteuren werden begleitet vom Druck *organisierter Interessen*, die versuchen, auf Kürzungsabsichten einer Regierung präventiv und reaktiv Einfluß zu nehmen. Koalitionsverhandlungen finden nicht in einem gesellschaftlichen Vakuum statt, sondern werden von Abgeordneten getragen, die (in den neuen Ländern weniger) gleichzeitig Mitglieder oder Funktionsträger in Verbänden, Vereinen oder anderen Organisationen sind. Daß organisierte Interessen im Entscheidungsprozeß auf Abgeordnete und Vertreter der Ministerialbürokratie Einfluß nehmen und dabei immer wieder Erfolge erzielen, bestätigten alle Akteure. Zu den Lobbyisten zählen Vertreter aller gesellschaftlichen Bereiche: Gewerkschaften, Arbeitgeberverbände, der Steuerzahlerbund, Sozialverbände usw. In den Ländern sind nicht zuletzt die kommunalen Spitzenverbände darauf bedacht, ihre Interessen in den Haushaltsverhandlungen gesichert zu sehen und Eingriffe in die finanzielle Ausstattung der Kommunen abzuwenden. In den großen Parteien, die über eine bedeutende kommunale Basis in den Ländern verfügen, übersetzen sich diese Forderungen leicht in innerparteiliche Konfliktlinien zwischen Landesregierung und Kommunalpolitikern der eigenen Partei. Auch Abgeordnete treten in Haushaltsverhandlungen nicht selten als Lobbyisten ihrer Klientel - oder auch ihres Wahlkreises - auf (Sturm/Müller 1999: 87). Indem die Haushaltsverhandlungen mit gesellschaftlichen Forderungen konfrontiert werden, wird die Kooperation zwischen den Parteien stärker an das konkurrenzdemokratische Prinzip angebunden, was einen auf Durchsetzung bedachten Interaktionsstil tendenziell fördert. Die Demokratien eigenen kurzen Wahlzyklen, welche die ständige Pflege der eigenen Klientel fordern, verstärken noch zusätzlich ein am Wettbewerb orientiertes Verhalten.

Gegen solche konfliktverstärkenden Erscheinungen sind in den parlamentarischen Alltag indessen prozedurale Sicherungen einbaut: Selbst wenn gesellschaftliche Interessen von Vertretern der Ministerialverwaltung oder von Abgeordneten verfochten werden, stehen beispielsweise durch die innerfraktionelle Interessenabklärung zwischen den Arbeitskreisen, in deren Rahmen fachpolitische Forderungen mit finanzpolitischen Vorgaben abgeklärt werden, institutionalisierte Mechanismen bereit, um diese Interessen einzudämmen. In Sachsen-Anhalt indes nahmen die Finanzpolitiker der PDS diese Rolle nur eingeschränkt wahr, mit dem Effekt, daß finanzpolitische Kriterien im Entscheidungsprozeß geschwächt wurden. Trotz solcher verfahrenstechnischen Vorkehrungen wird die eigene Wählerklientel, wie einzelne Beispiele gezeigt haben, in Haushaltsverhandlungen immer wieder bedient, sind die informellen persönlichen Beziehungen zwischen Vertretern von Verbänden und Ministerialbürokratie in ihrer Bedeutung nicht gering einzuschätzen (vgl. hierzu die Studie von Benzner 1989). Für die meisten dieser Interessen läßt sich überdies das "Gemeinwohl" als Rechtfertigungsgrund anführen, bleibt dieses doch selbst konkurrierenden Interpretationen unterworfen (vgl. Vobruba 1992; Mayntz 1992a). Wie weit sich der Einfluß von Interessengruppen tatsächlich in einen Zuwachs oder in eine Umverteilung zwischen den Haushaltstiteln umsetzt, kann letztlich nur anhand von Einzelfallstudien angegeben werden.

Entscheidungsstrukturen und -techniken: Die *Informalisierung* von Entscheidungsverfahren ist eine der bedeutsamsten Techniken, mit deren Hilfe die Kapazitäten eines Regierungsbündnisses, Konflikte zu regulieren, erweitert werden können (vgl. Schwarz 1978: 197 f.; Rudzio 1991). Diese Informalisierung nahm - bei gleichen institutionellen Charakteristika des Regierungssystems - in den drei untersuchten Fällen unterschiedliche Formen an. Während dem Koalitionsausschuß als Stelle der Konfliktschlichtung in Thüringen die vergleichsweise größte Bedeutung zukam, stellten in Rheinland-Pfalz die "Zweierachsen" von Regierungschef und Stellvertreter und zwischen den Fraktionsvorsitzenden sowie der Entscheidungssituation personell angepaßte Zirkel die entscheidenden Scharniere dar, über die die unterschiedlichen Präferenzen der Akteure in einen Kompromiß umgesetzt wurden. Die Kompromisse wurden von den Fraktionen - anders als in Sachsen-Anhalt - mitgetragen. Dort wiederum hielt ein Netz (vgl. van Waarden 1992)[182] von verschiedenartigen Arbeitsgruppen, Zirkeln und Zweiergesprächen mit

182 Der Begriff des "Netzes" oder des "Netzwerks" wird hier im allegorischen Sinne, nicht aber im Sinne eines analytischen Konzepts verwendet, auch wenn die sachsen-anhaltische Minderheitskoalition ehestens einige der angegebenen definitorischen Merkmale, wie die Existenz horizontaler Verhandlungsbeziehungen,

unterschiedlicher Zusammensetzung die fragmentierte Akteursstruktur zusammen. Die Fäden der Kooperation konnten dort nicht erfolgreich in einem Koalitionsausschuß zusammenlaufen, weil die PDS als Nicht-Regierungspartei in die meisten Entscheidungen eingebunden werden mußte. Diese verzweigte Entscheidungsstruktur bedurfte aber dennoch einer zentralen Stelle, an der die dispersen Akteursbeziehungen gleichsam "verknotet" wurden.

Stark fragmentierte Verhandlungsbeziehungen tendieren dazu, einige wenige Schlüsselakteure zu stärken (Kappelhoff 1993: 69 ff.). Ein "Zentrum" dieser informellen Akteurskonstellation bildeten im Untersuchungszeitraum somit die beiden parlamentarischen Geschäftsführer von SPD und PDS, über die sowohl die Fraktionen bzw. deren Arbeitskreise, d.h. die Fach- und Finanzpolitiker, als auch z.T. die Ressorts in den Entscheidungsprozeß eingebunden wurden. Nicht zuletzt über diese Schiene wurden Wettbewerbsbeziehungen und Konflikte in gemeinsam getragene Entscheidungen überführt, wurden Positionen einander angenähert. Die informelle *Maklerrolle* (vgl. Schwarz 1978) der beiden parlamentarischen Geschäftsführer war nicht unumstritten, da ihnen die formale Zuständigkeit und letztlich die demokratische Legitimation fehlte. Dieses Beispiel zeigt, daß "die Parlamentarier" in Sachsen-Anhalt gegenüber der Regierung zwar eine eigenständigere Rolle wahrnahmen. Dennoch bzw. gerade deshalb bedurften auch die Sitzungen der Ausschüsse der Vorabsprachen und einer Vorarbeit durch informelle Kontakte, in denen nicht nur die Regierungsfraktionen, sondern auch die PDS eingebunden werden konnte. In dieser stärker verhandlungsbasierten Entscheidungssituation war die Verantwortung weniger eindeutig lokalisierbar als in den beiden anderen Koalitionen, und auch die Entscheidungswege waren für die Wähler weniger nachvollziehbar.

Mehr als in den beiden anderen Koalitionen, bildeten sich in der Minderheitskoalition in Sachsen-Anhalt horizontale Verhandlungsstrukturen und Koordinationsmuster aus, so daß der Haushaltsentscheidungsprozeß weit weniger von der Regierungs- und Fraktionsspitze aus gesteuert wurde als in Rheinland-Pfalz oder in Thüringen. Daß diese Unterschiede im Koalitionsmanagement auftraten, hat zwar *auch* mit dem *Koalitionsformat* zu tun, ohne daß dieses im umgekehrten Sinne die Beschaffenheit der informellen Strukturen vorzugeben vermag. Welche Entscheidungsstrukturen aufgebaut und gepflegt werden, hängt vielmehr ebenso vom Führungsstil des Ministerpräsidenten und seines Stellvertreters bzw. der Parteiführungen ab, von der Autorität der Akteure in Partei, Regierung und Fraktion, von positiven oder negativen Erfahrungen mit bestimmten Kooperationsformen, ferner davon, wie stark Wettbewerbsorientierungen in der Koalition handlungsleitend sind, aber auch vom zufälligen Zusammentreffen von Akteuren, die einander in Sympathie verbunden sind - also erneut von *akteurspezifischen Ressourcen*, welche die Konsensbildung erleichtern. Diese können nur bedingt generalisiert werden; sie sind in einem hohen Maße historisch kontingent und müssen daher für jeden Fall - auf der Grundlage theoretischer Annahmen freilich - jeweils einzeln erhoben werden. Ebenso kontingent ist die in den einzelnen Ländern vorfindbare *Verknüpfung der jeweiligen Handlungsarenen*, über die sich die Strategien und Nutzenkalküle der Koalitionsakteure

aufweist. In Netzwerkanalysen wird zumeist das Zusammenwirken von öffentlichen und privaten Akteuren untersucht. Van Waarden (1992: 49) resümiert, daß die einzelnen Merkmale unterschiedlicher Typen von Policy-Netzwerken kaum definiert sind, weshalb Mißverständnisse unausweichlich seien.

erstrecken (vgl. Tsebelis 1990; für andere Zusammenhänge: Benz 1997: 315). Wie die Mischungsverhältnisse von kooperativen, am Wettbewerb ausgerichteten oder gar feindlichen Handlungs- und Interaktionsorientierungen in den Handlungsarenen ausfallen und wie die führenden Koalitionsakteure diese Mischungsverhältnisse gewichten, folgt keiner gänzlich generalisierbaren Spielregel.

Daß in der Haushaltsentscheidung aller drei Koalitionen ähnliche Entscheidungstechniken eingesetzt wurden, ist zum einen dadurch begründet, daß manche der Möglichkeiten, Entscheidungen im Rahmen eines z.T. extrem knapp bemessenen Zeitbudgets zu vertagen und zu verlagern, institutionell abgesichert sind. Zu diesen Möglichkeiten zählt beispielsweise die globale Minderausgabe. Konflikte können zudem durch Maßnahmen der *Gleichbehandlung* verringert werden; ein entsprechendes Instrument sind modifizierte lineare Kürzungen, welche die bereichsspezifischen Interessen der Kabinettsmitglieder (und der Koalitionspartner) einer Gleichbehandlung unterziehen. In vorgenommenen Modifizierungen drückt sich die relative Stärke der Koalitionspartner - z.B. der rheinland-pfälzischen F.D.P. als "dominant player" - aus, oder auch die gegenüber dem ersten Haushaltsjahr verstärkte Profilierung der SPD in der großen Koalition Thüringens.

Die Untersuchung der Haushaltsentscheidungen zeigte, daß notwendige Kürzungen vor allem als *Verteilungsprobleme* gehandhabt wurden, durch die komplexe Entscheidungssituationen wesentlich vereinfacht wurden. Haushaltsentscheidungen eignen sich besonders für eine solche Vorgehensweise, weil die Verteilung von Lasten und Gewinnen in Summen aufgerechnet werden kann. Im Rahmen solcher Verteilungskonflikte, in denen die Koalitionäre versuchen, ihre Verluste zu mindern und mögliche Gewinne zu vergrößern, können auch Kürzungen vorgenommen werden, da besondere Ressourcen eines Koalitionspartners auch dadurch "entgolten" werden, daß dieser vergleichsweise weniger verliert als der andere und dergestalt der Abstand zum Partner gewahrt bleibt. Dieser Abstand kann demnach auch in einem solchen "Negativsummenspiel" als "Gewinn" interpretiert werden, wenn es darum geht, Lasten auf die Partner aufzuteilen.

Verteilungsgerechtigkeit gilt zwischen den Koalitionspartnern (und auch zwischen Ressorts) als hohes Gut, das die Kooperationsbereitschaft stützen und die Vertrauensbasis festigen hilft. Strukturelle Maßnahmen können allerdings auch in einem solchen Verteilungsverfahren noch innerhalb der Ressorts in Grenzen vorgenommen werden. Dies gilt auch, wenn Gewinne und Verluste der Koalitionspartner auf der Basis einer gewachsenen Vertrauensgrundlage im Zeitverlauf ausgeglichen werden können. Die Reduktion komplexer Entscheidungssituationen, Verteilungsgerechtigkeit als Maßstab und das taktische Verhalten von Ministerien, durch bewußt hohes Ansetzen von Haushaltsansätzen in den Etatverhandlungen die eigene finanzielle Basis abzusichern (vgl. Teil 2, Kap. 4.2), wurden als Gründe dafür angeführt, daß Gleichverteilungsmodelle im Haushaltsentscheidungsprozeß eingesetzt wurden. Damit wurden inkrementalistische Entscheidungstechniken angewandt, um den Koalitionsfrieden zu stabilisieren (vgl. Sturm 1989: 305). Insbesondere in der großen Koalition Thüringens wurde auf den Faktor "Gerechtigkeit" besonderer Wert gelegt.

Am wenigsten machte die Minderheitskoalition von der "Rasenmähermethode" Gebrauch, da das Kabinett in Sachsen-Anhalt einer starken parlamentarischen Mehrheit gegenüberstand, die gegenüber der Kabinettsvorlage andere Prioritäten setzen wollte, so u.a. die kommunale Finanzausstattung sichern und soziale Leistungsgesetze zu erhalten beabsichtigte. Im *Tausch* gegen das mehrheitssichernde Verhalten der PDS, das deren wesentliche Handlungsressource darstellte, wurden deren Forderungen in den Verhandlungsergebnissen berücksichtigt. Der Tolerierungspartner, sich selbst als "policy-seeker" definierend, besaß einen deutlichen Einfluß auf die Politikgestaltung, auch wenn er über keine "offices" verfügte.

Koppelgeschäfte werden in Verhandlungstheorien als nahezu unverzichtbare Form der Konfliktlösung angesehen, um in Situationen, in denen sich die Partner wechselseitig durch ein Veto blockieren können, Lösungen zu finden, die den Eingriff in die Interessen oder - generell - in die Ressourcen der Parteien erlauben (vgl. Scharpf 1992b; 1993a). Paketlösungen sind zuweilen unvermeidlich, um den Stillstand von Koalitionspolitik zu vermeiden; sie sind deshalb manchmal einer Nicht-Entscheidung oder einer Blockade vorzuziehen. Allerdings sind Paketlösungen an empirische Nebenbedingungen gebunden, die in den theoretischen Ansätzen oft ausgeblendet werden (vgl. Mayer 1994: 449). Zwar nahmen alle untersuchten Koalitionen Koppelgeschäfte vor - sei es, daß gleichzeitig mehrere Materien entschieden wurden, sei es, daß solche Paketlösungen zeitlich gestreckt wurden. Gleichwohl sind solche Entscheidungstechniken bei den Akteuren wenig beliebt. Koppelgeschäfte werden nicht selten mit pejorativen Begriffen belegt ("Kuhhandel"), weil mit ihnen oft keine sachlich angemessenen Lösungen erzielt werden und weil die andere Seite u.U. erwartet, daß der Partner ausgerechnet in für sie bedeutsamen Fragen nachgibt. Ein Kompromiß in *einer* zur Entscheidung stehenden Frage kann damit für einen Koalitionsakteur durchaus vorteilhafter sein - zumal dann, wenn ein Nachgeben auf der Zeitachse durch längerfristigen Ausgleich ausgewogen werden kann. Selbst wenn ein Paket insgesamt als ausgewogen erscheint, so begünstigen oder belasten doch dessen Einzelergebnisse unterschiedliche gesellschaftliche Gruppierungen (vgl. Scharpf 1993c: 173). Je weniger geschlossen eine Koalition auftritt, desto eher hat solcher Druck eine Chance, sich durchzusetzen. Zwar wird eben der Haushalt von Koalitionspolitikern gerne als "Paket" par excellence bezeichnet. Unsere Untersuchungsergebnisse weisen jedoch darauf hin, daß dieser Begriff vor allem allegorisch angewendet wird, denn nicht zuletzt Haushaltsentscheidungen werden von Koalitionsakteuren zumindest in einem ersten Verhandlungsschritt als Verteilungskonflikt behandelt.

Koalitionsakteure setzen eine Vielzahl von *Bargaining-Strategien* ein (Maximalpositionen, Ausweitung der Verhandlungsmasse, Argumentation mit internen Durchsetzungsproblemen), um ihren Forderungen Geltung zu verschaffen. Allerdings wiesen alle Akteure darauf hin, daß die Parteien, sofern sie an Bestand und Pflege der Kooperation interessiert seien, solche Strategien nicht ausreizen dürften. Ultimaten oder Drohungen, die den miteinander konkurrierenden Parteien als typisches Verhaltensmuster zugeordnet werden (vgl. z.B. Benz 1995; Saretzki 1996), gehören nicht zum alltäglichen Arsenal eines funktionsfähigen Koalitionsgeschäfts; sie zeigen vielmehr an, daß der Vorrat an Gemeinsamkeiten in einem Regierungsbündnis schmal oder gar weitgehend aufgebraucht ist. Dies zeigt vor allem das Beispiel Thüringen, wo der Landesvorsitzende der SPD, Dewes, mit Ausstiegsoptionen drohte. Alle Beteiligten waren sich bewußt, daß ihre "Mitspieler" professionelle Politiker sind, die Instrumentalisierungen oder Maximalforderungen als solche durchschauen. Der Wille zur Kooperation begrenzt zumeist die Zusammenarbeit schädigendes kompetitives Verhalten - dies gilt erst recht, da in Koalitionen erneute "Verhandlungsrunden" anstehen, in denen die andere Seite nach "Revanche" für erlittene Niederlagen trachten kann (vgl. Axelrod 1984). Zur Fortsetzung angelegte Wunschkoalitionen wie die in Rheinland-Pfalz beachten diesen Zusammenhang verständlicherweise eher als Regierungsbündnisse, die nur eine Notgemeinschaft darstellen und für die keine Neuauflage geplant ist.

Wirkung koalitionsexterner Faktoren: Eine der ehernen Koalitionsregeln lautet, daß der Erfolg eines Regierungsbündnisses nicht nur den *gemeinsamen Gewinn* voraussetzt, sondern auch *individuelle Vorteile*, gemessen in Ämtern, Profilierungsmöglichkeiten und Wählerstimmen, für alle Bündnispartner erbringen muß (vgl. Müller/McGovern 1999: 233; Bauckhage RhP-WiMin-FDP). Das Streben nach individuellen Gewinnen könnte sich in Koalitionen demnach in Ausgabenzuwächse gegenüber dem jeweiligen Vorjahreshaushalt und eine kontinuierlich steigende Verschuldung umsetzen (vgl. von Weizsäcker 1999). Eine Folge von Wettbewerbsbeziehungen zwischen Koalitionsakteuren wäre dann, daß vor allem pareto-optimale Lösungen erzielt werden können, in denen die gesamte Gewinnmasse (d.h. das Finanzvolumen) ausgeweitet werden muß, da keiner der beteiligten "Spieler" einen Verlust hinzunehmen bereit ist. Dieser Zusammenhang kann nicht ganz von der Hand gewiesen werden, da die Parteien, wie auch die drei Fallbeispiele gezeigt haben, versuchen, konkurrierende Positionen in Haushaltsentscheidungen durchzusetzen und sich im Regierungsbündnis als Wahrer der Interessen der jeweils eigenen Klientel verstehen. In den Haushaltsverhandlungen zwischen den Parteien wurde die Neuverschuldung - v.a. in Thüringen und Sachsen-Anhalt - nochmals erhöht, aber auch in Rheinland-Pfalz, das ebenfalls eine beträchtliche Verschuldung aufweist, wurden z.B. vorhersehbare Ausgaben nicht im Haushalt ausgewiesen.

Die Übersicht über die Kennziffern ausgewählter Landeshaushalte liefert indes Indizien dafür, daß die Wettbewerbsneigung zwischen Koalitionsakteuren die Höhe der Verschuldung nur teilweise beeinflußt. Die für diese Studie befragten Akteure wiesen darauf hin, daß die Programmatik von Parteien, die sozialen Leistungsgesetzen oder Investitionen einen unterschiedlichen Wert zuweist, eine für die Struktur des Landeshaushalts nicht zu vernachlässigende Rolle spielt. So hat es die tolerierende PDS lange Zeit mit verhindert, soziale Leistungsgesetze zurückzuführen, und auch die SPD konnte oder wollte die von ihr ebenfalls beanspruchte soziale Reformpolitik nicht den Forderungen der PDS überlassen.

Nicht zuletzt grenzen koalitionsexterne Faktoren den Gestaltungsspielraum der Haushaltspolitik eines Landes ein. Hierzu zählen sozialstrukturelle und ökonomische Faktoren (vgl. Schmidt 1980), wie die Höhe der Arbeitslosigkeit, die Notwendigkeit, veraltete Industriezweige zu modernisieren, der Aufholbedarf der neuen gegenüber den alten Ländern an Infrastruktur, der Konversionsbedarf in Rheinland-Pfalz, aber auch die Abhängigkeit von den Steuergesetzen des Bundes, von der gesamtkonjunkturellen Lage usw. In Thüringen befanden sich beispielsweise zu DDR-Zeiten deutlich weniger Kombinate als in Sachsen-Anhalt, und die Nähe zu Hessen und Bayern hat thüringischen Arbeitnehmern seit 1990 die Möglichkeit eröffnet, dorthin auszupendeln. Die Arbeitslosenquote liegt in Thüringen nicht nur, aber auch deshalb unter dem Durchschnitt der neuen Länder.

Tabelle 8: Kennziffern ausgewählter Landeshaushalte 1997

Land	Steuer-deckungs-quote	Kreditfinanzie-rungsquote	Zinsaus-gabenquote	In-vestitions-quote
Brandenburg	45,0%	10,2%	6,5%	25,2%
Mecklenburg-Vorpommern	48,4%	10,4%	4,8%	26,7%
Sachsen	49,2%	4,4%	4,0%	31,8%
Sachsen-Anhalt	44,6%	11,4%	6,8%	25,9%
Thüringen	46,4%	8,5%	4,7%	27,1%
Berlin	38,8%	12,8%	14,4%	12,3%
Rheinland-Pfalz	68,9%	8,4%	12,3%	14,1%
Baden-Württemberg	75,4%	3,0%	6,3%	10,0%
Bremen	60,4%	22,3%	15,4%	14,7%

Quelle: Handelsblatt, 22.1.1997

Die Steuerkraft der neuen Länder liegt auch nach deren Einbeziehung in den Länderfinanzausgleich 1995 erheblich unter dem Durchschnitt der alten Länder; das Schlußlicht stellt nach Berlin das Land Sachsen-Anhalt dar. Die Deckungslücke, die sich nach Abzug der Steuern und der in den neuen Ländern umfangreichen Finanzzuweisungen noch immer auftut, muß durch Kredite geschlossen werden. Bei anhaltender Konjunkturschwäche und im Untersuchungszeitraum sinkenden Steuereinnahmen und schrumpfenden Haushalten ist es deshalb extrem schwierig, die Verschuldung zurückzuführen und die steigende Zinslastquote wieder abzubauen. Hinzu kommt angesichts der hohen Arbeitslosenquoten ein erheblicher Bedarf nach sozialen Unterstützungsleistungen in den neuen Ländern. Diese Einwände umschreiben keine komplette Aufzählung aller die Verschuldung eines Landes bestimmenden Faktoren. Sie zeigen aber, daß die Verschuldung auf keinen Fall monokausal auf den Tatbestand "koalitionsinterner Wettbewerb" bzw. allein auf Entscheidungsstrukturen zurückgeführt werden darf. Diese externen Faktoren wurden in dieser Untersuchung konstant gehalten, weil es nicht deren Ziel war, eine policy-output-Analyse zu erstellen, sondern Formen der Konsensbildung in Koalitionen - die "politics-Dimension" - zu untersuchen. Einschränkend kommt hinzu, daß das Mischungsverhältnis von Kooperation und Wettbewerb, wie die Untersuchung gezeigt hat, in Koalitionen sehr unterschiedlich ausfallen kann.

4.4 Koalitionsbeziehungen im Finanzausschuß und im Plenum: die formalen Komponenten parlamentarischer Entscheidung

Zu den formalen Komponenten der Regierungspraxis von Länderkoalitionen zählen - neben dem Kabinett - die Ausschüsse und die Plena der Landtage. Diese formal zuständigen Institutionen sind mit den informellen Gremien und Kontakten des Koalitionsmanagements eng verwoben. Es ist anzunehmen, daß die Funktion dieser formal zuständigen Institutionen die Interaktionsorientierungen der Koalitionsakteure in den Ausschüssen und in den Plenardebatten erkennbar vorprägt.

4.4.1 Die Ausschußsitzungen

Die hier untersuchten Landtage bilden aus ihrer Mitte ständige Ausschüsse. Vertreter dieser ständigen Ausschüsse, zu denen auch die Haushalts- und Finanzausschüsse zählen, können nur Mitglieder der Landtage sein. Alle drei untersuchten Länder kennen offene Ausschüsse (vgl. Hölscheidt 1988: 32 ff.), an deren Sitzungen jeder Abgeordnete als Zuhörer teilnehmen kann. Die Sitzungen des Haushalts- und Finanzausschusses finden unter Ausschluß der Öffentlichkeit statt. In den Finanzausschüssen sind üblicherweise Vertreter des Finanzministeriums, zumeist der Finanzminister selbst, und der Ressorts vertreten, über deren Einzelpläne gerade beraten wird. Zu den ständigen Teilnehmern gehört auch der Landesrechnungshof, zumeist in Gestalt seines Präsidenten. Der im Haushaltsverfahren bedeutsamste Ausschuß ist der Finanzausschuß. In Sachsen-Anhalt (§ 14 GeschOLT) und in Rheinland-Pfalz (vgl. § 81 GeschOLT) hat er im Haushaltsprozeß die Federführung inne, die anderen Fachausschüsse sind auf Verlangen zu hören. Die anderen, mitberatenden Ausschüsse wiederum richten ihre Empfehlungen an den federführenden Finanzausschuß. In Thüringen berät nur der Haushalts- und Finanzausschuß die Vorlage der Regierung (§ 67 GeschOLT). Diese Regelung wird insgesamt, auch von der Thüringer PDS-Abgeordneten und Vorsitzenden des Haushalts- und Finanzausschusses, positiv bewertet, weil die Haushälter so die im Ausschuß von den Fachabgeordneten vorgetragenen Bedürfnisse und Ansichten besser mitvollziehen und sich deshalb auch über die sich hinter den sich als "neutral" darstellenden Zahlen verbergenden Probleme ein Bild machen könnten (Neudert Th-MdL-PDS). Außerdem könne im Haushaltsberatungsprozeß die "Zeitleiste" einfacher eingehalten werden, wenn die Fachausschüsse nicht mitberatend einbezogen würden (Ulbrich Th-MdL-PDS). Gleichzeitig führt diese Konstruktion jedoch dazu, daß die Anzahl der Teilnehmer im Ausschuß ansteigt; gelegentlich nehmen an die 100 Vertreter von Ministerien und Abgeordnete teil.

Tabelle 9: Verteilung der Ausschußsitze auf die Parteien (Haushalts-/Finanzausschüsse)

	Th	SnA	RhP
SPD	3	4	6
CDU	5	5	5
PDS	2	3	-
F.D.P.	-	-	1
B'90/Die Grünen	-	1	1

Die Aufstellung zeigt, daß sich die rot-grüne Minderheitskoalition in Sachsen-Anhalt in einer Pattsituation zur CDU-Opposition befand. Um eine Mehrheit sicherzustellen, waren die Regierungsfraktionen darauf angewiesen, daß mindestens ein(e) PDS-Abgeordnete(r) mit der Koalition stimmte. Die beiden anderen Regierungsbündnisse verfügten über klare Mehrheiten: Die sozialliberale Koalition besaß nur einen Sitz Vorsprung vor der der Regierung nicht als geschlossener Block gegenüberstehenden Opposition, die große Koalition stand der PDS-Opposition mit einem "Polster" von sechs Sitzen gegenüber.

Die Beziehungen zwischen den Abgeordneten der Koalitionsfraktionen in den Parlamentsausschüssen sind durch die Kooperation der Fachpolitiker in den Arbeitskreisen bereits in unterschiedlicher Weise vorgeprägt. Wer in dem Verhältnis zwischen Arbeitskreisen (der Fraktionen bzw. der Koalition) und dem Ausschuß der dominierende Part sei, bleibe, so Hölscheidt (1988: 66 ff.), ungeklärt. In *Thüringen* werden die Entscheidungen des Finanzausschusses durch die *Koalitionsdisziplin* jedenfalls erheblich überlagert (vgl. hierzu allgemein: Ismayr 1992: 314). Die wesentlichen Vorentscheidungen wurden bereits im zuständigen Koalitionsarbeitskreis - unter Einbeziehung des Finanzministeriums - getroffen, so daß weiterführende Diskussionen im Haushalts- und Finanzausschuß kaum mehr stattfanden. Absprachen im Vorfeld der Ausschußsitzungen sind unverzichtbar, damit die Regierungsparteien dort einen einheitlichen Willen vertreten und ihre Regierungsfähigkeit sicherstellen können. Die regierungstragenden Fraktionen können schon wegen der Präsenz der Opposition im Ausschuß nicht erst dort einen Konsens zwischen den Parteien (und den Regierungsvertretern) herbeiführen, da sonst koalitionsinterne Meinungsverschiedenheiten und Konflikte von der Opposition genutzt und von ihr öffentlich und sichtbar gemacht und damit verstärkt werden könnten.

Diesem Erfordernis trägt auch die Praxis Rechnung, daß Anträge der Regierungsparteien gemeinsam eingebracht werden. Wenn, wie in Thüringen, die Fachpolitiker der Koalitionsfraktionen mit einer Vielzahl von Anträgen an den Haushaltsarbeitskreis der Koalition herantreten, greift das bereits beschriebene mehrstufige Verfahren (vgl. 4.3), in dem zuerst der Koalitionsarbeitskreis, dann die um die Fraktionsvorsitzenden erweiterte Runde der haushaltspolitischen Sprecher und sodann - als letzte Stufe - der Koalitionsausschuß zusammentreten, um mit den Anträgen verbundene Forderungen zu begrenzen. Vergleicht man die Gesetzentwürfe der Landesregierung mit den Beschlußempfehlungen des Haushalts- und Finanzausschusses für die Haushalte 1996 und 1997, so stellt man dementsprechend fest, daß nurmehr geringfügige Änderungen vorgenommen wurden (Th-LT-Drs. 2/539 und 2/682; 2/1371 und 2/1521). Im Jahr 1997 wurde das Haushaltsvolumen um 770 000 DM erhöht; 1996 wurde es um 526,29 Mio DM abgesenkt. Der Ausschuß kam damit aber der Bitte des Ministerpräsidenten nach, wegen der nach der Erarbeitung des Gesetzentwurfs feststehenden Mindereinnahmen aus dem Länderfinanzausgleich und wegen der verringerten Bundesergänzungszuweisungen etwa 500 Mio DM einzusparen. Die Landesregierung arbeitete hierzu Vorschläge in einer Ergänzungsvorlage aus[183]. Damit nahmen die Abgeordneten im Ausschuß nicht eigenständig, sondern unter Anleitung und im Benehmen mit dem Ministerium Veränderungen am Haushalt vor. Die Koalitionsdisziplin, genauer: die nicht vorhandene Bereitschaft der SPD, im Stimmverhalten von zuvor vereinbarten Entscheidungen abzuweichen, wurde von Vertretern der PDS als "unverständlich" kritisiert, da der haushaltspolitische Sprecher der SPD zwar deutliche Pressemitteilungen schreibe, im Ausschuß dazu aber keinerlei Stellung beziehe (Neudert Th-MdL-PDS). Daß SPD-Abgeordnete selbst dann nicht das Wort ergriffen, wenn mündliche Anfragen der eigenen Fraktion in den Ausschuß überwiesen wurden, bestätigen auch die Protokolle. Daß die diszipliniert durchgehaltene Einigung zwischen Koalitionspartnern ein notwendiges Erfordernis eines parlamentarischen Regierungssystems darstellt, ohne das die Stabilität einer Regierung unmöglich ist, wurde von den PDS-Abgeordneten kaum anerkannt (vgl. hierzu: Patzelt/Schirmer 1996: 27).

Für den Haushalts- und Finanzausschuß war somit eine Situation kennzeichnend, in der fast ausschließlich PDS-Abgeordnete kritische Nachfragen zu Einzeltiteln stellten, die entweder vom Finanzminister oder seinem Staatssekretär oder von einem Vertreter des Ministeriums, über dessen Einzelplan gerade beraten wurde, beantwortet wurden[184] (Neudert Th-MdL-PDS). Die Ausschußprotokolle belegen deutlich den Kompetenzvorsprung der Regierungsvertreter und -abgeordneten gegenüber der oppositionellen PDS, die gegenüber den Regierungsparteien mit einem erheblichen Informationsdefizit ausgestattet war. Die Konfliktlinie im Ausschuß verlief eindeutig zwischen den Vertretern der Regierungsfraktionen und der PDS. Während die PDS dies auf eine "Abschottung" der Regierungsfraktionen zurückführte, nannte der CDU-Fraktionsvorsitzende andere Gründe für die abwehrende Haltung. Die PDS lege nur Vorschläge vor, die auf ein hohes Maß an Neuverschuldung hinauslaufen würden (Köckert Th-FV-CDU). Die Durchsicht der von der PDS in den Ausschuß eingebrachten Änderungsanträge bestätigt dies[185]. Während der Haushaltsberatungen über den 1996er Etat zogen die PDS-Abgeordneten aus dem Ausschuß aus, weil das Kabinett eine Ergänzungsvorlage einzubringen beabsichtigte, die aus Zeitgründen nicht detailliert auf die Einzeltitel aufgeschlüsselt war. Kritische Nachfragen von SPD- oder CDU-Abgeordneten oder auch nur Meinungsverschiedenheiten

---

183 Thüringer Landtag, Protokolle des Haushalts- und Finanzausschusses, 20. Sitzung vom 20.10.1995.

184 Grundlage folgender Aussagen sind die Protokolle des Haushalts- und Finanzausschusses des Thüringer Landtags, 20.-48. Sitzung (20. Oktober 1995 - 24. April 1997).

185 Die Forderungen der PDS bezogen sich v.a. auf eine verbesserte Ausstattung der Kommunen und erhöhte Sozialleistungen, etwa im Umfang von 500 Mio DM.

zwischen den Koalitionspartnern sind den Protokollen hingegen nur selten zu entnehmen. Informationswünsche von Abgeordneten der Koalitionsparteien bezogen sich zumeist nur auf Details; die meisten Abgeordneten nahmen nicht sehr intensiv an den Diskussionen teil.

Aus diesen Gründen verwundert es nicht, daß es eine gemeinsame *Identität* oder einen "Corpsgeist" *der "Haushälter"*, der nicht durch "ideologische" Ansichten und "Links-Rechts-Probleme" überlagert wurde (vgl. hierzu Sturm 1988: 35 ff.; Hölscheidt 1988: 66 ff.), in Thüringen nicht nur aus der Sicht der PDS-Abgeordneten kaum gab. Dies bestätigte - unter dem Blickwinkel der großen Regierungspartei - auch der haushaltspolitische Sprecher der CDU. Da die PDS ohnehin eher Ausgabenzuwächse fordere und die SPD sich in der Koalition profilieren wolle, sei das Selbstverständnis der "Haushälter" als ein "Gegengewicht", das den Ressorts und den Fachabgeordneten den parteiübergreifenden Sparkonsens der Haushälter entgegenhält, nicht so ausgeprägt wie etwa im Bundestag (Ulbrich Th-MdL-CDU). Aus der Sicht des CDU-Fraktionsvorsitzenden wiederum umfaßte eine solche Identität noch ehestens die Finanzpolitiker der Koalitionsfraktionen, die sich "...in dem Ruhme sielen, von allen gehaßt zu werden, weil sie unbequem seien" (Köckert Th-FV-CDU). In den Ausschußprotokollen jedenfalls wird eine gemeinsame Identität der "Haushälter" nicht ausdrücklich beschworen. Die Arbeitsatmosphäre kann aber als weitgehend sachlich bezeichnet werden, und die Wortwechsel entbehrten der den Plenarsitzungen eigenen scharfen Polemik (vgl. auch: Ismayr 1992: 214 ff.; Mayntz/ Scharpf 1989; Sturm 1988: 36). Die sachlichere Atmosphäre bedeutet aber nicht, daß im Diskurs eine "sachlich beste" Lösung über die Fraktionsgrenzen hinweg gesucht würde. Das Abstimmungsverhalten ist vielmehr durch die beschriebenen informellen Muster der Konsensbildung zwischen den Koalitionsfraktionen bereits festgelegt (vgl. Ismayr 1992: 314).

Das *Abstimmungsverhalten* der Fraktionen im Ausschuß spiegelt die bisherigen Befunde insgesamt wider. Zwar lassen sich die Ergebnisse der Abstimmungen anhand der Ausschußprotokolle nicht präzise bestimmen, möglich sind aber Aussagen darüber, wie sich die Koalitionsfraktionen gegenüber den Änderungsanträgen der PDS verhielten - und umgekehrt. Als Abstimmungsmuster dominieren die mehrheitliche Annahme der von den Koalitionsfraktionen eingebrachten Anträge sowie die mehrheitliche Ablehnung von Anträgen der PDS. Hieraus kann man folgern, daß die Trennlinien zwischen Regierung und Opposition auch im Ausschuß wirksam waren. Daß die Koalitionspartner in parlamentarischen Ausschüssen nicht mit wechselnden Mehrheiten abstimmen dürfen, ist schließlich fester Bestandteil der in der Koalitionsvereinbarung niedergeschriebenen Kooperationsregeln. Daneben gibt es aber auch Beispiele dafür, daß von der PDS oder von den Koalitionsfraktionen gestellte Anträge einstimmig verabschiedet wurden. Letzteres - also eine Zustimmung der Opposition - wiederum ist häufiger zu verzeichnen als ein Einschwenken der Koalitionsfraktionen auf einen Antrag der PDS.

Der *rheinland-pfälzische* Haushalts- und Finanzausschuß bietet ein vom Thüringer Pendant abweichendes Bild, das nicht zuletzt auf die vergleichsweise geringere Polarisierung zwischen den im Parlament vertretenen Parteien zurückzuführen ist. Zwar traten, soweit dies die Protokolle belegen, auch dort die Koalitionsfraktionen SPD und F.D.P. weitgehend geschlossen auf. Wechselseitige Kritik der Koalitionspartner ist den Protokollen nicht zu entnehmen[186]. Kritische Kommentare und Nachfragen zum Landeshaushalt stellte in aller Regel die Opposition. Typisch war im Untersuchungszeitraum ein Diskussionsverhalten, in dem sich die Vertreter der Koalitionsfraktionen und die anwesenden Minister oder Staatssekretäre auf der einen Seite - also das Regierungslager - und Vertreter der Opposition auf der anderen Seite gegenüberstanden. Die Vertreter der CDU-Opposition kritisierten einerseits die ihrer Meinung nach zu optimistischen Haushaltsansätze der Regierung, die globalen Minderausgaben, die Einstellung von Verpflichtungsermächtigungen usw. Wie auch in Thüringen klagten Vertreter der Opposition darüber, von der Regierung mit Informationen nicht hinreichend ausgestattet zu sein. Die Abgeordneten der Regierungsfraktionen und Vertreter der Regierung wiederum richteten mehrfach Vorwürfe an die Opposition, in den letzten Jahren nur Ausgabenzuwächse gefordert zu haben, die nicht durch eigene Vorschläge gedeckt gewesen seien.

Auch im rheinland-pfälzischen Haushalts- und Finanzausschuß dominierte insgesamt ein sachlich-kritischer Diskussionsstil. Mehrfach bot die CDU der Regierung ihre Mitwirkung und Kooperation an und hob auf den "freundlichen und kollegialen" Umgangsstil und auf die notwendige Fairneß und Offenheit in den Beratungen ab. Die Regierung, betonte sie, müsse ein Interesse daran haben, die Opposition in Finanzfragen einzubinden. Allerdings bestätigten Vertreter der Oppositionsparteien, daß die Vorlagen der Regierungsfraktionen bereits fertiggestellt seien, bevor sie in den Ausschuß kämen. Zwar gebe es von deren Seite auch Angebote an die Opposition, sich an einem Antrag zu beteiligen. Wenn dann aber Forderungen seitens der Opposition gestellt würden, werde die Diskussion relativ schnell beendet. Eine offene Argumentation sei von den Regierungsfraktionen nicht immer zu erwarten (Thomas RhP-FV-Grü). Insofern wird auch in Rheinland-Pfalz die *Koalitionsdiszplin* gewahrt. Einigkeit bestand über die Fraktionsgrenzen hinweg vor allem in Fragen des Haushaltsrechts, insbesondere über die in Rheinland-Pfalz eingeführte Budgetierung. Eine Übereinstimmung zwischen den Fraktionen sei, so wurde hervorgehoben, dann vorhanden, wenn die Kontrollrechte des Parlaments gegenüber der Regierung berührt seien (vgl. Weiland RhP-MdL-CDU; Itzek RhP-MdL-SPD). Die Diskussionen über diese Themen belegen insgesamt eine deutlich kritische Haltung der Parlamentarier; eine positivere Haltung gegenüber diesem Thema zeigten insbesondere Abgeordnete der SPD.

Das *Stimmverhalten* der Abgeordneten im Ausschuß spiegelt den Umstand wider, daß einer in der Mitte des Parteienspektrums angesiedelten Koalition aus SPD und F.D.P. nicht die Opposition als geschlossener Block gegenüberstand und sich deren potentielle Koalitionspartner in der Regierung befanden. CDU und B'90/Die Grünen waren rechts und links von der Regierung angesiedelt. Dies schlug sich in Abstimmungen dergestalt nieder, daß die Grünen in den Beratungen über den 1997er Etat zwar 62,4% der durch die Regierungsfraktionen eingebrachten Anträge, aber nur 18,7% der von der CDU gestellten Anträge befürworteten; umgekehrt trug die CDU zwar 31,7% der SPD/F.D.P.-Anträge, aber nur 8,7% der von B'90/Die Grünen eingebrachten Anträge mit. So verhielten sich die Grünen aus der Sicht des CDU-Abgeordneten Weiland auch nicht wie eine

186 Grundlage der Analyse sind die Protokolle des Haushalts- und Finanzausschusses des Landtags Rheinland-Pfalz, 4.-15. Sitzung (8.11.1996-13.1.1997) und 26.-37. Sitzung (20.11.1997-12.1.1998).

Oppositionsfraktion, sondern näherten sich den Regierungsfraktionen an. Es gehe den Grünen darum, sich zur CDU hin abzugrenzen und sich der SPD anzubieten (Weiland RhP-MdL-CDU). Die Fraktionsvorsitzende der Grünen bestätigte, daß das Stimmverhalten im Ausschuß nicht der Linie einer Fundamentalopposition folge, sondern Anträge der Regierungsfraktionen mitgetragen würden, sofern man sie für begründet halte. Die F.D.P. habe jedoch - insbesondere im Vorfeld der Bundestagswahlen - Wert darauf gelegt, daß die Regierungsfraktionen keinen Antrag zusammen mit den Grünen einbrächten (Thomas RhP-FV-Grü), um die Kooperation zwischen SPD und B'90/Die Grünen im Land zu verhindern. Die Koalitionsfraktionen stimmten, wie auch im Koalitionsabkommen vereinbart, stets einheitlich ab.

Eine gemeinsame *Identität der Haushälter* kann mit gewissen Abstrichen bestätigt werden. Im Haushaltsausschuß würden "...nicht so schnell nur parteipolitisch oder... ideologisch gefärbte Debatten geführt" (Thomas RhP-FV-Grü). Insbesondere die Haushälter der Koalitionsfraktionen besäßen einen Zusammenhalt und die gemeinsame Ansicht, daß die Neuverschuldung nicht nach oben getrieben werden dürfe (Mertes RhP-FV-SPD). Allerdings liegt es in der Logik der Auseinandersetzung zwischen Regierung und Opposition, daß letztere ihre Forderungen, die immer auch eine Kritik an zugeschriebenen Versäumnissen der Koalition beinhaltet, nicht sogleich durch die Suche nach einer angemessenen Finanzierung begrenzt. Der "graue Alltag" der Haushaltspolitik unterscheide sich, so ein Vertreter der CDU, eben doch von der "wohlklingenden Rhetorik" (Weiland RhP-MdL-CDU).

Die Beratungen im *sachsen-anhaltischen* Haushalts- und Finanzausschuß zeichneten die Konflikte zwischen der Regierung und der sie tragenden Fraktionen von SPD, B'90/Die Grünen und der die Regierung tolerierenden PDS sowie der CDU-Opposition mit abgeschwächten Linien nach. Die informellen Verhandlungsbeziehungen zwischen Abgeordneten von Regierungsfraktionen und PDS und die damit einhergehenden "Umbauten" des Regierungsentwurfs stellten ein immer wieder diskutiertes Thema auch im Haushaltsausschuß dar[187]. So richtete der Finanzminister zu Beginn der Beratungen über den 1996er Etat noch einen eindringlichen Appell an die Finanzpolitiker aller Fraktionen, die Nettokreditaufnahme auf keinen Fall anwachsen zu lassen, um den politischen Entscheidungsspielraum für die künftigen Jahre nicht weiter einzuengen. Unterschiedliche politische Standpunkte sollten die kritische Sicht des Finanzausschusses nicht überlagern. Damit warb der Finanzminister letztlich um die Unterstützung seiner eigentlichen "Hausmacht", der Finanzpolitiker der Fraktionen. Die Regierungsfraktionen unterwarfen sich auch in diesem Ausschuß der *Koalitionsdisziplin*, wobei allerdings der grüne Abgeordnete - wohl aufgrund seiner Mehrfachbelastung als Fraktionsvorsitzender und Ausschußmitglied - an den Diskussionen kaum aktiv teilnahm. Die Oppositionsrolle nahmen eindeutig die CDU-Abgeordneten ein, die zumeist scharfe Kritik an dem vorgelegten Zahlenwerk übten. Die PDS, in die vorangegangenen und noch gleichzeitig stattfindenden informellen Beratungen eingebunden, verteidigte die erzielten Kompromisse im Ausschuß und verhielt sich insgesamt im Sinne der Tolerierungsrolle diszipliniert. Ihr parlamentari-

187 Für Sachsen-Anhalt wurden die Protokolle des Haushalts- und Finanzausschusses der 42.-69. Sitzung (16.10.1995-22.5.1996) und der 70.-85. Sitzung (7.10.1996-3.12.1996) ausgewertet.

scher Geschäftsführer Gallert nahm anstelle des PDS-Finanzexperten Trepte, dem eine "typische Finanzlersicht" zugeschrieben wurde, einige Male an den Ausschußsitzungen teil, weil die "...Basis der nun anstehenden Verhandlungen wirklich die Kompromißrunden gewesen sind, in denen wir dringesessen haben" (Gallert SnA-PG-PDS).

Die auch von den Vertretern der Koalitionsfraktionen bestätigte Einschätzung, daß die Haushaltsentwürfe nur eine Grundlage für die nachfolgenden informellen Verhandlungen zwischen den Parlamentariern darstellten, rief heftige Kritik der CDU hervor. Ihre Vertreter monierten, daß die Regierungsvorlage für 1996 nicht nur wegen der veränderten Steuerschätzungen, sondern auch aufgrund der zuvor ausgehandelten Veränderungen am Regierungsentwurf kaum mehr Grundlage der Beratungen sein könne. Der parlamentarische Geschäftsführer der SPD, Bullerjahn, schälte sich in den Ausschußberatungen als Wortführer der Koalitionsparteien heraus, der finanzpolitische Sprecher der CDU, Scharf, trat als Gegenspieler auf. Daß die informellen Verhandlungsergebnisse auch für die Mitglieder von Regierungsfraktionen bindend waren, wurde im Ausschuß deutlich hervorgehoben: So wies der Verhandlungsführer der SPD darauf hin, daß die Fraktion zwar noch nicht über die von der informellen Verhandlungsgruppe vereinbarten Eckdaten beraten habe, es aber dennoch keine Änderungen mehr geben werde. Bullerjahn bestätigte, natürlich müßten sich die mehrheitsbildenden Fraktionen im Vorfeld einer Ausschußsitzung absprechen. Der Haushalt sei schließlich so umstritten gewesen, daß es "...ganz klar war, es wird eine Linie gemacht, und die mußte ganz stringent von einigen wenigen durchgezogen werden...Sie mußten aufpassen, daß da nicht irgend jemand auf einmal rausgebrochen wird" (Bullerjahn SnA-PG-SPD). Die CDU habe sich zudem selbst ausgegrenzt, da sie die Linie der Fundamentalopposition verfolgt habe. Die Opposition ihrerseits bemängelte diese Vorgänge als unzureichende Informationspolitik, der sie ausgesetzt sei, und mahnte eine Haushaltsergänzungsvorlage und mehrfach auch Terminverschiebungen an. So wurden sogar in der Bereinigungssitzung noch Anträge der Regierungsfraktionen eingebracht, ohne daß sich zuvor der zuständige Fachausschuß beraten konnte. Der Finanzausschuß habe, bestätigte der Fraktionsvorsitzende von B'90/Die Grünen, nach den informellen Verhandlungsrunden "alles wieder umgekrempelt", was Arbeit und "unglaublichen Ärger" gemacht habe (Tschiche SnA-FV-Grü).

Die Ausschußsitzungen über den Haushalt 1997 waren von größeren Polarisierungen gekennzeichnet als die des Vorjahres. Die CDU und der Ausschußvorsitzende Kupfer (CDU) wiesen mit Nachdruck auf die begrenzte Gültigkeit der Regierungsvorlage hin, die durch die verschiedenen Haushaltsarbeitsgruppen aus Regierungsfraktionen und PDS umgeändert wurde. Der Vorsitzende betonte, daß der Finanzausschuß wissen müsse, wie der aktuelle und gemeinsame Stand des Regierungswillens aussehe. Wegen des zwischen Bullerjahn und Gallert erzielten "Datschen-Kompromisses" sei ein klarer Wille der Landesregierung nicht mehr erkennbar, weshalb eine Ergänzungsvorlage notwendig sei. Aus Protest gegen die mangelnde Information über die informell erzielten Ergebnisse verweigerte die CDU vorübergehend ihre Mitarbeit im Ausschuß (MZ, 6.11.1997). Die Ausschußmitglieder hatten zur überarbeiteten Haushaltsstruktur nur eine Pressemitteilung des SPD-Geschäftsführers mit allgemeinen, nicht spezifizierten Sparvorschlägen erhalten. Der Finanzminister, der von den Abgeordneten weitgehend übersteuert worden war, verteidigte wiederum im Ausschuß den Kompromiß, denn es habe sich gezeigt, daß der Haushalt noch korrekturbedürftig gewesen sei. Die Veränderungen seien tragbar, sofern sie der Schaffung oder dem Erhalt von Arbeitsplätzen dienten. Allerdings zeigte er sich ablehnend gegenüber einem weiteren Anstieg der Neuverschuldung, ebenso gegenüber einer weiteren Erhöhung der globalen Minderausgabe.

Das *Stimmverhalten* der Fraktionen im Ausschuß kann nicht präzise rekonstruiert werden, da in den Protokollen nur das Verhältnis von Zustimmungen zu Ablehnungen und Enthaltungen angegeben ist. Die Unterlagen weisen jedoch darauf hin, daß die Koalitionsfraktionen geschlossen stimmten und ihre Mehrheit durch eine wohl zumeist gesplittete Stimmabgabe der PDS gesichert war. Auch die CDU verhielt sich offensichtlich nicht immer einheitlich. Ein *gemeinsames Bewußtsein*, daß die "Haushälter" finanzpolitische Kriterien im Entscheidungsprozeß absichern sollten, wurde zwar vom Finanzminister im Ausschuß nachdrücklich angemahnt. Auch der Ausschußvorsitzende betonte, im Finanzausschuß herrsche ein sachlicheres und nüchterneres Klima als in den meisten anderen Ausschüssen. Der Grund hierfür sei in der Konkretheit des Gegenstandes "Haushalt" zu sehen. Die PDS nahm an den Sitzungen mit immer wenigstens einem Fachabgeordneten teil, dessen Bereich gerade verhandelt wurde, um "eingreifen" zu können, wenn der Finanzausschuß vom Votum des Fachausschusses abweichen wollte (Sitte SnA-FV-PDS). Diese Praxis ist Ausdruck der von der PDS verfochtenen Überordnung fachpolitischer Interessen über fiskalische Erwägungen. Während die PDS-Vorsitzende den Haushältern im negativen Sinne bescheinigte, sie wollten alle den Haushalt "unbedingt ausgleichen und konsolidieren", und insbesondere der Haushaltsausschuß versuche, die Fachausschüsse zu dominieren (Sitte SnA-FV-PDS), bestätigte der finanzpolitische Sprecher der CDU, Scharf, im positiven Sinne, daß es "...über die Parteien hinweg unter den Mitgliedern im Finanzausschuß ein erhöhtes Bewußtsein..." gebe, "...daß man die Landeshaushaltsordnung oder die Bundeshaushaltsordnung nicht so einfach wegwischt..., sondern daß da schon Überlegungen dastehen, die, egal, wer regiert, eingehalten werden..." (Scharf SnA-PG-CDU). Gleichwohl ließ sich die CDU nachdrücklich nicht darauf ein, die Diskussion im Ausschuß so zu führen, daß sie ihre Forderungen mit entsprechenden Deckungsvorschlägen unterlegte. Sie könne sich, so die Begründung, mit den politischen Vorgaben und Vorstellungen des Haushalts schließlich in keinster Weise identifizieren. Die finanzpolitische Vernunft der Minderheitskoalition werde von reinen Machtüberlegungen überlagert, die letztlich verhaltensleitend seien. Daß seitens der Regierungsfraktionen versucht wurde, einen informell mit der PDS erzielten Konsens weitgehend durchzuhalten, bestätigen im großen und ganzen auch die Ausschußprotokolle.

Fassen wir zusammen: Auch die nicht-öffentlichen Ausschußsitzungen können nicht der Ort sein, an dem eine Einigung zwischen Koalitionspartnern herbeigeführt wird. Die Anwesenheit der Opposition in Parlamentsausschüssen bringt es mit sich, daß die - sektoral definierten - Verhandlungen zwischen den Koalitionsfraktionen und den Ministerien aus dem Ausschuß in informelle Gremien und Kontakte vorverlagert werden, in denen nur die Koalitionsfraktionen vertreten sind und Konflikte deshalb nicht über den Weg der Opposition sichtbar gemacht werden können. Entsprechend beklagen Vertreter von Oppositionsfraktionen durchwegs ihren Informationsrückstand gegenüber der Regierung. So ist in den Ausschüssen der untersuchten Landtage auch die im Vorfeld der Sitzungen hergestellte *Koalitionsdisziplin* als machtsicherndes und die Regierungsfähigkeit stabilisierendes Element deutlich erkennbar, ebenso die Trennlinie zwischen Regierung und Opposition. Konflikte zwischen den Koalitionspartnern werden zuvor bereinigt.

Tabelle 10: Stimmverhalten der Fraktionen im rheinland-pfälzischen Haushalts- und Finanzausschuß

Haushalts- und Finanzausschuß des Landtags Rheinland-Pfalz Ablehnung und Annahme von Anträgen der Fraktionen zum Haushalt 1997				
	n **524**	**davon angenom-men**	**davon abgelehnt**	**Anmerkungen**
Anträge der Regierungs-fraktionen SPD + FDP (38,5% aller Anträge)	202	202 100%	--	64 x Annahme mit CDU = 31,7% 126x Annahme mit Grünen = 62,4% 47x einstimmige Annahme = 23,3% 59x ohne Zustimmung von CDU und Grünen = 29,2%
Anträge der CDU-Oppositionsfraktion (36,6% aller Anträge)	192	10 5,2%	182 94,8%	95x Ablehnung durch alle anderen P-arteien = 49,5% 61x Ablehnung durch SPD und FDP bei Enthaltung der Grünen = 31,8% ==> 81,3% der CDU-Anträge finden keine Zustimmung der anderen Oppositions-partei (Grüne) 36x Befürwortung durch die Grünen = 18,7%
Anträge der Oppositions-fraktion von B'90/Die Grünen (24,0% aller Anträge)	126	3 2,4%	123 97,6%	11 Anträge von der CDU mitgetragen = 8,7%
Gemeinsame Anträge von CDU und B'90/Die Grünen (0,2% aller Anträge)	1	--	1	
Interfraktionelle Anträge (0,6% aller Anträge)	3	3	--	

Quelle: eigene Auszählung

In derartige Vorabsprachen mußte die rot-grüne Minderheitskoalition zumeist die tolerierende PDS einbeziehen, auch wenn Vertreter des Tolerierungspartners in einigen Fällen ihre Distanz zu den Regierungsfraktionen deutlich machten. Änderungsanträge zum Haushalt wurden in Thüringen und in Rheinland-Pfalz im Benehmen mit der Regierung im Ausschuß beschlossen; in Sachsen-Anhalt hingegen verfügten die Abgeordneten von SPD, B'90/Die Grünen und PDS über eine größere Gestaltungsmacht, weil der Finanzminister aus dem Entscheidungsprozeß weitgehend ausgeschlossen war und sein Entwurf in informellen Gesprächsrunden und sodann in den Ausschüssen umgebaut wurde. Für die CDU-Opposition ergaben sich dadurch besondere Schwierigkeiten, die Willensbildung der anderen Fraktionen nachzuvollziehen.

Selbst wenn aber die Regierungsfraktionen als einheitlicher "Block" auftreten, sind doch die Ausschußsitzungen nicht in einer dem Plenum vergleichbaren Weise polarisiert. Nicht nur prägt - unter Abwesenheit der Öffentlichkeit - ein vergleichsweise sachlicherer Diskurs die Diskussionen; auch das Stimmverhalten der Oppositionsparteien ist insofern differenziert, als Anträge der Regierungsfraktionen von ihnen oftmals befürwortet werden (vgl. auch: Ismayr 1992: 313 f.). Der *Interaktionsstil* ist kooperativer und weitgehend frei von Polemik, es sei denn, die Oppositionsfraktionen waren, wie die CDU in Sachsen-Anhalt, durch die auf informellem Wege erzielten Veränderungen der Regierungsvorlage von den für die Ausschußarbeit erforderlichen Informationen abgeschnitten. Eine *"Identität"*, d.h. ein gemeinsames, durch die Funktion geprägtes Bewußtsein der Haushälter, war in den drei untersuchten Ausschüssen - mit verschiedenen, deutlichen Abstufungen freilich - durchaus vorhanden. Dieses Bewußtsein wurde jedoch in allen drei Ausschüssen durch die Trennlinie zwischen Regierung und Opposition überlagert.

4.4.2 Die Plenardebatten

Vorentscheidungen und Einigungsprozesse zwischen den Koalitionspartnern kommen weder in den Ausschuß- noch in den Plenarsitzungen des Landtags zustande. Insbesondere die öffentlichen Plenarsitzungen unterliegen dem Ritual der antagonistischen Gegenüberstellung von Regierung und Opposition (vgl. Mayntz/Neidhardt 1989). Gleichwohl können die Debatten im Plenum als Gradmesser herangezogen werden, ob und in welchem Ausmaß das Verhältnis zwischen den Koalitionsparteien polarisiert ist und inwieweit sich die Bündnispartner in den an die Öffentlichkeit gerichteten Debatten wechselseitig zu profilieren versuchen.

Die *Thüringer* Plenardebatten über den Haushalt waren von einer klaren Frontstellung zwischen *Regierung und Opposition* gekennzeichnet. Die Reden der PDS-Fraktionsvorsitzenden Fischer wurden von häufigen Zwischenrufen der CDU unterbrochen, immer wieder auch von kritischen Kommentaren der SPD. Die PDS kritisierte die Regierungsarbeit beider Parteien und stellte die SPD als Umfallerpartei und als Vollzugsgehilfin der CDU dar: Der 1996er Haushalt, so Fischer, stehe "...insgesamt in der Kontinuität konservativer CDU-Politik, der die SPD auch in Thüringen zur Mehrheit verhilft". Die SPD übe sich in "Nibelungentreue" (Th-PlPr 2/22: 12). Mit dieser Strategie sollte die SPD öffentlich nicht nur als wenig durchsetzungsstark, sondern auch als eine Partei charakterisiert werden, die ihre ursprünglich im Wahlkampf artikulierten Ziele in der großen

Koalition gegenüber der CDU nicht umzusetzen vermochte (Th-PlPr 2/27: 126). Deshalb wurden von der PDS immer wieder Teilvereinbarungen des Koalitionabkommens angeführt, die unter dem Sparzwang des Haushaltsvorbehalts nicht verwirklicht werden konnten (z.B. Th-PlPr 2/22: 15). Gegner jedweder Zusammenarbeit mit der PDS, wie der Wissenschaftsminister Schuchardt, wurden von der PDS-Fraktionsvorsitzenden direkt angegangen (Th-PlPr 2/22: 16). Beifall erhielten PDS-Sprecher denn auch fast ausschließlich von ihrer eigenen Fraktion; selten gab es, etwa bei der Diskussion über Frauenpolitik, auch Zustimmung von SPD-Abgeordneten (Th-PlPr 2/27: 54).

Die Spannungen und Konflikte zwischen den Koalitionspartnern, die sich im Laufe der Etatberatungen aufgetan hatten, schlugen sich auch in den Plenarsitzungen nieder. Die Bündnispartner gaben keineswegs das Bild eines einheitlichen Blocks ab, der von einem mehr oder weniger geschlossenen Koalitionswillen zusammengehalten wurde. Die Koalitionspartner profilierten sich in den öffentlichen Plenardebatten immer auch gegeneinander; insofern war dic *Kooperation* der Koalitionspartner deutlich von der *Konkurrenz* zwischen den Parteien überlagert. Die eigenen parteipolitischen Positionen wurden auch in den öffentlichen Debatten deutlich markiert: Finanzminister Trautvetter wies in seiner Rede zur Einbringung des Haushalts mehrfach darauf hin, daß die CDU der von der SPD auch im Wahlprogramm vertretenen Förderung des Zweiten Arbeitsmarktes skeptisch gegenüberstehe (Th-PlPr 2/22: 8 f.). Der SPD-Fraktionsvorsitzende Lippmann wiederum stellte die Haushaltsansätze für den Wohungsbau und den Zweiten Arbeitsmarkt sowie die Rücknahme des geplanten Personalabbaus als Leistungen heraus, die von der SPD in den Koalitionsverhandlungen erzielt werden konnten (Th-PlPr 2/22: 33 ff.). Die im Referentenentwurf angebotenen Mittel zur Sicherstellung von § 249 h-Maßnahmen von 180 Mio DM, kritisierte er den ersten Haushaltsentwurf und damit den Finanzminister, seien gegenüber den 274 Mio DM und den im Nachtragshaushalt ausgebrachten 52 Mio DM eine "Zumutung" für die Sozialdemokraten gewesen.

Bestandteil der gemäßigten Konfrontation in den Haushaltsdebatten über den 1996er und 1997er Etat war die direkte persönliche Kritik an Vertretern des jeweils anderen Koalitionspartners. Der Fraktionsvorsitzende der CDU, Schwäblein, thematisierte beispielsweise die immer wieder in den Raum gestellten Überlegungen des Innenministers Dewes (SPD), die PDS als potentiellen Kooperationspartner aufzuwerten. Anläßlich einer Rede der PDS-Fraktionsvorsitzenden Fischer forderte er Dewes auf, sich "...den Gesellschaftsentwurf der PDS-Fraktion...auf der Zunge zergehen zu lassen und sich zu überlegen, ob er immer noch mit dieser Truppe koalieren will" (Th-PlPr 2/22: 22). Adressaten seiner Kritik waren ebenfalls der DGB-Landesvorsitzende Spieth, Mitglied des Landesvorstands der SPD, und Wissenschaftsminister Schuchardt. Beifall erhielt seine Rede - wie oft auch lange Passagen anderer CDU-Redner - weitgehend nur von der CDU. Daß diese "wilden Reden" (Klaus Th-MdL-SPD) die Stimmung in der Koalition manchmal getrübt haben, wurde durchaus eingeräumt - auch wenn Schwäblein am Ende seiner Rede gegenüber dem SPD-Fraktionsvorsitzenden die erforderliche Fairneß im Umgang der Partner einer Koalition wieder hervorhob. Diese betonte auch der Ministerpräsident des Landes, Bernhard Vogel (Th-PlPr 2/27: 37), wenn er auf die Notwendigkeit abhob, daß sich die Koalitionspartner zusammenraufen müßten. Der SPD-Abgeordnete Gundermann wiederum kritisierte den Haushaltsentwurf als gezielte Provokation (Th-PlPr 2/27: 30).

Die Reden von SPD-Abgeordneten erhielten vor allem dann den Beifall der CDU, wenn sie gegen die PDS gerichtet waren.

Gegenstand von Meinungsverschiedenheiten in einer zur parteipolitischen Zusammensetzung der Bundesregierung *nicht-konformen Koalition* wie in Thüringen ist nicht zuletzt die Politik der Bundesregierung, von der, wie alle Abgeordneten in ihren Reden immer wieder betonten, die Landespolitik ebenfalls abhängt. Die meisten Reden von SPD-Abgeordneten oder SPD-Ministern entbehrten daher nicht des Hinweises auf die aus ihrer Sicht desolate Bonner Finanz- und Steuerpolitik, welche die Landesregierung unter erheblichen Problemdruck setze (z.B. Gundermann (SPD) Th-PlPr 2/27: 32; Klaus (SPD) Th-Pl/Pr 2/27: 91; Dewes (SPD) Th-PlPr 2/27: 107; gegen diese Sicht: Wundermann (CDU) Th-PlPr 2/27: 89; Schuster (CDU) Th-PlPr 2/27: 136). Sofern diese Einwände von der SPD kamen, fanden sie auch den Beifall der PDS. Die Kritik an den jeweiligen Bundesparteien des Bündnispartners gehörte zum Ritual der Koalitionsbeziehungen und zeigt erneut, daß die föderale Dimension des Koalitionshandelns nicht aus den Interaktionen der Parteien ausgeblendet werden kann. Wenn Parteien gegen die Bundespolitiker der jeweils anderen Partei polemisieren, zielen sie immer auch auf die Akteure im Lande, die dieser Partei schließlich angehören. Zu diesem Typus von Kritik sind auch die wiederkehrenden Fingerzeige der CDU auf die Tolerierungspolitik der SPD im benachbarten Sachsen-Anhalt zu zählen (Ulbrich (CDU) Th-PlPr 2/27: 21).

Kennzeichnend für die Situation in einem ostdeutschen Landtag war daneben das immer wieder aufgebrachte Thema *DDR-Vergangenheitsbewältigung*, das sich im Bereich der Haushaltspolitik vor allem um den seinerzeit geltenden Vorrang von konsumtiven vor investiven Mitteln drehte. Die Kräfte, die, wie insbesondere die oppositionelle PDS, Zuwächse vor allem bei konsumtiven Ausgaben auf Kosten einer steigenden Staatsverschuldung forderten, wurden damit als rückwärtsgewandt und noch dem alten System verhaftet dargestellt (Ulbrich (CDU) Th-PlPr 2/27: 20).

Die Haushaltsdebatten im *sachsen-anhaltischen* Landtag spiegelten die Loyalitätsverhältnisse im Rahmen der tolerierten Minderheitsregierung wider. Der *Antagonismus* zwischen den *Regierungsparteien und der oppositionellen CDU* war in aller Schärfe erkennbar; die PDS wiederum zeigte sich gegenüber der rot-grünen Minderheitskoalition zwar weitgehend kooperativ, grenzte sich - ihrer Selbstdefinition als "gesellschaftliche Opposition" entsprechend - dabei aber kritisch gegen die Landesregierung ab. CDU-Positionen wurden von ihr nicht unterstützt. Ein zentraler Kritikpunkt der CDU stellte das Procedere der informellen Haushaltsberatung dar, in welche die PDS eingebunden war. Die Haushaltsberatungen wurden deshalb thematisiert, um die Funktionslogik des "Magdeburger Modells" öffentlichkeitswirksam darzulegen. Der 1996er Etat sei "im Hinterzimmer einer Koalition von SPD und PDS" zusammengeschmiedet worden (Scharf (CDU) SnA-PlPr 2/32: 2279); der 1997er Etat, der auf der "Datsche von Herrn Claus ausgehandelt" worden sei, verdiene Kritik (Bergner (CDU) SnA-PlPr 2/52: 3867). Daß die Regierungsvorlage zuerst in den informellen Arbeitsgruppen und dann erneut in den Ausschüssen in Teilen umgebaut wurde, veranlaßte die CDU mehrfach zu heftigen Attacken gegen Finanzminister Schaefer. Der Finanzminister, als "Watschenmann" tituliert (Bergner (CDU) SnA-PlPr 2/32: 2299), wurde zum Rücktritt aufgefordert, weil er seinen Haushalt nicht verantworten könne und immer wieder "...die Verantwortung für einzelne Haushaltsansätze mit der Begründung ablehnt, der Landtag hat es beschlossen"

(Scharf (CDU) SnA-PlPr 2/32: 2281). Der CDU-Abgeordnete Böhmer resümierte zutreffend, die Abstimmung zwischen der SPD-Fraktion und der PDS-Fraktion habe besser funktioniert als die zwischen der SPD-Fraktion und der eigenen Landesregierung (SnA-PlPr 2/52: 3881). Alle Anträge der CDU seien nach knapper Diskussion "weggestimmt" worden. Wortbeiträge von CDU-Abgeordneten wurden ausschließlich von den eigenen Vertretern mit Beifall bedacht, demgegenüber aber oftmals von ironischen oder polemischen Einwürfen der Koalitionsfraktionen und der PDS unterbrochen.

Vertreter der SPD und von B'90/Die Grünen traten im Plenum in vergleichbarer Weise auf. Hauptadressat der Kritik war die CDU-Opposition, der die lückenhafte Teilnahme an den Sitzungen des Finanzausschusses und destruktives Verhalten vorgeworfen wurde (Fikentscher (SPD) SnA-PlPr 2/52: 3871), das die heftige Kritik am Entscheidungsprozeß und an der materiellen Haushaltspolitik der Koalition nicht rechtfertige. Die Reden von SPD-Vertretern fanden Zustimmung in der eigenen Partei, sehr oft auch seitens des kleinen Koalitionspartners oder der PDS; von der CDU wurden sie mit zahlreichen polemischen Zwischenrufen unterbrochen. Der Fraktionsvorsitzende von B'90/Die Grünen, Tschiche, rechtfertigte die die PDS einbindende Mehrheitssuche der Koalitionsfraktionen während der Beratungen über den 1996er Etat. Sachentscheidungen seien den Fraktionen wichtiger gewesen als "...die eingeübten Verdammungsrituale von Leuten, die gestern auch ganz anders gehandelt und gedacht haben" (SnA-PlPr 2/32: 2291). Die CDU, so Tschiche, habe das Rennen bereits aufgegeben, bevor die Verhandlungen im Landtag überhaupt begonnen hätten.

Konflikte zwischen der SPD und B'90/Die Grünen traten während der Haushaltsdebatten - anders als zwischen den Partnern in dem in sich wesentlich polarisierteren Bündnis in Thüringen - nicht offen zutage. Finanzminister Schaefer, der von der eigenen Fraktion und Teilen des Kabinetts während der Haushaltsberatungen nicht hinreichend unterstützt worden war, verhielt sich in den öffentlichen Beratungen zwar weitgehend loyal. In der Diskussion über den 1996er Etat verteidigte er den Haushalt als "beeindruckendes Ergebnis von konstruktiven Beratungen, an denen ich ja nicht ganz unbeteiligt war". Das Magdeburger Modell habe zu einer Stärkung des Parlaments geführt, da "...bis in kleinste Detailfragen hinein immer wieder neue Mehrheiten durch Diskussionen gefunden werden mußten" (SnA-PlPr 2/32: 2274). Allerdings betonte Schaefer schon seinerzeit, daß Eingriffe in Leistungsgesetze, die von der PDS als nicht verhandelbar erklärt wurden, für die nächsten Haushaltsberatungen unverzichtbar seien. Distanz hielt Schaefer auch zur hohen globalen Minderausgabe von 690 Mio DM (SnA-PlPr 2/32: 2287). Auch ein Jahr später, als sich die Konflikte zwischen dem Minister und Vertretern der Fraktion zugespitzt hatten, betonte Schaefer, es habe zwar einige "Dinge" gegeben, die seine Person betrafen. Er wolle aber im Landtag nicht darauf eingehen, weil diese Irritationen weitgehend hätten ausgeräumt werden können (SnA-PlPr 2/52: 3862). Schaefer hatte zuvor den 1997er Etat, für den in den informellen Verhandlungen gegenüber seinem Entwurf 600 Mio DM umgeschichtet wurden, als "Preis des Magdeburger Modells" bezeichnet (MZ, 4.12.1996), woraufhin Bullerjahn ihn öffentlich beschimpft hatte (VS, 5.12.1996).

Die PDS versuchte, sich in den Haushaltsberatungen gegenüber der Wählerschaft, aber auch gegenüber der eigenen Partei als Wahrerin gesellschaftlicher Interessen zu profilieren, welche die schlimmsten Kürzungen verhindert habe. Für den 1996er Etat trage die

PDS Verantwortung, auch wenn es sich nicht um einen PDS-Haushalt handle (SnA-PlPr 2/32: 2288; ähnlich Trepte (PDS) SnA-PlPr 2/52: 3902). Man habe zwar nur Kompromisse erzielt, aber, so Sitte, zwischen der Zustimmung der PDS zur aktuellen Politik und ihrer langfristigen politischen Zielsetzung bestehe weiterhin eine wesentliche Diskrepanz. Die Regierungsfraktionen, lautete ihr Vorwurf, hätten die "realen Spielräume" für den Haushalt ungenügend ausgelotet und die "gezielte Erweiterung von Grenzen erschwert" (Sitte SnA-PlPr 2/52: 3875). Kritik übte die Fraktionsvorsitzende auch am Erscheinungsbild von B'90/Die Grünen, die sich auf die "Insel des Umwelthaushalts" zurückgezogen hätten. Während die PDS-Abgeordneten den Reden von Vertretern von B'90/Die Grünen öfter zustimmten, hielten sich diese gegenüber der PDS stärker zurück. Dies kann zum einen damit erklärt werden, daß für die Grünen als 5%-Partei die Themenkonkurrenz zwischen den beiden Parteien problematischer war als für die PDS; zum anderen war B'90/Die Grünen an den informellen Haushaltsverhandlungen nicht immer beteiligt.

Die sachsen-anhaltische Minderheitsregierung mußte als zum Parteienwettbewerb im Bund *konformes Parteienbündnis* keine der Thüringer großen Koalition vergleichbaren Konflikte koalitionsintern bewältigen. Kritik an der Bundesregierung konnte von den Koalitionsparteien, die eine gewünschte Koalition eingegangen waren, nicht als Seitenhieb auf den jeweils anderen eingesetzt werden. In den Reden von Vertretern der SPD und der Grünen finden sich zahlreiche Hinweise auf die Finanz- und Steuerpolitik des Bundes, die insbesondere auf "Kosten der östlichen Bundesländer" spare (z.B. Schaefer SnA-PlPr 2/52: 3864). Die Landespolitik könne nicht losgelöst betrachtet werden von den "ungeahnten sozialpolitischen Brutalitäten aus Bonn" (Nehler (SPD) SnA-PlPr 2/52: 3883). Allerdings mahnte der Finanzminister immer wieder auch die Verantwortung der Landespolitik an und warnte davor, alle Probleme im Land auf den Bund abzuwälzen. Die Politik der Bundesregierung wurde nicht zuletzt von Vertretern der PDS-Fraktion heftig abgelehnt (Sitte SnA-PlPr 2/52: 3874), die Haushalte des Landes jener als "Reformpolitik" gegenübergestellt. Erheblich mehr als in Thüringen, wo mit der CDU ein westdeutscher Ministerpräsident und eine Partei die Regierung führten, die auch im Bund den Kanzler stellte, wurde hervorgehoben, daß der Etat als in Zahlen gegossenes Programm der Landesregierung und des Landtags eine *"Ostidentität"* verkörpere: Sachsen-Anhalt sei nicht der Erfüllungsgehilfe von Bundeskanzler Kohl. Die Ankunft von Ostdeutschland in der Bundesrepublik zeige, daß sich die Politik in der Bundesrepublik insgesamt ändern müsse, wenn die Ostdeutschen als gleichberechtigte Partner auf- und angenommen werden sollen. Magdeburg sei das selbstbewußte Signal der Ostdeutschen (Tschiche SnA-PlPr 2/32: 2292). Auch der Ministerpräsident verteidigte die Politik des Landes (z.B. Lehrergleichstellung) in der Haushaltsdebatte als ein "Signal", daß die DDR-Biographien anerkannt würden (Höppner SnA-PlPr 2/32: 2293). Hinweise auf eine von den alten Ländern abweichende politische Kultur und ein davon abweichendes Selbstverständnis der politischen Akteure, aufgrund derer Sachsen-Anhalt als Vorreiter in den neuen Ländern gelten könne, wurden argumentativ eingesetzt, um die Haushaltspolitik zu rechtfertigen, die z.B. sozialen Leistungsgesetzen einen höheren Stellenwert einräumte (auch: Sitte SnA-PlPr 2/32: 2290), die aber eben auch eine hohe Verschuldung mit sich brachte. Die rot-grüne Minderheitsregierung wurde von einigen Akteuren in diesem Sinne gleichsam als beispielgebendes *Widerlager zur Bundespolitik* definiert (vgl. Lehmbruch 1978) - und zwar in gleich doppelter Entgegensetzung: Sowohl die parteipolitische Einfärbung unterschied sich dieser Lesart zufolge von der Bundesregierung als auch die Herkunft der Regierung, die zumindest teilweise eben nicht west-, sondern auch ostdeutsche Identität verkörpere. Umgekehrt wurde die DDR-Wirtschafts- und Finanzpolitik auch im sachsen-anhaltischen Landtag kritisch angesprochen: Man solle nicht wieder die Fehler der DDR wiederholen, die konsumtive und soziale Ziele zu Lasten der produktiven Akkumulation zu realisieren versuchte (Trepte (PDS) SnA-PlPr 2/32: 2312; Schaefer (SPD) SnA-PlPr 2/27: 1902).

Die Haushaltsdebatten in *Rheinland-Pfalz* wiederum wiesen einen eigenen, von den beiden anderen Landtagen unterscheidbaren Stil auf, der sowohl auf strukturelle bzw. institutionelle Faktoren als auch auf akteursspezifische Erklärungen zurückgeführt werden kann. Zwar zeichneten sich auch in diesem Landtag die Konfliktlinien zwischen *Regierung und Opposition* in den Plenardebatten deutlicher ab als in den Sitzungen des Haushalts- und Finanzausschusses. Allerdings ist bei den Vertretern der CDU ein differenziertes Verhalten gegenüber den Koalitionsparteien zu beobachten, das darauf zurückgeführt werden kann, daß der potentielle Koalitionspartner der CDU, die F.D.P., mit der SPD zusammen die Regierung stellte. Die Angriffe des CDU-Fraktionsvorsitzenden Gerster richteten sich vorrangig auf die SPD: Deren Finanzpolitiker seien es, die die Landesfinanzen in einen miserablen Zustand gebracht hätten (RhP-PlPr 13/15: 1031 ff.). Die Kritik war nicht nur an die Landespartei, sondern auch an die Bundespartei und ihren damaligen Vorsitzenden Lafontaine adressiert. Der F.D.P. wurde mittelbar nahegelegt, daß eine solide Finanzpolitik nur in Zusammenarbeit mit der CDU erreicht werden könne: Mittelfristig müsse erreicht werden, wieder zu einer Investitionsquote wie zu CDU- und F.D.P.-Zeiten zu kommen. Die CDU, so bestätigte auch der F.D.P.-Fraktionsvorsitzende, füge der F.D.P. keinen Schaden zu (Kuhn RhP-FV-FDP und Schleimer RhP-Ma-FDP).

Die F.D.P. wurde von der CDU als politische Kraft dargestellt, die ihre Forderungen zwar der SPD im Koalitionsvertrag diktiert habe, sich nun aber nicht durchsetzen könne. Der Finanzminister der SPD könne seine Politik vielleicht noch mit der F.D.P., nicht aber mit der SPD verwirklichen: Deshalb solle er, lautete das Mitwirkungsangebot, auch von der Unterstützung durch die CDU Gebrauch machen. Im Bundestag sei es schließlich auch üblich, daß der Haushaltsausschuß über alle Parteigrenzen hinweg einen Beitrag zum Sparen leiste (RhP-PlPr 13/15: 1038 f.). Der SPD-Fraktionsvorsitzende Mertes kommentierte diese Strategie ironisch mit den Worten, Gerster versuche jedes Mal, vom Plenum aus einen interfraktionellen Wahlkampf zu organisieren (RhP-PlPr 13/15: 1041). Andere Abgeordnete der CDU scheuten dagegen nicht vor härterer Kritik, selbst persönlichen Beleidigungen von SPD-Abgeordneten und -Ministern zurück ("Großmaul", "Dummschwätzer" usw.; RhP-PlPr 13/15: 1044, 1091, 1092). Die Grünen wiederum verhielten sich spiegelbildlich zur CDU: Sie kritisierten die SPD als Handlanger der F.D.P. und hoben auf die Koalitionszwänge ab, in die sich die SPD begeben habe ("Stell' dir vor, die Regierung wechselt und keiner merkt's!", Bill (Grü), RhP-PlPr 13/15: 1109). Für Brüderle mache es keinen großen Unterschied, ob ein SPD- oder ein CDU-Ministerpräsident im Land regiere. Die SPD sei nach 44 Jahren Opposition so versessen auf die Macht, daß der Machterhalt auch den sozialdemokratischen Profilverlust kosten dürfe (Thomas (Grü) RhP-PlPr 13/15: 1062). Beifall erhielten die Vertreter von B'90/Die Grünen fast ausschließlich nur aus der eigenen Partei - und umgekehrt: Auch die Abgeordneten der CDU wurden im Plenum nicht von B'90/Die Grünen unterstützt - ein Beispiel mehr dafür, daß die Opposition der Koalition nicht als Block gegenüberstand, sondern in sich fragmentiert war. Das Konkurrenzverhältnis zwischen den beiden kleinen Parteien, zwischen F.D.P. und B'90/Die Grünen, die von der SPD nicht als Koalitionspartner bevorzugt worden waren, schlug sich in wechselseitigen Angriffen auf die Positionen der jeweils anderen Partei nieder (z.B. RhP-PlPr 13/15: 1062, 1076).

Die SPD-Abgeordneten wiederum attackierten die Opposition heftig, weil sie nur Forderungen stelle, aber keine Einsparvorschläge unterbreite. Die Reden sowohl von CDU-Abgeordneten als auch von Grünen wurden von zahlreichen polemischen Zwischenrufen unterbrochen. Die Koalitionspartner verhielten sich in den Plenardebatten weitgehend *als Einheit* und verzichteten auf wechselseitige Attacken; die *Koalitionsdisziplin* wurde somit auch in den Plenarsitzungen durchgehalten. Die Reden des Koalitionspartners wurden zumeist mit geschlossenem Beifall beider Fraktionen bedacht. Harsche Kritik der SPD an der Bundesregierung erfuhr hingegen nur von der SPD Zustimmung, nicht aber seitens der F.D.P., die diese Politik als kleiner Koalitionspartner der CDU/CSU im Bund mittrug. Die Ausführungen der F.D.P. wiederum über die erforderliche Abschaffung der Bezirksregierungen oder über die Leistungen der Regierung im Bereich Verkehr, Weinbau und Landwirtschaft, d.h. des F.D.P.-geführten Ministeriums, wurden vor allem von der F.D.P.-Fraktion, nicht aber von der SPD mit Beifall bedacht. Die unterschiedlichen politischen Positionen wurden somit zwar sichtbar, ohne daß sie jedoch in offene Kontroversen umschlugen. Auch die Öffentlichkeitswirksamkeit solcher differenzierten Beifallsbekundungen im Plenum ist begrenzt, da die Medien nicht immer über diese Details berichten.

Die SPD nahm in den Plenardebatten durchaus Rücksichten darauf, daß die F.D.P. in die Bundesregierung eingebunden war, indem sie ihre Kritik nur an die Adresse der CDU adressierte. So wies der SPD-Fraktionsvorsitzende dem Bundeskanzler die Verantwortung für die hohen Erwerbslosenzahlen zu (RhP-PlPr 13/15: 1047). Auch andere SPD-Abgeordnete sprachen nur die CDU-Abgeordneten an, die die Verantwortung im Bund trügen. Die F.D.P. wurde in auffälliger Weise geschont (RhP-PlPr 13/15: 1102). Auch der Finanzminister kritisierte die "Untätigkeit des Bundesfinanzministeriums" (RhP-PlPr 13/14: 1032). Anders als in Thüringen, wo ebenfalls eine *nicht-konforme Koalition* regierte, gingen SPD und F.D.P. in Rheinland-Pfalz, für die die sozialliberale Koalition die *gewünschte Verbindung* war, mit diesem Thema vorsichtiger um - auch wenn die Kritik an der CDU-geführten Bundesregierung eine gewisse Gratwanderung darstellte. Die CDU-Abgeordneten wiederum verteidigten die Bundespolitik gegen diese Angriffe und stellten die Bonner Politik der Landesregierung als Vorbild entgegen.

4.4.3 Resümee

Die Ergebnisse zeigen, daß die Plenardebatten das Konfliktniveau und die Konfliktstrukturen, denen Länderkoalitionen ausgesetzt sind, recht genau widerspiegeln. Ob eine Koalition in ihrer Zusammensetzung dem Wechselspiel von Regierung und Opposition im Bund entspricht oder ob sie aus beiden gemischt ist, prägt den Debattenstil mit. Allerdings weist der direkte Vergleich Thüringens mit Rheinland-Pfalz darauf hin, daß der entscheidende Faktor darin liegt, ob die Koalitionsparteien in eine Wunschkoalition eingebunden sind und wie stark das Bündnis intern polarisiert ist. Für diese Polarisierung zeichnen wiederum unterschiedliche Erklärungen verantwortlich, so etwa innerparteilicher Druck, personale Faktoren, abweichende Positionen zu politischen Issues, die Struktur des regionalen Parteiensystems oder auch Erfahrungen der Zusammenarbeit mit dem Partner. Je stärker dieser interne Wettbewerb, desto ausgeprägter ist die Neigung der Parteien, sich auf Kosten des Bündnispartners öffentlichkeitswirksam zu profilieren. Wo Konflikte - wie in Sachsen-Anhalt der parteiinterne Dissens zwischen Finanzminister und Abgeordneten - nicht der als positiv angesehenen Profilierung dienen, werden sie bagatellisiert.

Insgesamt zeigt der Vergleich von Plenardebatten und Ausschußsitzungen, daß Beschaffenheit und Funktion der jeweiligen Institution das Verhalten der Akteure vorprägen. Eingebettet in eine Diskussion unter Fachpolitikern, ist der Interaktionsstil in den Ausschußsitzungen weniger konfrontativ als im Plenum, wo sich die Reden zuvörderst an die Öffentlichkeit richten. Das Mischungsverhältnis, in dem kooperative und kompetitive Interaktionsorientierungen der Koalitionsparteien vorliegen, bestimmt aber auch den Charakter der Plenardebatten. Wie deutlich oder wie verhalten Seitenhiebe auf die jeweils andere Koalitionspartei ausfallen, liegt deshalb nicht ausschließlich in institutionellen Prägungen (wie der Struktur des regionalen Parteiensystems), sondern auch in akteursspezifischen Ressourcen der Konsensbildung, wie dem Umgangsstil der Akteure miteinander, begründet.

Teil 3
Koalitionshandeln - ein für die Theoriebildung sperriges Phänomen? Zur theoretischen Einordnung der Koalitionspraxis

In der eingangs entwickelten Fragestellung wurden zwei miteinander verbundene Zielsetzungen formuliert: Erstens sollte die Untersuchung einen theoriegeleiteten Beitrag zur Weiterführung der Koalitionsanalyse liefern. Anders als die meisten Arbeiten in der Koalitionsforschung richtete sich das Augenmerk jedoch nicht darauf, Koalitionsbildungen und die Stabilität von Regierungsbündnissen modellhaft zu analysieren. Das Interesse galt vielmehr der Regierungs*praxis* von Länderkoalitionen, die generell davon geprägt ist, daß Koalitionen den Parteienwettbewerb in gewissem Umfang in das Bündnis hineinverlagern und Konsens zwischen den Partnern unter Bedingungen des Wettbewerbs hergestellt werden muß. Der koalitionsinterne Interessenausgleich zwischen den Bündnispartnern erfolgt somit unter den Bedingungen eines Spiels mit gemischten Motiven, in dem sich kooperative und kompetitive (gelegentlich auch feindliche) Handlungsmuster auf den unterschiedlichen Ebenen des parlamentarischen Regierungssystems und auch innerhalb der Parteien in mehreren Schichten überlagern. Für diese Fragestellung sollten theoriebezogene Zusammenhänge über die Entscheidungspraxis von Koalitionen erarbeitet werden. Die bestehenden Erkenntnisse der modellbildenden Koalitionsforschung konnten hierbei nicht einfach übertragen, sondern lediglich als Heurismen eingesetzt werden. Als fruchtbarer erwiesen sich akteurs- und institutionentheoretische Erklärungen, die zu einem theoretischen Grundgerüst für die empirische Untersuchung des Koalitionshandelns zusammengefügt wurden.

Auf dieser Grundlage konnten, zweitens, Hypothesen und Einblicke in die bislang weitgehend unbekannte Empirie der Regierungspraxis Koalitionen gewonnen werden. Als Fallbeispiele wurden Länderkoalitionen ausgewählt, weil auf diese Weise die institutionellen Rahmenbedingungen weitgehend konstant gehalten und dadurch der akteursspezifisch erklärbare Anteil von Koalitionshandeln herausgearbeitet werden konnten. Dabei sollten die spezifischen Handlungsbedingungen freigelegt werden, die Konflikte hervorrufen oder die Konsensbildung zwischen den Bündnispartnern erleichtern. Obschon auf Länderebene rund zwei Drittel aller Regierungen Koalitionsregierungen sind und Regierungsbündnisse im Bund in der Nachkriegsgeschichte der Bundesrepublik die gängige Regierungsform darstellen, gibt es kaum Studien, die sich dem koalitionsinternen Interessenausgleich zwischen Regierungspartnern und der Eingebundenheit von Koalitionshandeln in verschiedenartige Entscheidungs- und Handlungsebenen widmen (vgl. Teil 1, Kap. 2). Die vorliegende Untersuchung nimmt die Überlegung auf, daß die Interaktionen von Parteien während und nach Regierungsbildungen vor allem von *Verhandlungs*beziehungen geprägt sind. Ein "koalitionsinterner Interessenausgleich" zwischen Parteien setzt immer voraus, daß Akteure zweier oder mehrerer Parteien, die zumeist unterschiedliche programmatische Zielsetzungen haben und den Parteienwettbewerb in unterschiedlichem Umfang in das Regierungsbündnis hineinverlagern, durch Verhandlungen zu gemeinsam getragenen Entscheidungen kommen. Erst auf dieser Grundlage können zuverlässige parlamentarische Mehrheiten entstehen. Insofern sind Mehrheitsentscheide und Verhandlungen in Koalitionsregierungen funktional aufeinander bezogen.

In der nachfolgenden Zusammenfassung werden die in den empirischen Teilen der Arbeit gewonnenen Einzelergebnisse nicht nochmals aufgeführt, da sie am Ende der einzelnen Kapitel bereits jeweils gesondert gebündelt wurden. Vielmehr werden die wichtigsten konsensfördernden Ressourcen und Erklärungen für Koalitionshandeln auf Länderebene abschließend in einen theoretischen Zusammenhang gebracht (vgl. Abb. 11). Vor allem aber wird die Frage diskutiert, inwieweit sich das Koalitions*handeln*, d.h. die Entscheidungspraxis von Regierungsbündnissen, die mehr noch als die *Bildung* von Regierungsbündnissen von einer Vielzahl von erklärenden Variablen abhängt, gegenüber einer Theoriebildung als sperrig erweist.

Theoriebildung und Koalitionspraxis: Wer Einblicke in die "Mechanik des Regierens" von Koalitionen und damit in die Interaktionen von Koalitionsakteuren gewinnen will, greift sinnvollerweise auf den einzelnen Akteur als Untersuchungsgröße zurück. Institutionelle Erklärungen reichen für eine Analyse des Koalitionshandelns nicht aus, da Koalitionspolitiker in der Regierungspraxis ein bedeutsames Maß an - nicht institutionell determinierter - Handlungsfreiheit zu nutzen wissen. Der Kreis der Akteure konnte für die Untersuchung eingegrenzt werden auf die Schlüsselpersonen, die mehrere Funktionen im Koalitionsmanagement und auf den unterschiedlichen, in Entscheidungssituationen miteinander verbundenen Handlungsebenen eines Regierungsbündnisses innehaben. Weiterhin wurden solche Akteure einbezogen, die für koalitionskritische Strömungen und Gruppierungen in den drei hier untersuchten Koalitionen stehen oder über diese Auskunft zu geben vermochten. Mit diesem Vorgehen sollte eine große Nähe zum zu erklärenden Gegenstand gehalten werden, denn die Frage, wie und mit welchen Instrumentarien es Koalitionen trotz der nie vermeidbaren Wettbewerbssituation zwischen den Parteien gelingt, Konsens herzustellen, erfordert Informationen über Strategien und Handlungsrestriktionen von Akteuren. Indem institutionen- *und* akteurstheoretische Ansätze in die Koalitionsanalyse integriert werden, nimmt die Tiefenschärfe eines Untersuchungskonzepts zu. In der vorangegangenen Analyse hat sich immer wieder gezeigt, daß monistische Erklärungen, wie Rational-Choice-Ansätze, die Handlungen eines Akteurs ausschließlich auf dessen Kosten-Nutzen-Kalkül zurückführen, oder die Annahme, daß das Verhalten eines Akteurs vor allem durch internalisierte (und auch über Institutionen vermittelte) Rollen gesteuert werde, zu kurz greifen.

Akteursspezifische Variablen - wie persönliche Sympathien, das Amtsverständnis oder die Autorität von Führungspersonen - sind in vergleichenden Koalitionsanalysen nur bedingt generalisierbar; ihnen kommt in jedem untersuchten Fall ein unterschiedliches Gewicht zu. Selbst dann, wenn die Akteure sich institutionen- und rollenkonform verhalten, besitzen sie in der Ausgestaltung von Regeln und Rollen Freiheiten. Die Art und Weise, wie Spielräume genutzt werden, ist für die Interaktionen von Parteien in Koalitionen durchaus bedeutsam. Wie gezeigt, wirkten sich z.B. das Amtsverständnis des Ministerpräsidenten und die Durchsetzungsfähigkeit des Finanzministers - zusammen mit anderen Faktoren - darauf aus, wie Entscheidungsprozesse in der Koalition strukturiert waren. Auch die Autorität von Partei- oder Fraktionsführungen gegenüber Basis und eigenen Abgeordneten trägt dazu bei, inwieweit sich konfliktfördernde Handlungsmuster entfalten können. Doch nicht nur diese akteursspezifischen Ressourcen, die für Konsensbildungen in Koalitionen nutzbar gemacht werden können (vgl. Abb. 11), sind hinsichtlich ihres jeweils besonderen Gewichts historisch kontingent. Selbiges gilt auch für die Zuordnung der einzelnen Handlungsarenen, auf welche sich die Strategien von Koalitionsakteuren beziehen (vgl. Abb. 4). Inwieweit beispielsweise innerparteiliche koalitionskritische Strömungen in Koalitionsparteien wirksam sind oder welches Gewicht die Stimmen einer nicht-konformen Länderkoalition im Bundesrat haben, und inwieweit solche Gegebenheiten koalitionsinterne Konflikte verstärken, muß jeweils empirisch festgestellt werden. Die Wechselwirkungen zwischen den Rahmenbedingungen für Koalitionshandeln können letztlich nicht vollständig generalisiert werden. Wie diese Handlungsebenen von Regierungsbündnissen ineinander greifen, ist je nach Situation unterschiedlich. Die "Anordnung" dieser Ebenen, das Zusammentreffen von Akteuren und erzielte Problemlösungen sind in der Tat durch das zeitlich bedingte, daher variable Zusammentreffen dieser einzelnen Elemente des Koalitionsalltags geprägt (vgl. Cohen 1972; March/Olsen 1989: 13). Diese Erkenntnis bedeutet keineswegs, daß sich Analysen des Regierungsalltags im bloßen analytischen Nachvollziehen von Ereignissen erschöpfen sollten. Auf der Grundlage empirisch gestützter Ergebnisse können vielmehr, wie in den jeweiligen Zwischenresümees gezeigt, zum einen tentative Verallgemeinerungen formuliert werden. Zum anderen sind aber auch allgemeine handlungs- und institutionentheoretische Aussagen über Koalitionshandeln gewonnen worden, deren Gültigkeit für andere politische Systeme freilich noch überprüft werden muß.

So tragen die beschriebenen variablen Handlungsbedingungen von Koalitionsregieren dazu bei, daß die Akteure die Konsequenzen und den Erfolg ihrer Strategien nur abschätzen, nicht aber exakt kalkulieren können (vgl. Hogwood 1999). Ein beachtliches Maß an bleibender Unsicherheit ist eine kennzeichnende Bedingung des Koalitionsalltags. Die vorstehende Untersuchung hat jedoch gezeigt, daß Koalitionäre in einem gewissen Umfang selbst darüber bestimmen können, wie Handlungsebenen einander zugeordnet werden, welcher Arena und welchem "Handlungsrahmen" sie eine höhere Bedeutung beimessen, wie sie die Zuordnung der Handlungsebenen strategisch einsetzen, um Erfolge in einer bestimmten Arena zu erzielen, welche Entscheidungen und Konflikte verschoben und damit aus der beschriebenen Gemengelage von Handlungsanordnungen, Problemen und möglichen Lösungen "ausgelagert" werden, und welche Übereinkünfte und Regeln vereinbart werden, um unsicheren Handlungsbedingungen Struktur und Berechenbarkeit zu geben. Allerdings können sich Koalitionsakteure den Anforderungen anderer Handlungsebenen immer nur bedingt entziehen, wenn sie durch Legitimationsbeziehungen gebunden sind, z.B. auf die innerparteiliche oder fraktionsinterne Zustimmung oder auf die Unterstützung durch die Wähler angewiesen sind.

Die institutionellen Variablen konnten für die vorliegende vergleichende Untersuchung konstant gehalten werden, da sich die Regierungssysteme in den deutschen Bundesländern - insbesondere in den Flächenländern - weitgehend ähneln. Zwar ist die Handlungsfreiheit von Koalitionspolitikern institutionell eingegrenzt; insoweit strukturieren Institutionen als erklärende Variablen die Handlungen der Akteure vor ("constraints"), ohne sie jedoch zu determinieren. Der hohe Anteil informellen Handelns, welcher das Koalitionsmanagement auszeichnet, weist darauf hin, daß Koalitionshandeln teilweise institutionell nicht gebunden, sondern den strategischen Optionen der Akteure überlassen ist. Diesen bleibt somit ein Gestaltungsraum, um ihre Entscheidungspraxis situativ an neue Problemlagen, wie an das Entstehen mit Regierung und Opposition nicht konformer Länderregierungen, oder an die Erfordernisse des Koalitionsformats (z.B. einer Minderheitsregierung), anzupassen, das, wie gezeigt, jeweils besondere, der Konstellation angepaßte Entscheidungsstrukturen erfordert. Daß Koalitionsakteure Teile des Regierungsalltags dennoch nicht dem freien Spiel wechselseitiger Interaktionen überlassen, sondern sich in Koalitionsvereinbarungen freiwillig an gemeinsam vereinbarte "Gewinnaufteilungen" (in Form von Policies und Ämtern) und Regeln (z.B. in Koalitionsvereinbarungen festgeschriebene Entscheidungsregeln) binden, hat seinen Grund darin, daß solche Vereinbarungen einen gewissen Schutz vor wechselseitiger Übervorteilung bieten und - angesichts der Wirkungsmacht des Parteienwettbewerbs - kooperative Verhaltensmuster im Bündnis installieren helfen. Indem sie dem künftigen Handeln Struktur und damit eine gewisse Berechenbarkeit geben, tragen sie dazu bei, den Regierungsalltag zu stabilisieren. Damit sind in der Entscheidungspraxis von Koalitionen auch *Institutionalisierungsprozesse* wirksam; Institutionen wurden deshalb auch als abhängige Variable untersucht.

Die unsicheren Handlungsbedingungen führen dazu, daß Freiräume der Koalitionspraxis durchformt werden, indem Verfahren genutzt werden, die in vorausgegangenen ähnlichen Entscheidungssituationen andernorts oder auch im Land selbst erprobt worden sind. Solche tradierten "Regieanweisungen" (vgl. Vowe 1994), die auf Lernprozessen von Koalitionen beruhen, enthalten Rollen, Regeln und zeitliche Abläufe, die, eben weil sie nicht zum ersten Mal angewandt werden, eine gewisse Verläßlichkeitsgewähr für alle Beteiligten bieten. Übernommene Verfahren sind - wie die genannten Regeln in Koalitionsvereinbarungen - teilweise festgeschrieben und damit gleichsam förmlich institutionalisiert. Teilweise existieren regelhafte Handlungsabläufe, wie die gleichförmigen Verfahren während der Koalitionsbildung gezeigt haben, aber auch unterhalb des Niveaus vertragsförmig vereinbarter Regeln; sie sind im Erfahrungsvorrat von Koalitionsakteuren abgespeichert. Die Anwendung solcher tradierten Verfahren entlastet Entscheidungssituationen von Konflikten, weil nicht erst offene "Spiele" um die anzuwendenden Regeln ("institutional design"; Tsebelis 1990: 8) ausgetragen werden müssen. Wer von solchen standardisierten Verfahren abweichen möchte, muß dies zumeist begründen, so daß deren bloße Existenz bereits eine gewisse Bindekraft erzeugt.

Selbst wenn somit ein enger Institutionenbegriff angewandt wird, kommt eine Untersuchung der Koalitionspraxis dennoch nicht umhin, Ausprägungen der Vereinheitlichung und Standardisierung von koalitionstypischen Handlungsweisen zu konzeptualisieren. Jenseits und auf der Grundlage von institutionellem Handeln verdichten und vermessen Koalitionsakteure in den Ländern mittels Verfahren den Raum, der ihnen für strategisches Handeln zur Verfügung steht. Dabei kann diese "Verdichtung" in gewissem Umfang selbst als strategisches Kalkül begriffen werden. Strategische Selbstbindung war ein Merkmal aller hier untersuchten Koalitionen. Die Befunde zeigen zum einen, daß Akteurshandeln eben aufgrund der beschriebenen Erfahrungsvorräte und Lernprozesse, die innerhalb eines politischen Systems weitergegeben werden, nicht vollständig kontingent ist. Zum anderen bestätigen sie, daß Koalitionshandeln Gemeinsamkeiten aufweist, die nicht allein darauf zurückgeführt werden können, daß formale Institutionen Handlungsweisen vorgeben und damit "vereinheitlichen" (vgl. Teil 1, Kap. 3.1 und 3.4). Vielmehr sind *allgemeine* Merkmale des Koalitionshandelns in Deutschland auch auf andere Ursachen zurückzuführen.

Es hängt vom verwendeten Institutionenbegriff ab, ob diese Art der "Standardisierung" bereits als institutionelle Verfestigung von Rollen und Verhaltensmustern angesehen wird. Legt man einen weiten Begriff zugrunde, so kann man dies bejahen. Aber auch, wenn man einen engen Begriff bevorzugt, so wird man selbst dann, wenn man diese Handlungsmuster als strategische Selbstbindung von *Akteuren* betrachtet, anerkennen, daß diese Regelhaftigkeiten über eine einzelne Akteurskonstellation hinaus eine gewisse Wirkungsmacht entfalten (vgl. hierzu Göhler 1987b: 38), der sich die Handelnden nicht ohne weiteres zu entziehen vermögen. Solche Zusammenhänge können auf der Grundlage modellhafter Koalitionstheorien nicht erschlossen werden. Koalitionsakteure sind, wie die Befunde zeigen, *lernende* Akteure; Koalitionshandeln selbst ist durch historische Pfadabhängigkeiten geprägt (vgl. hierzu: Nørgaard 1996: 46 f.; Hall/Taylor 1996: 937; Hay/Wincott 1996: 955): Das (strategische) Handeln von Akteuren in einer bestimmten Situation und Erfahrungen strukturieren und schmälern als Bedingungen für nachfolgende Handlungssituationen die Bandbreite möglicher Optionen. Daß die Parteien im föderalen System in Bund und Ländern in aller Regel gleichzeitig Oppositions- und Regierungsparteien sind, erleichtert die Weitergabe prozeduralen Wissens. Selbst wenn eine Partei in einem Land über eine gewisse Zeit hinweg nicht die Regierungsmacht besitzt, kann sie doch auf Erfahrungen anderer Landesverbände zurückgreifen. Diese Befunde konnten zwar besser auf der Grundlage eines engen Institutionenbegriffs herausgearbeitet werden; sie weisen jedoch über diese heuristische Konstruktion hinaus.

Es konnte gezeigt werden, daß der verfahrenspolitische Konservatismus eine angemessene Antwort auf die Unsicherheit der Handlungsumwelt ist, die Koalitionsakteure umgibt. Die meisten Koalitionspolitiker gehen nur selten riskante Entscheidungssituationen ein; deshalb ist eine inkrementelle Funktionslogik, die möglichst geringe Abweichungen in den Verfahren erzeugt (vgl. Elster 1989b; March/Olsen 1989: 159 ff.), für Koalitionshandeln in Deutschland typisch. Abweichungen von dieser "Verhaltensregel", die auf Sicherheit in Entscheidungssituationen setzt, sind jedoch durchaus möglich. Nicht zuletzt die rot-grüne Koalition in Sachsen-Anhalt (1994-1998) hat gezeigt, daß das Wagnis einer Minderheitsregierung mit anfangs unsicheren Mehrheitsverhältnissen bewußt eingegangen wurde. Begründet wurde dies von den Koalitionspartnern und der tolerierenden PDS selbst u.a. mit der in den neuen Ländern noch mangelnden Erfahrung und der damit einhergehenden größeren Handlungsfreiheit.

Somit ist eine Koalitionsanalyse, die empirienah, aber doch theoriegeleitet die Regierungspraxis von Koalitionen untersucht, zwar gezwungen, sich mit einem Restbestand an kontingenten Erklärungsfaktoren auseinanderzusetzen. Auch die modellbildende Koalitionsanalyse, die nach system- und koalitionsübergreifenden Befunden und Zusammenhängen fahndet und diese in systematische Anordnungen zu bringen versucht, trägt an diesem Umstand. Dies zeigt nicht zuletzt die eingeschränkte Prognosefähigkeit von - inzwischen ausgefeilten - Modellen, die Koalitionsbildungen erklären sollen. Gleichwohl hat die vorliegende Studie gezeigt, daß auch allgemeine handlungs- und institutionentheoretische Aussagen über die Gestalt von Koalitionshandeln formuliert werden können.

Die Regierungspraxis von Koalitionen läßt sich somit weniger gut durch modellorientierte Erwägungen, sondern besser auf der Grundlage einer *Forschungsheuristik* untersuchen, die für die Entdeckung unbekannter Zusammenhänge grundsätzlich offen ist. Zum einen ermöglicht es dieses Verfahren, Hypothesen zu entwickeln, die auf den konkreten Untersuchungsgegenstand, hier auf Länderkoalitionen, abgestimmt sind. Zum anderen kann die hier entwickelte Forschungsheuristik in ihrem Grundmuster auch auf andere parlamentarische Regierungssysteme angewandt werden, da sie verschiedene Fragestellungen zuläßt und auch für andere institutionelle und politisch-kulturelle Bedingungen paßfähig gemacht werden kann. Auch in anderen politischen Systemen sind Koalitionen Problemlagen ausgesetzt, die sich aus der Vernetzung unterschiedlicher Handlungsarenen ergeben (Tsebelis 1990). Für weitere vergleichende Studien müssen in Zukunft die für die jeweils zu untersuchenden Koalitionen bedeutenden "Arenen" bestimmt werden, ferner ebenso, welche institutionellen Regeln, Interaktionsorientierungen und Entscheidungsmodi ihnen innewohnen und inwieweit diese wahrscheinlich aneinander anschlußfähig sind. Dabei können auch andere als die hier konzeptionell gefaßten Handlungszusammenhänge, wie etwa neokorporatistische Arrangements, eine bedeutsame Rolle spielen. Für vergleichende politikwissenschaftliche Studien kann die hier entwickelte Forschungsheuristik somit grundsätzlich - je nach Fallauswahl unterschiedlich - modifiziert und angepaßt werden. Untersuchungen können sich auch auf einen Ausschnitt solcher Netzwerke von Handlungsarenen beschränken, dafür aber die Fallzahl für einen Vergleich erhöhen. Auf diese Weise sind unterschiedliche Untersuchungsdesigns und die Anwendung verschiedener Methoden des Vergleichs möglich. Inwieweit die hier für Länderkoalitionen in Deutschland ermittelten und oben in den Zwischenresümees jeweils zusammengefaßten Zusammenhänge auch für Koalitionen in anderen parlamentarischen Regierungssystemen bestätigt werden können, und inwieweit sich funktionale Äquivalente z.B. für informale, mehr oder weniger institutionalisierte Regeln finden, müßte in weiteren Studien überprüft werden.

Eine vergleichende Untersuchungsanordnung, welche, wie in der vorliegenden Arbeit, die Anzahl der erklärenden Variablen bewußt erhöht und dafür die Zahl der Fälle reduziert, verkürzt die Reichweite der Erklärungskraft zugunsten einer erhöhten Tiefenschärfe. Damit sind vertiefte Einblicke in die Regierungspraxis von Koalitionen möglich (vgl. schon: Sartori 1970: 1040 ff.). Indem akteurstheoretische Ansätze in die Fragestellung aufgenommen werden, verkürzt sich der Abstand zwischen erklärenden Variablen und dem zu erklärenden Phänomen. Auf diese Weise nimmt die Wahrscheinlichkeit unvollständiger Erklärungen ab, und es wächst die Chance, neue Hypothesen und Erklärungen herauszuarbeiten, die in Koalitionsanalysen bislang nicht beachtet wurden.

Konsensbildung in Länderkoalitionen: In Koalitionen wird Konsens durch Verhandlungen hergestellt. In den empirischen Teilen wurden anhand des Vergleichs sich beträchtlich unterscheidender Regierungsbündnisse jeweils die Ressourcen herausgearbeitet, die Koalitionspolitikern zur Verfügung stehen, um gemeinsam getragene Entscheidungen herbeizuführen. Das Schaubild 11 gibt schematisch eine Auswahl der wichtigsten dieser konsensfördernden Ressourcen wieder. Auf die Darstellung institutioneller Variablen wurde verzichtet; aus Gründen der Übersichtlichkeit sind nicht alle, sondern die wichtigsten Wechselwirkungen aufgeführt. Die Ressourcen können untereinander nicht generell gewichtet werden, dies muß vielmehr für jeden einzelnen Fall vorgenommen werden. Nicht alle dieser dargestellten Ressourcen stehen den Koalitionspartnern in einer konkreten Verhandlungssituation gleichermaßen zur Verfügung. Gestrichelte Pfeile bedeuten, daß der Zusammenhang nicht eindeutig ist: So bedeutet die bundespolitische Rückendeckung für die Koalitionsentscheidung von Landespolitikern nicht automatisch, daß deshalb deren Autorität in der Partei gestärkt wird.

Das Schaubild zeigt ein weiteres Mal, daß das Koalitions*format* ("size principle") für Regierungsbündnisse nicht den Stellenwert besitzt, den viele Koalitionstheorien ihm zuschreiben (z.B. Leiserson 1970; Dodd 1976). Zwar sind in der Tat kleine siegreiche Koalitionen tendenziell stabiler als andere Koalitionsformate, was man durchaus als Beleg dafür heranziehen kann, daß in diesem Typus von Regierungsbündnis die Konsensbildung zwischen Parteien einfacher vorgenommen werden kann. Gleichwohl ist das Format gleichsam eine "summary variable", eine verschiedene Erklärungen bündelnde Variable, die dann ausdifferenziert werden muß, wenn man die Entscheidungspraxis von Regierungsbündnissen untersucht. Das Format hat jedoch, wie gezeigt, Einfluß auf die Verhandlungs- und Entscheidungsstruktur. Von Bedeutung für die Konsensbildung ist auch die im Schaubild nicht dargestellte Anzahl der Akteure, ferner die Frage, inwieweit Koalitionsverhandlungen von der Öffentlichkeit begleitet werden. Die Anordnung der Variablen verweist nicht zuletzt darauf, daß akteursspezifische Ressourcen (z.B. Sympathie, Autorität, Regierungs- bzw. Führungsstil) und Variablen, die auf die "Zeitgebundenheit" des Handelns verweisen (Erfahrungen), nicht nur nicht ausgeblendet werden können, sondern einen hohen Stellenwert besitzen. Solche - oft eher als "weiche" Erklärungen geltenden - Variablen können über die theoriegeleitete Strukturierung unterschiedlicher Handlungsarenen (z.B. innerparteiliche, föderale) gleichwohl, wie gezeigt, konzeptionell gefaßt werden.

Abschließend noch einige Anmerkungen zu der immer wieder diskutierten Demokratieverträglichkeit von Koalitionsbeziehungen. Ein tragendes Element dieser Verhandlungsmuster sind informelle Gremien und Kontakte, welche die Kapazitäten eines Bündnisses, zu einer Einigung zu gelangen, erweitern (Schwarz 1978) und damit die Handlungsfähigkeit von Regierungsbündnissen vergrößern. Mit dieser notwendigen Effizienzsteigerung durch kleine, entscheidungsfähige Gremien gehen jedoch, wie mehrfach gezeigt, eine mangelnde Transparenz von Entscheidungen und die Exklusivität von Entscheidungszirkeln einher (vgl. Buchanan/Tullock 1962; Benz 1998).

Verhandlungsführungen (Landesvorstände, Fraktionsvorsitzende) verfügen über bzw. benötigen das Vertrauen ihrer Partei bzw. Fraktion, die ihre Vorsitzenden mit Mehrheit wählen, um Spielraum für Verhandlungslösungen zu einzusetzen. Deshalb - und aufgrund der ständigen Rückkopplungen von Fraktionsführungen mit der Fraktion (vgl. Teil 2, Kap. 2 und 4) - sind Verhandlungslösungen in kleinen Koalitionszirkeln demokratietheoretisch weniger zu beanstanden, als dies kritische Betrachtungen bundesdeutscher Koalitionspolitik nahelegen (z.B. Schreckenberger 1994). Auch ist das Problem der mangelnden Transparenz und der Exklusivität informeller Gremien den meisten Verhandlungsführungen durchaus vertraut. Im übrigen sind unterschiedliche Strömungen und regionale Interessen zumeist in die Partei- und Fraktionsvorstände bereits eingebunden und damit repräsentiert und integriert (vgl. Daalder 1983; Gros 1998), so daß eine Majorisierung parteiinterner Interessen zumindest abgedämpft wird. Zwischen der partei- bzw. fraktionsinternen Partizipation und der Notwendigkeit, den Verhandlungsspitzen ein gewisses Maß an Handlungsfreiheit zuzugestehen, besteht ein letztlich niemals ganz auflösbares Spannungsverhältnis. Wird die Basis bzw. die Fraktion nicht ausreichend in die Willensbildung einbezogen, kann eine Partei verkrusten; sind die innerparteiliche Partizipation hoch und koalitionskritische Stömungen stark, kann die Kooperation in einem Regierungsbündnis - und damit die Handlungsfähigkeit einer Regierung - Schaden nehmen. Auch die oftmals erhobene Forderung, die Dunkelkammer informeller Koalitionsbeziehungen mit mehr Transparenz und durch mehr Öffentlichkeit auszuleuchten, liefe letztlich darauf hinaus, daß kompetitive und damit einigungshemmende Beziehungsmuster gestärkt würden - mit der Folge, daß die Handlungsfähigkeit einer Koalition geschmälert würde. Funktionierende "Ehen" zwischen Koalitionspartnern bedürfen einer gewissen Vertraulichkeit und einer Vertrauensgrundlage, die nicht ständig in Frage gestellt wird. Darin unterscheiden sie sich kaum von "realen" Beziehungen.

Abbildung 11: Vereinfachte Darstellung von konsensfördernden Ressourcen in Länderkoalitionen (Auswahl)

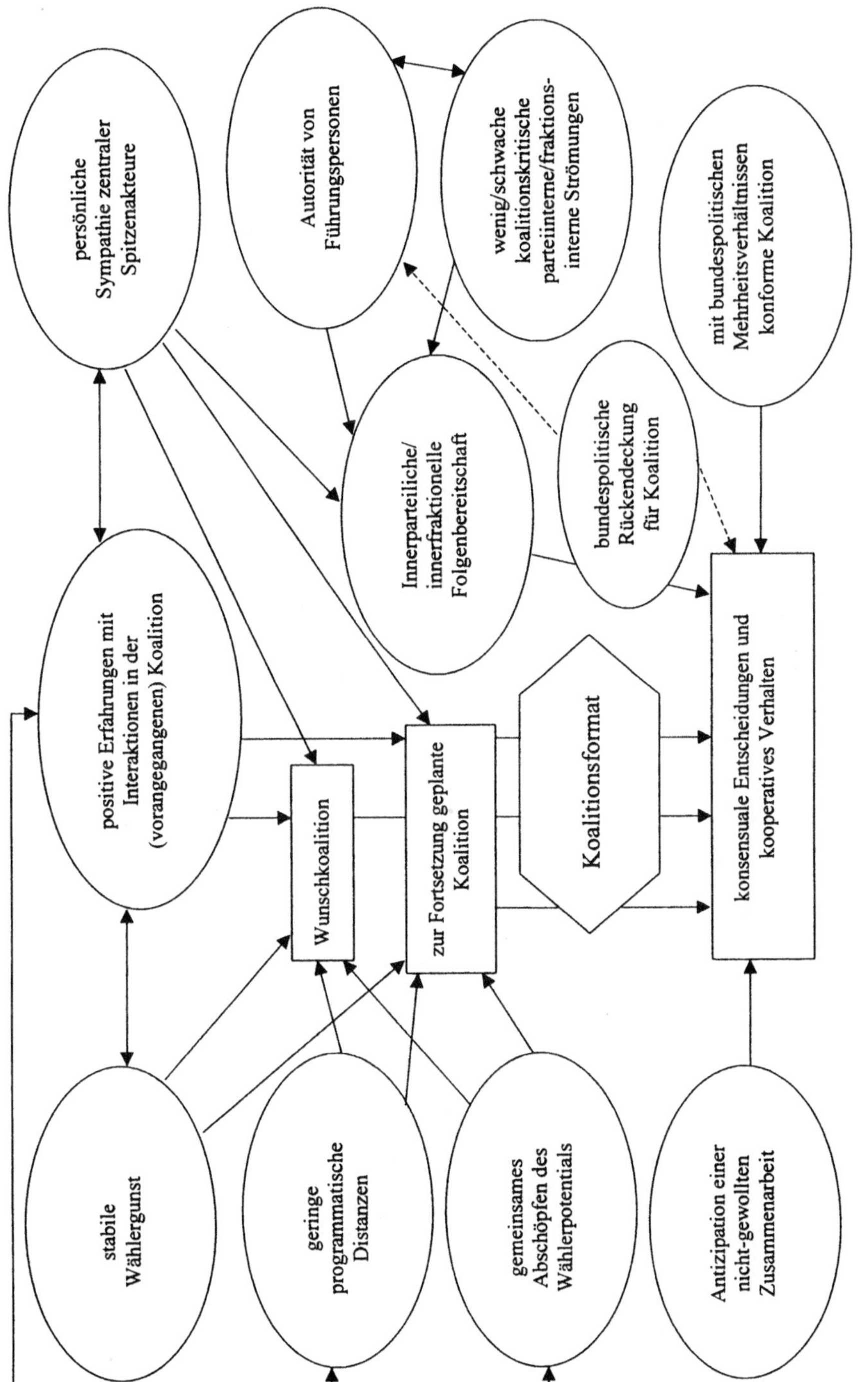

Quellen- und Literaturverzeichnis

1. Veröffentlichte und unveröffentlichte Quellen (jeweils für den Untersuchungszeitraum ausgewertet)

Zeitungsbestände:
Allgemeine Zeitung
Berliner Zeitung
Frankfurter Allgemeine Zeitung
Frankfurter Rundschau
General-Anzeiger
Handelsblatt
Junge Welt
Mitteldeutsche Allgemeine
Mannheimer Morgen
Mitteldeutsche Zeitung
Mitteldeutsche Zeitung Artern
Neues Deutschland
Ostthüringer Zeitung
Osterländer Volkszeitung
Pfälzer Merkur
Pirmasenser Zeitung
Rheinpfalz
Rhein-Zeitung
Rheinische Post
Sächsische Zeitung
Südthüringer Zeitung
Stuttgarter Zeitung
Süddeutsche Zeitung
Thüringer Allgemeine
Thüringer Landeszeitung
Trierischer Volksfreund
Volksstimme
Welt am Sonntag

Plenarprotokolle und Drucksachen der Landtage Sachsen-Anhalt, 2. Legislaturperiode, Thüringen, 2. Legislaturperiode, Rheinland-Pfalz, 13. Legislaturperiode (Gegenstand: Haushalte).

Protokolle der Haushalts- bzw. Finanzausschüsse der Landtage Sachsen-Anhalt (42.-85. Sitzung, 2. Legislaturperiode), Thüringen (20.-48. Sitzung, 2. Legislaturperiode), Rheinland-Pfalz (4.-15. und 26.-37. Sitzung, 13. Legislaturperiode).

Koalitionsvereinbarungen von SPD und B'90/Grüne in Sachsen-Anhalt (1994), von CDU und SPD in Thüringen (1994) und von SPD und FDP in Rheinland-Pfalz (1996).

Geschäftsordnungen der Landtage, Landeshaushaltsordnungen, Gutachten der Rechnungshöfe.

Wahlprogramme von SPD, FDP, CDU und B'90/Grüne in Rheinland-Pfalz für die Landtagswahlen 1996; von SPD, CDU und PDS in Thüringen für die Landtagswahlen 1994; von SPD, CDU, B'90/Grüne und PDS in Sachsen-Anhalt für die Landtagswahlen 1994.

2. Transkribierte Interviews

Bauckhage, Hans-Artur, Minister für Wirtschaft, Verkehr, Landwirtschaft und Weinbau des Landes Rheinland-Pfalz, zuvor F.D.P.-Fraktionsvorsitzender und Mitglied des Koalitionsausschusses (11.12.1998).

Böck, Willibald, MdL, CDU-Fraktion im Thüringer Landtag, ehemaliger Innenminister und Vorsitzender des Innenausschusses (24.4.1998).

Bullerjahn, Jens, Parlamentarischer Geschäftsführer der SPD im Landtag Sachsen-Anhalt und Mitglied des Finanzausschusses (26.6.1997).

Gallert, Wulf, Parlamentarischer Geschäftsführer der PDS im Landtag Sachsen-Anhalt, (27.6.1997).

Itzek, Gerd, MdL, SPD-Fraktion im Landtag Rheinland-Pfalz, haushaltspolitischer Sprecher der SPD-Fraktion, Mitglied des Haushalts- und Finanzausschusses (11.12.1998).

Klaubert, Birgit Dr., PDS-Fraktionsvorsitzende im Thüringer Landtag (15.4.1998).

Klaus, Christine Dr., MdL, SPD-Fraktion im Thüringer Landtag, Vorsitzende des Umweltausschusses und Mitglied des Koalitionsausschusses (20.4.1998).

Köckert, Christian, Fraktionsvorsitzender der CDU im Thüringer Landtag und Mitglied des Koalitionsausschusses (9.4.1998).

Kuhn, Werner, F.D.P.-Fraktionsvorsitzender im Landtag Rheinland-Pfalz (10.12.1998).

Lamers, Gereon, Referent Grundsatz und Planung, Thüringer Staatskanzlei (9.1.1997; Mitschrift).

Lippmann, Frieder, SPD-Fraktionsvorsitzender im Thüringer Landtag und Mitglied des Koalitionsausschusses (23.4.1998).

Mertes, Joachim, SPD-Fraktionsvorsitzender im Landtag Rheinland-Pfalz und Mitglied des Koalitionsausschusses (10.12.1998).

Neudert, Christiane, MdL, PDS-Fraktion im Thüringer Landtag, Vorsitzende des Haushalts- und Finanzausschusses (15.4.1998).

Scharf, Jürgen, Parlamentarischer Geschäftsführer der CDU im Landtag Sachsen-Anhalt und Mitglied des Finanzausschusses (10.3.1997).

Schleimer, Ralph, F.D.P.-Fraktionsmitarbeiter im Landtag Rheinland-Pfalz (10.12.1998; zusammen mit W. Kuhn).

Sitte, Petra Dr., Fraktionsvorsitzende der PDS im Landtag Sachsen-Anhalt (19.3.1997).

Thomas, Ise, Fraktionsvorsitzende von B'90/Die Grünen im Landtag Rheinland-Pfalz, Mitglied des Haushalts- und Finanzausschusses (8.12.1998).

Tschiche, Hans-Jochen, Fraktionsvorsitzender von B'90/Die Grünen im Landtag Sachsen-Anhalt und Mitglied des Finanzausschusses sowie Koalitionsausschusses (20.2.1997).

Ulbrich, Werner, MdL, Finanzpolitischer Sprecher der CDU im Thüringer Landtag und Mitglied des Haushalts- und Finanzausschusses (11.4.1998).

Weiland, Adolf Dr., MdL, CDU-Fraktion im Landtag Rheinland-Pfalz, Mitglied des Haushalts- und Finanzausschusses (11.12.1998).

3. Monographien, Aufsätze und Arbeitspapiere

Aarebrot, Frank H./ Bakka, Pal H. 1997: Die vergleichende Methode in der Politikwissenschaft, in: Berg-Schlosser, Dirk/Müller-Rommel, Ferdinand (Hrsg.): Vergleichende Politikwissenschaft. Ein Studienhandbuch, 3. Aufl., Opladen, S. 49-66.

Abromeit, Heidrun 1992: Der verkappte Einheitsstaat, Opladen.

Alemann, Ulrich von 1996: Die Parteien in den Wechsel-Jahren? Zum Wandel des deutschen Parteiensystems, in: Aus Politik und Zeitgeschichte, B6, S. 3-8.

Apel, H. 1970: Die Willensbildung in den Bundestagsfraktionen - Die Rolle der Arbeitsgruppen und Arbeitskreise, in: Zeitschrift für Parlamentsfragen, 1, S. 223-229.

Arndt, Claus 1989: Fraktion und Abgeordneter, in: Schneider, Hans-Peter/Zeh, Wolfgang (Hrsg.): Parlamentsrecht und Parlamentspraxis in der Bundesrepublik Deutschland, Berlin/New York, S. 643-672.

Arrow, Kenneth J. 1963: Social Choice and Individual Values, New York.

Austen-Smith, David/Banks, Jeffrey 1988: Elections, coalitions, and legislative outcomes, in: American Political Science Review, 82, S. 405-422.

Austen-Smith, David/Banks, Jeffrey 1990: Stable portfolio allocations, in: American Political Science Review, 84, S. 891-906.

Axelrod, Robert 1970: Conflict of Interest: A Theory of Divergent Goals with Applications to Politics, Chicago.

Axelrod, Robert 1978: A Coalition Theory Based on Conflict of Interest, in: Evan, William. M. (Hrsg.): Interorganizational Relations. Selected Writings, Harmondsworth, S. 44-54.

Axelrod, Robert 1984: The Evolution of Cooperation, New York.

Bachrach, Peter/Baratz Morton S. 1962: Two Faces of Power, in: American Political Science Review, 56, S. 947-952.

Bandorf, Wolf-Rüdiger 1977: Das Stimmverhalten im Bundesrat als Gegenstand von Koalitionsverhandlungen, in: Zeitschrift für Rechtspolitik, 10, S. 81-84.

Banner, Gerhard 1984: Kommunale Steuerung zwischen Gemeindeordnung und Parteipolitik - am Beispiel der Haushaltspolitik, in: Die Öffentliche Verwaltung, 37, S. 364 ff.

Baring, Arnulf 1984: Machtwechsel. Die Ära Brandt-Scheel, München.

Baron, David 1991: A spatial bargainig theory of government formation in parliamentary systems, in: American Political Science Review, 85, S. 137-165.

Bauckhage, Hans-Artur 1999: Erfahrungen mit der sozialliberalen Koalition in Rheinland-Pfalz, in: Sturm, Roland/Kropp, Sabine (Hrsg.): Hinter den Kulissen von Regierungsbündnissen. Koalitionspolitik in Bund, Ländern und Gemeinden, Baden-Baden, S. 216-222.

Becker, Bernd 1996: Wozu denn überhaupt Parteimitglieder? Zum Für und Wider verstärkter parteiinterner Partizipationsmöglichkeiten. Eine Antwort auf den Beitrag von Stefan Schieren, in: Zeitschrift für Parlamentsfragen, 37, S. 712-718.

Benda, Ernst/Maihofer, Werner/Vogel, Hans-Jochen (Hrsg.) 1994: Handbuch des Verfassungsrechts der Bundesrepublik Deutschland, 2. Aufl., Berlin/New York.

Benz, Arthur 1991: Umverteilung durch Verhandlungen? - Kooperative Staatspraxis bei Verteilungskonflikten, in: Staatswissenschaft und Staatspraxis, 2, S. 46-75.

Benz, Arthur 1992: Mehrebenen-Verflechtung: Verhandlungsprozesse in verbundenen Entscheidungsarenen, in: Benz, Arthur/Scharpf, Fritz W./Zintl, Reinhard: Horizontale Politikverflechtung. Zur Theorie von Verhandlungssystemen, Frankfurt a.M./New York, S. 147-197.

Benz, Arthur 1995: Verhandlungssysteme und Mehrebenen-Verflechtung im kooperativen Staat, in: Seibel, Wolfgang/Benz, Arthur (Hrsg.): Regierungssystem und Verwaltungspolitik. Beiträge zu Ehren von Thomas Ellwein, Opladen, S. 83-102.

Benz, Arthur 1997a: Von der Konfrontation zur Differenzierung und Integration - Zur neueren Theorieentwicklung in der Politikwissenschaft, in: Benz, Arthur/Seibel, Wolfgang (Hrsg.): Theorieentwicklung in der Politikwissenschaft - eine Zwischenbilanz, Baden-Baden, S. 9-29.

Benz, Arthur 1997b: Policies als erklärende Variable in der politischen Theorie, in: Benz, Arthur/Seibel, Wolfgang (Hrsg.): Theorieentwicklung in der Politikwissenschaft - eine Zwischenbilanz, Baden-Baden, S. 303-321.

Benz, Arthur 1998: Postparlamentarische Demokratie? Demokratische Legitimation im kooperativen Staat, in: Greven, Michael Th. (Hrsg.): Demokratie - eine Kultur des Westens? 20. Wissenschaftlicher Kongreß der Deutschen Vereinigung für Politische Wissenschaft, Opladen, S. 201-222.

Benz, Arthur/Scharpf, Fritz W./Zintl, Reinhard 1992: Horizontale Politikverflechtung. Zur Theorie von Verhandlungssystemen, Frankfurt a.M/New York.

Benz, Arthur/Seibel, Wolfgang (Hrsg.) 1997: Theorieentwicklung in der Politikwissenschaft – eine Zwischenbilanz, Baden-Baden.

Benzner, Bodo 1989: Ministerialbürokratie und Interessengruppen: eine empirische Analyse der personellen Verflechtung zwischen bundesstaatlicher Ministerialorganisation und gesellschaftlichen Gruppeninteressen in der Bundesrepublik Deutschland im Zeitraum von 1949-1984, Baden-Baden.

Berg-Schlosser, Dirk/Müller-Rommel, Ferdinand (Hrsg.) 1997a: Vergleichende Politikwissenschaft. Ein Studienhandbuch, 3. Aufl., Opladen.

Berg-Schlosser, Dirk/Müller-Rommel, Ferdinand 1997b: Entwicklung und Stellenwert der Vergleichenden Politikwissenschaft, in: Berg-Schlosser, Dirk/Müller-Rommel, Ferdinand (Hrsg.): Vergleichende Politikwissenschaft. Ein Studienhandbuch, 3. Aufl., Opladen, S. 11-26.

Berger, Dorothea 1996: Kein Spielraum. Der rotgrüne Koalitionsvertrag legt die Verwaltung an die Kette, in: Die Zeit, 14.6.96, S. 16.

Beyme, Klaus von 1982: Parteien in westlichen Demokratien, München.

Beyme, Klaus von 1983a: Coalition Government in Western Germany, in: Bodganor, Vernon (Hrsg.): Coalition Government in Western Europe, London, S. 16-37.

Beyme, Klaus von 1983b: Theoretische Probleme der Parteienforschung, in: Politische Vierteljahresschrift, 24, S. 241-252.

Beyme, Klaus von 1988: Der Vergleich in der Politikwissenschaft, München/Zürich.

Billing, Werner 1991: Die rheinland-pfälzische Landtagswahl vom 21. April 1991: Machtwechsel in Mainz nach 44 Jahren, in: Zeitschrift für Parlamentsfragen, 22, S. 584-601.

Black, Duncan 1958: The Theory of Committees and Elections, Cambridge.

Blondel, Jean 1968: Party Systems and Patterns of Government in Western Democracies, in: Canadian Journal of Political Science, 1, S. 180-203.

Blondel, Jean/Müller-Rommel, Ferdinand (Hrsg.) 1993: Governing Together. The Extent and Limits of Joint Decision Making in Western European Cabinets, London.

Blondel, Jean/Cotta, Maurizio (Hrsg.) 1996: Party and Government, London.

Bogdanor, Vernon (Hrsg.) 1983: Coalition Government in Western Europe, London u.a.

Böhret, Carl 1990: Instrumente des Regierens in der Bundesrepublik Deutschland: Wandel und Kontinuität in der Regierungspraxis, in: Hartwich, Hans-Hermann/Wewer, Göttrik (Hrsg.): Regieren in der Bundesrepublik 1. Konzeptionelle Grundlagen und Perspektiven der Forschung, Opladen, S. 113-130.

Böhret, Carl 1991: Entscheidungsorientierte Regierungslehre, in: Hartwich, Hans-Hermann/Wewer, Göttrik (Hrsg.): Regieren in der Bundesrepublik 2. Formale und informale Komponenten des Regierens, Opladen, S. 143-154.

Boll, Bernhard/Crow, Kimberly/Hofmann, Bernd/Holtmann, Everhard 1999: Sozialprofil und Einstellungen der Mitglieder von Parteien in Ostdeutschland am Beispiel Sachsen-Anhalts, in: Aus Politik und Zeitgeschichte, B12, S. 34-45.

Bouvier, Beatrix W. 1990: Zwischen Godesberg und Großer Koalition. Der Weg der SPD in die Regierungsverantwortung, Bonn.

Braun, Dietmar 1997: Handlungstheoretische Grundlagen in der empirisch-analytischen Politikwissenschaft. Eine kritische Übersicht, in: Benz, Arthur/Seibel, Wolfgang (Hrsg.): Theorieentwicklung in der Politikwissenschaft - eine Zwischenbilanz, Baden-Baden, S. 45-74.

Broughton, David/Kirchner, Emil 1986: The FDP and Coalitional Behaviour in the Federal Republic of Germany: Multi-dimensional Perspectives on the Role of a Pivotal Party, in: Pridham, Geoffrey (Hrsg.): Coalitional Behaviour in Theory and Practice: an Inductive Model for Western Europe, Cambridge/New York, S. 72-92.

Browne, Eric C. 1982: Conclusion: Considerations on the Construction of a Theory of Cabinet Coalition Behavior, in: Browne, Eric C./Dreijmanis, John (Hrsg.): Government Coalitions in Western Democracies, New York, S. 335-357.

Browne, Eric C./Dreijmanis, John (Hrsg.) 1982: Government Coalitions in Western Democracies, New York.

Browne, Eric C./Feste, Karen 1975: Qualitative dimensions of coalition payoffs: Evidence from European party governments, 1945-1970, in: Hinckley, Barbara (Hrsg.): Coalitions and Time, London/Beverly Hills, S. 92-118.

Browne, Eric C./Franklin, Mark N. 1973: Aspects of coalition payoffs un European parliamentary democracies, in: American Political Science Review, 63, S. 453-469.

Browne, Eric C./Franklin, Mark N. 1986: Editor´s Introduction: New Directions in Coalition Research, in: Legislature Studies Quarterly, 1, S. 469-493.

Browne, Eric C./Frendreis, John/Gleiber, Dennis 1984: An Events Approach to the Problem of Cabinet Stability, in: Comparative Political Studies, 17, S. 167-197.

Browne, Eric C./Frendreis, John/Gleiber, Dennis 1986: The Process of Cabinet Dissolution: An Exponential Model of Duration and Stability in Western Democracies, in: American Journal of Political Science, 30, S. 628-650.

Browne, Eric C./Rice, Peter 1979: A Bargaining Theory of Coalition Formation, in: British Journal of Political Science, 9, S. 67-87.

Buchanan, James/Tullock, Gordon 1962: Calculus of Consent. Logical Foundations of Constitutional Democracy, Ann Arbor.

Budge, Ian/Herman, Valentine 1978: Coalitions and Government Formations: An Empirically Relevant Theory, in: British Journal of Political Science, 8, S. 459-477.

Budge, Ian/Keman, Hans 1990: Parties and Democracy: Coalition Formation and Government Functioning in Twenty States, Oxford u.a.

Budge, Ian/Laver, Michael J. 1992a: Coalition Theory, Government Policy and Party Policy, in: Laver, Michael J./Budge, Ian (Hrsg.): Measuring Policy Distances and Modelling Coalition Formation, New York, S. 1-14.

Budge, Ian/Laver, Michael J. 1992b: The Relationship Between Party and Coalition Policy in Europe: An Empirical Synthesis, in: Laver, Michael J./Budge, Ian (Hrsg.): Party Policy and Government Coalitions, New York, S. 409-430.

Budge, Ian/Robertson, David/Hearl, Derek 1987: Ideology, Strategy and Party Change: Spatial Analyses of Post-War Election Programmes in 19 Democracies, Cambridge.

Bueno de Mesquita, Bruce 1979: Coalition payoffs and electoral performance in European democracies, in: Comparative Political Studies, 12, S. 61-81.

Bull, Hans-Peter 1999: Die Ein-Partei-Regierung: eine Koalition eigener Art. Beobachtungen eines Teilnehmers, in: Roland Sturm/Sabine Kropp (Hrsg.): Hinter den Kulissen von Regierungsbündnissen. Koalitionspolitik in Bund, Ländern und Gemeinden, Baden-Baden, S. 169-179.

Bundesrat (Hrsg.) 1989: Vierzig Jahre Bundesrat, Tagungsband zum wissenschaftlichen Symposion in der Evangelischen Akademie Tutzing vom 11. bis 14. April 1989, Baden-Baden.

Bundesrat (Hrsg). 1996: Handbuch des Bundesrates für das Geschäftsjahr 1996/97, Baden-Baden.

Caplow, Theodore 1956: A Theory of Coalitions in the Triad, in: American Sociological Review, 21, S. 489-499.

Cohen, Michael D. 1972: A Garbage Can Model of Organizational Choice, in: Administrative Science Quarterly, 17, S. 1-25.

Cohen, Michael D. 1984: Conflict and complexity. Goal diversity and organizational search effectiveness, in: American Political Science Review, 78, S. 435-451.

Coleman, James S. 1990: Foundations of Social Theory, Cambridge MA.

Coleman, James S./Fararo, Thomas J. (Hrsg.) 1992a: Rational Choice Theory. Advocacy and Critique, Newbury Park/London/New Dehli.

Coleman, James S./Fararo, Thomas J. 1992b: Introduction, in: Coleman, James S./Fararo, Thomas J. (Hrsg.): Rational Choice Theory. Advocacy and Critique, Newbury Park/London/New Dehli, S. ix-xxii.

Collester, Jerry Bryan 1969: Coalition Politics in the German Federal Republic. Extensions of Empirical Theory. Diss., Indiana University.

Colomer, Josep M. (Hrsg.) 1996: Political Institutions in Europe, London.

Crombez, Christopher 1996: Minority governments, minimal winning coalitions and surplus majorities in parliamentary systems, in: European Journal of Political Research, 29, S. 1-29.

Czada, Roland 1995: Der Kampf um die Finanzierung der deutschen Einheit, in: Lehmbruch, Gerhard (Hrsg.): Einigung und Zerfall: Deutschland und Europa nach dem Ende des Ost-West-Konflikts, Opladen, S. 73-103.

Czada, Roland 1997: Vertretung und Verhandlung. Aspekte politischer Konfliktregelung in Mehrebenensystemen, in: Benz, Arthur/Seibel, Wolfgang (Hrsg.): Theorieentwicklung in der Politikwissenschaft - eine Zwischenbilanz, Baden-Baden, S. 237-260.

Daalder, Hans 1983: The Comparative Study of European Parties and Party Systems: An Overview, in: Daalder, Hans/Mair, Peter (Hrsg.): Western European Party Systems: Continuity and Change, London/Beverly Hills u.a, S. 1-27.

Daestner, Christian 1995: Die Geschäftsordnung des Vermittlungsausschusses, Berlin.

Dahl, Robert A. 1967: Patterns of Opposition, in: Dahl, Robert A. (Hrsg.): Political Oppositions in Western Democracies, New Haven, London 1967.

Dahrendorf, Ralf 1965: Homo sociologicus. Ein Versuch zur Geschichte, Bedeutung und Kritik der sozialen Rolle, 5. Aufl., Köln.

Davis, Otto A./Dempster, M.A.H./Wildavsky, Aaron 1966: A Theory of the Budgetary Process, in: American Political Science Review, 60, S. 529-547.

De Swaan, Abram 1973: Coalition Theories and Cabinet Formations, Amsterdam.

Demmler, Wolfgang 1994: Der Abgeordnete im Parlament der Fraktionen, Berlin.

Dexheimer, Wolfgang F. 1973: Koalitionsverhandlungen in Bonn, 1961, 1965, 1969. Zur Willensbildung in Parteien und Fraktionen, Bonn.

Dexheimer, Wolfgang/ Hartmann, F. W. 1970: Zur Geschichte und Struktur der Arbeitskreise und -gruppen in der CDU/CSU-Bundestagsfraktion, in: Zeitschrift für Parlamentsfragen, 1, S. 232-326.

Diederich, Nils/Cadel, Georg/Dettmar, Heidrun/Haag, Ingeborg 1990: Die diskreten Kontrolleure. Eine Wirkungsanalyse des Bundesrechnungshofs, Opladen.

Dierse, Ulrich 1982: Ideologie, in: Brunner, Otto/Conze, Werner/Koselleck, Reinhart (Hrsg.): Geschichtliche Grundbegriffe. Historisches Lexikon zur politisch-sozialen Sprache in Deutschland, Bd. 3, Stuttgart, S. 131-169.

Dittberner, Jürgen 1984: Die Freie Demokratische Partei, in: Stöss, Richard (Hrsg.): Parteien-Handbuch. Die Parteien der Bundesrepublik Deutschland 1945-1980. Band II: FDP bis WAV, Opladen, S. 1311-1381.

Dittberner, Jürgen 1987: FDP - Partei der zweiten Wahl. Ein Beitrag zur Geschichte der liberalen Partei und ihrer Funktionen im Parteiensystem der Bundesrepublik, Opladen.

Dodd, Lawrence C. 1976: Coalitions in Parliamentary Government, Princeton.

Döbert, Rainer 1996: Verhandeln - Entscheiden - Argumentieren in welchem Kontext? Einige Notizen zu T. Saretzkis "verhandelten Diskursen", in: Prittwitz, Volker von (Hrsg.): Verhandeln und Argumentieren. Dialog, Interessen und Macht in der Umweltpolitik, Opladen, S. 169-181.

Domes, Jürgen 1964: Bundesregierung und Mehrheitsfraktion. Aspekte des Verhältnisss der Fraktion der CDU/CSU im 2. und 3. Deutschen Bundestag zum Kabinett Adenauer, Köln.

Downs, Anthony 1968: Ökomonische Theorie der Politik, Tübingen.

Downs, William M. 1998: Coalition Government, Subnational Style. Multiparty Politics in Europe´s Regional Parliaments, Columbus.

Druckman, James N. 1996: Party Factionalism and Cabinet Durability, in: Party Politics, 2, S. 397-407.

Eckstein, H. 1975: Case study and theory in political science, in: Greenstein, F.I/Polsby, N.W. (Hrsg.): Strategies of Inquiry, Handbook of Political Science (vol. 7), Reading (Mass.), S. 79-137.

Ellwein, Thomas 1994: Das Dilemma der Verwaltung. Verwaltungsstruktur und Verwaltungsreformen in Deutschland, Mannheim/Leipzig/Wien/Zürich.

Elster, Jon 1986a: The Multiple Self, Cambridge.

Elster, Jon 1986b: The Market and the Forum: three Variations of Political Theory, in: Elster, Jon/Hylland, Aanund (Hrsg.): Foundations of Social Choice Theory, Cambridge u.a., S. 103-132.

Elster, Jon 1987: Subversion der Rationalität, Frankfurt a.M./New York.

Elster, Jon 1989a: When Rationality Fails, in: Elster, Jon: Solomonic Judgements. Studies in the Limitations of Rationality, Cambridge, S. 1-35.

Elster, Jon 1989b: The Cement of Society. A study of social order, Cambridge/New York u.a.

Esser, Hartmut 1990: "Habits", "Frames" und "Rational Choice". Die Reichweite von Theorien der rationalen Wahl, in: Kölner Zeitschrift für Soziologie und Sozialpsychologie, 19, 231-247.

Eysell, Maria 1996: Der dänische Minderheitsparlamentarismus der achtziger Jahre, in: Zeitschrift für Politikwissenschaft, 6, S. 375-407.

Falter, Jürgen W./Klein, Markus 1994: Die Wähler der PDS bei der Bundestagswahl 1994. Zwischen Ideologie, Nostalgie und Protest, in: Aus Politik und Zeitgeschichte, B 51-52, S. 22-34.

Falter, Jürgen W./Schumann, Siegfried 1992: Politische Konflikte, Wählerverhalten und die Struktur des Parteienwettbewerbs, in: Gabriel, Oscar W. (Hrsg.): Die EG-Staaten im Vergleich, Opladen, S. 192-219.

Falter, Jürgen W./Winkler, Jürgen R. 1996: Die FDP vor dem Aus?, in: Aus Politik und Zeitgeschichte, B6, S. 45-61.

Fikentscher, Rüdiger 1998: Mehrheit als politischer Gestaltungsfaktor, in: Zeitschrift für Parlamentsfragen, 29, S. 180-186.

Fikentscher, Rüdiger 1999: Erfahrungen mit der PDS-tolerierten rot-grünen Minderheitskoalition in Sachsen-Anhalt 1994-1998, in: Sturm, Roland/Kropp, Sabine (Hrsg.): Hinter den Kulissen von Regierungsbündnissen. Koalitionspolitik in Bund, Ländern und Gemeinden, Baden-Baden, S. 236-243.

Franklin, Mark/Mackie, Thomas 1983: Familiarity and inertia in the formation of governing coalitions in parliamentary democracies, in: British Journal of Political Science, 13, S. 373-382.

Fricke, Eberhard 1980: Regierung und Parlament beim Haushaltsvollzug, in: Die Öffentliche Verwaltung, 33, S. 317-322.

Friedman, Milton 1953: Essays in Positive Economics, Chicago.

Friedrich, Manfred 1973: Opposition im Deutschen Bundestag: Phasen oppositionellen Verhaltens 1949-72, in: Zeitschrift für Parlamentsfragen, 4, S. 392-406.

Friedrich, Manfred 1989: Entwicklung und gegenwärtige Lage des parlamentarischen Systems in den Ländern, in: Schneider, Hans-Peter/Zeh, Wolfgang (Hrsg.): Parlamentsrecht und Parlamentspraxis in der Bundesrepublik Deutschland, Berlin/New York. S. 1707-1718.

Fürst, Dietrich 1982: Budgetierungspolitik, in: Hesse, Joachim Jens (Hrsg.): Politikwissenschaft und Verwaltungswissenschaft, PVS-Sonderheft 13, Opladen, S. 414-430.

Gabriel, Oscar W./Niedermayer, Oskar/Stöss, Richard (Hrsg.) 1997: Parteiendemokratie in Deutschland, Bonn.

Gabriel, Oscar W./Vetter, Angelika 1996: Die Chancen der CDU/CSU in den neunziger Jahren, in: Aus Politik und Zeitgeschichte, B6, S. 9-19.

Gamson, William 1961: A Theory of Coalition Formation, in: American Sociological Review, 26, S. 373-382.

Göhler, Gerhard (Hrsg.) 1987a: Grundfragen der Theorie politischer Institutionen. Forschungsstand - Probleme - Perspektiven, Opladen.

Göhler, Gerhard 1987b: Institutionenlehre und Institutionentheorie in der deutschen Politikwissenschaft nach 1945, in: Göhler, Gerhard (Hrsg.): Grundfragen der Theorie politischer Institutionen. Forschungsstand - Probleme - Perspektiven, Opladen, S. 15-47.

Göhler, Gerhard/Schmalz-Bruns, Rainer 1988: Perspektiven der Theorie politischer Institutionen, in: Politische Vierteljahresschrift, 29, S. 309-349.

Goetz, Klaus H. 1995: Kooperation und Verflechtung im Bundesstaat: Zur Leistungsfähigkeit verhandlungsbasierter Politik, in: Voigt, Rüdiger (Hrsg.): Der kooperative Staat. Krisenbewältigung durch Verhandlung?, Baden-Baden, S. 145-166.

Goffman, Erving 1977: Rahmen-Analyse. Ein Versuch über die Organisation von Alltagserfahren, Frankfurt a.M..

Goodin, Robert E. (Hrsg.) 1996a: The Theory of Institutional Design, Cambridge/New York.

Goodin, Robert E. 1996b: Institutions and Their Design, in: Goodin, Robert E. (Hrsg.): The Theory of Institutional Design, Cambridge/New York, S. 1-53.

Grimm, Dieter 1994: Politische Parteien, in: Benda, Ernst/Maihofer, Werner/Vogel, Hans-Jochen (Hrsg.): Handbuch des Verfassungsrechts der Bundesrepublik Deutschland, 2. Aufl., Berlin/New York, S. 599-656.

Grönebaum, Stefan 1997: Wird der Osten rot? Das ostdeutsche Parteiensystem in der Vereinigungskrise und vor den Wahlen 1998, in: Zeitschrift für Parlamentsfragen, 28, S. 407-424.

Groennings, Sven 1970: Notes Toward Theories of Coalition Behavior in Multiparty-Systems: Formation and Maintenance, in: Groennings, Sven/Kelley, E.W./Leiserson, Michael (Hrsg.): The Study of Coalition Behavior: Theoretical Perspectives and Cases from Four Continents, New York.

Gros, Jürgen 1998: Politikgestaltung im Machtdreieck Partei, Fraktion, Regierung. Zum Verhältnis von CDU-Parteiführungsgremien, Unionsfraktion und Bundesregierung 1982-1989 an den Beispielen der Finanz-, Deutschland- und Umweltpolitik, Berlin.

Gross, N./Mason, S./McEachern A.W. 1958: Explorations in Role Analysis: Studies of the School Superintendency Role, London/New York.

Große-Sender, Heinrich A. (Hrsg.) 1990: Bericht der Kommission "Erhaltung und Fortentwicklung der bundesstaatlichen Ordnung innerhalb der Bundesrepublik Deutschland - auch in einem vereinten Europa", 2 Bde, Düsseldorf.

Grzelek, Janusz 1990: Konflikt und Kooperation, in: Stroebe, Wolfgang u.a. (Hrsg.): Sozialpsychologie, Berlin u.a., S. 305-322.

Hall, Peter/Taylor, Rosemary 1996: Political science and the three new institutionalisms, in: Political Studies, XLIV, S. 936-957.

Hamm-Brücher, Hildegard 1989: Abgeordneter und Fraktion, in: Schneider, Hans-Peter/Zeh, Wolfgang (Hrsg.): Parlamentsrecht und Parlamentspraxis in der Bundesrepublik Deutschland, Berlin/New York, S. 673-700.

Harmel, Robert 1981: Environment and party decentralisation, in: Comparative Political Studies, 14, S. 75-99.

Hartmann, Jürgen 1997a (Hrsg): Handbuch der deutschen Bundesländer, 3. Aufl., Frankfurt a.M./New York.

Hartmann, Jürgen 1997b: Vergleichende Regierungslehre und Systemvergleich, in: Berg-Schlosser, Dirk/Müller-Rommel, Ferdinand (Hrsg.): Vergleichende Politikwissenschaft. Ein Studienhandbuch, 3. Aufl., Opladen, S. 27-48.

Hartwich, Hans-Hermann/Wewer, Göttrik (Hrsg.) 1990: Regieren in der Bundesrepublik 1. Konzeptionelle Grundlagen und Perspektiven der Forschung, Opladen.

Hartwich, Hans-Hermann/Wewer, Göttrik (Hrsg.) 1991: Regieren in der Bundesrepublik 2. Formale und informale Komponenten des Regierens, Opladen.

Haungs, Peter 1983: Koalitionen und Koalitionsstrategien in der Bundesrepublik, in: Wehling, Hans-Georg u.a. (Hrsg.), Westeuropas Parteiensysteme im Wandel, Stuttgart, S. 95-112.

Hay, Colin/Wincott, Daniel 1998: Structure, agency and historical institutionalism, in: Political Studies, XLVI, S. 951-957.

Hazan, Reuven Y. 1996: Does Center Equal Middle? Towards a Conceptual Delineation, with Application to West European Party Systems, in: Party Politics, 2, S. 209-228.

Heinelt, Hubert 1993: Policy und Politics. Überlegungen zum Verhältnis von Politikinhalten und Politikprozessen, in: Heritiér, Adrienne (Hrsg.): Policy-Analyse. Kritik und Neuorientierung, PVS-Sonderheft 24, Opladen, S. 307-327.

Heinrich, Gudrun 1999: Der kleine Koalitionspartner in den Ländern: Koalitionsstrategien von F.D.P. und Bündnis 90/Die Grünen im Vergleich, in: Sturm, Roland/Kropp, Sabine (Hrsg.): Hinter den Kulissen von Regierungsbündnissen. Koalitionspolitik in Bund, Ländern und Gemeinden, Baden-Baden, S. 120-145.

Helms, Ludger 1997: Wettbewerb und Kooperation. Zum Verhältnis von Regierungsmehrheit und Opposition im parlamentarischen Gesetzgebungsverfahren in der Bundesrepublik Deutschland, Großbritannien und Österreich, Opladen.

Helms, Ludger (Hrsg.) 1999: Parteien und Fraktionen. Ein internationaler Vergleich, Opladen.

Hempel, C.G./Oppenheim, P. 1948: Studies in the Logic of Explanation, in: Philosopy of Science, 15, S. 135-175.

Héritier, Adrienne (Hrsg.) 1993: Policy-Analyse. Kritik und Neuorientierung, PVS-Sonderheft 24, Opladen.

Herman, Valentine/Pope, John 1973: Minority Governments in Western Democracies, in: British Journal of Political Science, 11, S. 191-212.

Hesse, Joachim Jens/Renzsch, Wolfgang 1991: Föderalstaatliche Entwicklung in Europa, Baden-Baden.

Hesse, Joachim Jens/Ellwein, Thomas 1992: Das Regierungssystem der Bundesrepublik Deutschland, Bd. 1: Text, 7. Aufl., Opladen.

Hirschman, Albert O. 1970: Exit, voice and loyalty. Responses to decline in firms, organizations, and states, Cambridge.

Hogwood, Patricia 1992: Playing to Win: Concepts of Utility and Partner Choice in Coalition Theory. Strathclyde Papers on Government and Politics No. 87, Glasgow.

Hogwood, Patricia 1999: Playing to win. Adapting concepts of rationality and utility for the German coalition context, in: Sturm, Roland/Kropp, Sabine (Hrsg.): Hinter den Kulissen von Regierungsbündnissen. Koalitionspolitik in Bund, Ländern und Gemeinden, Baden-Baden, S. 15-43.

Hofferbert, Richard/Klingemann, Hans-Dieter/Volkens, Andrea 1992: Wahlprogrammatik, Regierungserklärungen und Politisches Handeln. Zur Programmatik politischer Parteien, in: Andreß, Hans-Jürgen/Huinink, Johannes/Meinken, Holger (Hrsg.): Theorie, Daten, Methoden: neue Modelle und Verfahrensweisen in den Sozialwissenschaften, München, S. 383-392.

Hoffmann, Jürgen 1987: Schwarz-grüne Bündnisse in den Kommunen. Modell für Bund und Länder?, in: Zeitschrift für Parlamentsfragen, 18, S. 628-649.

Hoffmann, Jürgen/Neu, Viola 1998: Getrennt agieren, vereint marschieren? Die Diskussion über ein Linksbündnis bei SPD, Grünen und PDS, St. Augustin (Konrad-Adenauer-Stiftung, Interne Studie Nr. 162).

Hoffmann-Lange, Ursula 1986: Changing Coalitional Preferences among West German Parties, in: Pridham, Geoffrey (Hrsg.): Coalitional Behaviour in Theory and Practice: an Inductive Model for Western Europe, Cambridge u.a., S. 45-71.

Holler, Manfred J. 1984 (Hrsg.): Coalitions and Collective Action, Würzburg.

Hölscheidt, Sven 1988: Der Haushaltsausschuß des Deutschen Bundestages, Rheinbreitbach.

Holtmann, Everhard 1998: Funktionen regionaler Parteien und Parteiensysteme - Überlegungen für ein analytisches Konzept, in: Benz, Arthur/Holtmann, Everhard (Hrsg.): Gestaltung regionaler Politik. Empirische Befunde, Erklärungsansätze und Praxistransfer, Opladen, S. 65-76.

Holtmann, Everhard/Boll, Bernhard 1995: Sachsen-Anhalt. Eine politische Landeskunde, 1. Aufl., Opladen.

Holtmann, Everhard/Boll, Bernhard 1997: Sachsen-Anhalt. Eine politische Landeskunde, 2. Aufl., Opladen.

Holzinger, Katharina 2000: Spieltheorien, in: Holtmann, Everhard (Hrsg.): Politik-Lexikon, 3. Aufl., München/Wien, S. 651-654.

Horst, Patrick 1995: Haushaltspolitik und Regierungspraxis in den USA und der Bundesrepublik Deutschland. Ein Vergleich des haushaltspolitischen Entscheidungsprozesses beider Bundesrepubliken zu Zeiten der konservativen Regierungen Reagan/Bush (1981-92) und Kohl (1982-93), Frankfurt a.M./Berlin u.a.

Howlett, Michael/Ramesh, M. 1993: Policy-Instrumente, Policy-Lernen und Privatisierung: Theoretische Erklärungen für den Wandel in der Instrumentenwahl, in: Héritier, Adrienne (Hrsg.): Policy-Analyse. Kritik und Neuorientierung, PVS-Sonderheft 24, Opladen, S. 245-266.

Hüning, Hasko/Neugebauer, Gero 1996: Die PDS, in: Niedermayer, Oskar (Hrsg.): Intermediäre Strukturen in Ostdeutschland, Opladen, S. 67-86.

Ieraci, Guiseppe 1996: `Events' and `causes' in cabinet termination and survival: is explanation still possible?, in: West European Politics, 1, S. 5-28.

Immerfall, Stefan 1998: Strukturwandel und Strukturschwächen der deutschen Mitgliederparteien, in: Aus Politik und Zeitgeschichte, B 1-2, S. 3-12.

Ismayr, Wolfgang 1992: Der Deutsche Bundestag. Funktionen - Willensbildung - Reformansätze, Opladen.

Isensee, Josef 1997: Gutachterliche Stellungnahme zu verfassungsrechtlichen Fragen des Haushalts 1996 des Landes Sachsen-Anhalt, erstellt im Auftrage des Präsidenten des Landesrechnungshofes Sachsen-Anhalt. Unveröffentlichtes Manuskript.

Jaeger, Wolfgang 1988: Von der Kanzlerdemokratie zur Koordinationsdemokratie, in: Zeitschrift für Politik, 35, S. 15-32.

Jaeger, Wolfgang 1994: Wer regiert die Deutschen? Innenansichten der Parteiendemokratie, Zürich.

Jagodzinski, Wolfgang/Kühnel, Steffen 1997: Werte und Ideologien im Parteienwettbewerb, in: Gabriel, Oscar W./Niedermayer, Oskar/Stöss, Richard (Hrsg.): Parteiendemokratie in Deutschland, Bonn, S. 209-232.

Jansen, Dorothea 1997: Das Problem der Akteurqualität korporativer Akteure, in: Benz, Arthur/Seibel, Wolfgang (Hrsg.): Theorieentwicklung in der Politikwissenschaft - eine Zwischenbilanz, Baden-Baden, S. 193-236.

Jesse, Eckhard 1997: Die Parteien im westlichen Deutschland von 1945 bis zur deutschen Einheit 1990, in: Gabriel, Oscar W./Niedermayer, Oskar/Stöss, Richard (Hrsg.): Parteiendemokratie in Deutschland, Bonn, S. 59-83.

Jesse, Eckhard 1998: Koalitionsveränderungen 1949 bis 1994: Lehrstücke für 1998?, in: Zeitschrift für Parlamentsfragen, 29, S. 460-477.

Jesse, Eckhard 1999: Koalitionen in den neuen Bundesländern. Varianten, Veränderungen, Versuchungen, in: Sturm, Roland /Kropp, Sabine (Hrsg.): Hinter den Kulissen von Regierungsbündnissen. Koalitionspolitik in Bund, Ländern und Gemeinden, Baden-Baden, S. 146-168.

Jesse, Eckhard/ Michel, Marco 1996: Die Wahl zum Berliner Abgeordnetenhaus vom 22. Oktober 1995: Das erneute Bündnis zweier Verlierer, in: Zeitschrift für Parlamentsfragen, 27, S. 585- 602.

Jesse, Eckhard/Mitter, Armin (Hrsg.) 1992: Die Gestaltung der deutschen Einheit. Geschichte - Politik - Gesellschaft, Bonn.

Jun, Uwe 1994: Koalitionsbildung in den deutschen Bundesländern. Theoretische Betrachtungen, Dokumentation und Analyse der Koalitionsbildungen auf Länderebene seit 1949, Opladen.

Jung, Matthias/Roth, Dieter 1994: Kohls knappster Sieg. Eine Analyse der Bundestagswahl 1994, in: Aus Politik und Zeitgeschichte, B 51-52, S. 3-15.

Kahneman, D./Tversky, A. 1979: Prospect Theory: An Analysis of Decision under Risk, in: Econometrica, 47, S. 263-291.

Kaltefleiter, Werner 1973: Oppositionsstrategien im parlamentarischen System, in: Aus Politik und Zeitgeschichte, B 31, S. 3-8.

Kaltefleiter, Werner 1980: Die Bedeutung der föderativen Ordnung für das Parteiensystem der Bundesrepublik Deutschland, in: Jekewitz, J./Melzer, M./Zeh, W./Schäfer, F. (Hrsg.): Politik als gelebte Verfassung, Opladen, S. 210-218.

Kaltfeger, Werner 1967: Die Große Koalition. Verfassungspolitische Aufgaben und Probleme, in: Aus Politik und Zeitgeschichte, B18/19, S. 3-23.

Kappelhoff, Peter 1993: Soziale Tauschsysteme, München.

Kastning, Lars 1991: Informelles Regieren - Annäherung an Begrifflichkeit und Bedeutungsgehalt, in: Hartwich, Hans-Hermann/Wewer, Göttrik (Hrsg.): Regieren in der Bundesrepublik 2. Formale und informale Komponenten des Regierens, Opladen, S. 69-78.

Kato, Junko/Laver, Michael 1997a: Theories of Government Formation and the 1996 General Election in Japan, in: Party Politics, 4, S. 229-252.

Kato, Junko/Laver, Michael 1997b: Party Policy and Cabinet Portfolios in Japan, 1996, in: Party Politics, 4, S. 253-260.

Kelley, E.W. 1968: Techniques of Studying Coalition Formation, in: Midwest Journal of Political Science, 12, S. 62-84.

Kelley, E.W. 1970: Theory and the study of coalition behavior, in: Groennings, Sven/Kelley, E.W./Leiserson, Michael (Hrsg.): The Study of Coalition Behavior: Theoretical Perspectives and Cases from Four Continents, New York, S. 481-489.

Kepplinger, Hans Mathias/Brosius, Hans-Bernd/Dahlem, Stefan 1994: Charakter oder Sachkompetenz von Politikern: Woran orientieren sich die Wähler?, in: Klingemann, Hans-Dieter/Kaase, Max (Hrsg.): Wahlen und Wähler. Analysen aus Anlaß der Bundestagswahl 1990, Opladen, S. 472-505.

Kewenig, Wilhelm 1965: Zur Rechtsproblematik von Koalitionsvereinbarungen, in: Archiv des Öffentlichen Rechts, 90, S. 182-204.

Kiefer, Markus 1996: Die politischen Parteien, in: Schmitt, Karl (Hrsg.): Thüringen: eine politische Landeskunde, Köln/Weimar/Wien, S. 37-67.

Kirchheimer, Otto 1965: Der Wandel des westeuropäischen Parteiensystems, in: Politische Vierteljahresschrift, 6, S. 20-41.

Klein, Franz 1994: Bund und Länder nach der Finanzordnung des Grundgesetzes, in: Benda, Ernst/Maihofer, Werner/Vogel, Hans-Jochen (Hrsg.): Handbuch des Verfassungsrechts der Bundesrepublik Deutschland, 2. Aufl., Berlin/New York, S. 1103-1144.

Klingemann, Hans-Dieter/Volkens, Andrea 1992: Coalition Governments in the Federal Republic of Germany: Does Policy Matter?, in: Laver, Michael J./Budge, Ian (Hrsg.): Party Policy and Coalition Government, New York, S. 189-222.

Klingemann, Hans-Dieter/Volkens, Andrea 1997: Struktur und Entwicklung von Wahlprogrammen in der Bundesrepublik Deutschland 1949-1994, in: Gabriel, Oscar W./Niedermayer, Oskar/Stöss, Richard (Hrsg.): Parteiendemokratie in Deutschland, Bonn, S. 517-536.

Knorr, Heribert 1975: Der parlamentarische Entscheidungsprozeß während der Großen Koalition 1966 bis 1969. Struktur und Einfluß der Koalitionsfraktionen und ihr Verhältnis zur Regierung der Großen Koalition, Meisenheim am Glan.

Koelble, Thomas A. 1996: Economic Theories of Organization and the Politics of Institutional Design in Political Parties, in: Party Politics, 2, S. 251-263.

König, Klaus 1991: Formalisierung und Informalisierung im Regierungszentrum, in: Hartwich, Hans-Hermann/Wewer, Göttrik (Hrsg.): Regieren in der Bundesrepublik 2. Formale und informale Komponenten des Regierens, Opladen, S. 201-220.

König, Klaus 1999: Regierungsbildung und Regierungsapparat, in: Gegenwartskunde, 48, S. 45-56.

König, Thomas/Liebert, Ulrike 1996: Germany, in: Blondel, Jean/Cotta, Maurizio (Hrsg.): Party and Government, London, S. 78-90.

König, Thomas 1997: Politikverflechtungsfalle oder Parteienblockade. Das Potential für politischen Wandel im deutschen Zweikammersystem, in: Staatswissenschaften und Staatspraxis, 8, S. 135-159.

König, Thomas 1999: Regieren im deutschen Föderalismus, in: Aus Politik und Zeitgeschichte, B 13, S. 24-36.

Korff, Hans Clausen 1975: Haushaltspolitik. Instrument öffentlicher Macht, Stuttgart.

Korff, Hans Clausen 1981a: Die krisenhafte Expansion der öffentlichen Haushalte, in: Zeitschrift für Parlamentsfragen, 21, S. 140-146.

Korff, Hans Clausen 1981b: Wege zur Verbesserung der Finanzkontrolle, in: Zeitschrift für Parlamentsfragen, 21, S. 399-414.

Koschnick, Hans 1989: Der Bundesrat zwischen Länderinteressen, gesamtstaatlicher Verantwortung und Parteipolitik, in: Bundesrat (Hrsg.): Vierzig Jahre Bundesrat, Tagungsband zum wissenschaftlichen Symposion in der Evangelischen Akademie Tutzing vom 11. bis 14. April 1989, Baden-Baden, S. 81-89.

Kranenpohl, Uwe 1998: Zwischen politischer Nische und programmatischer Öffnung: Kleine Parteien und ihre Bundestagsfraktionen 1949-1994, in: Zeitschrift für Parlamentsfragen, 29, S. 244-262.

Kralewski, Wolfgang/Neunreither, Karlheinz 1963: Oppositionelles Verhalten im ersten Deutschen Bundestag (1949-53), Köln.

Kretschmer, Gerald 1984: Willensbildung in der Fraktion. Vorformung parlamentarischer Entscheidung, in: Falter, Jürgen W. u.a. (Hrsg.): Politische Willensbildung und Interessenvermittlung, Opladen, S. 290-299.

Kretschmer, Gerald 1989: Geschäftsordnungen deutscher Volksvertretungen, in: Schneider, Hans-Peter/Zeh, Wolfgang (Hrsg.): Parlamentsrecht und Parlamentspraxis in der Bundesrepublik Deutschland, Berlin/New York, S. 291-331.

Kröger, Klaus 1973: Zur Mitwirkung des Bundestages am Haushaltsvollzug, in: Die Öffentliche Verwaltung, 26, S. 439-442.

Kropp, Sabine 1997: Oppositionsprinzip und Mehrheitsregel in den Landesverfassungen: Eine Analyse am Beispiel des Verfassungskonflikts in Sachsen-Anhalt, in: Zeitschrift für Parlamentsfragen, 28, S. 373-390.

Kropp, Sabine 1999: Die rot-grüne Koalitionsvereinbarung der Bundesparteien vom 20. Oktober 1998. Ein Plan und die ersten Schritte seiner Realisierung, in: Gegenwartskunde, 48, S. 31-44.

Kropp, Sabine 2000: Verhandeln und Wettbewerb in der Regierungspraxis von Länderkoalitionen - Handlungsarenen, Strategien und Konflikte von Koalitionsakteuren, in: Holtmann, Everhard/Voelzkow, Helmut (Hrsg.): Zwischen Wettbewerbs- und Verhandlungsdemokratie. Analysen zum Regierungssystem der Bundesrepublik Deutschland, Opladen, S. 151-182.

Kropp, Sabine/Sturm, Roland 1998: Koalitionen und Koalitionsvereinbarungen. Theorie, Analyse und Dokumentation, Opladen.

Kropp, Sabine/Sturm, Roland 1999: Politische Willensbildung im Föderalismus. Parteienwettbewerb, Regierungsbildungen und Bundesratsverhalten in den Ländern, in: Aus Politik und Zeitgeschichte, B13, S. 37-46.

Krupp, Hans-Jürgen 1992: Der Finanzminister und sein Handlungsspielraum, in: Hartwich, Hans-Hermann/Wewer, Göttrik (Hrsg.): Regieren in der Bundesrepublik IV. Finanz- und wirtschaftspolitische Bestimmungsfaktoren des Regierens im Bundesstaat - unter besonderer Berücksichtigung des deutschen Vereinigungsprozesses, Opladen, S. 61-73.

Kunz, Rainer 1979: Die Bedeutung der Koalition in den westdeutschen Parteiensystemen. Diss., Universität Augsburg.

Kunz, Volker 1996a: Die Theorie rationalen Handelns. Grundlagen und Anwendungsprobleme, Opladen.

Kunz, Volker 1996b: Empirische Ökonomik. Handlungstheoretische Grundlagen der Erklärung politischer und sozialer Prozesse, Marburg.

Laakso, M./Taagepera R. 1979: `Effective´ Number of Parties. A Measure with Application to West Europe, in: Comparative Political Studies, 12, S. 3-27.

Landesregierung Sachsen-Anhalt, Ministerium für Raumordnung, Städtebau und Wohnungswesen (Hrsg.)1996: Landesentwicklungsbericht Sachsen-Anhalt, Magdeburg.

Landesverfassungsgericht Sachsen-Anhalt 1996: Urteil LVG 1/96 im Organstreitverfahren zwischen der Fraktion der CDU im Landtag Sachsen-Anhalt und dem Landtag Sachsen-Anhalt, Dessau (Manuskript).

Lange, Hermann 1987: Haushaltsplanung: Beiträge einzelner Akteure, in: Mäding, Heinrich (Hrsg.): Haushaltsplanung - Haushaltsvollzug - Haushaltskontrolle, Baden-Baden, S. 51-67.

Laufer, Heinz 1967: Institutionelle Leistungen und Versuche. Zur Innenpolitik der Großen Koalition, in: Zeitschrift für Politik, 14, S. 405-427.

Laufer, Heinz 1970: Der Bundesrat als Instrument der Opposition, in: Zeitschrift für Parlamentsfragen, 1, S. 318-341.

Laver, Michael J. 1974: Dynamic Factors in Government Coalition Formation, in: European Journal of Political Research, 2, S. 259-270.

Laver Michael J. 1986: Between Theoretical Elegance and Political Realitiy: Deductive Models and Cabinet Coalitions in Europe, in: Pridham, Geoffrey (Hrsg.): Coalitional Behaviour in Theory and Practice: an Inductive Model for Western Europe, Cambridge u.a.

Laver, Michael J. 1999: Reaction to thoughts by Miranda de Vries on doctoral research in progress, in: ECPR News, 10, S. 33.

Laver, Michael J./ Budge, Ian (Hrsg.) 1992a: Party Policy and Government Coalitions, New York.

Laver, Michael J./Budge, Ian 1992b: Measuring Policy Distances and Modelling Coalition Formation, in: Laver, Michael J./Budge, Ian (Hrsg.): Party Policy and Government Coalitions, New York, S. 15-40.

Laver, Michael/Hunt, Ben W. 1992: Policy and Party Competition, New York.

Laver, Michael J./Schofield, Norman 1990: The Politics of Coalition in Europe, Oxford u.a.

Laver, Michael/Shepsle, Kenneth A. 1990a: Government coalitions and intraparty politics, in: British Journal of Political Science, 20, S. 489-507.

Laver, Michael/Shepsle, Kenneth A. 1990b: Coalitions and cabinet government, in: American Political Science Review, 84, S. 873-890.

Laver, Michael/Shepsle, Kenneth A. 1993: A Theory of Minority Government in Parliamentary Democracy, in: Scharpf, Fritz W. (Hrsg.): Games in Hierarchies and Networks. Analytical and Empirical Approaches to the Study of Governance Institutions, Frankfurt a.M./Boulder, S. 429-446.

Laver, Michael/Shepsle, Kenneth A. 1994: Cabinet Ministers and Parliamentary Government. The Political Economy of Institutions and Decisions, Cambridge.

Laver, Michael J./Shepsle, Kenneth A. 1996: Making and Breaking Governments. Cabinets and Legislatures in Parliamentary Democracies, Cambridge/New York.

Laver, Michael J./Underhill, John 1982: The bargaining advantages of combining with others, in: British Journal of Political Science, 12, S. 27-42.

Lax, David A./Sebenius, James K. 1986: The Manager as Negotiator. Bargaining for Cooperation an Competitive Gain, New York.

Lehmbruch, Gerhard 1967: Proporzdemokratie: Politisches System und politische Kultur in der Schweiz und in Österreich, Tübingen.

Lehmbruch, Gerhard 1976: Parteienwettbewerb im Bundesstaat, Stuttgart u.a.

Lehmbruch, Gerhard 1998a: Parteienwettbewerb im Bundesstaat, 2. Aufl., Opladen.

Lehmbruch, Gerhard 1998b: "A-Länder" und "B-Länder": Eine Anmerkung zum Sprachgebrauch, in: Zeitschrift für Parlamentsfragen, 29, S. 348-350.

Lehner, Franz /Schubert, Klaus 1989: Parteiendemokratie in der Zwangsjacke der Verbändeherrschaft, in: Wildenmann, Rudolf (Hrsg.): Volksparteien: Ratlose Riesen?, Baden-Baden, S. 193-204.

Leicht, Robert 1996: Wenn Recht zur Farce wird. Koalitionsverträge wie in Kiel untergraben die Freiheit der Abgeordneten, in: Die Zeit, 24.5., S.4.

Leiserson, Michael A. 1966: Coalition in Politics: A Theoretical Empirical Study, New Haven.

Leiserson, Michael A. 1968: Factions and Coalitions in One Party Japan: An Interpretation based on Theory of Games, in: American Political Science Review, 62, S. 770-787.

Leiserson, Michael 1970: Coalition Government in Japan, in: Groenings, Sven/Kelley, E.W./Leiserson, Michael (Hrsg.): The Study of Coalition Behavior: Theoretical Perspectives and Cases from Four Continents, New York.

Lijphart, Arend 1971: Comparative Politics and Comparative Method, in: American Political Science Review, 65, S. 682-693.

Lijphart, Arend 1975: The Comparable-Cases-Strategy in Comparative Research, in: Comparative Political Studies, 8, S. 158-175.

Lijphart, Arend 1984a: Measures of Cabinet Durability: A Conceptual and Empirical Evaluation, in: Comparative Political Studies, 17, S. 265-279.

Lijphart, Arend 1984b: Democracies. Patterns of Majoritarian and Consensus Government in Twenty-one Countries, New Haven/London.

Linck, Joachim 1973: Die Öffentlichkeit der Parlamentsausschüsse aus verfassungsrechtlicher und rechtspolitischer Sicht, in: Die Öffentliche Verwaltung, 26, S. 513-520.

Lindblom, Charles E. 1959: The Science of `Muddling Through´, in: Public Administration Review, 37, S. 79-88.

Lindenberg, Siegwart 1981: Erklärung als Modellbau: Zur soziologischen Nutzung von Nutzentheorien, in: Schulte, W. (Hrsg.): Soziologie in der Gesellschaft, Bremen, S. 20-35.

Lindenberg, Siegwart 1985: Rational Choice and Sociological Theory: New Pressures on Economics as a Social Science, in: Journal of Institutional and Theoretical Economics, 141, S. 244-255.

Lindenberg, Siegwart 1991: Die Methode der abnehmenden Abstraktion. Theoriegesteuerte Analyse und empirischer Gehalt, in: Esser, H./Troitzsch, K.G. (Hrsg.): Modellierung sozialer Prozesse. Neuere Ansätze und Überlegungen zur soziologischen Theoriebildung, Bonn, S. 29-78.

Lindenberg, Siegwart 1992: The Method of Decreasing Abstraction, in: Coleman, James S./Fararo, Thomas J. (Hrsg.): Rational Choice Theory. Advocacy and Critique, Newbury Park/London/New Dehli, S. 3-20.

Lindenberg, Siegwart 1993: Framing, Empirical Evidence, and Applications, in: Jahrbuch für Neue Politische Ökonomie, 12, S. 11-38.

Linnemann, Rainer 1994: Die Parteien in den neuen Bundesländern: Konstituierung, Mitgliederentwicklung, Organisationsstrukturen, Münster/New York.

Lösche, Peter 1990: Organisationspolitischer Traditionalismus? Die SPD: Vom Kampfverband zur Interessenkoalition, in: Naßmacher, Hiltrud u.a. (Hrsg.): Parteien in der Bundesrepublik Deutschland, Stuttgart/Berlin/Köln, S. 44-62.

Lösche, Peter 1993: Kleine Geschichte der deutschen Parteien, Stuttgart.

Lösche, Peter 1996: Die SPD nach Mannheim: Strukturprobleme und aktuelle Entwicklungen, in: Aus Politik und Zeitgeschichte, B6, S. 20-28.

Lösche, Peter/Walter, Franz 1992: Die SPD. Klassenpartei - Volkspartei - Quotenpartei. Zur Entwicklung der Sozialdemokratie von Weimar bis zur deutschen Vereinigung, Darmstadt.

Lösche, Peter/Walter, Franz 1996: Die FDP. Richtungsstreit und Zukunftszweifel, Darmstadt.

Luebbert, Gregory M. 1983: Coalition Theory and Government Formation in Multiparty Democracies, in: Comparative Politics, 15, S. 235-249.

Luebbert, Gregory M. 1984: A Theory of Government Formation, in: Comparative Political Studies, 17, S. 229-264.

Luebbert, Gregory M. 1986: Comparative Democracy: Policymaking and Governing Coalitions in Europe and Israel, New York.

Luhmann, Niklas 1964: Funktionen und Folgen formaler Organisation, Berlin.

Lupia, Arthur/Strøm, Kaare 1995: Coalition Termination and the Strategic Timing of Parliamentary Elections, in: American Political Science Review, 89, S. 648-665.

Luthardt, Wolfgang 1996b: Europäischer Integrationsprozeß, deutscher Föderalismus und Verhandlungsprozesse in einem Mehrebenensystem: Beteiligungsföderalismus als Zukunftsmodell, in: Staatswissenschaften und Staatspraxis, 7, S. 293-316.

Mackie, Thomas T./Hogwood, Brian W. (Hrsg) 1985a: Unlocking the Cabinet, London.

Mackie, Thomas T./Hogwood, Brian W. 1985b: Decision-making in Cabinet Government, in: Mackie, Thomas T./Hogwood, Brian W. (Hrsg): Unlocking the Cabinet, London, S. 1-15.

Mäding, Heinrich 1983: Budgetierungsprozesse im Zeichen der Finanzknappheit I, in: Hartwich, Hans-Hermann (Hrsg.): Gesellschaftliche Probleme als Anstoß und Folge von Politik, Opladen, S. 396-406.

Mäding, Heinrich (Hrsg.) 1987: Haushaltsplanung - Haushaltsvollzug - Haushaltskontrolle, Baden-Baden.

Mahnke, Hans Heinrich 1993: Die Verfassung des Landes Sachsen-Anhalt. Textausgabe mit Erläuterungen, Berlin.

Majonica, Ernst 1969: Ein Parlament im Geheimen? Zur Arbeitsweise der Bundestagsausschüsse, in: Hübner, Emil/Oberreuter, Heinrich/Rausch, Heinz (Hrsg.): Der Bundestag von innen gesehen, München, S. 114-126.

Mandelartz, Herbert 1980: Das Zusammenwirken von Parlament und Regierung beim Haushaltsvollzug, Frankfurt a.M.

Mann, Siegfried 1994: Macht und Ohnmacht der Verbände. Das Beispiel des Bundesverbands der Deutschen Industrie e.V. (BDI) aus empirisch-analytischer Sicht, Baden-Baden.

Maor, Moshe 1995: Intra-Party Determinants of Coalition Bargaining, in: Journal of Theoretical Politics, 1, S. 65-91.

Maor, Moshe 1998: Parties, Conflicts and Coalitions in Western Europe. Organisational determinants of coalition bargaining, London/New York.

March, James G./Olsen, Johan P. 1984: The New Institutionalism. Organizational Factors in Political Life, in: American Political Science Review, 78, 734-749.

March, James G./Olsen, Johan P. 1989: Rediscovering Institutions. The Organizational Basis of Politics, London.

Marini, Margaret Mooney 1992: The Role of Models of Purposive Action in Sociology, in: Coleman, James S./Fararo, Thomas J. (Hrsg.): Rational Choice Theory. Advocacy and Critique, Newbury P-ark/London/New Dehli, S. 21-48.

Matthiessen, Gunnar 1969: Große Koalition und Kleine Koalition, in: Blätter für deutsche und internationale Politik, 14, S. 348-356.

Mayer, Jörg M. 1994: "Wann sind Paketlösungen machbar?" Eine konstruktive Kritik an F.W. Scharpfs Konzept, in: Politische Vierteljahresschrift, 35, S. 448-471.

Mayntz, Renate 1992a: Interessenverbände und Gemeinwohl. Die Verbändestudie der Bertelsmann-Stiftung, in: Mayntz, Renate (Hrsg.): Verbände zwischen Mitgliederinteressen und Gemeinwohl, Gütersloh, S. 11-35.

Mayntz, Renate 1992b: Verbände zwischen Mitgliederinteressen und Gemeinwohl, Gütersloh.

Mayntz, Renate/Neidhardt, Friedhelm 1989: Parlamentskultur: Handlungsorientierungen von Bundestagsabgeordneten - eine empirisch-explorative Studie, in: Zeitschrift für Parlamentsfragen, 20, S. 370-387.

Mayntz, Renate/Scharpf, Fritz W. 1995: Der Ansatz des akteurzentrierten Institutionalismus, in: Mayntz, Renate/Scharpf, Fritz W. (Hrsg.): Gesellschaftliche Selbstregelung und politische Steuerung, Frankfurt a.M./New York, S. 39-72.

McKelvey, Richard/ Ordeshook, Peter C./Winer, Mark 1978: The Competitive Solution for N-Person Games, without Sidepayments, in: American Political Science Review, 72, S. 599-615.

McLean, Iain 1987: Public Choice. An Introduction, London.

Meeker, Barbara 1971: Decision and Exchange, in: American Sociological Review, 71, S. 485-495.

Mellors, Cloin/Pijnenburg, Bert (Hrsg.) 1989: Political Parties and Coalitions in European Local Government, London/New York.

Mershon, Carol 1996: The Costs of Coalition: Coalition Theories and Italian Government, in: American Political Science Review, 90, S. 534-554.

Michels, Robert 1911: Zur Soziologie des Parteiwesens in der modernen Demokratie: Untersuchungen über die oligarchischen Tendenzen des Gruppenlebens, Leipzig.

Moeser, Ekkehard 1978: Die Beteiligung des Bundestages an der staatlichen Haushaltsgewalt, Berlin.

Moreau, Patrick 1992: PDS. Anatomie einer postkommunistischen Partei, Bonn/Berlin.

Moreau, Patrick 1998: Die Partei des Demokratischen Sozialismus, in: Moreau, Patrick/Lazar, Marc/ Hirscher, Gerhard (Hrsg.): Der Kommunismus in Westeuropa. Niedergang oder Mutation?, Landsberg am Lech, S. 242-332.

Moreau, Patrick/Neu, Viola 1994: Die PDS zwischen Linksextremismus und Linkspopulismus. Interne Studien Nr. 76 der Konrad-Adenauer-Stiftung, Sankt Augustin.

Müller, Alexander/McGovern, Karsten 1999: Nach außen hui und innen pfui? Über die Spielregeln und das Funktionieren von rot-grünen Koalitionen, in: Sturm, Roland/Kropp, Sabine (Hrsg.): Hinter den Kulissen von Regierungsbündnissen. Koalitionspolitik in Bund, Ländern und Gemeinden, Baden-Baden, S. 223-235.

Müller, Wolfgang C. 1994: Koalitionsabkommen in der österreichischen Politik, in: Zeitschrift für Parlamentsfragen, 25, S. 346-353.

Müller, Wolfgang C./Strøm, Kaare (Hrsg.) 1997a: Koalitionsregierungen in Westeuropa. Bildung, Arbeitsweise und Beendigung, Wien.

Müller, Wolfgang C./Strøm, Kaare 1997b: Koalitionsregierungen in Westeuropa - eine Einleitung, in: Müller, Wolfgang C./Strøm, Kaare (Hrsg.): Koalitionsregierungen in Westeuropa. Bildung, Arbeitsweise und Beendigung, Wien, S. 9-46.

Müller-Rommel, Ferdinand 1982: Innerparteiliche Gruppierungen in der SPD, Opladen.

Müller-Rommel, Ferdinand 1988: The centre of government in West Germany, in: European Journal of Political Research, 16, S. 171-190.

Mulé, Rosa 1997: Explaining the Party-Policy Link. Established Approaches and Theoretical Developments, in: Party Politics, 3, S. 493-512.

Naschold, Frieder 1969: Systemsteuerung, Stuttgart u.a.

Neugebauer, Gero 1996: Die SPD, in: Niedermayer, Oskar (Hrsg.): Intermediäre Strukturen in Ostdeutschland, Opladen, S. 41-66.

Neugebauer, Gero/Stöss, Richard 1996: Die PDS. Geschichte, Organisation, Wähler, Konkurrenten, Opladen.

Neumann, John von/Morgenstern, Oskar 1944: The Theory of Games and Economic Behavior, Princeton.

Niclauß, Karlheinz 1988: Kanzlerdemokratie. Bonner Regierungspraxis von Konrad Adenauer bis Helmut Kohl, Stuttgart u.a.

Niedermayer, Oskar 1982: Möglichkeiten des Koalitionswechsels. Zur parteiinternen Verankerung der bestehenden Koalitionsstruktur im Parteiensystem der Bundesrepublik Deutschland, in: Zeitschrift für Parlamentsfragen, 23, S. 85-110.

Niedermayer, Oskar 1984: Konsens und Konflikt in westeuropäischen Parteien, in: Falter, Jürgen W. u.a. (Hrsg.): Politische Willensbildung und Interessenvermittlung, Opladen, S. 216-225.

Niedermayer, Oskar 1989: Innerparteiliche Partizipation. Zur Analyse der Beteiligung von Parteimitgliedern am parteiinternen Willensbildungsprozeß, in: Aus Politik und Zeitgeschichte, B11, S. 15-25.

Niedermayer, Oskar 1996a: Das intermediäre System, in: Kaase, Max/Eisen, Andreas/Gabriel, Oscar W./ Niedermayer, Oskar/Wollmann, Hellmut (Hrsg.): Politisches System, Opladen, S. 155-230.

Niedermayer, Oskar (Hrsg.) 1996b: Intermediäre Strukturen in Ostdeutschland, Opladen.

Niedermayer, Oskar 1997: Das gesamtdeutsche Parteiensystem, in: Gabriel, Oscar W./Niedermayer, Oskar/ Stöss, Richard (Hrsg.): Parteiendemokratie in Deutschland, Bonn, S. 106-130.

Niedermayer, Oskar/Stöss, Richard (Hrsg.) 1993: Stand und Perspektiven der Parteienforschung in Deutschland, Opladen.

Niedermayer, Oskar/Stöss, Richard (Hrsg.) 1994: Parteien und Wähler im Umbruch. Parteiensystem und Wählerverhalten in der ehemaligen DDR und in den neuen Bundesländern, Opladen.

Nissen, Sylke 1998: The Case of Case Studies: On the Methodological Discussion in Comparative Political Science, in: Quality and Quantity, 32, S. 399-418.

Nohlen, Dieter 1989: Wahlrecht und Parteiensystem, Opladen.

Nohlen, Dieter 1994: Vergleichende Methode, in: Kriz, Jürgen/Nohlen, Dieter/Schultze, Rainer-Olaf (Hrsg.): Lexikon der Politik, Bd. 2: Politikwissenschaftliche Methoden, München, S. 517-523.

Nolte, Detlef 1988: Ist die Koalitionstheorie am Ende? Eine Bilanz nach 25 Jahren Koalitionsforschung, in: Politische Vierteljahresschrift, 29, S. 230-251.

Nørgaard, Asbjørn Sonne 1996: Rediscovering reasonable rationality in institutional analysis, in: European Journal of Political Research, 29, S. 31-57.

North, Douglass C. 1990: Institutions, Institutional Change and Economic Performance. Political Economy of Institutions and Decisions, Cambridge.

Nullmeier, Frank 1993: Wissen und Policy-Forschung. Wissenspolitologie und rhetorisch-dialektisches Handlungsmodell, in: Heritiér, Adrienne (Hrsg.): Policy-Analyse. Kritik und Neuorientierung, PVS-Sonderheft 24, Opladen, S. 175-198.

Nuschler, Franz 1972: Oppositionsforschung, in: Zeitschrift für Parlamentsfragen, 3, S.253-256.

Oberndörfer, Dieter/Schmitt, Karl (Hrsg.) 1991: Parteien und regionale politische Traditionen in der Bundesrepublik Deutschland, Berlin.

Olson, Mancur Jr. 1965: The Logic of Collective Action, Cambridge.

Opp, Karl-Dieter 1979: Individualisische Sozialwissenschaft. Arbeitsweise und ihre Probleme individualistisch und kollektivistisch orientierter Sozialwissenschaften, Stuttgart.

Opp, Karl-Dieter 1983: Die Entstehung sozialer Normen. Ein Integrationsversuch soziologischer, sozialpsychologischer und ökonomischer Erklärungen, Tübingen.

Opp, Karl-Dieter 1986: Das Modell des Homo Sociologicus. Eine Explikation und eine Konfrontierung mit dem utilitaristischen Verhaltensmodell, in: Analyse und Kritik, 8, S. 1-27.

Ordeshook, Peter C./Winer, Mark 1980: Coalitions and Spatial Policy Outcomes in Parliamentary Systems: Some Experimental Results, in: American Journal of Political Science, 24, S. 730-752.

Ostrom, Elinor 1991: Rational Choice Theory and Institutional Analysis: Toward Complementary, in: American Political Science Review, 85, S. 237-243.

Pappi, Franz Urban 1984: The West German Party System, in: West European Politics, 7, S. 7-27.

Pappi, Franz Urban 1991: Wahrgenommenes Parteiensystem und Wahlentscheidung in Ost- und Westdeutschland, in: Aus Politik und Zeitgeschichte, B 44, S. 15-26.

Pappi, Franz Urban 1994: Parteienwettbewerb im vereinten Deutschland, in: Bürklin, Wilhelm/Roth, Dieter (Hrsg.): Das Superwahljahr. Deutschland vor unkalkulierbaren Regierungsmehrheiten, Marburg, S. 219-248.

Parsons, Talcott 1951: The Social System, New York.

Parsons, Talcott 1952: The Social System, Second Printing, Glencoe.

Patzelt, Werner J. 1995: Abgeordnete und ihr Beruf. Interviews - Umfragen - Analysen, Berlin.

Patzelt, Werner J. 1996: Deutschlands Abgeordnete: Profil eines Berufsstands, der weit besser ist als sein Ruf, in: Zeitschrift für Parlamentsfragen, 27, S. 462-502.

Patzelt, Werner J. 1998: Wider das Gerede von 'Fraktionszwang'! Funktionslogische Zusammenhänge, populäre Vermutungen und die Sicht der Abgeordneten, in: Zeitschrift für Parlamentsfragen, 29, S. 323-347.

Patzelt, Werner J. 1999: Die Bundesregierung, in: Gabriel, Oscar W./Holtmann, Everhard (Hrsg.): Handbuch politisches System der Bundesrepublik Deutschland, 2. Aufl., München/Wien, S. 181-205.

Patzelt, Werner J./Schirmer, Roland 1996: Parlamentarismusgründung in den neuen Bundesländern, in: Aus Politik und Zeitgeschichte, B 27, S. 20-28.

Pehle, Heinrich 1999: Regierungsbildungen und Regierungsverhalten in Konsensdemokratien: Schweden und Finnland im Vergleich. Vortrag gehalten auf der Tagung "Koalitionen und Koalitionshandeln in Europa" der Sektion "Vergleichende Politikwissenschaft" der Deutschen Vereinigung für Politische Wissenschaft, Juli 1999 (Manuskript).

Peters, Guy B. 1998: Comparative Politics. Theory and Methods, Houndsmills/Basingstoke/London.

Pettit, Philip 1996: Institutional Design and Rational Choice, in: Goodin, Robert E. (Hrsg.): The Theory of Institutional Design, Cambridge, S. 54-89.

Pfetsch, Frank R. 1987: Politische Theorie der Entscheidung in Gremien, in: Journal für angewandte Sozialforschung, 27, S. 253-275.

Plöhn, Jürgen 1995: Die Landtagswahl in Sachsen-Anhalt vom 26. Juni 1994: Die Mehrheitsbildung bleibt dem Landtag überlassen, in: Zeitschrift für Parlamentsfragen, 26, S. 215-231.

Plöhn, Jürgen 1996: Mehrheitswechsel in Sachsen-Anhalt. Modellfall oder Sackgasse? Frankfurt a.M. usw.

Plöhn, Jürgen 1997: Der Oppositionsstatus der PDS nach dem Urteil des Landesverfassungsgerichts Sachsen-Anhalt, in: Zeitschrift für Parlamentsfragen, 28, S. 558-571.

Poguntke, Thomas 1993: Der Stand der Forschung zu den Grünen: Zwischen Ideologie und Empirie, in: Niedermayer, Oskar/Stöss, Richard (Hrsg.): Stand und Perspektiven der Parteienforschung in Deutschland, Opladen, S. 187-210.

Poguntke, Thomas 1996: Bündnis 90/Die Grünen, in: Niedermayer, Oskar (Hrsg.): Intermediäre Strukturen in Ostdeutschland, Opladen, S. 87-112.

Poguntke, Thomas 1998: Alliance 90/The Greens in East Germany. From Vanguard to Insignificance?, in: Party Politics, 4, S. 33-55.

Pollack, Detlef/Pickel, Gerd 1998: Die ostdeutsche Identität - Erbe des DDR-Sozialismus oder Produkt der Wiedervereinigung?, in: Aus Politik und Zeitgeschichte, B 41-42, S. 9-23.

Porscher, Ralf 1997: Die Opposition als Rechtsbegriff, in: Archiv des Öffentlichen Rechts, 122, S. 444-468.

Posser, Diether 1994: Der Bundesrat und seine Bedeutung, in: Benda, Ernst/Maihofer, Werner/Vogel, Hans-Jochen (Hrsg.): Handbuch des Verfassungsrechts der Bundesrepublik Deutschland, 2. Aufl., Berlin/New York, S. 1145-1201.

Postlep, Rolf-Dieter (Hrsg.) 1996: Aktuelle Fragen zum Föderalismus, Marburg.

Pridham, Geoffrey (Hrsg.) 1986: Coalitional Behaviour in Theory and Practice: an inductive model for Western Europe, Cambridge.

Pridham, Geoffrey 1987: Koalitionsregierungen und Parteiensysteme in Westeuropa: Ein lange vernachlässigtes Forschungsgebiet, in: Haungs, Peter/Jesse, Eckhard (Hrsg.): Parteien in der Krise? Köln, S. 31-36.

Prittwitz, Volker von 1994: Politikanalyse, Opladen.

Prittwitz, Volker von 1996a: Verhandeln und Argumentieren. Dialog, Interessen und Macht in der Umweltpolitik, Opladen.

Prittwitz, Volker von 1996b: Verhandeln im Beziehungsspektrum eindimensionaler und mehrdimensionaler Kommunikation, in: Prittwitz, Volker von (Hrsg.): Verhandeln und Argumentieren. Dialog, Interessen und Macht in der Umweltpolitik, Opladen, S. 41-68.

Przeworski, Adam/Teune, H. 1970: The Logic of Social Inquiry, New York.

Putnam, Robert D. 1988: Diplomacy and Domestic Politics: The Logic of Two-Level-Games, in: International Organization, 42, S. 429-460.

Ragin, Charles C. 1987: The Comparative Method: Moving Beyond Qualitative and Quantitative Strategies, Berkely/Los Angeles/London.

Raschke, Joachim 1993: Die Grünen. Wie sie wurden, was sie sind. Mit Beiträgen von Gudrun Heinrich u.a., Köln.

Raschke, Joachim /Schmitt-Beck, Rüdiger 1994: Die Grünen. Stabilisierung durch den Niedergang der Etablierten?, in: Bürklin, Wilhelm/Roth, Dieter (Hrsg.): Das Superwahljahr: Deutschland vor unkalkulierbaren Regierungsmehrheiten?, Köln, S. 160-184.

Renzsch, Wolfgang 1989: Föderale Finanzbeziehungen im Parteienstaat. Eine Fallstudie zum Verlust politischer Handlungsmöglichkeiten, in: Zeitschrift für Parlamentsfragen, 20, S. 330-345.

Renzsch, Wolfgang 1991: Finanzverfassung und Finanzausgleich. Die Auseinandersetzung um ihre politische Gestaltung in der Bundesrepublik Deutschland zwischen Währungsreform und deutscher Vereinigung (1948 bis 1990), Bonn.

Renzsch, Wolfgang 1994: Föderative Problembewältigung: Zur Einbeziehung der neuen Länder in einen gesamtdeutschen Finanzausgleich ab 1995, in: Zeitschrift für Parlamentsfragen, 25, S. 116-138.

Renzsch, Wolfgang 1995: Konfliktlösung im parlamentarischen Bundesstaat: Zur Regelung finanzpolitischer Bund-Länder-Konflikte im Spannungsfeld von Administration und Politik - Vorläufige Überlegungen, in: Voigt, Rüdiger (Hrsg.): Der kooperative Staat. Krisenbewältigung durch Verhandlung? Baden-Baden, S. 167-194.

Renzsch, Wolfgang 1997: Budgetäre Anpassung statt institutionellen Wandels. Zur finanziellen Bewältigung der Lasten des Beitritts der DDR zur Bundesrepublik, in: Wollmann, Helmut u.a. (Hrsg.): Transformation der politisch-administrativen Strukturen in Ostdeutschland, Opladen, S. 49-118.

Renzsch, Wolfgang 1998: Financing German Unity: Fiscal Conflict Resolution in a Complex Federation, in: Publius, 28, S. 127-146.

Renzsch, Wolfgang/Schieren, Stefan 1997: Große Koalition oder Minderheitsregierung. Sachsen-Anhalt als Zukunftsmodell des parlamentarischen Regierungssystems in den neuen Bundesländern?, in: Zeitschrift für Parlamentsfragen, 28, S. 391-406.

Renzsch, Wolfgang/Schieren, Stefan 1998: Große Koalition ohne Alternative?, in: Zeitschrift für Parlamentsfragen, 29, S. 187-188.

Riker, William H. 1962: The Theory of Political Coalitions, New Haven.

Roberts, Geoffrey 1993: The Free Democratic Party and the New Germany, in: Padgett, Stephen (Hrsg.): Parties and Party Systems in the New Germany, Aldershot u.a., S. 147-169.

Roberts, Geoffrey 1999: Coalition Termination in the Federal Republik of Germany, in: Sturm, Roland/Kropp, Sabine (Hrsg.): Hinter den Kulissen von Regierungsbündnissen. Koalitionspolitik in Bund, Ländern und Gemeinden, Baden-Baden, S. 197-215.

Rohe, Karl 1992: Wahlen und Wählertraditionen in Deutschland, Frankfurt a.M.

Roubini, N./Sachs, J.D. 1989: Political and Economic Determinants of Budget Deficits in the Industrial Democracies, in: European Economic Review, 33, S. 903-933.

Rudzio, Wolfgang 1970: Mit Koalitionsausschüssen leben? Zum Unbehagen an einem Phänomen parteistaatlicher Demokratie, in: Zeitschrift für Parlamentsfragen, 1, S. 206-222.

Rudzio, Wolfgang 1971: Entscheidungszentrum Koalitionsausschuß - Zur Realverfassung Österreichs unter der Großen Koalition, in: Politische Vierteljahresschrift, 12, 1971, S. 87-118.

Rudzio, Wolfgang 1991: Informelle Entscheidungsmuster in Bonner Koalitionsregierungen, in: Hartwich, Hans-Hermann/Wewer, Göttrik (Hrsg.): Regieren in der Bundesrepublik 2. Formale und informale Komponenten des Regierens, Opladen, S. 125-141.

Rudzio, Wolfgang 1996: Das politische System der Bundesrepublik Deutschland, 4. Aufl., Opladen.

Saalfeld, Thomas 1995: Parteisoldaten und Rebellen. Fraktionen im Deutschen Bundestag 1949-1990, Opladen.

Saalfeld, Thomas 1997: Deutschland: Auswanderung der Politik aus der Verfassung? Regierungskoalitionen und Koalitionsmanagement in der Bundesrepublik, 1949-1997, in: Müller, Wolfgang C./Strøm, Kaare (Hrsg.): Koalitionsregierungen in Westeuropa. Bildung, Arbeitsweise und Beendigung, Wien, S. 47-108.

Sabatier, Paul A. 1993: Advocacy-Koalitionen, Policy-Wandel und Policy-Lernen: Eine Alternative zur Phasenheuristik, in: Héritier, Adrienne (Hrsg.): Policy-Analyse. Kritik und Neuorientierung, PVS-Sonderheft 24, Opladen, S. 116-148.

Saretzki, Thomas 1996: Wie unterscheiden sich Argumentieren und Verhandeln? Definitionsprobleme, funktionale Bezüge und strukturelle Differenzen von zwei verschiedenen Kommunikationsmodi, in: Prittwitz, Volker von (Hrsg.): Verhandeln und Argumentieren. Dialog, Interessen und Macht in der Umweltpolitik, Opladen, S. 19-40.

Sartori, Giovanni 1979: Party and Party Systems: A Framework for Analysis, Cambridge.

Sartori, Giovanni 1970: Concept Misformation in Comparative Politics, in: American Political Science Review, 64, S. 1033-1053.

Scarrow, Susan E. 1999: Democracy Within - and Without - Parties: Introduction, in: Party Politics, 5, S. 275-282.

Schachtschneider, Karl Albrecht 1989: Das Hamburger Oppositionsprinzip. Zum Widerspruch des entwikkelten Parteienstaates zur republikanischen Repräsentation, in: Der Staat, 28, S. 173-200.

Scharpf, Fritz W. 1985: Die Politikverflechtungs-Falle: Europäische Integration und deutscher Föderalismus im Vergleich, in: Politische Vierteljahresschrift, 26, S. 323-356.

Scharpf, Fritz W. 1992a: Einführung: Zur Theorie von Verhandlungssystemen, in: Benz, Arthur/Scharpf, Fritz W./Zintl, Reinhard: Horizontale Politikverflechtung. Zur Theorie von Verhandlungssystemen, Frankfurt a.M./New York, S. 11-28.

Scharpf, Fritz W. 1992b: Koordination durch Verhandlungssysteme: Analytische Konzepte und institutionelle Lösungen, in: Benz, Arthur/Scharpf, Fritz W./Zintl, Reinhard: Horizontale Politikverflechtung. Zur Theorie von Verhandlungssystemen, Frankfurt a.M/New York, S. 51-96.

Scharpf, Fritz W. 1993a: Positive und negative Koordination in Verhandlungssystemen, in: Héritier, Adrienne (Hrsg.): Policy-Analyse. Kritik und Neuorientierung, PVS-Sonderheft 24, Opladen, S. 57-83.

Scharpf, Fritz W. 1993b: Versuch über Demokratie im verhandelnden Staat, in: Czada, Roland/Schmidt, Manfred G. (Hrsg.): Verhandlungsdemokratie, Interessenvermittlung, Regierbarkeit, Opladen, S. 25-51.

Scharpf, Fritz W. 1993c: Legitimationsprobleme der Globalisierung. Regieren in Verhandlungssystemen, in: Böhret, Carl/Wewer, Göttrik (Hrsg.): Regieren im 21. Jahrhundert - zwischen Globalisierung und Regionalisierung. Festgabe für Hans-Hermann Hartwich zum 65. Geburtstag, Opladen, S. 165-185.

Scharpf, Fritz W. 1997: Games Real Actors Play. Actor-Centered Institutionalism in Policy Research, Boulder.

Scharpf, Fritz W./Benz, Arthur 1991: Kooperation als Alternative zur Neugliederung? Zusammenarbeit zwischen den norddeutschen Bundesländern, Baden-Baden.

Schelling, Thomas 1960: The Strategy of Conflict, Cambridge MA.

Scheuer, Angelika 1996: Die rheinland-pfälzische Landtagswahl vom 24. März 1996: SPD-FDP-Erfolg trotz struktureller Nachteile, in: Zeitschrift für Parlamentsfragen, 27, S. 617-627.

Schieren, Stefan 1996: Parteiinterne Mitgliederbefragungen: Ausstieg aus der Professionalität? Die Beispiele der SPD auf Bundesebene und in Bremen sowie der Bundes-F.D.P., in: Zeitschrift für Parlamentsfragen, 27, S. 214-229.

Schiller, Theo 1989: Die FDP: Partei der wechselnden Wechselwähler. Portrait einer immerwährenden Regierungspartei, in: Der Bürger im Staat, 39, S. 248-254.

Schindler, Peter 1983: Datenhandbuch zur Geschichte des Deutschen Bundestages, 1949-82, Baden-Baden.

Schmid, Josef 1990: Die CDU. Organisationsstrukturen, Politiken und Funktionsweise einer Partei im Föderalismus, Opladen.

Schmidt, Manfred G. 1980: CDU und SPD an der Regierung. Ein Vergleich ihrer Politik in den Ländern, Frankfurt am Main/New York.

Schmidt, Manfred G. 1983: Two Logics of Coalition Policy: The West German Case, in: Bogdanor, Vernon (Hrsg.): Coalition Government in Western Europe, London u.a., S. 38-58.

Schmidt, Manfred G. 1992: Regieren in der Bundesrepublik Deutschland, Opladen.

Schmidt, Manfred G. 1994: Fehlschluß, in: Kriz, Jürgen/Nohlen, Dieter/Schultze, Rainer-Olaf (Hrsg.): Lexikon der Politik, Bd. 2: Politikwissenschaftliche Methoden, München, S. 130.

Schmidt, Manfred G. 1996: The Grand Coalition State, in: Colomer, Josep M. (Hrsg.): Political Institutions in Europe, London, S. 62-98.

Schmidt, Ute 1996a: Die CDU, in: Niedermayer, Oskar (Hrsg.): Intermediäre Strukturen in Ostdeutschland, Opladen, S. 13-40.

Schmidt, Ute 1996b: Von der Blockpartei zur Volkspartei. Die Ost-CDU im Umbruch 1989-1994, Opladen.

Schmidt, Ute 1998: Sieben Jahre nach der Einheit. Die ostdeutsche Parteienlandschaft im Vorfeld der Bundestagswahl 1998, in: Aus Politik und Zeitgeschichte, B1-2, S. 37-53.

Schmitt, Karl 1995: Die Landtagswahlen 1994 im Osten Deutschlands. Früchte des Föderalismus: Personalisierung und Regionalisierung, in: Zeitschrift für Parlamentsfragen, 26, S. 261-294.

Schmitt Karl (Hrsg.) 1996: Thüringen. Eine politische Landeskunde, Weimar/Köln/Wien.

Schmitt, Karl 1999: Koalitionsoptionen in Thüringen (Manuskript).

Schneider, Hans-Peter 1989: Verfassungsrechtliche Bedingungen und politische Praxis der parlamentarischen Opposition, in: Schneider, Hans-Peter/Zeh, Wolfgang (Hrsg.): Parlamentsrecht und Parlamentspraxis in der Bundesrepublik Deutschland, Berlin/New York, S. 1055-1086.

Schneider, Hans-Peter/Zeh, Wolfgang (Hrsg.) 1989: Parlamentsrecht und Parlamentspraxis in der Bundesrepublik Deutschland, Berlin/New York.

Schneider, Herbert 1979: Länderparlamentarismus in der Bundesrepublik, Opladen.

Schneider, Herbert 1997: Parteien in der Landespolitik, in: Gabriel, Oscar W./Niedermayer, Oskar/Stöss, Richard (Hrsg.): Parteiendemokratie in Deutschland, Bonn, S. 407-427.

Schneider, Volker 1997: Zwischen Beschränkung und Ermöglichung: Strukturalistische Erklärungen in der Politikanalyse, in: Benz, Arthur/Seibel, Wolfgang (Hrsg.): Theorieentwicklung in der Politikwissenschaft - eine Zwischenbilanz, Baden-Baden, S. 165-192.

Schönrock, Dirk 1997: Koalitionsbildung nach dem Mehrheitsprinzip? Die Anwendung spieltheoretischer Koalitionsmodelle auf die Regierungsbildung in der italienischen Republik, Baden-Baden.

Schofield, Norman 1976: The Kernel and Payoffs in European Government Coalitions, in: Public Choice, 26, S. 29-49.

Schofield, Norman 1987: Stability of coalition governments in Western Europe: 1945-1986, in: European Journal of Political Economy, 3, S. 555-591.

Schofield, Norman 1993: Political competition and multiparty coalition governments, in: European Journal of Political Research, 23, S. 1-33.

Schofield, Norman/Laver, Michael J. 1985: Bargaining Theory and Portfolio Payoffs in European Coalition Governments 1945-83, in: British Journal of Political Science, 15, S. 143-164.

Schreckenberger, Waldemar 1992: Sind wir auf dem Weg zu einem Parteienstaat? "Koalitionsrunden" mit ihren Verabredungen als Symptom, in: FAZ, Nr. 104 vom 5.5.1992, S. 12-13.

Schreckenberger, Waldemar 1994: Informelle Verfahren der Entscheidungsvorbereitung zwischen der Bundesregierung und Mehrheitsfraktionen: Koalitionsgespräche und Koalitionsrunden, in: Zeitschrift für Parlamentsfragen, 25, S. 329-346.

Schüle, Adolf 1964: Koalitionsvereinbarungen im Lichte des Verfassungsrechts: Eine Studie zur deutschen Lehre und Praxis, Tübingen.

Schülein, Johann August 1987: Theorie der Institution. Eine dogmengeschichtliche und konzeptionelle Analyse, Opladen.

Schütt-Wetschky, Eberhard 1987: Verhältniswahl und Minderheitsregierungen. Unter besonderer Berücksichtigung Großbritanniens, Dänemarks und der Bundesrepublik Deutschland, in: Zeitschrift für Parlamentsfragen, 28, S. 94-109.

Schüttemeyer, Suzanne S. 1990: Regierungen und Regierungskoalitionen in Bund und Ländern, in: Zeitschrift für Parlamentsfragen, 21, S. 470-473.

Schüttemeyer, Suzanne S. 1997: Manager des Parlaments zwischen Effizienz und Offenheit. Parlamentarische Geschäftsführer im Deutschen Bundestag, in: Aus Politik und Zeitgeschichte, B 36-37, S. 8-17.

Schüttemeyer, Suzanne S. 1998: Fraktionen im Deutschen Bundestag. Empirische Befunde und theoretische Schlußfolgerungen, Opladen.

Schüttemeyer, Suzanne S. 1999: Koalitionsbildungen im Bund: Sache der Parteien?, in: Sturm, Roland/Kropp, Sabine (Hrsg.): Hinter den Kulissen von Regierungsbündnissen. Koalitionspolitik in Bund, Ländern und Gemeinden, Baden-Baden, S. 81-95.

Schultze, Rainer-Olaf 1993: Statt Subsidiarität und Entscheidungsautonomie - Politikverflechtung und kein Ende: Der deutsche Föderalismus nach der Vereinigung, in: Staatswissenschaften und Staatspraxis, 4, S. 225-255.

Schumpeter, Joseph A. 1980: Kapitalismus, Sozialismus und Demokratie, 5. Aufl., München.

Schwarz J. E. 1978: Maintaining Coalitions, in: Evan, William. M. (Hrsg.): Interorganizational Relations. Selected Writings, Harmondsworth, S. 185-201.

Sebaldt, Martin 1992: Die Thematisierungsfuktion der Opposition, Frankfurt a.M.

Seibel, Wolfgang/Benz, Arthur (Hrsg.) 1995: Regierungssystem und Verwaltungspolitik. Beiträge zu Ehren von Thomas Ellwein, Opladen.

Shepsle, Kenneth A. 1989: Studying Institutions. Some Lessons from the Rational Choice Approach, in: Journal of Theoretical Politics, 2, 131-147.

Simon, Herbert A. 1979: Models of Thought, New Haven.

Simon, Herbert A. 1993: Homo rationalis. Die Vernunft im menschlichen Leben, Frankfurt a.M.

Srubar, Ilja 1992: Grenzen des "Rational-Choice"-Ansatzes, in: Zeitschrift für Soziologie, 21, S.157-166.

Steffani, Winfried 1989: Formen, Verfahren und Wirkungen der parlamentarischen Kontrolle, in: Schneider, Hans-Peter/Zeh, Wolfgang (Hrsg.): Parlamentsrecht und Parlamentspraxis in der Bundesrepublik Deutschland, Berlin/New York, S. 1325-1369.

Steffani, Winfried 1997: Zukunftsmodell Sachsen-Anhalt? Grundsätzliche Bedenken. Bemerkung zum Beitrag von Wolfgang Renzsch und Stefan Schieren im Heft 3/1997, in: Zeitschrift für Parlamentsfragen, 28, S. 717-721.

Stegmann, Helmut 1996: Das Gesetzgebungsverfahren im Bundesrat. Akteure und ihre Einflußnahme, in: Postlep, Rolf-Dieter (Hrsg.): Aktuelle Fragen zum Föderalismus, Marburg, S. 141-166.

Stern, Klaus 1977: Das Staatsrecht in der Bundesrepublik Deutschland, Bd. I, München.

Stöss, Richard (Hrsg.) 1986: Parteienhandbuch: Die Parteien der Bundesrepublik Deutschland 1945-1980, Opladen.

Streeck, Wolfgang 1987: Vielfalt und Interdependenz. Überlegungen zur Rolle von intermediären Organisationen in sich ändernden Umwelten, in: Kölner Zeitschrift für Soziologie und Sozialpsychologie, 39, S. 471-495.

Strøm, Kaare 1986: Deferred Gratification and Minority Governments in Scandinavia, in: Legislative Studies Quarterly, 11, S. 583-605.

Strøm, Kaare 1990: Minority Government and Majority Rule, Cambridge.

Strøm, Kaare 1994: The Presthus Debacle: Intraparty Politics and Bargaining Failure in Norway, in: American Political Science Review, 88, S. 112-127.

Strøm, Kaare 1996: Democracy, accountability, and coalition bargaining, in: European Journal of Political Research, 31, S. 47-62.

Sturm, Roland 1985: Entscheidungsstrukturen und Entscheidungsprozesse in der Haushaltspolitik - Zum Selbstverständnis des Haushaltsausschusses des Deutschen Bundestages, in: Politische Vierteljahresschrift, 26, S. 247-269.

Sturm, Roland 1987: Die Rolle von Haushaltsausschuß und Parlament in international vergleichender Perspektive, in: Mäding, Heinrich (Hrsg.): Haushaltsplanung - Haushaltsvollzug - Haushaltskontrolle, Baden-Baden, S. 68-80.

Sturm, Roland 1988: Der Haushaltsausschuß des Deutschen Bundestages. Struktur und Entscheidungsprozeß, Opladen.

Sturm, Roland 1989: Haushaltspolitik in westlichen Demokratien. Ein Vergleich des haushaltspolitischen Entscheidungsprozesses in der Bundesrepublik Deutschland, Frankreich, Großbritannien, Kanada und den USA, Baden-Baden.

Sturm, Roland 1992a: Regierungsprogramm und Haushaltsplanung in vergleichender Sicht, in: Hartwich, Hans-Hermann/Wewer, Göttrik (Hrsg.): Regieren in der Bundesrepublik IV. Finanz- und wirtschaftspolitische Bestimmungsfaktoren des Regierens im Bundesstaat - unter besonderer Berücksichtigung des deutschen Vereinigungsprozesses, Opladen, S. 31-45.

Sturm, Roland 1992b: Die baden-württembergische Landtagswahl vom 5. April 1992: Rechtsruck oder Protestwahl?, in: Zeitschrift für Parlamentsfragen, 23, S. 622-639.

Sturm, Roland 1992c: The Changing Territorial Balance, in: Smith, Gordon u.a. (Hrsg.): Developments in German Politics, Basingstoke/London, S. 119-137.

Sturm, Roland 1994: The Chancellor and the Executive, in: Stephen Padgett (Hrsg.): Adenauer to Kohl. The Development of the German Chancellorship, London, S. 78-105.

Sturm, Roland 1993: Staatsverschuldung. Ursachen, Wirkungen und Grenzen staatlicher Verschuldungspolitik, Opladen.

Sturm, Roland 1996: Die baden-württembergische Landtagswahl vom 24. März 1996: Normalisierung oder kleinster gemeinsamer Nenner?, in: Zeitschrift für Parlamentsfragen, 27, S. 602-616.

Sturm, Roland 1999a: Party Competition and the Federal System: the Lehmbruch Hypthesis Revisited, in: Jeffery, Charlie (Hrsg.): Recasting German Federalism: The Legacies of Unification, London/New York, S. 197-216.

Sturm, Roland 1999b: Der Föderalismus im Wandel. Kontinuitätslinien und Reformbedarf, in: Jesse, Eckhard/ Löw, Konrad (Hrsg.): 50 Jahre Bundesrepublik Deutschland, Berlin, S. 81-99.

Sturm, Roland 1999c: Germany - United, But not Uniform. The Revival of Regional Pluralism, in: Delmartino, Frank/Pongsapich, Amara/Hrbek, Rudolf (Hrsg.): Regional Pluralism and Good Governance. Problems and Solutions in ASEAN and EU-Countries, Baden-Baden, S. 141-150.

Sturm, Roland/Müller, Markus M. 1999: Public Deficits: A Comparative Study of their Economic and Political Consequences in Britain, Canada, Germany and the United States, London/New York.

Süß, Werner 1986: Wahl und Führungswechsel. Politik zwischen Legitimation und Elitekonsens. Zum Bonner Machtwechsel 1982/83, in: Klingemann, Hans-Dieter/Kaase, Max (Hrsg.): Wahlen und politischer Prozeß. Analysen aus Anlaß der Bundestagswahl 1983, Opladen, S. 39-83.

Taylor, Michael/Laver, Michael 1973: Government Coalitions in Western Europe, in: European Journal of Political Research, 1, S. 222-227.

Thaysen, Uwe 1987: "Fraktionenstaat": Oder was sonst?, in: Haungs, Peter/Jesse, Eckhard (Hrsg.): Parteien in der Krise?, Köln, S. 231-236.

Thelen, K./Steinmo, S. 1992: Historical institutionalism in comparative politics, in: Steinmo, S. u.a. (Hrsg.): Structuring Politics. Historical Institutionalism in Comparative Analysis, Cambridge, S. 1-32.

Tomuschat, Christian 1980: Die parlamentarische Haushalts- und Finanzkontrolle in der Bundesrepublik Deutschland, in: Der Staat, 19, S. 1-28.

Tsebelis, George 1990: Nested Games. Rational Choice in Comparative Politics, Berkeley/Los Angeles/Oxford.

Tullner, Marco 1996: Die Haushaltsplanung des Landes Sachsen-Anhalt. Magisterarbeit an der Martin-Luther-Universität Halle-Wittenberg.

Van Deemen, A.M.A. 1989: Dominant players and minimum size coalitions, in: European Journal of Political Research, 17, S. 313-332.

Van Deemen, A.M.A. 1991: Coalition Formation in Centralized Policy Games, in: Journal of Theoretical Politics, Heft 3, S. 139-161.

Van Roozendaal, Peter 1990: Centre parties and coalition formations: A game theoretic approach, in: European Journal of Political Research, 18, S. 325-348.

Van Roozendaal, Peter 1992: The effect of dominant and central parties on cabinet composition and durability, in: Legislative Studies Quarterly, 17, S. 5-36.

Van Waarden, Frans 1992: Dimensions and types of policy networks, in: European Journal of Political Research, 20, S. 29-52.

Veen, Hans-Joachim/Gluchowski, Peter 1988: Sozialstrukturelle Nivellierung bei politischer Polarisierung - Wandlungen und Konstanten in den Wählerstrukturen der Parteien 1953-1987, in: Zeitschrift für Parlamentsfragen, 19, S. 225-248.

Vobruba, Georg 1992: Wirtschaftsverbände und Gemeinwohl, in: Mayntz, Renate (Hrsg.): Verbände zwischen Mitgliederinteressen und Gemeinwohl, Gütersloh, S. 80-121.

Völk, Josef Anton 1989: Regierungskoalitionen auf Bundesebene. Dokumentation und Analyse des Koalitionswesens von 1949 bis 1987, Regensburg.

Vogel, Bernhard 1991: Formelle und informelle Komponenten des Regierens - Erfahrungen aus der Praxis, in: Hartwich, Hans-Hermann/Wewer, Göttrik (Hrsg.): Regieren in der Bundesrepublik 2. Formale und informale Komponenten des Regierens, Opladen, S. 97-110.

Vogel, Hans-Jochen 1994: Die bundesstaatliche Ordnung des Grundgesetzes, in: Benda, Ernst/Maihofer, Werner/Vogel, Hans-Jochen (Hrsg.): Handbuch des Verfassungsrechts, 2. Aufl., Berlin/New York, S. 1041-1102.

Voigt, Rüdiger (Hrsg.) 1995: Der kooperative Staat. Krisenbewältigung durch Verhandlung? Baden-Baden.

Volkens, Andrea 1996: Parteiprogramme und Polarisierung, in: Niedermayer, Oskar (Hrsg.): Intermediäre Strukturen in Ostdeutschland, Opladen, S. 215-236.

Vorländer, Hans 1992a: Die Freie Demokratische Partei, in: Mintzel, Alf/Oberreuter, Heinrich (Hrsg.): Parteien in der Bundesrepublik Deutschland, 2. Aufl., Bonn, S. 266-318.

Vorländer, Hans 1992b: Die FDP nach der Vereinigung, in: Aus Politik und Zeitgeschichte, B5, S. 14-20.

Vorländer, Hans 1996: Die FDP: Entstehung und Entwicklung, in: Niedermayer, Oskar (Hrsg.): Intermediäre Strukturen in Ostdeutschland, Opladen, S. 113-134.

Vowe, Gerhard 1994: Politische Kognition. Umrisse eines kognitionsorientierten Ansatzes für die Analyse politischen Handelns, in: Politische Vierteljahresschrift, 35, S. 423-447.

Wagener, Frido 1979: Der öffentliche Dienst im Staat der Gegenwart, in: Veröffentlichungen der Deutschen Staatsrechtslehrer, 37, Berlin/New York, S. 215-266.

Warwick, Paul V./Easton, Stephen 1992: The cabinet stability controversy: New perspectives on an old problem, in: American Political Science Review, 36, S. 122-146.

Warwick, Paul V. 1979: The Durability of Coalition Governments in Parliamentary Democracies, in: Comparative Political Studies, 12, S. 465-498.

Warwick, Paul V. 1994: Government Survival in Parliamentary Democracies, Cambridge.

Warwick, Paul V. 1996: Coalition Government Membership in West European Parliamentary Democracies, in: British Journal of Political Science, 26, S. 471-499.

Waschkuhn, Arno 1987: Allgemeine Institutionentheorie als Rahmen für die Theorie politischer Institutionen, in: Göhler, Gerhard (Hrsg.): Grundfragen der Theorie politischer Institutionen. Forschungsstand - Probleme - Perspektiven, Opladen, S. 71-97.

Weizsäcker, Richard von 1999: Steuerstaat und politischer Wettbewerb: Grenzen der öffentlichen Finanzwirtschaft, in: Ellwein, Thomas/Holtmann, Everhard (Hrsg.): 50 Jahre Bundesrepublik Deutschland. Rahmenbedingungen - Entwicklungen - Perspektiven. PVS-Sonderheft 30, Opladen, S. 598-616.

Welzel, Christian 1992: Von der SED zur PDS: Eine doktringebundene Staatspartei auf dem Weg zu einer politischen Partei im Konkurrenzsystem?, Frankfurt a.M. usw.

Wettig-Danielmeier, Inge 1970: Die erste Selbstauflösung eines Parlaments. Die niedersächsische Koalitionskrise 1969/1970, in: Zeitschrift für Parlamentsfragen, 1, S. 269-284.

Wewer, Göttrik 1991a: Spielregeln, Netzwerke, Entscheidungen - auf der Suche nach der anderen Seite des Regierens, in: Hartwich, Hans-Hermann/Wewer, Göttrik (Hrsg.): Regieren in der Bundesrepublik 2. Formale und informale Komponenten des Regierens, Opladen, S. 9-31.

Wewer, Göttrik 1991b: Richtlinienkompetenz und Koalitionsregierung: Wo wird die Politik definiert?, in: Hartwich, Hans-Hermann/Wewer, Göttrik (Hrsg.): Regieren in der Bundesrepublik 2. Formale und informale Komponenten des Regierens, Opladen, S. 125-141.

Wewer, Göttrik 1991c: Die funktionale Notwendigkeit informeller Gremien für das Regieren in der Bundesrepublik - diskutiert am Beispiel der Personalrekrutierung für das Bundesverfassungsgericht, in: Hartwich, Hans-Hermann/Wewer, Göttrik (Hrsg.): Regieren in der Bundesrepublik 2. Formale und informale Komponenten des Regierens, Opladen, S. 193-202.

Wewer, Göttrik 1996: Landtagswahlen am 24. März 1996 in Baden-Württemberg, Rheinland-Pfalz und Schleswig-Holstein, in: Gegenwartskunde, 45, S. 213-220.

Wiesendahl, Elmar 1998: Wie geht es weiter mit den Großparteien in Deutschland, in: Aus Politik und Zeitgeschichte, B 1-2, S. 13-28.

Wiesenthal, Helmuth 1997: Methodologischer Individualismus als Akteurtheorie, in: Benz, Arthur/Seibel, Wolfgang (Hrsg.): Theorieentwicklung in der Politikwissenschaft - eine Zwischenbilanz, Baden-Baden, S. 75-100.

Wildavsky, Aaron 1979: The Politics of the Budgetary Process, 3. Aufl, Boston/Toronto.

Wildavsky, Aaron 1986: Budgeting. A Comparative Theory of Budgetary Processes, 2. Aufl., New Brunswick/Oxford.

Winkler, Jürgen R. 1990: Zur Entwicklung der F.D.P. bei den Landtagswahlen 1980-1990, in: Jahrbuch der Liberalismusforschung, hrsg. von der Friedrich-Naumann-Stiftung, Baden-Baden, 2, S. 104-132.

Winkler, Jürgen R. 1999: Das Profil der Sozialdemokraten. Ergebnisse einer Mitgliederbefragung der SPD Mainz. Arbeitspapier der Johannes-Gutenberg-Universität, Institut für Politikwissenschaft, Mainz.

Winter, Thomas von 1996: Wählerverhalten in den östlichen Bundesländern: Wahlsoziologische Erklärungsmodelle auf dem Prüfstand, in: Zeitschrift für Parlamentsfragen, 27, S. 298-316.

Zeschmann, Philip 1997: Mitgliederbefragungen, Mitgliederbegehren und Mitgliederentscheide: Mittel gegen Politiker- und Parteienverdrossenheit? Zugleich eine Replik auf einen Beitrag von Stefan Schieren in der Zeitschrift für Parlamentsfragen, in: Zeitschrift für Parlamentsfragen, 28, S. 698-712.

Zeuner, Bodo/Wischermann, Jörg 1994: Rot-grün in den Kommunen. Konfliktpotentiale und Konsensstrategien. Ergebnisse einer Befragung von Kommunalpolitikern, Opladen.

Zintl, Reinhard 1992: Kooperation und Aufteilung des Kooperationsgewinns bei horizontaler Politik-verflechtung, in: Benz, Arthur/Scharpf, Fritz W./Zintl, Reinhard: Horizontale Politikverflechtung. Zur Theorie von Verhandlungssystemen, Frankfurt a.M./New York. S. 97-146.

Zunker, Albrecht 1972: Finanzplanung und Bundeshaushalt. Zur Koordinierung und Kontrolle durch den Finanzminister, Frankfurt a.M.

GPSR Compliance

The European Union's (EU) General Product Safety Regulation (GPSR) is a set of rules that requires consumer products to be safe and our obligations to ensure this.

If you have any concerns about our products, you can contact us on ProductSafety@springernature.com

In case Publisher is established outside the EU, the EU authorized representative is:

Springer Nature Customer Service Center GmbH
Europaplatz 3
69115 Heidelberg, Germany

Batch number: 10809468

Printed by Printforce, the Netherlands